대수학에 관한 연구

A Treatise on Algebra (1830)
by George Peacock

Published by Acanet, Korea, 2023

 한국연구재단총서
Academic Library of NRF

 학술명저번역

644

대수학에 관한 연구

A Treatise on Algebra

조지 피콕 지음 | **최윤철** 옮김

아카넷

차례

일러두기

1. '양'이란 단어는 문맥에 따라 two, positive, quantity를 나타낸다.

2. 원서의 주석은 숫자로 표시하였고 옮긴이의 주석은 알파벳으로 구분하였다.

3. 원서에서 이탤릭체로 강조한 것은 나눔스퀘어라운드 체를 사용하여 옮겼다.

4. 수학기호는 현대에 사용하지 않는 기호도 원서에 충실하게 맞추어서 번역하였다.

5. 원서에서 잘못된 계산들은 특별한 언급없이 바로잡았다.

6. 제3장에서 선분과 선분의 길이를 혼동하여 사용하였다. 원서에서는 line으로만 표현된 것을 문맥에 맞추어 선분의 길이로 바꾸어 번역하였다. 때에 따라서는 문맥상 그냥 선분으로 번역하기도 하였다.

7. 제4장에서 measure를 약수 대신에 맞줄임수로 번역하였다. common measured와 greatest common measure는 익숙한 용어인 공약수나 최대공약수로 번역하였다. 그리고 whole number와 number를 모두 정수로 번역하였다.

* 본문은 수식 편집을 우선하여 텍(TeX Live 2022)으로 조판하였다.

요크셔에 있는 리치먼드 스쿨의 학장이자
캠브리지 대학교 시드니 서섹스 칼리지의 이전 동료인
제임스 테이트 목사님께

첫째 나의 가장 친한 친구 중 한 사람인 당신에게 애정의 표시로, 둘째 내가 당신의 제자였을 때 당신의 가르침과, 내 인생의 소중했던 시기에 당신이 베푼 친절과 격려에 대한 감사의 표시로, 마지막으로 당신이 매우 또 정당하게 인정받는 당신의 학식과, 다른 사람들에게 지식을 전달하는 다양하고 행복한 기술에 대하여 내가 느끼는 존경심을 담은 가장 공개적인 증거로서, 이 책을 당신에게 헌정하고자 한다.

나는 당신이 이 책에서 몇 가지 토론 주제를 발견하고 기쁘게 여기리라 믿는다. 그것은 내가 제자였을 때와 그 이후에 당신과 나눈 많은 흥미로운 대화 주제를 떠올리게 할 것이다. 또한 그러한 생각에 대한 내 기쁨의 일부를 내가 매우 고맙게 여기는 바로 그 사람에게 돌릴 수 있다는 데 만족감을 느낀다.

건강과 행복을 즐기면서, 친구들의 애정과 존경, 수많은 학생들의 공경을 받으면서 장수하시는 것이 당신의 진실한 친구이자 고마워하는 제자의 바람이다.

저자

머리말

　내가 지금 대중에게 공개하는 영광을 누리고 있는 이 책은 대수학에 실증 학문의 성격을 부여할 목적으로 쓴 것으로, 첫 번째 원칙을 그것들에 근거한 결론들과 함께 공유하는 방식이다. 나 자신이 일반적으로 제시되어 왔던 형식으로부터 아주 멀리 떠나야 한다고 느꼈던 것은, 이 조사의 과정에서 내가 이끌렸던 그 원칙들에 대한 매우 특별한 검토의 결과였다. 내가 제안했던 대상은 의심할 여지없이 매우 중요하고 적지 않게 어려운 것으로, 나에게 많은 토론과 논쟁의 주제들에 대한 논의를 즉각 접하게 했으나, 아직까지 만족스러운 근거로 해결되지 않았다. 또한 비록 내가 여러 혁신적인 제안이 따르는 이런 본질을 시도함으로써 초래한 큰 책임을 크게 의식한다 하더라도, 내가 이 아름답고 가장 포괄적인 학문의 요소들로부터 어떠한 어려움이나 불완전함을 제거하는 데 성공한 것으로 간주될 수 있다면 나는 더할 나위 없이 만족할 것이다.

　만약 대수학의 첫 번째 원칙이 그 자체로 일관성이 있었거나, 그것들과 즉각 연결된 추론이나 또는 단순하고 통일된 설명을 허용하지 않는 더 멀리 떨어진 결과에서 어려움으로 이어지지 않았더라면, 우리는 그러한 원리나 설명에서 어떤 혁신으로 나아가기 전에 적당히 주저해야 한다. 왜냐하면 그런 상황에서 완전한 통합과 구성의 일부를 덧대는 것은 충분한 기초에 대한 최상의 증거를 제공하기 때문이다. 그러나 흔히 언급되는 바와 같이 대수학의 원리에 따른 결과에 즉각적이고 원격적인 어려움이 존재한다고 인정되는데, 이는 자연적으로 그리고 필연적으로 우리가 원리 자체의 불완전성이나 부정확성의 존재를 마찬가지로 의심하도록 유도한다. 그 의심은, 주의 깊게 검토한 결과, 문제의 어려움이 불완전한 전개와 관련이 없다는 것이 나타날 때 확인된다.

대수학은 항상 기호 언어의 사용에서 비롯되는 산술학의 변형과 같은 단순한 것으로 간주되어 왔으며, 한 학문의 작동은 그 의미와 적용의 확장에 대한 설명 없이 다른 학문으로 이전되어 왔다. 따라서 기호는 모든 종류의 양을 일반적이고 무제한적으로 대표하는 것으로 가정한다. 단순한 산술적 의미에서의 덧셈과 뺄셈의 연산은 +와 - 기호로 나타내며, 그러한 기호를 서로 연결하는 데 사용하는 것으로 가정한다. 산술에서 두 역 연산인 곱셈과 나눗셈은 그 의미에 대한 어떠한 수정도 필요 없이, 기호가 표시할 수 있는 모든 양에 동등하게 적용되어야 한다. 그러나 그러한 기호와 연산의 원래 가정은 따라서 그 의미의 범위에서 신중하게 제한된다는 것과 동시에, 그 적용의 범위에는 어떤 제한도 부과되지 않는다. 따라서 덧셈과 뺄셈의 연산은 동일한 종류의 양에 국한되어야 하거나 빼는 양이 빼어지는 양보다 작아야 한다고 간주할 필요는 없다. 이러한 연산의 원래 의미에 의해 필요하다고 여겨지는 제한의 위반으로 인해 +와 -의 부호가 독립적으로 존재하게 될 때, 기호의 값과 기호가 지정한 연산 가능성의 가정된 보편성을 보존하기 위해 필요한 가정으로서, 이러한 추가 사용으로 인해, 우리가 명목상 그것을 유지하고 있으면서 실제로 그러한 연산의 정의를 완전히 포기했다고 생각되지 않는다. 왜냐하면 그러한 연산과 그에 관련된 가정의 결과는 그것을 수행하는 기본 규칙에 의해 결정되어야 하는데, 이것은 서로 독립적이고, 필요한 연결이 가정된 보편성에만 의존하기 때문이다. 그러한 연산에 덧셈과 뺄셈의 명칭을 부여하는 것, 그리고 심지어 그 의미와 적용이 완벽하게 이해되고 엄격히 제한되는 학문으로부터 즉시 파생시키는 것은, 학문의 결과에 영향을 미칠 수 없는데, 이는 기호 자체의 특정 값과 완전히 독립적인 결정 법칙에 따라 단지 부호와 기호 조합만을 고려한다.

하나의 학문이 다른 것에 기반을 두고 있다는 것은, 산술학으로부터 대수학의 즉각적인 파생과, 그 학문들 사이에서 보존하려고 시도해 오며 밀접한 관계이며, 이것은 의견의 형성으로 이어져 왔다. 앞으로 살펴보겠지만, 이 의견이 사실이 되는 한 가지 의미가 있다. 그러나 그 명제의 기초를 이루는 실증 학문의 원리에 대해 말하는 엄격하고 적절한 의미에서, 우리가 이미 언급한 바로부터 그러한 의견은 더 이상 유지되지 못할 것으로 보인다. 그러나 이러한 결론을 보다 완전하게 확립하기 위해서, 산술학의 원리와 연산으로부터 대수학의 원리와 연산으로 이동하는 연속적인 전환을 어느 정도 보여주는 것이 적절할 수 있는데, 이는 그 연결이 필요한 것이 아니라 관습적이며, 산술학은 대수학의 원리와 연산을 채택하지만, 그것에 의해 제한되거나 결정되지 않는 제안의 학문으로 간주될 수 있음을 보여주기 위함이다.

산술학에서 대수학으로의 첫 번째 전환에서, 우리는 기호를 숫자의 일반적인 대표로 간주하고, 연산 부호와 그들을 결합하는 다른 방식들을 산술적 명칭과 산술적 의미를 가진 연산을 지정하는 것으로 간주한다. 그러나 그러한 연산의 첫 번째 적용에서, 일반 기호를 단순히 사용하는 것은 불가능한 연산이나 산술에 원형이 없는 것 등의 표시나 수행을 방지하기 위해 필요한바, 그 값에 대한 적절한 제한을 매우 어렵고 곤란하게 만든다. 그러한 제한은 기호 자체에 의해 눈이나 마음에 거의 선날뇌지 않기 때문이다. 따라서 $a - (a + b)$는 그러한 대수학 체계에서 불가능한 연산을 분명히 표현하지만, 만약 $a + b$가 단일 기호 c로 대치된다면, 수식 $a - c$는 $a - (a+b)$와 마찬가지로 불가능하더라도, 그 표현이 중단될 것이다. 그러나 $+$와 $-$ 부호의 독립적 존재를 가정하면, 이 제한을 제거하고, $-$로 표시된 연산의 수행을 모든 경우에 동일하게 가능한 것으로 할 수 있다. 산술 대수학과 기호 대수학의 분리에 영향을 미치고, 그 나름의 근거에 기초하여 이 학문의 원리를 확립하는 것은 이런 가정이다. 왜냐하면 문제의 가정은 산술의 원리나 연산에서 추론하는 어떤 과정에서도 비롯될 수 없으며, 만약 그것들의 일반화로 간주된다면, 그들과 연결된 일련의 명제의 마지막 결과가 아니다. 그러므로 그것은 독립된 원리로서, 산술 연산의 적용으로부터 일반 기호까지 이어지는 어려움을 회피하는 수단으로 제안되는 것이다.

기호를 단순히 숫자의 일반적인 대표로서만이 아니라, 모든 종류의 수량의 대표로도 생각하고, 마찬가지로 어떤 하위 학문으로부터도 독립적이 되어야 하는 대수학의 연산에 대한 정의에 형식을 부여하는 필요를 만드는 것은, 우리가 어떤 방식으로 이끌어지든 간에 이 원칙을 인정하는 것이다. 왜냐하면 우선 기호는 무엇을 나타내든 간에 값에 제한이 있어서는 안 되며, 우리가 숫자에 붙는 + 또는 − 부호(또는 임의의 다른 부호)가 표현하는 작용을 해석할 수 있는 것은 오직 추상적인 숫자가 되는 것을 멈추는 것에 의한다. 두 번째로, 영향을 받는 기호가 종속되는 대수 연산의 정의를 구성할 때, 우리는 그들의 특정한 값이나 표시와 어떤 방식으로든 연결되는 모든 조건을 반드시 생략해야 한다. 다시 말해서 그 연산의 정의는 오직 그들 조합의 법칙만을 고려해야 한다. 따라서 +와 −로 표시된 연산은 그러한 부호의 일치에 대한 가정된 법칙에 따라, 그들에 의한 기호의 작용(그들이 받을 수 있는 작용의 다른 어떤 부호를 동반하든 아니든 간에, 적절한 부호 +와 −와 함께)을 고려해야 한다. 그리고 ×와 ÷, 또는 그들을 나타내는 동등한 방식으로 표시되는 연산은 첫째로 기호 조합의 결과를 고려해야 하고, 둘째로 그들에 속하는 고유한 부호 조합의 결과를 고려해야 한다. 다시 말하지만, 그러한 연산이 불변의 의미와 성격을 가질 수 있도록, 그들에게 종속되는 적절한 부호와 함께 기호들이 동일하다면, 우리는 그것들이 단순한 위치의 우연이나 연속 순서에 관계가 없다고 가정해야 한다. 다시 말하면,

그러한 연산의 숫자가 수행되어야 하고, 기호들이 그들을 통해 결합되어야 하는 경우, 어떤 순서로 그 연산이 서로 연속되든지 간에 우리는 결과가 동일하다고 가정해야 한다.

만약 우리가 기호 조합과, 그 의미 해석이나 상호 관계와 완전히 독립된 연산의 부호 조합에 대한 가정된 규칙에 만족해야 한다면, 우리는 획득한 결과에서 추가적인 단순화의 힘을 갖지 않고도 통합된 모든 기호를 보유해야 한다. 우리가 +로 표시된 연산을 −로 표시된 연산의 역으로 또는 그 반대로 가정하고, ×로 표시된 연산을 ÷로 표시된 연산의 역으로 또는 그 반대로 가정하는 것은, 결과의 추가 변환을 수행하는 첫 단계로서, 그러한 연산의 쌍 상호 간의 기호적 관계를 정의하기 위함이다. 다시 말하면, 우리는 $a + b - b$와 $a - b + b$, $a \times b \div b$ 또는 $a \div b \times b$ 또는 $\dfrac{ab}{b}$를 단순한 기호 a와 동일한 의미라고 간주한다.

그와 같은 형식하에서 대수학의 기본 연산은 모두 기호적이며, 우리는 다른 학문의 원리와 관계없이 그것들을 통해 기호적 결과와 그에 동치인 형식을 추론할 수 있다. 그것을 생성하는 연산의 기호적 표현으로 얻은 결과를 연결하기 위해, 대수적 결과 또는 대수적으로 동등한이라는 단어 대신에, 일반적인 언어의 사용을 완전히 대체하기 위해서, =과 같은 어떤 부호를 도입하는 것이 단지 필요할 것이다.

이 시점에서 대수학과 산술학의 본질적 연관성이 시작되었다고 제대로 말할 수 있다. 왜냐하면 단순한 부호와 기호의 학문은, 특정한 표현으로 실제 크기에 대한 실제 연산과 함께 해석에 의해 연관될 수 없는 한, 결합 법칙의 결과에서 끝나야 하기 때문이다. 우리가 지금까지 설정해 온 가정에서조차, 산술학 또는 산술 대수학을 제안의 학문으로 간주해 온 것은 이 학문의 그러한 적용을 목적으로 하고 있다. 즉, 학문으로서, 그 연산과 연산의 일반적 결과는 기호 대수학의 기초가 되는 가정에 대한 지침이 되어야 한다. 따라서 첫 번째 경우에서 기호의 값과 표현, 그리고 +와 − 부호의 독립적인 존재의 보편성을 용인하거나 가정하는 것은 산술학에 해당하는 것이 없는 가정으로서, 우리는 마찬가지로 다른 경우에서 +와 −, ×와 ÷로 표시되는 연산의 존재를 가정하는데, 우리는 후속적인 일반적 해석을 기대하며 덧셈, 뺄셈, 곱셈, 나눗셈이라고 부른다. 부호가 독립적으로 존재하지 않는 산술 대수학에서, 빼어지는 양의 부호 변경 규칙에 대한 덧셈과 뺄셈의 연산은, 기호 대수학에서 동시성을 위해 가정된 규칙을 제시하고, 그에 해당하는 연산을 어느 정도 정의한다. 유사한 방법으로, 산술 대수학에서 곱셈의 연산은 +와 − 부호의 통합에 대한 규칙으로 이어지며, 이는 마찬가지로 기호 대수학에서 해당 규칙에 대한 가정을 제시한다. 산술학과 산술 대수학에서는 임의의 수에 대한 연산이 어떤 순서를 취하든 동일하며, 기호를 사용할 때 어떤 순서로 쓰든 동일한 것으로 보인다. 따라서 두 학문 간에 조화를 보존하고 연산 자체를 위치의 우연과 무관하게 하기 위해서, 동일한 규칙이 마찬가지로 기호 대수학에서 우선되어야 한다고 가정된다. 마지막으로, 덧셈과 뺄셈, 곱셈과 나눗셈의 연산 쌍은 각각 산술학과 산술 대수학에서 서로 역의 관계이며, 기호 대수학에서 해당되는 연산의 관계는 마찬가지로 각각 서로 역으로 정의되어 결정된다.

산술 대수학과 기호 대수학의 결과에 필요한 동일성을 확립했으므로, 이 합의가 이들 학문의 첫 번째의 필요한 제한을 위반하지 않고 확장될 수 있는 한, 우리는 기호 대수학에서 +와 −, ×와 ÷로 표시된 연산을, 그에 종속된 수량이 산술적인 경우, 산술학에서 덧셈과 뺄셈, 곱셈과 나눗셈 연산의 의미와 엄격히 일치하는 것으로 타당하게 가정할 수 있다. 그 일반적인 의미에서 산술적이든 아니든, 동일한 종류의 모든 수량에 적용할 수 있다. 곱셈과 나눗셈이 연산인 것과 같이, 곱하는 수나 나누는 수가 그 속성이 무엇이든 모든 수량에 동일하게 적용될 수 있는 숫자나 숫자 분수일 때, 우리는 그러한 연산의 의미 해석을 이러한 모든 경우에 적법하게 확장할 수 있다. 가능한 경우, 연산과 관련되도록 한 다른 가정에 엄격히 부합하는 그러한 연산과 그 결과의 의미에 대한 해석을 구해야 하는 것은, 그 차이가 다른 대수적 부호를 가짐으로써 발생하든지 또는 그러한 부호와 무관하게 다른 특정한 속성 때문에 발생하든지 간에, 그런 연산의 대상이 되는 수량들이 다른 성질의 것일 때뿐이다.

따라서 $a + a$는 a의 중복을 의미하고, $-a + (-a)$ 또는 $-a - a$는 $-a$의 중복을 의미한다. 왜냐하면 한 경우에선 a와 a가, 다른 경우에선 $-a$와 $-a$가 그것이 무엇을 표시하든 동일한 종류의 양이다. 또한 $2a$는 $a + a$ 또는 a의 중복을 표시하고, $2(-a)$ 또는 $-2a$는 $-a - a$ 또는 $-a$의 중복을 표시하는데, 위에 제시된 곱셈의 단순 수치 인자의 해석과 일치한다. 유사한 방법으로, 같은 기호가 다섯 번 반복되는 $a + a + a + a + a$는 a의 다섯 배를 의미하며 $5a$로 표시되고, $-a$가 $+$ 부호를 받으며 다섯 번 반복되는 $-a + (-a) + (-a) + (-a) + (-a)$ 또는 $-a - a - a - a - a$는 $-a$의 다섯 배를 의미하며 $5(-a)$ 또는 $-5a$로 표시된다. 유사한 방법으로 유사한 항들을 하나로 모으는 규칙을 도출할 수 있다. 따라서 $5a + 3a$는 $8a$와 동일하다. 왜 그런지 살펴보자. 먼저 다음이 성립한다.

$$a + a + a + a + a + (a + a + a)$$
$$= a + a + a + a + a + a + a + a$$
$$= 8a$$

여기서 8은 $5a$와 $3a$에 있는 계수의 산술 합계이다. 또 $5a - 3a = 2a$이다. 왜냐하면 다음이 성립하기 때문이다.

$$5a - 3a$$
$$= a + a + a + a + a - (a + a + a)$$
$$= a + a + a + a + a - a - a - a$$

$$= a + a + a - a + a - a + a - a$$

$$= a + a$$

$$= 2a$$

위에서 $a - a$가 나타날 때마다 삭제한 것을 볼 수 있다. 이들을 수행하는 데 주어지는 일반적 규칙을 이끌어 내기 위해 쉽게 일반화할 수 있는 변환을 더 진행할 필요는 없다.

다시 말하지만, 어떤 연산(들) 결과의 의미에 대한 해석을 고려할 때, 우리가 보고자 하는 것은 단지 최종 결과에 대한 것이지, 그 결과로 이끄는 과정의 어떤 중간 부분의 그 형태나 상태에 대한 것이 아니다. 왜냐하면 그러한 연속적인 형태의 연결은 대수적으로 필요하며, 마찬가지로 지배해야 하고, 어느 정도 그 해석을 결정해야 하는 법칙에 지배되기 때문인데, 그 반대는 아니다. 따라서 수식 $-b + a$는 $a - b$와 대수적으로 동일하며, a와 b가 동일한 종류의 양이고, a가 b보다 크면, $a - b$는 즉각적이고 간단한 해석을 용인한다. 그러나 우리가 첫 번째를 적절하게 해석할 수 있는 것은, 이 두 번째 그리고 동등한 형태에 대한 참조에 의해서만 가능하다. 비슷한 방식으로, $-5a$는 $5(-a)$와 대수적으로 동일하다. 그리고 두 번째 형식이 $-a$의 다섯 배를 의미하는 만큼, 첫 번째도 마찬가지로 같은 해석을 용인해야 하거나 할 수 있다.

그러나 기호나 부호 조합의 일반 법칙이 다른 출처로부터 동일한 결과를 이끌어 내야 한다면, 우리는 더 이상 결과의 동일성으로부터 그러한 출처의 동일성을 추론할 수 없게 된다. 그러한 경우는 산술에서 지속적으로 나타나는데, 여기서는 숫자의 통합이 그 원천에 대한 가시적인 또는 발견 가능한 흔적을 남기지 않는 결과로 이어진다. 따라서 숫자 24는 12×2, 또는 8×3, 또는 6×4, 또는 $2 \times 3 \times 4$가 될 수 있으며, 결과로부터 그 인자로 옮겨갈 때 다른 어떤 것에 우선하여 그것들 중 하나를 선택하도록 우리를 안내할 어떤 표시도 없다. 그러나 대수학에서 역 연산에 종속되지 않거나 그 결과로 나타나지 않는 기호들은 없앨 수 없으며 가능한 모든 동등한 형태로 자신을 나타내야 한다. 그러나 동일한 부호가 다른 조합으로 인해 발생할 수 있다면, 결정된 법칙에 따라 통합을 인정하는 부호에는 동일한 관측이 적용되지 않는다. 따라서 $+-$와 $-+$는 모든 경우에 단일 부호 $-$로 대치되고, $++$와 $--$는 단일 부호 $+$로 대치되며, 대수학에서 존재가 인정된 이들 그리고 기타 부호의 다른 조합에 대해서도 유사하다. 이러한 이유로, 대수학에서 직접 그리고 역 과정이 동일하지 않고, 첫 번째에 존재하지 않는 모호성은 반드시 두 번째에서 드러낸다. 따라서 $a - b$는 $a + (-b)$ 또는 $a - (+b)$에서 발생할 수 있고, ab는 $+a \times +b$ 또는 $-a \times -b$에서 발생할 수 있다. $-ab$은 $+a \times -b$ 또는 $-a \times +b$에서 발생할 수 있으며, 대수학에서 영구적으로 발생하는 다른 경우에도 유사하다. 동일한 모호성은 원래의 요소가 아닌 결과만으로 결정되어야 할 때, 해당 해석에서도 스스로 나타나야 한다.

산술 연산의 동일성으로 그 결과의 단순하고 직접적인 해석을 도출할 수 있는 것은 대수학의 연산 부호가 산술학에 원형이 있는 조건에서 나타날 때뿐이다. 가능한 모든 다른 경우에서의 해석은 단지 대수학의 일반 법칙에 대한 일치 또는 불일치와, 기호가 산술 값으로 전락할 가능성에 의해 제한될 뿐이다. a와 b가 선일 때 또는 그중 하나가 선이고 다른 하나는 면적일 때, 또는 그중 하나가 시간이고 다른 하나는 속도일 때, 우리가 ab 또는 $-ab$를 해석하는 것은 이 원리에 기반을 둔 것이다. 마찬가지로 다른 모든 경우에 $\sqrt{-1}$의 기호 법칙이 일단 결정되었을 때, 다음과 같은 그리고 유사한 양을 해석할 수 있는 것도 이 원리에 의한 결과의 단순하고 직접적인 것이다.

$$a + b\sqrt{-1} \qquad a - b\sqrt{-1}, \quad a(\cos\theta + \sqrt{-1}\sin\theta)$$

덧셈 연산의 반복은 대수학과 산술학의 일차 연관성으로부터, 기호 자체의 반복 횟수와 동일한 숫자 또는 계수에 $+$ 부호의 기호 작용을 곱하여 표시됨을 보여준다. 유사한 방식으로, 동일한 기호로 곱셈 연산의 반복은, 충분하게 쓰인 수식에서 기호의 반복 횟수와 동일한 지수와 함께 이 기호를 써서 표시할 수 있다. 그렇게 작용을 받는 수식을 단순하게 하는 것은 두 경우 모두 기호가 나타내는 수량의 특정한 속성과 똑같이 독립적이다. 그리고 어떤 경우에 m과 n이 정수이면, 다음이 성립한다.

$$ma + na = (m+n)a$$

다른 경우에도 마찬가지로 같은 조건에서 다음이 성립한다.

$$a^m \times a^n = a^{m+n}$$

그리고 어떤 경우에서, 동치인 형식의 영속성의 원리는, m과 n이 어떤 부호로든 작용을 받는 일반 기호일 때 다음을 나타낸다.

$$ma + na = (m+n)a$$

다른 경우도 마찬가지로 같은 조건에서 동일한 원칙이 다음을 나타낸다.

$$a^m \times a^n = a^{m+n}$$

지수의 특정 값들에 대한 의미 해석은, 분수이든 음수이든, 이 결론에 포함되는데, 이것은 지수의 원칙이 된다. 따라서 지수를 그리고 그 해석을 결정해야 할 뿐만 아니라, 역으로 특정 해석에 적합하다고 가정해야 하는 지수의 결정에 대해 우리를 안내하는 일반적인 원리가 된다.

　　대수 연산의 결과를 일반화하는 데 매우 중요해 보이는 동치인 형식의 영속성 원리는, 내가 대수학의 원리와 산술학과의 연관성에 대해 취해 온 견해, 즉 제안의 학문으로 간주하는 것에서 그 권위를 이끌어 내야 한다. 왜냐하면, 첫째로 이 원칙은 대수학의 연산 그리고 그 결과를 기호의 특정 값과 완전히 독립된 것으로 가정하며, 동치인 형식을 그러한 기호가 형식에서 일반적이라면 가져야 할 어떠한 값이 존재하는 것으로 가정하기 때문이다. 둘째로 그것은 값이 특정되더라도 기호가 형식에서 일반적인 경우 산술 대수학에서 얻은 동치인 형식을, 정의 가능 여부와 상관없이 대수 연산의 결과로 그런 형식이 존재한다면, 기호 대수학에서도 마찬가지로 반드시 동일하다고 간주할 수 있게 한다. 이 원리의 필요성과 사용은 지수의 원리의 일반화에서 드러났는데, 이는 우리가 $(a^m)^n = a^{mn}$을 증명하면서, 지수가 일반 기호일 때 이항 정리를 전개하면서, 그리고 결과를 산출하는 연산을 말로 정의할 수 없는 많은 다른 경우에 동일한 급수의 일반적인 존재를 확립하면서, 바로 전 문단에서 언급한 바 있다. 그러나 이와 같은 가장 포괄적인 원칙을 처음 확립하고 그 많은 응용에 대해 논의하는 과정에서 참 많은 일들이 일어났기에, 나는 여기서 그것에 대한 일반적인 고려를 재개할 필요가 없다고 생각한다. 그러나 본질적으로 그것과 연관된 한 가지 주제가 있는데 그것은 매우 중요하고 특별하게 섬세하고, 어려운 것이어서 좀 더 자세히 알아보고자 한다.

동치인 형식이 정의 가능한 연산의 수행에서 비롯되는 경우, 그 존재는 그것들의 결과로서 필요 조건이다. 그러나 결과를 산출하는 연산이 정의되지 않을 때 등등한 형식이 존재하거나 존재해야 하는 경우, 그 존재는 더 이상 필요 조건이 아닌데, 이는 수학적인 필요성이 그러한 존재가 추정될 수 있는 방식으로 통상적으로 이해된다는 점에서 그러하다. 따라서 n이 정수일 경우 $(1+x)^n$에 대한 동치 급수의 존재는, 그것을 산출하는 연산이 완전히 정의될 수 있다면 필요 조건이다. 그러나 n이 일반 기호일 경우, 우리는 $(1+x)^n$에서 동치 급수로 선날뇌는 연산을 성의할 수 없는데, 이것은 오직 동치인 형식의 영속성 원리에 따라, 그러한 조건하에서 존재한다. 그러므로 하나와 다른 하나 사이의 연결은 그 존재가 가정될 때에만 필요하게 된다. 다시 말하면, 이와 같은 동치 급수가 존재한다면 그것은 반드시 다른 것이 아닌, 문제의 급수이어야 한다. 만일 그러한 급수가 존재한다면, 그것은 단어가 가장 확장된 의미에서 동치 급수가 될 것이다. 따라서 그러한 급수의 존재 결과에 관해서는, 그것이 수학적인 필요성에 의해 존재하든 그렇지 않든, 관심이 없는 문제가 된다.

다시 말하지만, 만약 우리가 u를 형식이 정의되거나 표시되지 않은 기호 x를 포함하는 어떤 수식을 표현한다고 가정하고, u'을 x가 $x + h$로 될 때 동일한 수식을 나타내는 것으로 가정한다면, u'과 동치인 급수, 즉 다음의 존재는 u와 Du, Du와 D^2u, Du^2와 D^3u 등의 연결이 필요할 때, 필요 조건이 된다.

$$u + Du \cdot h + D^2u \cdot \frac{h^2}{1 \cdot 2} + D^3u \cdot \frac{h^3}{1 \cdot 2 \cdot 3} + \cdots$$

하지만 이러한 연속적인 도함수 식을 연결하는 연산이 그들이 가져야 하는 일반적 형식으로 정의할 수 없고, 이들의 연결 법칙이 동치인 형식 원리의 적용으로만 결정될 수 있는 경우엔, 그 급수의 존재는 가능하다 하더라도 필요하지 않게 되며, u'과 그 결과의 등가성은 수학적 필요에 의해서만 결정된다고 간주될 수 있다. 나머지 유일한 경우는 u와 Du를 연결한 연산이, 동치인 형식의 영속성 법칙을 적용하기 위한 기초를 제공할 수 있는 어떠한 조건에서도 정의되지 않을 때로서, 동치 급수의 존재가 가능할 수도 있고 불가능할 수도 있을 때이며, 그리고 필요한 수학적 연결이 u'과 이 가상의 급수 사이에 존재할 때이다. 그러한 상황에서 그 존재에 대한 가정은, 다른 출처로부터 발견되지 않는 한, 그것에 관한 일반적인 추론에서 멈추어야 하며, 같은 종류의 모든 급수에 동등하게 속하지 않는 어떤 결론으로도 이어지지 않아야 한다.

앞의 관찰은 중요한데, 우리는 그 형식 자체에서 또는 그로부터 파생된 다른 형식에서 어떤 속성을 발견하고 그렇게 해서 그것들이 가능하거나 필요한 존재를 확인할 목적으로, 마치 그것이 실제로 존재하는 것처럼, 가상의 동치인 형식에 대해 종종 추론을 해야만 하기 때문이다. 그러한 목적을

20

위한 속성의 발견은 대수학의 연구와 기술의 상당 부분을 차지하고, 그것은 매우 중요한 문제가 되는데, 수학적인 필요성에 의해 그러한 형식의 존재 여부를 확인하는 것뿐만 아니라, 마찬가지로 그 연결의 본질이 그것에 기초한 결론에 아무런 영향을 미치지 않을 것이라는 것을 보여주기 때문이다.

대수학의 원리와 연산에 대한 이런 견해의 가장 중요한 결과 중 하나는, 기호들의 조합에 대한 법칙의 영향을 그 해석의 원리로부터 완전히 분리한 것이다. 대수학의 일반적 체계에서, 대수학의 연산에 대해 가정된 또는 이해된 이전의 해석은 얻어진 결과와 기호 조합의 법칙을 결정하거나 결정하도록 되어 있다. 그러나 그 경우는 내가 제안을 시도한 시스템에서 역전되는데, 여기서는 기호 조합의 법칙이 임의로 가정된 것이 아니라, 하위 학문인 산술학에서 예상되는 해석을 일반적으로 참조한 반면에, 얻어진 결과의 해석은 전적으로 기호의 특정 값을 참조하여 그들 법칙에 따라 결정된다. 따라서 +와 − 부호의 해석은 그들의 영향을 받는 모든 다양한 기호 값에 대해 다를 것이고, 그 결정은 가능하면 이 경우와 다른 경우에 있어서 분명하고 가장 중요한 연구 과제가 될 것이다. 그러나 그러한 해석은 일련의 종속 결과에 대한 해석의 연결이 그렇다 해도, 어느 한 경우에서도 결코 수학적으로 필요하지 않다는 점을 명심해야 한다. 다시 말하면, 다른 결과가 의존하는 결과 중 어느 하나에 대해 인정된 해석은 급수에서 다른 모든 것에 수학적 필요성을 부여할 수는 있지만, 그 반대로는 아니다.

그러한 해석과 이를 제한하고 지배하는 원리를 통해, 대수학은 모든 하위 학문의 형식과 고유한 특성에 수용된다. 첫 번째 예로 산술학에 대해서는 일반직인 제안의 학문으로, *기하학*에서는 그기와 위치에 관한 선분의 상호관계를 규정하는 것으로, 기계공학 그리고 역학에서는 멈춤이나 움직임을 초래하는 힘과 그 방향 그리고 효과를 정의하는 것으로 수용된다. 그리고 자연철학의 다른 모든 분야에도 유사하게, 고정되고 불변인 원칙에 적어도 근사적으로 의존하도록 이용될 수 있다.

나는 대수학의 첫 번째 원칙을 존중하는 나의 견해를, 그것을 진술하는 과정에서 내가 따랐던 과정을 설명하고 어느 정도 정당화하기 위해 앞에서 일반적으로 설명하는 것이 적절하다고 생각했다. 나는 그것을 하나의 형식으로 나타내는 것이, 특히 세심하게 선별된 일련의 예제로 설명할 때, 가능할 것이라고 상상했으며, 충분하고 확고한 목적과 그를 통해 조심스럽게 노력하려는 꾸준한 관심을 가진 학생에게 완벽하게 접근할 수 있도록 했다. 그리고 나는 그 책의 상당 부분이 인쇄될 때까지 같은 희망에 계속 빠져 있었다. 그러나 나는 이러한 기대를 했을 때, 낡은 의견과 원칙에 대해 논쟁하는 사람들과 새로운 것들을 제시하는 사람들의 특성을 통합하는 것이 어렵다는 것을 충분히 고려하지 않았다. 또한 저자가 특히 논란이 되는 주제에 대해 자신의 주장과 추론을 조정하겠다고 느끼는 저항할 수 없는 성향을 적절히 수용하지도 않았는데, 이는 모든 길이 어둡고 얽혀 보이고, 모든 형태가 낯설고 이상하게 보이는 그러한 연구에서 초보자의 주저하고 불확실한 발걸음을 안내하기보다는, 주제에 익숙한 독자의 성숙한 판단을 충족시키기 위함이다. 그러나 나는 다음 책의 일부 장을 학생이 쉽게 이해할 수 있는 형태로 축소했으면 하는 희망을 버려야 했지만, 그럼에도 학생이 이 책에 명시된 대로 대수학의 첫 번째 원리를 가정하고 이해하든, 또는 이 주제에 관한 일반 서적에 있는 더 분명하고 이해할 수 있는 형식으로 자신을 만족시키든, 어려움을 겪지 않을 다른 많은 것들이 있다.

제1장에는 대수학의 첫 번째 원칙에 대한 설명이 수록되어 있는데, 가장 추상적인 형식이 아니라 후속 해석을 참조하여 수정함으로써 더 쉽게 이해할 수 있도록 고려했다. 제2장은 대수학의 기본 연산을 수행하기 위한 규칙을 포함하며, 다수의 응용 예제로 설명하고 있다. 제3장은 가장 일반적인 형태의 대수학 원리, 산술 그리고 산술 대수학과의 연관성, 그들이 이끄는 수학 추론의 가장 중요한 일반 원리의 일부와, 특히 대수 부호와 연산의 해석 원칙에 대한 충분한 설명을 포함한다. 제3장은 앞선 두 장과 연계하여

즉시 공부하도록 의도했는데, 이는 조항들이 처음 스스로 제시한 정확한 연속 순서로 취해지고 최종적으로 고려되는 경우, 그렇지 않으면 나타날 수 있는 일부 결론에서 완벽한 논리적 순서의 필요성을 설명하고 정당화하기 위해서이다.

제4장과 제5장은 대수학의 응용을 수치 분수[a]이론에, 그리고 대수 분수를 가장 단순한 형식으로 변환하는 것을 고려하여, 산술 대수학과 기호 대수학의 분파를 형성한다. 이 두 장의 과정은 많은 경우, 매우 근접하고 주목할 만한 유사성이 있어서, 그들이 공통의 토대 위에 놓여 있고, 공통된 입증에 의해 정당화되는 것으로 간주하게 한다. 이런 종류로는 두 수의 최대 공약수와 두 대수식의 최대 공통 나눗자를 구하는 규칙이 있고, 우리는 그 개별적이고 독립적인 고려의 필요성을 특별히 짚고 넘어갔다.

제6장에서는 지수의 일반 원리의 완전한 전개와 이를 포함하는 수식을, 즉각적이든 해석에 의하든, 가장 단순한 형태로 변환하는 것에 할애하고 있다. 제7장은 십진 소수 이론으로서, 유한 또는 반복적일 때 동치인 수치 분수로부터의 생성과 그것으로의 재변환을 다룬다. 제8장은 대수 그리고 산술에서 제곱 근과 기타 거듭 제곱 근을 산출하는 규칙을, +와 − 외 다른 부호의 도입 없이 그런 분해가 실행 가능한 경우, 대칭 그리고 기타 수식을 그 요소 인자로 분해하는 관찰과 함께 제공한다.

제9장은 우연의 계산 이론에 대한 첫 번째 요소와 함께, 순열 그리고 조합 이론에 대한 설명을 담고 있다. 여기엔 독일에서 광범위하게 발전되어 온 조합 해석에서 가장 중요한 몇 가지 명제가 포함된다. 그러나 나는 이런 종류의 분석에 상당하고, 실제로는 본질적인 부분을 차지하는 다양한 기존의 표기법, 그리고 형식과 이론에 대한 논의에 들어가는 것을 편리하다

---

a) 한 자연수를 다른 자연수로 나눈 것을 수치 분수라 한다. 마찬가지로 한 대수 식을 다른 대수 식으로 나눈 것을 대수 분수라 한다.

고 생각하지는 않았다. 왜냐하면 이러한 표기법의 포괄적 성격을 부정하는 것은 내 마음이 내키지 않기 때문이며, 가장 복잡한 공식들을 쉽게 쓰는 수식으로 압축할 수 있는 힘은 일단 이해되면 쉽게 해석되지만, 그것들이 대수적 양의 조합과 해석에 대한 일반 법칙을 다소간 위반해야 하는 만큼, 그것들은 특히, 대수학의 원리를 가르치고 그들의 일상적인 용법과 수용에 따라 그 결과를 따르는 것이 목적인, 이와 같은 책에서 조심스럽고 신중하게 사용되어야 한다.

결과로 얻은 급수에 있는 계수들의 특성과 관계되는 이항 정리와 다항 정리 그리고 급수의 대수 값과 산술 값의 이론은 제10장의 주제를 형성한다. 지수가 일반 기호인 이항 급수의 존재와 형식이, 필자는 동치인 형식의 영속성 원리를 이용하여, 지수가 정수인 급수의 일반적인 형식에 종속되는 것을 알아냈다. 원래의 수식과 그와 동치인 급수 사이의 고유한 연결이 사전에 정의될 수 없는 모든 경우에, 나는 이 증명 방식의 필요성을 다른 기회에 지적해 왔다. 이어지는 급수의 산술 그리고 대수 값 이론은 대수학에서 가장 난처한 질문들 중 하나가 된다. 그리고 내가 지적한바, 그것들 간의 구분은 매우 중요하지만, 나는 이 주제에 지장을 주는 어려움을 완전히 제거했다는 것에 결코 만족하지 않는다.

제11장에서 나는 산술학과 기하학에서 사용되는 비례의 정의 사이에 존재해야 하는 본질적인 구별을 지적하기 위해 노력했다. 산술학에서는 그 용어에 따라붙는 일반적 개념을 완벽하게 구현하는, 비율에 대한 절대적 정의가 존재하고, 동일한 정의가 대수학에서도 마찬가지로 가정될 수 있다. 그러므로 비례는 그것을 완전하게 정의하기 위해서, 비율의 동일성이라고 말해도 충분하다. 그러나 기하학에서는 비율의 절대적 정의가 존재하지 않거나, 오히려 그 값을 표현하는 기하학적 방식이 존재하지 않는다. 따라서 이 학문에서 우리는 비례를 독립적으로 정의함으로써 시작해야 하고, 나아가 그것들이 비례의 조건을 형성할 때 서로 동일하다고 주장함으로써

비율의 개념을 결정해야 한다.

제12장에 포함된 매우 다양한 주제에 대해 제안된 일반적인 견해와 의견은 통상적으로 근거가 충분하다고 인정된 것들과 너무 다르기 때문에, 그 의견들의 본질과 내가 그것을 채택하게 된 이유에 대해 어느 정도 설명하는 것이 나 자신과 독자에게 마땅하다고 느낀다.

대수학의 연산 그리고 그 의미에 대한 이전의 해석에 의존하여 얻은 결과를 만드는 실행은, 값과 표현 모두에서 기호 언어의 본질적 일반성을 참조하지 않더라도, 지속적으로 그러한 해석과 다른 결과로 이어진다. 그러한 결과는 음의 부호만으로 영향을 받는 경우, 불가능하다고 여겨지지 않는데, 대수적 연산의 의미에 대한 원래의 가정을 다소 강제적으로 위반하여, 때때로 의미를 부여할 수 있기 때문이다. 그러나 음수의 제곱이나 기타 짝수의 근을 포함하는 결과에는 이와 유사한 자유가 결코 허용되지 않는데, 그들의 존재가 부호의 통합에 대해 가정을 하든 증명이 되었든 간에, 규칙과 명백히 다르기 때문이다. 따라서 그러한 양은 단지 상징적인 존재만을 가지고 있는 것으로 간주되었고, 이는 실제로 존재하는 양이, 필요 조건을 충족하는 관계로서 부호 +와 −로 영향을 받는 양을 가질 수 없기 때문이다. 심지어 그러한 결과를 특징지으며 불가능이라는 용어를 사용하는 것도 필자와 독자 모두의 관심을 그 의미에 대한 일관된 해석을 찾도록 하는 모든 질문으로부터 다른 곳으로 돌리게 하는 강력한 경향을 가지고 있다.

그러한 수량의 의미에 대한 해석을 내가 찾을 수 있는 첫 번째 시도는 1806년 철학 회보[b]에서 뷰에에 의해 이루어졌는데, 이것은 비록 매우 모호하고 비학문적인 형태로 제시되었지만, 대수학 부호의 사용과 의미에 대한 일부 원론적인 견해를 담고 있는 회고록이다. 그러나 비록 불완전하거나 전혀 잘못된 다른 시도들이 수반되었지만, 기호 $\sqrt{-1}$의 해석을 기하학에서

---

b) 영국 왕립학회에서 발행하는 학문 저널

수직을 가리키고, 한두 경우에 의미의 해석으로 제한되었다. 그의 결론이 옳은 경우에도, 그의 추론은 그것을 확립하기에 불충분했다. 그러나 나는 내 관심을 처음 이 주제로 기울이게 하였기에, 이 논문에 대한 나의 고마움을 인정해야 한다고 생각한다.

훨씬 나중에, 이 책의 처음 세 장의 대부분을 퇴고하여 출판사로 보냈을 때, 비록 내가 이 주제에 대한 내 현재의 견해를 완전하고 만족스럽게 보유하기 전에, 지저스 칼리지[c]의 워런[1]이 저술한 음의 양에 대한 제곱 근의 기하학적 표현에 대한 책이 나왔다. 대단한 독창성과 정의의 사용에서 극도의 대담성으로 유명한 이 책에서, 워런은 기하학에서 선이나 그 선이 나타내는 양을 표시하는 기호에 붙어 있을 때, 일의 거듭 제곱 근들에 대한 해석에 완전하게 성공했다. 그러나 그는 그렇게 하면서, 해석이 결과를 지배하는 것이지, 결과가 해석을 지배하는 것이 아니라는, 대수학에 관한 모든 저자의 관행을 엄격히 준수했다. 따라서 서로 어떤 각을 이루는 두 선의 합을 그들이 포함하는 평행사변형의 대각선이 되도록 정의하고, 그 차를 그 합의 역으로 정의함으로써 시작한다. 그러므로 이 주제에 대한 (조항 513)은 나 자신의 연구 결론인 바로 그 명제로부터 출발한다. 그는 그런 다음, 같은 방향에 있지 않은 선들의 상호 비례에 대한 정의를 진행하는데, 여기엔 두 개 이상의 작용 부호의 곱 또는 몫의 의미 결정이 포함된다. 그는 이어서 이러한 정의와 다른 정의의 결과를 검토하고, 합, 차, 곱 그리고 몫이 의미하는 것의 통상적인 정의에 따라 그것이 기호 조합의 결과와 완벽한 연관성이 있음을 보여준다. 그의 최종 결론은 내가 제시한 것들과 대개

---

1) "A Treatise on the Geometrical Representation of the Square Roots of Negative Quantities," by the Rev. John Warren, M, A. Follow and Tutor of Jesus College, Cambridge, 1828.

c) 영국 케임브리지 대학교를 구성하는 칼리지

26

일치하며, 그중 일부 더 주목할 만한 것들에 대한 검토를 이제 진행하고자 한다.

나는 산술 값과 기호 값, 즉 산술 근과 기호 근 사이에 존재하는 구별을 지적하면서 시작하려는데, 전자는 거듭 제곱 근이 필요한 양의 작용 부호와 완전히 독립적이다. 그러므로 원래의 인정된 작용 부호가 +와 −, 또는 +1과 −1이고, 선행 기호나 양에 대한 기호 곱셈자로 간주되는 경우, 나는 $1^{\frac{1}{n}}$이나 $(-1)^{\frac{1}{n}}$ 또는 그것과 기호적으로 동치인 다른 수식들을 해당 산술 근의 적당한 작용 부호를 나타낸다고 가정한다. 따라서 우리는 유일한 작용 부호로서 더 이상 +와 −에 국한되지 않으며, 이는 우리가 덧셈, 뺄셈이든 제곱근 산출이든 간에, 또는 정의 가능 여부와 관계없이 모든 연산의 대수적 가능성을 보존하는 데 필요한 다른 부호들을 만들어냈고, 기호 조합의 법칙에 의해 수행되기 때문이다. 그것들의 기원과 가정에 대한 이론은 독립적인 존재인 +와 − 부호의 것들과 정확하게 유사하다.

다시 말하지만, 그러한 작용 부호의 명시적인 기호 형식을 결정할 때, 우리는 그것들이 충족해야 하는 기호 조건을 고려한다. 따라서 만약 $1^{\frac{1}{n}}$이 작용 부호일 경우, $(1^{\frac{1}{n}})^n$이 +1과 같을 수 있는 그런 종류여야 한다. 또한 그런 형식의 수가 무엇이든 간에, 그것들은 모두 똑같이 적절한 작용 부호이고, 이는 지수로 표시된 연산이 의미할 수 있는 것이다. n이 정수일 때, 서로 다른 n개의 $1^{\frac{1}{n}}$의 기호 값이 있고 그 이상은 아니며, $a^{\frac{1}{n}}$과 같은 양에도 다른 n개의 기호 값이 있어야 하고 그 이상은 아니다. 비슷한 방법으로, $(-1)^{\frac{1}{n}}$에도 n개의 다른 기호 값이 있고, $(-a)^{\frac{1}{n}}$도 n개의 다른 기호 값이 있다.

좀 더 조사를 해보면, $1^{\frac{1}{n}}$이나 $(-1)^{\frac{1}{n}}$의 이러한 기호 값 중 하나의 정수 거듭 제곱이 각각 $1^{\frac{1}{n}}$이나 $(-1)^{\frac{1}{n}}$의 기호 값을 재현하는 것으로 나타난다. 따라서 m이 정수일 때 $1^{\frac{m}{n}}$이나 $(-1)^{\frac{m}{n}}$의 기호 값은 $1^{\frac{1}{n}}$이나 $(-1)^{\frac{1}{n}}$의 기호 값과 수와 형식에서 정확하게 동일하다.

이러한 작용 부호의 기호 특성을 확인했으므로, 특정한 값을 가진 기호에 붙었을 때, 그러한 특성에 완벽하게 부합하는 해석이 발견될 수 있는 경우, 그 해석을 진행하기로 한다. 따라서 a가 주어진 위치에 하나의 선분을 나타내는 경우, n이 정수일 때, $(1)^{\frac{1}{n}}$의 다른 기호 값들은, 각을 서로 같게 하고, 서로 연속적으로 네 직각의 $\dfrac{1}{n}$과 같게 만드는 일련의 동일한 선분을 나타낸다. 따라서 $n = 4$일 경우, $(1)^{\frac{1}{n}} = 1$, 또는 $\sqrt{-1}$, 또는 -1, 또는 $-\sqrt{-1}$, 그리고 a, $\sqrt{-1} \cdot a$, $-a$, $-\sqrt{-1} \cdot a$는 a와 동일한 네 개의 선분을 나타내며, a와 $-a$가 반대 방향이다. 그리고 $\sqrt{-1} \cdot a$와 $-\sqrt{-1} \cdot a$도 마찬가지로 반대 방향이지만, 전자와 직각을 이룬다. 그러나 선분이나 다른 양을 표시하는 기호에 부착될 때, 이러한 부호의 해석에 대해 여기서 더 이상의 설명에 들어갈 필요는 없는데, 우리가 참조할 장에서 매우 상세하게 제시되어 있기 때문이다.

따라서 그러한 작용 부호가 선분의 위치를 지정하는 데 있어 가장 적절한 해석을 발견한다는 것을 확인했으므로, 우리의 관심은 일반적인 위치, 즉 원래의 선분 방향과 임의의 각으로 기울어진 선분의 위치를 지정하는 부호의 발명이나 결정으로 자연스럽게 향하게 된다. 왜냐하면 n이 정수일 때, $(1)^{\frac{1}{n}}$의 값은 선분의 확정적 위치에만 일치해야 하는 것이 분명하기 때문이며, 비록 n이 무한대일 경우에도, 우리가 할당된 위치에 선택하는 대로 거의 일치하는 $(1)^{\frac{1}{n}}$의 값이 항상 존재할 것이다. 그러한 부호는 다음과 같다.

$$\cos\theta + \sqrt{-1}\sin\theta$$

여기서 θ는 그 위치가 원래의 선과, 지정되어야 하는 선분에 의해 만들어진 각이다. 그러나 내가 이 매우 포괄적인 부호의 발견과 결정에 이끌리게 된 과정은, 그로써 기하학이 거의 전적으로 대수학의 영역으로 들어오게 된 것으로, 거의 모든 조사 단계에 대한 끊임없는 호소 없이는 쉽게 이해될 수 없었으므로, 나는 그 목적을 위해 그것을 참조할 필요가 있다고 생각한다.

이 부호의 도입에 따르는 결론은 매우 중요하며, 대수적 결과의 해석 이론에 새로운 빛을 던지는 것으로 생각된다. 비록 그것들이 직선과 평면의 위치에서 가장 완전하고 만족스러운 설명을 받지만, 많은 다른 양이 이 부호의 일반 또는 특정 값에 해당하는 작용을 받을 수 있기 때문에, 그것들에게만 국한되지 않는다. 그것은 우리가 마찬가지로 부호 +와 −, 또는 +1과 −1을 단지 더 일반적인 부호의 특정 기호 값으로 간주하게 하며, 그들이 표시하는 연산이 그 다른 값에 해당하는 가장 단순한 가상의 사례에 불과하다는 것을 알게 해 준다.

부호 $\cos\theta + \sqrt{-1}\sin\theta$를 사용하고, 그것으로 지정된 위치를 고려함으로써, 나는 대수학과 삼각법의 학문을 통합할 필요가 있게 되었는데, 이 경우 기하학을 산술학 대신에 제안의 학문으로 가정한다. 그러므로 우리는 각의 사인과 코사인의 기하학적 정의로 시작하여, 그것을 통해 기본적인 속성을 결정하고, 이어서 우리가 동일한 이름을 부여하는 양의 대수적 정의로, 가정에 따라 그것들을 이전한다. 우리는 그로부터 θ의 사인과 코사인에 대한 다음 지수식을 얻는다.

$$\frac{\epsilon^{\theta} + \epsilon^{-\theta}}{2} \qquad \frac{\epsilon^{\theta} - \epsilon^{-\theta}}{2}$$

(여기서 $\epsilon = e\sqrt{-1}$이다) 또 그것들을 통해 각도 측정학을 구성한다고 말할 수 있는 모든 공식을 결정한다. 따라서 우리는 그러한 양에 대해 완벽하게 대수학적 특성을 부여할 수 있고, 또한 필요한 경우 기하학을 즉시 참조하여, 얻은 결과를 해석할 수 있다.

직각 삼각형의 밑변에 있는 각은 빗변에 대한 밑변 또는 높이의 비율에 의해 결정되므로, 나는 전자를 문제의 각에 대한 코사인으로, 후자를 사인이라고 불렀다. 이 정의들은 기하학에서 바로 갈라진 것으로 간주되는 각도 측정 학문의 적절한 기초를 형성한다. 또한 사인과 코사인을 선분의 길이가 아닌 비율로 간주함으로써, 우리는 일반적으로 언급되는 원의 반지름에 의해 그들을 포함하는 공식에서 야기되는 당혹감으로부터 즉시 해방된다. 동일한 유추를 통해서 우리는 각을 임의의 원에서 호의 비율로 측정된 것으로 간주하는데, 이것은 각을 그 중심에서 반지름에 대하는 것이고, 결과적으로 원은 각도 측정을 제공하는 것으로 단지 이용되거나 이 학문에 소개된다. 따라서 우리는 탄젠트와 코탄젠트, 시컨트와 코시컨트, 버스트 사인과 서버스트 사인을 그것들에 해당하는 각과 관련하여 원 내부와 주위에 묘사된 선분으로 일반적으로 정의하는 것을 이 학문으로부터 해방시킬 수 있다. 또한 그것들을 코사인에 대한 사인의 비율과 사인에 대한 코사인의 비율, 코사인의 역수와 사인의 역수, 전체와 코사인의 대수적 차 또는 대수적 합에 대한 축약된 표현으로 간주할 수 있다. 각도 측정 공식이 나중에 어떤 방식으로 추론되든 간에, 대수학에서와 같이 사인과 코사인에 대한 지수식으로든, 또는 기하학에서와 같이 두 각의 합과 차의 사인과 코사인에 대한 기본 공식으로든, 학문의 대상을 형성하는 양의 정의에 대한 이러한 수정은 필요한 조사를 크게 단순화할 것이고, 계산의 목적에 쉽게 적응하도록 할 것이다.

　이 장의 가장 큰 목적 중 하나는 기하학과 대수학 간 연결의 특성을 설명하는 것이었기 때문에, 나는 한 학문이 다른 학문으로 대체될 수 있는 범위를 결정하기 위해, 기하학의 정의와 첫 번째 원리에 대해 아주 세밀한 검토에 들어갈 필요가 있다고 생각했다. 이 조사의 일부 결과는, 특히 등식과 평행선의 정의에 관해서 중요하다. 그것은 대수학에서 사용되어야 하는 평행선의 정의인데, 이것은 내가 제안한 변경을 지지하는 가장 결정적인 주장 중 하나를 제공하는 것으로 보인다.

　나는 정적 평형이라는 수학의 첫 번째 원리에 대한 문제를 이 주제에 대한 연구로 소개하는 것에 대해 독자들에게 약간의 사과를 할까 한다. 그러나 나는 자연 철학의 한 갈래에서, 추론의 가정적 그리고 수학적 원리와 구별되는 제안의 원리에 대한 한 예를, 그리고 그것들을 서로 분리해야 할 필요성의 한 예를 제공하고 싶었다. 그것은 또한 내 나름의 대수 기하학의 시스템에 대한 훌륭한 설명을 내게 해주었다.

제13장은 미정 계수를 주제로 삼고 있으며, 하나에서 다른 것으로 이어지는 연산의 특성이 정의되지 않은 경우, 대수 식과 동일하거나 동일할 수 있는 급수의 특성에 마찬가지로 어느 정도 들어간다. 마찬가지로 테일러 급수의 조사도 포함하고 있는데, 이것은 수렴 이론과 라그랑주 방법 사이에 매우 밀접한 대수적 연관성을 주는 것으로 보이는 원칙에 따라, 미분학의 기초가 된다.

제14장은 로그 이론, 로그 표의 이용 그리고 적용, 로그 계산으로의 공식의 변환, 로그를 계산하기 위한 급수와 방법, 그리고 마지막으로 산술 로그와 구별되는 기호 로그 이론의 설명에 전념한다. 내가 제12장에서 작용 부호 이론에 대해 취한 견해는 음의 양에 대한 로그에 대하여 오랜 논쟁의 문제를 아주 쉽게 해결하게 하고, 그것들이 산술 로그를 가질 수 있는 특별한 경우를 보여주게 한다.

마지막 세 장은 이 책에서 상당히 범위가 큰 다른 부분의 결과로, 방정식과 그 해법에 관한 주제에 대하여, 내가 말할 수 있다고 생각되는 모든 것을 포함하고 있다. 나는 그 일반 이론에 대한 논의를 완전히 생략하고, 사차 방정식까지 국한했는데, 다른 것들은 그 계수들의 특정한 관계의 결과로서 사차 방정식으로 환원할 수 있었다. 이들 중 첫 번째 장은 미지의 양 하나만을 포함하는 방정식의 해법에 한정된다. 두 번째 장은 동시 방정식의 속성을 고려하고, 소거 이론의 첫째 요소들을 제공한다. 마지막 장은 그들의 거듭 제곱 근을 특별히 해석할 목적으로, 방정식으로 유도되는 문제의 해법을 고려한다. 그것들은 매우 중요한 주제들에 대한 불완전한 스케치로 여겨질 수 있고, 그것이 제시된 형식에 대해 독자에게 사과해야 한다. 그러나 나는 이 책의 조기 발간을 출판사에 약속했다고 생각했고,

따라서 그 내용을 준비해야만 했던 성급한 방식에 부끄러움을 느꼈으며, 그것은 내가 말하고자 했던 모든 것을 내게 허락된 아주 좁은 한계 안에 제한하도록 하지 못했다. 내가 기꺼이 책 전체로 확장해야 하겠지만, 이 책의 특정 부분과 관련하여 자유분방함을 청원하면서, 나는 이 책 자체와 마찬가지로 적절한 한도를 이미 초과한 이 머리말을 마무리하고자 한다.

제 1 장

정의 그리고 학문의 첫째 원리

1. **대수란** 기호로 된 언어를 사용하여 보편적인 연역을 수행하는 학문으로 정의될 수 있다. 대수의 정의

이러한 간단한 정의를 통해 대수라는 학문의 대상과 응용을 완벽하게 표현하는 것은 불가능하고, 단지 대수에 정통한 사람이나 명백히 이해할 수 있다. 한편, 대수는 여지껏 보편 산술이라 불리어 왔다. 그러나 이렇게 부르는 것은 대수의 여러 대상을 고려할 때 부족함을 알 수 있고, 보편 산술은 단지 대수의 한 응용 분야로 고려된다.

2. 대수에서 사용되는 기호는 추상적이거나 구체적인 모든 종류의 양을 나타내기 위해 도입되었다. 기호들에 작용하는 연산은, 정의와 학문의 첫째 원리를 구성하는 가정들에 의해 결정되기 때문에, 완벽하게 일반적이고 기호가 나타내는 양의 본성에 영향을 받지 않는다. 대수에서
사용되는
기호에 대하여

3. 가장 널리 사용되는 기호는 알파벳의 대문자 또는 소문자이다. 그 이유로는, 어떤 것을 기호로 사용할지는 완벽하게 자유로운데, 알파벳이 공통적으로 가장 많이 채택되었고 또한 가장 쉽게 쓸 수 있기 때문이다. 어떤 가장 널리
사용되는 기호

경우에 기호와 그것이 표현하는 대상 사이의 관계를 보여주기 위해 표현되는 양을 명명하는 용어의 첫번째 문자를 기호로 사용하기도 한다. 또 다른 경우에는 동일한 종류의 서로 다른 양이 대수 연산으로 연결될 때 서로의 관련성을 나타내기 위해 a', a'', a''', a^{iv}, $\cdots$ 와 같이 서로 다른 악센트를 가진 동일한 문자를 사용하거나, a_1, a_2, a_3, a_4, $\cdots$ 와 같이 동일한 문자의 왼쪽 아래에 숫자를 쓰거나, 또는 a, A, a, $\mathbf{a}$, $\cdots$ 와 같이 동일한 문자의 서로 다른 알파벳을 사용한다.

알려지거나 알려지지 않은 양을 나타내는 기호 **4.** 대수에서 사용되는 대부분의 연산에서, 알려지고 확정된 양과 알려지지 않은 양 또는 대수 연산을 사용하여 값을 알아낼 수 있는 양을 구분해내는 것이 필요하다. 알려지고 확정된 양을 나타낼 때는 $a, b, c, \cdots$ 와 같은 알파벳 앞 부분의 문자를 사용하고, 알려지지 않은 양 등을 나타낼 때는 $u, v, x, y, \cdots$ 와 같은 알파벳 뒷 부분의 문자를 사용하는 것이 일반적이다.

확정된 또는 확정되지 않은 그 값이 임의이고 연산의 상황에 따라 할당되는 확정되지 않은 양을 알려지거나 알려지지 않은지 상관없이 확정된 양과 구분하는 것이 때때로 편리하다. 이들 확정되지 않은 양은 l, m, n, p, q, $r, \cdots$ 와 같이 알파벳의 중간 문자로 나타내는 게 일반적이다.

변수와 불변량 연속으로 변할 때는 주어진 구간의 모든 값을, 불연속일 때는 사잇값 중 어떤 수를 취하는 변수는 일반적으로 할당되거나 할당되어 있지 않은 불변량으로부터 구분된다. 즉, 알려지지 않은 양과 알려진 양이 구분되는 것과 같은 방법으로, 변수는 알파벳의 마지막 부분의 문자로, 불변량은 처음 부분의 문자로 표현한다.

부호 +와 −로 표현된 덧셈과 뺄셈 **5.** 동일한 종류의 양은 서로 더해지거나 빼어질 수 있다. 양들 사이의 관계를 다룰 때 무엇보다도 많이 사용되는 덧셈과 뺄셈은 부호 +와 −로 표현된다. +는 덧셈을 나타내고, 더하기 또는 양의 부호로 불린다. 그리고 −는 뺄셈을 나타내고, 빼기 또는 음의 부호로 불린다.

6.   동일한 종류의 구체적인 양을 나타내는 기호를 선택할 때, 크거나 작다는 것 이외의 관계가 고려될 수 있다. 예를 들어 기호가 선분을 표현한다고 하면 어떤 것은 한 방향을, 다른 것은 반대 방향을 나타낼 것이다. 또한 기호가 시간의 한 부분을 나타낸다고 하면 어떤 것은 과거의 시간을 나타내고 다른 것은 다가올 시간을 나타낸다. 만약 기호가 동일한 방향의 힘을 나타낸다고 하면 한 기호는 미는 힘을 나타내고 다른 기호는 끌어 당기는 힘을 나타낼 수 있다. 같은 방법을 다른 여러 경우에 적용할 수 있다. 기호가 이러한 관계를 표현하기 위해서는, 덧셈과 뺄셈의 연산을 나타내기 위해 +와 −가 사용된 것과 같이, 위의 모든 경우에 부호 + 또는 − 중의 하나가 적용된다.

부호 +는 일반적으로, 가장 앞에 있는 기호의 경우, 그 기호 앞에서 생략된다. 그러나 그러한 경우에 부호 +는 표현되지 않더라도 있는 것처럼 인식된다. 즉, 생략하는 이유는 단지 쓰는 사람의 수고를 덜기 위한 것이다.

7.   곱셈과 나눗셈의 연산에서와 같이 동일하거나 다른 종류의 새로운 양을 표현하기 위해 기호는 서로 섞일 수 있다. 곱셈과 나눗셈의 경우 연산의 결과로 얻어진 양은 연산에 사용된 기호의 부호에 의존하는 명백한 부호를 가져야 한다. 같은 방법으로 부호 + 또는 −의 영향을 받고 있는 기호들이 부호 + 또는 −로 표현되는 덧셈과 뺄셈의 연산에 의하여 **연결될** 때, 동일하거나 서로 같지 않은 부호가 연달아서 나타나게 되는데, 혼동을 방지하기 위해 이들을 하나로 묶는 것이 적절하다. 두 경우 모두, 대수라는 학문의 가장 중요한 첫째 원리를 구성한다고 여겨지는, 가정되었으나 **증명**되지는 않은 다음의 일반적인 규칙을 따라야 한다.

부호 +와 −의
확장된 사용과
의미

부호 +와 −의
일반적인 규칙

두 기호를 결합할 때 동일한 두 부호 +와 + 또는 −와 −가 연달아 나타나면, 두 부호는 하나의 부호 +로 대체된다. 마찬가지로 서로 다른 두 부호 +와 − 또는 −와 +가 연달아 나타나면, 두 부호는 하나의 부호 −로 대체된다.

곱셈, 나눗셈의 연산을 표현하는 부호

8. 일반적으로 곱셈과 나눗셈으로 불리는 연산은 각각 ×와 ÷의 부호로 표현된다. 따라서 $a \times b$는 a에 b를 곱하여 얻는 곱을 뜻하고 $a \div b$는 a를 b로 나눈 몫을 뜻한다. 곱셈을 표현할 때에는 $a \cdot b$처럼 기호 사이에 점을 찍는 것이 더 일반적이다. 또한 단순하게 ab처럼 기호를 연속으로 써서 곱셈을 표현하는 것이 좀 더 일반적이다. 나눗셈은 보통 $\frac{a}{b}$처럼 나누는 양을 선분을 사이에 두고 나뉠 양 아래에 쓰는 것이 일반적이다.

기호의 배열 순서는 무관하다

9. 곱셈에 의해 기호 a와 b를 결합할 때 알파벳 순서대로 나열하는 것이 가장 널리 사용된다고 하더라도 ab나 ba로 그 순서에 무관하게 쓸 수 있다. 마찬가지로 여러 개의 기호를 결합할 때에도 동일한 언급이 적용될 수 있다. 따라서 다음 서술은 일반 원리로 받아들여진다.

기호들을 서로 결합하는 데 사용되는 덧셈, 뺄셈, 곱셈과 나눗셈의 사칙 연산 모두의 결과에서 기호들이 어떤 순서로 쓰였는지는 상관없다. 또는 한 개 이상의 연산이 수행되었을 때 어떤 순서로 진행되었는지는 상관없다.

예를 들어 $a + b$는 $b + a$와, $a - b$는 $-b + a$와 일치한다. $a + b - c$는 $a - c + b$, $b + a - c$, $b - c + a$, $-c + a + b$ 또는 $-c + b + a$와 일치한다. abc는 bac, acb, cab, cba 또는 bca와 일치한다. a를 b로 나누고 c로 곱하고 다시 d로 나누는 것, 즉 $a \div b \times c \div d$ 또는 $\frac{a}{b} \times \frac{c}{d}$는 $\frac{ac}{bd}$, $\frac{ca}{bd}$, $\frac{ac}{db}$ 그리고 $\frac{ca}{db}$와 일치한다. 기호의 개수나 작용된 연산의 개수에 무관하게 같은 방법이 적용된다.

역 연산

10. 나눗셈은 곱셈의 역 연산이다. 무슨 말이냐면, 한 기호 또는 양이 먼저 곱해지고 그다음 동일한 기호 또는 양이 나누어지면, 또는 곱셈과 나

36

늣셈의 순서를 바꾸어서 시행할 때 그 값은 변하지 않는다. 구체적으로, a 에 b를 곱하고 다음에 b로 나누면, 즉 $a \times b \div b$ 또는 $\dfrac{ab}{b}$는 a와 일치한다. 비슷한 의미로 덧셈과 뺄셈은 서로 역 연산이다. 따라서 a에 b를 더하고 그 다음에 b를 빼면 또는 순서를 바꾸어 시행하더라도 그 값은 변하지 않는다. 다른 말로 하면 $a + b - b$ 또는 $a - b + b$는 a와 일치한다.

11. 양 또는 대수 식, $a \times a$ 또는 aa는 a^2으로 쓰고, a의 제곱이라 부른다. 대수 식 aaa는 a^3으로 쓰고 a의 세 제곱이라 부른다. 기호를 네 번 반복하여 쓴 $aaaa$는 a^4으로 쓰고 a의 네 제곱이라 부른다. 그리고 기호 a 가 여러(n) 번 반복되어 쓰여진 식 $aaa \cdots a$는 a^n으로 쓰고 a의 n제곱이라 부른다. 이때 n을 거듭 제곱의 지수라 부른다.
제곱, 세제곱 등 용어의 의미

12. a^2을 a^3과 곱할 때, $a^2 \times a^3$의 결과는 a가 다섯 번 곱해지는 것이 므로 $aaaaa$ 또는 a^5과 일치한다. 이때 지수 5는 두 인자 a^2과 a^3의 지수를 더한 것이다. 같은 방법으로 a^4을 a^7과 곱할 때 a를 11번 반복해서 쓴 것과 같으므로 $a^4 \times a^7$의 결과는 a^{11}과 일치한다. 이때 지수 11은 두 인자 a^4 와 a^7의 지수 4와 7을 더한 것이다. 좀 더 일반적으로 n과 m이 임의의 자연수를 나타내고, a^n이 a^m에 곱해지면 곱 $a^n \times a^m$은 길게 쓰여지면 a 를 $n + m$번 반복해서 쓴 것이다. 그러므로 위 조항에 언급된 지수 표현의 원리에 의해 $a^n \times a^m$은 a^{n+m}과 일치한다. 또한 다른 말로 하면 기호 a의 n제곱과 m제곱의 곱은 a의 거듭 제곱으로 그 지수는 각 인자들의 지수를 더한 것과 같다.
지수의 일반 규칙

지수는 그 안에 놓인 단위의 개수만큼 밑으로 삼은 어떤 양의 반복된 곱을 나타내므로, 동일한 기호나 양에 작용하는 또 다른 연산을 나타내기 위해서 분수나 음수인 지수를 고려할 수 있다. 그런데 이러한 지수들이 양 의 정수인 지수에서 정한 규칙에 어긋나지 않게 하기 위해 일반적인 형식이
지수에 대한 규칙의 일반화

정수 전체와 양 또는 음의 분수 모두에서 성립하는 것을 가정한다. 즉, n 과 m이 일반적인 기호일 때 $a^n \times a^m = a^{n+m}$이 성립해야 한다. 다른 말로 표현하면 한 기호에 대한 임의의 거듭 제곱을 동일한 기호의 다른 거듭 제곱과 곱한 것은 동일한 기호의 거듭 제곱으로 표현되는데 그 지수는 각 인수의 지수 를 더한 것과 같아야 한다.

제곱 근, 세 제곱 근 등의 의미와 이들을 표현하는 방법

13. 어떤 주어진 양에 대하여 제곱하여 얻는 결과가 주어진 양이 되는 양을 주어진 양의 제곱 근이라 하고, 양의 앞에 놓이는 부호 $\sqrt{\ }$를 사용하여 나타낸다.[d)] 따라서 $\sqrt{a}$는 a의 제곱 근을 나타내고, $\sqrt{a^3}$은 a^3의 제곱 근을 나타낸다.

지수를 사용하여 제곱 근을 표현하는 좀 더 대수적인 또 다른 방법은 위의 조항에서 언급한 지수의 일반 규칙으로부터 얻어진다. 기호 a는 지수 가 1인 a^1과 일치한다. 그러므로 $a^{\frac{1}{2}}$이 $\sqrt{a}$를 나타낸다고 가정하면 위에서 언급된 원리에 의해 다음을 얻는다.

$$a^{\frac{1}{2}} \times a^{\frac{1}{2}} = a^{\frac{1}{2}+\frac{1}{2}} = a^1 = a$$

따라서 필요한 조건이 만족되었으므로 $a^{\frac{1}{2}}$은 분명히 a의 제곱 근이다.

같은 방법으로 $a^{\frac{3}{2}}$은 $\sqrt{a^3}$, 즉 a^3의 제곱 근을 나타내고 $a^{\frac{n}{2}}$은 $\sqrt{a^n}$, 즉 a^n의 제곱 근을 나타낸다. $a^{\frac{1}{4}}$은 $\sqrt{a^{\frac{1}{2}}}$ 또는 $\sqrt{\sqrt{a}}$, 즉 a의 제곱 근의 제곱 근을 나타낸다. 같은 방법이 다른 여러 경우에도 적용된다.

주어진 양의 세 제곱 근은 세 제곱하면 주어진 양이 되는 양을 말하고 그 양의 앞에 놓이는 부호 $\sqrt[3]{\ }$으로 나타낸다. 한편, 지수의 일반 원리를 사

---

d) 현대 수학에서는 데카르트가 도입한 부호 $\sqrt{\ \ }$ ($\sqrt{\ }$에 괄선을 그은)를 사용하여 $\sqrt{a}$ 또는 $\sqrt{a+b}$와 같이 표현하는 게 일반적이다.

용하여 다음과 같이 $a^{\frac{1}{3}}$이 $\sqrt[3]{a}$와 동일함을 보일 수 있다.

$$\sqrt[3]{a} \times \sqrt[3]{a} \times \sqrt[3]{a} = a, \qquad a^{\frac{1}{3}} \times a^{\frac{1}{3}} \times a^{\frac{1}{3}} = a^{\frac{1}{3}+\frac{1}{3}+\frac{1}{3}} = a^1 = a$$

결론적으로 $\sqrt[3]{a}$ 또는 $a^{\frac{1}{3}}$의 세 제곱이 동일한 값 a가 되므로 이들은 a의 세 제곱 근을 나타내는 동일한 표현으로 받아들여진다.

a의 n제곱 근은 n제곱을 하면 a가 되는 양을 말하고, $\sqrt[n]{a}$ 또는 $a^{\frac{1}{n}}$로 나타낸다. $a^{\frac{1}{n}}$을 연속하여 곱한, 즉 $a^{\frac{1}{n}}$을 n번 거듭 제곱한 결과는 a의 거듭 제곱으로 그 지수는 n과 $\dfrac{1}{n}$을 곱하여 얻은 1과 같다.

14. 용어의 산술적 의미에 따르면 곱해진 것처럼 보이는, 기호나 식의 **계수의 의미** 앞에 놓인 수를 계수라 부른다. 따라서, $6a$, $3a^2$과 $11xy$에서 계수는 6, 3 과 11이다. 동일한 의미로, a, b와 c가 수를 나타낸다면 ax, by^2과 $cxyz$의 표현에서 a, b와 c를 각각 x, y^2과 xyz의 계수로 생각한다. 좀 더 특별하 게 고려하는 대상과 다른 것을 구별하기 위해, 단지 문맥의 편리함을 위해 종종 다른 기호들이 그 특별한 대상을 나타내는 기호의 계수로 여겨진다. 예를 들어 다음 급수에서 $a, b, c, d, \cdots$는 $x, x^2, x^3, x^4, \cdots$의 계수이다.

$$ax + bx^2 + cx^3 + dx^4 + \cdots$$

15. 단항식이란 다음과 같이 단 하나의 항으로 이루어진 대수적인 **단항식** 표현을 말한다.

$$a, \quad a^2, \quad ab, \quad -a^2b, \quad -abc, \quad \frac{a^3}{b^2}, \quad \cdots$$

16. 이항식이란 다음과 같이 부호 $+$ 또는 $-$로 연결된 두 항으로 이 **이항식** 루어진 표현을 말한다.

$$a + b, \quad a - b, \quad a^2 + b^2, \quad xy - z^2, \quad \cdots$$

삼항식 등 **17.** 삼항식은 $a+b+c$, a^2-ab+b^2, $a^3-b^3-c^3$, $xy-xz-yz$, $\cdots$와 같이 부호 + 또는 $-$로 연결된 세 항으로 이루어졌다. 사항식은 네 항으로 이루어졌고, 일반적으로 다항식은 여러 개의 항으로 이루어진 것을 말한다.

괄선과 괄호의 사용 **18.** 복잡한 대수 식은 괄선 또는 괄호를 사용하여 묶는다. 따라서 $a+b$는 종종 $\overline{a+b}$ 또는 $(a+b)$로 쓴다. 이러한 묶음은 그 앞에 놓인 부호 $+$, $-$, $\times$, $\div$, $\sqrt{}$, $\cdots$에 의해 괄선 아래 또는 괄호 안에 있는 모든 양이 영향을 받도록 한다. 따라서 $a-\overline{b-c}$나 $a-(b-c)$에서 부호 $-$는 괄선 아래 또는 괄호 안에 있는 두 양 모두에 영향을 미친다. 그러므로 부호의 일반 규칙에 의해, 주어진 식은 모두 $a-b+c$와 같다. 또한 $\overline{a+b}\times\overline{c+d}$ 또는 $(a+b)\times(c+d)$는 $a+b$의 모든 양이 $c+d$의 곱에 의해 결합된 것을 의미한다.

괄선에 의한 묶음은 매우 엄격하게 사용되지 않으면 다소 혼동이 올 수 있다. 그러나 괄호에서는 이러한 현상이 발생하지 않아서, 괄호가 괄선보다 널리 사용된다.

어떤 식들이 동차인가 **19.** a, b, c, $\cdots$와 같은 단순한 기호의 지수는 1이라 하자. 주어진 두 식의 각 항에서 결합된 기호들의 지수를 모두 더한 것이 똑같으면 그 두 식은 동일한 차원을 가졌다고 한다. 이때 두 식은 동차이다라고 한다. 따라서 a는 b, c, x, z와 동차이고, ab는 a^2과 동차이다. abc는 a^2b, a^3과 동차이고 a^2x-ax^2은 $x^3-3xyz+z^3$과 동차이다. 그외 다른 여러 경우에도 같은 방법이 적용된다.

일, 이, 또는 n 차원의 식 **20.** 어떤 식을 일 차원, 이 차원, 삼 차원 또는 n 차원이라 말하는데 여기서 차원은 결합된 기호들의 지수를 더한 것으로 결정된다. 따라서 a

는 일 차원의 식이고, xy와 x^2은 이 차원의 식, xyz와 x^3은 삼 차원의 식, x^n, $x^{n-1}y$, $x^{n-2}y^2$, $\cdots$은 n 차원의 식이라 한다.

수치 계수는 식의 차원을 결정하는 데 영향을 주지 못한다. 왜냐하면 수치 계수는 식의 본성이 아닌 크기만을 바꾸기 때문이다. 추상적인 수를 나타내는 기호에 대해서 동일한 언급이 적용될 수 있다.

수치 계수에
영향받지 않는

21. 대수 식들에 대해 부호나 수치 계수와는 무관하게, 같은 또는 다른 기호를 포함하는가에 따라서 닮았다 또는 닮지 않았다라고 한다. 따라서 $2a$와 $-3a$, $-x^2$과 $4x^2$, $5abc$와 $-7abc$는 닮은 짝들이고, a, $-b$, $-c$, x^2, $4ab$, a^3, $7abc$는 닮지 않은 식들이다.

닮은 또는
닮지 않은 식

22. 두 양 또는 식 사이에 놓이는 부호 =는 그 둘이 서로 똑같다 또는 동등하다라는 것을 말한다. 부호 =는 양 옆에 있는 두 양의 동일성 또는 절대적 대등함을 말하기도 한다. 또한 이 부호는 한 양이 다른 양과 동등하다는, 즉 두 양에 동일한 대수 연산을 적용하면 같은 결과를 얻는다는 것을 보여주기도 한다. 한편, 때때로 부호 =를 사용하여 한 양이 아직 수행되지 않은 주어진 연산의 결과임을 나타내기도 한다.

부호 =의
의미

23. 한 양이 다른 양보다 크거나 작은 것을 나타내기 위해 두 양 사이에 부호 > 또는 <를 사용한다. 따라서 $a > b$는 a가 b보다 크다는 것을, $a < b$는 a가 b보다 작다는 것을 말한다.

부호 >와 <의
의미

24. 때때로 사용하는 또 다른 부호와 용어들이 있는데, 이들에 대한 설명은 이들이 처음 나타나는 곳에 편리하게 예약되어 있다.

또 다른
부호와 용어

위 조항들에 포함된 다양한 정의, 가정 그리고 명제 가운데, 다소 불충분하게 언급된 것들이 있고, 대수적 경험에 익숙함을 요구하는 것들도 있다. 그 이유는 대수학의 완전한 발전과 엄격한 제한을 좀 더 친숙하게 하기 위해서이다. 따라서 이들에 대한 좀 더 깊은 논의는 각 주제가 좀 더 진전되어 언급된 곳에서 다루기로 예정되어 있다.

제 2 장

사칙 연산에 의한 대수적 양의 결합 방법에 대하여

25. 덧셈은 부호 +에 의해 표현된다. 부호를 가진 더해질 두 양이 결 덧셈
합할 때, 덧셈은 앞(조항 7)에서 언급했던 것처럼 이들의 부호를 보존한다.

규칙. 단순하든지 복잡하든지 적당한 부호를 가진 대수적 양을 간단하게
결합하여 더한다.

닮은 대수적 양들은(조항 21) 모아서 하나의 항으로 나타내야 한다. 이때
계수는 각 항의 양인 계수들의 합과 음인 계수들의 합 사이의 차이로 주어진다.

이 연산을 수행할 때, 산술에서 수들을 더하는 것과 같이, 더해지는 양들
을 한 줄에 연속적으로 쓰거나 서로 위 아래로 놓는다. 그리고 닮은 양들을
하나의 양으로 나타내고 전체 결과는 한 줄에 쓴다.

26. 대수에서 두 양의 합이란 위의 규칙에 따라 두 양을 서로 더한 대수에서 두
것의 결과를 의미한다. 따라서 a와 b의 합은 $a + b$이고, a와 $-b$의 합은 양의 합에
대한 의미

$a + (-b) = a - b$이고, $-a$와 $-b$의 합은 $-a + (-b) = -a - b$이다. 동일한 방법이 여러 다른 경우에도 적용된다.

보기 **27.**

$$(1) \quad \begin{array}{r} a \\ a \\ \hline 2a \end{array} \qquad\qquad (2) \quad \begin{array}{r} -a \\ -a \\ \hline -2a \end{array}$$

이 보기의 첫번째는 $a + a = 2a$를 나타내는데 모든 부호를 보존하여 $+a + +a$로 나타낼 수도 있다. 처음 $+$는 안 쓰여도 있는 것처럼 생각하여 생략되었고[e], 연달아 놓인 두 부호 $++$는 규칙(조항 7)에 의해 $+$로 대체되었다.

두번째 보기에서는 $-a + -a$가 $-a - a$, 즉 $-2a$와 동일하다는 것을 보여준다. 이때 두 부호 $+-$는 $-$로 대체된다(조항 7).

$$(3) \quad \begin{array}{r} a \\ -a \\ \hline 0 \end{array} \qquad\qquad (4) \quad \begin{array}{r} -a \\ +a \\ \hline 0 \end{array}$$

위의 보기에서는 $a - a$와 $-a + a$가 나타나는데 덧셈과 **뺄셈**이 서로 역연산이므로(조항 10), 이들 결과는 모두 영이 된다.

$$(5) \quad \begin{array}{r} 3a \\ 5a \\ \hline 8a \end{array} \qquad (6) \quad \begin{array}{r} -3a \\ -5a \\ \hline -8a \end{array} \qquad (7) \quad \begin{array}{r} -3a \\ 5a \\ \hline 2a \end{array} \qquad (8) \quad \begin{array}{r} 3a \\ -5a \\ \hline -2a \end{array}$$

---

e) 좀 더 자세한 내용은 (조항 6)에 언급되어 있다.

위의 보기에서 처음 둘은 닮은 양 $3a$와 $5a$의 계수가 동일한 부호를 가진다. 그러므로 이들의 대수적인 합은 각각 동일한 부호를 갖는다. 다음 두 보기는 $3a$와 $5a$의 부호가 다른데 이들 계수의 산술적 차가 갖는 부호는 더 큰 계수의 부호와 같다.

(9)	$3a$	(10)	$3x^2$	(11)	$-abc$
	$-5a$		$-x^2$		$12abc$
	$7a$		$-7x^2$		$13abc$
	$-4a$		$-4x^2$		$-20abc$
	a		$-9x^2$		$4abc$

위 세 보기에서는 여러 개의 닮은 양들이 더해진다(조항 21). 첫번째 보기는 $3a + 7a - 5a - 4a$와 같다. 그러므로 $10a - 9a$, 즉 a가 되는데 여기서 양수인 계수들의 합은 10이고 음수인 계수들의 합은 9이다. 같은 방법으로 두번째 보기는 $3x^2 - 12x^2$, 즉 $-9x^2$이 되고, 세번째 보기는 $25abc - 21abc$, 즉 $4abc$가 된다.

$$(12) \qquad a + b$$
$$\underline{a - b}$$
$$2a$$

위의 보기에서 기호 b는, 더해지고 빼지므로 소거되었다(보기 (3), (4)). 이 경우의 결과를 말로 표현히면 다음 명제가 된다. "두 양의 합에 그 두 양의 차이를 더하면 그 결과는 둘 중 큰 것의 두배와 같다."

(13)
$$a + b - c$$
$$a - b - c$$
$$\overline{2a - 2c}$$

(14)
$$a^2 + ab + b^2$$
$$a^2 - ab + b^2$$
$$\overline{2a^2 + 2b^2}$$

위에서 첫 번째 보기의 양 b와 두 번째 보기의 양 ab가 결과에서 사라졌다.

(15)
$$a^3 - 3a^2b + 3ab^2 - b^3$$
$$a^3 + 3a^2b + 3ab^2 + b^3$$
$$\overline{2a^3 + 6ab^2}$$

(16)
$$a - b$$
$$b - c$$
$$c - d$$
$$d - e$$
$$\overline{a - e}$$

위에서는 부호가 반대인 항들이 존재하여 첫 번째 보기에서 양 a^2b와 b^3, 두 번째 보기에서 양 b, c, d가 사라졌다.

(17)
$$a + b - c$$
$$a - b + c$$
$$a - b + c$$
$$\overline{3a - b + c}$$

(18)
$$7a - 5b + 3c$$
$$2a - 3b - 7c$$
$$a + 2b + 3c$$
$$\overline{10a - 6b - c}$$

(19)
$$x^2 - xy$$
$$-xy + y^2$$
$$\overline{x^2 - 2xy + y^2}$$

(20)
$$x^2 - 7xy + 5y^2$$
$$xy + 2x^2 - 3y^2$$
$$\overline{3x^2 - 6xy + 2y^2}$$

모든 경우에 닮은(조항 21) 양은 서로 위에 있든지 아래에 있든지 모아야 한다. 그리고 더해지는 식에서는 그렇지 않더라도, 결과에서는 암묵적으로 나타나는 양들을 알파벳 순으로 배열한다.

$$(21) \qquad -3a - 4b + 5c$$
$$-a + 2b - 3d$$
$$3b - 4c + 6e$$
$$7c - 8d - 9e$$
$$\overline{-4a + b + 8c - 11d - 3e}$$

$$(22) \qquad 3ab^2 - 4a^2b + a^3$$
$$-4ac^2 + 5ab^2 - c^3$$
$$-7b^3 + 2a^2b - 6ac^2$$
$$5a^3 - 11ab^2 - 12ac^2$$
$$\overline{6a^3 - 2a^2b - 3ab^2 - 22ac^2 - 7b^3 - c^3}$$

$$(23) \qquad a^2 - \frac{ax}{2} + \frac{x^2}{3}$$
$$\frac{-a^2}{3} + \frac{ax}{4} - \frac{x^2}{5}$$
$$\overline{\frac{2a^2}{3} - \frac{ax}{4} + \frac{2x^2}{15}}$$

위 경우에 결과에 있는 a^2, ax 그리고 x^2의 계수를 얻기 위해 각각 1 에서 $\frac{1}{3}$을, $\frac{1}{2}$에서 $\frac{1}{4}$을, $\frac{1}{3}$에서 $\frac{1}{5}$을 빼야 한다.

(24)
$$a - \frac{b}{2} + \frac{c}{3} - \frac{d}{4}$$
$$-\frac{a}{4} + \frac{b}{3} - \frac{c}{2} + d$$
$$\frac{a}{5} - \frac{b}{4} + \frac{c}{3} - \frac{d}{2}$$
$$\overline{\quad\frac{19a}{20} - \frac{5b}{12} + \frac{c}{6} + \frac{d}{4}\quad}$$

위에서 a, b, c 그리고 d의 계수를 얻기 위해 각각 1과 $\frac{1}{5}$의 합에서 $\frac{1}{4}$을, $\frac{1}{2}$과 $\frac{1}{4}$의 합에서 $\frac{1}{3}$을, $\frac{2}{3}$에서 $\frac{1}{2}$을, 그리고 1에서 $\frac{1}{2}$과 $\frac{1}{4}$의 합을 빼야 한다.

뺄셈　**28.**　연산 **뺄셈**은 부호 −로 표현되는데 빼는 양의 부호는 부호 −와 결합하면 바뀌게 된다(조항 7).

규칙. 하나 또는 여러 개의 대수적 양을 빼기 위해서는 빼는 양의 부호를 바꾸고 덧셈처럼 진행한다.

뺄셈을 수행할 때, 산술에서 수를 뺄 때와 같이, 빼는 양을 다른 양의 아래에 두는 것이 보통이다. 그런 다음 전략적으로 빼는 항들의 부호를 모두 바꾸고 덧셈처럼 진행한다.

대수에서 두 양의 차이의 의미　**29.**　대수에서 두 양의 차이는, 용어의 대수적 의미에 따르면, 처음 양에서 두번째 양을 뺀 결과를 의미한다. 따라서 a와 b의 차이는 $a - b$이고, a와 $-b$의 차이는 $a - -b$, 즉 $a + b$이고, $-a$와 b의 차이는 $-a - b$이고, $-a$와 $-b$의 차이는 $-a - -b$, 즉 $-a + b$이다. 그 외 다른 여러 경우에도 같은 방법이 적용된다.

음의 부호가 놓여 있을때 괄선 또는 괄호를 제거하는 효과　**30.**　여러 양을 포함한 괄호 앞에 부호 −가 놓여 있을때, 그 괄호를 제거하면 부호 −는 괄호 안의 모든 항들의 부호와 결합하게 되며, 결과적으로 모든 부호를 바꾸어야 한다. 그러므로 $a + b - (a - b)$는 $a + b - a + b = 2b$

와 같이 계산되고, $a - (-3a + 7b - 4c) = a + 3a - 7b + 4c = 4a - 7b + 4c$, $a - (x + y) = a - x - y$이다. 그 외 다른 여러 경우에 같은 방법으로 계산된다.

때때로 $a - (x + y) = a - \overline{x + y}$와 같이 괄호 대신에 괄선이 쓰이기도 한다. 이 경우 괄선이 $a\,\overline{x + y}$에서 처럼 a쪽으로 너무 길게 뻗어 있으면 $\overline{a - x + y}$, 즉 $(a - x + y)$처럼 혼동할 수 있다. 이러한 애매함은 불분명한 쓰기로부터 곧 잘 발생한다. 이러한 이유로 현대의 대수학자들은 괄선을 거의 사용하지 않는다.

31.   때때로 식 $a - \{b + (c - d)\}$에서처럼 괄호 안에 괄호를 사용한다. **이중 괄호** 바깥의 괄호를 제거하면 주어진 식은 $a - b - (c - d)$가 되고, 결국 $a - b - c + d$와 일치한다. 이 예로부터 좀 더 복잡한 경우에도 괄호는 같은 방법으로 제거될 수 있음을 알 수 있다.

32.   (1) $\quad a \qquad$ (2) $\quad -a \qquad$ (3) $\quad a \qquad$ (4) $\quad -a \qquad$ **보기**

$$
\begin{array}{cccc}
\underline{a} & \underline{-a} & \underline{-a} & \underline{a} \\
0 & 0 & 2a & -2a
\end{array}
$$

이 보기들은 각각 $a - a$, $-a + a$, $a + a$ 그리고 $-a - a$와 같음을 알 수 있다. 따라서 덧셈으로 표현된 다음 보기들과 일치한다(조항 27).

$(\alpha) \quad a \qquad (\beta) \quad -a \qquad (\gamma) \quad a \qquad (\delta) \quad -a$

$$
\begin{array}{cccc}
\underline{-a} & \underline{+a} & \underline{a} & \underline{-a}
\end{array}
$$

(5) $\quad 7a \qquad$ (6) $\quad -7a \qquad$ (7) $\quad 7a \qquad$ (8) $\quad -7a$

$$
\begin{array}{cccc}
\underline{3a} & \underline{-3a} & \underline{-3a} & \underline{3a} \\
4a & -4a & 10a & -10a
\end{array}
$$

위에 주어진 보기들은 각각 빼는 양들의 부호를 바꾼 $7a - 3a$, $-7a + 3a$, $7a + 3a$ 그리고 $-7a - 3a$와 같다.

(9) $\quad a + b$
$\quad\quad \underline{a - b}$
$\quad\quad\quad 2b$

(10) $\quad a - b$
$\quad\quad \underline{a + b}$
$\quad\quad -2b$

(11) $\quad a + b$
$\quad\quad \underline{-a + b}$
$\quad\quad\quad 2a$

(12) $\quad -a - b$
$\quad\quad \underline{a - b}$
$\quad\quad -2a$

이들 보기는 각각 $a + b - (a - b)$, $a - b - (a + b)$, $a + b - (-a + b)$ 그리고 $-a - b - (a - b)$에 대응한다. 따라서 각각 다음과 같아진다.

$$a + b - a + b, \quad a - b - a - b, \quad a + b + a - b, \quad -a - b - a + b$$

여기서 괄호로 묶인 빼는 양의 앞에 음의 부호가 놓이면 괄호를 소거할 때 괄호 안의 항들의 부호를 모두 바꾼다.

(13) $\quad a - b + c - d$
$\quad\quad \underline{a + b - c + d}$
$\quad\quad -2b + 2c - 2d \quad$ 또는 $\quad -2(b - c + d)$

이 경우, $-2(b - c + d)$는 괄호를 제거하면 괄호 안의 항들의 부호를 바꾸고 2를 곱한 $-2b + 2c - 2d$와 일치한다. 2처럼 공통인 계수를 가지면 식의 형태를 변형하는 것이 대부분 편리하고 때때로는 중요하기까지 하다.

(14) $\quad a + b - c - d$
$\quad\quad \underline{a - b - c + d}$
$\quad\quad\quad 2b - 2d \quad$ 또는 $\quad 2(b - d)$

이 경우 $2(b - d)$는 $2b - 2d$와 같다.

$$
\begin{array}{ll}
(15) & a^2 + ax + x^2 \\
 & x^2 + a^2 - ax \\
\hline
 & 2ax
\end{array}
\qquad
\begin{array}{ll}
(16) & a^3 + 3a^2x + 3ax^2 + x^3 \\
 & a^3 - 3a^2x + 3ax^2 - x^3 \\
\hline
 & 6a^2x + 2x^3
\end{array}
$$

위의 보기들과 (조항 27)에 있는 보기 (14), (15)와 비교해 보라.

$$
\begin{array}{l}
(17) \quad 2(a+b) - 3(c-d) \\
\qquad\quad a + b - 4(c-d) \\
\hline
\qquad\quad a + b + c - d
\end{array}
$$

이 보기에서 $a + b$와 $c - d$를 하나의 항으로 여기고 계산하였다. 만약 괄호를 제거하면 다음과 같이 쓰여진다.

$$
\begin{array}{l}
2a + 2b - 3c + 3d \\
a + b - 4c + 4d \\
\hline
\end{array}
$$

$$
\begin{array}{l}
(18) \quad a - \dfrac{3x}{2} \\
\qquad\quad b - \dfrac{x}{2} \\
\hline
\quad a - b - x
\end{array}
$$

이 경우 계수 $\frac{3}{2}$으로부터 계수 $\frac{1}{2}$을 빼야 한다. 결과는 1이 되어 다음과 같이 계산된다.

$$
-\frac{3x}{2} + \frac{x}{2} = -x
$$

$$(19) \qquad a - \frac{b}{2} + \frac{c}{3}$$

$$\underline{2a - b - c}$$

$$-a + \frac{b}{2} + \frac{4c}{3}$$

$$(20) \qquad \frac{a}{2} - \frac{5x}{2} - \frac{3a}{4} + \frac{x}{3}$$

$$\underline{3b + \frac{11x}{4} - \frac{2a}{3}}$$

$$\frac{5a}{12} - 3b - \frac{59}{12}x$$

위의 마지막 보기에서 a의 계수를 얻기 위해 $\frac{1}{2}$과 $\frac{2}{3}$의 합에서 $\frac{3}{4}$을 빼야 하고, x의 계수를 얻기 위해 $\frac{5}{2}$와 $\frac{11}{4}$의 합에서 $\frac{1}{3}$을 빼야 한다. 그리고 결과에 나타나는 양들을 알파벳 순으로 배열한다.

(21) 식 $3x - 7y - (x + 2y) - (4y - 7x)$는 괄호를 제거하여 다음과 같이 계산한다.

$$3x - 7y - x - 2y - 4y + 7x = 9x - 13y$$

또는 $3x - 7y$의 아래로 $x + 2y$와 $4y - 7x$의 각 항의 부호를 바꾸어서 연달아 쓰고, 다음과 같이 덧셈으로 계산한다.

$$3x - 7y$$
$$-x - 2y$$
$$\underline{-4y + 7x}$$
$$9x - 13y$$

이것은 다음과 같은 문제의 답이 된다.

"$3x - 7y$로부터 $x + 2y$와 $4y - 7x$를 빼라."

(22) $a + b - (2a - 3b) - (5a + 7b) - (-13a + 2b)$

$= a + b - 2a + 3b - 5a - 7b + 13a - 2b$

$= 7a - 5b$

또는 다음과 같이 계산한다.

$$a + b$$
$$-2a + 3b$$
$$-5a - 7b$$
$$13a - 2b$$
$$\overline{\qquad 7a - 5b \qquad}$$

(23) $x^2 + 2xy + y^2 - \{x^2 + xy - y^2 - (2xy - x^2 - y^2)\}$

$= x^2 + 2xy + y^2 - x^2 - xy + y^2 + (2xy - x^2 - y^2)$

$= xy + 2y^2 + (2xy - x^2 - y^2)$

$= xy + 2y^2 + 2xy - x^2 - y^2$

$= -x^2 + 3xy + y^2$

이 경우 가장 바깥쪽의 괄호를 먼저 제거해야 한다. 그리고 남은 괄호 바깥에 있는 양들을 정리한다. 그런 다음 남아 있는 괄호를 제거하고 닮은 양들끼리 모아서 정리한다. 그리고 마지막 결과는 알파벳 순으로 배열한다.

(24) $a - \big(a + b - \{a + b + c - (a + b + c + d)\}\big)$

$= a - a - b + \{a + b + c - (a + b + c + d)\}$

$= -b + \{a + b + c - (a + b + c + d)\}$

$= -b + a + b + c - (a + b + c + d)$

$= a + c - (a + b + c + d)$

$= a + c - a - b - c - d$

$$= -b - d \quad \text{또는} \quad -(b+d)$$

이 경우 괄호 세 개가 있는데 순차적으로 제거해야 한다. 이때 괄호 바깥에 있는 양들을 미리 가장 간단한 형태로 정리한다.

곱셈 **33.** 곱셈을 표현하는 방법은 (조항 8)에서 소개되었다.

이 연산에 관해서는, 하나 또는 여러 항들로 이루어진 곱셈으로 결합되는 양들에 따라서 세 가지의 경우로 나누어서 살펴보는 것이 편리하다.

경우 1. **34.** 곱해지는 양이 단항식일 때(조항 15)

각각 하나의 항으로 이루어진 둘 이상의 대수적 양들에 대한 곱의 결과를 정할 때, 먼저 부호를 고려해야 한다. 두 번째로 수치 계수를 고려하고, 세 번째로 결과에 포함될 기호를 고려해야 한다.

규칙. 곱의 부호는 (조항 7)에서 서술된 일반 원리에 의해 결정된다.

수치 계수는 일반 산술에서와 같이 모든 양의 수치 계수를 곱해서 얻어진다.

이와 같이 얻어진 계수에 알맞은 부호를 붙이고, 기호들을 알파벳 순으로 나열하여야 한다. 이때 한 번 이상 또는 동일한 문자의 거듭 제곱으로 나타나는 문자는 (조항 12)에서 주어진 지수의 일반 원리에 의해 하나로 모아 동일한 문자의 거듭 제곱으로 표현하여야 한다.

보기 **35.** (1) $\quad a \times b = ab$ (2) $\quad -a \times -b = ab$

(3) $\quad a \times -b = -ab$ (4) $\quad -a \times b = -ab$

위 네 개의 결과는 곱셈에 의해 대수적 양들이 결합할 때 적용된 부호의 규칙을 보여준다.

(5) $\quad 3a \times 5b = 15ab$ (6) $\quad -7a \times -9b = 63ab$

(7) $\quad 2x \times -11y = -22xy$ (8) $\quad -13x \times 15y = -195xy$

위의 보기에서 첫 번째로 부호를 정하고, 두 번째로 수치 계수를, 마지막으로 기호의 곱을 정한다.

$$\text{(9)} \quad \frac{1}{3}x \times \frac{4}{5}y = \frac{4}{15}xy \qquad\qquad \text{(10)} \quad \frac{7}{8}z \times -\frac{3}{11}u = -\frac{21}{88}uz$$

일반 산술에서 분수의 곱셈처럼, 첫째 보기에서는 분수 계수 $\frac{1}{3}$과 $\frac{4}{5}$를, 둘째 보기에서는 $\frac{7}{8}$과 $\frac{3}{11}$을 각각 서로 곱해야 한다.

$$\text{(11)} \quad -\frac{4}{5}xy \times -\frac{3}{16}xyz = \frac{3}{20}x^2y^2z$$

분수 $\frac{4}{5}$와 $\frac{3}{16}$의 곱은 약분하여 기약 분수로 만든다. 그리고 기호 x와 y는 각각 두 번씩 나타나므로 이들의 곱은 x^2과 y^2으로 나타낸다.

$$\text{(12)} \quad \frac{11}{12}ab^2c^3 \times -\frac{13}{44}a^2b^3c^4 = -\frac{13}{48}a^3b^5c^7$$

$\frac{11}{12}$와 $\frac{13}{14}$의 곱, 즉 $\frac{143}{528}$은 약분되어 기약 분수 $\frac{13}{48}$이 되었다. a와 a^2의 곱은 a^3이 되고, b^2과 b^3의 곱은 b^5이 되고, c^3과 c^4의 곱은 c^7이 된다(조항 12).

$$\text{(13)} \quad \frac{a}{b} \times \frac{c}{d} = \frac{a}{b}\frac{c}{d}$$

이와 같은 표현의 의미와 결과를 얻는 원리는 (조항 11)에 설명되어 있다.

$$\text{(14)} \quad \frac{a}{b} \times \frac{a}{b} = \frac{a}{b}\frac{a}{b} = \frac{a^2}{b^2} \quad \text{(조항 12)}$$

$$\text{(15)} \quad \frac{a}{b} \times \frac{a^2}{b^2} = \frac{a \times a^2}{b \times b^2} = \frac{a^3}{b^3} \quad \text{(조항 12)}$$

$$\text{(16)} \quad \frac{a}{b} \times b = \frac{ab}{b} = a$$

이 경우 a는 동일한 부호에 의해 곱해지고 나누어졌다. 따라서 그 값이 변하지 않았다(조항 11).

$$\text{(17)} \quad \frac{a}{b} \times \frac{b}{c} = \frac{ab}{bc} = \frac{a}{c}$$

$\frac{ab}{b} = a$이므로 $\frac{ab}{bc} = \frac{a}{c}$이다.

이로부터 한 분수에서 분자와 분모에 공통적인 기호는 제거해도 그 부호나 값이 변하지 않는다는 것을 알 수 있다.

(18) $\quad \dfrac{ax}{b} \times \dfrac{1}{x} = \dfrac{ax}{bx} = \dfrac{a}{b}$

(19) $\quad x^2 \times \dfrac{1}{x} = \dfrac{x^2}{x} = \dfrac{xx}{x} = x$

(20) $\quad \dfrac{a}{b} \times \dfrac{b^2}{c^2} = \dfrac{ab^2}{bc^2} = \dfrac{abb}{bc^2} = \dfrac{ab}{c^2}$

(21) $\quad \dfrac{ax}{y^2} \times \dfrac{by}{cx^2} = \dfrac{abxy}{cx^2y^2} = \dfrac{abxy}{cxyxy} = \dfrac{ab}{cxy}$

(22) $\quad \dfrac{a^2x^3}{b^3y^2} \times \dfrac{cy^3}{ax^4} = \dfrac{a^2cx^3y^3}{ab^3x^4y^2} = \dfrac{acx^3y^2y}{b^3x^3y^2x} = \dfrac{acy}{b^3x}$

위 다섯 개의 보기에서 결과는 보기 (17)에서 언급된 원리에 의해 표현되었다.

(23) $\quad 3a \times -5b \times -7c = 105abc$

먼저 부호를 결정하면, 두 항의 부호가 −이므로 곱의 부호는 +이다. 다음으로 3, 5 그리고 7을 모두 곱하여 곱의 계수를 얻는다. 마지막으로 문자의 곱은 abc이다.

(24) $\quad 3a \times -4ab \times -5abc \times -6abcd = -360a^4b^3c^2d$

(25) $\quad \dfrac{1}{a} \times \dfrac{3ac}{x} \times \dfrac{c}{x} = \dfrac{3ac^2}{ax^2} = \dfrac{3c^2}{x^2}$

분수 $\frac{3ac^2}{ax^2}$ 에서 분모, 분자에 공통으로 나타나는 a는 제거되었다.

(26) $\quad \dfrac{a^2}{2x^2} \times -\dfrac{ax}{by} \times -\dfrac{b^2xy}{c^2z} = \dfrac{a^3b^2x^2y}{2bc^2x^2yz} = \dfrac{a^3b}{2c^2z}$

$\frac{a^3b^2x^2y}{2bc^2x^2yz}$ 에서 분모, 분자에 공통으로 나타나는 bx^2y가 제거되었다.

(27) $\quad x^{\frac{1}{2}} \times x^{\frac{1}{3}} = x^{\frac{1}{2}+\frac{1}{3}} = x^{\frac{5}{6}}$

동일한 기호의 거듭 제곱들이 곱해지면 그 결과는 하나의 거듭 제곱으로 쓰여지는데 이때 지수는 각 인자들의 지수를 더한 것이다.

$$(28) \quad x^{\frac{1}{2}} \times x^{\frac{1}{3}} \times x^{\frac{1}{4}} = x^{\frac{1}{2}+\frac{1}{3}+\frac{1}{4}} = x^{\frac{13}{12}}$$

보기 (27)에서 언급된 원리를 적용한 것이다.

앞으로 지수와 관련된 양들의 결합에 관해 논의하기 위해 독립된 장을 할애할 것이다. 주어진 보기들 그리고 (조항 12, 13)에서 언급된 일반 원리에 대한 관심은 그것들을 일상적인 경우로 다루는 것이 가능하게 할 것이다.

결합된 양들이 수치적일 때 당연히 ×에 의해 표현된 연산은 산술 곱셈과 같다고 믿어 왔다. 대수에서의 곱셈과 산술에서의 곱셈 사이의 관계를 다음 장에서 좀 더 상세하게 다룰 것이다.

36.　곱해지는 양들 중 하나가 둘 이상의 항으로 이루어져 있을 때　　경우 2.

규칙. 단항식 또는 단항식 들을 연속적으로 다항식의 각 항에 곱한다. 그리고 알맞은 부호로 이들을 연결한다.

37.　(1)　　$a \times (a+b) = a(a+b) = a^2 + ab$　　보기

(2)　$a(b+c) = ab + ac$

(3)　$xy(x-y) = x^2 y - xy^2$

(4)　$\dfrac{a}{b}\left(\dfrac{a}{b} - \dfrac{b}{a}\right) = \dfrac{a^2}{b^2} - \dfrac{ab}{ab} = \dfrac{a^2}{b^2} - 1$

(5)　$ab\left(\dfrac{a}{b} + \dfrac{b}{a}\right) = \dfrac{a^2 b}{b} + \dfrac{ab^2}{a} = a^2 + b^2$

(6)　$a^2 x^2 \times -(a^2 - ax + x^2) = -a^4 x^2 + a^3 x^3 - a^2 x^4$

(7)　$a^{\frac{1}{2}} x^{\frac{1}{2}} (a - a^{\frac{1}{2}} x^{\frac{1}{2}} + x) = a^{\frac{3}{2}} x^{\frac{1}{2}} - ax + a^{\frac{1}{2}} x^{\frac{3}{2}}$

왜냐하면 $a^{\frac{1}{2}}$과 a의 곱은 $a^{1+\frac{1}{2}}$, 즉 $a^{\frac{3}{2}}$이고, $x^{\frac{1}{2}}$과 x의 곱은 $x^{1+\frac{1}{2}}$, 즉 $x^{\frac{3}{2}}$이기 때문이다(조항 12, 13).

(8) $\quad \sqrt{a}(\sqrt{a} - \sqrt{x}) = a^{\frac{1}{2}}(a^{\frac{1}{2}} - x^{\frac{1}{2}}) = a - a^{\frac{1}{2}}x^{\frac{1}{2}}$

이 경우, $\sqrt{a}$와 $\sqrt{x}$를 동등한 양 $a^{\frac{1}{2}}$과 $x^{\frac{1}{2}}$으로 바꾸었다(조항 13).

(9) $\quad a \times -ab \times -(ab^2 - a^2b) = a^2b(ab^2 - a^2b) = a^3b^3 - a^4b^2$

(10) $\quad -a^2x \times -ax^2 \times -(a^2 + ax + x^2) = -a^3x^3(a^2 + ax + x^2)$
$$= -a^5x^3 - a^4x^4 - a^3x^5$$

(11) $\quad \dfrac{a^2}{b^2} \times -ab \times -\dfrac{b^3}{a^3} \times \left(\dfrac{a}{b} - 2 + \dfrac{b}{a} \right) = b^2 \times \left(\dfrac{a}{b} - 2 + \dfrac{b}{a} \right)$
$$= ab - 2b^2 + \dfrac{b^3}{a}$$

(12) $\quad a^{\frac{3}{2}}x^{\frac{1}{2}} \times -ax \times -a^{\frac{1}{2}}x^{\frac{3}{2}} \times (a^{\frac{1}{2}}x^{\frac{1}{2}} - a - x)$
$$= a^3x^3(a^{\frac{1}{2}}x^{\frac{1}{2}} - a - x) = a^{\frac{7}{2}}x^{\frac{7}{2}} - a^4x^3 - a^3x^4$$

이 경우, $a^3 \times a^{\frac{1}{2}} = a^{3+\frac{1}{2}} = a^{\frac{7}{2}}$이고 $x^3 \times x^{\frac{1}{2}} = x^{3+\frac{1}{2}} = x^{\frac{7}{2}}$이다(조항 12).

경우 3.　　**38.** 곱해지는 양들 중 둘 이상이 둘 이상의 항으로 이루어져 있을 때

규칙. 한 다항식의 각 항을 다른 다항식의 모든 항과 차례로 곱하고, 결과로 얻어지는 곱들을 모두 더한다.

세 인자가 결합되어 있을 때에는 세 번째 인자를 다른 두 인자의 곱에 곱하여야 한다. 곱해야 할 인자의 개수가 넷 이상일 때에도 동일한 방법을 적용한다.

이 연산을 수행할 때, 산술에서 수들을 곱할 때와 같이 인자들을 각각 세로로 배열하고, 오른쪽의 항부터 곱하기 시작한다. 각각의 부분적인 곱은 아래쪽으로 배열하고, 이때 이들을 좀더 간편하고 신속히 더하기 위해, 닮은 항은 가능한 닮은 항의 아래에 놓이게 한다.

이것이 복잡한 대수적 양들의 곱에 관한 일반적인 규칙이다. 그러나 많은 경우 연산 과정을 대폭 줄일 수 있는 방법이 있다. 이들 방법 중 몇 가지는 다음 보기에서 발견될 것이다.

39. (1) $a + b$와 $a + b$를 곱하라.

보기

$$a + b$$
$$a + b$$

$a + b$와 a를 곱한다. $a^2 + ab$

$a + b$와 b를 곱한다. $\quad + ab + b^2$

$$a^2 + 2ab + b^2$$

항 (ab)처럼 서로 비슷한 항을 아래에 위치시킨다.

이 계산은 $a + b$의 제곱인데(조항 11), 그 결과를 말로 나타내면 다음과 같다.

"두 양을 더한 것의 제곱은 각 양을 제곱한 것과 함께, 두 양의 곱을 두 배 한 것을 모두 더한 것과 같다."[1]

(2) $a + b + c$의 제곱을 찾아보자.

$$a + b + c$$
$$a + b + c$$

$a + b + c$와 a를 곱한다. $a^2 + ab + ac$

$a + b + c$와 b를 곱한다. $\quad + ab + b^2 + bc$

$a + b + c$와 c를 곱한다. $\quad\quad + ac + bc + c^2$

$$a^2 + 2ab + b^2 + 2ac + 2bc + c^2$$

또는 $(a + b + c)^2 = a^2 + b^2 + c^2 + 2ab + 2ac + 2bc$

다음과 같은 연역의 과정은 이 결과가 위 보기에서 얻어진 것으로부터 어떻게 유도되는지를 보여준다.

이항의 제곱으로부터 삼항의 제곱을 얻는 방법

첫 번째로 $(a + b + c)^2 = \{(a + b) + c\}^2$: 결과는 $(a + b)^2$, 즉 처음 항

---

1) 유클리드의 책, 원론 2권. 정리 4를 참조하라.

$(a+b)$의 제곱인 $a^2 + 2ab + b^2$을 필요로 한다.

두 번째로, 요구되는 결과는 a^2과 ab와 같이 a, b, c의 제곱 또는 곱의 양들로만 구성되어야 한다. 왜냐하면 이 경우 곱셈의 과정은 이 차원의 양들만 만들기 때문이다.

세 번째로, $(a+b+c)^2 = (a+c+b)^2 = (b+a+c)^2 = (b+c+a)^2 = (c+a+b)^2 = (c+b+a)^2$, 즉 다른 말로 하면 a, b, c가 어떻게 배열되어도 결과는 동일하다. 따라서 이들 양 각각에 대해 대칭적이어야 한다. 즉, 이들 양은 동등하고 닮은 방법으로 포함되어 있으므로 서로 위치를 바꾸더라도 결과에 영향이 없어야 한다.

결과의 한 항은 a^2이다. 마찬가지로 b^2과 c^2도 항으로 나타나야 한다. 그렇지 않으면 a, b, c에 대칭적이지 않기 때문이다.

결과의 한 항은 $2ab$이다. 마찬가지로 a, b, c에 대칭적이기 위해 $2ac$와 $2bc$도 나타난다. 이들 중 하나라도 없거나 계수가 달라지면 더 이상 대칭적이지 않게 된다. 결과에는 음수 항이 하나도 포함되지 않게 되어 결론적으로 다음을 얻는다.

$$(a+b+c)^2 = a^2 + b^2 + c^2 + 2ab + 2ac + 2bc$$

여러 개의 항으로 이루어진 식의 제곱을 계산하는 방법

동일한 논리를 사용하여 부호 +로 연결된 여러 개의 항으로 이루어진 식의 제곱에 대한 다음과 같은 공식을 얻을 수 있다.

이러한 식의 제곱은 각 항의 제곱을 더한 것과 모든 항들을 서로 곱하여 두 배한 항들을 더한 것으로 이루어진다.

따라서 다음을 얻는다.

$$(a+b+c+d)^2 = a^2 + b^2 + c^2 + d^2$$
$$+ 2ab + 2ac + 2ad + 2bc + 2bd + 2cd$$
$$(a+b+c+d+e)^2 = a^2 + b^2 + c^2 + d^2 + e^2$$

$$+ 2ab + 2ac + 2ad + 2ae$$

$$+ 2bc + 2bd + 2be + 2cd + 2ce + 2de$$

곱셈을 계산할 때, 알파벳 순서를 엄격히 지키는 것이 중요하다. 예를 들어 위 다섯 항의 제곱을 구하는 과정에서 먼저 $2a$를 b, c, d, e에 곱하고, 두 번째로 $2b$를 c, d, e에 곱하고, 세 번째로 $2c$를 d, e에 곱한다. 마지막으로 $2d$를 e와 곱한다.

$$(3) \quad (a + ax + ax^2)^2 = a^2 + a^2x^2 + a^2x^4 + 2a^2x + 2a^2x^2 + 2a^2x^3$$
$$= a^2 + 2a^2x + 3a^2x^2 + 2a^2x^3 + a^2x^4$$
$$= a^2(1 + 2x + 3x^2 + 2x^3 + x^4)$$

이 경우 세 항으로 된 $a + ax + ax^2$의 제곱을 바로 위 보기에서 고안된 일반 규칙에 따라 계산한다. 첫 번째로 각 항의 제곱을 쓰고, 그다음 두 항씩 곱한 것을 두 배한다. 다음 과정으로 x의 지수에 따라 지수가 같은 항들은 하나로 묶으면서 항들을 정리한다. 마지막 줄(a^2을 괄호 안의 각 항에 곱하면 위의 줄과 동일함을 알 수 있다)이 더 간결하고, 따라서 동일한 양 a^2이 다섯 번 반복해서 곱해진 그 전 줄보다 일반적으로 더 유용하다.

$$(4) \quad (1 + 2x + 3x^2 + 4x^3)^2$$
$$= 1 + 4x^2 + 9x^4 + 16x^6 + 4x + 6x^2 + 8x^3 + 12x^3 + 16x^4 + 24x^5$$
$$= 1 + 4x + 10x^2 + 20x^3 + 25x^4 + 24x^5 + 16x^6$$

$(5) \quad a - b$의 제곱을 찾아보자.

$$a - b$$
$$a - b$$

$a - b$와 a를 곱한다. $\quad a^2 - ab$

$a - b$와 b를 곱한다. $\quad\;\; - ab + b^2$

$$a^2 - 2ab + b^2$$

$a + b$의
제곱으로부터
$a - b$의
제곱을 얻는
방법   이 결과는 보기 (1)에서 주어진 $a + b$의 제곱에 대한 공식으로부터 유도할 수 있다. 단순히 $a - b$를 동치 식 $a + -b$ 또는 좀 더 분명하게 다음 계산과 같이 $a + (-b)$로 바꾸기만 하면 된다.

$$(a - b)^2 = a + (-b)^2 = a^2 + 2a(-b) + (-b)^2 = a^2 - 2ab + b^2$$

여기서 $2a(-b) = -2ab$이고 $(-b)^2 = -b \times -b = b^2$이다.

비슷한 원리를 적용하면 다음과 같이 $a + b + c$의 제곱을 통해 $a - b - c$의 제곱을 얻을 수 있다.

$$(a - b - c)^2 = \{a + (-b) + (-c)\}^2$$
$$= a^2 + (-b)^2 + (-c)^2 + 2a(-b) + 2a(-c) + 2(-b)(-c)$$
$$= a^2 + b^2 + c^2 - 2ab - 2ac + 2bc$$

(6) $\quad (a - bx + cx^2 - dx^3)^2 = a^2 + b^2x^2 + c^2x^4 + d^2x^6$
$$- 2abx + 2acx^2 - 2adx^3 - 2bcx^3 + 2bdx^4 - 2cdx^5$$
$$= a^2 - 2abx + (2ac + b^2)x^2 - 2(ad + bc)x^3 + (2bd + c^2)x^4 - 2cdx^5$$
$$+ d^2x^6$$

이 계산 방법은 $(a + bx + cx^2 + dx^3)^2$의 계산 법칙으로부터 얻을 수 있는데, 왜냐하면 단지 두 음의 항 bx와 dx^3을 포함하기 때문이다. 마지막 결과는 다른 기호들은 계수로 여기고(조항 14), 따라서 x의 지수가 같은

항은 닮은 항으로 다루어서 이들을 하나의 항으로 묶어서, x에 대한 오름차
순으로 배열되었다.

(7) $a + b$와 $a - b$의 곱을 찾아보자.

$$\begin{array}{r} a + b \\ a - b \\ \hline a^2 + ab \\ - ab - b^2 \\ \hline a^2 - b^2 \end{array}$$

이 결과를 말로 표현하면 다음과 같다.

"두 양의 합과 차이의 곱은 각각의 제곱의 차이와 동일하다."

이 결과는 하나 또는 여러 항의 부호만 다른 두 식의 곱을 쉽고 빠르게
계산하는 방법을 제공한다. 규칙은 다음과 같다.

"각 인자에서 부호가 동일한 항들의 합의 제곱에서 부호가 다른 항들의
합의 제곱을 뺀다. 그러면 원하는 곱을 얻는다."

다음은 보기들이다.

(α) $a + b + c$와 $a + b - c$의 곱을 찾아보자.

인자는 $a + b$와 c의 합과 차이이다. 곱을 계산하면 다음과 같다.

$$(a + b)^2 - c^2 = a^2 + 2ab + b^2 - c^2$$

(β) $a - b + c$와 $a + b - c$의 곱을 찾아보자.

인자는 a와 $b - c$의 합과 차이이다. 왜냐하면 둘을 더하면 $a + b - c$
이고 빼면 $a - (b - c)$, 즉 $a - b + c$가 되기 때문이다. 곱을 계산하면
다음과 같다.

$$a^2 - (b - c)^2 = a^2 - (b^2 - 2bc + c^2) = a^2 - b^2 + 2bc - c^2$$

두 양의 합과
차이의 곱을
계산하는 규칙

63

(γ) $a - b + c - d$와 $a + b - c - d$의 곱을 찾아보자.

인자는 $a - d$와 $b - c$의 합과 차이이고, 계산은 다음과 같다.

$$
\begin{aligned}
(a - b + c - d)(a + b - c - d) &= (a - d)^2 - (b - c)^2 \\
&= a^2 - 2ad + d^2 - b^2 + 2bc - c^2 \\
&= a^2 - b^2 - c^2 + d^2 - 2ad + 2bc
\end{aligned}
$$

(δ) $a^2 + ax + x^2$과 $a^2 - ax + x^2$의 곱을 찾아보자.

인자는 $a^2 + x^2$과 ax의 합과 차이이고, 계산은 다음과 같다.

$$
\begin{aligned}
(a^2 + ax + x^2)(a^2 - ax + x^2) &= (a^2 + x^2)^2 - (ax)^2 \\
&= a^4 + 2a^2x^2 + x^4 - a^2x^2 \\
&= a^4 + a^2x^2 + x^4
\end{aligned}
$$

(ϵ) $a^3 + 2a^2x + 2ax^2 + x^3$과 $a^3 - 2a^2x + 2ax^2 - x^3$의 곱을 찾아보자.

인자는 $a^3 + 2ax^2$과 $2a^2x + x^3$의 합과 차이이고, 계산은 다음과 같다.

$$
\begin{aligned}
&(a^3 + 2a^2x + 2ax^2 + x^3)(a^3 - 2a^2x + 2ax^2 - x^3) \\
&= (a^3 + 2ax^2)^2 - (2a^2x + x^3)^2 \\
&= a^6 + 4a^4x^2 + 4a^2x^4 - (4a^4x^2 + 4a^2x^4 + x^6) \\
&= a^6 + 4a^4x^2 + 4a^2x^4 - 4a^4x^2 - 4a^2x^4 - x^6 \\
&= a^6 - x^6
\end{aligned}
$$

$a^3 + na^2x + nax^2 + x^3$을 $a^3 - na^2x + nax^2 - x^3$과, 또는 $a^3 + x^3$을 $a^3 - x^3$과, 또는 $a^2 - x^2$을 $a^4 + a^2x^2 + x^4$과, 또는 $a - x$를 $a^5 + a^4x + a^3x^2 + a^2x^3 + ax^4 + x^5$과, 또는 $a + x$를 $a^5 - a^4x + a^3x^2 - a^2x^3 + ax^4 - x^5$과 곱하면 위와 동일한 곱을 얻는다.

(8) $x + a$와 $x + b$의 곱을 찾아보자.

$$x + a$$
$$x + b$$
$$\overline{}$$
$$x^2 + ax$$
$$ + bx + ab$$
$$\overline{}$$
$$x^2 + ax + bx + ab \qquad \text{또는} \quad x^2 + (a+b)x + ab$$

결과는 x에 대한 내림 차순으로 배열되었다. 따라서 ax와 bx는 닮은 양으로 간주되어 하나의 항 $(a+b)x$로 묶였다.

다음 세 결과는 인자에서 a와 b의 부호를 바꾼 것으로 위 결과로부터 유도된다.

(α) $(x-a)(x-b) = x^2 - ax - bx + ab$

$\qquad\qquad = x^2 - (a+b)x + ab \ : \ -ax - bx = -(a+b)x$ 이므로

(β) $(x+a)(x-b) = x^2 + ax - bx - ab$

$\qquad\qquad = x^2 + (a-b)x - ab \ : \ ax - bx = (a-b)x$ 이므로

(γ) $(x-a)(x+b) = x^2 - ax + bx - ab$

$\qquad\qquad = x^2 - (a-b)x - ab \ : \ -ax + bx = -(a-b)x$ 이므로

위의 네 결과는 이차 방정식의 이론에서 중요하므로 특별한 관심을 받을 만하다. 이들은 또한 다음과 같은 형태의 모든 곱에 대한 공식을 제공한다.

(δ) $(x+3)(x+5) = x^2 + 8x + 15$

(ϵ) $(x-4)(x-11) = x^2 - 15x + 44$

(ζ) $(x+7)(x-1) = x^2 + 6x - 7$

(η) $(x-10)(x+9) = x^2 - x - 90$

(9) $a + b$의 세 제곱을 찾아보자.

$$a + b$$
$$a + b$$
$$\overline{a^2 + 2ab + b^2} \qquad = (a+b)^2 \qquad \text{보기 (1)}$$
$$a + b$$
$$\overline{a^3 + 2a^2b + ab^2}$$
$$+a^2b + 2ab^2 + b^3$$
$$\overline{a^3 + 3a^2b + 3ab^2 + b^3} \quad = (a+b)^3$$

이 경우 $(a+b)^3 = (b+a)^3$이고, 결과는 a와 b에 대해 대칭적이다.

$(a+b+c)^3$의 공식 비슷한 방식으로 $(a+b+c)^3$은 a, b, c에 대해 대칭적이다. 그리고 $(a+b+c)^3 = \{(a+b)+c\}^3$이므로 결과에는 $(a+b)^3$이 포함되고 따라서 a^3과 $3a^2b$가 포함된다. 그러므로 b^3과 c^3을 포함하고 $3a^2b$에 a 대신에 b나 c를, b 대신에 a나 c를 대입하여 얻은 항들이 포함된다. 또한 $3(a+b)^2c$가 포함되므로 $6abc$가 포함되어야 한다. 결론적으로 다음을 얻는다.

$$(a+b+c)^3 = a^3 + b^3 + c^3$$
$$+ 3a^2b + 3a^2c + 3ab^2 + 3ac^2 + 3b^2c + 3bc^2 + 6abc$$

$$(\alpha) \quad (a-b)^3 = \{a+(-b)\}^3$$
$$= a^3 + 3a^2(-b) + 3a(-b)^2 + (-b)^3$$
$$= a^3 - 3a^2b + 3ab^2 - b^3 : \quad (-b)^2 = b^2 \text{이고 } (-b)^3 = -b^3$$

$a - b$의 세 제곱은 $a + b$의 세 제곱에서 단지 b와 b의 홀 거듭 제곱을 포함하는 항의 부호만 음으로 바꾼 것이다.

(10) $a + b$의 네 제곱을 찾아보자.

$$(a+b)^3 = \quad a^3 + 3a^2b + 3ab^2 + b^3$$
$$a+b$$
$$\overline{}$$
$$a^4 + 3a^3b + 3a^2b^2 + ab^3$$
$$+ \ a^3b + 3a^2b^2 + 3ab^3 + b^4$$
$$(a+b)^4 = \quad a^4 + 4a^3b + 6a^2b^2 + 4ab^3 + b^4$$

보기 (9)에서와 같은 논리로 다음을 얻는다.

$$(a-b)^4 = a^4 - 4a^3b + 6a^2b^2 - 4ab^3 + b^4$$

$a+b$의 세 제곱으로부터 $a+b+c$의 세 제곱을 얻을 때 사용한 논리를 비슷하게 전개하면 $a+b$의 네 제곱으로부터 $a+b+c$의 네 제곱을 찾을 수 있다. 따라서 다음을 얻는다.

$(a+b+c)^4$의 공식

$$(a+b+c)^4 = a^4 + b^4 + c^4 + 4a^3b + 4a^3c + 4ab^3 + 4ac^3 + 4b^3c + 4bc^3$$
$$+ 6a^2b^2 + 6a^2c^2 + 6b^2c^2 + 12a^2bc + 12ab^2c + 12abc^2$$

(11)　　$(a+b)^5 = a^5 + 5a^4b + 10a^3b^2 + 10a^2b^3 + 5ab^4 + b^5$

$a+b$의 거듭 제곱을 얻는 방식으로부터 결과에 있는 항의 개수는 이 항식의 지수보다 하나 더 많음은 명백하다. 즉, $a+b$를 연달아 곱하면 한 개의 항씩 추가되어, $a+b$에는 두 개의 항이, $(a+b)^2$에는 세 개의 항이, $(a+b)^3$에는 네 개의 항이 있고 계속해서 이와 같다.

$a+b$의 거듭 제곱에 대한 공식들로부터 관찰할 수 있는 법칙들

앞에서부터 나열된 항들의 계수와 끝에서부터 나열된 항들의 계수가 서로 같다는 것도 마찬가지로 명백하다. 그렇지 않으면, a 자리에 b를, b 자리에 a를 대입했을 때 원래의 결과와 같을 수가 없다. 그런데 a와 b는 동등하게 포함되어 있기 때문에 둘의 자리를 서로 바꾸어도 같아져야 한다.

두 번째, 네 번째 등과 같이 짝수 번째의 항에 포함된 b의 차수는 홀수이다. 그러므로 b 대신에 $-b$를 넣으면 짝수 번째 항의 부호는 바뀌게 된다.

$(a + b)^n$과 같이 $a + b$의 임의의 거듭 제곱에 대한 공식은 이를 기리어 이항 정리라 불린다. 그리고 이 공식은 이어지는 장에서 길고 긴 논의의 주제가 될 것이다.

(12)　$x + a$, $x + b$, 그리고 $x + c$의 곱을 찾아보자.

$$
\begin{aligned}
(x + a)(x + b) = \quad & x^2 + (a + b)x + ab \quad \text{보기 (8)} \\
& \underline{x + c} \\
& x^3 + (a + b)x^2 + abx \\
& \quad\; + cx^2 + (a + b)cx + abc \\
\hline
(x + a)(x + b)(x + c) = \quad & x^3 + (a + b + c)x^2 + (ab + ac + bc)x + abc
\end{aligned}
$$

마지막 결과를 얻을 때, 다음을 주목하여야 한다.

$$(a + b)x^2 + cx^2 = \{(a + b) + c\}x^2 = (a + b + c)x^2$$

또한 다음 식은 위의 식보다 더 대칭적임을 알 수 있다.

$$abx + (a + b)cx = \{ab + (a + b)c\}x = (ab + ac + bc)x$$

이 곱의 계산에 주목하면 $x+a$, $x+b$, $x+c$와 $x+d$의 곱의 계산을 별 다른 어려움 없이 수행할 수 있다. 결과가 a, b, c, d에 대해 대칭적이어야 함은 명백하다. 곱의 첫 번째 항은 확실히 x^4이다. 한편, 곱에는 ax^3이 포함되므로 bx^3, cx^3과 dx^3이 포함되어야 한다. 따라서 두 번째 항은 $(a+b+c+d)x^3$이다. abx^2을 포함하므로 a, b, c, d로부터 두 개를 뽑아 얻는 다른 모든 조합들도 포함한다. 따라서 세 번째 항은 $(ab + ac + ad + bc + bd + cd)x^2$이다. $abcx$를 포함하므로 a, b, c, d의 모든 다른 유사한 조합들도 포함한다. 따라서 네 번째 항은 $(abc + abd + acd + bcd)x$이다. 그리고 마지막 항은

$abcd$이다. 이로부터 다음과 같이 완결된 곱의 결과를 얻는다.

$$(x + a)(x + b)(x + c)(x + d)$$
$$= x^4 + (a + b + c + d)x^3 + (ab + ac + ad + bc + bd + cd)x^2$$
$$+ (abc + abd + acd + bcd)x + abcd$$

비슷한 논리 과정을 거치면 다음을 얻는다.

$$(x + a)(x + b)(x + c)(x + d)(x + e)$$
$$= x^5 + (a + b + c + d + e)x^4$$
$$+ (ab + ac + ad + ae + bc + bd + be + cd + ce + de)x^3$$
$$+ (abc + abd + abe + acd + ace + ade + bcd + bce + bde + cde)x^2$$
$$+ (abcd + abce + abde + acde + bcde)x + abcde$$

$x + a$, $x + b$, $\ldots$와 같이 첫째 항이 같은 이항 인자의 곱에 대한 일반적인 공식을 찾으려고 시도해 보면, 첫 번째 항은 x의 거듭 제곱임을 알 수 있다. 이때 지수는 인자의 개수와 같아지고, 이보다 낮은 차수의 x의 거듭 제곱들이 항으로 나타난다. 두 번째 항의 계수는 이항 인자의 둘째 항들의 합이다. 세 번째 항의 계수는 이들 중 둘씩 곱한 것들의 합이다. 네 번째 항의 계수는 이들 중 셋씩 곱한 것들의 합이다. 이러한 방식으로 하면 마지막 항은 이들의 모든 곱이다. 방정식의 이론에서 대단히 중요한 이 명제의 증명은 다음 장에서 주어진다.

(우측 여백) $x + a, x + b,$ $x + c, \ldots$ 들의 곱을 계산하는 법칙

(α) $(x - a)(x + b)(x + c) - x^3 - (a - b - c)x^2 - (ab + ac - bc)x - abc$

이 결과는 보기 (12)의 결과에서 a가 포함된 모든 항의 부호를 음의 부호로 바꿈으로써 얻을 수 있다. 그리고 다음과 같이 변환한다.

$(-a + b + c)$를 $-(a - b - c)$로 그리고 $(-ab - ac + bc)$를 $-(ab + ac - bc)$로

(β) $\quad (x+3)(x+5)(x+7) = x^3 + 15x^2 + 71x + 105$

이것은 일반적인 경우로부터 유도될 수 있다. 즉, 두 번째 항은 $3 + 5 + 7 = 15$이고, 세 번째 항은 $3 \times 5 + 3 \times 7 + 5 \times 7 = 71$이고, 마지막 항은 $3 \times 5 \times 7 = 105$이다.

(γ) $\quad (x-10)(x+1)(x+4) = x^3 - 5x^2 - 46x - 40$

이 경우 필요한 계산은 다음과 같다.

$$-10 + 1 + 4 \qquad\qquad\qquad = -5$$
$$-10 \times 1 - 10 \times 4 + 1 \times 4 \ = -46$$
$$-10 \times 1 \times 4 \qquad\qquad\quad = -40$$

(δ) $\quad (x-4)(x-6)(x+10) = x^3 - 76x + 240$

이 경우 필요한 계산은 다음과 같다.

$$-4 - 6 + 10 \qquad\qquad\qquad = 0$$
$$-4 \times -6 - 4 \times 10 - 6 \times 10 \ = -76$$
$$-4 \times -6 \times 10 \qquad\qquad\quad = 240$$

(ϵ) $\quad (x+2)(x+6)(x+10)(x+14) = x^4 + 32x^3 + 344x^2 + 1408x + 1680$

이 경우 필요한 계산은 다음과 같다.

$$2 + 6 + 10 + 14 \qquad\qquad\qquad\qquad\qquad\qquad\qquad\quad = 32$$
$$2 \times 6 + 2 \times 10 + 2 \times 14 + 6 \times 10 + 6 \times 14 + 10 \times 14 \ = 344$$
$$2 \times 6 \times 10 + 2 \times 6 \times 14 + 2 \times 10 \times 14 + 6 \times 10 \times 14 \ = 1408$$
$$2 \times 6 \times 10 \times 14 \qquad\qquad\qquad\qquad\qquad\qquad\qquad = 1680$$

(13) $\quad (x-a)(x^2 + ax + a^2) = x^3 - a^3$

(14) $(x - a)(x^3 + ax^2 + a^2x + a^3) = x^4 - a^4$

(15) $(x + a)(x^4 - ax^3 + a^2x^2 - a^3x + a^4) = x^5 + a^5$

(16) $(x - a)(x^5 + ax^4 + a^2x^3 + a^3x^2 + a^4x + a^5) = x^6 - a^6$

(17) $(x - 1)\{x^4 - (p - 1)x^3 + (q - p + 1)x^2 - (p - 1)x + 1\}$
$$= x^5 - px^4 + qx^3 - qx^2 + px - 1$$

(18) $(a^2 + b^2 + c^2 - ab - ac - bc)(a + b + c) = a^3 + b^3 + c^3 - 3abc$

(19) $(a + b + c)(b + c - a)(a + c - b)(a + b - c)$
$$= \{(b + c)^2 - a^2\}\{a^2 - (b - c)^2\} \qquad \text{보기 (7)}$$
$$= (b^2 + 2bc + c^2 - a^2)(a^2 - b^2 + 2bc - c^2)$$
$$= (2bc)^2 - (b^2 + c^2 - a^2)^2 \qquad \text{보기 (7)}$$
$$= 2a^2b^2 + 2a^2c^2 + 2b^2c^2 - a^4 - b^4 - c^4$$

이 보기와 그 전 보기에서는 a, b, c가 대칭적으로 포함되어 있다.

(20) $(x^2 + ax + b)(x^2 - ax + c) = x^4 + (b + c - a^2)x^2 - a(b - c)x + bc$

(21) $(x^2 + ax + b)(x^2 + a'x + b')$
$$= x^4 + (a + a')x^3 + (aa' + b + b')x^2 + (ab' + a'b)x + bb'$$

이 보기에서는, 두 인자에서 각각 x의 계수인, a와 a' 사이의 관련성을 동일한 문자 a를 사용하고 프라임 기호에 의해 구분하는 것으로 나타내고 있다. b와 b' 사이도 동일하게 적용된다. 이러한 기호를 사용함으로써, 동일한 목적을 위해 독립적인 서로 다른 기호를 사용하는 것보다, 곱과 그 성분 인자들 사이의 관계가 더욱 더 명백하게 드러난다.

(22) $(x^3 + ax^2 + bx + c)(x^3 + a'x^2 + b'x + c')$
$$= x^6 + (a + a')x^5 + (aa' + b + b')x^4 + (ab' + a'b + c + c')x^3$$
$$+ (ac' + a'c + bb')x^2 + (bc' + b'c)x + cc'$$

이러한 종류의 곱은 다음과 같은 방법으로 계산하는 것이 가장 편리하다. 첫째 항은 x^6이다. x^5을 포함하는 항은 x^3을 $a'x^2$에 곱한 것과 ax^2을 x^3에 곱한 것으로 구성되고, 그 외 다른 조합은 동일한 x의 지수를 만들어 내지 못한다. 그러므로 두 번째 항은 $(a+a')x^5$이다. x^4을 포함하는 항은 x^3을 $b'x$에, ax^2을 $a'x^2$에, bx를 x^3에 곱한 것들로 구성되므로 $(aa'+b+b')x^4$이다. x^3을 포함하는 항은 x^3을 c'에, ax^2을 $b'x$에, bx를 $a'x^2$에, c를 x^3에 곱한 것들로 구성되므로 $(ab'+a'b+c+c')x^3$이다. x^2을 포함하는 항은 ax^2을 c'에, bx을 $b'x$에, c를 $a'x^2$에 곱한 것들로 구성되므로 $(bb'+ac'+a'c)x^2$이다. x를 포함하는 항은 bx를 c'에, c를 $b'x$에 곱한 것들로 구성되므로 $(bc'+b'c)x$이다. 마지막 항은 c와 c'의 곱이다.

어떤 경우엔, 두 양의 곱에서 배열된 순서에 따라서 한 문자의 특정한 거듭 제곱을 포함하는 항이 필요한 것의 전부일 수 있다. 이러한 경우에는, 모든 곱셈 연산을 수행하는 것은 불필요하고, 위에서 설명된 과정을 통해 필요한 항만 찾으면 된다.

아래의 곱에서 x^4을 포함하는 항을 찾아야 한다고 가정해 보자.

$$(x^4 + a_1x^3 + a_2x^2 + a_3x + a_4) \times (x^4 + A_1x^3 + A_2x^2 + A_3x + A_4)$$

서로 곱해서 x^4을 포함하는 한 인자의 항과 다른 인자의 항의 조합을 모아 보면, $x^4 \times a_4$, $A_1x^3 \times a_3x$, $A_2x^2 \times a_2x^2$, $A_3x \times a_1x^3$ 그리고 $A_4 \times x^4$이다. 그러므로 찾는 항은 다음과 같다.

$$(a_4 + a_3A_1 + a_2A_2 + a_1A_3 + A_4)x^4$$

이 예에서 사용된 표기법은 종종 꽤 편리하다. 왜냐하면 각 계수의 첨자는 기호들을 서로 구분되게 하고 각각의 식에서 그들의 위치를 알려주는 두 가지 목적으로 사용되었기 때문이다. 그런데 서로 다른 여러 개의 양을 다룰 때와 수많은 독립적인 기호들 사이의 관련성을 기억하기에 어려울 때,

이러한 종류의 표기법은 개선이 필요하다.

$$(23) \quad \left(\frac{5}{2}x^2 + 3ax - \frac{7a^2}{3}\right)\left(2x^2 - ax - \frac{a^2}{2}\right)$$
$$= 5x^4 + \frac{7}{2}ax^3 - \frac{107}{12}a^2x^2 + \frac{5}{6}a^3x + \frac{7}{6}a^4$$

$$(24) \quad \left(\frac{a^2}{b^2} + 2 + \frac{b^2}{a^2}\right)\left(\frac{a}{b} + \frac{b}{a}\right) = \frac{a^3}{b^3} + \frac{3a}{b} + \frac{3b}{a} + \frac{b^3}{a^3} = \left(\frac{a}{b} + \frac{b}{a}\right)^3$$

$$(25) \quad \left(\frac{a^2}{b^3} + \frac{2c^3d^4}{b^5} - \frac{7c^2}{2a^4b^3}\right)\left(\frac{a^2}{b^3} - \frac{2c^3d^4}{b^5} + \frac{7c^2}{2a^4b^3}\right)$$
$$= \frac{a^4}{b^6} - \left(\frac{2c^3d^4}{b^5} - \frac{7c^2}{2a^4b^3}\right)^2 \qquad \text{보기 (7)}$$
$$= \frac{a^4}{b^6} - \frac{4c^6d^8}{b^{10}} + \frac{14c^5d^4}{a^4b^8} - \frac{49c^4}{4a^8b^6}$$

$$(26) \quad (a^m + b^p - 2c^n)(2a^m - 3b)$$
$$= 2a^{2m} + 2a^mb^p - 4a^mc^n - 3a^mb - 3b^{p+1} + 6bc^n$$

40.　나눗셈 연산을 표현하는 방법은 (조항 8)에서 설명되었다. 　　　**나눗셈**

이 연산을 수행할 때 고려할 사항은, 이 연산은 곱셈의 역 연산이라는 것이다(조항 10). 나눗셈의 모든 법칙은 이런 원리를 바탕으로 만들어졌다.

몫을 나누는 양에 곱하면 나뉠 양을 얻는다. 이것은 바로 위에서 언급한 원리를 표현하는 또 다른 방식이다. 또한 이 명제는 어떠한 경우에도 연산의 참 거짓을 밝히는 검사 도구를 제공한다.

다음으로 나눗셈에서 고려되는 세 가지 경우를 살펴보자.

41.　나누는 양과 나뉠 양이 모두 단항식일 때 　　　**경우 1.**

규칙. 나누는 양과 나뉠 양에서 공통인 양을 제거하여라. 그리고 남아 있는 나뉠 양의 아래에 남아 있는 나누는 양을 써라. 이때 결과로 얻은 양이 몫이다.

나누는 양이 1을 제외하고 모두 제거되었으면 남아 있는 나뉠 양이 몫이다.

우리는 이미 한 분수 식으로부터 소거를 통해 좀 더 간단한 분수 식을 얻는 데서 이러한 경우에 대한 나눗셈의 보기를 경험했다((조항 35)의 보기 (16), (17), (18), (19), (20), (21), (22), (25), (26)).

보기 **42.** (1) $a \div b = \dfrac{a}{b}$ (조항 8)

(2) $a \div -b = \dfrac{a}{-b} = \dfrac{-a}{b}$

$\frac{a}{-b} \times -b = a$이므로 명백하다(조항 10). 그리고 $\frac{-a}{b} \times -b = \frac{-a \times -b}{b} = \frac{ab}{b} = a$이다(조항 10). 즉, $\frac{a}{-b}$와 $\frac{-a}{b}$는 똑같은 양에 곱해지면 같은 결과를 준다. 그러므로 둘은 동등한 양이다(조항 22).

나뉠 양과 나누는 양의 부호는 몫에 영향을 주지 않고 바뀔 수 있다

(3) $-a \div b = \dfrac{-a}{b} = \dfrac{a}{-b} = -\dfrac{a}{b}$

보기 (2)와 같은 이유로 성립한다.

(4) $-a \div -b = \dfrac{-a}{-b} = \dfrac{a}{b}$

왜냐하면 $\frac{-a}{-b} \times -b = -a$가 성립하기 때문이다(조항 10). 그리고 $\frac{a}{b} \times -b = \frac{-ab}{b} = -a$가 성립한다(조항 10). 따라서 $\frac{-a}{-b}$와 $\frac{a}{b}$는 동등한 식이다.

이들 보기로부터 다음과 같은 결론을 얻을 수 있다.

"나누는 양과 나뉠 양의 부호를 모두 바꾸면 그 값이나 양의 크기가 변하지 않는다."

(5) $a \div \dfrac{1}{b} = \dfrac{a}{\frac{1}{b}} = \dfrac{ab}{1} = ab$

이 표기법과 주어진 결과에 대한 설명은 다음과 같다.

a가 b로 나누어지면 결과는 $\frac{a}{b}$와 같이 쓰여지고, 이것은 $a \times \frac{1}{b}$과 동일하다. 다른 말로 하면, a를 b로 나눈 것은 a를 $\frac{1}{b}$을 곱한 것과 동등하다. 이들

연산이 서로 상호 간의 역 연산이므로 $\frac{1}{b}$로 나누는 것은 b에 곱하는 것과 같은 결과를 준다. $a \div \frac{1}{b} \times \frac{1}{b} = a$이므로(조항 10) $ab \times \frac{1}{b} = \frac{ab}{b} = a$이다. 이로부터 $a \div \frac{1}{b} = ab = a \times b$가 성립한다.

(6) $\quad \dfrac{a}{b} \div \dfrac{c}{d} = \dfrac{a}{bc} \div \dfrac{1}{d} = \dfrac{a}{bc} \times d = \dfrac{ad}{bc}$

이 계산은 바로 위의 보기에서 설명된 표기법과 결과로부터 얻어진다.

$\frac{ad}{bc} = \frac{a}{b} \times \frac{d}{c} = \frac{a}{b} \div \frac{c}{d}$이므로 $\frac{c}{d}$로 나누는 것은 그것의 역수 $\frac{d}{c}$로 곱하는 것과 동등하다. 이로부터 나누는 양이 분수 형태일 때, 대수적 양으로 나누는 것에 대한 일반적인 규칙을 다음과 같이 얻을 수 있다. **대수 분수의 나눗셈에 대한 규칙**

"나누는 양을 뒤집어서 곱셈을 수행한다."

(7) $\quad a^3 \div a = \dfrac{a^3}{a} = a^2$

왜냐하면 $\frac{a^3}{a} = \frac{a^2 \times a}{a} = a^2$이기 때문이다.

(8) $a^7 \div a^3 = \dfrac{a^7}{a^3} = a^4$

왜냐하면 $\frac{a^7}{a^3} = \frac{a^4 \times a^3}{a^3} = a^4$이기 때문이다.

(9) $\quad -12abcde \div -8acd = \dfrac{12bc}{8} = \dfrac{3bc}{2}$

12와 8의 공약수인 4로 나누었다.

(10) $\quad \dfrac{3ac}{4} \div \dfrac{5abd}{6} = \dfrac{3ac}{4} \times \dfrac{6}{5abd} = \dfrac{18ac}{20abd} = \dfrac{9c}{10bd}$

(11) $\quad \dfrac{2ay}{5bx^2} \div 3ac = \dfrac{2y}{15bcx^2}$

(12) $\quad 27a^3b^2cfg : -18abcghk - \dfrac{-27a^2bf}{18hk} - -\dfrac{3a^2bf}{2hk}$

27과 18을 9로 나누었다.

(13) $\quad \dfrac{3afx}{bc} \div \dfrac{2fx^2}{5cde} = \dfrac{3afx}{bc} \times \dfrac{5cde}{2fx^2} = \dfrac{15ade}{2bx}$

(14) $\quad \dfrac{a^4}{b^4} \div \dfrac{a^5}{b^5} = \dfrac{a^4}{b^4} \times \dfrac{b^5}{a^5} = \dfrac{b}{a}$

왜냐하면 a^4b^4이 분자와 분모의 공통 인자이기 때문이다.

(15) $\quad \dfrac{a}{b} \div \sqrt{\dfrac{a}{b}} = \dfrac{a}{b} \div \dfrac{a^{\frac{1}{2}}}{b^{\frac{1}{2}}}$ (조항 13) $= \dfrac{a}{b} \times \dfrac{b^{\frac{1}{2}}}{a^{\frac{1}{2}}} = \dfrac{a^{\frac{1}{2}}}{b^{\frac{1}{2}}}$

왜냐하면 $\dfrac{ab^{\frac{1}{2}}}{ba^{\frac{1}{2}}} = \dfrac{a^{\frac{1}{2}}a^{\frac{1}{2}}b^{\frac{1}{2}}}{b^{\frac{1}{2}}b^{\frac{1}{2}}a^{\frac{1}{2}}} = \dfrac{a^{\frac{1}{2}}}{b^{\frac{1}{2}}}$이기 때문이다.

경우 2.　**43.** 나누는 양이 단항식이고 나뉠 양은 단항식이 아닐 때

규칙. 다항식의 각 항을 따로따로 경우 1.과 같이 나눈다. 그리고 알맞은 부호를 사용하여 이들 결과를 결합한다.

보기　**44.** (1) $\quad (ax + bx) \div x = \dfrac{ax + bx}{x} = a + b$

(2) $\quad (ax^3 + a^2x^2 + a^3x) \div ax = \dfrac{ax^3 + a^2x^2 + a^3x}{ax} = x^2 + ax + a^2$

(3) $\quad \left(3ac - 2ade + \dfrac{c}{d}\right) \div 2a = \dfrac{3c}{2} - de + \dfrac{c}{2ad}$

(4) $\quad (8a^2 - 6ab + 4c + 1) \div 4a^2 = 2 - \dfrac{3b}{2a} + \dfrac{c}{a^2} + \dfrac{1}{4a^2}$

(5) $\quad (12acfg - 4af^2g + 3fg^2h) \div 4a^2b^2fg = \dfrac{3c}{ab^2} - \dfrac{f}{ab^2} + \dfrac{3gh}{4a^2b^2}$

(6) $\quad \left(\dfrac{a}{b} + \dfrac{b}{a}\right) \div \dfrac{a}{b} = \left(\dfrac{a}{b} + \dfrac{b}{a}\right) \times \dfrac{b}{a} = 1 + \dfrac{b^2}{a^2}$

(7) $\quad \left(\dfrac{a}{b} - \dfrac{df}{2c} - 3ac + 7\right) \div \dfrac{3c}{d} = \dfrac{ad}{3bc} - \dfrac{d^2f}{6c^2} - ad + \dfrac{7d}{3c}$

(8) $\quad \left(\dfrac{a^3}{b^3} + \dfrac{2a^2c}{b^2d} + \dfrac{ac^2}{bd^2}\right) \div \dfrac{ac}{bd} = \dfrac{a^2d}{b^2c} + \dfrac{2a}{b} + \dfrac{c}{d}$

(9) $\quad (a^{\frac{5}{2}}x^{\frac{1}{2}} + a^{\frac{3}{2}}x^{\frac{3}{2}} + a^{\frac{1}{2}}x^{\frac{5}{2}}) \div a^{\frac{1}{2}}x^{\frac{1}{2}} = a^2 + ax + x^2$

(10) $\quad (a\sqrt{b} + b\sqrt{a}) \div \dfrac{\sqrt{b}}{\sqrt{a}} = a\sqrt{a} + a\sqrt{b}$

또는 지수를 사용하여 계산하면 다음과 같다.

$$(ab^{\frac{1}{2}} + a^{\frac{1}{2}}b) \div \dfrac{b^{\frac{1}{2}}}{a^{\frac{1}{2}}} = a^{\frac{3}{2}} + ab^{\frac{1}{2}}$$

45. 나누는 양이 두 개 이상의 항을 포함할 때

규칙. 나누는 양과 나뉠 양을 가능하면 한 문자의 지수에 따라 배열한다. 그리고 산술에서 수를 나눌 때와 같은 방법으로 한 줄에 나누는 양과 나뉠 양을 놓는다. 그다음으로 나누는 양의 첫 항에 곱해 나뉠 양의 첫 항이 되는 양을 찾는다. 이 양이 몫의 첫 번째 항이다. 이 항을 나누는 양에 곱하고 그 결과를 나뉠 양으로부터 뺀다. 이제 나머지를 새로운 나뉠 양으로 여기고 이전과 같이 진행한다.

나뉠 양과 나누는 양의 모든 항에 공통인 어떤 양이 있으면, 우선 먼저 그 양을 양쪽의 모든 항에서 제거하고, 그런 다음 남은 양들로 위의 규칙에 따라 진행하는 것이 일반적으로 편리하다.

이 과정에 의해 나뉠 양으로부터 나누는 양과 몫의 모든 항의 곱을 빼게 되는데, 마지막 연산을 수행했을 때 나머지가 없으면 몫이 완전하다고 하 고, 나머지가 존재하면 몫이 불완전하다고 한다. 나머지가 절대로 사라지지 않는 경우, 종종 같은 연산이 반복되기도 하는데, 이때에는 나누는 양과 곱해서 나뉠 양을 얻어내는 유한 항으로 이루어진 대수 표현이 없기 때문에 몫은 필연적으로 불완전하고 그리고 끝없이 계속된다.

46. (1) $6a^2 - 9ab$를 $2a - 3b$로 나누어라.

$$2a - 3b \;)\;\; 6a^2 - 9ab \;\;(\; 3a \qquad \text{몫}$$
$$\underline{6a^2 - 9ab}$$

또는 다음과 같이 계산한다.

$$\frac{6a^2 - 9ab}{2a - 3b} = 3a$$

(2) $\dfrac{70a^2bd - 150ab^2c - 160a^2bcd}{7ad - 15bc - 16acd} = 10ab$

77

위의 두 보기에서는 첫 번째 연산을 한 후에 나머지가 남지 않았다. 그러므로 몫은 완전하고 한 개의 항으로 이루어졌다.

(3) $a^2 + 2ab + b^2$를 $a + b$로 나누어라.

$$a + b \,)\ a^2 + 2ab + b^2\ (\,a + b$$

$a + b$를 a와 곱하여, $\dfrac{a^2 +\ ab}{}$

$$ab + b^2$$

$a + b$를 b와 곱하여, $\dfrac{ab + b^2}{}$

$$\cdot\ \ \cdot$$

첫 번째 연산으로 a와 $a + b$의 곱을 나뉠 양에서 제거하였다. 그리고 두 번째 연산에 의해서는 b와 $a + b$의 곱을 제거하였다. 이렇게 함으로써 $a + b$와 $a + b$의 곱인 나뉠 양을 모두 제거하여 나머지가 남지 않았다. 결과적으로 $a + b$는 $a^2 + 2ab + b^2$을 $a + b$로 나누어서 얻은 완전한 몫이다.

나누는 양과 나뉠 양에서 문자의 순서를 뒤집으면 다음과 같다.

$$b + a \,)\ b^2 + 2ab + a^2$$

앞의 계산과 비슷한 과정을 거치면, 몫이 $b + a$일 것이다. 위와 마찬가지로 이 경우에도 알파벳의 배열은 한 문자의 지수에 따랐다. 그러나 나뉠 양과 나누는 양의 항들에서 알파벳의 배열에 주의를 기울이지 않으면, 때때로 필요한 것보다 엄청나게 많은 횟수의 연산을 수행하여 완전한 몫을 찾는 경우도 있지만 대부분의 경우에는 계산 과정이 끝나지 않을 것이며 따라서 완전한 몫을 찾는 것이 불가능하다.

나누는 양과 나뉠 양이 다음과 같이 배열되었다고 가정하자.

$$a + b \,)\ \ 2ab + a^2 + b^2 \quad (\ 2b + a - b = a + b$$

$$\underline{2ab + 2b^2}$$

$$a^2 - b^2$$

$$\underline{a^2 + ab}$$

$$-ab - b^2$$

$$\underline{-ab - b^2}$$

$$\cdot \quad \cdot$$

그런데 다음과 같은 순서로 배열하고 계산하면, 그 과정이 한없이 계속된다.

$$a + b \,)\ \ 2ab + b^2 + a^2 \quad (\ 2b - \frac{b^2}{a} + \frac{b^3}{a^2} - \cdots$$

$$\underline{2ab + 2b^2}$$

$$-b^2 + a^2$$

$$\underline{-b^2 - \frac{b^3}{a}}$$

$$\frac{b^3}{a} + a^2$$

$$\underline{\frac{b^3}{a} + \frac{b^4}{a^2}}$$

$$-\frac{b^4}{a^2} + a^2$$

$$\vdots$$

위의 몫에서 두 번째 항 $\frac{-b^2}{a}$은 a에 곱하여 $-b^2$을 만드는 양이다. 그리고 세 번째 항 $\frac{b^3}{a^2}$은 a에 곱하여 $\frac{b^3}{a}$을 만드는 양이다. 계속해서 규칙에 따라 나누는 양의 첫째 항에 곱하여 나머지의 첫째 항을 만들어 내는 몫의 항들을 얻을 수 있다. 이러한 과정에 의해 나머지를 사라지게 하는 것이 불가능하다는 것은 명백하다. 그리고 결과적으로 몫은 완전할 수 없다.

(4)　$x^2 + (a + b)x + ab$를 $x + a$로 나누어라. (조항 39 보기 (8))

$$x + a \;) \; x^2 + (a+b)x + ab \quad (\; x + b$$

$$\underline{x^2 + \qquad ax}$$

$$bx + ab \quad : \quad (a+b)x - ax = bx$$

$$\underline{bx + ab}$$

$$\cdot \qquad \cdot$$

(5) $x^2 - (a-b)x - ab$를 $x + b$로 나누어라. (조항 39 보기 (8) (γ))

$$x + b \;) \; x^2 - (a-b)x - ab \quad (\; x - a$$

$$\underline{x^2 + \qquad bx}$$

$$-ax - ab \quad : \quad -(a-b)x - bx = -ax$$

$$\underline{-ax - ab}$$

$$\cdot \qquad \cdot$$

(6) $x^2 + 3x - 28$를 $x - 4$로 나누어라.

$$x - 4 \;) \; x^2 + 3x - 28 \quad (\; x + 7$$

$$\underline{x^2 - 4x}$$

$$7x - 28$$

$$\underline{7x - 28}$$

$$\cdot \qquad \cdot$$

(7) $x^3 - 86x - 140$를 $x - 10$으로 나누어라.

$$x - 10 \;) \; x^3 - 86x - 140 \quad (\; x^2 + 10x + 14$$

$$\underline{x^3 - 10x^2}$$

$$10x^2 - \; 86x$$

$$\underline{10x^2 - 100x}$$

$$14x - 140$$

$$\underline{14x - 140}$$

$$\cdot \qquad \cdot$$

80

이 경우 첫 번째 나머지를 내려쓸 때 두 번째 연산에 영향을 주지 않는 -140은 쓰지 않아도 된다. 따라서 불필요한 쓰기를 줄이기 위해 생략한다.

(8) $x^4 - 4x^3 - 34x^2 + 76x + 105$를 $x - 7$로 나누어라.

$$x - 7 \,)\ x^4 - 4x^3 - 34x^2 + 76x + 105 \quad (\, x^3 + 3x^2 - 13x - 15$$

$$
\begin{array}{l}
\underline{x^4 - 7x^3} \\
\quad 3x^3 - 34x^2 \\
\quad \underline{3x^3 - 21x^2} \\
\qquad -13x^2 + 76x \\
\qquad \underline{-13x^2 + 91x} \\
\qquad\quad -15x + 105 \\
\qquad\quad \underline{-15x + 105} \\
\end{array}
$$

각각의 뺄셈에서 나머지가 모두 내려 써지면 그 과정은 다음과 같다.

$$x - 7 \,)\ x^4 - 4x^3 - 34x^2 + 76x + 105 \quad (\, x^3 + 3x^2 - 13x - 15$$

$$
\begin{array}{l}
\underline{x^4 - 7x^3} \\
\quad 3x^3 - 34x^2 + 76x + 105 \\
\quad \underline{3x^3 - 21x^2} \\
\qquad -13x^2 + 76x + 105 \\
\qquad \underline{-13x^2 + 91x} \\
\qquad\quad -15x + 105 \\
\qquad\quad \underline{-15x + 105} \\
\end{array}
$$

(9) $3a^5 + 16a^4b - 33a^3b^2 - 14a^2b^3$을 $a^2 + 7ab$로 나누어라.

먼저, 나누는 양과 나뉠 양의 모든 항에서 a가 공통인 것을 확인할 수 있다.그러므로 모든 항에서 a를 나누어서 얻은 결과들로 다음과 같이 나눗셈을 진행한다.

$$a + 7b \,)\ \ 3a^4 + 16a^3b - 33a^2b^2 + 14ab^3 \quad (\ 3a^3 - 5a^2b + 2ab^2$$

$$\underline{\quad 3a^4 + 21a^3b \qquad\qquad\qquad\qquad\quad}$$

$$-5a^3b - 33a^2b^2$$

$$\underline{\quad -5a^3b - 35a^2b^2 \qquad\qquad\qquad}$$

$$2a^2b^2 + 14ab^3$$

$$\underline{\qquad 2a^2b^2 + 14ab^3 \quad}$$

$$\cdot \qquad \cdot$$

(10) $\dfrac{a^2 + ab + 2ac - 2b^2 + 7bc - 3c^2}{a + 2b - c} = a - b + 3c$

(11) $\dfrac{x^6 - 140x^4 + 1050x^3 - 3101x^2 + 3990x - 1800}{x^3 + 12x^2 - 43x + 30}$
$\quad = x^3 - 12x^2 + 47x - 60$

(12) $x^4 - \frac{19}{6}a^2x^2 + \frac{1}{3}a^3x + \frac{1}{6}a^4$을 $x^2 - 2ax + \frac{1}{2}a^2$으로 나누어라.

$$x^2 - 2ax + \tfrac{1}{2}a^2 \,)\ \ x^4 - \tfrac{19}{6}a^2x^2 + \tfrac{1}{3}a^3x + \tfrac{1}{6}a^4 \quad (\ x^2 + 2ax + \tfrac{1}{3}a^2$$

$$\underline{\quad x^4 - 2ax^3 + \tfrac{1}{2}a^2x^2 \qquad\qquad\qquad\qquad}$$

$$2ax^3 - \tfrac{11}{3}a^2x^2 + \tfrac{1}{3}a^3x$$

$$\underline{\quad 2ax^3 \ - 4a^2x^2 \ + \ a^3x \qquad\qquad}$$

$$\tfrac{1}{3}a^2x^2 - \tfrac{2}{3}a^3x + \tfrac{1}{6}a^4$$

$$\underline{\quad \tfrac{1}{3}a^2x^2 - \tfrac{2}{3}a^3x + \tfrac{1}{6}a^4}$$

$$\cdot \qquad \cdot \qquad \cdot$$

(13) $\dfrac{-\frac{5}{9}x^2 + \frac{11}{3}xy - \frac{10}{3}xz + \frac{15}{4}y^2 + 25yz}{-\frac{2}{3}x + 5y} = \dfrac{5x}{6} + \dfrac{3y}{4} + 5z$

(14) $x^3 - 2ax^2 + (a^2 - ab - b^2)x + a^2b + ab^2$을 $x - a - b$로 나누어라.

$$x-a-b \,) \quad x^3 - 2ax^2 + (a^2 - ab - b^2)x + a^2b + ab^2 \quad (\; x^2 - (a-b)x - ab$$

$$\underline{x^3 - (a+b)x^2}$$

$$-(a-b)x^2 + (a^2 - ab - b^2)x$$

$$\underline{-(a-b)x^2 + (a^2 - b^2)x} \qquad : (a+b)(a-b) = a^2 - b^2$$

$$-abx + a^2b + ab^2$$

$$\underline{-abx + a^2b + ab^2}$$

$$\cdot \qquad \cdot \qquad \cdot$$

나누는 양과 나뉠 양이 모두 x에 대해 내림 차순으로 정리되어 있으므로, 나누는 양을 $x - (a+b)$와 같이 인식하여 이항식으로 보아야 한다.

(15) $$\frac{y^6 + (a^2 - 2b^2)y^4 - (a^4 - b^4)y^2 - a^6 - 2a^4b^2 - a^2b^4}{y^2 - a^2 - b^2}$$
$$= y^4 + (2a^2 - b^2)y^2 + a^4 + a^2b^2$$

(16) $$\frac{x^3 - a^3}{x - a} = x^2 + ax + a^2 \qquad (\text{조항 } 39 \text{ 보기 } (13) \,)$$

(17) $$\frac{x^3 + a^3}{x + a} = x^2 - ax + a^2$$

이 결과는 보기 (16)에서 $-a$를 a로 바꾸어서 얻는다.

(18) $$\frac{x^4 - a^4}{x - a} = x^3 + ax^2 + a^2x + a^3 \qquad (\text{조항 } 39 \text{ 보기 } (14) \,)$$

a를 $-a$로 바꾸면 다음을 얻는다.

$$\frac{x^4 - a^4}{x + a} = x^3 - ax^2 + a^2x - a^3$$

(19) $$\frac{x^5 - a^5}{x - a} = x^4 + ax^3 + a^2x^2 + a^3x + a^4$$

a를 $-a$로 바꾸면 다음을 얻는다.

$$\frac{x^5 + a^5}{x + a} = x^4 - ax^3 + a^2x^2 - a^3x + a^4 \qquad (\text{조항 } 39 \text{ 보기 } (15) \,)$$

(20) $x^3 - a^3$을 $x + a$로 나누어라.

$$x + a \,\bigg)\ x^3 - a^3 \quad \bigg(x^2 - ax + a^2 - \frac{2a^3}{x} + \frac{2a^4}{x^2} - \cdots$$

$$\underline{x^3 + ax^2}$$
$$-ax^2 - a^3$$
$$\underline{-ax^2 - a^2x}$$
$$a^2x - a^3$$
$$\underline{a^2x + a^3}$$
$$-2a^3$$
$$\underline{-2a^3 - \frac{2a^4}{x}}$$
$$\frac{2a^4}{x}$$
$$\underline{\frac{2a^4}{x} + \frac{2a^5}{x^2}}$$
$$-\frac{2a^2}{x^2}$$

세 번째 연산을 수행한 후의 나머지는 $-2a^3$이다. 그러므로 몫의 다음 항은 $-\frac{2a^2}{x}$이다. 왜냐하면 $-\frac{2a^3}{x} \times x = -2a^3$이기 때문이다. 즉, 몫의 새로운 항과 나누는 양의 첫째 항의 곱이 나머지의 첫째 항(이 경우에는 유일한 항)을 만들기 때문이다. 다음으로 나머지는 $\frac{2a^4}{x}$이다. 그리고 $\frac{2a^4}{x^2} \times x = \frac{2a^4}{x}$이므로 대응되는 몫의 항은 $\frac{2a^4}{x^2}$이다. 이 경우의 각 과정을 들여다보면, 모든 연산을 수행한 후에 필연적으로 새로운 나머지가 생성되고, 몫의 항은 끝이 없이 계속 생긴다. 그리고 몫은 양항과 음항이 교대로 반복되는 교대급수로 이루어짐을 볼 수 있다. 또한 분자에서 a의 지수와 분모에서 x의 지수는 계속해서 1씩 증가하는 것을 볼 수 있다.

여기서 무한 몫에 대한 예를 보았다. 그리고 나눗셈의 규칙을 찾아보면 쉽게 이해할 수 있는 몫의 형태에 대한 이론을 얻었다. 몫에 있는 항들이 나누는 양의 첫째 항에 곱해서 나머지의 첫째 항을 만들어 내는 양을 찾음으로써 연속적으로 결정되기 때문에, 나머지가 존재하는 한 그 과정이 계속된다는, 나머지가 사라지지 않으면 결과적으로 무한히 계속된다는 것은 명백하다. 이러한 일은 나누는 양이 나뉠 양의 인자가 아니면 항상 일어난다. 그러므로 이러한 몫은, 대수의 다른 연산처럼, 완벽하게 일반적인 나눗셈의 규칙에서 비롯된 것으로 보인다. 또한, 유한 개의 항으로 몫을 실질적으로 결정하는 것에 의해 구속되지 않는 예로 여겨진다.

(21)   1을 $1 + x$로 나누어라.

$$
\begin{array}{r}
1 + x \overline{) \ 1} \qquad \left(1 - x + x^2 - \cdots \right. \\
\underline{1 + x} \\
-x \\
\underline{-x - x^2} \\
x^2 \\
\underline{x^2 + x^3} \\
-x^3
\end{array}
$$

몫에 있는 항들로 이루어진 급수의 규칙을 알아내는 데에는 세 개 항이면 충분하다. 그 규칙은 양항과 음항이 교대로 반복하고, 이어지는 각 항에서 x의 지수가 1씩 증가하는 것이다.

나누는 양에서 항의 순서를 바꾸면, 많이 다른 급수로 이루어진 몫을 얻는다. 실제로 다음과 같이 1을 $x + 1$로 나누어 보자.

$$
\begin{array}{r}
x + 1 \overline{) \ 1} \qquad \left(\frac{1}{x} - \frac{1}{x^2} + \frac{1}{x^3} - \cdots \right. \\
\underline{1 + \frac{1}{x}} \\
-\frac{1}{x} \\
\underline{\frac{1}{x} \quad \frac{1}{x^2}} \\
\frac{1}{x^2} \\
\underline{\frac{1}{x^2} + \frac{1}{x^3}} \\
-\frac{1}{x^3}
\end{array}
$$

$(22)\quad \dfrac{1}{1-x} = 1 + x + x^2 + \cdots$

$(23)\quad \dfrac{a}{1-x} = a + ax + ax^2 + \cdots$

$(24)\quad \dfrac{a}{a-x} = 1 + \dfrac{x}{a} + \dfrac{x^2}{a^2} + \dfrac{x^3}{a^3} + \cdots$

$(25)\quad \dfrac{x}{a-x} = \dfrac{x}{a} + \dfrac{x^2}{a^2} + \dfrac{x^3}{a^3} + \cdots$

$(26)\quad$ $x + a$를 $x + b$로 나누어라.

$$
\begin{array}{r}
x+b\,\big)\ \ x+a \qquad\qquad \left(1 + \dfrac{(a-b)}{x} - \dfrac{(a-b)b}{x^2} + \dfrac{(a-b)b^2}{x^3} - \cdots\right.\\[4pt]
\underline{x+b}\\[4pt]
(a-b)\\[4pt]
\underline{(a-b) + \dfrac{(a-b)b}{x}}\\[4pt]
-\dfrac{(a-b)b}{x}\\[4pt]
\underline{-\dfrac{(a-b)b}{x} - \dfrac{(a-b)b^2}{x^2}}\\[4pt]
\dfrac{(a-b)b^2}{x^2}
\end{array}
$$

위에서 결과가 x의 지수로 배열되도록 하기 위해 $a-b$를 한 개의 항으로 여겨 괄호를 사용하여 묶었다.

나누는 양과 나뉠 양에서 항들의 순서를 바꾸면, 즉 x를 두 번째 항으로 놓으면 다음과 같이 계산된다.

$$
\begin{array}{r}
b+x\,\big)\ \ a+x \qquad\qquad \left(\dfrac{a}{b} - \dfrac{(a-b)}{b^2}x + \dfrac{(a-b)}{b^3}x^2 - \cdots\right.\\[4pt]
\underline{a + \dfrac{a}{b}x}\\[4pt]
x - \dfrac{a}{b}x = \left(1-\dfrac{a}{b}\right)x = \dfrac{(b-a)}{b}x = -\dfrac{(a-b)}{b}x\\[4pt]
\underline{-\dfrac{(a-b)}{b}x - \dfrac{(a-b)}{b^2}x^2}\\[4pt]
\dfrac{(a-b)}{b^2}x^2\\[4pt]
\underline{\dfrac{(a-b)}{b^2}x^2 + \dfrac{(a-b)}{b^3}x^3}\\[4pt]
-\dfrac{(a-b)}{b^3}x^3
\end{array}
$$

(27) $\quad \dfrac{x-a}{x-b} = 1 - \dfrac{(a-b)}{x} - \dfrac{(a-b)b}{x^2} - \dfrac{(a-b)b^2}{x^3} - \cdots$

(28) $\quad \dfrac{a-x}{b-x} = \dfrac{a}{b} + \dfrac{(a-b)x}{b^2} + \dfrac{(a-b)x^2}{b^3} + \dfrac{(a-b)x^3}{b^4} + \cdots$

(29) $\quad \dfrac{a+x}{b-x} = \dfrac{a}{b} + \dfrac{(a+b)x}{b^2} + \dfrac{(a+b)x^2}{b^3} + \dfrac{(a+b)x^3}{b^4} + \cdots$

(30) $\quad \dfrac{x-a}{x+b} = 1 - \dfrac{(a+b)}{x} + \dfrac{(a+b)b}{x^2} - \dfrac{(a+b)b^2}{x^3} + \cdots$

위의 네 개의 보기에서는, 보기 (22), (23), (24), (25)에서와 같이, 등호 =를 사용하였다. 이때 등호는 한쪽에 놓인 급수가 단지 다른 쪽에서 나타 내고 있는 그리고 실행되지 않은 연산의 결과임을 표현한다. 어떤 환경에서 산술적 상등이 성립하는지를 다음 장에서 조사할 것이다.

(31) $\quad a' + b'x$를 $a + bx$로 나누어라.

$$a + bx \,) \;\; a' + b'x \;\; \Big(\; \tfrac{a'}{a} + \tfrac{(ab'-a'b)}{a^2}x - \tfrac{(ab'-a'b)b}{a^3}x^2 + \cdots$$

$$\underline{\quad a' + \tfrac{a'b}{a}x \quad}$$

$$b'x - \tfrac{a'b}{a}x = (b' - \tfrac{a'b}{a})x = \tfrac{(ab'-a'b)}{a}x$$

$$\underline{\tfrac{(ab'-a'b)}{a}x + \tfrac{(ab'-a'b)b}{a^2}x^2}$$

$$- \tfrac{(ab'-a'b)b}{a^2}x^2$$

$$\underline{- \tfrac{(ab'-a'b)b}{a^2}x^2 - \tfrac{(ab'-a'b)b^2}{a^3}x^3}$$

$$\tfrac{(ab'-a'b)b^2}{a^3}x^3$$

$k = (ab' - a'b)$라 하면 나눗셈의 과정은 아래의 결과들처럼 상당히 간단해질 것이다.

(32) $\quad \dfrac{b'x + a'}{bx + a} = \dfrac{b'}{b} - \dfrac{k}{b^2 x} + \dfrac{ak}{b^3 x^2} - \dfrac{a^2 k}{b^4 x^3} + \cdots, \quad$ (단, $k = ab' - a'b$)

(33) $\quad \dfrac{a' - b'x}{a - bx} = \dfrac{a'}{a} - \dfrac{kx}{a^2} - \dfrac{bkx^2}{a^3} - \dfrac{b^2 kx^3}{a^4} - \cdots, \quad$ (단, $k = ab' - a'b$)

(34) $\quad \dfrac{b'x - a'}{bx - a} = \dfrac{b'}{b} + \dfrac{k}{b^2 x} + \dfrac{ak}{b^3 x^2} + \dfrac{a^2 k}{b^4 x^3} + \cdots, \quad$ (단, $k = ab' - a'b$)

(35)　$\alpha + \beta x + \gamma x^2$을 $a + bx$로 나누어라.

$$a + bx \,\big)\; \alpha + \beta x + \gamma x^2 \;\big(\; \tfrac{\alpha}{a} + \tfrac{k}{a^2}x + \tfrac{k'}{a^3}x^2 - \tfrac{bk'}{a^4}x^3 + \cdots$$

$$\underline{\alpha + \tfrac{\alpha b}{a}x}$$

$$\tfrac{k}{a}x + \gamma x^2 \quad (단,\ k = a\beta - \alpha b)$$

$$\underline{\tfrac{k}{a}x + \tfrac{bk}{a^2}x^2}$$

$$\tfrac{k'}{a^2}x^2 \quad (단,\ k' = a^2\gamma - ab\beta + \alpha b^2)$$

$$\underline{\tfrac{k'}{a^2}x^2 + \tfrac{bk'}{a^3}x^3}$$

$$-\tfrac{bk'}{a^3}x^3$$

$$\underline{-\tfrac{bk'}{a^3}x^3 - \tfrac{b^2k'}{a^4}x^4}$$

$$\tfrac{b^2k'}{a^4}x^4$$

(36)　$\dfrac{1 - 3x - 2x^2}{1 - 4x} = 1 + x + 2x^2 + 2\cdot 4x^3 + 2\cdot 4^2x^4 + \cdots$

(37)　$\dfrac{x^2 - px + q}{x - a} = x - (p - a) + \dfrac{k}{x} + \dfrac{ak}{x^2} + \dfrac{a^2k}{x^3} + \cdots$

　　　$(단,\ k = a^2 - pa + q)$

(38)　$x^3 - px^2 + qx - r$을 $x - a$로 나누어라.

$$x - a \,\big)\; x^3 - px^2 + qx - r \;\big(\; x^2 + (a - p)x + a^2 - pa + q + \tfrac{k}{x} + \cdots$$

$$\underline{x^3 - ax^2}$$

$$(a{-}p)x^2 + qx$$

$$\underline{(a{-}p)x^2 - a(a{-}p)x}$$

$$(a^2{-}pa{+}q)x - r$$

$$\underline{(a^2{-}pa{+}q)x - a(a^2{-}pa{+}q)}$$

$$k \quad (단,\ k = a^3 - pa^2 + qa - r)$$

$$\underline{k - \tfrac{ak}{x}}$$

$$\tfrac{ak}{x}$$

세 번째 나머지 $a^3 - pa^2 + qa - r$ 또는 k는, 나뉠 양에서 x 대신에 a를

대입한 것과 똑같은 양이다. 그러므로 몫은 $k = 0$이 성립하지 않으면 유한 개의 항으로 이루어질 수 없다는 것은 명백하다.

(39) $$\frac{x^4 - px^3 + qx^2 - rx + s}{x - a} = x^3 + (a - p)x^2 + (a^2 - pa + q)x$$
$$+ a^3 - pa^2 + qa - r + \frac{(a^4 - pa^3 + qa^2 - ra + s)}{x} + \cdots$$

이 경우 네 번째 나머지 $a^4 - pa^3 + qa^2 - ra + s$가 0이 아닌 한 나눗셈은 끝나지 않는다.

제 3 장

대수의 첫째 원리와 기본 연산에 관한 고찰

47. 대수에서 연산의 이름은 산술에서 사용한 이름으로부터 유래 되었는데, 때로는 유사하고, 때로는 동일하였다. 그리고 대수에서 사용된 대부분의 용어는 비슷한 방법으로 유래되었다. 이러한 결과로, 산술에서 이들 연산과 용어 들이 갖고 있는 다소 특이한 어떤 점에서는 제한된 의미 가 일반적으로 많이 확장되어 사용될 때에도 적용되어 왔다. 그리고 또한 대수가 기호 언어를 사용하는 것으로부터 유도되어 산술 과정의 일반화로 여겨지는 관습이 생겨났다.

산술로부터 유래된 대수에서 사용된 연산과 용어

48. 어느 정도로 또는 어떤 의미에서 산술이 대수 학문의 근간으로 여겨질 수 있다는 것을 확신하기 위해서는 산술에서 사용된 기호의 본성, 이들 표현의 확장과 그리고 이들과 관련된 연산의 의미와 제한을 조사하는 것이 유용하다.

산술에서의 연산과 기호의 본성과 확장

49. 산술에서의 기호는 아홉 개의 아라비아 숫자와 0뿐이다.

기호

91

기호의 표현　　기호가 나타내는 양은 추상적이거나 구체적이거나 수이다. 그러나 산술의 연산이 관여하는 한, 다른 영향이나 특별한 성질에는 무관하게 수에 의해 표현된 양의 크기만이 고려되므로, 기호는 추상적으로만 다루어진다.

　　기호의 위치는 그 기호의 수치적 값을 결정한다. 그러므로 기호 스스로나 그것의 표현에 의해 임의로 주어지는 것은 없다.

기본 연산　　**50.** 산술에는 네 개의 기본 연산, 즉 덧셈, 뺄셈, 곱셈 그리고 나눗셈이 있다.

덧셈　　**51.** 덧셈은 둘 이상 수들의 조합을 하나의 합으로 만든다.

뺄셈　　뺄셈은 다른 수(빼는 수)에 더해져서 주어진 수를 만들어 내는 어떤 수(나머지)를 결정하는 것과 동치이다. 그러므로 이 연산에서 빼는 수는 빼일 수보다 작아야 하는 제한이 있다.

역 연산　　덧셈과 뺄셈은 다음과 같은 의미에서 서로 역 연산이다. 주어진 수에 다른 수를 먼저 더하고 그다음 빼거나, 또는 바꾸어서 연산을 수행했을 때 주어진 수의 값이 변하지 않는다.

곱셈　　**52.** 곱셈은 곱해질 수라 불리는 한 수를 그 자신에게 여러 번 더하는 것과 동치이다. 이때 얼마만큼 여러 번 더하는지는 다른 수에 의해 정해지는데 그 수를 곱하는 수라 한다. 곱해질 수와 곱하는 수는 서로 바꾸어도 되는 양이다. 즉, 곱하는 수를 곱해질 수로 그리고 곱해질 수를 곱하는 수로 바꾸어도 그 곱은 달라지지 않고 동일하다.

나눗셈　　나눗셈은 다른 수(나누는 수)에 곱해져서 주어진 수(나뉠 수)를 만드는 어떤 수(몫)를 찾는 것과 동치로 여겨도 된다.

역 연산　　나눗셈은 다음과 같은 의미로 곱셈의 역 연산이다. 한 수가 동일한 어떤 수에 의해 먼저 곱해지고 그다음 나누어졌을 때, 또는 순서를 바꾸어서 연산을 수행했을 때 그 값이 변하지 않는다.

53. 산술에서 다루어지는 또 다른 양은 분수 또는 부러진 수이다. 분수의 기원과 의미에 대해서는 여러 가지 서로 다른 설명이 존재한다. 그러나 다음에 주어지는 설명은 모든 경우에 실제의 표현에 부합한다.

분수는 분자와 분모로 이루어졌다. 분모에 있는 단위들의 개수만큼 부분으로 나누어진 전체(구체적인 단위, 논리적 정교함을 위해 이러한 가정이 필요하면)를 가정하면, 분수는 분자에 있는 단위들만큼의 부분으로 이루어진 양을 나타낸다.

54. 이러한 원리에 의해, 한 분수의 분자와 분모에 동일한 수를 곱하거나 나누어도 그 값은 변하지 않는다는 것을 알 수 있다. 한편, 분모에 있는 단위들의 개수를 두 배로 하면 그 값은 반으로 줄어들고, 역도 성립한다. 다른 수를 곱하거나 나누어도 비슷한 결과를 얻는다. 따라서 서로 다른 분수들을 그 값은 변하게 하지 않고 동일한 분모를 가진 분수들로 변형할 수 있다. 이때 분자들은 **동일한 종류**의 수, 즉 단위가 동일한 크기인 수들로 바뀐다.

55. 동일한 분모를 가진 분수로 변환하면 분자를 더하거나 **빼는** 것에 의해 분수의 덧셈과 **뺄셈**을 수행한다. 물론 합이나 차에 분모를 기입하여야 하는데 그 이유는 분자에 있는 원래의 단위와 이차적인 단위의 비가 무엇인지를 알 수 있기 때문이다.

56. 한 분수와 다른 분수를 곱한다는 것은 첫째 분수에 둘째 분수의 분자를 곱하고 분모로 나누는 것을 의미한다. 그러므로 $\frac{3}{4}$과 $\frac{5}{7}$를 곱하기 위해서는 먼저 $\frac{3}{4}$을 5와 곱하여 $\frac{15}{4}$를 얻는데, 이것은 $\frac{3}{4}$을 다섯 번 더한 것과 같다. 그런 다음 $\frac{15}{4}$를 7로 나누어서 $\frac{15}{28}$를 얻는데, 이것은 $\frac{15}{4}$의 분자에 있는 각각의 단위를 이전 값의 칠분의 일로 만드는 것과 동일하다.[1]

---

1) 분수에 대한 분수 값을 결정하는 것은 앞에서 주어진 분수의 의미에 대한 설명으로부터

분수의 나눗셈　　$\frac{3}{4}$을 $\frac{5}{7}$로 나눌때, 3을 7에 곱하여 몫의 분자를 얻고, 4를 5에 곱하여 몫의 분모를 얻는다. 이러한 과정이 정당하다는 것은, 나눗셈이 곱셈의 역연산이라는 것을 고려하여, $\frac{3}{4}$을 $\frac{5}{7}$로 나눈 몫과 $\frac{5}{7}$를 곱하면 그 결과가 $\frac{3}{4}$ 또는 $\frac{3}{4}$과 동등한 값을 가진 분수가 된다는 것을 보이면 증명된다. 그런데 다음이 성립하므로 위의 과정은 정당함을 알 수 있다.

$$\frac{3}{4} \times \frac{7}{5} \times \frac{5}{7} = \frac{3}{4}$$

연이은 연산의　**57.**　앞에서 소개한 원리와 진술을 사용하여 산술에서 연이은 연산의
순서에　순서에 무관함을 보이는 것은 그다지 어렵지 않다. 그러므로 여러 개의
무관하다　수가 함께 더해질 때, 어떤 순서로 더하든지 그 결과는 동일하다. 한 수가 더해지고 다른 수가 빼질 때 어떤 연산부터 시작하더라도 상관없다. 둘 이상의 수를 곱할 때, 임의의 순서로 곱해도 된다. 한 수를 어떤 수로 나누고 또 다른 수를 곱할 때, 나누는 것을 먼저 하고 곱하는 것을 나중에 하거나 그 반대 순서로 해도 된다. 그 외 여러 경우에 있어서 비슷한 현상을 발견할 수 있다.

산술 연산에서
사용된 개개의　**58.**　연산의 결과에서 연산에 사용된 원래 수들의 흔적을 남기지 않
수들은　는다는 것은 산술 기호의 결과이다. 그러므로 28과 7을 더하면 35가 된
결과에서 그　다. 그리고 이들의 차는 21, 이들의 곱은 196이고, 이들의 몫은 4이다.
흔적을 발견할　35, 21, 196, 4의 어디에도 28과 7의 흔적이 남아 있지 않다.
수 없다

산술 대수　**59.**　학문의 다른 응용에서 요구되는 매우 복잡한 과정을 설명할 때 산

유도될 수 있다. 그러므로 $\frac{5}{7}$의 $\frac{3}{4}$은 $\frac{15}{28}$, 즉 $\frac{3}{4}$과 $\frac{5}{7}$의 곱과 같다는 것을 다음과 같은 방법으로 보일 수 있다. 최초의 단위는 7개의 똑같은 부분으로 나누어지고 5개가 선택된다. 이들 5개 각각의 두 번째 단위는 4개의 똑같은 부분으로 나누어지고 3개가 여러 번 선택된다. 세 번째 단위의 총 수는 3×5, 즉 15이고, 이들 각각은 최초 단위의 4×7 분의, 즉 28분의 일이다. 그런데 이와 같은 설명은 단지 $\frac{5}{7}$의 $\frac{3}{4}$과 동일함을 보일 수 있는 $\frac{3}{4}$과 $\frac{5}{7}$의 곱에 대한 의미를 정의하기 또는 다른 말로 가정하기와 다르지 않다.

술의 원리와 기본 연산들이 충분히 유용한 것을 발견할 수 있다. 그러므로 이제는 이들 원리와 연산으로 엄격하게 제한하며 또한 그 근간으로 삼으며 대수 체계의 성격과 정도를 다룰 것이다.

60.   온전히 위에 설명한 것에 기반을 두어서, 대수의 기호는, 기호 자 **기호** 체의 친근함 또는 성질들은 포함하지 않고, 수치적 표현으로 받아들여지는 자연수 또는 분수 등의 수와 그 크기만을 나타낸다.

61.   부호 $+$와 $-$는 단지 덧셈과 뺄셈을 나타낸다. 그리고 $+a$ 또는 **부호 $+$와 $-$** $-b$와 같이 아무런 의미 없이 기호에 이들 부호를 부착하기도 한다. 이때 이들을 다른 기호와 연결하는 것은 독립적으로 고려되어야 한다.

62. a와 b의 합은 $a + b$로 나타내고, 이들의 차는 $a - b$로 나타낸다. **합과 차** 그리고 이들을 나타내는 더 이상의 일반적인 표현은 없다.

63. a와 $a - b$의 차는 b와 같다. 그 이유는 a보다 b만큼 작은 양을 **뺄셈의 규칙** a에서 빼면 나머지로 b가 남는 것이 명백하기 때문이다. 다른 말로 하면 $a - (a - b) = a - a + b = b$이다. 이와 같은 원리에 기반하여 닮거나 닮지 않은 부호들이 함께 나타날 때, 뺄셈에 대한 대수적인 규칙, 그리고 부호 $+$ 와 $-$의 결합에 대한 대수적인 규칙을 얻을 수 있다.

a로부터 $a + b$를 빼는 것, 즉 $a - (a + b)$를 고려하면 적당한 답은 불가 **연산의 제한** 능이다. 왜냐하면 산술에서는 이러한 연산의 원형이 없기 때문이다. 다른 말로, $-b$와 같은 양이 없기 때문이다.

$a - b$와 같은 표현을 사용할 때, a가 b보다 크지 않으면 이 표현은 의미가 없다고 하여야 한다. 더 나아가서 이와 같은 표현은 불가능 또는 허상이 라고 불러야 한다. 이와 같은 이유로, 기호는 그들 사이의 상대적인 값에

제한되어야 하고, 따라서 그 크기에서조차 더 이상 임의의 값을 가져서는
안 된다.

곱셈과 나눗셈   **64.**   ×와 ÷로 표현되는 또는 동등한 방식으로 대변되는 연산은 절대
적으로 곱셈과 나눗셈이라는 산술의 연산과 일치하여야 한다.

부호의 규칙   **65.**   부호의 규칙은 받아들여지는 것이 아니라 아래와 같은 과정을
통해 참인 것으로 증명된다.

(1) $a \times (c+d) = ac+ad$, a를 c에 곱한 것을 a를 d에 곱한 것에 더한다.

(2) $a \times (c - d) = ac - ad$, a를 c에 곱한 것에서 a를 d에 곱한 것의
차를 구한다.

(3) $(a + b)(c + d) = (a + b)c + (a + b)d = ac + bc + ad + bd$

이 경우, + 부호를 앞에 둔 b가 마찬가지로 + 부호를 앞에 둔 d에 곱해
진 결과가 동일한 + 부호를 앞에 둔 bd임을 볼 수 있다.

(4) $(a - b)(c - d) = a \times (c - d) - b \times (c - d) = ac - ad - (bc - bd)$
$$= ac - ad - bc + bd$$

이 경우, − 부호를 앞에 둔 b가 마찬가지로 − 부호를 앞에 둔 d에 곱해
진 결과가 + 부호를 앞에 둔 bd임을 볼 수 있다.

(5) $(a + b)(c - d) = (a + b)c - (a + b)d = ac + bc - ad - bd$

이 경우, + 부호를 앞에 둔 b가 − 부호를 앞에 둔 d에 곱해진 결과가 −
부호를 앞에 둔 bd임을 볼 수 있다.

(6) $(a - b)(c + d) = (a - b)c + (a - b)d = ac - bc + ad - bd$

이 경우, − 부호를 앞에 둔 b가 + 부호를 앞에 둔 d에 곱해진 결과가 −
부호를 앞에 둔 bd임을 볼 수 있다.

그러므로 같은 부호를 앞에 둔 두 양이 곱으로 결합하면 그 결과가 +
부호를 앞에 두게 되고, 서로 다른 부호를 앞에 두었을 때에는 그 결과가 −
부호를 앞에 두게 된다.

66. $\frac{a}{b}$와 같은 분수는 산술에서와 같은 동일한 표현으로 받아들여진   **분수**
다. 그리고 분수의 덧셈, 뺄셈, 곱셈과 나눗셈에 대한 규칙은 두 분야에서
정확하게 동일하다.

67.   위에서 추론한 것과 같은 원리에 의하면, 서로 다른 연산을 어떤   **연산의 순서**
순서로 진행해야 하는지에 대해 무관심한 것을 알 수 있다.

68.   산술에서 기호로 표현된 산술적인 양에 적용 가능한 지수에 대한   **지수**
정책은 산술 대수의 체계에 동일하게 적용할 수 있다. 그리고 분수로 된
지수도 기호 대수에서처럼 동일하게 해석된다. 그러나 음수인 지수는 불가
능한 것 또는 허상으로 여겨져서 배제되어야 한다.

69. $-a$와 같은 양이 이 체계에는 존재하지 않고, a가 b보다 크지 $\sqrt{-a}$**와 같은**
않으면 $a - b$와 같은 표현은 불가능하다고 여겨지므로, 이 체계가 필연적   **양은 없다**
으로 제시하는 방식으로 대수적 연산의 범위를 제한하면, 당연히 $\sqrt{-a}$와
같은 양은 전적으로 배제되어야 한다. 실제로 이러한 양은 전혀 나타나지
않는다.

70.   산술에서와 같이 산술 대수에서 영은 최소이다. 따라서 $a - b$의   **최소인 영**
값 중 가장 작은 값, 즉 그 값이 갖는 변동의 하극한은 영이다. 이때 $a = b$,
즉 $a - b = 0$이다.[2]

71. 대수에서 원리와 연산의 범위가 무엇인지에 대한 결정은 제1장에서 언급된 것처럼, 그리고 실제로 존재하는 것으로, 산술 대수의 원리와 연산으로부터 유도될 수 있다. 한편, 위 조항에서 언급된 것과 같이, 산술 대수와 기호 대수 사이의 주된 차이를 간단히 살펴볼 것이고, 또한 이들에 대한 독립된 조사를 진행할 것이다.

(α) 한 계에서, 기호는 단지 수치적 양만을 나타낸다. 다른 계에서, 기호는 그 표현에서 완벽하게 일반적이다.

(β) 한 계에서, 부호 +와 −는 단지 덧셈과 뺄셈만을 나타낸다. 다른 계에서, 두 부호는 서로 역 연산을 나타낼 뿐만 아니라, 둘 중 하나의 부호가 독립적으로 모든 기호의 앞에 붙는다.

(γ) 한 계에서, 부호에 대한 규칙은 증명된다. 다른 계에서, 부호에 대한 규칙은 가정된다.

(δ) 한 계에서, 어떠한 순서에 의해서 연이은 연산이 진행되어도 상관없음을 증명할 것을 요구한다. 다른 계에서, 연산의 순서에 상관이 없음을 가정한다.

(ϵ) 한 계에서, 모든 연산은 결과를 산술적 원형과 일치하도록 해석 가능한가에 의해 제한된다. 다른 계에서, 연산에 대해 어떠한 제한도 없고, 모든 경우에 기호적 결과가 있을 뿐이다.

(η) 한 계에서, 영은 최소값이다. 다른 계에서, 최대와 최소에 제한이

---

2) 이러한 것은 온전히 산술에 기반한 대수에서 적법한 원리이다. 이때 한 학문 분야의 용어와 연산은 이들의 범위와 의미에 변화 없이 다른 학문으로 이전된다. 또한 일단의 현대 대수학자들이 그들의 가장 엄격한 감각으로 채택된 원리이기도 하다. 이들은 부호의 독립적인 사용과, 산술에서 원형을 찾을 수 없고 기호의 차이에 대한 정당하지 않고 적법하지 않는 다른 모든 결과들을 거부하였다. 그러나 이러한 제한을 두면 학문의 아름다움과 대칭성을 많이 잃게 되고 그 범위도 축소된다. 또한 모든 경우에서 이들 원리와 규칙은, 이미 발견된 전제보다 더 일반적인 결론을 이끌어내 필요성을 강제하지 않고, 엄밀한 증명을 허용하게 된다.

없다.

(ζ) 한 계에서, 지수에 대한 일반적인 규칙은 처음 가정의 결론으로 증명되고, 산술적 값에 제한이 주어진다. 다른 계에서, 지수에 대한 일반적인 규칙은 가장 일반적인 형식으로 가정된다.

(ι) 한 계에서, 부호 =는 산술적 등식 또는 항등식을 의미한다. 다른 계에서, =는 기호적인 항등식 또는 기호적인 동치를 의미한다.

72. 기호 대수가 완벽한 증명을 허용하는 학문으로 여겨져야 한다면, 입증하는 증거를 가진 모든 다른 학문들처럼 기호 대수 스스로 자신의 정의와 가정을 가져야만 한다. 그러므로 고려하여야 할 첫 번째 질문은 이들 정의와 가정이 산술 대수에서 증명된 명제들뿐 아니라 가정들로부터 적법한 과정과 일반화를 통해 유도될 수 있는가의 여부이다.

> 기호 대수의 정의와 가정이 산술 대수의 정의와 가정으로부터 유도될 수 있는가

73. 먼저, 기호의 표현을 한 계에서 이들이 나타내는 수치적 양으로부터 다른 계에서와 같이 본성이나 크기에 제한이 없는 양으로 일반화한다. 유도되는 어떤 결과의 선행 사건으로, 언어나 표기법에서의 모든 일반화가 허용되는 것으로 여겨지기 때문이다.

> 기호의 일반화

74. 산술 대수에서 a가 b보다 작은 경우 $a - b$는 불가능한 양으로 생각되어 왔다. 왜냐하면 −로 표현되는 연산은 위와 같은 상황에서 의미를 줄 수 없기 때문이다(조항 63). 이러한 이유로, 일반화된 기호라 하더라도, a와 b를 고려할 때 위치에 따른 상대적인 크기에 제한을 두게 된다.

> 산술 대수에서 기호가 제한되는 방식

그러나 이들 기호와 관련된 일반화는, 기호 스스로 제한된 경우를 제외하고는, 그 값에 있어서 모든 제한을 금지하고 있다. 그리고 기호 a와 b에 대해, 더 큰지, 더 작 지에 관한 제한이 없는 경우, 기호 대수에서는 a가 b보다 더 크거나 b가 a보다 더 지에 상관없이 $a - b$가 동등하게 가능하여야 한다.

75. −로 표현된 연산을 일반화하여 모든 경우에 적용해보면, 이 부호의 독립적인 존재가 필수적임을 알게 될것이다. 그리고 산술이나 산술 대수에서는 생각할 수 없었던, 또한 이들 학문에서는 적당한 해석을 찾을 수 없는 새로운 양의 종류를 도입하게 될 것이다.

76. 어떠한 결과가 발생하는지를 알아보기 위해, a가 b보다 큰 경우와 작은 경우 모두에서 $a - b$를 다시 검토해 보자. 먼저 a가 b보다 양 c만큼 큰 경우, 즉 다시 말해 $a = b + c$ 또는 $a = c + b$라 하자. 그러면 $a - b$는 $b + c - b$ 또는 $c + b - b$와 같아진다. 이제 b를 소거하면(+와 −로 표현된 연산은 서로 역 연산이므로) 두 값은 $+c$와 c가 된다. 물론 이들은 서로 같은 값이다. 다음으로 b가 a보다 양 c만큼 크다고, 즉 $b = a + c$라고 하자. 그러면 $a - b$는 $a - (a + c)$이고, −로 표현된 연산의 일반화에 의해 $a - a - c$ 와 같아진다. 그러므로 a를 소거하면 $-c$와 같아진다.

77. −로 표현된 연산의 이러한 일반화는 실제로는 가정이라 할 수 있다. 왜냐하면 이러한 일반화가 산술 또는 산술 대수에서 정의되고 사용된 뺄셈으로부터 유도된 결과가 아니기 때문이다. 서로 역 연산으로 정의되고(조항 10), 덧셈과 뺄셈이라는 이름이 주어진(조항 5) +와 −에 의해 표현된 연산이, 단순히 표현하면 닮거나 닮지 않는 부호들의 동시 사용에 대한 규칙인 규칙들에 의해 더 정교하게 정의되었으므로(조항 25, 28), 일반화나 질문에서의 가정을 단순히 부호의 규칙에 대한 다른 형태의 가정으로 생각해야

한다. 앞에서 살펴보았듯이 독립적인 부호의 존재는 기호에 대한 제한없는 표현과 규칙을 범용으로 적용한 결과로 허용되어야 한다.

78. 가장 일반적인 형태로, 대수는 임의로 정의된 법칙에 의해 임의의 부호와 기호로 이루어진 조합을 다루는 학문으로 생각할 수 있다. 가정들이 독립적이고, 따라서 서로 모순되는 상황이 발생하므로, 이러한 기호들의 조

합과 결합에 대한 어떤 법칙을 가정하는 것이 좋다. 그런데 이러한 학문이 쓸모 없고 척박한 추측을 하는 학문이 되지 않으려면, 가정의 근간을 주는 것이 아니라 단지 길잡이로서 어떤 종속된 학문을 선택하고, 잘 다듬어서 대수가 이 종속된 학문을 가장 일반화한 형태가 되도록 한다. 이때 물론 기호는 연산의 대상인 양들과 동일한 종류의 양을 나타낸다. 그리고 산술이 계산의 학문이므로, 다른 모든 학문이, 적어도 이들의 응용에서, 큰 또는 작은 정도로 종속된 영역에서, 일반적으로 그리고 가장 유용하기 때문에 산술을 이러한 목적으로 선택한다.

산술을 대수의 종속된 학문으로 만들어서 어떻게 그리고 왜 제한할 것인가

79. 가장 일반적인 형태의 산술과 산술 대수에서는 서로 역 연산인 (조항 51, 61) 덧셈과 뺄셈의 두 연산이 존재한다. 기호 대수에서는 산술에서와 같이 서로 역 연산으로 정의되고 +와 −로 표현되는 두 연산의 존재를 가정한다. 산술 대수에서 덧셈과 뺄셈을 나타내기 위해 동일한 부호 +와 −를 사용하면(조항 62), 이미 알고 있고 정의된 이들 연산의 성질로부터 닮거나 닮지 않은 부호가 함께 나타나는 것에 대한 규칙을 얻게 된다(조항 63). 두 학문 사이의 대응 관계를 유지하기 위하여 기호 대수에서는 동일한 법칙이나 규칙의 의미를 좀 더 명확히 하여 가정한다. 그러므로 기호가 산술적인 양을 나타내는 한, +와 −로 표현된 연산의 의미를 산술에서의 덧셈과 뺄셈으로 동일하게 번역해도 된다. 한편, 기호에 의해 표현된 양이 더 이상 산술적이지 않을 때에는, 이들 기호가 앞에 음의 부호를 붙인 수이든지, 또는 어떤 다른 양으로 직선이나 영역을 나타내든지, 이들의 의미에 대한 번역은 이미 만들어진 가정과 완벽하게 조화를 이루어야 한다.

어떤 환경에서 +와 −로 표현된 연산이 산술에서의 덧셈과 뺄셈에 일치하는가

80. 다시, 산술과 산술 대수에 똑같이 서로 역 연산인 곱셈과 나눗셈이 존재한다(조항 52, 64). 기호 대수에는, ×와 ÷로 표현되거나 또는 기호들의 상대적인 위치에 의해 표현되는, 그리고 서로 역 연산인 두 연산의 존재를 가정한다(조항 8, 10). 산술 대수에서는, 포함된 양들이 복잡할 때,

어떤 환경에서 ×와 ÷로 표현된 연산이 산술에서의 곱셈과 나눗셈에 일치하는가

부호 +와 −에 대하여 기존에 확실하게 알아낸 의미의 결과로(조항 65), 이들 부호를 병합하는 규칙을 얻는다. 기호 대수에서는, 주어진 식이 복잡하거나 간단한 것에 관계없이, 이들 연산을 수행할 때, 위와 같은 부호가 함께 생긴다. 그러므로 행동에 자유로운 것처럼, 부호의 병합에 대한 동일한 법칙을 가정한다(조항 7).[3] 이로부터 연결된 양들이 산술적이면 곱셈과 나눗셈이라 불리고, ×와 ÷ 또는 동등한 표기 형태에 의해 표현된 연산은 산술적인 곱셈, 나눗셈과 각각 동일하다고 가정할 수 있다. 모든 다른 경우에, 가능한 결합은 부분적으로 관련된 가정에 의존하고, 부분적으로 포함된 양의 특별한 성질에 의존한다.

연산의 순서에 무관 **81.** 산술과 산술 대수에서, 어떤 순서로 연산을 수행해도 상관없다는 것이 증명되었다. 기호 대수에서도 동일한 연산의 성질을 위하여, 사용되는 양이 산술적인 모든 경우에 동일한 명제가 참이라고 가정한다(조항 9). 기호가 임의의 양을 나타낼 때, 이러한 추가적인 가정은 이들 연산의 결과를 해석할 때에 추가적인 정의와 제한을 제공한다.

지수 법칙 **82.** 우선 먼저, 지수에 대한 가정(조항 11)은 산술과 산술 대수 그리고 기호 대수에서 공통으로 편리한 축약형 기호를 사용하는 것이다. 그리고 지수가 모두 자연수일 때에 지수 법칙은 당연한 결과처럼 생각한다. 그러나 이 법칙은 지수가 분수 또는 임의의 다른 양일 때에는 그 자체로서 가정이고, 지수가 모든 수가 될 수 있을 때에는 이미 얻은 법칙들과 서로 어긋나지 않고 잘 어울리도록 만들어졌다. 앞에서 본 보기들에서의 지수에 대한 또 다른 모든 해석은 가정된 일반 법칙에 완전히 순응하도록 주어져야 한다.

---

3) (조항 65)에서 산술 대수에서의 부호를 병합하는 규칙을 얻어낸 연역적 사고는 산술적인 덧셈, 뺄셈 그리고 곱셈과 일치하고 +, −, 그리고 ×에 의해 표현된 연산의 본성을 가정하였을 뿐만 아니라 명백하게 $+a × +b$, $-a × -b$, $+a × -b$, $-a × +b$와 같은, 또는 $a × b$, $-a × -b$, $a × -b$, $-a × b$처럼 부호가 독립적으로 사용된 양들에는 적용할 수 없다.

83. 앞의 조항들에서 살펴본 산술 대수와 기호 대수 사이의 유사성은 어떤 의미로는 다른 것의 기초로 여겨질 수 있음을 보여준다. 이때 계산의 학문인 산술은, 대수에 대한 이해가 필요한 모든 학문 중에서 가장 중요한 것으로 여겨진다. 그리고 산술 대수는 자신의 법칙을 가장 일반적으로 표현하고, 동시에 상호간의 의존성과 관련성을 가장 잘 보존하는 방법으로 여겨진다. 산술 대수의 법칙과 연산은 기호 대수에 대하여 실제적인 기초와 논증 학문으로서의 품위와 특성을 주는 가정들에 대한 지침으로 여겨진다. 산술 대수로부터 유래되고 산술 대수의 원리와 법칙에 가장 근접한 유사성을 갖는 이러한 가정들이 위와 같은 이유로 다소 독단적인 것은 아니다. 두 학문이 다루는 양들이 공통인 한 공통인 법칙과 공통인 연산들을 갖도록, 이들 가정은 선택된 것이지 연역된 것은 아니다. 그러므로 좀 더 일반적인 학문으로부터 얻어진 결과들은 덜 일반적인 학문으로 전달될 수 있다.

산술과 대수 사이의 유사성에 대한 추가적인 고찰

84. 유래나 생성 과정을 고려하지 않고, 또 부호들의 독립적인 사용이라는 한 가지 중요한 사실을 제외하고, 산술 대수와 기호 대수의 기호적인 법칙들과 계산 절차들이 동일하면, 두 학문에서의 결과들은 그 한 가지를 제외하고 동일할 수밖에 없다. 그러므로 위에서 조사한 두 학문의 차이점들과 무관한 경우, 한 학문의 결과들은 다른 학문의 결과로 정확하게 전달된다. 그러나 제외된 사항의 보기가 결과에 나타나면 결과의 해석에 다른 원리를 적용해야 하고, 또 그 제외된 사항의 사용이 연산을 수행하는 데 중요한 역할을 하는 경우, 계산 과정에서 그 사항이 결과에 끼치는 영향이나 효과를 설명해야 한다.

어떤 환경에서 한 학문에서의 결과가 다른 학문으로 전달될 수 있는가

85. 우선 먼저 순수하게 기호적이고, 특별한 성질에 의존하지 않는 기호들의 조합에 대한 일반적인 법칙에 그 기초를 두고 있는 대수적 연산으로 얻은 결과는, 기호들에 특별한 값이 할당되면 그 의미를 결정하고 해석해야 하는 중요한 조사 대상이 된다. 그러므로 기호에 할당되는 여러 가지

해석 원리에 대한 필요성

값에 따라, 즉 수, 선분, 넓이, 힘, 또는 어떠한 양이 할당됨에 따라 동일한 결과에 대한 서로 다른 해석이 필요함을 볼 수 있다. 이러한 해석이 기호들의 조합에 대하여 가정된 법칙들과 일치해야 하고 기호들이 표현하는 양이 수를 나타낼 때는 산술적인 특성과도 일치해야 하기 때문에 이러한 해석을 규제하는 일반적인 법칙이 필요하다. 앞으로 이러한 법칙을 결정하고, 가장 빈번히 나타나는 공통적인 경우에 적용되는 것을 보여줄 것이다. 부호 +와 −가 언제 독립적으로 사용되는지부터 시작하려 한다.

독립적으로
사용되는 부호
+와 −의
해석에 대한
원리

86. 특별한 값이 할당되었을 때, 부호 +와 −에 영향을 받는 양의 의미를 해석하는 일반적인 원리는 이들 부호가 독립적으로 표현된다는 것과 이들에 의해 표현되는 연산이 정의하는 법칙 사이의 필연적인 관련성에 그 기반을 두어야 한다.

첫 번째로, +와 −로 표현된 연산이 서로 역 연산이므로, 이들이 갖는 성질은, 서로 독립적으로 사용될 때, 비슷한 관계를 가져야 한다.

두 번째로, 덧셈 연산은 적용되는 양의 성질이나 영향을 보존하는 반면에, 뺄셈 연산은 이들을 변화시킨다는 것이다.

이들 원리 중 첫 번째 것은 그 관계와 더불어 부호 +와 −가 가질 수 있는 영향을 확신하기에 충분하다. 한편, 두 번째 것은 고려하는 어떤 경우에 있어서 뺄셈 연산의 특별한 의미를 결정하도록 한다.

추상 수

87. 추상 수의 사용은 특별한 성질들에 대한 고려를 배제한다. 그리고 이러한 영향이 미치는 한, 3 그리고 −5와 같은 수들은 서로 구별되어 해석되지 않는다.

어떤 의미로
큰과 작은의
용어는 +와 −
로 기호화한다

88. 용어 큰과 작은, 혹은 관용구 만큼 큰과 만큼 작은은 +와 −로 기호화한다. 이때 이들 표현은 +나 −를 그 앞에 둔 수가 덧셈 또는 뺄셈의

일반적 산술의 의미로 어떤 다른 수에 더해지거나 빼지는 것을 나타낸다. 예를 들어, 3만큼 큰 7은 7 + 3을 나타내고, 3만큼 작은 7은 7 − 3을 나타낸다. 다른 말로 하면, 7 + 3은 7보다 3만큼 더 크고, 7 − 3은 7보다 3만큼 더 작다.

89.   0보다 작은 수는 다음 예에서 사용된 어법과 유사하게 받아들여   0보다 작은 수 진다. 보통 3만큼 큰 0 그리고 3만큼 작은 0과 같이 말하고, 이들을 0 + 3 또는 3 그리고 0 − 3 또는 −3과 같이 나타낸다.

이러한 표기법을 통하여, 단지 역 연산으로서의 덧셈과 뺄셈의 관계를   어떤 의미로 나타낸다. 앞에 음의 부호를 놓은 0보다 작은 수를 언급할 때에는, 같은 수를 더해서 결과가 0이 되는 것을 의미한다.

이러한 의미로, 그리고 단지 이러한 의미로만, 수를 언급할 때 0보다 크다 또는 작다라고 한다. 그러므로 다음은 6으로부터 1을 빼고 그 결과로부터 1을 빼 얻는 것을 계속해서 그 결과를 항으로 갖는 수열을 기호적으로 나타낸다.

$$5, \ 4, \ 3, \ 2, 1, \ 0, \ -1, \ -2, \ -3, \ -4, \ -5$$

여기서 항 $-1, \ -2, \ -3, \ -4, \ \ldots$는 $1, \ 2, \ 3, \ 4, \ \ldots$가 각각 더해져서 영이 되는 수를 나타낸다.

90.   산술과 산술 대수에서 0은 최소이다. 그러나 좀 더 확장된 의미   어떤 의미로 에서, 0은 음의 수와 양의 수에 대한 공통적인 한계이다. 그러므로 최대와   영은 최소가 최소는 똑같이 존재하지 않는다.   아니다

91.   추상 수 또는 추상 양을 다룰 때, 독립적으로 사용되는 부호에   기호들이 추상 대한 유일한 해석은 이들 부호가 나타내는 연산에 그 근거를 둔다. 그러나   수가 아닐 때 구체적인 수 또는 구체적인 양이 이들 부호에 영향을 받을 때에는 수 또는 양의 특별한 성질에 의존하는 여러 가지 특별한 해석이 있을 수 있다.

그러므로 소유한 또는 소유가 예정된 재산을 양의 부호를 갖는 수나 기호로 나타내면, 역으로 빚은 음의 부호를 갖는 수나 기호에 의해 나타낸다. 재산이나 빚은 서로 역 관계를 가지므로, 이러한 성질의 영향은 부호 +와 −에 의해 적절하게 기호화할 수 있다. 예를 들어, 어떤 사람 A에게 재산 또는 돈이 주어지는데, 이때 똑같은 양의 빚이 결합되어 또는 더해져서 주어지면, A의 부와 재산은 변하지 않고 그 전과 같아진다.[4]

−로 표현되는 뺄셈이라는 연산은 빼어진 양의 부호를 바꾼다. 즉, 빼어진 양의 영향을 바꾼다. 그리고 결과적으로 빚의 뺄셈은 대수적 용어로 말소나 제거를 의미하는 것이 아니고 재산으로의 전환이다.

또한, 잃어버리거나 획득한, 새로 구입하거나 판매한 재산의 영향을 부호 +와 −를 사용하여 기호화할 수 있어야 한다. 그리고 이와 같은 양들은 각각 서로 필요한 역 관계를 가지므로 기호화한 것을 구체적으로 해석할 수도 있어야 한다. 즉, 뺄셈은 위의 경우에서 잃어버림을 획득으로 바꾸고, 새로 구입한 재산을 판매한 재산으로 바꾸고 또한 역으로도 바꾼다.

그러므로 부호 +와 −는 동일한 구체적인 양의 서로 다른 변형을 나타내기도 한다. 즉, 재산을 소유한 것으로, 잃어버린 것으로 또는 판매된 것으로 변형하여 여길 수 있다. 그리고 부호 +를 앞에 붙인 한 기호가 이들 세 경우 중 한 경우를 나타낸다고 가정할 수 있다. 동일한 기호를 사용하여 그 앞에 −를 붙임으로써 지정된 재산의 변형이, 이들 부호가 종속된 일반적인 법칙을 따르는 것처럼 +를 앞에 붙인 기호가 나타내는 재산의 상태와의 관계를 가지는 것이 필요하다.

92. 이제 부호 +와 −가 기하에서 선분을 나타내는 기호의 앞에 붙을

---

4) 앞으로 양의 변형된 영향을 나타내기 위해 고안된 부호 $\sqrt{-1}$이 소개될 것이다. 이 부호로 표현된 양은 +와 −로 표현된 양들과 동등한 관계를 가진다. 그러므로 a가 소유한 재산을 나타낸다고 하면, $-a$는 빚을 나타내고 $\sqrt{-1}a$는 소유하지도 않고 빚도 아닌

때 이들 부호의 해석에 대해 알아보자.

한 물체가 A로부터 B로 움직이고 다시 B로부터 C로 되돌아오면, A로부터 물체까지의 거리는 AC와 같다. 이때 AC는 AB와 BC의 기하적인 차이다.

부호에 상관없이 AB를 a로, BC는 b로 나타내면, 위의 마지막 거리는 $a - b$로 표현할 수 있다. 이것은 AB와 BC를 나타내는 기호들에 대해 이들의 부호가 같은지 또는 다른지에 따라 대수적인 차 또는 합을 나타낸다.

$a = b$, 즉 $AB = BC$이면, 물체는 A로 돌아온다. 그러나 a가 b보다 작으면, 즉 AB가 BC보다 작으면, 물체는 돌아올 때 A를 지나서 C에 도착한다. 그러므로 거리 AC는 여전히 $a - b$로 표현된다. 이것은 $b = a + c$라 하면 $a - (a + c)$ 또는 $-c$와 동일하다.

따라서 선분 AB가 양의 부호를 가진 기호로 표현되면, 반대쪽으로 그려진 선분 AC는 음의 부호를 가진 기호로 표현된다.

부호 $+$와 $-$가 선분 또는 직선을 나타내는 기호에 적용될 때, 이들 부호는 방향을 나타냄을 알 수 있다. 왜냐하면 한 방향의 선분이 양의 부호를 가졌다고 하면 반대 방향의 선분은 음의 부호를 가졌다고 하고, 또는 그 반대의 경우로 생각하기 때문이다. 동일한 직선에 있는 점들에 대해, 이들 점의 위치에 상관없이 이러한 일은 일어날 수 있다. 즉, AB를 a로 나타내면, B부터 C까지의 BC는 대수적으로 $-b$로 나타내고, 이들의 대수적 합 또는 AC는 $a - b$로 나타낸다.

예치금과 같은 재산을 나타낼 수 있다.

또한 직선의 한쪽에 있는 선분이 양의 부호를 가졌다고 하면, 이들과 평행하고 반대쪽에 있는 선분은 음의 부호를 갖게 된다. 예를 들어 오른쪽 그림과 같이 방향과 크기와 관련하여, 동일하고 평행한 선분 AB와 CE는 모든 면에서 동일하므로 같은 부호를 가진 같

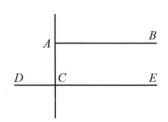

은 기호로 표현된다. 그러므로 이러한 환경에서 선분 CD는, CE의 반대쪽에 그려져 있으므로, 다른 부호를 가진 어떤 기호로 표현되어야 한다.

일반적인 결론   위의 논의로부터 다음과 같이 일반적인 결론을 얻을 수 있다. 한 방향의 평행한 선분들이 양의 부호를 가지면 이들과 평행하면서 반대 방향으로 그려진 선분들은 음의 부호를 가져야 한다.[5]

부호 +와 −에 의해 기호화된 다른 개념들   **93.** 높이와 깊이, 오름과 내림, 위와 아래, 뒤로와 앞으로와 같은 용어들, 강물에 떠 있는 배와 같이 순응하는 운동과 거스르는 운동 그리고 비슷한 종류의 많은 다른 용어들은 동일한 또는 평행한 직선에서 반대 방향의 개념과 공통점을 가지고 있다. 따라서 이들 용어들은 모두 동등하게 부호 +와 − 에 의해 기호화되어, 이들 용어가 표현하는 기호들에 적용된다. 작용하는 방향을 고려하는 힘에 대하여 동일한 언급을 할 수 있다.

다른 부호에 의해 표현된 과거와 미래의 시간   **94.** 한 직선에서의 연속적인 운동과 비교하여, 시간 또한 부호 +와 − 를 사용하여 비슷한 관계로 표현하기에 적합하다. 왜냐하면 운동하는 물체의 지금 또는 주어진 어떤 순간을 시간의 흐름을 표현하는 직선의 한 점으로

---

5) 서로 참조한다고 여겨지는 부호 +와 −는 오른쪽 그림의 AB와 AC같이 기울어진 두 직선에는 적용할 수 없다. 이 경우 방향은 서로 다르지만 반대 방향은 아니므로 부호의 이론에 필요한 역 관계를 만족시키지 못한다. 이들 선분 사이의 위치 관계는 좀 더 복잡하고 이 일의 범위를 벗어나는 부호($\cos\theta + \sqrt{-1}\sin\theta$, 여기서 $\theta = \angle BAC$)를 필요하다.

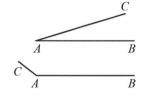

108

고려하면 이 점에 대한 직선의 한쪽 부분은 앞으로의 시간을 표현하고 그 반대 방향은 과거의 시간으로, 또는 그 반대로 생각할 수 있기 때문이다. 이때 이들은 부호 +와 −에 의해 정확하게 기호화된다.

한편, 시간이 초, 분, 시, 일, 주, 년 또는 세기와 같은 수치적 단위로 표현되고, 영이 어떤 순간으로 여겨지면, 다음과 같이 양 방향으로 한 없이 나열되는 수열은 단위를 의미하는 구간에 의해 분리된, 지나간 시간들 그리고 다가올 시간들의 연이은 순간을 나타낸다.

$$\cdots,\ 7,\ 6,\ 5,\ 4,\ 3,\ 2,\ 1,\ 0,\ -1,\ -2,\ -3,\ -4,\ -5,\ -6,\ -7,\ \cdots$$

그러므로 하루의 열두 시가 영점이고 시간이 시 단위로 표현된다면, 3은 정오 이전의 세 시간을, −3은 정오 이후의 세 시간을 표현하거나 또는 그 반대로 표현할 것이다. 영점이 예수의 탄생일이고 시간이 연 단위로 표현된다고 하면, −753은 로마 건국의 원년을 나타내고, 1688은 영국의 명예 혁명이 일어난 해를 나타낸다. 여기서 과거와 미래를 나타내기 위해 사용하는 두 부호는 서로 다른 개념을 나타낼 수만 있다면 어떤 것을 사용하는지는 중요하지 않다.

95.   앞의 조항에서와 같이, 이 경우에는 온도계의 눈금에 스스로를 표현한다. 영점이 물이 어는 뜨거움 또는 차가움이라면 영점 위로는 둘 중의 하나가 증가하고 그 반대로는 감소한다. 영점 위의 온도 상태를 나타내는 수를 양으로 여기면 영점 아래의 온도 상태를 나타내는 수는 음이 되어야 한다. 또는 그 반대의 경우이어야 한다. 뜨거움이란 용어가 양의 수로, 차가움이 음의 수로 표현된다고 하면 뜨거움과 차가움은 부호 +와 −로 올바르게 표현될 수 있다.

+와 −로 표현되고, 온도계로 측정되는 뜨거움과 차가움

96.   앞의 보기들에서, 부호의 사용은 위치를 다루든지, 운동을 다루든지 이들의 해석에 기초가 되는 똑바른 선분에서의 방향의 개념과 관련이

부호로 표현된 방향은 똑바른 선분에서 다룰 필요가 없다

있다. 그러나 이들의 적용을, 기하에서 조차도, 똑바른 선분으로 제한하지 않음을 다음 보기, 그리고 유사한 다른 보기들을 통하여 볼 수 있다.

한 여행자가 구부러진 길 $C'AB$를 따라 A로부터 B까지 이동한 다음 B로부터 C까지 되돌아온다. 부호는 상관하지 않

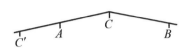

고, A부터 B까지 이동한 거리를 a로, B부터 C까지 되돌아서 이동한 거리를 b로 나타내면, 길을 따라 출발 지점부터의 거리는 이들의 기하적인 차 $a - b$로 나타날 것이다. 되돌아올 때의 거리 BC를 $-b$로 나타내면 $a - b$는 이들 거리의 대수적 합이다.

만약에 여행자가 A를 지나 C'까지 되돌아오면, 그리고 $BAC' = a + c$라 하면, A로부터의 거리를 나타낸 원래의 표현 $a - b$는 $a - (a+c)$, 즉 $-c$가 된다. 다른 말로 하면 한 방향으로의 거리가 양의 부호를 나타내는 기호로 표현되면, 반대 방향의 거리는 그것이 직선 위든 구부러진 곡선 위든지에 상관없이 음의 부호를 나타내는 기호로 표현된다. 두 경우에서 유도된 이러한 결론의 연역 과정은 정확히 일치한다.

양의 호와 음의 호　**97.** A가 원호의 한 점이면 정확히 다음과 같은 경우가 일어난다. A의 한쪽에 있는 호 AB를 양이라 하면 다른 쪽에 있는 호 AC는 음이 된다. 또는 그 반대가 된다. 좀 더 일반적으로 한 원의 임의의 호를 양이라 하면 반대 방향으로 잰 임의의 다른 호는 음이 된다.

곡선이 원점에 대해 대칭인지 아닌지에 상관없고 단지 거리는 그 곡선을 따라서 재어야 한다는 제한만 있으면 임의의 다른 곡선의 호에도 동일하게 적용할 수 있다.[6]

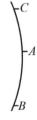

---

6) 이러한 관점의 반대 방향에 대한 의미에서, 한 각을 이루는 두 선분 AD와 AE에서의 거리는 서로 다른 부호로 표현될 수

자연 철학의 여러 분야로부터 부호 +와 −를 선태하는 자유가 주어지면 이들 부호의 의미와 응용에 대한 많은 다른 보기를 만드는 것은 쉬운 일이다. 그러나 대부분의 경우에 우리가 이미 고려한 것들과 매우 유사한 점이 있다는 것을 발견할 수 있을 것이다. 우리의 번역을 잘 정돈되게 만든 일반 규칙들은 모든 사건에서 그 스스로를 설명하는 데 꽤 충분하다. 이때에 양의 본성 또는 물음의 조건들이 그러한 설명을 가능하게 해야 한다.

98. 기호들이 곱셈 연산에 의해 결합할 때, 곱의 부호는 부호의 규칙에 의해 결정된다. 다시 말하면, 인자들의 부호가 곱의 부호를 결정한다. 어떤 곱의 인자들이 정해지면, 그 곱의 부호는 더 이상 임의로 생각되지 않고, 그러므로 곱의 번역은 인자들의 부호에 의해 조정을 받는다. 이러한 사항을 조사하기 전에 부호에 무관하게 곱의 의미를 번역하는 것이 필요하다. 다른 말로 하면, 어떤 특별한 양을 결정하기 위해 이러한 곱은 부호 +와 − 에 주어지는 의미에 대한 지식과 무관하게 표현되어야 한다.

부호에 무관한 대수적 곱에 대한 번역

99. $\pm ab$에 포함된 양 중의 하나가 추상 수일 때, 그 곱은 단순히 다른 기호가 나타내는 구체적인 양이 보통의 산술적 의미로 추상 수에 곱해져야 한다는 것을 의미한다. 그리고 이 경우 연산의 결과로 부호나 표현의 변화가 없을 수 있기 때문에, 서로를 참조하는 부호의 의미에 대한 번역은 이미 탐구되고 전형적인 보기가 된 원리를 따라서 수행되어야 한다. 구체적인 양을 추상 수로 나누어서 얻은 양에 대해서도 동일한 언급이 적용된다.

두 기호 중 하나가 추상 수를 나타내는 경우

100. 결합된 두 양이 모두 구체적일 때, 동일한 본성을 가지고 있든 아니든, 결과의 의미에 대한 번역은 다음 두 원리와 조화를 이루어야 한다.

두 기호 모두 구체적인 양일 때

있다. 이 경우 A는 원점이고 움직임은 B로부터 A를 지나 C로 향하거나 그 반대이다.

첫째. 결합된 인자들의 순서에 무관하게 곱은 항상 의미와 양에서 동일해야 한다.

둘째. 결합된 양이 수로 대체될 때, 연산은 산술적 곱셈과 일치해야 한다.

두 기호가 선분을 나타낼 때

101. 고려해야 할 가장 중요한 경우는 이 연산으로 결합된 기호가 기하적 선분인 경우이다.

직사각형 $ABCD$의 변 AB를 a로 나타내고 변 AC를 b로 나타내면, 곱 ab는 정확히 직사각형의 넓이를 나타낸다.

먼저, 여기서 동일한 값 a와 b에 대해 넓이는 항상 동일해야 한다. 그다음으로 이러한 넓이는 a와 b의 산술적 곱을 표현해야 하고, 이 경우에만 a와 b가 수일 때 올바른 넓이가 된다.

선분의 길이 a와 b가 5와 4의 비율로 주어졌다고 가정하자. AB를 점 a, b, c, d를 이용해 동일한 5개의 구간으로 나누고 AC를 점 α, β, γ를 이용해 동일한 4개의 구간으로 나누면, 선분의 각 구간은 단위, 즉 1을 나타낸다. 이들 나누는 점을 지나

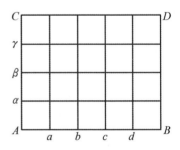

AC와 AB에 평행한 선분을 각각 그어 보자. 그러면 전체 직사각형의 넓이는 이들 선분으로 구성된 5 × 4, 즉 20개의 동일한 정사각형으로 나누어진다. 그러므로 이 경우 $ab = 5 \times 4 = 20$이고, 당연히 인자들의 단위는 동일한 선분의 길이이다. 곱의 단위는 이들로 만들어진 정사각형의 넓이이다. 그러므로 ab가 올바르게 직사각형의 넓이를 표현한다면 둘 사이의 유사한 관계는 완벽하다.

　그런데 직사각형의 넓이가 ab로 표현되는 유일한 넓이라는 것은 앞에서의 조사로부터 얻어지는 것은 아니다. 인접한 두 변의 길이가 a, b인 평행사변형에 대해서도 비슷한 원리가 적용되어 그 넓이가 ab로 표현될 것이다. 두 변의 길이가 자연수이면, 평행사변형은 동일한 각을 가진 여러 개의 마름모로 나누어진다. 이때 물론 마름모의 개수는 두 변의 길이의 곱과 일치한다. 그러므로 이러한 곱의 의미에 대한 번역으로 얻는 유사성이 두 경우 완벽하게 일치함을 볼 수 있다.

　a와 b가 크기로 주어진 경우 이들의 곱이 취하는 값은 번역되었을 때 항상 동일하다고 가정해 왔다. 그러므로 ab가 평행사변형의 넓이를 나타낸다고 가정하고, 그것이 직사각형이든 아니든, a와 b가 나타내는 두 변 사이의 각이 무엇이든 한 경우를 선택하면 모든 다른 경우에도 적용되어야 한다. 여러 이유로 다른 각보다는 직각을 선호하는 편이다.

　먼저 직각은 모든 예각과 모든 둔각의 중간으로 양쪽에 동등하게 관계되어 있다. 이러한 이유로 가장 자연스럽게 선택된다. 두 번째로는 계산의 학문에서 정사각형은 넓이의 잴대(측도)로 다루어진다. 그러므로 서로 다른 영역의 넓이를 비교하기 위해 첫 번째로 각각 넓이가 동일한 정사각형으로 변형한다. 그런 다음 이들 정사각형이 포함하는 동일한 단위의 작은 정사각형의 개수를 비교한다.[7] 산술과 대수 사이의 대응 관계를 유지하기 위해, 이 경우나 다른 경우 또는 더 특별한 경우에도 ab는 다른 것이 아니라 직사각형의 넓이를 나타낸다고 생각할 것이다. 이때 물론 a와 b는 두 변의 길이이다.

102.　ab의 부호와 그 인자들의 부호에 무관하게 ab의 의미를 알아봤 a, b가 **선분일 때** ab의 **부호의 의미**

---

7) 이러한 이유로 이들 넓이를 결정하는 방법을 구적법이라고 한다.

는데, 이제 이들의 부호를 고려하여 추가

적인 해석에 대해서 알아보자. 이러한 목

적을 위해, 오른쪽 그림에서 $AB = a$ 그

리고 $AC = b$라 가정하자. 그리고 선분

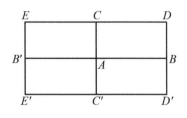

AB와 AC의 방향과 반대 방향으로 직선

BA와 CA를 각각 B'과 C'까지 그어보자. 이때 $AB' = AB$이고 $AC' = AC$

이다. 그러면 앞에서의 결정으로부터(조항 92) AB'은 $-a$로, AC'은 $-b$로

나타낸다. 직사각형 $ABDC$, $ABD'C'$, $ACEB'$와 $AC'C'B'$을 완성하자.

첫 번째 직사각형은 a와 b, 또는 $+a$와 $+b$의 곱, 즉 $+ab$, 또는 ab에 대응한

다. 두 번째 직사각형은 a와 $-b$의 곱, 즉 $-ab$에 대응한다. 세 번째 직사

각형은 $-a$와 b의 곱, 즉 $-ab$에 대응한다. 네 번째 직사각형은 $-a$와 $-b$의

곱, 즉 $+ab$, 또는 ab에 대응한다. 그러므로 이들 곱의 부호와 이들 부호의

번역은 온전히 인자들의 부호에 따라 결정한다.

곱으로부터
인자를 결정할
때의 애매성

103. 위에서 동일한 곱 ab에 대응하는 직사각형은 두 개이다. 마찬가

지로 동일한 곱 $-ab$에 대응하는 직사각형도 두 개이다. 먼저의 두 직사각

형은 $+a$와 $+b$의 곱, 그리고 $-a$와 $-b$의 곱에 대응한다. 그리고 마지막의

두 직사각형은 $+a$와 $-b$의 곱, 그리고 $-a$와 b의 곱에 대응한다. 그러므로

곱과 곱의 표현은 인자가 무엇인지를 고려하여 결정한다. 그러나 곱으로

부터 성분 인자를 결정할 때, 곱에 대응하는 서로 다른 두 종류의 인자가

있음을 알 수 있다. 그러므로 이러한 결정은 애매하고 더구나 주어지는

인자의 추상적 크기를 가정하기도 한다.

단순한 기호인
ab의 부호

104. 각 인자를 고려하지 않고 곱 ab를 $ABDC$와 같은 직사각형을

표현하는 단순한 기호로 생각하면, 그리고 직사각형 $ABDC$의 변 AC와

AB를 이용하여 얻은 닮은 두 직사각형 $ACEB'$과 $ABD'C'$을 고려하면,

첫 번째 직사각형은 양의 부호를 가진 것으로 받아들이고, 다른 두 직사각

형의 부호는 음으로 받아들인다. 동일한 높이의 직사각형들은 서로 동일한 관계이다. 그러므로 이들 직사각형을 만든 선분들을 상대적인 크기로 표현할 수 있다. 직사각형 $ABDC$가 양이고 양의 선분 AB로 구성되어 있으므로 직사각형 $ACEB'$은 음이어야 한다. 왜냐하면 음의 선분 AB'으로 구성되어 있기 때문이다. 동일한 방법이 직사각형 $ABDC$와 $ABD'C'$에도 적용하면 서로 참조하는 것을 고려하여 앞엣것은 양으로 선분 AC를 변으로 갖고 있다. 그러므로 두 번째 직사각형은 음의 선분 AC'을 변으로 가지므로 음으로 한다. 네 번째 직사각형 $AB'E'C'$은 $ACEB'$과 $ABD'C'$에 각각 비슷하게 관계되어 있고 $ABDC$와 똑같기 때문에 동일한 기호와 동일한 부호로 표현된다.

105.   선분을 나타내는 세 기호 a, b, c의 곱 abc의 의미를 알아내기 위해 우리의 조사를 확장하면 abc가 a, b, c를 인접한 세 변으로 갖는 직육면체의 부피나 고체의 함유량을 올바르게 나타내는 것을 보게 될 것이다. a, b와 c가 자연수라 가정하면 그리고 이들이 나타내는 변을 각각 작은 단위로 나누고 이들 나누는 점을 평행육면체의 인접한 세 면에 평행한 평면이 지나가게 하면, 이 입체는 여러 개의 동일한 정육면체로 나누어질 것이다. 그 개수는 각 변이 나타내는 자연수의 연속된 곱과 같아진다. 이제 필요한 산술적 조건이 충족되었다. 단지 기억해야 할 것은 인자의 단위가 동일한 선분과 같아야 하는 반면에 곱의 단위는 동일한 정육면체와 같아야 한다.

기호나 대응되는 변의 배열이 어떠하든지 또는 임의의 순서로 선택되어도 입체는 동일하다. 모든 입체를 값에서 동일한 정육면체들로 만들어서 비교하므로, 곱 abc는 비스듬한 평행육면체가 아니라 직육면체를 나타낸다. 그리고 산술적 계산을 수행할 때, 변에 속한 선형 단위의 세 제곱과 비교하게 된다.

106.   세 인자의 곱은 다음과 같이 여덟 가지 서로 다른 변형된 형식

으로 나타나지만 그 곱의 부호는 단지 두 가지이다.

$$(1) \quad +a \times \ +b \times \ +c = abc$$

$$(2) \quad +a \times \ -b \times \ -c = abc$$

$$(3) \quad -a \times \ -b \times \ +c = abc$$

$$(4) \quad -a \times \ +b \times \ -c = abc$$

$$(5) \quad +a \times \ +b \times \ -c = -abc$$

$$(6) \quad +a \times \ -b \times \ +c = -abc$$

$$(7) \quad -a \times \ +b \times \ +c = -abc$$

$$(8) \quad -a \times \ -b \times \ -c = -abc$$

이들 곱의 번역 이들 여덟 개의 곱은 비록 동일하거나 닮았지만 여덟 개의 서로 다른 직육면체의 부피에 해당된다. 이들 직육면체는 서로 공통된 각을 가지고 있고 $+a$와 $-a$, $+b$와 $-b$, $+c$와 $-c$에 해당되는 선분들의 각 쌍들 중의 하나인 변으로 구성되어 있다. 이때 a, b, c와 $-a$, $-b$, $-c$에 해당하는 선분들은 서로 직각으로 만난다. 이들 입체는 면을 공유하므로 (1)과 (5), (1)과 (6), (1)과 (7) 또는 (2)와 (8), (3)과 (8), (4)와 (8)에서 보는 바와 같이 두 변을 공통으로 갖는다((조항 104)에서 언급된 원리에 의해). 그러므로 이들 입체의 부호는 만나지 않고 동일한 선분이나 방향이 반대인 세 번째 변의 부호와 같아진다. 한 변을 공통으로 갖고 나머지 두 변은 다른 부호인 반대 방향인 입체들 즉, (1)과 (2), (1)과 (3), (1)과 (4) 또는 (5)와 (8), (6)과 (8), (7)과 (8)은 동일한 이유로 동일한 부호를 갖는다.

넷 또는 더 많은 기호들의 곱 **107.** 길이를 나타내는 넷 또는 더 많은 기호들의, 또는 넓이를 나타내는 둘 또는 더 많은 기호들의, 또는 길이, 넓이, 부피를 나타내는 다른 조합의 기호들의 곱을 설명하려면, 삼 차원을 넘어서므로, 이러한 곱과 비교할 수 있는 기하적인 원형이 존재하지 않는다. 그러므로 이들을 번역을 할 수 없다. 다른 말로 하면, 이러한 곱의 존재는 기호에서나 가능한 것이다.

108. 기호가 길이나 넓이일 때, 문제의 해를 구하는 과정은, 연산을 진행할 때 그리고 연산을 마치기 전에, 삼 차원을 넘는 거듭 제곱이나 조합으로 나아가기도 한다. 그러나 이러한 일은 그 결과를 번역할 수 없기 때문에 중요한 일이 되지 않는다. 대수의 연산은 양들이 포함하는 특별한 크기나 성질을 고려하지 않기 때문에 기호적인 결과는 모든 경우에 동일하게 된다. 그리고 번역할 때 이들 결과는 원래 가정한 값과 기호들의 표현과 함께 고려된다.

대수적 연산의 결과로 얻는 곱이나 양을 번역할 때, 그 결과만 고려된다

109. 관련된 기호가 수나 기하적 길이일 때, 곱 ab와 abc 사이에 존재하는 유사성을 찾아왔다. 기호들이 어떤 양이든지 이들 곱을 번역할 때의 지침으로 받아들인 중요한 원리는 기호들이 수로 표현되었을 때의 산술적 곱으로 퇴화시키는 것이다. 그러므로 선분의 길이가 수라 가정하면 (그리고 이들이 나타내지 않는 크기와는 상관이 없다고 가정하면), 이들은 수가 나타내는 어떤 크기, 즉 수를 대표하는 기호들이 나타내는 어떤 크기를 표현한다. 이러한 환경에서 a와 b가 선분을 나타낸다고 하면, 이들 선분으로 얻어진 직사각형은 ab가 표현하는 어떤 양을 나타낸다. 세 번째 기호, 즉 선분이 도입되면 직육면체 abc는 a, b, c가 선분이든 기호이든 그 표현에서 동일하다. 이러한 의미로 기하학을 기호의 학문으로 받아들인다.

기하학은 기호의 학문으로 고려될 수 있다

110. 그러므로 움직이는 물체의 등속도를 v로, 물체가 움직이는 동안의 시간을 t로 나타낸다고 하면 이들의 곱 vt는 물체가 그 시간 동안 움직인 거리를 나타낸다. 한 선분이 v를, 다른 선분이 t를 나타낸다고 하면, 이들로 구성된 직사각형은 곱 vt와 동일한 거리를 나타낸다.

직사각형 영역으로 표현된 공간

그런데 선분이 v와 t같이 서로 다른 본성을 가진 양을 나타내고 따라서 크기에 대해 비교할 수 없을 때, 이들에 대한 첫 번째 가정은 완전히 임의적이어야 한다. 그러므로 어떤 속도를 나타내는 v가 가정된 선분에 의해 표현되면, 다른 속도를 나타내는 v'은 조금 전의 선분에 대하여 v'과 v의 비율과

완전히 임의적인 선형 단위

동일한 길이의 비율을 갖는 다른 선분으로 표현된다. 유사한 방법으로, 한 선분이 시간 t를 나타내고, 다른 선분이 다른 시간 t'을 나타내면, 이들 선분 사이의 길이의 비는 t와 t' 사이의 비와 동일하다. 그러나 두 양 v와 t는 서로 비교할 수 없고 따라서 한 양의 크기에 해당하는 선분의 길이는 다른 양의 크기를 나타내는 선분의 길이와 어떠한 관계도 가지고 있지 않다. 다른 말로 하면 이들 양을 나타내는 선분의 길이는 임의로 가정하여도 된다.

같은 이유로 동일한 언급을 완전히 임의적인 기본 단위의 값들, 즉 수로 표현된 근본적으로 서로 다른 양을 나타내는 데 적용할 수 있다. 시간의 단위는 초, 분, 시 등이 될 수 있고, 거리 또는 속도(하나가 다른 것의 잴 대이므로)의 단위는 피트, 야드, 펄롱 등이 될 수 있다. 시간의 단위를 초, 거리의 단위를 피트라 하면, 1, 2, 3, 10 또는 20으로 표현된 속도는 물체가 공간에서 1초에 1, 2, 3, 10 또는 20피트 움직인다는 것을 말한다. 그리고 2초에는 그 두 배를, 3초에는 그 세 배를 움직인다. 그러므로 물체가 v와 같은 속도로 움직이고, 움직인 시간은 t와 같은 초일 때, 움직인 거리는 vt로 표현된다. 산술로부터 기하로 옮겨가면, 한 선분이 시간의 초를 나타내고 동일한 또는 다른 선분이 거리의 피트 또는 속도의 피트를 나타낸다고 할 수 있다. 그러므로 이러한 기본 단위가 가정되면, 이들 양의 다른 값들은 동일한 비를 갖는 선분으로 표현된다.

입체로 표현된   **111.**   삼 차원이 관계된 다음의 보기를 통해 이 주제에 대해 좀 더
돈의 이자   충분이 설명해 보자.

원금 또는 빌려주거나 탕감한 돈의 합계를 p, 이자율을 r(일 년 동안 1파운드에 대한), 그리고 몇 년인지를 t로 나타내면, 축적된 또는 예정된 이자는 prt로 표현된다. r이 일 년 동안의 1파운드에 대한 이자이므로, pr은 일 년 동안 p로 표현된 돈의 합계에 대한 이자이고, 따라서 prt는 t년

동안 이자의 총합계이다. 여기서 지급 예정 이자에 대한 이자는 고려되지 않았다. 위의 해석은 산술 대수의 원리에 따른 결과이다.

이제 p, r, t를 각각 평행육면체의 이웃한 변을 이루는 선분으로 표현하면, 구성된 입체는 축적된 또는 예정된 이자를 나타낸다. 다른 말로 하면, 이 입체는 각각의 기호에 특별한 값이나 의미가 주어지면 일반적인 공식 prt가 나타내는 것이 무엇이든지 그것을 나타낸다. 또한 prt의 기호 중 하나가 어떤 방식으로 변하면 입체는 동일한 비율로 변한다.

p, t와 r의 단위를 나타내는 선분의 길이는, 그것이 동일하든 서로 다르든, 완전히 자유롭게 선택할 수 있다. 이러한 사항은 서로 다른 본성을 가진 p와 t의 경우에는 명백하다. 그리고 세 번째 양은 추상적인 수치적 양이므로 다른 두 양과 다름을 볼 수 있다. 왜냐하면 세 번째 양은 1파운드에 대한 이자와 1파운드 사이의, 또는 100파운드에 대한 이자와 100파운드 사이의 관계, 즉 한 양을 그 양의 어떤 것으로 나눈 몫을 나타내기 때문이다. 이자가 5퍼센트라고 하면 $r = \frac{5}{100}$, 즉 $\frac{1}{20}$이다. 4퍼센트라고 하면 $r = \frac{4}{100}$, 즉 $\frac{1}{25}$이다. 그리고 다른 경우에도 비슷하게 r을 알아낼 수 있다. 그러므로 r의 추상적인 단위를 나타내는 선분은 p와 t의 단위를 나타내는 선분들과 독립적이다. 그러므로 이 선분은 다른 선분들과 동등하게 임의적이라 할 수 있다.

p와 t를 나타내는 선분은 직사각형 영역을 구성하는데 이 직사각형은 p와 t의 곱에 대한 기하적인 표현이다. 세 번째 양 r은 단순히 수치적이므로 평행육면체인 입체가 prt를 나타낼 때에만 단지 선분으로 표현된다. 또는 영역 pt가 $r = 1$일 때 prt를 나타낸다고 생각하고, 다른 경우에는 1에 대한 r의 비율로 직사각형 pt의 비율에 해당하는 직사각형으로 prt를 생각하기도 한다. 이러한 효과는 직사각형의 한 변을 요구되는 비율에 따라 늘리거나 줄여서 얻을 수 있다. 즉, 한 인자가 추상 수이므로 곱 prt를 입체나 직사

각형의 영역으로 올바르게 표현할 수 있다.

여지껏 살펴본 보기, 그리고 이들과 연관된 관찰로부터 삼 차원인 경우 기하적인 표현은 대수적인 곱과 공존함을 알 수 있다. 셋보다 더 많은 인자가 도입될 때 이들의 곱과 기하적인 영역 또는 입체와의 관계는 더 이상 존재하지 않는다. 이들의 관계는 단지 하나 또는 그 이상의 인자들을 추상적인 수로 보았을 때 가능하다. 이것이 이러한 표현의 제약 조건이 된다.[8]

서로 다른 여려 종류들로 이루어진 인자들의 곱을 번역하는 것이 항상 필요한 것은 아니다

112. 삼의 법칙[f]에 있는 질문에 대한 해답에서, 규칙 스스로 표현하게 하는 많은 다른 형태에서, 번역이 필요 없는 서로 다른 종류의 인자들의 곱을 종종 볼 수 있다. 이러한 경우 이들 곱은 쌍으로 스스로를 나타내는데, 각각은 서로 동종인 같은 수의 인자를 포함하고, 각각의 상대적인 크기는 각자의 특별한 성질을 고려하지 않고 독립적으로 고려된다. 이러한 의미를 다음 보기에서 좀 더 자세히 볼 수 있다.

"일정한 수(m)의 사람이 주어진 시간에 길이가 a, 너비가 b이고 깊이가

---

8) 수학적 연역에서 일반 기호의 도입과 일반적인 사용 전에, 이러한 표현은 그 당시 기호 언어로 알려진 가장 일반적인 형식에 의해 필연적으로 적용된다. 그리고 대수적인 기호의 사용이 충분히 받아들여진 오랜 후에, 고대의 습관과 생각의 영향이 수학자들로 하여금 대수적인 기호의 사용을 통해서 얻어낸 결과들을 기하적 형태로 변형하도록 이끌었다. 이러한 관행은 이 세기의 말까지 지속되었고, 마침내 뉴턴의 권위와 동시대의 저명한 저술가들에 의해 받아들여졌다. 이러한 표현이 마음뿐만 아니라 시각적으로도 크기에 대한 합리적인 이미지를 주어서 이들 사이에 존재하는 관계를 좀 더 명확하게 파악할 수 있게 해준다는 것이 주장되었다. 그러나 이러한 표현이 이들의 의미를 번역하는 데 일반적인 기호를 사용하였을 때보다 크게 도움되는 것이 아님은 명백하다. 그리고 계산하는 일이 고려되는 한, 일반적인 기호를 사용하는 것보다 결과로부터 더 많이 유리되어 있다.

f) 산술에서 알려진 교차 곱의 특별한 형태로 학생들이 기억하기 쉽게 고안한 것이다. 예를 들어 다음 방정식과 같이 구해야 할 변수가 오른쪽 분모에 있는 경우,

$$\frac{a}{b} = \frac{c}{x}$$

삼의 법칙에 의해 $x = \frac{bc}{a}$이다.

c인 도랑을 판다고 한다. 같은 시간에 길이가 a', 너비가 b'이고 깊이가 c'인 도랑을 파려면 몇(m') 사람이 필요한가?"

이러한 질문에 대한 답을 구하는 보통의 규칙 또는 과정은 다음과 같은 비례식을 이용하는 것이다.

$$m \ : \ m' \ :: \ abc \ : \ a'b'c'$$

또는 다음과 같은 동일한 분수식을 이용하는 것이다.

$$\frac{m}{m'} = \frac{abc}{a'b'c'} = \frac{a}{a'} \times \frac{b}{b'} \times \frac{c}{c'}$$

각각 숫자로 나타내어지고, a', b', c'의 특별한 성질에 완전히 독립적인 a'에 대한 a의 비, b'에 대한 b의 비, c'에 대한 c의 비를 구해야 한다. 이로부터 m'에 대한 m의 비를 얻고, 찾는 양인 m'을 결정할 수 있다. 즉, $\frac{a}{a'} \times \frac{b}{b'} \times \frac{c}{c'} = e$로부터 다음을 얻는다.

$$m' = \frac{m}{e}$$

각각 a, b, c와 a', b', c'이 이웃하는 변인 직육면체의 두 입체를 구성하면 이들의 크기의 비는 m'에 대한 m의 비이다. 이들은 각각 파야 할 도랑을 나타내므로 이들의 크기는 각 경우에 해야 할 일의 잴대이다. 이러한 표현의 진정한 원리는 a와 a', b와 b' 그리고 c와 c'을 추상 수로 대체할 수 있다는 것을 보여 준다.

어떤 추가적인 조건이 주어지는 다음과 같은 동일한 질문을 생각해 보자.

'일정한 수(m)의 사람이 t일 동안, 하루에 h시간 일하여 길이가 a, 너비가 b이고 깊이가 c인 도랑을 판다고 한다. t'일 동안, 하루에 h'시간 일하여 길이가 a', 너비가 b'이고 깊이가 c'인 도랑을 파려면 몇(m') 사람이 필요한가?"

이 경우, 다음과 같은 비례식을 얻는다.

$$m \;:\; m' \;::\; \frac{abc}{th} \;:\; \frac{a'b'c'}{t'h'}$$

또는 다음과 같은 동일한 분수식을 얻는다.

$$\frac{m}{m'} = \frac{abct'h'}{a'b'c'th} = \frac{a}{a'} \times \frac{b}{b'} \times \frac{c}{c'} \times \frac{t'}{t} \times \frac{h'}{h}$$

여기서, 비례식이 한번 주어지면, a와 a', b와 b', c와 c', t와 t', h와 h'이 각각 나타내는 양이 무엇인지는 중요한 사항이 아님이 명백하다.

대수적 몫   **113.**   인자들이 어떤 할당된 양일 때, 대수적 곱의 의미는 결정된다. 비슷하게 나뉠 양과 나누는 양이 의미적으로 또는 값으로 할당될 때, 대수적 몫의 의미를 번역하는 데 어려움이 없다. 이러한 번역의 일반적인 규칙은 "나눗셈은 모든 경우에 곱셈의 역 연산이다"라는 것이다. 다른 말로 하면, 몫 또는 나눗셈의 결과는 나누는 양에 곱해졌을 때 나뉠 양을 만드는 그런 양이다. 몇몇 경우를 다루어 보자.

여러 경우에서 이들의 의미   **114.**   나뉠 양과 나누는 양이 모두 추상 수이면 몫은 보통의 수이거나 수치 분수이다.

나뉠 양이 구체적인 수이고 나누는 양이 수치적이거나 추상적이면 몫은 나뉠 양과 같은 본성을 가진 구체적 양이다.

나뉠 양과 나누는 양이 모두 동일한 본성을 가진 구체적인 양이면, 몫은 추상 수이거나 수치 분수이다. 왜냐하면 몫에 곱해졌을 때 나누는 양의 본성에는 아무런 영향이 없어야 하기 때문이다.

나뉠 양이 직사각형 또는 어떤 도형의 넓이이고 나누는 양이 선분의 길이이면, 몫은 나누는 양과 같은 선분의 길이이다. 이때, 직사각형의 넓이는 나뉠 양과 같다. 나뉠 양이 직사각형의 넓이이고 직사각형의 한 변의 길이가 나누는 양이면, 다른 변의 길이는 몫이다.

나눌 양이 입체의 부피이고 나누는 양이 선분의 길이이면, 몫은 직사각형 또는 어떤 도형의 넓이이다. 이때 몫과 나누는 양이 이루는 입체의 부피는 나눌 양과 동일하다.

나눌 양이 입체의 부피이고 나누는 양이 넓이이면, 몫은 선분의 길이이다. 이때 몫과 나누는 양으로 이루어진 입체의 부피는 나눌 양과 동일하다.

나눌 양이 어떤 물체가 지나온 거리이고 나누는 양이 물체의 등속력이면, 몫은 경과된 시간이다.

위 보기들의 몫과 대응하는 곱을 연결하는 원리가 쉽고 즉각적인 응용을 허용하지만, 이들 번역의 보기에서 직접 곱셈을 수행할 필요는 없다.

115. 복잡한 대수적 표현들의 나눗셈에 대한 규칙으로부터 이미 알아보았듯이(조항 46 보기 (19)) 불완전하고 부정형인 몫의 형태를 얻는다. 이와 같은 급수와 이로부터 생성되는 대수 분수 사이에 놓인 부호 =의 의미를 알아내는 것은 상당히 중요한 조사이다. 이러한 주제를 좀 더 알기 쉽게 관찰하기 위해서 특별한 보기를 들어보자.

부정형의 몫: 관련된 이론

a를 $1 - x$로 나눈 몫을 다음과 같이 고려해 보자.

$$\frac{a}{1 - x} = a + ax + ax^2 + \cdots + \frac{R}{1 - x}$$

나머지 R을 사용하면 부호 =의 양쪽에 있는 식은 동일한 식이 된다. 그러므로 두 식은 보통의 관점에서 서로 같다.

다음과 같이 연속된 n개의 항으로 나누어졌다고 가정하자.

$$\frac{a}{1 - x} = a + ax + ax^2 + \cdots + ax^{n-1} + \frac{R}{1 - x}$$

위 식의 양변에 $1 - x$를 곱하면, $R = ax^n$이므로 다음을 얻는다.

$$a = a - ax^n + R = a$$

116. 이러한 나눗셈과 관련하여 서로 역인 두 개의 질문이 있다.

첫 번째는 "주어진 나뉠 양과 나누는 양에 대해 부정형의 몫을 찾아라"
이다.

두 번째 또는 역인 질문은 "주어진 나누는 양과 부정형의 몫에 대해 나
뉠 양을 찾아라"이다.

117. 급수 또는 부정형의 몫은 나눗셈으로부터 얻어지는데, 나머지
의 사용 여부와는 상관 없다. 그러므로 다음 식에서 부호 =는 한쪽에 있는
부정형의 급수가 다른 쪽에 있는 지시된 그러나 수행되지는 않은 연산의
결과임을 나타낸다.

$$\frac{a}{1-x} = a + ax + ax^2 + ax^3 + \cdots$$

나누는 양과
알려지지 않은
나머지를 가진
부정형의 몫이
주어졌을 때,
나뉠 양을
찾아라

118. 두 번째, 즉 역인 질문에 답하는 방법에는 두 가지가 있다.

첫째, 나머지를 사용하고 $1 - x$를 $a + ax + ax^2 + \cdots + \frac{R}{1-x}$에 곱하면
원래의 나눗셈이 만든 항이 무엇이든지 필연적으로 나뉠 양을 얻게 된다.
그런데 나눗셈이 부정형이고 결과적으로 실제적인 나머지가 할당되지 않
았거나 할당할 수 없고, 단지 R과 같은 일반적인 기호로 표현되었다고 가
정하면 이러한 곱의 결과는 원래의 나뉠 양을 준다.

나누는 양과
알려지거나
표현된
나머지를
가지지 않은
부정형의 몫이
주어졌을 때,
나뉠 양을
찾아라

119. 둘째의 경우, 알려진 나머지가 없는 부정형의 급수, 즉 몫을
생각해 보자. 이 급수를 나누는 양에 곱하면, 부정형의 항, 즉 드러나지도
않고 그럴려고도 하지 않는 항들을 가진 원래의 나뉠 양을 얻는다. 그런데
나뉠 양의 발견이 관련되는 한, 나누는 양을 나머지를 가진 또는 갖지 않은
부정형의 몫에 곱하여 찾을 수 있다. 이렇게 함으로써 둘째의 경우에 실제
대수 식에서 다룰 수 없는 곱의 부분에 대한 관심을 제거한다.

120. 이러한 관점에서 보자면, $\frac{a}{1-x}$와 급수 $a + ax + ax^2 + ax^3 + \cdots$ 의 사이에 놓인 부호 =는 급수가 통상의 나눗셈에 의한 분수로부터 얻은 결과라는 것을 나타낼 뿐만 아니라 곱에서 인자로 채택될 때 급수와 분수가 동등하다는 것을 의미한다. 왜냐하면 동일한 연산에 의해 같은 결과를 주는 이들 양은 대수적으로 동등하다고 여겨지기 때문이다.

부호 =의 두 번째 의미

121. 나머지를 사용하는 한, 부호 =의 양쪽에 있는 식들은 동등한 표현으로 단순화시킬 수 있고 결과적으로 동등할 뿐 아니라 같아진다. 그리고 이러한 동일성은 임의의 다른 환경에서 대수적인 식들 사이에 필연적으로 존재할 수 있는 것은 아니다.

부호 =의 세 번째 의미

122. 일반적인 형태로 기호를 사용하는 것으로부터 이들 기호에 할당된 또는 상대적인 값을 주는 것을 고려하면 적어도 어떤 제한적인 의미에서는 분수와 그 결과인 나머지가 없는 급수는 서로 산술적으로 동일하다.

급수 앞에 놓인 부호 = 에 의해 보여지는 산술적인 동일성

x가 진분수, 즉 1보다 작은 수이면, 항들 a, ax, ax^2, ax^3, $\cdots$와 계속되는 나머지들은 연산을 수행하면 점점 작아진다. 그러므로 이러한 연산을 충분히 수행하면 어떤 할당된 분수보다 작아지는 나머지를 얻을 수 있다. 다른 말로 하면, 대수적으로는 표현할 수 없을 정도로 작아져서 분수의 실제 몫과 다르게 급수를 만들 수 있다. 이러한 환경에서는 계산을 목적으로 하는 한, 다른 형태의 급수가 받아들여진다.

그러나 급수가 발산하고 따라서 항들이 계속해서 증가하면, 나머지는 앞의 모든 항들보다 크다. 이때 분수와 결과의 급수는 서로 산술적으로 동일하지도 동등하지도 않다.

그리고 다른 상황에서는

123. 분수 $\frac{a}{1+x}$와 $\frac{a}{x+1}$는 서로 같다. 그러나 앞의 분수로부터 얻는 급수는 $a - ax + ax^2 - ax^3 + \cdots$인 반면에, 나눗셈의 규칙에 따른 관습에 의해 뒤의 분수에 해당하는 급수는 $\frac{a}{x} - \frac{a}{x^2} + \frac{a}{x^3} - \frac{a}{x^4} + \cdots$이다. 즉, 동일한

동일한 분수로부터 얻는 두 급수

125

대수적인 분수로부터 각 항들이 근본적으로 다른 두 급수를 얻을 수 있다. 또한 비슷한 성질을 갖는 여러 보기들을 (조항 46)에서 볼 수 있다.

어떤 의미에서 두 급수가 대수적으로 같아지는가 **124.** 각각의 양이 마치 구체적으로 표현하거나 나타낼 수 없는 것처럼 특별한 관심을 주지 말고, 첫 번째 급수에는 $1 + x$를 곱하고, 두 번째 급수에는 $x + 1$을 곱하면 나뉠 양이 발견된다.

산술적 의미에서는 동일하지 않은 **125.** 일반적인 기호로부터 산술적 또는 기호들에 정의된 상대적인 값으로 옮겨 가면, 한 급수는 수렴하고 다른 급수는 발산하는 경우가 있다. 그리고 두 급수에 대응하는 분수가 대수적으로 서로 같음에도 불구하고 산술적으로는 둘 중 한 급수만 $\frac{a}{1+x}$ 또는 $\frac{a}{x+1}$와 같아진다.

앞의 이론으로부터 얻는 일반적인 결론 **126.** 앞에서 부정형의 몫에 대한 이론의 실험으로부터 얻어지는 가장 중요한 결론들을 나열하면 다음과 같다.

(α) 부정형인 몫은 나머지가 있는 것과 무관하게 유도된 대수적 분수와 대수적으로 동등하게 여겨진다.

(β) 나뉠 양은 항상 나누는 양과 나머지를 포함하는 부정형인 몫과의 실제적인 곱에 의해 결정된다. 한편, 나머지가 없는 경우에 실제 대수적으로 표현할 수 없는 항 또는 항들에 어떠한 관심을 줄 필요는 없다.

(γ) 부호 =가 대수적으로 동등함을 나타낼 때, 부호 =는 그 양쪽에 놓인 양들의 실제 크기는 고려하지 않는다.

(δ) 산술적 또는 상대적인 값이 기호에 할당된 경우와 부정형인 급수의 항들이 수렴하는 경우에, 동일한 부호 =는 단지 산술적 또는 보통의 동등함을 의미한다.

부호 =의 다른 의미에 대한 새로운 고려 **127.** 위에서 살펴본 바와 같이, 부호 =는 대수의 다른 부호들처럼 놓여 있는 위치 또는 사용할 때의 특이한 환경에 따라 서로 다른 의미들을 가질 수 있다. 어느 경우에는 부호 =에 대한 번역이 대수의 가장 중요한 이론 중 몇몇과 연결되어 있으므로 지금 좀 더 특별한 조사를 하는 것이 적당하다.

구문 그 결과로 ~을 준다로 표현되는 가장 공통적인 부호 =의 뜻은, 두 식 사이에 놓여 있을 때, 한 식이 다른 쪽 식에서 지시되었지만 수행되지 않은 연산의 결과라는 것이다.

그러므로 식 $\frac{a^2-x^2}{a-x} = a + x$는 다음과 같이 다르게 표현될 수 있다. $a^2 - x^2$을 $a - x$로 나누면 그 결과로 $a + x$를 준다. 또, $a^m \times a^n = a^{m+n}$은 a^m을 a^n과 곱하면 그 결과로 a^{m+n}을 준다라는 것과 동일하다. 그리고 앞 장에 주어진 보기들에서 사용된 부호 =는 동일하게 번역하면 된다.

대수 연산이 평등하게 양쪽의 식 모두에서 사용되는 한, 이러한 모든 경우에 부호 =는 동치라는 용어에 의해 표현된다. 그리고 용어 동치는, 나머지가 주어지지 않은 부정형인 몫의 경우를 제외하고, 보통의 의미로 같다라는 용어로 대체할 수 있다.

128. 모든 동일한 식들, 즉 부호 =의 양쪽에 놓인 식이 서로 동일 **동일한 식들** 하거나 대수적인 연산에 의해 항등식이 될 수 있을 때, 식의 조건에 의해 주어진 제한과 상관 없이 기호들은 그들의 일반적인 그리고 임의의 값을 보존한다. 다른 말로 하면, 이들 동일한 식들은 연속의 법칙[9]을 따르고, 음의 무한대로부터 양의 무한대까지 가능한 모든 값을 허용한다.

129. 그런데 방정식의 한쪽 식이 어떠한 대수 연산에 의해서도 다른 **동일하지 않은 식들**

---

9) 이러한 표현을 기술적인 구문으로 사용하는데, 이러한 구문의 사용은 연속과 불연속으로 고려된 양들 사이의 차이를 표현하는 데 매우 편리하다. 자연수로 표현된 양은 모두 불연속이다. 왜냐하면 이들 양은 일정한 구간들로 구분된 값들을 나타내기 때문이다. 반면에 기하적 선분 또는 일반 기호로 표현된 양은 주어진 범위에서 가능한 모든 값을 받아들일 수 있으므로 연속이다.

쪽 식과 동일하게 되지 않으면, 부호 =는 더 이상 첫 번째와 두 번째의 의미로는 번역될 수 없다. 왜냐하면 한쪽 식이 대수 연산을 통해 다른 쪽 식으로 대체될 수 없기 때문이다. 이러한 환경에서 부호 =는 세 번째 의미인 상등으로 제한해야 한다. 그리고 이것이 참이 되기 위해서는, 어떤 한 기호는 그 값을 다른 기호에 의존해야 한다. 왜냐하면 모든 기호가 임의이고 임의의 값이 이들 기호에 할당된다면 부호 =가 나타내는 상등은, 부호의 양쪽에 놓인 식의 항들이 동일하지도 않고 그렇게 될 수도 없으므로, 필연적으로 발생할 수 없다.

방정식의 해로 제안된 대상   **130.**   방정식에서 한 기호의 다른 기호에 대한 의존에 대한 법칙의 조사를, 다른 말로 하면 방정식의 해에 관한 이론에 대하여 조사를 지금 시작하는 것은 원래의 목적이 아니다. 그런데 이러한 조사는 위대한 확장이며 대단히 어렵고, 그리고 대수의 모든 역 과정에서 비교도 할 수 없을 정도로 중요하다. 이러한 의미를 설명하기 위해서는 매우 간단한 보기들에서 이러한 의존을 보여 주는 것으로 충분하다.

보기들 $x = a$이면 한 기호의 값은 다른 기호에 의존하는 값과 동치이다. 다른 말로 하면, 한 기호가 임의이면 다른 기호는 그렇지 않다.

$x = a + b$이고, a와 b가 임의이고 임의로 가정할 수 있다면, x의 값은 이들에 의해 결정된다. 그러므로 이들에 의존하게 된다. 또, x와 b가 임의이면, $x - b$와 동일한 a는 x와 b에 의존한다. 이번에는 x와 a가 임의이면, $x - a$와 동일한 b는 x와 a에 의존한다.

$ax + b = cx + d$이면, 다섯 개의 기호 x, a, b, c, d 사이의 관계를 아래 다섯 개의 형태를 통해 볼 수 있다.

$$(1) \quad x = \frac{d - b}{a - c}$$

$$(2) \quad a = \frac{cx + d - b}{x}$$

128

$$(3) \quad b = (c - a)x + d$$

$$(4) \quad c = \frac{ax + b - d}{x}$$

$$(5) \quad d = (a - c)x + b$$

방정식에 있는 다섯 개의 기호 중 네 개가 임의이고 독립이라 하면 다섯 번째 기호는 필연적으로 이들 네 개의 기호에 의존하고 이들에 의해 그 값이 정해진다.

131.   방금 결론 낸 매우 길어진 논의에서 중요한 목적은 대수에서 제안된 일반적이고 임의적인 기호들의 조합을 조절하는 가정을 어떠한 방법으로 그리고 어떠한 범위까지 확장할 것인지를 보여주기 위해 그 자신의 원리와 관련하여 고려되는, 자신의 응용과 관련하여 고려되는 대수라는 학문과 다른 그리고 종속된 학문에 제한된 번역 사이의 차이 점을 지적하는 것이었다. 여기서 원리는 한번 수립된 이들 학문들 사이의 관계를 결정한다. 그러므로 일반적인 기호로 표현되었을 때 똑같이 참인 것처럼 종속된 학문의 원리를 바탕으로 제안되거나 고안된 동치인 형식을 어느 범위까지 확장하여 고려할 수 있는지에 대한 고려를 대비해야 한다.

처음 발견된 기호가 일반적이지 않을 때 동치인 형식으로의 일반화

그러므로 산술 대수의 원리로부터 다음 방정식을 얻는다.

$$a^n \times a^m = a^{n+m}$$

여기서 n과 m은 정수이다. 이는 한 학문의 결론을 다른 학문의 가정으로 전환하는 것으로서, n과 m을 일반적인 기호로 다루는 다음과 같이 동일한 방정식을 얻는다.

$$a^n \times a^m = a^{n+m}$$

그런데 n과 m이 일반적인 기호일 때 $a^n \times a^m$과 동치인 어떤 형식이

존재한다고 가정하면, 그리고 산술 대수에서의 이 형식이, n과 m이 산술 대수에서 인식하는 어떤 양일 때, a^{n+m}과 같다는 것을 발견하고 증명했다고 하면, 이러한 형식은 기호 대수에서 동치인 형식이어야 한다고 추론할 수 있다. 여기서 이 형식은 기호의 본성이 변하더라도 앞에서 한 가정에 따라 어떠한 변화도 없다. 그러므로 이 형식은 기호가 자연수일 때에도 같아져야 한다. 따라서 어떤 한 경우에 이 형식을 발견하면 모든 다른 경우에도 이 형식을 발견하게 된다.

선언된 동치인 형식의 영속성에 대한 법칙

132. 이 원리, 즉 동치인 형식의 영속성에 대한 법칙을 다시 떠올려 보자. 그리고 이 법칙이 직접 명제와 역 명제의 형태로 선언되었다고 가정하자.

"어떤 다른 것에 대수적으로 동치인 어떠한 형태든지, 일반적인 기호로 표현되었다면, 이들 기호가 무엇을 표현하든지, 반드시 참이어야 한다."

"역으로, 산술 대수 또는 어떤 다른 종속 학문에서 동치인 형식을 발견하면, 기호들이 그들의 본성이 특별함에도 불구하고 일반적이면, 포함된 기호들이 그들의 본성뿐만 아니라 형식에서도 일반적인 동치인 형식은 동일하게 받아들여진다."

그리고 증명된

직접 명제는 참이어야 한다. 왜냐하면 동치인 형식들을 유도한 기호들의 조합의 법칙이 기호들의 본성에 대한 어떠한 고려도 없이 가정되었기 때문이다. 그러므로 이들 형태는 동등하게 독립적이다.

역 명제는 아래와 같은 이유로 똑같이 참이어야 한다.

기호들이 형식과 그들의 본성에서 일반적인 동치인 형식이 있다면, 종속 학문에서 발견되고 증명된 형식과 반드시 일치해야 한다. 이때 기호들은 형식에서 일반적이나 그 본성에서는 특별할 수 있다. 한편, 첫 번째 명제에 의해 앞엣것으로부터 뒤엣것으로 옮겨질 때 그 형식에서 아무런 변화가 일어나지 않는다.

두 번째로, 기호들의 조합에 대한 법칙을 가정할 때, 종속 학문이나 산술 대수에서 해당하는 법칙과 엄밀하게 일치해야 한다고 가정하기 때문에, 일반적인 기호에 의한 동치인 형식을 가정해도 된다. 그러므로 이들 형식이 고려되는 한 결론은 필연적으로 양쪽 모두 동일하다. 그리고 한 경우에 존재하는 대수적 동치는 마찬가지로 다른 경우에도 존재한다.

133. 이 명제에서 표현된, 그리고 대수 형식에서 영속성의 법칙이라 명명한, 원리는 매우 중요한 것 중의 하나이고, 가장 심오한 그리고 주의 깊은 고려를 받을 만하다. 이 원리는 대수적인 증명에서 적당한 대상을 가리킨다. 이 대상은 동치인 형식에 대한 연구를 참조하고, 또 기호의 특별한 값의 도움에 의해 얻을 수 있다 하더라도 이들 명제를 안전하게 일반화할 수 있는지를 보여 준다. 일반적인 동치 형태가 존재한다고 가정하면, 여러 가지 존재의 상태 중 하나로 발견할 수 있을 것이다. 이때 일반적인 기호의 서로 다른 특별한 값들에 일치함을 볼 수 있다. 그리고 기호들의 특별한 값에 대한 존재를 알아내기 시작하면 동일한 형태가 모든 대수 연산에 대해 동치이므로 기호들을 일반화할 수 있을 것이다.

매우 중요한 원리

134. 그러므로 n이 일반적인 기호일 때, $(1+x)^n$에 대한 동치인 형식의 존재를 가정할 수 있다. 그리고 n이 정수일 때 그것을 발견할 수 있을 것이다. 또는 n이 정수일 때 $(1+x)^n$에 대한 동치인 형식을 발견하는 것으로부터 시작할 수 있고, 결과적으로 n이 일반적인 기호일 때 그 존재를 가정할 수 있다. 첫 번째 경우에 그 존재를 가정하면 필연적으로 그 형태를 발견한다. 두 번째 경우에 앞에서 언급한 법칙과 진행해 온 추론은 발견된 형태가 n이 일반 기호일 때 대수적으로 동치임을 보여준다.

보기

135. 이 원리의 사용에 대한 반대는 없다. 그러나 극도의 추상성과 일반성으로 인해, 비슷한 결론에 도달하는 다른 그리고 다소 일반성을 잃

다른 조사 방법으로 대체되지 않는

더라도 좀 더 쉽게 이해할 수 있는 방법이 주어지지 않는 한, 원리가 참인 증거를 완전히 이해하기 위한 대단한 그리고 고통스러운 마음이 요구된다. 그러나 아주 조금이라도 고려해 보면, 기호들의 특별한 값으로부터 유도되는 지원을 모두 거부해야 하므로 일반적인 기호를 사용하는 증명의 영역은 극히 제한적임을 알 수 있다. 그러므로 기호들의 조합과 서로 간의 결합에 관한 가정된 법칙에 국한하여 진행해야 하고 결과적으로 증명을 단지 이들 법칙이 허용하는 경우까지 확장할 수 있다. 이러한 이유로, 추가적인 가정과 독립적으로, n이 일반적인 기호일 때 $(1+x)^n$과 동치인 형식의 존재에 대한 증명은 있을 수 없다.

대칭 조합의 원리   **136.**   동치인 형식의 발견과 결정에 가장 중요한 도움 중의 하나는, 이들의 일반적인 존재가 가정하거나 증명할 수 있는지와 상관없이, 대칭 조합의 원리로 알려져 있다. 이 원리는 사실 앞 장의 많은 보기에서 사용되었는데, 대수의 학문에 적용할 수 있도록 **충족 이유의 원리**[g]를 변형한 것으로 볼 수 있다. 그리고 이 원리의 가장 일반적인 형식은 다음과 같다.

"여러 가지 사건이 동시에 발생할 때, 한 사건이 발생할 것 같으면 다른 사건도 발생할 것처럼 보여야 하고, 이들 사건 중 한 사건이 발생하지 않을 것 같으면 다른 모든 사건도 발생하지 않을 것 같아야 한다."

사건들이 동시에 발생한다라는 것은 이들 사건이 균일한 환경에 놓여 있다는 것을 의미한다. 그리고 한 사건이 다른 모든 사건들을 필연적으로 결정한다는 것은 단지 동일한 전제가 필연적으로 동일한 결론을 이끌어 낸다는 것을 의미한다.

보기   **137.**   곱, 즉 $(x+a)(x+b)(x+c)$와 동치인 형식의 계산에서 일반 기호

---

g) 철학에서 충족이유율로 알려진 이 원리는 어떤 사실에 대해 "왜"라고 묻는다면 반드시 "왜냐하면"이라는 형태의 설명이 있을 것이다라는 원리이다(위키백과).

a, b, c는 각 인자 $x + a$, $x + b$와 $x + c$에 동등하게 관련되어 있다. 위에서 언급한 일반 원리로부터 ax^2이 곱의 항이면 bx^2과 cx^2도 동등하게 곱의 항이어야 한다고 생각한다. 마찬가지로 abx가 곱의 항이면 acx와 bcx도 곱의 항이어야 한다. 이러한 이유로 ax^2과 abx의 존재를 결정하는 동일한 이유가 한쪽에서는 bx^2과 cx^2의 존재를, 그리고 다른 쪽에서는 acx와 bcx의 존재를 결정해야 한다. 이러한 결론을 부정하면 동일한 원인으로부터 동일한 결과에 도달하는 우리의 추론에 대한 확실성이 사라지게 된다.

138.   동치인 형식의 발견에 사용된 추론의 방법 중 귀납법을 살펴보자. 귀납법에는 단지 사실일 것 같아 보이는 것으로부터 증명으로 여겨지는 것까지 매우 다른 증거의 정도에 따라 여러 다른 종류가 있다.

귀납법의 다른 종류

139.   귀납법의 종류 중 첫 번째이고 가장 단순한 것은 특별한 사실들로부터 일반적인 결론을 이끌어 내는 것이다.

격리된 사실들로부터의 귀납법

자연 학문에서는, 사실들을 분류하는 도구로서 그리고 다른 방법으로 입증될 일반적인 진실의 단초를 제공하는 데 이러한 귀납법이 유용하다. 대수 또는 산술 대수에서는 귀납법이 동치인 형식의 존재를 제시한다. 그러나 이를 입증하기 위해 다른 방법을 고안하지 못하면 유도된 결론을 일반화 할 수는 없다.[10]

---

10) 이러한 일반화가 가져올 불신의 보기로서 오일러가 발견한 다음 공식을 살펴보자.

$$x^3 + x + 41$$

x가 0부터 39까지의 자연수일 때 위 식은 모두 소수를 나타낸다. 그러나 이렇게 많이 일치하는 사실로부터 추론하여 일반화하는 귀납법의 결론이 거짓일 수가 있다. 실제로 $x = 40$ 또는 41이면 위 식으로부터 얻은 수는 41로 나뉜다. 또 다른 그리고 주목할 만한 보기는 페르마가 모든 자연수 n에 대하여 식 $2^n + 1$이 소수라고 주장한 것이다. 그러나 오일러가 n이 32일때 소수가 아닌 것을 보였다. 정수론에서는 이와 같은 예를 많이 볼 수 있다.

만약 귀납법이 서로가 연결된 사실들에 근거를 둔다고 하면 입증의 단계로 나아갈 수 있다. 몇 개의 연속된 자연수에 대해 참인 공식이 발견되고, 몇몇 경우에 서로 간의 의존성이 발견되면 이 공식이 모든 자연수에 대해 참이라고 가정할 수 있다. 그러나 임의의 주어진 자연수에 대해 이 공식이 참인 것을 가정하였을 때, 바로 그다음 자연수에 대해 참이어야만 하는 것을 보이지 않으면 증명이 완결된 것이 아니다. 이 명제를 이용하여 알려진 경우로부터 우리가 원하는 정도까지 나아가 보자.

이런 종류의 귀납법의 한 보기는 (조항 39 보기 (12))에서 주어졌다. 그 보기에서 임의 개수의 이항 인자 $x + a$, $x + b$, $x + c$, ...의 곱의 형태에 대한 법칙을 알아내었다. 거기에서 유도된 명제를 증명하기 위해서, $(n-1)$개 인자들의 곱에 대해 명제가 참이라고 가정하고 n개 인자들의 곱에 대해 명제가 참이어야 하는 것을 보여주는 게 필요하다. 이 단계는 추론의 한 과정으로 제공하기가 많이 어려운 것은 아니다.

유추: 어느 정도까지 믿을 수 있는지　**140.**　유추로부터 이끌어낸 일반적인 결론은 단지 그럴듯한 증거에 기반을 두고 있다. 귀납법으로 유도된 결론처럼 다른 근거로부터 얻어낸 증명에 대한 확인을 요구한다. 산술과 기하에서 연산들의 결과로 초래되고 기호들로 표현된 형식들은 동일한 이름을 가진 연산들에 대한 그리고 기호들이 완벽하게 일반적인 대수에서 발견되는 형식들과 유사하게 결과로 초래되는 형식들에 대한 엄격한 유추를 감당한다. 그러나 이것은 동치인 형식의 영속성에 대한 법칙에 의한 것이지, 유추에 의한 것은 아니다. 그러므로 하나로부터 다른 것으로 이동할 수 있게 된다. 여지껏, 유추가 이 법칙의 변형된 표현인 것처럼 여겨져 왔고, 유추에 의해 유도된 결론을 일반화하는 것을 정당하게 생각하여 왔다. 보기를 통하여 이러한 의미를 좀 더 명확하게 살펴보자.

보기　$(1 + x)^2$, $(1 + x)^3$, $(1 + x)^4$, $(1 + x)^5$, ...를 동치인 형식으로 바꾸

면, 이들의 두 번째 항은 각각 $2x$, $3x$, $4x$, $5x$, ...이다. 여기서 x의 계수는 이항식 $1 + x$의 지수와 같다. $(1 + x)^{\frac{5}{2}}$, $(1 + x)^{\frac{7}{2}}$, $(1 + x)^{\frac{9}{2}}$, ...와 동치인 형식을 찾는다면, 유추로부터 얻은 결론은 이들의 두 번째 항은 각각 $\frac{5}{2}x$, $\frac{7}{2}x$, $\frac{9}{2}x$, ...일 것이라는 것이다. 그러나 n이 무엇이든지 $(1 + x)^n$의 동치인 형식의 두 번째 항이 nx이지 않으면 이러한 결론은 올바르지도 일반화가 가능하지도 않다. 다시 말하면 대수적인 형식이 관여할 때, 이와 같은 유추로부터의 모든 연역은 동치인 형식의 영속성에 대한 법칙에 의존한다. 그리고 그것으로부터 권위를 인정받는다.

141. 위에서 고려한 것과 다른 경우는 서로 다른 학문들의 연산 사이에 존재하는 유사성이 서로 다른 기호들과 다른 환경들이 서로 매우 다른 것처럼 보이게 대응하는 과정들에서 유사한 법칙을 이끌어 내는 것이다. 그러므로 앞으로 두 장을 통해 두 수의 최대 공약수와 복잡한 두 대수 식의 최대(차원에서) 공통 인자를 찾는 법칙을 고려한다. 이들은 형태와 표현에서 서로 매우 가까운 유사성을 가지고 있다. 다만 이들을 각기 유도하는 추론 과정이 두 가지의 경우, 즉 근본적 차이인 수치적 표현과 대수적 표현으로 구분되어 있다.

<small>유사한 법칙과 연산들</small>

142. 이 장에 포함된 서로 다른 주제에 대한 매우 길고 다양한 논의를 결론짓기 전에 "논증은 무엇으로 이루어지는가?"라는 질문, 즉 어떤 환경에서 명제의 증명이 형식뿐만 아니라 증거의 관점에서 완벽하다고 여겨지는지에 대한 언급을 하는 것이 좋을 것 같다. 이러한 목적을 위해, 첫 번째로 논증이 무엇을 의미하는지에 대하여 명백하게 밝히는 것이 필요하다.

논증은 논증할 명제와 이미 참으로 논증된 또는 참이라고 가정된 다른 여러 명제들 사이의 **필연적인** 연관성의 확립이다.

<small>논증에서의 핵심은 무엇인가</small>

143. 먼저 정의는 논증의 핵심이다. 그 이유는 어떤 확실한 또는 필연

<small>정의 없는 논증은 없다</small>

적인 결론을 유도하기 위해서는 학문의 목적 그리고 이들 학문에서 다루는 연산들의 속성이 무엇인지를 정확하게 이해하고 있어야 하기 때문이다. 기하학에서는 선분과 이들이 구성하는 도형이 탐구의 목적이다. 이때 종이에 실제로 그려진 도형보다는 단지 정의에 의해 주어지는 성질들이 고려 대상이다. 물리적인 선분과 물리적인 삼각형은 기하적인 선분과 기하적인 삼각형이 갖는 성질을 가질 수 없고, 기본적으로 변동이 심해서 정확한 묘사가 어렵고 결과적으로 정의할 수가 없다. 이들 물리적인 도형과 관련하여서는 확실한 또는 필연적인 진실이 존재할 수 없고, 그 결과로 일반적인 결론을 얻을 수 없다. 다른 말로 하면 논증의 대상이 정의될 수 없으면 논증 자체가 존재할 수 없다.

논증은 공리에 의해 끝난다 **144.** 논증은 논증된 또는 받아들여진 진실에 의해 끝나는데, 결론까지 완벽하게 추적하면 결과적으로 항상 받아들여진 진실에 의해 끝난다. 이러한 받아들여진 진실, 즉 일반적으로 공리라고 불리는 것은 더 단순한 성질의 다른 것으로 분해할 수 없는 명제를 말한다. 따라서 공리는 형식적인 논증을 허용하지 않는다. 이러한 본성을 가진 명제들은 스스로에 대한 증거의 힘에 아무런 추론을 보탤 수 없다. 그러므로 이들 명제가 부정된다면 논증은 끝이 난다. 왜냐하면 기껏해야 반박된 두 명제 사이의 필연적인 연관성과 의존성을 밝힐 수 있을 뿐이기 때문이다. 그리고 이것조차도 다른 것에 논증되었다고 할 수 있도록 한 명제의 인정을 통해서만 이루어진다. 이러한 의미로 논증은 공리에 의존한다고 말한다.

공리는 정의에 의존한다 **145.** 공리는 정의와 그리고 다른 명제들에 의존한다. 그러므로 기하학에서의 상등은 모든 부분에서 양들의 동일성에 의해 결정되는 것으로 정의된다. 산술에서의 상등은 수들의 동일성이다. 그리고 대수에서의 상등은 기호들이 어떤 양을 나타내는지 또는 표현하는 것에 관한 동일성이다. 이러한 정의가 없으면 상등을 확신할 수 있는 원리 또는 원리들에 대하여 당황하게 되므로 "같은 것과 동일한 것들은 서로 동일하다"라는 명제를 더이상 공리적인 것으로 여길 수 없다.[11]

146.   논증이 공리에 의존하고 공리는 정의에 의존한다면 논증은 이들 공리와 정의에 온전히 그 근간을 두고 있다고 말해도 된다. 이제 남은 것은 공리의 형식적 진술이 논증의 형태나 증거에 중요한지를 고려하는 것이다. **공리들 없이 완벽한 논증**

먼저, 공리의 사전 진술은, 의존하는 명제들 중 처음으로 나타나는지와 무관하게 그것의 사실성이 정의의 결과와 동등해 보이는 한 논증의 증거로 서는 아무 소용이 없다. 두 번째로, 논증의 형태와 관련해서는, 한 명제의 다른 명제에 대한 필연적인 의존성을 인지한 마음에 대해 비슷한 행동을 요구하는 한, 정의 또는 정의들에 대한 공리의 필연적인 의존성을 인지하는 것에 대한 요구는 덜 중요하다.

147.   기하학의 체계에서는 공리의 목록들이 주어지는데, 올바르게 선 **기하학에서 공리의 사용**

---

11) 유클리드의 원론에 나타나는 정의들과 공리들은 서로 간의 혼란에 대한 많은 보기를 야기한다. 그러므로 상등의 정의와 이에 기반하고 위에서 언급된 공리는 동등하게 공리들의 항목에 등재되어야 한다. 직선은 "양 끝점 사이에 놓여 있는 똑바른 선"으로 정의되는데 이들 선에 관한 유클리드의 핵심적인 정의는 "두 직선은 영역을 둘러쌀 수 없다"와 같이 자명한 진리로 주장되는 공리들 사이에서 발견된다. 또한 평행선들은 "동일한 평면에서 무한히 뻗어 나갔을 때 만나지 않는" 직선들로 정의되므로 이들 평행선들이 다른 명제의 도움이 없으면 적용하기 어려운 검정에 의해 정의됨을 볼 수 있다. 그러므로 이러한 선들에 관한 이론을 완성하기 위해서는 이들에 대한 정의의 결과로 자명하지 않은 열두 번째 공리를 어쩔 수 없이 사용하여야 한다. 그러나 평행한 선들에 대한 정의로 열두 번째 공리를 만들어야 한다면, 또는 그것을 "동일한 평면에 있는 직선들이 이들과 만나는 임의의 직선의 같은 쪽에 동일한 각을 만들면 이들 직선은 서로 평행하다라고 한다"와 같이 좀 더 간단하고 응용에 바로 적용할 수 있는 정의로 대신할 수 있다면, 열두 번째 공리뿐만 아니라 기하학의 목적에 부합하고 평행한 선들과 관련있는 다른 모든 명제를 증명하는 데 어려움이 없음을 경험할 수 있을 것이다. 정의 전에 나타났던 무한히 뻗어 나가도 평행한 선들은 만나지 않는다와 같은 명제는 증명없이 받아들여질 것이다. 역으로 무한히 뻗어 나가도 만나지 않는 동일한 평면에 있는 선에 대한 개념은 다른 조건의 결과로 스스로를 표현하지 않는 한 기하학의 체계에서는 전혀 쓸모가 없다. 그러나 이 정의로 인해 한 직선에 대한 그리고 그 직선의 일부에 대한 어떤 것이 참이라면 동일한 직선 또는 임의의 다른 직선의 임의의 부분에 대해서도 참이어야 하므로 직선에 대한 정의를 수정할 필요가 있다.

택되었다면 이 목록은 정의들의 필연적이고 자명한 결과인 명제들을 모두 포함해야 하며 이 목록에 속한 공리들은 형식적인 논증을 할 수 없는 것이 아니어야 한다. 그러므로 이들 목록에서는 "모든 직각은 동일하다" 그리고 "반지름이 동일한 모든 원은 동일하다"와 같은 명제들을 배제하여야 한다. 이들 명제는 직각과 원의 정의로부터 자명해 보이더라도, 상등의 정의와 이들을 연결하는 중간의 추론 과정이 필요하고 또 받아들인다. 이러한 종류의 학문에서는 크기와 관련된 양들의 관계는 간단하고 명확하기 때문에 공리의 사용은 모든 경우에 정의 또는 논증되었거나 잘 알려진 명제를 참조할 수 있게 해줌으로써 논증의 우아함과 완벽함을 돋보이게 한다. 결과적으로 논증을 결론에 도착할 때까지 계속하면 작은 수의 그리고 확정적인 수의 자명한 명제들로 귀결되는 것을 보임으로써 이러한 논증과 관련된 논란을 잠재운다.

공리가 없는 기호 대수 **148.** 그러나 표현들이 크기와 관련이 없는 일반적인 기호의 학문에서는 상황이 매우 다르다. 정확하게 말하면 이들 학문에서는 명제가 존재하지 않는데 그 이유는 정의와 가정으로부터 바로 유도되는 명제들을 추론의 필연적이고 자명한 결과라기보다는 정의된 연산들의 필연적이고 직접적인 결과로 받아들여야 하기 때문이다.

대수에 종속된 학문에서 공식적으로 선언되길 요구받지 않는 공리들 **149.** 공리들의 응용을 찾아야 하는 것은 단지 산술 그리고 산술 대수 그리고 기하와 같이 대수에 종속된 학문에서만 일어나는 일이다. 공식적으로 선언된 공리들은 이들 학문에 특별하게 적용하여야 하고, 한 학문에 해당하는 일련의 공리들은 이들을 유도한 정의들이 일치하는 한 다른 학문에도 부합한다. 이러한 환경에서는 독자들의 합의에 의해 모든 경우에 이들 공리가 제공되는 것으로 간주되므로 이들은 참조함으로써 논증을 거추장스럽게 하는 것은 불필요하다. 고려된 양의 좀 더 다양한 본성과 이들을 표현하는 대수적인 형태의 결과로 인해 공리들이 각각의 모든 부분에서의 상호간의 의존성이 덜 완벽한 점을 고려하면 대수에 종속된 대부분 학문의 논증에서 형태의 결함은 기하의 논증에서 발견되는 것보다 아주 적다.

제 4 장

수치 분수의 이론에 대한 대수의 응용

150. 수치 분수와 대수 분수를 분리하여 다루면 약간의 이점이 있다. 첫째, 수치 분수와 복잡한 대수 분수를 약분하여 가장 간단한 분수를 얻는 과정은 단지 비슷하게 연결되어 있고, 동일한 원리에 기반하고 있지는 않다. 둘째, 수치 분수의 이론과 직접 관련된 명제들이 있는데 이들 명제는 대수 분수의 이론에 적용할 수 없다. 마지막으로, 수치 분수의 규칙에 대한 논증은 단지 산술 대수의 도움만 필요하다. 산술 대수의 본성과 쓰임새는 앞 장에서 충분이 다루었다.

수치 분수와 대수 분수를 분리하여 다루는 이유

151. a와 b를 정수라 할 때, a와 b가 공통 인자를 가지면 분수 $\frac{a}{b}$는 약분되어 더 작은 수로 이루어진 동치 분수로 바뀔 수 있다. 분자와 분모의 또는 일반적인 두 수의 최대 공약수를 찾는 과정은 분수의 계산에서 가장 많이 알려지고 가장 유용한 것 중의 하나로 다음 규칙에 나타난다.

a와 b가 공통된 양을 가지면 분수 $\frac{a}{b}$는 약분된다

152. 두 수 중 큰 수를 작은 수로 나누고, 나누는 수를 나머지로 나누는

두 수의 최대 공약수를 찾는 규칙

141

과정을 나머지가 없을 때까지 계속하여 반복한다. 그러면 마지막 나누는 수가 바로 최대 공약수이다.

연산의 형태　**153.**　기호로 표현된 연산의 형태는 다음과 같다.

$$
\begin{array}{r}
b)\,a \quad (p \\
\underline{pb} \qquad\; \\
c)\,b \quad (q \\
\underline{qc} \qquad\; \\
d)\,c \quad (r \\
\underline{rd} \qquad\; \\
\cdots
\end{array}
$$

연산에 대한 설명　이 형태의 과정에 대한 설명은 매우 쉽다. b가 a에 p번 들어 있고 나머지가 c이다. 그다음으로 c가 b에 q번 들어 있고 나머지가 d이다. 그리고 d가 c에 r번 들어 있고 나머지는 없다.

그리고 세 번의 나눗셈을 한 후에 모든 과정이 마치도록 하였다. 만약 많은 수의 나눗셈을 하더라도 동일한 논증이 적용될 수 있다. 이러한 목적을 위해 다음 두 보조 정리를 전제로 하는 것이 편리하다.

보조 정리　**154.**　**보조 정리 I.** 한 정수가 어떤 수의 맞줄임수[h]이면 여전히 그 수를 임의로 정수배한 수의 맞줄임수이다.

$a = cx$이면 $ma = mcx$이다. 즉, x가 a에 c번 포함되어 있으면 ma에는 mc번 포함되어 있다.

보조 정리　**155.**　**보조 정리 II.** 한 정수가 서로 다른 두 수에 대해 각각 맞줄임수이면 여전히 이들의 합과 차의 맞줄임수이다.

---

h) 어떤 정수의 약수를 말한다.

$a = cx$이고 $b = dx$이면 다음을 얻는다.

$$a + b = cx + dx = (c + d)x, \qquad a - b = cx - dx = (c - d)x$$

여기서 c와 d가 정수이면 $c + d$와 $c - d$도 정수이다. 그러므로 a와 b의 맞줄임수인 x는 $a + b$와 $a - b$의 맞줄임수이다.

156.   첫 번째로 d가 a와 b의 맞줄임수인 것을 증명해 보자.

d가 r배에 의한 c의 맞줄임수이므로, d은 qc의 맞줄임수이다.(조항 154) d가 qc와 d의 맞줄임수이므로 d는 $qc + d$ 즉 b의 맞줄임수이다.(조항 155) 그러므로 d는 pb의 맞줄임수이다. d가 pb와 c의 맞줄임수이므로 d는 $pb + c$, 즉 a의 맞줄임수이다. 따라서 d는 a와 b 모두의 맞줄임수이다.

d가 a와 b의 맞줄임수인 것에 대한 증명

157.   두 번째로, a와 b의 모든 맞줄임수는 d의 맞줄임수임을 증명하자.

한 정수가 a와 b의 맞줄임수이면 그 수는 a와 pb의 맞줄임수이다. 그러므로 이들의 차(조항 155) $a - pb$, 즉 c의 맞줄임수이다. 이제 그 정수는 b와 c의 맞줄임수이므로 b와 qc의 맞줄임수이고 따라서 $b - qc$, 즉 d의 맞줄임수이다.

a와 b의 모든 맞줄임수는 d의 맞줄임수이다

158. a와 b의 모든 맞줄임수는 d의 맞줄임수이므로 a와 b의 맞줄임수로서 가장 큰 수는 d의 맞줄임수이다. 그러므로 a와 b의 맞줄임수인 d는 이들의 최대 공약수이다. 왜냐하면 d보다 큰 수는 d의 맞줄임수가 될 수 없기 때문이다.

d가 a와 b의 가장 큰 맞줄임수인 것에 대한 증명

159.   세 수 a, b와 c의 최대 공약수를 구할 때, a와 b의 최대 공약수 d를 찾아야 한다. 그러면 d와 c의 최대 공약수가 a, b와 c의 최대 공약수이다.

왜냐하면 a와 b의 모든 공약수가 d의 맞줄임수이고(조항 157), 따라서 d와 c의 최대 공약수가 a, b와 c의 최대 공약수이기 때문이다.

셋 또는 더 많은 수들의 최대 공약수

넷 또는 더 많은 수들의 최대 공약수를 찾을 때에도 똑같은 원리를 적용하면 된다.

a와 b가 서로 소이면 분자와 분모가 a와 b의 등배수가 아니면서 $\frac{a}{b}$와 동일한 분수는 존재하지 않는다

160.   a와 b가 1 이외의 공약수를 갖지 않으면 두 수는 서로 소라 말하고, 분수 $\frac{a}{b}$는 기약이라고 한다. 이 경우, 분자와 분모가 a와 b에 같은 수를 곱하여 얻은 것이 아니면서 $\frac{a}{b}$와 동일한 분수는 존재하지 않는다.

이 명제를 증명하기 위해 $\frac{a}{b} = \frac{a'}{b'}$이라 가정하자. 그러면 a와 b 그리고 a'과 b' 각각의 최대 공약수를 찾는 과정에 의해 다음을 얻는다.

$$
\begin{array}{ll}
b)\ \underline{a}\ (p & \qquad b')\ \underline{a'}\ (p' \\
\quad c)\ \underline{b}\ (q & \qquad\quad c')\ \underline{b'}\ (q' \\
\qquad d)\ \underline{c}\ (r & \qquad\qquad d')\ \underline{c'}\ (r' \\
\qquad\quad \cdot & \qquad\qquad\quad \cdot
\end{array}
$$

$a = pb + c$이고 $a' = p'b' + c'$이므로 $\frac{a}{b} = p + \frac{c}{b}$이고 $\frac{a'}{b'} = p' + \frac{c'}{b'}$이다. 그리고 $\frac{a}{b} = \frac{a'}{b'}$이므로 $p + \frac{c}{b} = p' + \frac{c'}{b'}$이고 이로부터 $p = p'$과 $\frac{c}{b} = \frac{c'}{b'}$이 성립함을 알 수 있다. 왜냐하면 p와 p'은 정수이고 $\frac{c}{b}$와 $\frac{c'}{b'}$은 진분수이기 때문이다.

$\frac{c}{b} = \frac{c'}{b'}$으로부터 이들의 역수 $\frac{b}{c}$와 $\frac{b'}{c'}$도 또한 동일하다. 이를 알아보기 위해 양변에 bb'을 곱하면 $\frac{c}{b} \times bb' = \frac{c'}{b'} \times bb'$에서 $cb' = c'b$를 얻는다. 이제 cc'으로 나누면, $\frac{cb'}{cc'} = \frac{c'b}{cc'}$에서 $\frac{b'}{c'} = \frac{b}{c}$를 얻는다.

$b = qc + d$이고 $b' = q'c' + d'$이므로 위에서 처럼 $\frac{b}{c} = \frac{b'}{c'}$으로부터 $q = q'$, $\frac{d}{c} = \frac{d'}{c'}$을 얻고 또한 $\frac{c}{d} = \frac{c'}{d'}$을 얻는다.

a와 b가 서로 소이면 마지막 나누는 수 d는 1이어야 한다(조항 152). 그러므로 $c = r$이다. 또한, $\frac{c}{d} = \frac{c'}{d'}$으로부터 $r = r'$임을 알 수 있다. 이러한

상황에서 나머지가 존재할 수 없다. 즉, $\frac{c'}{d'} = r'$이 성립한다. 결과적으로 d'은 a'과 b'의 공약수이다.

그리고 다음이 성립한다.

$$c' = cd' \quad \text{왜냐하면 } c' = r'd' = rd' = cd'$$

$$b' = (qc + 1)d' \quad \text{왜냐하면 } b' = q'c' + d' = qcd' + d'$$

$$= bd' \quad \text{왜냐하면 } b = qc + 1$$

$$a' = (pb + c)d' \quad \text{왜냐하면 } a' = p'b' + c' = pbd' + cd'$$

$$= ad' \quad \text{왜냐하면 } a = pb + c$$

그러므로 $\frac{a'}{b'} = \frac{ad'}{bd'}$을 얻는다. 다른 말로 하면 a'과 b'은 $d' = 1$인 경우에는 각각 a와 b가 동일하고, 일반적으로는 a와 b의 등배수이다.

161. 여러 개의 분수가 공통 분모를 갖도록 통분할 때뿐만 아니라 많은 다른 경우에, 두 수 또는 그보다 많은 수들의 최소 공배수를 찾는 것이 중요하다. 여기서 최소 공배수란 이들 수에 의해 각각 나머지 없이 나누어지는 최소의 수를 말한다. 첫 번째로 두 수의 최소 공배수를 찾는 공통 규칙을 증명하자. 그런 다음, 이 규칙이 임의 개수의 수들에 대한 공배수를 찾는 방법으로 어떻게 확장되는지 알아보자. **두 수의 최소 공배수**

최대 공약수가 x인 두 수 a와 b의 최소 공배수를 m이라 하자. m이 a와 b 모두의 배수이므로 어떤 정수 p와 q에 대하여 $m = pa = qb$라 가정하자. 그러면 $pa - qb$로부터 양변을 pb 나누어서 $\frac{a}{b} = \frac{q}{p}$를 얻는다. m이 가능한 가장 작은 수이므로 q와 p도 가능한 가장 작은 수이다. 따라서 $\frac{q}{p}$는 분수 $\frac{a}{b}$의 기약 분수이다. 만약 아니라고 가정하면 다른 분수 $\frac{q'}{p'}$이 분수 $\frac{a}{b}$의 기약 분수일 것이다. 그러면 $\frac{q'}{p'} = \frac{a}{b}$이므로 $q'b = p'a$를 얻고 이는 pa와 qb보다 작은 a와 b의 공배수가 존재함을 말한다. 그러나 이것은 불가능한 일이다.

그러므로 $\frac{q}{p}$는 분수 $\frac{a}{b}$의 기약 분수이고, 이로부터 $q = \frac{a}{x}$임을 알 수 있다 (조항 160). 따라서 $m = qb = \frac{ab}{x}$이다. 이로부터 얻는 결과는 다음과 같다.

a와 b의 최소 공배수는 두 수의 곱을 두 수의 최대 공약수로 나눈 것이다.

두 수의 다른 모든 공배수는 최소 공배수의 배수이다

162. a와 b의 다른 모든 공배수는 m의 배수이다. 그 이유를 살펴보기 위해, M이 다른 공배수라 하고 $M = Pa = Qb$라 가정하자. 그러면 다음을 얻는다.

$$\frac{a}{b} = \frac{Q}{P} = \frac{q}{p}$$

$\frac{q}{p}$가 기약 분수이므로 정수 n이 존재하여 $Q = nq$와 $P = np$가 성립한다 (조항 160). 따라서 $m = qb$이므로 $M = Qb = nqb = nm$을 얻는다.

세 수 또는 그보다 많은 수의 최소 공배수

163. 세 수 a, b와 c의 최소 공배수를 찾고자 할 때, 먼저 a와 b의 최소 공배수 m을 찾아야 한다. 그러면 m과 c의 최소 공배수 m'이 a, b와 c의 최소 공배수이다.

그 이유는 a와 b의 공배수는 m의 배수이고, 따라서 m과 c의 최소 공배수가 a, b와 c의 최소 공배수이다.

비슷한 방법으로 네 수 또는 더 많은 수의 최소 공배수를 찾을 수 있다.

동일한 분모를 갖도록 하는 분수의 통분

164. 분수들을 더할 때, 또는 분수들을 서로 뺄 때, 이들 분수를 동일한 분모를 갖는 동치 분수로 통분하여야 한다. 이것은 다음 규칙에 의해 이루어진다(조항 54).

각 분수의 분자와 분모에 다른 모든 분수의 분모를 곱한다. 이러한 방법으로 얻는 분수들은 원래의 분수들과 각각 동치이고, 모두 동일한 분모를 갖는다.

그러므로 $\frac{a}{b}$, $\frac{c}{d}$, $\frac{e}{f}$는 $\frac{adf}{bdf}$, $\frac{cbf}{dbf}$, $\frac{ebd}{fbd}$와 각각 동치이다. 왜냐하면 각 분수의 분자와 분모에 동일한 양이 곱해졌기 때문이다.

165. 분수들의 분모를 모두 곱한 수보다 더 작은 분모들의 공배수가 존재하면 이들의 최소 공배수를 공통 분모로 만들 수 있을 것이다. 이 경우 일반적인 규칙에 의해 동치 분수들은 좀 더 간단한 형태가 될 것이다. 그러므로 x가 분모들의 최대 공약수일 때, 분수 $\frac{a}{px}$, $\frac{c}{qx}$는 $\frac{aq}{pqx}$, $\frac{cp}{pqx}$와 동치이다. 여기서 pqx는 분모들의 최소 공배수이다. 또한 분수 $\frac{a}{px}$, $\frac{b}{qx}$, $\frac{c}{ry}$, $\frac{d}{sy}$는 다음 분수들과 동치이다.

$$\frac{aqrsy}{pqrsxy}, \quad \frac{bprsy}{pqrsxy}, \quad \frac{cpqsx}{pqrsxy}, \quad \frac{dpqrx}{pqrsxy}$$

물론 여기서 $pqrsxy$가 분모들의 최소 공배수이다. 공통 분모를 가진 가장 간단한 형태로 분수들을 위와 같이 통분하는 것은 늘 편리하고 종종 핵심적으로 중요하다.

166. 수치 분수의 덧셈, 뺄셈, 곱셈 그리고 나눗셈에 대한 규칙의 원리를 앞에서(조항 55, 56) 설명하였다. 그런데 이들 원리들로부터 기호 언어를 사용하였을 때 추가적인 단서나 일반화를 얻을 수 없기 때문에, 이들 원리를 여기서 다시 언급하는 것은 불필요한 일이다. 그러므로 몇 개의 보기들을 통한 규칙의 진술로 제한할 것이다.

(α) 공통 분모를 갖도록 분수들을 통분하고, 분자들을 더하고 그 밑에 공통 분모를 쓴다.

보기 1. $\dfrac{a}{b} + \dfrac{c}{d} = \dfrac{ad}{bd} + \dfrac{bc}{bd} = \dfrac{ad+bc}{bd}$

보기 2. $\dfrac{a}{b} + \dfrac{c}{d} + \dfrac{c}{f} = \dfrac{adf}{bdf} + \dfrac{bcf}{bdf} + \dfrac{bde}{bdf} = \dfrac{adf+bcf+bde}{bdf}$

보기 3. $\dfrac{a}{bx} + \dfrac{c}{dx} = \dfrac{ad}{bdx} + \dfrac{bc}{bdx} = \dfrac{ad+bc}{bdx}$ (조항 165)

보기 4. $\dfrac{a}{x} + \dfrac{b}{cx^2} = \dfrac{acx}{cx^2} + \dfrac{b}{cx^2} = \dfrac{acx+b}{cx^2}$ (조항 165)

분수의 뺄셈에 대한 규칙

(β) 공통 분모를 갖도록 분수들을 통분하고, 빼야 할 분수들의 분자의 합을 나머지 분수들의 분자의 합에서 빼고 그 밑에 공통 분모를 쓴다.

보기 1. $\dfrac{a}{b} - \dfrac{c}{d} = \dfrac{ad}{bd} - \dfrac{bc}{bd} = \dfrac{ad - bc}{bd}$

보기 2. $\dfrac{a}{b} - \dfrac{c}{d} - \dfrac{e}{f} = \dfrac{adf}{bdf} - \dfrac{bcf}{bdf} - \dfrac{bde}{bdf} = \dfrac{adf - bcf - bde}{bdf}$

보기 3. $\dfrac{a}{bx} - \dfrac{c}{dx^2} + \dfrac{e}{fx^3} = \dfrac{adfx^2 - bcfx + bde}{bdfx^3}$ (조항 165)

분수의 곱셈에 대한 규칙

(γ) 분자끼리 곱하여 새로운 분자를 얻고, 분모끼리 곱하여 새로운 분모를 얻는다.

보기 1. $\dfrac{a}{b} \times \dfrac{c}{d} = \dfrac{ac}{bd}$

보기 2. $\dfrac{a}{b} \times \dfrac{c}{d} \times \dfrac{e}{f} = \dfrac{ace}{bdf}$

보기 3. $\dfrac{a}{bx} \times \dfrac{cx}{d} = \dfrac{acx}{bdx} = \dfrac{ac}{bd}$

보기 4. $\dfrac{ax}{by} \times \dfrac{c}{d} \times \dfrac{ey}{fx^2} = \dfrac{acexy}{bdfx^2y} = \dfrac{ace}{bdfx}$

분수의 나눗셈에 대한 규칙

(δ) 나누는 분수의 역수를 쓰고 곱셈처럼 진행한다.

보기 1. $\dfrac{a}{b} \div \dfrac{c}{d} = \dfrac{a}{b} \times \dfrac{d}{c} = \dfrac{ad}{bc}$

보기 2. $\dfrac{ax}{by} \div \dfrac{cx}{dy} = \dfrac{ax}{by} \times \dfrac{dy}{cx} = \dfrac{adxy}{bcxy} = \dfrac{ad}{bc}$

보기 3. $\dfrac{ax^3}{bxy} \div \dfrac{cx^2}{dy^2} = \dfrac{ax^3}{bxy} \times \dfrac{dy^2}{cx^2} = \dfrac{adx^3y^2}{bcx^3y} = \dfrac{ady}{bc}$

제 5 장

대수 표현을 동치이고 더 단순한 형태로 변형하는 것에 대하여

167. 대수적 양의 나눗셈에서, 몫이 완전한 유한 개의 항으로 이루어지지 않을 때, 나뉠 양과 나누는 양을 분수 형태로 쓰는 게 일반적으로 가장 편리하다. 그러나 많은 경우에 이러한 형태가 그 값이나 의미를 바꾸지 않고 변형될 수 있는 것들 중 가장 간단한 것은 아니다. 이 경우 분자와 분모는 단순한지 복잡한지 상관없이 둘 모두에게 공통된 어떤 인자에 의해 나누어진다.

분모, 분자에 공통 인자를 갖는 대수적 분수의 변형

168. 인자 또는 공통인 나뉠 양이 단순한 대수적 항인 경우 검사하면 발견된다. 그리고 요구되는 변형이 즉시 이루어질 수 있다. a는 $\frac{a^2-ax}{a^2+ax}$ 의 분자와 분모에 있는 모든 항의 나뉠 양이다. 그러므로 $\frac{a-x}{a+x}$ 와 동치이다. ax 는 다음 식에 있는 모든 항의 나뉠 양이다.

하나의 항으로 이루어진 공통 인자

$$\frac{a^3x - 2a^2x^2 + ax^3}{a^4x + a^3x^2 + a^2x^3 + ax^4}$$

149

그러므로 곧바로 다음과 같이 변형된다.

$$\frac{a^2 - 2ax + x^2}{a^3 + a^2x + ax^2 + x^3}$$

그리고 앞으로의 보기들 중에서 다른 예들을 볼 수 있을 것이다.

수치 인자   또한, 분자와 분모에 있는 모든 항이 수치 계수를 갖는 경우 이들 계수들의 공약수가 있을 수 있다. 이때 공약수는 검사에 의해 또는 규칙(조항. 152)을 사용하여 찾아낼 수 있다. 이 규칙에 대한 증명은 앞 장에서 주어졌다.

복합 인자   **169.**   그러나 이러한 방법으로 이루어지는 대수적 분수의 변형은 한 항의 소거로만 이루어지는 것은 아니다. 많은 경우에 분자와 분모는 여러 개의 항으로 이루어진 공통 인자를 갖는다. 이때 이러한 공통 인자는 검사로는 발견되지 않는다. 수치적 곱의 인자들이 그 결과에서 잊혀지듯이 여러 개의 항으로 이루어진 대수 인자도 마찬가지로 곱셈으로 다른 양들과 결합하면 인자의 독립적인 존재를 찾을 수 있는 흔적을 남겨 놓지 않는다. 그러므로 대수 분수의 변형에 국한하지 않고 두 대수 식에 공통인 최고차의 인자를 찾아야 하는 중요한 일이 요구된다. 여기서 최고차의 인자는 가장 큰 것이 아니다. 왜냐하면 일반 기호를 사용하여 논리를 전개할 때에는 특별한 값이 주어지지 않으므로 용어 더 큰과 더 작은은 사용되지 않는다.

복합 인자를 찾는 과정   **170.**   복합 인자를 찾는 과정은 두 수의 최대 공약수를 찾는 과정과 유사하다.

두 복합 대수 식을 A와 B로 나타내자. 이들을 가능한 한 어떤 한 문자의 거듭 제곱에 따라 배열한다. 그리고 둘 중에 차수가 낮은 것을 나누는 양으로 삼는다. 나눗셈을 시행한 뒤에 나머지를 Cc라 하자. 여기서 C는 복합 양이고, c는 단순하거나 복합적이거나 명백하게 A와 B를 동시에 나누지 않는 양이다. 이제 C를 새로운 나누는 양으로 삼고, 전에 마지막으로 나누는 양이었던 것을 새로운 나뉠 양으로 삼는다. 그리고 다시 나눗셈을 시행한 뒤에 나머지가 생기면 그것을 Dd라 하자. 여기서 또한 d는 A와 B의 공통 인자가 아니다. D를 새로운 나누는 양 그리고 C를 새로운 나뉠 양으로 삼는다. 나눗셈을 시행한 뒤에 나머지가 생기지 않으면 D가 찾으려고 한 A와 B의 공통인 복합 인자이다. 만약 나머지가 생기면 나머지가 안 생기는 나누는 양을 찾을 때까지 위의 과정을 반복해야 한다. 이러한 나누는 양을 찾을 수 없으면 A와 B는 공통 인자를 갖지 않거나 위의 과정으로는 찾을 수 없는 것이다.

다음 도식은 위의 과정을 좀 더 이해하는 데 도움을 준다.

$$B)\,A\ (P$$
$$\frac{PB}{Cc}$$
$$C)\,B\ (Q$$
$$\frac{QB}{Dd}$$
$$D)\,C\ (R$$
$$\frac{RD}{\cdot\ \cdot}$$

이 과정이 참이라는 것을 증명하기 위해서는 다음 보조 정리가 전제되어야 한다.

171. 보조 정리. D가 A와 B의 최대 공통 나누는 양이고 a와 b가 공통 인자를 갖지 않는 경우 마찬가지로 D는 Aa와 Bb의 최대 공통 나누는

양이다. 즉, a를 A에 곱하고 b를 B에 곱할 때 새로운 공통 인자가 생기지 않으면, A와 B에 공통인 인자는 Aa와 Bb의 공통 인자와 동일하다.

이 보조 정리로부터 A와 B의 공통이 아닌 인자를 또는 두 양에 공통인 나누는 양을 갖지 않는 인자를 A 또는 B에 곱하거나 나누어도 이들의 최대 공통 인자의 형태나 차원에 영향이 없는 것을 알 수 있다.

규칙의 증명   **172.**   이러한 과정으로 찾은 마지막 나누는 양인 D가 A와 B의 공통 인자라는 주장은 다음과 같이 증명할 수 있다.

$$A = PB + Cc$$

$$B = QC + Dd$$

$$C = RD$$

D는 C를 나누는 양이다. 이로부터 D는 QC와 Dd를 나누는 양이고 따라서 $QC + Dd$, 즉 B를 나누는 양이다. D가 B와 C를 나누는 양이므로 PB와 Cc를 나누는 양이고 따라서 $PB + Cc$, 즉 A를 나누는 양이다.

다시 한번 더 확인하면, A와 B의 모든 공통인 복합 나누는 양은 D를 나누는 양이다. 그 이유는 다음과 같다.

A와 B의 모든 공통인 복합 인자는 A와 PB의 공통 인자이므로, $A-PB$, 즉 Cc의 인자이다. c는 A와 B에 공통인 인자를 갖고 있지 않으므로 A와 B의 모든 공통인 복합 인자는 C만의 인자이다. 결과적으로 이 공통인 복합 인자는 B와 QC를 나누고, 따라서 $B - QC$, 즉 Dd를 나눈다. d는 A와 B에 공통인 인자를 갖고 있지 않으므로 A와 B의 모든 공통인 복합 인자는 D만의 인자이다.

이로부터 D가 A와 B의 최대 복합 나누는 양임을 알 수 있다.

보기들   **173.**   (1) 분수 $\dfrac{x^3 - a^3}{x^2 - a^2}$을 가장 낮은 항들로 변형하기.

$$x^2 - a^2) \; x^3 - a^3 \; (x$$

$$\dfrac{x^3 - a^2 x}{a^2 x - a^3}$$

(a^2으로 나누면)

$$x - a) \; x^2 - a^2 \; (x + a$$

$$\dfrac{x^2 - ax}{ax - a^2}$$

$$\dfrac{ax - a^2}{\cdot \qquad \cdot}$$

그러므로 $x^3 - a^3$과 $x^2 - a^2$의 최대 공통 나누는 양은 $x - a$이다. 그리고 주어진 분수는 $\frac{x^2 + ax + a^2}{x + a}$로 변형된다.

이 보기에서 한 번의 나눗셈을 한 후에 멈추었다. 만약 더 진행했다면 계속되는 몫의 항에서 $\frac{a^2}{x}$, $\frac{-a^3}{x^2}$, $\frac{a^4}{x^3}$, $\cdots$가 나타났을 것이다. 그리고 계속되는 나머지에서는 $-a^3 + \frac{a^4}{x}$, $\frac{a^4}{x} - \frac{a^5}{x^2}$, $-\frac{a^5}{x^2} + \frac{a^6}{x^3}$, $\cdots$가 나타났을 것이다. 그리고 이들을 $-\frac{a^3}{x}$, $\frac{a^4}{x^2}$, $-\frac{a^5}{x^3}$, $\cdots$로 각각 나누면 동일한 양 $x - a$를 새로운 나누는 양으로 얻었을 것이다. 이러한 불필요한 나눗셈을 피하기 위해, 다음의 일반 규칙을 적용하는 것이 편리하다.

각각의 경우에서 몫의 한 항이라도 분수 형태가 되지 않는 한 나눗셈을 계속 진행하고, 그렇지 않는 경우에는 멈추어라. **불필요한 나눗셈을 피하는 규칙**

(2) 분수 $\dfrac{x^2 + (a - b)x - ab}{x^2 + (a + b)x + ab}$를 최소의 항들로 변형하라.

각각의 식을 한 문자의 거듭 제곱에 따라 배열했을 때 첫 번째 항이 동일하면 한 식을 나른 식의 아래에 쓰고 뺄셈을 수행한다.

$$x^2 + (a - b)x - ab$$

$$\dfrac{x^2 + (a + b)x + ab}{-2bx - 2ab}$$

($-2b$로 나누면)

153

$$x + a) \; x^2 + (a + b)x + ab \, (x + b$$
$$\underline{x^2 + ax}$$
$$bx + ab$$
$$\underline{bx + ab}$$
$$\cdot \quad \cdot$$

공통 인자는 $x + a$이고 분수는 $\frac{x-b}{x+b}$로 변형된다.

(3) 분수 $\dfrac{x^3 - 39x + 70}{x^2 - 3x - 70}$을 최소의 항들로 변형하라.

$$x^2 - 3x - 70) \; x^3 - 39x + 70 \;\; (x + 3$$
$$\underline{x^3 - \; 3x^2 - 70x}$$
$$3x^2 + 31x + \; 70$$
$$\underline{3x^2 - \; 9x - 210}$$
$$\text{(40으로 나누면)} \qquad 40x + 280$$

$$x + \;\; 7) \; x^2 - 3x - 70 \, (x - 10$$
$$\underline{x^2 + 7x}$$
$$-10x - 70$$
$$\underline{-10x - 70}$$
$$\cdot \quad \cdot$$

변형된 분수는 $\frac{x^2 - 7x + 10}{x - 10}$이다.

이 경우, 첫 번째 나눗셈의 목에 있는 두 항이 분수가 되지 않을 때까지 진행했다. 그런 다음 나머지 $40x + 280$을 두 항 모두의 맞줄임수인 40으로 나누었다.

(4) 분수 $\dfrac{a^3 + (1 + a)ax + x^2}{a^4 - x^2}$을 최소의 항들로 변형하라.

$$a^3 + (1+a)ax + x^2) \ a^4 - x^2 \qquad\qquad (a$$

$$\underline{a^4 + (1+a)a^2x + ax^2}$$

$$[-(1+a)x \text{로 나누면}] \quad -(1+a)a^2x - (1+a)x^2$$

$$a^2 + x) \ a^3 + (1+a)ax + x^2 \ (a + x$$

$$\underline{a^3 + ax}$$

$$a^2x + x^2$$

$$\underline{a^2x + x^2}$$

$$\cdot \qquad \cdot$$

변형된 분수는 $\frac{a+x}{a^2-x}$ 이다.

이 경우의 첫 번째 나머지는 a^3을 포함하고, 나눗셈은 몫에 분수가 포함되지 않을 때까지 진행하였다. 그리고 $-(1+a)x$에 의한 나누기를 통한 명백한 변형을 이용하는 것이 많이 편리함을 알 수 있다.

(5) 분수 $\dfrac{6ac + 9bc - 5c^2}{12adf + 18bdf - 10cdf}$ 을 최소의 항들로 변형하라.

c가 분자의 모든 항을 나누고 $2df$가 분모의 모든 항을 나눈다는 것은 명백하다. 이들 인자를 분리하면 주어진 분수는 다음과 같이 변형된다.

$$\frac{c}{2df} \times \frac{6a + 9b - 5c}{6a + 9b - 5c} = \frac{c}{2df}$$

(6) 분수 $\dfrac{acx^2 + (ad + bc)x + bd}{a^2x^2 - b^2}$ 를 최소의 항들로 변형하라.

분자를 분모로 나누는 것으로 시작하면 몫의 첫 번째 항은 $\frac{c}{a}$로 분수 형태의 앙이다. 이를 피히기 위해 다음과 같이 분자에 a를 곱한다.

$$ac x^2 + (ad+bc)x + bd$$

$$\cfrac{a}{a^2x^2 - b^2\,\big)\,a^2cx^2 + (ad+bc)ax\ + abd\ \big(c}$$

$$\cfrac{a^2cx^2 - b^2c}{}$$

[$(ad+bc)$로 나누면] 　　　$(ad+bc)ax\ +abd\ +b^2c$

$$ax+b\ \big)\ a^2x^2 - b^2\ \big(ax-b$$

$$\cfrac{a^2x^2 + abx}{}$$

$$-abx\ -b^2$$

$$\cfrac{-abx\ -b^2}{\quad\cdot\qquad\cdot}$$

변형된 분수는 $\frac{cx+d}{ax-b}$ 이다.

(7) 분수 $\dfrac{3a^3 - 3a^2b + ab^2 - b^3}{4a^2 - 5ab + b^2}$ 을 최소의 항들로 변형하라.

몫의 첫째 항이 분수가 되지 않게 하려면 분자에 4를 곱해야 한다.

$$3a^3 - 3a^2b + ab^2 - b^3$$

$$\cfrac{4}{4a^2 - 5ab + b^2\,)\,12a^3 - 12a^2b + 4ab^2 - 4b^3\ \big(3a}$$

$$\cfrac{12a^3 - 15a^2b + 3ab^2}{3a^2b + ab^2 - 4b^3}$$

$$\cfrac{4}{4a^2 - 5ab + b^2\,)\ 12a^2b + 4ab^2 - 16b^3\ \big(3b}$$

$$\cfrac{12a^2b + 15ab^2 + 3b^3}{}$$

[$19b^2$으로 나누면] 　　　$19ab^2 - 19b^3$

$$a - b \;) \; 4a^2 - 5ab + b^2 \; (4a - b$$

$$\underline{4a^2 - 4ab}$$

$$-ab + b^2$$

$$\underline{-ab + b^2}$$

$$\cdot \qquad \cdot$$

변형된 분수는 $\frac{3a^2+b^2}{4a-b}$ 이다.

첫 번째 나머지를 b로 나누고 새로운 나누는 양으로 삼아도 된다. 그러나 첫 번째 나머지에 4를 곱하고 원래의 나누는 양을 유지하는 것이 더 편리하다.

(8) 분수 $\dfrac{15x^3 + 35x^2 + 3x + 7}{27x^4 + 63x^3 - 12x^2 - 28x}$ 을 최소의 항들로 변형하라.

$$27x^4 + 63x^3 \qquad -12x^2 - 28x$$

$$\underline{5}$$

$$15x^3 + 35x^2 + 3x + 7) 135x^4 - 315x^3 \quad -60x^2 - 140x \; (9x$$

$$\underline{135x^4 - 315x^3 \quad +27x^2 + \; 63x}$$

[$-29x$로 나누면] $\qquad\qquad -87x^2 - 203x$

$$3x + 7) \; 15x^3 + 35x^2 + 3x + 7 \; (5x^2 + 1$$

$$\underline{15x^3 + 35x^2}$$

$$3x + 7$$

$$\underline{3x + 7}$$

$$\cdot \qquad \cdot$$

변형된 분수는 $\frac{5x^2+1}{9x^3-4x}$ 이다.

여기서 5×27, 즉 135는 15와 27의 최소 공배수이다.

(9) 분수 $\dfrac{a^2 + b^2 + c^2 + 2ab + 2ac + 2bc}{a^2 - b^2 - c^2 - 2bc}$ 를 최소의 항들로 변형하라.

$$a^2 + b^2 + c^2 + 2ab + 2ac + 2bc$$
$$\underline{a^2 - b^2 - c^2 - 2bc}$$
$$2ab + 2ac + 2b^2 + 4bc + 2c^2$$

즉 $\qquad 2(b + c)a + 2b^2 + 4bc + 2c^2$

$[2(b + c)$로 나누면$]$

$$a + b + c) \ a^2 - b^2 - 2bc - c^2 \ (a - b - c$$
$$\underline{a^2 + ab + ac}$$
$$-ab - ac - b^2 - 2bc - c^2$$
$$\underline{-ab - b^2 - bc}$$
$$-ac - bc - c^2$$
$$\underline{-ac - bc - c^2}$$
$$\cdot \qquad \cdot \qquad \cdot$$

변형된 분수는 $\frac{a+b+c}{a-b-c}$ 이다.

모든 기호의 지수가 동일한 경우

(10) 분수 $\dfrac{ac + ad + bc + bd}{ae + af + be + bf}$ 를 최소의 항들로 변형하라.

포함된 모든 기호의 지수가 동일한 경우에는 위에서 설명한 공통 인자를 찾는 규칙이 더 이상 도움이 되지 않는다.

그런데 이런 식들을 만드는 인자들의 성질을 잠깐 고려해 보면, 공통인 인자를 찾는 방법을 얻을 수 있다.

이런 식들은 복합 인자의 곱으로부터 만들어지는데, 모든 항이 서로 다름을 볼 수 있다.

그러므로 포함된 기호들 중 둘 이상인 기호들의 계수로서 공통 인자는 존재하여야 한다.

분모와 분자를 모두 나눌 수 있는 인자를 찾을 때까지, 각 기호의 계수를 계속해서 만들어 간다. 이때 이러한 인자를 찾을 수 없으면, 공통 인자는 없다고 할 수 있다.

지금 보기의 분자에서 a의 계수는 $c+d$이고 b의 계수와 동일하다. 또한 c의 계수는 $a+b$이고 d의 계수와 동일하다. 그런데 $a+b$만이 분모와 분자를 모두 나누는 것을 볼 수 있다. 그러므로 변형된 분수는 $\frac{c+d}{e+f}$이다.

동일한 기호의 다른 거듭 제곱이 포함되지 않으면 이러한 방법으로 대수적 곱들을 성분 인자로 분해할 수 있게 해준다.

예를 들어 다음 식에서 a의 계수는 $e+f-d$이다.

$$ae - be - bf - ad + af + ce - cd + cf + bf$$

그리고 이렇게 여러 번 하다 보면 이 식의 인자 중의 하나를 찾을 수 있다.

다음 식에서 a의 계수는 $ce + cf + de + df$이다.

$$ace + acf + ade + adf + bce + bcf + bde + bdf$$

그런데 이 계수가 주어진 식의 인자이다. 그리고 $ce + cf + de + df$에서 c의 계수는 $e+f$인데 마찬가지로 $ce + cf + de + df$의 인자이다. 따라서 주어진 식을 단순 인자 $a+b$, $c+d$와 $e+f$로 분해할 수 있다.

(11) 다음 분수를 최소의 항들로 변형하라.

$$\frac{4a^3cx - 4a^3dx + 24a^2bcx - 24a^2bdx + 36ab^2cx - 36ab^2dx}{7abcx^3 - 7abdx^3 + 7ac^2x^3 - 7acdx^3 + 21b^2dx^3 + 21b^2cx^3 + 21bc^2x^3 + 21bd^2x^3}$$

첫 번째로 정리해 보면 $4ax$가 분자의 인자임을 알 수 있고, $7x^3$은 분모의 인자임을 알 수 있다. 연산의 나머지 부분을 단순하게 하기 위해 분수를 $\frac{4ax}{7x^3}$, 즉 $\frac{4a}{7x^2}$으로 나누고 그 결과를 a의 거듭 제곱에 따라 정리하면 다음을 얻는다.

$$\frac{(c-d)a^2 + 6(bc - bd)a + 9(b^2c - b^2d)}{(bc - bd + c^2 - cd)a + 3(b^2c + bc^2 + b^2d + bd^2)}$$

그다음으로, 정리해 보면 a^2의 계수인 $c - d$가 분자와 분모의 인자임을 알 수 있다. 따라서 분수는 다음과 같이 변형된다.

$$\frac{a^2 + 6ab + 9b^2}{(b+c)a + 3(b^2 + bc)}$$

위 분수를 정리해 보면 $b + c$가 분모의 인자이고 그 결과로 얻는 또 다른 인자는 분자를 나누는 것을 알 수 있다. 따라서 분수는 다음의 형태로 변형된다.

$$\frac{a + 3b}{b + c}$$

원래의 분수를 나누었던 $\frac{4a}{7x^2}$를 위의 분수에 곱하면 변형될 수 있는 가장 단순한 형태와 동치인 다음 분수를 얻는다.

$$\frac{4a(a + 3b)}{7x^2(b + c)}$$

두 대수 표현에 대해 유리 식 형태인 공통 인자는 항상 찾을 수 있다

174. 많은 경우에 연속된 시행 중의 하나임에도 불구하고, 두 대수 표현의 공통 인자를 찾는 이러한 방법을 이용하면 공통 인자가 존재하는 한 항상 찾을 수 있다.

첫 번째로 각 문자의 동일한 거듭 제곱만이 존재하면, 주어진 식은 성분 인자들로 분해된다.

두 번째로 동일한 문자의 서로 다른 거듭 제곱이 존재하는 경우, 그 기호를 포함하지 않는 인자는 주어진 식을 그 문자의 거듭 제곱에 따라 배열할 때 모든 항의 계수에 존재하여야 한다.

세 번째로 그 문자를 포함하는 공통 인자는 공통 규칙에 의해 항상 찾을 수 있다. 그 규칙을 따라 나눗셈을 계속해서 수행하면 그 문자가 나타나지 않은 나머지를 얻을 수 있다. 이때 나머지가 영 또는 영과 동일하면, 마지막 나누는 양이 공통 인자이고, 그렇지 않으면 그 기호를 포함하는 공통 인자는 존재하지 않는다.

이러한 환경에서 그 기호의 모든 계수에 있는 공통 인자를 조사하는 것만 남았다. 이들 계수가 어떤 한 문자 또는 여러 문자의 여러 거듭 제곱을 포함하는 경우엔 이들 계수가 포함하는 공통 인자를 찾기 위해 앞에서 논의한 이론들을 적용해야만 한다.

175. 분수 여부와 무관하게 덧셈, 뺄셈, 곱셈 그리고 나눗셈에 의한 대수 표현들의 결합과 병합을 가장 간단한 형태로 변형하는 것에 대한 일련의 보기를 추가해 보자. 때때로 이러한 변형의 효과나 이러한 목적을 위한 과정을 단축시키는 것에 대하여 필요한 설명을 추가할 것이다. **변형의 다른 보기들**

(1) $\dfrac{a+b}{2} + \dfrac{a-b}{2} = a$

두 양의 반합과 반차를 더한 것은 두 양 중에서 큰 양과 동일하다.

(2) $\dfrac{a+b}{2} - \dfrac{a-b}{2} = b$

두 양의 반합에서 반차를 뺀 것은 두 양 중에서 작은 양과 동일하다.

(3) $\dfrac{a+b}{a-b} + \dfrac{a-b}{a+b} = \dfrac{a^2+2ab+b^2}{a^2-b^2} + \dfrac{a^2-2ab+b^2}{a^2-b^2} = \dfrac{2a^2+2b^2}{a^2-b^2}$

이와 같은 그리고 비슷한 모든 경우의 분수들은 공통 분모로 통분된다.

(4) $\dfrac{a+b}{a-b} - \dfrac{a-b}{a+b} = \dfrac{4ab}{a^2-b^2}$

(5) $\dfrac{1}{1+x} + \dfrac{1}{1-x} = \dfrac{2}{1-x^2}$

(6) $\dfrac{1}{1+x} - \dfrac{1}{1-x} = -\dfrac{2x}{1-x^2}$

(7) $\dfrac{1}{1-x} - \dfrac{2}{1-x^2} = \dfrac{1+x}{1-x^2} - \dfrac{2}{1-x^2} = \dfrac{x-1}{1-x^2}$

$\quad = -\dfrac{1}{1+x}$: 분수 $\dfrac{x-1}{1-x^2}$, 즉 $-\dfrac{1-x}{1-x^2}$를 최소의 항들로 변형

(8) $\dfrac{1}{x-2} - \dfrac{1}{x-5} = -\dfrac{3}{x^2-7x+10}$

(9) $\dfrac{1}{x-6} - \dfrac{1}{x-5} = \dfrac{1}{x^2-11x+30}$

(10) $\dfrac{7a-6b}{10} - \dfrac{7a-2b}{11} = \dfrac{7a-46b}{110}$

(11) $\dfrac{a-3x}{4} + \dfrac{3a-5x}{5} + \dfrac{3a-5x}{20} = a-2x$

분수들은 모두 분모의 최소 공배수인 20을 분모로 갖도록 통분해야 한다.

(12) $\dfrac{13a-5b}{4} - \dfrac{7a-2b}{6} - \dfrac{3a}{5} = \dfrac{89a-55b}{60}$

수 60은 4와 6 그리고 5의 최소 공배수이다.

(13) $\dfrac{3a-4b}{7} - \dfrac{2a-b-c}{3} + \dfrac{15a-4c}{12} = \dfrac{85a-20b}{84}$

(14) $\dfrac{7x-10}{5} - \dfrac{3x-7}{6} - \dfrac{27x-30}{30} = \dfrac{1}{6}$

(15) $\dfrac{x}{1-x} + \dfrac{x^2}{(1-x)^2} = \dfrac{x(1-x)+x^2}{(1-x)^2} = \dfrac{x}{(1-x)^2}$

(16) $1 + x + \dfrac{x^2}{1-x} = \dfrac{1}{1-x}$

(17) $1 + x + x^2 + \dfrac{x^3}{1-x} = \dfrac{1}{1-x}$

(18) $\dfrac{a}{c} - \dfrac{(ad-bc)x}{c(c+dx)} = \dfrac{a+bx}{c+dx}$

162

(19) $\dfrac{b}{d} + \dfrac{ad - bc}{d(c + dx)} = \dfrac{a + bx}{c + dx}$

(20) $1 - \dfrac{2x^2}{a^2} + \dfrac{2x^4}{a^2(a^2 + x^2)} = \dfrac{a^2 - x^2}{a^2 + x^2}$

(21) $1 - 2x + 4x^2 - \dfrac{6x^3 - 4x^4}{1 + x - x^2} = \dfrac{1 - x + x^2}{1 + x - x^2}$

(22) $\dfrac{1}{3(1 + x)} + \dfrac{2 - x}{3(1 - x + x^2)} = \dfrac{1}{1 + x^3}$

(23) $\dfrac{1}{3(1 - x)} + \dfrac{2 + x}{3(1 + x + x^2)} = \dfrac{1}{1 - x^3}$

(24) $\dfrac{1}{4(1 + x)} + \dfrac{1}{4(1 - x)} + \dfrac{1}{2(1 + x^2)} = \dfrac{1}{1 - x^4}$

(25) $\dfrac{1}{8(x - 1)} - \dfrac{1}{4(x - 3)} + \dfrac{1}{8(x - 5)} = \dfrac{1}{x^3 - 9x^2 + 23x - 15}$

(26) $\dfrac{-1}{x + 2} + \dfrac{1}{2(x + 1)} + \dfrac{1}{2(x + 3)} = \dfrac{1}{x^3 + 6x^2 + 11x + 6}$

(27) $\dfrac{3}{4(1 - x)^2} + \dfrac{3}{8(1 - x)} + \dfrac{1}{8(1 + x)} - \dfrac{1 - x}{4(1 + x^2)} = \dfrac{1 + x + x^2}{1 - x - x^4 + x^5}$

(28) $\dfrac{4x + 13}{25(x + 2)^2} - \dfrac{4x - 3}{25(x^2 + 1)} = \dfrac{1}{x^4 + 4x^3 + 5x^2 + 4x + 4}$

(29) $\dfrac{1}{2(x + 1)} - \dfrac{4}{x + 2} + \dfrac{9}{2(x + 3)} = \dfrac{x^2}{x^3 + 6x^2 + 11x + 6}$

(30) $\dfrac{a^2}{(b - a)(c - a)} \cdot \dfrac{1}{x + a} + \dfrac{b^2}{(a - b)(c - b)} \cdot \dfrac{1}{x + b}$
$+ \dfrac{c^2}{(a - c)(b - c)} \cdot \dfrac{1}{x + c} = \dfrac{x^2}{(x + a)(x + b)(x + c)}$

(31) $\dfrac{1}{3(x+1)} - \dfrac{12}{x+2} + \dfrac{135}{2(x+3)} - \dfrac{352}{3(x+4)} + \dfrac{125}{2(x+5)}$

$$= \dfrac{x^4 - 7x^3}{x^5 + 15x^4 + 85x^3 + 225x^2 + 274x + 120}$$

(32) $\dfrac{a}{b} + \dfrac{a^2 - 3ab}{cd} + \dfrac{a^3 - a^2b - ab^2}{bcd} = \dfrac{a^3 - 4ab^2 + acd}{bcd}$

(33) $\dfrac{a}{b} - \dfrac{(a^2 - b^2)x}{b^2} + \dfrac{a(a^2 - b^2)x^2}{b^2(b + ax)} = \dfrac{a + bx}{b + ax}$

(34) $\dfrac{a}{10} + \dfrac{b}{10^2} + \dfrac{c}{10^3} = \dfrac{100a + 10b + c}{10^3}$

(35) $\dfrac{a}{x^5} + \dfrac{b}{x^3} + \dfrac{c}{x} = \dfrac{a + bx^2 + cx^4}{x^5}$

(36) $\dfrac{a^3}{(a+b)^3} - \dfrac{ab}{(a+b)^2} + \dfrac{b}{a+b} = \dfrac{a^3 + ab^2 + b^3}{(a+b)^3}$

(37) $\dfrac{a}{a-x} - \dfrac{a^2}{(a-x)^2} + \dfrac{a^3}{(a-x)^3} - \dfrac{a^4}{(a-x)^4} = -\dfrac{2a^3x - 2a^2x^2 + ax^3}{(a-x)^4}$

(38) $\dfrac{1 + 2x}{(3-x)(1+x)} + \dfrac{7}{(2+x)(1-3x)} + \dfrac{x}{(1+x)(2+x)}$

$$= \dfrac{23 + 16x - 30x^2 - 3x^3}{(3-x)(1+x)(2+x)(1-3x)}$$

(39) $\dfrac{1-x}{1+x} + \dfrac{(1-x)(1-x^2)}{(1+x)(1+x^2)} + \dfrac{(1-x)(1-x^2)(1-x^3)}{(1+x)(1+x^2)(1+x^3)}$

$$= \dfrac{3 - 3x - x^2 + 2x^3 - x^4 + x^5 - x^6}{(1+x)(1+x^2)(1+x^3)}$$

(40) $\dfrac{1-x}{1+x} + \dfrac{1 - x - x^2}{1 + x + x^2} + \dfrac{1 - x - x^2 - x^3}{1 + x + x^2 + x^3}$

$$= \dfrac{3 + 3x - x^2 - 6x^3 - 9x^4 - 7x^5 - 3x^6}{1 + 3x + 5x^2 + 6x^3 + 5x^4 + 3x^5 + x^6}$$

(41) $\dfrac{a+b}{2} \times \dfrac{a-b}{2} = \dfrac{a^2-b^2}{4}$

분자들을 곱하여 새로운 분자를 얻고, 분모들을 곱하여 새로운 분모를 얻는다.

(42) $\dfrac{a+b}{2} \div \dfrac{a-b}{2}$ 즉 $\dfrac{\dfrac{a+b}{2}}{\dfrac{a-b}{2}} = \dfrac{2(a+b)}{2(a-b)} = \dfrac{a+b}{a-b}$

나뉠 양의 분자를 나누는 양의 분모에 곱해 몫의 분자를 얻고, 나뉠 양의 분모를 나누는 양의 분자에 곱에 몫의 분모를 얻는다.

(43) $\dfrac{a+b}{a-b} \times \dfrac{a-b}{a+b} = \dfrac{a^2-b^2}{a^2-b^2} = 1$

(44) $\dfrac{a+b}{a-b} \div \dfrac{a-b}{a+b}$ 즉 $\dfrac{\dfrac{a+b}{a-b}}{\dfrac{a-b}{a+b}} = \dfrac{a^2+2ab+b^2}{a^2-2ab+b^2}$

(45) $\dfrac{a^2+b^2}{a^2-b^2} \times \dfrac{a-b}{a+b} = \dfrac{a^3-a^2b+ab^2-b^3}{a^3+a^2b-ab^2-b^3} = \frac{a^2+b^2}{a^2+2ab+b^2}$

분수를 최소의 항들로 변형한다.

(46) $\dfrac{a^2+b^2}{a^2-b^2} \div \dfrac{a-b}{a+b} = \dfrac{a^3+a^2b+ab^2+b^3}{a^3-a^2b-ab^2+b^3} = \frac{a^2+b^2}{a^2-2ab+b^2}$

(47) $\dfrac{a^2+ax+x^2}{a^3-a^2x+ax^2-x^3} \times \dfrac{a^2-ax+x^2}{a+x} = \dfrac{a^4+a^2x^2+x^4}{a^4-x^4}$

(48) $\dfrac{x^2-9x+20}{x^2-6x} \times \dfrac{x^2-13x+42}{x^2-5x} = \dfrac{x^4-22x^3+179x^2-638x+840}{x^4-11x^3+30x^2}$

$\qquad\qquad = \dfrac{x^2-11x+28}{x^2}$: 최소의 항들로 변형

(49) $\dfrac{x^2+3x+2}{x^2+2x+1} \times \dfrac{x^2+5x+4}{x^2+7x+12} = \dfrac{x+2}{x+3}$

새로 얻는 곱은 최소의 항들로 변형되었다.

$$(50) \quad \frac{x^2 + 3x + 2}{x^2 + 2x + 1} \div \frac{x^2 + 5x + 4}{x^2 + 7x + 12} = \frac{x^2 + 5x + 6}{x^2 + 2x + 1}$$

$$(51) \quad \frac{ac + (ab + bc)x + b^2x^2}{a - bx} \times \frac{ae + (af - be)x - bfx^2}{a + bx}$$
$$= ce + (cf + be)x + bfx^2$$

$$(52) \quad \frac{a^2 + (2ac - b^2)x^2 + c^2x^4}{a^2 + 2abx + (2ac + b^2)x^2 + 2bcx^3 + c^2x^4} \times \frac{a^2 + (ac - b^2)x^2 - bcx^3}{a^2 + (ac - b^2)x^2 + bcx^3}$$
$$= \frac{a - bx}{a + bx} : \text{가장 간단한 형태로 변형}$$

$$(53) \quad \frac{\dfrac{a}{b} + \dfrac{c}{d}}{\dfrac{e}{f} + \dfrac{g}{h}} = \frac{\dfrac{ad + bc}{bd}}{\dfrac{eh + fg}{fh}} = \frac{(ad + bc)fh}{(eh + fg)bd}$$

먼저 분자와 분모에 있는 분수들을 더한다.

$$(54) \quad \frac{\dfrac{a}{b} + \dfrac{c}{d} + \dfrac{e}{f}}{\dfrac{a'}{b'} + \dfrac{c'}{d'} + \dfrac{e'}{f'}} = \frac{(adf + bcf + bde)b'd'f'}{(a'd'f' + b'c'f' + b'd'e')bdf}$$

$$(55) \quad \frac{\dfrac{a}{a + b} + \dfrac{b}{a - b}}{\dfrac{a}{a - b} - \dfrac{b}{a + b}} = \frac{\dfrac{a^2 + b^2}{a^2 - b^2}}{\dfrac{a^2 + b^2}{a^2 - b^2}} = 1$$

$$(56) \quad \frac{\dfrac{1}{1 + x} + \dfrac{x}{1 - x}}{\dfrac{1}{1 - x} - \dfrac{x}{1 + x}} = 1$$

$$(57) \quad \frac{\dfrac{1}{1 + x}}{1 - \dfrac{1}{1 + x}} = \frac{1}{x}$$

$$(58)\quad \frac{\dfrac{a+x}{a-x}+\dfrac{a-x}{a+x}}{\dfrac{a+x}{a-x}-\dfrac{a-x}{a+x}}=\frac{a^2+x^2}{2ax}=\frac{1}{2}\left\{\frac{a}{x}+\frac{x}{a}\right\}$$

$$(59)\quad \frac{\dfrac{a+bx}{a-bx}+\dfrac{b+ax}{b-ax}}{\dfrac{a+bx}{a-bx}-\dfrac{b+ax}{b-ax}}=\frac{ab(1-x^2)}{(b^2-a^2)x}$$

$$(60)\quad \frac{\dfrac{x}{1+x}+\dfrac{1-x}{x}}{\dfrac{x}{1+x}-\dfrac{1-x}{x}}=\frac{1}{2x^2-1}$$

$$(61)\quad \frac{\dfrac{1}{1+x}+\dfrac{1}{1-x}}{\dfrac{1}{1-x}-\dfrac{1}{1+x}}=\frac{1}{x}$$

$$(62)\quad \frac{1}{1+\dfrac{1}{x}}=\frac{x}{1+x}$$

$$(63)\quad \frac{1}{1+\dfrac{1}{1+\dfrac{1}{x+\dfrac{1}{x}}}}=\frac{x+\dfrac{1}{x}}{1+x+\dfrac{1}{x}}=\frac{1+x^2}{1+x+x^2}$$

$x+\frac{1}{x}$을 보기 (62)에서 x의 자리에 놓는다.

$$(64)\quad \frac{1}{1+\dfrac{1}{1+\dfrac{1}{x}}}=\frac{1}{1+\dfrac{x}{1+x}}=\frac{1+x}{1+2x}$$

$$(65)\quad \frac{a}{b+\dfrac{c}{d}}=\frac{ad}{bd+c}$$

$$(66) \quad \frac{a}{b + \dfrac{c}{d + \dfrac{e}{f}}} = \frac{a\left(d + \dfrac{e}{f}\right)}{b\left(d + \dfrac{e}{f}\right) + c} = \frac{adf + ae}{(bd + c)f + be}$$

$d + \frac{e}{f}$를 보기 (65)에서 d의 자리에 놓는다.

$$(67) \quad \frac{a}{b + \dfrac{c}{d + \dfrac{e}{f + \dfrac{g}{h}}}} = \frac{ad\left(f + \dfrac{g}{h}\right) + ae}{(bd + c)\left(f + \dfrac{g}{h}\right) + be}$$

$$= \frac{(adf + ae)h + adg}{\{(bd + c)f + be\}h + (bd + c)g}$$

$f + \frac{g}{h}$를 보기 (66)에서 f의 자리에 놓는다.

$$(68) \quad \frac{1}{\dfrac{1}{x + a} + \dfrac{1}{x + b}} = \frac{x^2 + (a + b)x + ab}{2x + a + b}$$

$$(69) \quad \frac{1}{\dfrac{1}{x + 3} + \dfrac{1}{x + 5} + \dfrac{1}{x - 8}} = \frac{x^3 - 49x - 120}{3x^2 - 49}$$

$$(70) \quad \frac{x + 1}{x - 1 + \dfrac{x + 2}{x - 2 + \dfrac{x + 3}{x - 3}}} = \frac{x + 1}{x - 1 + \dfrac{x^2 - x - 6}{x^2 - 4x + 9}}$$

$$= \frac{x^3 - 3x^2 + 5x + 9}{x^3 - 4x^2 + 12x - 15}$$

$$(71) \quad \frac{x}{1 + \dfrac{x}{1 + x + \dfrac{x}{1 + x + x^2 + \dfrac{x}{1 + x + x^2 + x^3}}}}$$

$$= \frac{x + 5x + 7x^3 + 7x^4 + 6x^5 + 3x^6 + x^7}{1 + 6x + 10x^2 + 10x^3 + 9x^4 + 5x^5 + 2x^6}$$

제6장

지수 이론에서의 추가적인 진전

176. 지수에 대한 첫 번째 전제는 한 기호(산술적인지 아닌지와 상관 없이)의 연속된 곱의 표현을 줄여 쓰기 위한 목적이었다. 즉, 지수는 인자로 곱해지는 한 기호의 반복 횟수를 나타낸다. 그러므로 a^2은 aa를 나타내기 위해, a^3은 aaa를 나타내기 위해, 그리고 a^n은 그 자신에 곱해지는 a의 개수가, 즉 반복해서 곱해진 a의 개수가 n과 같음을 나타내기 위해 사용되었다. 이러한 환경에서, 표현 a^n의 의미에 대한 해석은 n의 값이 양의 정수인 경우로 제한되었다. 이러한 표현의 필연적인 결과로, n과 m이 정수일 때 $a^n \times a^m$이 a^{n+m}과 동일하다는 것이 유도되었다.(조항 11, 12)

이러한 결론을 새로운 전제에 대한 안내로 받아들여서, n이 대수에서 모든 다른 기호처럼 완전히 임의의 양일 때 a^n과 같은 표현의 존재를 추정했다. 그러나 이러한 표현에 대하여 마찬가지로 임의로 해석하는 것을 막기 위하여, 지수에 특정한 값이 주어지면 n과 m이 무엇이든지 a^n과 a^m의 곱은 항상 a^{n+m}과 일치한다는 것을 일반 원리로 전제하였다.

이러한 원리에 따라 $a^{\frac{1}{2}}$은 $\sqrt{a}$와 동일하고, $a^{\frac{1}{3}}$은 $\sqrt[3]{a}$와 동일하고, $a^{\frac{2}{3}}$은

$\sqrt[3]{a^2}$, 즉 a^2의 세 제곱 근과 동일하다. 그리고 n과 m이 양의 정수일 때 $a^{\frac{n}{m}}$은 $\sqrt[m]{a^n}$ 또는 a^n의 m 제곱 근과 동일함을 보였다. 이러한 방법으로 양의 분수인 모든 지수들에 대한 일관된 의미와 해석이 주어졌다.(조항 13)

이제 우리의 목적은 동일한 원리의 또 다른 결과를 검토하는 것이다.

음수인 지수: **177.** a^m에서 지수가 완전히 임의이므로 양수뿐만 아니라 음수일
a^{-n}은 $\frac{1}{a^n}$과 수도 있다. 그러므로 a^{-m}과 같은 표현의 대수적 의미를 알아내는 것만
동치 남았다.

$n - m$은 n과 $-m$의 대수적 합이므로, 지수의 일반 원리로부터 $a^n \times a^{-m} = a^{n-m}$을 얻는다. 또 a^{n-m}을 a^m에 곱하면 동일한 원리에 의한 결과는 다음과 같다.

$$a^{n-m+m} = a^n$$

그리고 곱셈과 나눗셈은 서로 역 연산이므로 $\frac{a^n}{a^m}$을 a^m에 곱하면 그 결과는 마찬가지로 a^n이다. 그러므로 a^{n-m}과 $\frac{a^n}{a^m}$은 동치임을 알 수 있는데 그 이유는 이들을 동일한 양을 곱하였을 때 동일한 결과를 얻기 때문이다. 결론적으로 a^n 또는 어떤 다른 양에 a^{-m}을 곱하든지 또는 a^m으로 나누든지 두 결과가 서로 동치이다.

다시 말하면, a^n에 $\frac{1}{a^m}$을 곱한 것은 a^n을 a^m으로 나눈 것과 동치이다 (조항 42 보기 (5)). 그리고 a^n에 a^{-m}을 곱한 것은 a^n을 a^m으로 나눈 것과 동치이다. 그러므로 a^{-m}과 $\frac{1}{a^m}$과 서로 동치임을 알 수 있다.

분수에서 **178.** 지수의 특정 값에 완전히 무관한 매우 중요한 결과는 다음과 같
분자에 있는 다. 어떠한 양이든지 단지 지수의 부호를 바꿈으로써 한 분수의 분자로부터
양들은 그 분모로 옮길 수 있고 그 반대로도 할 수 있다. 그러므로 다음을 얻는다.
지수의 부호를
바꾸어서
분모로 옮길
$$a^{-1} = \frac{1}{a}, \qquad a^{-2} = \frac{1}{a^2}, \qquad a^{-3} = \frac{1}{a^3},$$
수 있다
$$a = \frac{1}{a^{-1}}, \qquad a^2 = \frac{1}{a^{-2}}, \qquad a^3 = \frac{1}{a^{-3}},$$

$$\frac{a}{b} = \frac{1}{a^{-1}b} = \frac{b^{-1}}{a^{-1}} = ab^{-1},$$

$$\frac{a^2}{b^3 c^4} = \frac{1}{a^{-2}b^3 c^4} = \frac{b^{-3}}{a^{-2}c^4} = \frac{b^{-3}c^{-4}}{a^{-2}}$$
$$= a^2 b^{-3} c^{-4} = \frac{a^2 b^{-3}}{c^4} = \frac{a^2 c^{-4}}{b^3}$$

179. $\frac{a^n}{a^n} = 1 = a^{n-n} = a^0$이므로 a^0은 모든 경우에, 스스로 나누었 을 때 자기 자신이 되는 양을 나타내는, 단위와 동치이다. 이것은 표기법에 의한 필연적인 결과이다. $a^0 = 1$에 **대한 증명**

180. a^m이 n번 스스로 반복하는 연속된 곱은 지수의 일반 원리를 따라서 $(a^m)^n$으로 나타낸다. 동일한 원리에 의해 앞의 곱은 a^{mn}, 즉 단순 인자 a^m의 지수를 n배한 지수를 갖는 a로 나타낼 수도 있다. 그 이유를 살펴보면, $a^m \times a^m = a^{m+m} = a^{2m}$, $a^m \times a^m \times a^m = a^{3m}$, 그리고 a^m 이 곱에서 네 번 나타나면 그 결과는 a^{4m}, 다섯 번 나타나면 a^{5m}이므로 종합하면 n번 나타나면(이 경우 n은 정수) a^{mn}으로 표현한다. <span style="float:right">$(a^m)^n =$ a^{mn}에 대한 **증명**

형식적으로는 일반적이라 하더라도, 기호 m과 n 둘 중의 하나 또는 둘 다 특별한 경우로 제한하여 $(a^m)^n$과 동치인 형식을 얻었다. 그러므로 동 치인 형식의 영속성에 관한 법칙으로부터(조항 131, 132) m과 n이 어떠한 양이라 하더라도 a^{mn}은 $(a^m)^n$과 동치이다.[1]

181.   이들 일반적인 결론의 결과를 좀 더 충분히 설명하는 일련의 **보기들**

---

1) 이 경우에 참고하기 위하여 그 법칙을 만들 때 사용한 추론을 다시 언급하는 것이 유용 할 것 같다. $(a^m)^n$과 동치인 형식이 존재한다면 지수 원리에 입각하고 m과 n이 정수 일 때의 산술 대수에서 얻은 결과와 일치해야만 하는 한 그것은 바로 필연적으로 a^{mn} 이어야만 한다. 그렇지 않으면, 요구되는 형식은 m과 n의 모든 값에 대하여 일반적인 동치인 형식이 아니다. 두 번째로, $(a^m)^n$과 동치인 형식이 종속 학문에서 일반 형식과 일치하는 한, 대수에서 일치한다고 전제한 규칙들과 연산들을 가지고 기호들이 의미에 서 일치할 때 동치인 형식을 안전하게 가정할 수 있다. 그러므로 이러한 규칙들과 연산

보기들을 추가하고자 한다. 그리고 대수적 표현으로 만들 수 있는 매우
다양한 동치인 형식을 보여주려 노력할 것이다.

$$(1)\ a^m \times a^n = a^{m+n} = \frac{a^m}{a^{-n}} = \frac{a^n}{a^{-m}} = \frac{1}{a^{-(m+n)}}$$

$$(2)\ a^m \times a^{-n} = a^{m-n} = \frac{a^m}{a^n} = \frac{a^{-n}}{a^{-m}} = \frac{1}{a^{-(m-n)}}$$

$$(3)\ a^{-m} \times a^n = a^{-(m-n)} = \frac{a^{-m}}{a^{-n}} = \frac{a^n}{a^m} = \frac{1}{a^{m-n}}$$

$$(4)\ a^{-m} \times a^{-n} = a^{-(m+n)} = \frac{a^{-m}}{a^n} = \frac{a^{-n}}{a^m} = \frac{1}{a^{m+n}}$$

$(5)\ 3a^{-2} \times -4a^{-1} \times -7a^3 = 84a^0 = 84$, 왜냐하면 $a^0 = 1$이므로

$$(6)\ \frac{\frac{7}{6}a^3}{\frac{2}{5}a^5} = \frac{35}{12}a^{-2} = \frac{35}{12a^2}$$

$$(7)\ a^{\frac{3}{4}} \times a^{-\frac{4}{5}} = a^{\frac{3}{4}-\frac{4}{5}} = a^{-\frac{1}{20}} = \frac{1}{a^{\frac{1}{20}}}$$

$$(8)\ \frac{a^{\frac{2}{3}} \times a^{\frac{7}{9}}}{a^3} = \frac{a^{\frac{13}{9}}}{a^3} = a^{\frac{13}{9}-3} = a^{-\frac{14}{9}} = \frac{1}{a^{\frac{14}{9}}}$$

$$(9)\ ab^{-1}c^{-2} \times a^{\frac{1}{2}}b^{\frac{1}{3}}c^{\frac{1}{4}} = a^{\frac{3}{2}}b^{-\frac{2}{3}}c^{-\frac{7}{4}} = \frac{a^{\frac{3}{2}}}{b^{\frac{3}{2}}c^{\frac{7}{4}}}$$

$$(10)\ a^{\frac{7}{3}}\left(\frac{1}{a} - \frac{3b}{a^2} + \frac{4c^2}{a^3}\right) = a^{\frac{4}{3}} - 3a^{\frac{1}{3}}b + \frac{4c^2}{a^{\frac{2}{3}}}$$

$$(11)\ a^{\frac{3}{4}}x^{-\frac{1}{2}}\left(1 - \frac{a^{\frac{4}{3}}}{x^{\frac{3}{4}}} + a^{\frac{1}{3}}x^{\frac{1}{4}} - \frac{x^{\frac{5}{4}}}{a^{\frac{2}{3}}}\right) = \frac{a^{\frac{3}{4}}}{x^{\frac{1}{2}}} - \frac{a^{\frac{25}{12}}}{x^{\frac{5}{4}}} + \frac{a^{\frac{13}{12}}}{x^{\frac{1}{4}}} - a^{\frac{1}{12}}x^{\frac{3}{4}}$$

$(12)\ \sqrt{a} \times \sqrt[3]{a} = a^{\frac{1}{2}} \times a^{\frac{1}{3}} = a^{\frac{5}{6}}$

들이 주는 어떤 다른 결과들과 모순되는 결론을 유도할 수 없다.

(13) $\sqrt{a} \times \sqrt[3]{a} \times \sqrt[4]{a} = a^{\frac{1}{2}} \times a^{\frac{1}{3}} \times a^{\frac{1}{4}} = a^{\frac{13}{12}}$

(14) $\sqrt{\sqrt[3]{a}} = \sqrt{a^{\frac{1}{3}}} = (a^{\frac{1}{3}})^{\frac{1}{2}} = a^{\frac{1}{6}}$

(15) $\sqrt{\sqrt[3]{\sqrt[4]{a}}} = \sqrt{\sqrt[3]{a^{\frac{1}{4}}}} = \sqrt{(a^{\frac{1}{4}})^{\frac{1}{3}}} = \sqrt{a^{\frac{1}{12}}} = a^{\frac{1}{24}}$
이 표현은 $\{(a^{\frac{1}{4}})^{\frac{1}{3}}\}^{\frac{1}{2}}$과 동치이다.

(16) $\sqrt{\sqrt[3]{\sqrt[4]{\sqrt[5]{a}}}} = \sqrt{\sqrt[3]{\sqrt[4]{a^{\frac{1}{5}}}}} = \sqrt{\sqrt[3]{a^{\frac{1}{20}}}} = \sqrt{a^{\frac{1}{60}}} = a^{\frac{1}{120}}$
이 표현은 $[\{(a^{\frac{1}{5}})^{\frac{1}{4}}\}^{\frac{1}{3}}]^{\frac{1}{2}}$과 동치이다.

(17) $(a^{-1})^{-2} = a^2$

(18) $\{(a^{-1})^{-2}\}^{-3} = (a^2)^{-3} = a^{-6} = \dfrac{1}{a^6}$

(19) $\{(a^{-\frac{1}{2}})^{-\frac{1}{3}}\}^{-\frac{1}{4}} = (a^{\frac{1}{6}})^{-\frac{1}{4}} = a^{-\frac{1}{24}} = \dfrac{1}{a^{\frac{1}{24}}}$

(20) $(a^{\frac{3}{4}}b^{\frac{2}{3}})^{\frac{1}{3}} = a^{\frac{1}{4}}b^{\frac{2}{9}} = a^{\frac{9}{36}}b^{\frac{8}{36}} = (a^9 b^8)^{\frac{1}{36}} = \sqrt[36]{(a^9 b^8)}$
이 경우 지수들은 공통 분모로 통분되었다.

(21) $(a^2 b^{-\frac{1}{2}} c^{\frac{2}{5}})^{-\frac{1}{4}} = a^{-\frac{1}{2}} b^{\frac{1}{8}} c^{-\frac{1}{10}} = \dfrac{b^{\frac{5}{40}}}{a^{\frac{20}{40}} c^{\frac{4}{40}}} = \left(\dfrac{b^5}{a^{20}c^4}\right)^{\frac{1}{40}} = \sqrt[40]{\left(\dfrac{b^5}{a^{20}c^4}\right)}$

(22) $\left(ab^2 \sqrt{(ab^3)} \sqrt[3]{(ab^4)} \sqrt[4]{(ab^5)}\right)^{\frac{1}{5}} = \{ab^2 (ab^3)^{\frac{1}{2}} (ab^4)^{\frac{1}{3}} (ab^5)^{\frac{1}{4}}\}^{\frac{1}{5}}$
$\qquad = \{ab^2 \times a^{\frac{1}{2}}b^{\frac{3}{2}} \times a^{\frac{1}{3}}b^{\frac{4}{3}} \times a^{\frac{1}{4}}b^{\frac{5}{4}}\}^{\frac{1}{5}} = \{a^{\frac{25}{12}} b^{\frac{73}{12}}\}^{\frac{1}{5}} = a^{\frac{5}{12}} b^{\frac{73}{60}}$

(23) $\sqrt[6]{\{a^3 b \sqrt[5]{(a^3 bc)}\}^5} = \{a^3 b \times a^{\frac{3}{5}} b^{\frac{1}{5}} c^{\frac{1}{5}}\}^{\frac{5}{6}}$
$\qquad = (a^{\frac{18}{5}} b^{\frac{6}{5}} c^{\frac{1}{5}})^{\frac{5}{6}} = a^3 b c^{\frac{1}{6}} = a^3 b \sqrt[6]{c}$

(24) $\left\{\dfrac{a^2 x}{(a+x)^{\frac{5}{4}}}\right\}^{-\frac{1}{5}} = \dfrac{a^{-\frac{2}{5}} x^{-\frac{1}{5}}}{(a+x)^{-\frac{1}{4}}} = \dfrac{(a+x)^{\frac{1}{4}}}{a^{\frac{2}{5}} x^{\frac{1}{5}}} = \dfrac{\sqrt[4]{(a+x)}}{\sqrt[5]{(a^2 x)}}$

$$(25) \quad \left\{ (a+x)\sqrt{\left(\frac{b^3}{(a+x)^{\frac{1}{2}}}\right)} \right\}^{\frac{1}{3}} = \left\{ \frac{(a+x) \times b^{\frac{3}{2}}}{(a+x)^{\frac{1}{4}}} \right\}^{\frac{1}{3}}$$
$$= \{ b^{\frac{3}{2}}(a+x)^{\frac{3}{4}} \}^{\frac{1}{3}} = b^{\frac{1}{2}}(a+x)^{\frac{1}{4}} = \sqrt{b} \times \sqrt[4]{(a+x)}$$

앞의 보기들에서 거듭 제곱 근의 표시는 때때로 근호에 의해, 그리고 때때로 지수에 의해 영향을 받는다. 지수의 변형이 영향을 받기 전에, 서로 다른 거듭 제곱 근의 근호들을 대응되는 지수로 바꾸는 것이 항상 유용하고 종종 필수적이기도 하다. 실제로, 이 제곱 근을 초과하는 근호 기호를 지수로 대체하는 것은 거의 모든 경우에 유용하다. 그리고 이렇게 함으로써 표현 방식의 선명성과 일관성에 큰 도움이 되었는데, 만약 예전과 같은 방식을 유지하였다면 두 가지 모두 포기할 수밖에 없었다.

앞으로의 보기들에서 이항 또는 한 개보다 많은 항을 포함하는 다른 식들을 이항 또는 다항식의 첫째 항이 1인 동치인 형식으로 변형하는 것은 이항 정리 또는 다른 방법들에 의한 전개식을 간단히 하는 데 매우 유용하다는 것이 밝혀질 것이다.

$$(26) \quad (a^2 + x^2)^{\frac{1}{2}} = \left\{ a^2 \left(1 + \frac{x^2}{a^2}\right) \right\}^{\frac{1}{2}} = a\left(1 + \frac{x^2}{a^2}\right)^{\frac{1}{2}}$$

$$(27) \quad (a^2 + ax)^{\frac{1}{3}} = \left\{ a^2 \left(1 + \frac{x}{a}\right) \right\}^{\frac{1}{3}} = a^{\frac{2}{3}}\left(1 + \frac{x^2}{a^2}\right)^{\frac{1}{3}}$$

$$(28) \quad (\sqrt{a} - \sqrt{x})^{\frac{1}{4}} = \left\{ \sqrt{a}\left(1 - \frac{\sqrt{x}}{\sqrt{a}}\right) \right\}^{\frac{1}{4}} = a^{\frac{1}{8}}\left(1 - \frac{x^{\frac{1}{2}}}{a^{\frac{1}{2}}}\right)^{\frac{1}{4}}$$

$$(29) \quad (a^2 x - ax^2)^{-\frac{2}{5}} = \left\{ a^2 x\left(1 - \frac{x}{a}\right) \right\}^{-\frac{2}{5}} = a^{-\frac{4}{5}} x^{-\frac{2}{5}}\left(1 - \frac{x}{a}\right)^{-\frac{2}{5}}$$

$$(30) \quad a^{-\frac{4}{5}}(a^5 - a^4 x)^{-\frac{1}{25}} = a^{-\frac{4}{5}}\left\{ a^5\left(1 - \frac{x}{a}\right) \right\}^{-\frac{1}{25}}$$
$$= a^{-\frac{4}{5}} \times a^{-\frac{1}{5}}\left(1 - \frac{x}{a}\right)^{-\frac{1}{25}} = a^{-1}\left(1 - \frac{x}{a}\right)^{-\frac{1}{25}}$$

(31) $a^{\frac{1}{2}}x^{\frac{2}{3}}(a^3x^2 - a^2x^3)^{\frac{1}{6}} = a^{\frac{1}{2}}x^{\frac{2}{3}}\left\{a^3x^2\left(1 - \frac{x}{a}\right)\right\}^{\frac{1}{6}}$

$\qquad = a^{\frac{1}{2}}x^{\frac{2}{3}} \times a^{\frac{1}{2}}x^{\frac{1}{3}}\left(1 - \frac{x}{a}\right)^{\frac{1}{6}} = ax\left(1 - \frac{x}{a}\right)^{\frac{1}{6}}$

(32) $(a^2 - ax + x^2)^{\frac{1}{7}} = \left\{a^2\left(1 - \frac{x}{a} + \frac{x^2}{a^2}\right)\right\}^{\frac{1}{7}} = a^{\frac{2}{7}}\left(1 - \frac{x}{a} + \frac{x^2}{a^2}\right)^{\frac{1}{7}}$

(33) $a^{\frac{7}{2}}x^{\frac{1}{2}}(a^3x^5 + a^4x^4 + a^5x^3)^{\frac{3}{2}} = a^{\frac{7}{2}}x^{\frac{1}{2}}\left\{a^3x^5\left(1 + \frac{a}{x} + \frac{a^2}{x^2}\right)\right\}^{\frac{3}{2}}$

$\qquad = a^8x^8\left(1 + \frac{a}{x} + \frac{a^2}{x^2}\right)^{\frac{3}{2}}$

(34) $\left\{\sqrt[3]{\left(\frac{27a^5x}{2b}\right)} - \sqrt[3]{\left(\frac{a^2x^4}{2b}\right)} + \sqrt[3]{\left(\frac{125x^7}{2ab}\right)}\right\}^{\frac{1}{3}}$

$\qquad = \left\{3a\sqrt[3]{\left(\frac{a^2x}{2b}\right)} - x\sqrt[3]{\left(\frac{a^2x}{2b}\right)} + \frac{5x^2}{a}\sqrt[3]{\left(\frac{a^2x}{2b}\right)}\right\}^{\frac{1}{3}}$

$\qquad = \left(\frac{a^2x}{2b}\right)^{\frac{1}{9}}\left(3a - x + \frac{5x^2}{a}\right)^{\frac{1}{3}}$

$\qquad = \left(\frac{a^2x}{2b}\right)^{\frac{1}{9}}(3a)^{\frac{1}{3}}\left(1 - \frac{x}{3a} + \frac{5x^2}{3a^2}\right)^{\frac{1}{3}}$

$\qquad = \left(\frac{27a^5x}{2b}\right)^{\frac{1}{9}}\left(1 - \frac{x}{3a} + \frac{5x^2}{3a^2}\right)^{\frac{1}{3}}$

(35) $\left\{\frac{\sqrt{(x+y)}}{x^2} + \frac{2(x+y)^{\frac{3}{2}}}{x^2y} + \frac{(x+y)^{\frac{5}{2}}}{x^2y^2}\right\}^{\frac{1}{\sqrt{2}}}$

$\qquad = \left\{\frac{(x+y)^{\frac{1}{2}}}{x^2}\left(1 + \frac{2(x+y)}{y} + \frac{(x+y)^2}{y^2}\right)\right\}^{\frac{1}{\sqrt{2}}}$

$\qquad = \frac{(x+y)^{\frac{1}{2\sqrt{2}}}}{x^{\sqrt{2}}}\left(1 + \frac{x+y}{y}\right)^{\frac{2}{\sqrt{2}}} = \frac{(x+y)^{\frac{1}{2\sqrt{2}}}}{x^{\sqrt{2}}}\left(2 + \frac{x}{y}\right)^{\sqrt{2}}$

$\qquad = \frac{(x+y)^{\frac{1}{2\sqrt{2}}}}{x^{\sqrt{2}}}\left\{2\left(1 + \frac{x}{2y}\right)\right\}^{\sqrt{2}} = \frac{2^{\sqrt{2}}(x+y)^{\frac{1}{2\sqrt{2}}}}{x^{\sqrt{2}}}\left(1 + \frac{x}{2y}\right)^{\sqrt{2}}$

$\qquad = \left\{\frac{4\sqrt{(x+y)}}{x^2}\right\}^{\frac{1}{\sqrt{2}}}\left(1 + \frac{x}{2y}\right)^{\sqrt{2}}$

다음은 거듭 제곱의 양과 지수를 포함하는 복잡한 식을 다른 동치인 식
으로 변형하는 다양한 보기들이다.

(36) $\dfrac{\sqrt{(1-x)}+\dfrac{1}{\sqrt{(1+x)}}}{1+\dfrac{1}{\sqrt{(1-x^2)}}}=\sqrt{(1-x)}$

(37) $\dfrac{\sqrt{\left(\dfrac{2x}{1+x}\right)}+\dfrac{\sqrt{(1+x)}}{\sqrt{2}}}{1+\dfrac{1+x}{2\sqrt{x}}}=\sqrt{\left(\dfrac{2x}{1+x}\right)}$

(38) $\dfrac{\sqrt{(1-x^2)}+\dfrac{x^2}{\sqrt{(1-x^2)}}}{1-x^2}=\dfrac{1}{(1-x^2)^{\frac{3}{2}}}$

(39) $\dfrac{1+\dfrac{\sqrt{(a^2-x^2)}}{\sqrt{(a^2+x^2)}}}{\sqrt{(a^2+x^2)}+\sqrt{(a^2-x^2)}}=\dfrac{1}{\sqrt{(a^2+x^2)}}$

(40) $\dfrac{\dfrac{\sqrt{(1+x)}}{\sqrt{(1-x)}}-\dfrac{\sqrt{(1-x)}}{\sqrt{(1+x)}}}{\dfrac{\sqrt{(1+x)}}{\sqrt{(1-x)}}+\dfrac{\sqrt{(1-x)}}{\sqrt{(1+x)}}}=x$

(41) $\dfrac{\sqrt{(1+2x)}-\dfrac{1}{\sqrt{(1+2x)}}}{\sqrt{(1+2x)}+\dfrac{1}{\sqrt{(1+2x)}}}=\dfrac{x}{1+x}$

(42) $\dfrac{\dfrac{1+x}{\sqrt{(1+x^2)}}-\dfrac{\sqrt{(1+x^2)}}{1+x}}{\dfrac{1+x}{\sqrt{(1+x^2)}}+\dfrac{\sqrt{(1+x^2)}}{1+x}}=\dfrac{x}{1+x+x^2}$

(43) $\dfrac{\sqrt{(1+x)}+\sqrt{(1-x)}}{\sqrt{(1+x)}-\sqrt{(1-x)}}=\dfrac{\{\sqrt{(1+x)}+\sqrt{(1-x)}\}^2}{(1+x)-(1-x)}$

$\qquad=\dfrac{1+\sqrt{(1-x^2)}}{x}=\dfrac{x}{1-\sqrt{(1-x^2)}}$

한 경우에는 분자와 분모에 $\sqrt{(1+x)} + \sqrt{(1-x)}$를 곱하고, 다른 경우에는 $\sqrt{(1+x)} - \sqrt{(1-x)}$를 곱하면 위와 같이 동치인 두 식을 얻는다.

$$(44) \quad \frac{\sqrt{(x^2+1)} - 1}{\sqrt{(x^2+1)} + 1} = \frac{x^2}{\{\sqrt{(x^2+1)}+1\}^2} = \frac{\{\sqrt{(x^2+1)}-1\}^2}{x^2}$$

첫 번째 결과는 분자와 분모에 $\sqrt{(x^2+1)}+1$을 곱한 것이고, 두 번째 결과는 $\sqrt{(x^2+1)}-1$을 곱한 것이다.

$$(45) \quad \frac{\dfrac{\sqrt{(1-x)}}{2\sqrt{(1+x)}} + \dfrac{\sqrt{(1+x)}}{2\sqrt{(1-x)}}}{1-x} = \frac{1}{(1-x)\sqrt{(1-x^2)}} = \frac{1}{(1-x)^{\frac{3}{2}}\sqrt{(1+x)}}$$

여기서 $\sqrt{(1-x^2)} = \sqrt{(1-x)}\sqrt{(1+x)}$이다.

$$(46) \quad \frac{\sqrt{(a+b)} + \sqrt{(a-b)}x}{\sqrt{(a+b)} - \sqrt{(a-b)}x} = \frac{a+b+(a-b)x+2\sqrt{(a^2-b^2)}x}{a+b-(a-b)x}$$

$$= \frac{a(1+x)+b(1-x)+2\sqrt{(a^2-b^2)}x}{a(1-x)+b(1+x)}$$

$$= \frac{a(1-x)+b(1+x)}{a(1+x)+b(1-x)-2\sqrt{(a^2-b^2)}x}$$

첫 번째 경우에서는 분모와 분자에 분자를 곱한 것이고, 두 번째에서는 분모를 곱한 것이다.

$$(47) \quad \sqrt{(a+\sqrt{b})} = \frac{\sqrt{(a^2-b)}}{\sqrt{(a-\sqrt{b})}}$$

$\sqrt{(a-\sqrt{b})}$를 곱하고 나누었다.

$$(48) \quad \sqrt{(a-\sqrt{b})} = \frac{\sqrt{(a^2-b)}}{\sqrt{(a+\sqrt{b})}}$$

$\sqrt{(u+\sqrt{b})}$를 곱하고 나누었다.

$$(49) \quad \sqrt[n]{(a+\sqrt{b})} = (a+\sqrt{b})^{\frac{1}{n}} = \frac{(a^2-b)^{\frac{1}{n}}}{(a-\sqrt{b})^{\frac{1}{n}}}$$

$(a-\sqrt{b})^{\frac{1}{n}}$을 곱하고 나누었다. 여기서 $(a+\sqrt{b})^{\frac{1}{n}} \times (a-\sqrt{b})^{\frac{1}{n}} = \{(a+\sqrt{b})(a-\sqrt{b})\}^{\frac{1}{n}} = (a^2-b)^{\frac{1}{n}}$이다.

$$(50) \quad \sqrt[n]{(a - \sqrt{b})} = \frac{(a^2 - b)^{\frac{1}{n}}}{(a + \sqrt{b})^{\frac{1}{n}}}$$

$$(51) \quad \sqrt{\left(\frac{a + \sqrt{b}}{a - \sqrt{b}}\right)} = \frac{\sqrt{(a^2 - b)}}{a - \sqrt{b}}, \qquad \sqrt{(a - \sqrt{b})}\text{를 곱하고 나누었다.}$$

$$(52) \quad \frac{\sqrt{a}}{\sqrt{b} + \sqrt{c}} = \frac{\sqrt{(ab)} - \sqrt{(ac)}}{b - c}, \qquad \sqrt{b} - \sqrt{c}\text{를 곱하고 나누었다.}$$

$$(53) \quad \frac{\sqrt{\{\sqrt{(ab)} + \sqrt{(ac)}\}}}{\sqrt{a}} = \sqrt{\left(\frac{a^{\frac{1}{2}}b^{\frac{1}{2}} + a^{\frac{1}{2}}c^{\frac{1}{2}}}{a}\right)}$$

$$= \sqrt{\left(\frac{b^{\frac{1}{2}} + c^{\frac{1}{2}}}{a^{\frac{1}{2}}}\right)} = \sqrt{\left(\frac{\sqrt{b} + \sqrt{c}}{\sqrt{a}}\right)}$$

$$(54) \quad \frac{c\sqrt{a} + d\sqrt{b}}{e\sqrt{a} + f\sqrt{b}} = \frac{ace - bdf + (de - cf)\sqrt{(ab)}}{ae^2 - bf^2}$$

$$= \frac{ac^2 - bd^2}{ace - bdf - (de - cf)\sqrt{(ab)}}$$

첫 번째 경우는 분자와 분모에 $e\sqrt{a} - f\sqrt{b}$를 곱한 것이고, 두 번째 경우는 $c\sqrt{a} - d\sqrt{b}$를 곱한 것이다.

$$(55) \quad \frac{2\sqrt{x} + 3\sqrt{y}}{3\sqrt{x} + 4\sqrt{y}} = \frac{6x - 12y + \sqrt{(xy)}}{9x - 16y} = \frac{4x - 9y}{6x - 12y - \sqrt{(xy)}}$$

이것은 앞 보기의 특별한 경우이다.

$$(56) \quad \frac{a - b}{\sqrt{a} - \sqrt{b}} = \sqrt{a} + \sqrt{b}$$

$$(57) \quad \frac{a - b}{a^{\frac{1}{3}} - b^{\frac{1}{3}}} = a^{\frac{2}{3}} + a^{\frac{1}{3}}b^{\frac{1}{3}} + b^{\frac{2}{3}}$$

$$(58) \quad \frac{a - b}{a^{\frac{1}{4}} - b^{\frac{1}{4}}} = a^{\frac{3}{4}} + a^{\frac{1}{2}}b^{\frac{1}{4}} + a^{\frac{1}{4}}b^{\frac{1}{2}} + b^{\frac{3}{4}}$$

$$(59) \quad \frac{\sqrt{a} - \sqrt{b}}{\sqrt[4]{a} - \sqrt[4]{b}} = \frac{a^{\frac{1}{2}} - b^{\frac{1}{2}}}{a^{\frac{1}{4}} - b^{\frac{1}{4}}} = a^{\frac{1}{4}} + b^{\frac{1}{4}}$$

위 네 개의 보기는 일반적인 나눗셈을 통해 얻어진다.

$$(60) \quad \frac{1}{\sqrt[4]{a} + \sqrt[4]{b}} = \frac{a^{\frac{3}{4}} - a^{\frac{1}{2}}b^{\frac{1}{4}} + a^{\frac{1}{4}}b^{\frac{1}{2}} - b^{\frac{3}{4}}}{a - b}$$

$a - b$를 $\sqrt[4]{a} + \sqrt[4]{b}$로 나눈 몫을 분자와 분모에 곱했다.

$$(61) \quad \frac{\sqrt[4]{a} + \sqrt[4]{b}}{\sqrt[4]{a} - \sqrt[4]{b}} = \frac{a + b + 2a^{\frac{1}{2}}b^{\frac{1}{2}} + 2a^{\frac{3}{4}}b^{\frac{1}{4}} + 2a^{\frac{1}{4}}b^{\frac{3}{4}}}{a - b}$$

결과의 분자는 $\sqrt[4]{a} + \sqrt[4]{b}$와 $a - b$를 $\sqrt[4]{a} - \sqrt[4]{b}$로 나눈 몫과의 곱이다.

$$(62) \quad \sqrt{(a + \sqrt{b})} + \sqrt{(a - \sqrt{b})} = \sqrt{\{\sqrt{(a + \sqrt{b})} + \sqrt{(a - \sqrt{b})}\}^2}$$
$$= \sqrt{\{2a + 2\sqrt{(a^2 - b)}\}}$$

$$(63) \quad \sqrt{(a + \sqrt{b})} - \sqrt{(a - \sqrt{b})} = \sqrt{\{\sqrt{(a + \sqrt{b})} - \sqrt{(a - \sqrt{b})}\}^2}$$
$$= \sqrt{\{2a - 2\sqrt{(a^2 - b)}\}}$$

$$(64) \quad \sqrt[4]{(a + \sqrt{b})} + \sqrt[4]{(a - \sqrt{b})} = \sqrt{\{\sqrt[4]{(a + \sqrt{b})} + \sqrt[4]{(a - \sqrt{b})}\}^2}$$
$$= \sqrt{\{\sqrt{(a + \sqrt{b})} + \sqrt{(a - \sqrt{b})} + 2\sqrt[4]{(a^2 - b)}\}}$$
$$= \sqrt{[\sqrt{\{2a + 2\sqrt{(a^2 - b)}\}} + 2\sqrt[4]{(a^2 - b)}]}$$

$\sqrt{(a + \sqrt{b})} + \sqrt{(a - \sqrt{b})}$를 보기 (61)에서 얻은 동치인 형식으로 바꾸었다.

근호를 지수로 바꾸면 위 결과는 다음과 같다.

$$[\{2a + 2(a^2 - b)^{\frac{1}{2}}\}^{\frac{1}{2}} + 2(a^2 - b)^{\frac{1}{4}}]^{\frac{1}{2}}$$

$$(65) \quad \sqrt[8]{(a + \sqrt{b})} + \sqrt[8]{(a - \sqrt{b})} = \sqrt{\{\sqrt[8]{(a + \sqrt{b})} + \sqrt[8]{(a - \sqrt{b})}\}^2}$$
$$= \sqrt{\{\sqrt[4]{(a + \sqrt{b})} + \sqrt[4]{(a - \sqrt{b})} + 2\sqrt[8]{(a^2 - b)}\}}$$
$$= \sqrt{\{\sqrt{[\sqrt{\{2a + 2\sqrt{(a^2 - b)}\}} + 2\sqrt[4]{(a^2 - b)}]} + 2\sqrt[8]{(a^2 - b)}\}}$$

위 결과는 다음과 같이 나타낼 수 있다.

$$\{[\{2a + 2(a^2 - b)^{\frac{1}{2}}\}^{\frac{1}{2}} + 2(a^2 - b)^{\frac{1}{4}}]^{\frac{1}{2}} + 2(a^2 - b)^{\frac{1}{8}}\}^{\frac{1}{2}}$$

$$(66) \quad \sqrt{(ax)} + \frac{ax}{a - \sqrt{(ax)}} = \frac{a\sqrt{x}}{\sqrt{a} - \sqrt{x}}$$

$$(67) \quad \frac{ax}{\sqrt{(a+x)}} - \frac{2ax^2}{(a+x)^{\frac{3}{2}}} + \frac{ax^3}{(a+x)^{\frac{5}{2}}} = \frac{a^3 x}{(a+x)^{\frac{5}{2}}}$$

최소 공통인 분모로 주어진 분수들을 통분하였다.

$$(68) \quad \frac{1}{a^2 x(a+bx^2)^{\frac{1}{2}}} + \frac{2bx}{a^2(a+bx^2)^{\frac{3}{2}}} - \frac{4bx}{a(a+bx^2)^{\frac{5}{2}}} - \frac{3b^2 x^3}{a^2(a+bx^2)^{\frac{5}{2}}}$$
$$= \frac{1}{x(a+bx^2)^{\frac{5}{2}}}$$

$$(69) \quad \frac{2c}{\sqrt{(a+bx+cx^2)}} - \frac{(2cx+b)^2}{2(a+bx+cx^2)^{\frac{3}{2}}} = \frac{4ac - b^2}{2(a+bx+cx^2)^{\frac{3}{2}}}$$

$$(70) \quad \frac{5}{2\sqrt{(2x-x^2)}} - \left(\frac{x^2}{3} + \frac{5x}{6} + \frac{5}{2}\right)\frac{1-x}{\sqrt{(2x-x^2)}} - \left(\frac{2x}{3} + \frac{5}{6}\right)\sqrt{(2x-x^2)}$$
$$= \frac{x^3}{\sqrt{(2x-x^2)}}$$

$$(71) \quad \frac{1}{a^3 x\sqrt{(a+bx+cx^2)}} - \frac{b+cx}{a^3(a+bx+cx^2)^{\frac{3}{2}}} - \frac{b+cx}{a^2(a+bx+cx^2)^{\frac{5}{2}}}$$
$$- \frac{b+cx}{a(a+bx+cx^2)^{\frac{7}{2}}} = \frac{1}{x(a+bx+cx^2)^{\frac{7}{2}}}$$

$$(72) \quad \frac{1 + x^{\frac{1}{2}} + x + x^{\frac{3}{2}}}{2x + 2x^{\frac{3}{2}} + 3x^2 + 3x^{\frac{5}{2}}} = \frac{1+x}{2x + 3x^2}$$

$\sqrt{x}$나 $x^{\frac{3}{2}}$과 같이 단순한 거듭 제곱 근이 분수에 포함되었을 때, 모든 항이 유리수일 때와 같은 방법으로 각 항을 가장 간단한 형태로 변형한다.

$$(73) \quad \frac{1 - x + 2x^{\frac{3}{2}} + x^3}{1 - 2\sqrt{x} + x + 2x^{\frac{3}{2}} - 2x^2 + x^3} = \frac{1 + x^{\frac{1}{2}} + x^{\frac{3}{2}}}{1 - x^{\frac{1}{2}} + x^{\frac{3}{2}}}$$

$1 - x^{\frac{1}{2}} + x^{\frac{3}{2}}$이 분자와 분모의 공통 인자이다.

$$(74) \quad \frac{a - x}{a^{\frac{3}{2}} - a^2\sqrt{x} + a^{\frac{3}{2}}x - ax^{\frac{3}{2}} + a^{\frac{1}{2}}x^2 - x^{\frac{3}{2}}} = \frac{\sqrt{a} + \sqrt{x}}{a^2 + ax + x^2}$$

$\sqrt{a} - \sqrt{x}$가 분자와 분모의 공통 인자이다.

$$(75) \quad \frac{x^2 + 2x^{\frac{3}{2}}y^{\frac{1}{2}} + 3xy + 2x^{\frac{1}{2}}y^{\frac{3}{2}} + y^2}{x^2 + xy + y^2} = \frac{x + x^{\frac{1}{2}}y^{\frac{1}{2}} + y}{x - x^{\frac{1}{2}}y^{\frac{1}{2}} + y}$$

$x + x^{\frac{1}{2}}y^{\frac{1}{2}} + y$가 분자와 분모의 공통 인자이다.

$$(76) \quad \frac{x^2 + x - 1}{x^3 - 3x^2 + 3x + (3x^2 - x + 1)\sqrt{(1 - x)}}$$

이와 같이 한 문자의 거듭 제곱과 동일한 문자로 이루어진 복합 거듭 제곱 근이 포함된 경우에 분자와 분모의 공통 인자를 찾는 규칙은 그 문자의 거듭 제곱에 따라 나뉠 양과 나누는 양을 배열하지 않는 한 틀림없이 실패할 것이다. 그리고 그 규칙을 적용하려면 반드시 거듭 제곱에 따라 배열해야 한다.

이 보기에서는 다른 방법으로 $x + \sqrt{(1 - x)}$가 분자와 분모의 공통 인자임을 알 수 있고 결과적으로 주어진 분수는 다음과 같이 변형된다.

$$\frac{x - \sqrt{(1 - x)}}{x^2 - x + 1 + 2x\sqrt{(1 - x)}}$$

제 7 장

십진 소수의 이론에 대하여

182. 어떤 수이든지 그 수를 이루는 각 숫자에 자릿수(그 숫자 다음 으로 이어지는 숫자의 개수)만큼 10의 거듭 제곱을 곱하고 부호 +로 서로 연결하여 대수 형식으로 나타낼 수 있다. 예를 들어 수 31245는 다음과 같이 나타낼 수 있다.

수는 대수 형식으로 표현될 수 있다

$$3 \times 10^4 + 1 \times 10^3 + 2 \times 10^2 + 4 \times 10 + 5$$

만약 주어진 수를 충분히 풀어 쓰고 $10^2, 10^3$ 그리고 10^4이 각각 $100, 1000$ 그리고 10000임을 기억하면 이렇게 변환하는 것이 참임은 명백하다.

183. 위의 수를 10^3으로 나누면 대수적으로 표현된 결과는 다음과 같다.

소수: 그 의미

$$3 \times 10 + 1 + 2 \times 10^{-1} + 4 \times 10^{-2} + 5 \times 10^{-3}$$

또는 다음과 같다.

$$3 \times 10 + 1 + \frac{2}{10} + \frac{4}{10^2} + \frac{5}{10^3}$$

이것을 산술적으로 표현하면 다음과 같다.

$$31.245$$

여기서 소수점이라 불리는 표시 (.) 뒤에 있는 숫자들은 일의 자리로부터의
거리를 지수로 갖는 10의 거듭 제곱으로 나눈 것이다.

동일한 수를 10^5으로 나누고 그 결과를 대수적으로 표현하면 다음과
같다.

$$\frac{3}{10} + \frac{1}{10^2} + \frac{2}{10^3} + \frac{4}{10^4} + \frac{5}{10^5}$$

산술적으로 표현하면 다음과 같다.

$$.31245$$

여기서 모든 숫자는 소수임을 알 수 있다.

이 수를 10^5 대신에 10^7으로 나누면 대수적 결과는 다음과 같다.

$$\frac{3}{10^3} + \frac{1}{10^4} + \frac{2}{10^5} + \frac{4}{10^6} + \frac{5}{10^7}$$

그리고 산술 형식은 다음과 같다.

$$.0031245$$

여기서 맨 처음 의미있는 숫자는 일의 자리로부터 세 번째 자리에 있는 것
으로 이것은 분수 $\frac{3}{10^3}$의 분모에 있는 10의 지수 3에 해당한다.

방금 소개한 표기법에 의해 모든 수에 있는 숫자들은 일의 자리로부터
왼쪽으로 또는 오른쪽으로의 거리를 지수로 갖는 10의 거듭 제곱에 의해
곱해지거나 나누어져야 한다는 것을 알 수 있다.

그러므로 300은 3×10^2을 의미하고 .03은 $\frac{3}{10^2}$을 의미한다. 또, 70000
은 7×10^4을 의미하고 .0007은 $\frac{7}{10^4}$을 의미한다. 마찬가지로, 3250은 3 ×

$10^3 + 2 \times 10^2 + 5 \times 10$을 의미하고 $.00325$은 $\frac{3}{10^3} + \frac{2}{10^4} + \frac{5}{10^5}$를 의미한다. 일반적으로 모든 다른 경우에도 동일하게 적용된다.

184.   이제 어떤 소수도 부호 +로 연결된 일련의 동치인 분수들로 표현할 수 있다. 10의 어떤 거듭 제곱인 최소 공통인 분모로 통분하고 이들 분수를 서로 더하고, 소수와 동치인 한 개의 분수를 얻는다. 소수의 동치인 분수로 변환

예를 들면 다음과 같다.

$$.314 = \frac{3}{10} + \frac{1}{10^2} + \frac{4}{10^3} = \frac{3 \times 10^2 + 1 \times 10 + 4}{10^3} = \frac{314}{10^3}$$
$$.07598 = \frac{7}{10^2} + \frac{5}{10^3} + \frac{9}{10^4} + \frac{8}{10^5} = \frac{7 \times 10^3 + 5 \times 10^2 + 9 \times 10 + 8}{10^5}$$
$$= \frac{7598}{10^5}$$

이들 부분 분수들을 최소 공통인 분모 10의 거듭 제곱으로 통분하는 것이 이들의 분자에 있는 각 숫자에 소수의 마지막 자리로부터의 거리에 해당하는 10의 거듭 제곱을 곱하는 것을 유도하는 한 이들 (통분된 분모를 갖는 분수들의) 분자의 합은 소수에서 소수점을 지웠을 때 나타나는 정수와 동일하다. 그러므로 다음과 같이 소수를 동치인 한 개의 분수로 변환하는 규칙을 얻는다.

규칙. 소수점을 지우고, 이때 나타나는 정수를 소수 자릿수를 지수로 갖는 10의 거듭 제곱으로 나누어라.

다음과 같이 예를 들어보자.

$$.754 = \frac{754}{10^3}$$
$$.00419 = \frac{419}{10^5}$$
$$.000073 = \frac{73}{10^6}$$

원래의 양이 정수 부분과 소수 부분을 모두 포함해도 동일한 규칙을 적용한다. 소수 부분과 동치인 분수와 정수를 더해서 얻은 가분수의 분자는 처음 양에 있는 소수점을 지웠을 때 나타나는 정수와 동일하다. 예를 들면 다음과 같다.

$$7.35 = 7 + \frac{35}{10^2} = \frac{700 + 35}{10^2} = \frac{735}{10^2}$$
$$3.045 = 3 + \frac{45}{10^3} = \frac{3045}{10^3}$$
$$73.0126 = 73 + \frac{126}{10^4} = \frac{730126}{10^4}$$

위의 예뿐만 아니라 일반적으로 정수 부분은 소수 자릿수와 같은 10의 거듭 제곱이 곱해진다. 이때 정수 부분의 마지막 숫자는 일의 자리로부터 소수 자릿수에 해당하는 자리로 옮겨진다. 따라서 소수 부분과 동치인 분수의 분자는 그 숫자들을 알맞은 자리에 연속적으로 쓰는 것으로 더해진다.

분모가 10의 거듭 제곱인 분수를 동치인 소수로 변환

185. 분모가 10의 거듭 제곱인 어떤 분수도 분모를 지우고 분자에서 10의 거듭 제곱의 지수와 동일한 소수 자릿수를 만들어서 동치인 소수로 변환할 수 있다. 이것은 위에서 입증한 명제의 역이고, 또한 그 명제의 필연적인 결과이다.

예를 들면 다음과 같다.

$$\frac{375}{10^2} = 3.75$$
$$\frac{4191}{10^5} = .04191$$
$$\frac{31}{10^6} = .000031$$

소수의 곱셈에 대한 규칙의 증명

186. 앞의 두 조항에서 입증된 명제와 그 역에 대한 지식을 통해 소수의 곱셈과 나눗셈에 대한 일반적인 규칙을 매우 쉽게 입증할 수 있다.

d와 d'이 두 소수이고, n과 n'이 각각의 소수 자릿수라 하자. 그리고 N
과 N'을 각각의 소수에서 소수점을 지웠을 때 얻어지는 정수라 하자. 그러
면 앞에서 보인 것처럼 다음을 얻는다.

$$d = \frac{N}{10^n} \quad \text{그리고} \quad d' = \frac{N'}{10^{n'}}$$

따라서 이들의 곱은 다음과 같다.

$$dd' = \frac{N}{10^n} \times \frac{N'}{10^{n'}} = \frac{NN'}{10^{n+n'}}$$

또한 소수를 정수로 여긴 NN'에, 곱해질 수와 곱하는 수의 소수 자릿수를
더한 $n + n'$과 동일한 소수 자릿수를 할당했을 때 얻어지는 소수와 동일하
다. 이것이 보통의 규칙이다.

예를 들면 다음과 같다.

$$.576 \times .3854 = \frac{576}{10^3} \times \frac{3854}{10^4} = \frac{2219904}{10^7} = .2219904$$

$$113.5 \times .072 = \frac{1135}{10} \times \frac{72}{10^3} = \frac{81720}{10^4} = 8.172$$

$$.00005 \times .017 = \frac{5}{10^5} \times \frac{17}{10^3} = \frac{85}{10^8} = .00000085$$

187. 앞에서 사용한 d를 d'으로 나누면 다음을 얻는다.

소수의
나눗셈에 대한
규칙의 증명

$$\frac{d}{d'} = \frac{N}{10^n} \div \frac{N'}{10^{n'}} = \frac{N}{N'} \times \frac{10^{n'}}{10^n}$$

여기서 n'이 n보다 큰지, 같은지 또는 작은지에 따라 세 가지 경우를 고려
해야 한다.

n'이 n보다 크다고 하자. 그러면 다음을 얻는다.

경우 1.

$$\frac{d}{d'} = \frac{N}{N'} \times 10^{n'-n}$$

또한 소수의 몫은 소수들을 정수로 여기고 나눗셈을 하여 얻은 몫에 나뉠 양에 있는 소수 자릿수보다 나누는 양에 있는 소수 자릿수의 초과, 즉 $n' - n$ 과 동일한 수의 영을 붙인 것과 동일하다.

예를 들면 다음과 같다.

$$400 \div .25 = \frac{400}{25} \times 10^2 = 16 \times 10^2 = 1600$$

$$10287.36 \div .00036 = \frac{1028736}{36} \times 10^3 = 28576 \times 10^3 = 28576000$$

$$.01 \div .0002 = \frac{1}{2} \times 10^2 = \frac{10}{2} \times 10 = 50$$

경우 2. $n' = n$이라 하자. 그러면 다음을 얻는다.

$$\frac{d}{d'} = \frac{N}{N'} \times 10^0 = \frac{N}{N'}$$

또한 소수의 몫은 소수들을 정수로 여기고 나눗셈을 한 몫과 동일하다.

예를 들면 다음과 같다.

$$145.817 \div .563 = \frac{145817}{563} = 259$$

$$56.40 \div .15 = \frac{5640}{15} = 376$$

경우 3. n'이 n보다 작다고 하자. 그러면 다음을 얻는다.

$$\frac{d}{d'} = \frac{N}{N'} \times \frac{1}{10^{n-n'}}$$

또한 소수의 몫은 소수들을 정수로 여기고 나눗셈을 하여 얻는 몫에서 나누는 양에 있는 소수 자릿수보다 나뉠 양에 있는 소수 자릿수의 초과, 즉 $n - n'$과 동일한 수의 소수 자리를 만든 것과 동일하다.

예를 들면 다음과 같다.

$$2.53944 \div 7.2 = \frac{253944}{72} \times \frac{1}{10^4} = \frac{3527}{10^4} = .3527$$

$$.00048 \div 12 = \frac{48}{12} \times \frac{1}{10^5} = \frac{4}{10^5} = .00004$$

188. 소수들의 나눗셈에 대한 통상적인 규칙은, 필요하면 나뉠 양에 영을 추가하여 소수 자릿수가 나누는 양에 있는 소수 자릿수와 일치하도록 함으로써, 위의 세 경우를 하나로 축소한다. 아주 조금만 고려해 보면 이러한 영의 추가는 소수의 값과 의미에 영향을 미치지 않는 것을 알 수 있다. 그러므로 3.78은 3.7800 또는 3.7800000과 동일하다. 이들을 규칙에 따라 동치인 분수로 바꾸면 각각 다음과 같다.

유효 숫자 뒤에 영을 얼마든지 추가할 수 있다

$$\frac{378}{10^2}, \quad \frac{37800}{10^4}, \quad \frac{37800000}{10^7}$$

여기서 첫 번째 분수의 분자와 분모에 동일한 10의 거듭 제곱을 곱하여 나머지 분수들을 얻은 것으로 볼 수 있다.

189. 이제 두 수가 소수인지 아닌지와 상관없이, 나머지가 있는 한 필요하면 나뉠 양에 영을 추가하여 나눗셈을 계속하여 진행할 수 있다.

분수를 소수로 변환하는 일반적인 방법

예를 들면 다음과 같다.

$$\frac{7.5}{16} = \frac{7.50000}{16} = .46875$$
$$\frac{3}{4} = \frac{3.00}{4} = .75$$
$$\frac{1}{25} = \frac{1.00}{25} = .04$$
$$\frac{1}{3} = \frac{1.000\ldots}{3} = .333\ldots$$

190. 위 보기의 마지막 경우에 나눗셈은 결코 끝나지 않고, 각 단계의 나눗셈에서 나머지가 동일한 숫자이다. 그러나 이들 나머지는 값에서는 계속해서 감소하는데 그 이유는 소수인 숫자들과 일의 자리 사이의 거리

순환 소수

가 점점 멀어지기 때문이다. 그러므로 나눗셈이 한 없이 계속 진행된다고 가정하지 않는 한 몫은 산술적으로 진짜 몫의 값과 일치하지 않더라도 그 값으로 계속해서 접근해 간다.

순환 마디 **191.** $\dfrac{3}{7} = .428571428571\ldots$

이 경우 여섯 번의 나눗셈을 한 후의 나머지가 모두 동일한 숫자인데 이것은 원래의 분자와 같다. 그러므로 동일한 여섯 숫자 428571은 몫에서 주기적으로 나타나야 한다. 왜냐하면 이들은 동일한 나누는 양의 반복으로 부터 얻어지기 때문이다.

관련된 이론 이와 같이 나눗셈이 결코 끝나지 않는 모든 경우에 결과의 소수에 있 는 숫자들은 처음의 나누는 양보다 작은 주기를 갖고 주기적으로 나타나야 하는 것은 명백하다. 왜냐하면 나뉠 양에 영을 추가할 필요가 있을 때에 0부터 나누는 양까지의 서로 다른 나머지들이 계속해서 나타날 수 없다는 것은 매우 분명하다. 그러므로 동일한 나머지가 다시 나타나야 하고 소수인 몫에 있는 숫자들이 마찬가지로 반복해서 나타나야 한다.

순환 마디의 자릿수가 이러한 극단적인 제한까지 다다르는 것은 흔하지 않다. 이러한 분수 중 가장 작은 것은 다음과 같이 분모가 17이다.

$$\frac{1}{17} = .0588235294117647\ldots$$

여기서 순환 마디는 16자리이다. 물론 17과 서로 소인 수에 $\dfrac{1}{17}$을 곱한 분 수로부터 얻은 소수의 순환 마디의 자릿수는 동일하다. 예를 들면 다음과 같다.

$$\frac{16}{17} = .8823529411764705\ldots$$

여기서 반복 주기는 16이고 숫자들은 앞의 보기에서 처음 두 수를 끝으로 보낸 것과 동일함을 볼 수 있다.

192. 어떤 경우에 나눗셈이 끝나는지 그리고 어떤 경우에 끝나지 않는지를 명확히 하는 것은 흥미로운 질문이 되었다. 이에 대한 논의를 위해서는 수론에서 매우 중요한 다음 보조 정리들을 전제로 하여야 한다.

보조 정리 1. 어떤 수 c가 다른 두 수 a와 b에 각각 서로 소이면 c는 곱 ab와도 서로 소이다.

그 이유로는 위 보조 정리가 성립하지 않으면 c와 ab는 공약수 x를 갖는다. $ab = xp$라 하면 $\frac{a}{x} = \frac{p}{b}$이다. 그런데 a가 x와 서로 소이므로(a가 c와 서로 소이기 때문에), $\frac{a}{x}$는 기약 분수이다. 그러므로 b는 x이거나 x의 배수여야 한다(조항 160). 두 경우 모두 b는 c와 서로 소가 될 수가 없어 가정에 모순이다. 따라서 ab는 c와 어떠한 공약수도 가질 수 없다.

193. 보조 정리 2. c가 a와 서로 소이면 a^n과도 서로 소이다.

위 보조 정리에서와 같은 동일한 과정에 의해 c가 a와 서로 소이면 $a \times a$, 즉 a^2과 서로 소임을 보일 수 있다. a와 a^2과 서로 소이면 $a \times a^2$, 즉 a^3과 서로 소이다. a와 a^3과 서로 소이면 $a \times a^3$, 즉 a^4과 서로 소이다. 유사한 방법으로 a의 어떤 거듭 제곱과도 서로 소임을 보일 수 있다.

194. 분수 $\frac{a}{b}$가 분모가 10의 거듭 제곱인 동치인 분수로 변형될 수 있을 때 $\frac{a}{b}$는 유한 소수로 변환되고, 그렇지 않은 경우엔 유한 소수로 끝나지 않는다. 왜냐하면 대응되는 소수가 유한 소수이면 이 소수는 분모가 10의 거듭 제곱인 동치인 분수로 변환되기 때문이다(조항 184). 따라서 이 경우 어떤 자연수 N에 대하여 다음을 읻는다.

$$\frac{a}{b} = \frac{a \times 10^n}{b \times 10^n} = \frac{N}{10^n}$$

한편, b 또는 b의 어떤 인수도 a 그리고 10과 서로 소이면 b 또는 b의 어떤 인수도 a 그리고 10^n과 서로 소이다. 그러므로 $a \times 10^n$과 서로 소이다(조

보조 정리 1. 한 수가 다른 두 수와 각각 서로 소이면 그 두 수의 곱과도 서로 소이다

보조 정리 2. 한 수가 다른 수와 서로 소이면 그 수의 어떠한 거듭 제곱과도 서로 소이다

어떤 분수가 유한 소수를 만드는가

항 193). 따라서 $\frac{a \times 10^n}{b}$는 결코 정수가 될 수 없다. 그리고 $\frac{a}{b}$에 해당하는 소수는 무한 소수이다.

그런데 b가 10과 서로 소인 인수를 갖지 않으면, 다시 말해서 b가 오로지 2와 5의 거듭 제곱으로만 구성되면 나눗셈은 이들 거듭 제곱의 지수 중 가장 큰 지수와 같은 수의 연산을 수행하면 끝난다. 즉, $b = 2^p 5^q$이고 두 수 p와 q 중에서 p가 큰 수이면 다음을 얻는다.

$$\frac{a}{b} = \frac{a \times 10^p}{b \times 10^p} = \frac{a \times 2^p \times 5^p}{2^p \times 5^q \times 10^p} = \frac{a \times 5^{p-q}}{10^p}$$

그리고 q가 p보다 더 크면 다음을 얻는다.

$$\frac{a}{b} = \frac{a \times 10^q}{b \times 10^q} = \frac{a \times 2^q \times 5^q}{2^p \times 5^q \times 10^q} = \frac{a \times 2^{q-p}}{10^q}$$

예를 들어 다음을 얻는다.

$$\frac{3}{4} = \frac{3}{2^2} = \frac{3 \times 10^2}{2^2 \times 10^2} = \frac{3 \times 2^2 \times 5^2}{2^2 \times 10^2} = \frac{3 \times 5^2}{10^2} = \frac{75}{10^2} = .75$$

$$\frac{7}{125} = \frac{7}{5^3} = \frac{7 \times 10^3}{5^3 \times 10^3} = \frac{7 \times 2^3 \times 5^3}{5^3 \times 10^3} = \frac{7 \times 2^3}{10^3} = \frac{56}{10^3} = .056$$

$$\frac{1}{400} = \frac{1}{2^4 \times 5^2} = \frac{10^4}{2^4 \times 5^2 \times 10^4} = \frac{2^4 \times 5^4}{2^4 \times 5^2 \times 10^4} = \frac{5^2}{10^4} = .0025$$

**순환 소수:
동치인
분수로의 변환**
 195. 유한 소수는 바로 분모가 10의 거듭 제곱인 동치인 분수로 변환될 수 있다는 것은 이미 보였다. 그리고 이 분수를 약분하여 소수의 원천이었던 또는 동치인 가장 간단한 분수를 얻는 것은 명백히 필요한 일이다. 이제 남은 것은 무한한 그러나 순환하는 소수를 동치인 분수로 변환하는 방법, 다른 말로 하면 이와 같은 소수를 만드는 분수를 찾는 방법을 고려하는 것이다. 이런 목적을 위해 다음 보조 정리를 전제하는 것이 편리하다.

보조 정리 **보조 정리** 분수 $\frac{1}{10^n - 1}$에 해당하는 소수는 순환 소수이다. 이때 순환 마디는 n개의 자리로 구성되는데 1인 마지막 수 외에는 모두 영이다.

왜 그런지 살펴보자. 먼저 10^n으로부터 $10^n - 1$을 빼면 나머지가 1이다. 다른 말로 하면, 10^n을 $10^n - 1$으로 나누면 첫 번째 나머지가 1이다. 여기에 n개의 영을 첨가하면 원래의 나누는 양을 얻는다. 그런 다음 나눗셈이 계속될 것이다.

비슷한 방법으로 1을 $10^n - 1$로 나누면 첫 번째 나머지가 1이고, 몫에서 첫 번째로 주목할 것은 n번째 소수 자리에 있는 1이다. 이러한 과정을 계속 진행하면 두 번째 1은 $2n$번째 소수 자리에 있음을 알게 된다. 그리고 세 번째 1은 $3n$번째 소수 자리에 있고 이와 같은 일이 계속해서 일어나게 된다.

196.   그러므로 p가 n자리를 넘지 않는 어떤 수라 하면 $\frac{p}{10^n - 1}$은 순환 소수로 변환될 수 있다. 이때 순환 마디는 p이다. 왜냐하면 $\frac{1}{10^n - 1}$에 해당하는 순환 소수와 p를 곱하면 각각의 순환 마디는 1로부터 p로 바뀔 것이기 때문이다. **주어진 순환 소수를 만드는 분수**

역으로, 소수점으로부터 n개의 자리로 이루어진 순환 마디가 p인 모든 순환 소수는 분수 $\frac{p}{10^n - 1}$로부터 얻어진다.

그런데 순환 마디가 m번째 소수 자리 이후부터 시작하면, 앞에서와 다르게, 소수의 순환 부분을 만드는 분수는 $\frac{p}{10^m \times (10^n - 1)}$이다. 왜냐하면 앞부분과 이후의 모든 순환 마디들을 10^m으로 나누면 소수점이 m 자리 앞으로 이동한 동일한 배열의 수를 얻기 때문이다.

소수점 뒤로 m개의 소수 자리에 또는 소수점 앞에 유효 숫자가 있어서 소수점을 제거하면 정수 q가 된다고 하면 순환하지 않는 부분과 순환하는 부분을 모두 포함하는 전체 소수는 다음과 같이 표현된다. **일반 공식**

$$\frac{q}{10^m} + \frac{p}{10^m(10^n - 1)} = \frac{q \times 10^m - q + p}{10^m(10^n - 1)}$$

197. 이로부터 다음과 같이 순환 소수를 동치인 분수로 변환하는 일반적인 규칙을 유도할 수 있다.

"순환 마디로부터 순환하지 않는 부분을 빼서 차를 얻는데, 이때 둘 다 정수처럼 여긴다. 그리고 순환 마디의 자릿수만큼의 0을 붙인 순환하지 않는 부분에 차를 더한다. 이것이 분수의 분자이고 분모는 숫자 9를 순환 마디의 자릿수만큼 반복하고 순환 마디가 시작하기 전의 소수 자릿수만큼의 0을 붙인다."

"순환 마디가 순환하지 않는 부분보다 작으면, 둘 다 정수로 여기면서, 뒤엣것에서 앞엣것을 빼고 다음으로 순환 마디의 자릿수만큼의 0을 붙인 순환하지 않는 부분에서 그 나머지를 뺀다. 이렇게 하면 동치인 분수의 분자를 얻는다."

이제 동치인 분수는 순환 소수를 생성하는 기약 분수로 약분한다.

보기들   **198.** 다음 보기들은 이러한 규칙의 응용을 보여준다.

(1) $.333\cdots$

소수점부터 시작하는 순환 마디는 3이다. 그러므로 동치인 분수는 다음과 같다.

$$\frac{3}{10-1} = \frac{3}{9} = \frac{1}{3}$$

(2) $.125125125\cdots$

순환 마디는 125이고 소수점부터 시작한다. 그리고 동치인 분수는 다음과 같다.

$$\frac{125}{10^3-1} = \frac{125}{999}$$

이 경우에는 더 이상 약분되지 않는다.

(3) $.024390243902439\cdots$

194

순환 마디는 .02439이고 대응하는 분수는 다음과 같이 약분된다.

$$\frac{2439}{99999} = \frac{1}{41}$$

(4) .023255813953488372093̇023̇02255̇8 ⋯

순환 마디는 21개의 자리로 이루어져 있고 소수점부터 시작한다. 그리고 대응하는 분수는 다음과 같이 기약 분수로 약분된다.

$$\frac{23255813953488372093}{99999999999999999999} = \frac{1}{43}$$

(5) .636̇46̇464 ⋯

순환 마디는 64이고, 순환하지 않는 부분은 63이므로 이들의 차는 1이다. 그러므로 대응하는 분수는 다음과 같다.

$$\frac{6300 + 1}{9900} = \frac{6301}{9900}$$

(6) 1.14285̇7142857̇ ⋯

순환하지 않는 부분은 1이고, 순환 마디는 142857이다. 그러므로 대응하는 분수는 기약 분수로 약분되어 다음과 같다.

$$\frac{1142857 - 1}{999999} = \frac{1142856}{999999} = \frac{3}{7}$$

(7) 4.537̇77 ⋯

453 − 7 = 446이므로 대응하는 분수는 다음과 같다.

$$\frac{4530 - 446}{900} = \frac{4084}{900} = \frac{1021}{225}$$

(8) .1394230769̇230769̇ ⋯

대응하는 분수는 $\frac{29}{208}$이다.

(9) .33718̇18̇ ⋯

대응하는 분수는 $\frac{3709}{11000}$이다.

(10) $21.676190\dot{4}76190\dot{4}\cdots$

대응하는 분수는 $\frac{2276}{105}$ 이다.

제 8 장

대수에서의 역 연산에 관하여, 그리고 대수적 양 또는 수치적 양에 대한 거듭 제곱 근의 풀이에 관하여

199. 둘 또는 그 이상의 대수적 양들의 곱이 요구되면 그것을 찾는 과정은 일반적이고 확실하다. 그러나 곱이 홀로 주어지고 인자를 찾는 것이 요구되면 그 질문은 좀 더 어려워진다. 그리고 많은 경우에 해가 없고, 인자의 부호가 관련되는 한 항상 어떤 범위에서 모호해진다. *곱의 복합 인자를 찾는 어려움*

대수적 곱을 구성 인자로 분해하는 일반적인 질문을 지금 시작하고자 하는 것은 아니다. 방정식의 일반 이론에 다다랐을 때 그것을 논의할 기회를 갖게 될 것이다. 여기서는 단지 첫 번째 보기로 그러한 분해가 유효한, 그래서 제곱 근, 세 제곱 근 그리고 일반적인 거듭 제곱 근을 찾는 특별한 고려가 필요하게 되는 몇몇 경우를 언급할 것이다.

명심할 것은 우리의 주의를, 유리수의 그리고 가능한 형태로 표현되는 인자에 대한 결정으로 한정해야 한다는 것이다.

동차이고 대칭 식의 인자는 찾을 수 있다 **200.** 기호들이 동등하게 포함되어 있는 동차 식의 인자는 존재하면 찾을 수 있다.

이 경우 인자는 기호들에 대하여 대칭 식이어야 한다. 그리고 적어도 한 인자의 차수는 주어진 식의 차수의 절반을 넘지 않아야 한다.

그러므로 그저 기호들에 대한 대칭 함수의 배열을 구성하는 것이 요구되고 따라서 이들로부터 인자를 찾을 수 있다.

보기 **201.** (1) 다음 식의 인자가 존재하면 그 인자를 찾아라.

$$a^2b + a^2c + ab^2 + b^2c + ac^2 + bc^2 + 3abc$$

a, b, c가 동등하게 포함되어 있으므로, 이 경우 $a+b+c$가 인자가 되어야 한다. 또 다른 인자가 있으면 시행에 의해 찾을 수 있다.

두 인자는 $a+b+c$와 $ab+ac+bc$이다.

(2) 다음 식의 인자가 존재하면 그 인자를 찾아라.

$$a^4 + b^4 + c^4 + a^2b^2 + a^2c^2 + b^2c^2 - 2a^2bc - 2b^2ac - 2c^2ab$$

확인해 볼 인자들은 다음과 같다.

$$a+b+c,$$
$$a^2 + b^2 + c^2, \quad ab + ac + bc,$$
$$a^2 + b^2 + c^2 + ab + ac + bc,$$
$$a^2 + b^2 + c^2 - ab - ac - bc$$

이들 중 마지막 두 식이 적합한 것을 알 수있다.

$ab + ac + bc$와 같이 명백히 적합하지 못할 대칭 식이 있으므로 차원이 한계 안에 있더라도 모든 대칭 함수를 확인해 보는 것은 불필요하다. 대칭 식이 인자인 경우에는 a^4, b^4, c^4 같은 항을 포함하지 않는다.

(3) 다음 식의 인자가 존재하면 그 인자를 찾아라.

$$2a^2b^2 + 2a^2c^2 + 2b^2c^2 - a^4 - b^4 - c^4$$

확인해 볼 처음 인자 $a + b + c$는 성공하는 것을 알 수 있다. 그리고 이 인자로 나누면 그 결과는 다음과 같다.

$$a^2b + a^2c + ab^2 + ac^2 + b^2a + b^2c - a^3 - b^3 - c^3 - 2abc$$

이 양이 인자들로 분해 가능하고, 이들 인자들 중 하나가 $b + c - a$이면 다른 두 식 $a + b - c$와 $a + c - b$도 인자이어야 한다. 그렇지 않으면 세 기호 a, b, c가 동등하게 포함되지 않게 되어 식은 이들에 대해 대칭적이지 않게 된다. 확인해 보면 이들에 대해 성공하는 것을 알 수 있다.

(4) 다음 식의 인자가 존재하면 그 인자를 찾아라.

$$a^3 - b^3 + c^3 - 2a^2b + 2ab^2 + 2a^2c + 2ac^2 + 2b^2c - 2bc^2 - 3abc$$

이 식을 조금만 살펴보면, b의 부호를 바꾸어서 a, b, c에 대해 대칭이 됨을 볼 수 있다. 다른 말로 하면, 주어진 식은 a, $-b$, c에 대하여 대칭이고 따라서 인자가 존재하면 그 인자는 a, $-b$, c의 조합으로 된 대칭 함수 이어야 한다.

이러한 조합으로 유일한 일차원 식은 $a - b + c$인데 성공하는 것을 알 수 있다. 다른 인자는 $a^2 + b^2 + c^2 - ab + ac - bc$이다.

202. 모든 기호의 지수가 1인 식을 구성 인자로 분해하는 것에 대해 서는 이미 고려하였다(조항 173 보기 (10)). 이 경우 동일한 기호는 오직 한 **동일한 기호의 지수가 오직 1인 경우의 식**

인자에만 나타나야 한다. 그러므로 모든 다른 곱은 그 기호의 계수이어야
한다. 다음은 그 보기이다.

보기   (1) 다음 식의 인자를 찾아라.

$$60xyz + 72xy + 75xz + 80yz + 90x + 96y + 100z + 120$$

x의 계수는 $60yz + 72y + 75z + 90$이다. 전체 식을 이것으로 나누면,
유한 몫 $x + \frac{4}{3}$를 얻는다. 그러므로 $x + \frac{4}{3}$ 또는 $3x + 4$(곱에 분수가 없으므로)
가 요구된 인자 중의 하나이다.

$60yz + 72y + 75z + 90$에서 또는 $20yz + 24y + 25z + 30$(원래의 식을
$3x + 4$로 나눈 몫)에서 y의 계수는 $20z + 24$이다. 이것으로 주어진 식을
나누면, 몫은 $y + \frac{5}{4}$이다. 그러므로 $y + \frac{5}{4}$ 또는 $4y + 5$는 $20yz + 24y + 25z + 30$
의 인자이고, 따라서 원래 식의 인자이다.

세 번째 그리고 남은 인자는 $5z + 6$이다.

(2) 다음 식의 인자를 찾아라.

$$4xz + 8xu + 6yz + 12yu + 6x + 9y + 4u + 2z + 3$$

x의 계수는 $4z + 8u + 6$이고, 주어진 식을 이것으로 나누면, 유한 몫
$x + \frac{3y}{2} + \frac{1}{2}$을 얻는다. 그러므로 $2x + 3y + 1$은 이 곱의 한 인자이고, 다른
인자는 $2z + 4u + 3$이다.

(3) 다음 식에서 x, y, z를 둘 또는 하나만 포함하는 인자가 있으면 그
인자를 찾아라.

$$x^2y^2z^2 + 4x^2y^2 - 4x^2z^2 - 16x^2$$
$$+ 3xy^2z^2 + 12xy^2 - 12xz^2 - 48x + 4y^2z^2 + 16y^2 - 16z^2 - 64$$

이 경우 $y^2z^2 + 4y^2 - 4z^2 - 16$이 x^2과 x의 계수들에 대한 공통 맞줄임
이다. 그리고 이 식이 주어진 전체 식을 나누는 양이고 몫 $x^2 + 3x + 4$를

얻는다. 이 방법으로 찾을 수 있는 다른 두 인자는 $y^2 - 4$와 $z^2 + 4$이다.

203. 주어진 식이 포함된 모든 기호에 관해서 동차가 아닐 때, 그리고 한 기호에 관해 서로 다른 지수를 포함하는 인자가 요구될 때, 위의 방법이나 비슷한 방법은 적용되지 않는다. 그러므로 다음으로 고려해야 하는, 식을 분해할 수 있는 과정을 찾아야 한다. 식이 둘 또는 그 이상의 동일한 인자로 분해되는 경우는 피해야만 한다. 이것에 대한 논의는 이 장의 나머지 부분을 차지할 것이다.

204. 주어진 대수 식의 제곱 근을 추출하는 과정은 제곱을 직접 계산하는 과정에 그 기초를 두고 있는데 단지 순서를 뒤바꾸는 것이다. 이 과정은 물론 주어진 식을 두 개의 동일한 인자로 분해하는 것과 동치이다. 그러한 인자가 존재하면, 주어진 식은 완전 제곱이므로 그 제곱 근은 유한 개의 항으로 얻어진다. 그러나 주어진 식이 완전 제곱이 아니면, 그리고 그러한 유한 근이 존재하지 않으면, 제곱 근은 무한 급수 형태로 규칙에 의해 찾을 수 있는데 이것은 나눗셈에서 불완전한 몫으로 표현되는 급수에 대한 원리와(조항 46 보기 (20) ...) 동일한 원리에 그 근거를 두고 있고 비슷한 방법으로 진행된다.

제곱 근의 추출

205. 이러한 근을 찾는 규칙을 정하기 위해 제곱을 계산하는 법칙을 검사해 보자.

규칙에 대한 검토

a의 제곱은 a^2이다.

$(a + b)$의 제곱은 $a^2 + 2ab + b^2$이고, 다음과 같은 형태로 놓일 수 있다.

$$a^2 + (2a + b)b$$

$(a+b+c)$의 제곱은 $(a+b)$를 한 개의 양으로 보면 $(a+b)^2+2(a+b)c+c^2$ 이고, 이것을 다시 다음과 같은 형태로 나타낼 수 있다.

$$(a+b)^2 + (2a+2b+c)c$$

이것을 다시 알파벳 순으로 풀어 쓰면 다음과 같다.

$$a^2 + 2ab + 2ac + b^2 + 2bc + c^2$$

마지막 두 경우에서, 역 과정은 다음과 같다.

(1)
$$
\begin{array}{r}
a^2 + 2ab + b^2 \quad (a+b \\
\underline{a^2} \qquad\qquad\qquad \\
2a+b)\ 2ab + b^2 \qquad \\
\underline{2ab + b^2} = (2a+b)b \\
\cdot \qquad \cdot \qquad\qquad
\end{array}
$$

(2)
$$
\begin{array}{r}
a^2 + 2ab + 2ac + b^2 + 2bc + c^2 \quad (a+b+c \\
\underline{a^2} \qquad\qquad\qquad\qquad\qquad\qquad \\
2a+b)\ 2ab + 2ac + b^2 + 2bc + c^2 \qquad\quad \\
\underline{2ab + b^2} \qquad\qquad\qquad\qquad\quad \\
2a+2b+c)\ 2ac + 2bc + c^2 \qquad\qquad\quad \\
\underline{2ac + 2bc + c^2} \qquad\qquad\qquad \\
\cdot \qquad\qquad\qquad\qquad
\end{array}
$$

이 경우의 과정과 그 역 과정에 대한 검사로부터 다음 규칙을 얻는다.

규칙   **206.** 항들을 문자 순으로 나열하여라. 첫 번째 항 (a^2)의 제곱 근 (a)를 찾아라. 그것의 제곱 (a^2)을 빼라. 이미 찾은 근 (a)를 두 배 하고 나머지의 첫 번째 항 $(2ab)$를 그것으로 나누어라. 그 몫 (b)가 근의 두 번째 항이다. 근의 첫 번째 항을 두 배 하여 두 번째 항에 더하여라. 그 합 $(2a+b)$는 **나누는 양**이라 불린다. 나머지 $(2ab+b^2)$으로부터 나누는 양 $(2a+b)$와 근의 두 번째 항 (b)

의 곱을 빼라. 나머지가 더 이상 없으면 근에 있는 항들이 원하는 제곱 근을 이룬다. 그렇지 않으면, 근의 항들 $(a+b)$를 한 개의 항으로 여기고 동일한 과정을 다시 반복한다. 이렇게 계속하면 종종 원하는 근을 얻는다.

이 규칙의 원리는 모든 연산 후에 원래의 식으로부터 근에 있는 항들의 **그 원리** 완전 제곱을 뺀다는 것이다. 그래서 첫 번째 경우에 두 연산을 통해 첫째 항 a^2을 제거하였고 그다음으로 $(2a+b)b$를 제거하였다. 이들 둘을 합하면 $a+b$의 제곱과 일치한다. 두 번째 경우에서는, (두 연산에 의해) $a+b$의 제곱을 제거하였고, 세 번째 연산에 의해 $(2a+2b+c)c$를 제거하였는데 이 것과 $(a+b)^2$을 더하면 $a+b+c$의 제곱을 만든다.

207. (1) $a^2 - ab + \frac{b^2}{4}$의 제곱 근을 찾아라. **보기들**

$$a^2 - ab + \frac{b^2}{4} \quad (a - \frac{b}{2}$$
$$a^2$$
$$\overline{}$$
$$2a - \frac{b}{2}) - ab + \frac{b^2}{4}$$
$$\qquad - ab + \frac{b^2}{4}$$
$$\overline{\qquad\qquad \cdot\quad\cdot}$$

이 경우, $-ab$를 $2a$로 나누어서 근의 두 번째 항 $-\frac{b}{2}$를 얻었다.

(2) $\frac{a^2}{b^2} + \frac{b^2}{a^2} - 2$의 제곱 근을 찾아라.

$$\frac{a^2}{b^2} - 2 + \frac{b^2}{a^2} \quad (\frac{a}{b} - \frac{b}{a}$$
$$\frac{a^2}{b^2}$$
$$\overline{}$$
$$\frac{2a}{b} - \frac{b}{a}) - 2 + \frac{b^2}{a^2}$$
$$\qquad - 2 + \frac{b^2}{a^2}$$
$$\overline{\qquad\qquad \cdot\quad\cdot}$$

문자 a의 거듭 제곱에 따라서 배열하므로 $\frac{b^2}{a^2}$은 a의 지수가 음이므로 -2 의 뒤에 위치해야 한다. 이러한 배열을 무시하면 과정은 끝나지 않는다.

(3) $\frac{9}{4} + 6x - 17x^2 - 28x^3 + 49x^4$의 제곱 근을 찾아라.

$$\frac{9}{4} \ + \ 6x \ -17x^2 \ - 28x^3 + 49x^4 \qquad (\tfrac{3}{2} + 2x - 7x^2$$

$$\frac{9}{4}$$

$$\overline{}$$

$$3 + 2x) \ \ 6x \ -17x^2$$

$$\underline{6x \ + 4x^2}$$

$$3 + 4x - 7x^2) \ \ -21x^2 - 28x^3 + 49x^4$$

$$\underline{-21x^2 - 28x^3 + 49x^4}$$

$$\cdot$$

식의 항들을 다음과 같이 역순으로 배열하면 근이 $7x^2 - 2x - \frac{3}{2}$이 됨을 알 수 있다.

$$49x^4 - 28x^3 - 17x^2 + 6x + \frac{9}{4}$$

이것은 앞의 결과인 $\frac{3}{2} + 2x - 7x^2$과 전체 부호가 다르다. 그러나 명심할 것은 $(7x^2 - 2x - \frac{3}{2})$과 $-(7x^2 - 2x - \frac{3}{2})$, 즉 $\frac{3}{2} + 2x - 7x^2$은 모두 $(7x^2 - 2x - \frac{3}{2})^2$의 동등한 근이다. 제곱으로부터 제곱 근으로 이행하는 모든 보기에서, 조건을 동등하게 만족하는, 단지 부호에서만 다른 두 결과가 있음을 알 수 있다. 그러므로 $+a$와 $-a$는 a^2의 동등한 제곱 근이다. $a^2 + 2ab + b^2$의 제곱 근은 동등하게 $(a + b)$와 $-(a + b)$이다.

$\frac{a^2}{b^2} - 2 + \frac{b^2}{a^2}$의 제곱 근은 동등하게 $\frac{a}{b} - \frac{b}{a}$와 $-(\frac{a}{b} - \frac{b}{a})$, 즉 $\frac{b}{a} - \frac{a}{b}$이다. 그리고 모든 다른 경우에도 동일하다.

$$(4) \quad 9a^2 -6ab + 30ac +6ad + b^2 - 10bc -2bd + 25c^2 + 10cd + d^2 \, (3a - b +$$

$$\underline{9a^2}$$

$$6a - b) -6ab + b^2$$

$$\underline{-6ab + b^2}$$

$$6a - 2b + 5c) \ \ 30ac - 10bc + 25c^2$$

$$\underline{30ac - 10bc + 25c^2}$$

$$6a - 2b + 10c + d) \ \ 6ad - 2bd + 10cd + d^2$$

$$\underline{6ad - 2bd + 10cd + d^2}$$

$$\cdot$$

다른 근은 $-3a + b - 5c - d$이다.

(5)
$$ac^2 + 2cd\sqrt{ab} + bd^2 \quad (c\sqrt{a} + d\sqrt{b}$$

$$\frac{ac^2}{2c\sqrt{a} + d\sqrt{b}) \quad 2cd\sqrt{ab} + bd^2}$$

$$\frac{2cd\sqrt{ab} + bd^2}{\cdot \qquad \cdot}$$

(6) $\sqrt{\{a^{2m} - 4a^{m+n} + 4a^{2n}\}} = a^m - 2a^n$

(7) $\sqrt{\left\{\dfrac{a^2 - 2a + 1}{a^4 - 2a^3 + 3a^2 - 2a + 1}\right\}} = \dfrac{a - 1}{a^2 - a + 1}$

분수의 제곱 근은 분자와 분모의 제곱 근을 차례로 추출함으로써 찾을 수 있다.

(8)
$$7 + 4\sqrt{3} \qquad (2 + \sqrt{3}$$

$$\frac{4}{4 + \sqrt{3}) \quad 4\sqrt{3} + 3}$$

$$\frac{4\sqrt{3} + 3}{\cdot \qquad \cdot}$$

이런 종류의 이항 식에서 한 항은 근들의 제곱을 더한 것으로, 그리고 **이항 무리수의** 다른 항은 이들의 곱으로 여겨질 수 있다. 근이 존재하면, 항상 이러한 **근** 방법으로 찾을 수 있는데 그 과정은 다소 단지 실험적이고 근들의 결합이 발생했을 때 규칙이 발견된 근들의 흔적을 지운다. 이제부터 이차 방정식의 해를 찾는 것을 살펴보자.

다음과 같은 대수 식에도 동일한 언급이 주어질 수 있다.

$$\frac{a^2}{4} + \frac{x}{2}\sqrt{(a^2 - x^2)}$$

여기서 근은 다음과 같다.

$$\frac{x + \sqrt{(a^2 - x^2)}}{2}$$

이 근은 다른 방법으로 쉽게 얻을 수 있다.

과정이 결코
끝나지 않을
때 근의 추출

208. 앞의 보기들에서 과정은 항상 끝이 있었다. 그러나 나머지가 있는 한 그 과정이 계속되리라는 것은 명백하다. 그러므로 그 연산에 종속된 양이 두 개의 유한하고 동치인 인자의 곱으로 분해되지 않는 한 무한히 계속된다.

(1) $1 - x$의 제곱 근을 추출하는 것이 요구되었다고 하자.

$$
1-x \ (1 - \tfrac{x}{2} - \tfrac{x^2}{8} - \tfrac{x^3}{16} - \tfrac{5x^4}{128}
$$

$$
\begin{array}{l}
\underline{\phantom{2 - \tfrac{x}{2})}1} \\
2 - \tfrac{x}{2}) - x \\
\qquad \underline{-x + \tfrac{x^2}{4}} \\
2 - x - \tfrac{x^2}{8}) - \tfrac{x^2}{4} \\
\qquad\qquad \underline{-\tfrac{x^2}{4} + \tfrac{x^3}{8} + \tfrac{x^4}{64}} \\
2 - x - \tfrac{x^2}{4} - \tfrac{x^3}{16}) - \tfrac{x^3}{8} - \tfrac{x^4}{64} \\
\qquad\qquad\qquad \underline{-\tfrac{x^3}{8} + \tfrac{x^4}{16} + \tfrac{x^5}{64} + \tfrac{x^6}{256}} \\
2 - x - \tfrac{x^2}{4} - \tfrac{x^3}{8} - \tfrac{5x^4}{128}) - \tfrac{5x^4}{64} - \tfrac{x^5}{64} - \tfrac{x^6}{256} \\
\qquad\qquad\qquad\qquad \underline{-\tfrac{5x^4}{64} + \tfrac{5x^5}{128} + \tfrac{5x^6}{512} + \tfrac{5x^7}{1024} + \tfrac{25x^8}{16384}} \\
\qquad\qquad\qquad\qquad\qquad -\tfrac{7x^5}{128} - \tfrac{7x^6}{512} - \tfrac{5x^7}{1024} - \tfrac{25x^8}{16384}
\end{array}
$$

이 경우, 각각 빼는 양에 그리고 이로부터 얻어지는 나머지에 둘 이상의 항들이 남아 있는 한 연산은 한없이 계속된다. 다른 말로 하면, 나머지는 사라지지 않는다.

급수 $1 - \tfrac{x}{2} - \tfrac{x^2}{8} - \tfrac{x^3}{16} - \tfrac{5x^4}{128} - \cdots$ 은 일반 규칙에 부합하는 제곱 근을 추출하는 연산의 결과이다. 방정식으로 쓰면 다음과 같다.

$$\sqrt{(1 - x)} = 1 - \frac{x}{2} - \frac{x^2}{8} - \frac{x^3}{16} - \frac{5x^4}{128} - \cdots$$

여기서 마음에 새길 것은 부호 =가 등식의 양변이 서로 산술적으로 같다는 것을 필연적으로 의미하는 것은 아니라는 것이다. 단지 한 변이 다른 변에서 지정되었으나 수행되지 않은 연산의 결과이다(조항 22, 117).

x가 1보다 작은 경우에, 오직 이 경우에만, 이 등식의 양변에 대한 산술적 상등은 존재할 수 있다. 그리고 (조항 120) 이전에 설명했던 원리에 의해 이들은 서로 대수적으로 동등한 것으로 여겨진다.

(2) $\sqrt{(1+x)} = 1 + \frac{x}{2} - \frac{x^2}{8} + \frac{x^3}{16} - \frac{5x^4}{128} + \frac{7x^5}{256} - \cdots$

이 급수는 앞의 급수에서 x의 부호를 바꿈으로써 유도된다.

$x+1$의 제곱 근에 대한 결과적인 급수는, x를 첫 번째 항으로 여기면, 바로 앞에서 찾은 $1+x$의 제곱 근에 대한 급수와 본질적으로 다르다. 연산을 수행하면 다음과 같다.

$$x+1 \quad (x^{\frac{1}{2}} + \frac{1}{2x^{\frac{1}{2}}} - \frac{1}{8x^{\frac{3}{2}}} + \cdots$$
$$\frac{x}{2x^{\frac{1}{2}} + \frac{1}{2x^{\frac{1}{2}}}) \quad 1}$$
$$\frac{1 + \frac{1}{4x}}{2x^{\frac{1}{2}} + \frac{1}{x^{\frac{1}{2}}} - \frac{1}{8x^{\frac{3}{2}}}) - \frac{1}{4x}}$$
$$-\frac{1}{4x} - \frac{1}{8x^2} + \frac{1}{64x^3}$$

x가 1보다 작으면, 첫 번째 급수가 되고, 그리고 x가 1보다 크면, 두 번째 급수가 되는데 이는 $\sqrt{(1+x)}$와 산술적으로 같다.

(3) $\sqrt{(a+x)} = \sqrt{a}\sqrt{(1+\frac{x}{a})} = \sqrt{a}\{1 + \frac{x}{2a} - \frac{x^2}{8a^2} + \frac{x^3}{16a^3} - \cdots\}$

$$= a^{\frac{1}{2}} + \frac{x}{2a^{\frac{1}{2}}} - \frac{x^2}{8a^{\frac{3}{2}}} + \frac{x^3}{16a^{\frac{5}{2}}} - \cdots$$

다른 형태로부터는 다음을 얻는다.

$$\sqrt{(x+a)} = \sqrt{x}\sqrt{(1+\frac{a}{x})} = \sqrt{x}\{1 + \frac{a}{2x} - \frac{a^2}{8x^2} + \frac{a^3}{16x^3} - \cdots\}$$

$$= x^{\frac{1}{2}} + \frac{a}{2x^{\frac{1}{2}}} - \frac{a^2}{8x^{\frac{3}{2}}} + \frac{a^3}{16x^{\frac{5}{2}}} - \cdots$$

(4) $\sqrt{(a^2 + ax + x^2)} = a + \frac{1}{2}x + \frac{3}{8}\frac{x^2}{a} - \frac{3}{16}\frac{x^3}{a^2} - \cdots$

x의 거듭 제곱을 첫 번째 위치에 놓으면 다음을 얻는다.

$$\sqrt{(x^2 + ax + a^2)} = x + \frac{1}{2}a + \frac{3}{8}\frac{a^2}{x} - \frac{3}{16}\frac{a^3}{x^2} - \cdots$$

(5) $\sqrt{\left\{\frac{a+x}{a-x}\right\}} = \sqrt{\left\{1 + \frac{2x}{a} + \frac{2x^2}{a^2} + \frac{2x^3}{a^3} + \cdots\right\}}$

$$= 1 + \frac{x}{a} + \frac{x^2}{2a^2} + \frac{x^3}{2a^3} + \frac{3x^4}{2a^4} + \cdots$$

이 경우 $a + x$를 $a - x$로 나눈다. 그런 다음 얻어진 급수로부터 제곱
근을 추출한다.

**수에서 제곱
근을 추출하는
규칙**

209. 수에서 제곱 근을 추출하는 규칙은 대수에서 해당하는 연산에
대한 규칙에 온전히 그 근거를 둔다. 단지 산술 표기법에 적용할 수 있는
방법으로 변형될 뿐이다. 이러한 관계를 좀 더 명확히 알아보기 위하여 첫
번째로 대수적으로 나타내고 그런 다음 두 번째로 공통적인 산술 형식으로
나타내기로 한다.

61009의 제곱 근을 구해 보자.

$$
\begin{array}{ll}
& 61009 \quad (200 + 40 + 7 \ \text{즉} \ 247 \\
& \underline{40000} \quad = a^2 \qquad (a = 200, \quad b = 40, \quad c = 7) \\
2a + b = 400 + 40) & 21009 \\
& \underline{17600} \quad = (2a + b)b \\
2a + 2b + c = 480 + 7) & 3409 \\
& \underline{3409} \quad = (2a + 2b + c)c
\end{array}
$$

200, 40과 7을 각각 a, b 그리고 c라 하면, 과정이 대수 기호로 전개했을
때와 정확히 동일하다는 것을 알 수 있다.

위 과정의 산술 형식은 다음과 같다.

$$
\begin{array}{r}
6\dot{1}00\dot{9} \ \ (247 \\
4 \\
\hline
44) \quad 210 \\
176 \\
\hline
487) \quad\quad 3409 \\
3409 \\
\hline
\end{array}
$$

과정의 이러한 형식은 위에서 주어진 형식의 핵심으로 여겨진다. 여기서는 모든 산술 과정의 정신에 부합하도록 불필요한 쓰기를 생략하였다.

210.   앞에서 일의 자리로부터 시작하여 둘을 주기로 하여 점을 찍 **구두법**
었다. 10, 20, 30, ⋯의 제곱에서 유효 숫자 뒤의 영의 개수는 둘이다.
100, 200, 300, ⋯의 경우에는 넷이다. 이런 방법으로 항상 근에서의 개수
를 두 배 한 것이다. 그러므로 두 개의 자리마다 구두점을 찍는 것에 의해 **구두법의 사용**
각 주기에 해당하는 근에서의 자리가 생긴다. 근에서의 자릿수를 결정하였
으므로 이제 남은 것은 이들 자리에 들어갈 숫자를 결정하는 것이다.

근의 가장 높은 자리에 있는 숫자는 제곱이 처음 주기보다 작은 수 중에
서 가장 큰 수이다. 왜냐하면 더 큰 수를 택하는 경우 이 수에 적당한 영을
추가하고 제곱하면 근을 구하고자 하는 원래의 수보다 커지기 때문이다.

처음 주기에서 이 수의 제곱을 빼고, 나머지에 두 번째 주기를 단순히
첨가한다. 이어지는 주기에 있는 숫자들은 두 번째 연산에 의해 영향을
받지 않는다. 왜냐하면 과정을 모두 전개했을 때 이들 뒤에는 오직 영만
위치하기 때문이다.

근의 처음 숫자를 두 배 하고 이것으로 나머지 또는 위에서 주어진 나뉠 **근의 두 번째**
양(마지막 숫자를 뺀)을 나눈다. 필요하면 따로 계산하여 택해야 하는 그 **숫자**
결과는 근의 다음 숫자이다. 이 숫자를 나누는 양에 첨가하고 이것으로부터

귀결되는 양을 곱한다. 그리고 첫 번째 나머지로부터 그 곱을 뺀다. 근에서 첫 번째 숫자가 그 뒤에 하나 이상의 영을 가지는 경우, 이들이 나타내는 숫자를 더하면 합에서 연속적인 숫자들을 구성할 것이다. 또한 이들이 나타내는 수들의 곱은 그 뒤의 영의 개수를 가진다. 이 갯수는 근의 첫 번째 숫자 뒤에 있는 영의 개수를 두 배 한 것보다 하나 작은 것이다. 그러므로 근의 두 번째 숫자를 결정하기 위해 첫 번째 숫자의 두 배로 나머지를 나눌 때, 마지막 숫자는 뺀다.

다른 숫자들 다음으로 근에 있는 숫자들을 하나의 수 또는 숫자로 여기고, 모든 주기가 다 사용될 때까지 동일한 과정을 반복한다.

소수의 제곱 근을 추출하는 방법 **211.** $\frac{N}{10^{2n}}$ 의 제곱 근은 $\frac{\sqrt{N}}{10^{n}}$ 이다. 그러므로 소수의 제곱 근을 추출할 때, 소수 자리의 개수가 짝수이면 근의 소수 자릿수를 제곱의 자릿수의 절반으로 만들면서 정수 때와 같이 진행하면 된다. 예를 들어 $d = \frac{N}{10^{2n}}$ 에 대하여 $2n$이 d의 소수 자릿수이고 N이 소수점을 제거하고 얻는 정수이다.

소수의 구두법 필요하면 영을 추가하여 소수 자릿수를 항상 짝수로 만들 수 있다. 그러므로 점을 찍을 때 일의 자리로부터 시작해서 오른쪽으로 진행해도 된다. 그리고 근의 소수 자리는 추출 과정에서 정수 부분의 주기가 모두 소진되면 시작할 것이다.

다음 소수의 제곱 근을 추출해 보자.

$$2\overset{.}{5}8\overset{.}{3}.6\overset{.}{8}8\overset{.}{9} \quad (50.83$$

	25
1008)	8368
	8064
10163)	30489
	30489
	. .

이 경우, 첫 번째 나누는 양 10이 첫 번째 나머지 8(83에서 마지막 숫자를 쓰지 않은)보다 크므로 어쩔 수 없이 두 번째 연산에서 두 개의 주기를 내려 썼다.

212. 선택한 수가 완전 제곱수가 아닌 경우에도 제곱 근을 추출하는 연산을 계속해서 수행할 수 있는 것은 이 원리에 의해서이다. 처음 주어진 수가 소수 여부와 무관하게 소수점 뒤에는 유효 숫자에 임의의 개수의 영을 첨가해도 된다. 정수가 아닌 나머지의 숫자들이 소수점으로부터 줄어들기 때문에 각 연산 후에 나머지는 감소하게 된다. 그러므로 제곱 근은 계속해서 참값으로 근사하고 이 연산을 무한히 계속하여 얻는 제곱 근은 참값과 동치인 것으로 여겨지기도 한다. 따라서 궁극의 나머지는 산술적인 무한소이다. **소수의 무한 제곱 근**

1. $\sqrt{5} = 2.23606\cdots$

2. $\sqrt{101} = 10.04987\cdots$

3. $\sqrt{10} = 3.16227\cdots$

4. $\sqrt{.1} = .316227\cdots$

5. $\sqrt{.01} = .1$

6. $\sqrt{.001} = .0316227\cdots$

7. $\sqrt{.0001} = .01$

8. $\sqrt{.00000256} = .0016$

9. $\sqrt{\frac{582169}{956484}} = \frac{763}{978}$

이 경우 분수의 분자와 분모는 완전 제곱수이다. 그리고 이들의 제곱 근은 각각 따로 얻을 수 있다. 그러나 대부분의 경우에 분수를 동치인 소수로 변형하고 제곱 근을 추출하는 것이 편리하다.

10. $\sqrt{\frac{7}{4}} = \sqrt{1.75} = 1.32287\cdots$

11. $\sqrt{\frac{1}{17}} = \sqrt{.0588235294\cdots} = .24253\cdots$

12. $\sqrt{3\frac{1}{3}} = \sqrt{3.3333\cdots} = 1.8257\cdots$

대수적 양의 세 제곱 근을 추출하는 규칙

213. 제곱을 구성하는 법칙을 살펴봄으로써 제곱 근에 대한 규칙을 유도한 것과 동일한 방법으로 세 제곱을 구성하는 규칙을 관찰하여 세 제곱 근을 찾는 규칙을 유도할 수 있다. 괄호 안에 있는 항들의 수가 무엇이든지 세 제곱은 다음과 같다.

$$(a+b)^3 = a^3 + 3a^2b + 3ab^2 + b^3$$
$$(a+b+c)^2 = (a+b)^3 + 3(a+b)^2c + 3(a+b)c^2 + c^3$$
$$\vdots$$

그 역 과정은 다음과 같다.

$$a^3 + 3a^2b + 3ab^2 + b^3 \ (a+b$$

나누는 양 $\quad 3a^2)$

$$\begin{array}{c} a^3 \\ \hline 3a^2b + 3ab^2 + b^3 \\ 3a^2b + 3ab^2 + b^3 \\ \hline \end{array}$$

규칙 항들을 한 문자의 지수에 따라 배열하고, 첫 번째 항의 세 제곱 근을 찾는다. 그런 다음 그것의 제곱을 세 배 하여 이것으로 나머지의 첫 번째 항을 나누었을 때 그 몫이 두 번째 항이 된다. 다음으로 근에 있는 항들의 세 제곱의 남은 부분, 즉 첫 번째 항의 제곱을 세 배 하여 두 번째 항에 곱한 것, 첫 번째 항의 세 배를 두 번째 항의 제곱과 두 번째 항과 곱한 것, 그리고 두 번째 항의 세 제곱을 제거한다. 무엇이라도 나머지가 있으면 근에서 이미 얻은 항들을 하나의 항으로 여기면서 전과 같이 진행한다.

(1) $\quad x^3 + 6x^2 + 12x + 8 \quad (x+2$

$\qquad \dfrac{x^3}{}$

$\overline{\qquad 3x^3)\ 6x^2 + 12x + 8 \qquad}$

$\qquad\qquad 6x^2 + 12x + 8 = 3x^2 \times 2 + 3x \times 2^2 + 2^3$

보기

$\overline{\qquad\qquad\qquad\qquad\qquad}$
$\qquad\qquad\cdot\qquad\quad\cdot\qquad\quad\cdot$

세 제곱 근은 $x+2$이다.

(2) $\quad a^3x^6 - 3a^2bx^5 + 3(ab^2 + a^2c)x^4 - (b^3 + 6abc)x^3 + 3(b^2c + ac^2)x^2 - 3bc^2x + c^3 \quad (ax^2 - bx + c$

$\qquad \dfrac{a^3x^6}{}$

$\overline{3a^2x^4) - 3a^2bx^5 + 3(ab^2 + a^2c)x^4 - (b^3 + 6abc)x^3 + 3(b^2c + ac^2)x^2 - 3bc^2x + c^3}$

$\qquad - 3a^2bx^5 + 3ab^2x^4 - b^3x^3$

$\overline{3a^2x^4 - 6abx^3 + 3b^2x^2)\,3a^2cx^4 - 6abcx^3 + 3(b^2c + ac^2)x^2 - 3bc^2x + c^3}$

$\underline{\text{또는 } 3(ax^2 - bx)^2)\ 3a^2cx^4 - 6abcx^3 + 3(b^2c + ac^2)x^2 - 3bc^2x + c^3}$

$\qquad\qquad\cdot\qquad\qquad\qquad\qquad\cdot$

(3) $\left(x^3 + \frac{1}{x^3}\right) + 3\left(x + \frac{1}{x}\right)$: 적당하게 배열하여 진행하면 다음과 같다.

$$x^3 + 3x + \frac{3}{x} + \frac{1}{x^3} \quad \left(x + \frac{1}{x}\right.$$

$$\dfrac{x^3}{}$$

$$\overline{3x^2)\ 3x + \frac{3}{x} + \frac{1}{x^3}}$$

$$3x + \frac{3}{x} + \frac{1}{x^3}$$

$$\overline{\qquad\qquad\qquad}$$
$$\cdot$$

(4) $\sqrt[3]{(a^3 + 3a^2b + 3a^2c + 3ab^2 + 6abc + 3ac^2 + b^3 + 3b^2c + 3bc^2 + c^3)}$

$\qquad = a + b + c$

(5) $\sqrt[3]{\left\{\dfrac{x^{\frac{3}{2}}}{a^{\frac{3}{2}}} - \dfrac{3x}{a} + \dfrac{6x^{\frac{1}{2}}}{a^{\frac{1}{2}}} - 7 + \dfrac{6a^{\frac{1}{2}}}{x^{\frac{1}{2}}} - \dfrac{3a}{x} + \dfrac{a^{\frac{3}{2}}}{x^{\frac{3}{2}}}\right\}} = \dfrac{x^{\frac{1}{2}}}{a^{\frac{1}{2}}} - 1 + \dfrac{a^{\frac{1}{2}}}{x^{\frac{1}{2}}}$

(6) $\sqrt[3]{(8x^6 + 48cx^5 + 60c^2x^4 - 80c^3x^3 - 90c^4x^2 + 108c^5x - 27c^6)}$

$\qquad = 2x^2 + 4cx - 3c^2$

(7) $\sqrt[3]{(1 - 3x + 6x^2 - 10x^3 + 12x^4 - 12x^5 + 10x^6 - 6x^7 + 3x^8 - x^9)}$

$\qquad = 1 - x + x^2 - x^3$

(8) $1 - x$의 세 제곱 근을 추출해 보자.

$$1 - x\left(1 - \tfrac{x}{3} - \tfrac{x^2}{9} - \tfrac{5x^3}{81} - \cdots\right.$$

$$\underline{\quad 1 \quad}$$

$$3) - x$$

$$\underline{\quad -x + \tfrac{x^2}{3} - \tfrac{x^3}{27} \quad}$$

$3 - 2x + \tfrac{x^2}{3}) \quad -\tfrac{x^2}{3} + \tfrac{x^3}{27}$

또는 $3(1 - \tfrac{x}{3})^2)\quad \underline{-\tfrac{x^2}{3} + \tfrac{2x^3}{9} - \tfrac{x^4}{27} + \tfrac{x^4}{27} - \tfrac{x^5}{81} - \tfrac{x^6}{729}}$

$3 - 2x + \tfrac{x^2}{3} + \tfrac{2x^3}{9} + \tfrac{x^4}{27}) \quad -\tfrac{5x^3}{27} + \tfrac{x^5}{81} + \tfrac{x^6}{729}$

또는 $3(1 - \tfrac{x}{3} - \tfrac{x^2}{9})^2) \quad \underline{-\tfrac{5x^3}{27} + \tfrac{10x^4}{81} + \tfrac{5x^5}{243} + \tfrac{15x^6}{2187} - \tfrac{40x^7}{6561} - \tfrac{25x^8}{19683} - \tfrac{125x^9}{531441}}$

$$-\tfrac{10x^4}{81} - \cdots$$

각각의 **빼는** 양에 있는 항들의 개수가 해당하는 나머지에 있는 항들의 개수 보다 커야만 하는 한, 과정이 결코 끝나지 않을 것이라는 것은 명백하다.

(9) $\sqrt[3]{(1+x)} = 1 + \frac{x}{3} - \frac{x^2}{9} + \frac{5x^3}{81} - \frac{10x^4}{243} + \cdots$

여기의 급수는 바로 전 보기의 급수에서 짝수 번째 항이 양의 부호를 갖게 한 것이다.

(10) $\sqrt[3]{(x+1)} = x^{\frac{1}{3}} + \frac{1}{3x^{\frac{2}{3}}} - \frac{1}{9x^{\frac{5}{2}}} + \frac{5}{81x^{\frac{8}{2}}} - \frac{10}{243x^{\frac{11}{2}}} + \cdots$

$\sqrt{(1+x)}$와 $\sqrt{(x+1)}$에 해당하는 급수와 관련된 (조항 208)에서의 관찰은 $\sqrt[3]{(1+x)}$와 $\sqrt[3]{(x+1)}$에 대한 급수에도 동등하게 적용된다. 그러므로 여기서 다시 반복할 필요는 없다.

수에서 세 제곱 근의 추출

214. 수에서 세 제곱 근의 추출에 대한 규칙은 대수에서의 해당하는 연산에 대한 규칙에 그 근거를 두고 있는데, 그 연산 과정을 모두 다 전개하면 명백할 것이다. 이러한 목적으로 수 49836032의 세 제곱 근을 구해 보자.

$$49836032 \quad (300 + 60 + 8 = a^3$$

$$27000000 \quad a = 300, \ b = 60, \ c = 8$$

$3a^2 = 270000)$ $\quad 22836032 \quad$ 분해될 양

$$16200000 \quad = 3a^2 b$$

$$3240000 \quad = 3ab^2$$

$$216000 \quad = b^3$$

$$19656000 \quad \text{빼는 양}$$

$3(a+b)^2 = 388800)$ $\quad 3180032 \quad$ 분해될 양

$$3110400 \quad = 3(a+b)^2 c$$

$$69120 = 3(a+b)c^2$$

$$512 \quad = c^3$$

$$3180032 \quad \text{빼는 양}$$

다음은 동일한 과정의 산술 형식이다.

$$49836032 \ (368$$

$$27$$

$27)$ $\quad 22836 \quad$ 분해될 양

$$162$$

$$324$$

$$216$$

$$19656 \quad \text{빼는 양}$$

$3888)$ $\quad 3180032 \quad$ 분해될 양

$$31104$$

$$6912$$

$$512$$

$$3180032 \quad \text{빼는 양}$$

$$\cdot$$

첫 번째 과정의 완벽한 형태는 $(a+b+c)^3$의 세 제곱 근을 추출하는 대수 과정을 수에 대한 과정으로 옮긴 것이므로 더 이상의 설명이 필요하지 않다. 두 번째의 산술 형식은 각 단계에서 유효 숫자 뒤에 붙는 그리고 곱셈에 의해 생기는 영들을 생략하여 첫 번째 과정을 축약한 형태이다. 이로부터 일반적인 산술 규칙으로 이행하는 것은 매우 쉽다.

구두법　　**215.**　　다음과 같은 이유로 세 제곱 근을 구하고자 하는 수를 일의 자리부터 출발하여 세 자리의 주기로 분리하는 것으로 시작한다. 9를 세 제곱하면 729이므로, 모든 숫자, 즉 10보다 작은 수의 세 제곱은 세 자리를 넘을 수 없다. 10 그리고 100보다 작은 모든 10의 배수들에 대한 세 제곱은 끝 부분에 세 개의 영을 갖고, 따라서 여섯 자리를 넘을 수 없다. 100 그리고 1000보다 작은 모든 100의 배수들에 대한 세 제곱은 여섯 개의 영이 뒤따르고, 따라서 아홉 자리를 넘을 수 없다. 이러한 방식으로 계속해서 진행하면, 유효 숫자 뒤에 붙는 영의 개수는 근에서 추가되는 각각의 영에 대하여 세 개씩 증가하게 된다. 이렇게 주기를 분리하면 근의 자릿수를 결정할 수 있고, 근에서의 첫 번째 숫자는 그 세 제곱이 첫 번째 주기를 넘지 않는 가장 큰 수이다.

규칙과 세 제곱 근의 추출　첫 번째 숫자의 세 제곱을 첫 번째 주기에서 뺀다. 나머지가 있으면 나머지에 두 번째 주기를 붙인다. 이것을 분해될 양이라 한다. 다른 주기는 내려 쓸 필요가 없는데 그 이유는 과정을 모두 다 전개하면 그저 영이 첨가 되기 때문이다. 그런 다음 근의 첫 번째 숫자를 제곱하고 세 배 한다. 그리고 근의 두 번째 숫자를 결정하기 위하여 이것으로 분해될 양을 나누는데 마지막 두 숫자를 쓰지 않는다. 필요하면 몫은 결손이 될 수 있다. 이것은 이미 결정된 근의 첫 번째 숫자 뒤에 붙을 영을 생략한 결과로 생긴다. 그러므로 제곱에서 두 개의 영을 생략하게 된다. 다음으로 첫 번째 숫자의 제곱을 두 번째에 곱하여 세 배 한 것, 첫 번째 숫자를 두 번째의 제곱에 곱하여 세 배 한 것, 그리고 두 번째 숫자의 세 배를 각각 일의 자리를 오른쪽으로 한 자리씩 전진시키면서 아래로 써 내려간다. 이들을 위치에 맞게 더하여서 빼는 양를 결정하는데 이 빼는 양를 분해될 양으로부터 빼야 한다. 이 양이 잇따라서 위치하게 되는 이유는 첫 번째 곱에서 두 개의 영 그리고 두 번째 곱에서 한 개의 영이 생략되기 때문이다.

빨셈을 한 후에 나머지에 세 번째 주기를 첨가한다. 그리고 전과 같이 진행한다. 여기서 고려할 것은 단지 근에서 이미 결정된 모든 수를 전의 경우와 같이 한 숫자로 여겨야 한다는 것이다. 그러므로 필요하면 이 연산을 계속해서 수행할 수 있다.

216. 소수의 세 제곱 근을 찾을 때에는 일의 자리로부터 왼쪽으로 주기를 잡았던 것처럼, 오른쪽으로 세 자리씩 주기를 잡는다. 필요하면 영을 추가하여 소수 자릿수가 3 또는 3의 배수가 되도록 한다. 그 이유는 다음을 보면 알 수 있다. 소수의 세 제곱 근

$$\sqrt[3]{\frac{N}{10^3}} = \frac{\sqrt[3]{N}}{10}, \quad \sqrt[3]{\frac{N}{10^6}} = \frac{\sqrt[3]{N}}{10^2}, \quad \sqrt[3]{\frac{N}{10^9}} = \frac{\sqrt[3]{N}}{10^3}, \quad \cdots$$

그러므로 추출하는 과정은 모든 주기가 정수인 것처럼 진행하면 된다. 단지 필요한 것은 각각의 세 자리로 이루어진 소수 주기에 대하여 근에서 소수 자리 하나를 대응시킨다는 것이다.

217. 동일한 원리에 의해, 주어진 수가 소수 여부와 무관하게 완전 세 제곱이 아니면 세 제곱 근의 추출은 정수에 영을 추가하면서 그리고 근에서의 모든 자리를 소수 자리처럼 대응시키면서 무한히 계속될 것이다. 그러므로 요구된 근으로 원하는 만큼 근사시킬 수 있다. 소수에서 무한 세 제곱 근

218.   (1) $\sqrt[3]{(64481201)} = 401$ 보기들

(2) $\sqrt[3]{(113028882875)} = 4835$

(3) $\sqrt[3]{(8108486729)} = 2009$

(4) $\sqrt[3]{1000} = 10$

(5) $\sqrt[3]{100} = 4.641\cdots$

(6) $\sqrt[3]{10} = 2.154\cdots$

(7) $\sqrt[3]{1} = 1$

(8) $\sqrt[3]{.1} = .4641$

(9) $\sqrt[3]{.01} = .2154$

(10) $\sqrt[3]{.001} = .1$

(11) $\sqrt[3]{.0001} = .04641\cdots$

(12) $\sqrt[3]{.00001} = .02154\cdots$

(13) $\sqrt[3]{.000001} = .01$

(14) $\sqrt[3]{102.875} = 4.68565\cdots$

(15) $\sqrt[3]{\frac{2}{3}} = \sqrt[3]{.666\cdots} = .87358\cdots$

(16) $\sqrt[3]{3\frac{4}{5}} = \sqrt[3]{3.8} = 1.56049\cdots$

**더 높은 거듭
제곱 근의
추출**　　**219.**　　네 제곱 또는 다섯 제곱처럼 더 높은 거듭 제곱 근의 추출은 동일한 거듭 제곱의 구성에 그 기초를 두고 있다. 다음을 보자.

$$(a + b)^4 = a^4 + 4a^3b + 6a^2b^2 + 4ab^3 + b^4$$

이 네 제곱으로부터 네 제곱 근으로 넘어가는 것을 제안하면 그 과정은 다음과 같다

$$
\begin{array}{l}
a^4 + 4a^3b + 6a^2b^2 + 4ab^3 + b^4 \quad (a+b \\
\underline{a^4} \\
4a^3)\ 4a^3b + 6a^2b^2 + 4ab^3 + b^4 \\
\qquad \underline{4a^3b + 6a^2b^2 + 4ab^3 + b^4}
\end{array}
$$

근에서의 첫 번째 항은 첫 번째 항의 네 제곱 근이다. 근에서의 두 번째 항을 결정하기 위해서 첫 번째 항을 뺀 나머지를 근의 첫 번째 항의 세 제곱을 네 배 한 것으로 나눈다. 근의 두 항이 결정된 후에, 구성의 법칙에 따라 $(a+b)^4$의, 첫 번째 항 뒤에 오는 모든 항으로, 빼는 양의 여러 항을 구성한다. 나머지가 있으면, 이미 결정된 두 항을 하나의 항으로 여기면서 과정을 계속 진행한다.

그러나 이 과정을 보기화하거나 더 높은 거듭 제곱 근으로 확장할 방법을 보여주는 것은 필요하지 않다. 그 이유는 대수나 그 응용에서 그 근이 유한할 때 이러한 연산이 요구되는 것은 매우 드물기 때문이다. 그리고 모든 다른 경우에 이어지는 장에서 탐구하게 될 이항 또는 다항 이론은 거듭 제곱 근을 찾을 더 빠르고 확실한 방법을 제공할 것이다. 동일한 언급이 수의 더 높은 거듭 제곱 근을 추출하는 데 더 강력한 힘을 가지고 적용된다. 그것은 바로 로그를 사용하는 효과이다. 세 제곱 근의 경우에서 어떤 다른 방법보다 더 빠름을 알 수 있다.

제 9 장

순열과 조합의 이론

220. 어떤 양을 나열할 때 서로 다른 순서를 순열이라 한다. 순열

그러므로 a와 b의 순열은 ab와 ba이다. a, b와 c의 순열은 abc, bac, acb, cab, bca 그리고 cba이다. 반면에 앞의 세 문자로부터 둘씩 택하는 순열은 ab, ba, ac, ca, bc 그리고 cb이다.

221. 순열이라는 용어는 어떤 저자들에 의해서는 전체 또는 임의 개의 변분과
구분되는 순열 물건에 대한 서로 다른 배열로 제한된다. 반면에 용어 변분은 전체보다는 작은 개수의 물건들에 대한 서로 다른 배열에 적용된다. 이러한 순열의 성질들이 변분이 갖는 여러 종류들의 성질보다 더 특별한 주의와 점검이 필요한, 순열이라는 용어를 엄격하게 사용하고 위에서 언급한 것과 같은 구별을 적용하는 것이 일반적으로 편리하다.

222. n개의 물건이 주어졌을 때, 두 개씩, 세 개씩, 네 개씩, 일반 n개의 물건에
대한 변분들의
개수 적으로 n보다 작은 임의의 수 r에 대하여 r개씩 택하는 변분들의 개수를 결정하고자 한다.

변분을 찾으려는 n개의 물건이 $a_1, a_2, a_3, \ldots, a_n$으로 표현된다고 하자. 여기서 동일한 문자 a의 첨자로 사용된 숫자들은 물건들을 서로 구분하게 하고 마찬가지로 이들의 나열 순서를 결정하게 한다(조항 3, 그리고 조항 39 보기 (22)).

단독으로, 즉 한 개씩 택하는 변분들의 개수는 분명히 n이다.

223. 두 개씩 택하는 변분들의 개수는 $n(n-1)$이다.

왜 그런지 살펴보자. 먼저 a_1을 택하여 앞에 둘 때 뒤에 올 수 있는 것은 $a_2, a_3, \ldots, a_n$이므로 이 경우 두 개씩 택하는 변분들의 개수는 $(n-1)$이다. a_2를 택하여 앞에 둘 때 뒤에 올 수 있는 것은 $a_1, a_3, a_4, \ldots, a_n$이므로 이 경우 두 개씩 택하는 변분들의 개수는 $(n-1)$이다. 마찬가지로 동일한 일이 $a_3, a_4, \ldots, a_n$에 대해서도 일어나서, 첫 번째 위치에 있는 각 문자에 해당하는 $(n-1)$개의 변분이 생긴다. 그리고 이들 $(n-1)$개의 변분은 모두 서로 다르고 더욱이 어떠한 변분과도 다름을 알 수 있다(조항 136). 그러므로 이러한 변분의 총개수는 첫 번째 위치에 있는 각 문자에 해당하는 변분들의 개수를 n배 한 것으로 $n(n-1)$이다.

세 개씩 택하는

224. 세 개씩 택하는 변분들의 개수는 $n(n-1)(n-2)$이다.

왜 그런지 살펴보자. 먼저 $(n-1)$개의 문자로(a_1을 빼고) 두 개씩 택하는 가능한 모든 변분들의 개수는 $(n-1)(n-2)$이다((조항 223)에서 주어진 표현에서 n을 $n-1$로 바꾸어). 그런 다음 이들 변분의 앞에 a_1을 위치시키면 세 개씩 택하는 $(n-1)(n-2)$개의 변분을 얻는다. 물론 이들 변분은 모두 a_1이 첫 번째 자리에 놓여 있다. $a_2, a_3, \ldots$, 즉 모든 다른 문자를 첫 번째 자리에 놓은 변분들의 개수는 동일해야 한다(조항 136). 그러므로 이러한 변분의 총개수는 첫 번째 위치에 놓이는 각 문자에 해당하는 변분들의 개수를 n배 한 것이어야 하고, 결과적으로 $n(n-1)(n-2)$이다.

225. 동일한 추론의 과정에 의해 n개의 물건에서 네 개씩 택하는 변
분들의 개수는 다음과 같이 n부터 시작하여 1씩 작아지는 자연수로 구성된
네 개의 인자를 가지고 있다.

$$n(n-1)(n-2)(n-3)$$

두 개씩, 세 개씩, 네 개씩 택하는 변분들의 개수에 대한 표현을 구성할
때 공통적으로 발견된 법칙은 귀납법에 의해 임의 개수(r)의 물건을 택하는
변분들의 개수에 대한 표현으로 쉽게 확장할 수 있다.

226. 이러한 귀납법이 참임을 증명하기 위하여, 이 법칙이 변분의 한
종류에 대해 참이면 그보다 큰 다음 종류에 대해서도 필연적으로 참이어야
함을 보여야 한다(조항 139).

그러므로 n개의 물건에 대해 $(r-1)$개씩 택하는 변분들의 개수에 대한
표현이 다음과 같다고 가정하면

$$n(n-1)\cdots(n-r+2) \tag{9.1}$$

r개씩 택했을 때 변분들의 개수가 다음과 같음을 증명해야 한다.

$$n(n-1)\cdots(n-r+1)^{1)} \tag{9.2}$$

---

1) 이것은 차가 일정한 한 무리의 항들을 연속적으로 곱한 표현을 나타내는 일반적인 방
법이다. 첫 번째, 두 번째 그리고 마지막 항을 쓰는데, 단지 두 번째 항과 마지막 항
사이에 (빠진 항들 대신에) 한 무리의 점들을 삽입한다. 처음 두 항은 이웃하는 항들
사이의 공차를 알려주고, 마지막 항은 이들 무리의 범위를 결정한다.
　마지막 항은 다음과 같은 방법으로 결정된다. 첫 번째 보기 (9.1)에서 항의 개수는
$(r-1)$이다. 첫 번째 항은 n, 두 번째 항은 $n-1$, 세 번째 항은 $n-2$, 네 번째 항은 $n-3$
등으로, 각 항을 이루는 n으로부터 차감된 수는 단위만큼씩 작아진다. 그러므로 이들
수는 일련의 무리에서 항의 위치를 결정한다. 따라서 마지막, 즉 $(r-1)$번째 항에서 n
으로부터 뺀 수는 $r-2$이다. 이로부터 마지막 항은 $n-(r-2)$, 즉 $n-r+2$이다. 두
번째 보기 (9.2)에서처럼 이러한 r개 인자의 곱에서 마지막 항은 물론 $n-r+2$보다
단위만큼 작아서 $n-r+1$이 된다.

첫 번째 문자 a_1을 빼고, 나머지 $(n-1)$개의 문자에서 $(r-1)$개씩 택하는 변분을 찾는다. 이들의 수는 분명히 공식 (9.1)에서 n의 자리에 $n-1$을 놓은 것임을 발견할 것이다. 즉, 다음과 같이 (9.1)에서 단위만큼씩 뺀 것과 동일하다.

$$(n-1)(n-2)\cdots(n-r+1)$$

이들 변분들의 앞에 a_1을 놓을 수 있다. 그러므로 a_1을 첫 번째 자리에 놓는 r개씩 택하는 변분들의 개수는 다음과 같다.

$$(n-1)(n-2)\cdots(n-r+1)$$

다른 문자를 첫 번째 자리에 놓는 변분들의 개수도 분명히 동일할 것이다. 그러므로 변분들의 총개수는 각 문자가 첫 번째 자리에 오는 변분들의 개수에 n을 곱한 것으로 다음과 같다.

$$n(n-1)\cdots(n-r+1)$$

그러므로 구성 법칙은 변분의 한 종류에 대하여 참이면 다음 종류에 대해서도 필연적으로 참임을 알려준다. 두 개씩 택할 때(조항 223), 세 개씩 택할 때(조항 224), 네 개씩 택할 때(조항 224)의 변분들의 개수에 대하여 참임을 보였다. 그러므로 다섯 개씩 택할 때, 여섯 개씩 택할 때, 그리고 임의로 주어진 수 (r)에 도달할 때까지 한 단계씩 계속해서 높여 가면, 이들 변분들의 개수에 대하여 필연적으로 참이다.

기본 공식 **227.** 위에서 증명된 공식 (9.2)는 순열과 조합의 이론에서 기본 공식이다. 사실 이에 대한 탐구를 매우 자세히 하였는데 그 이유는 한편으로

이웃한 항들이 동일한 차를 갖는(등차 수열) 일련의 항들을 결정하는 것은 순열 그리고 조합 등과 관련된 연구에서 종종 요구된다. 그러므로 초항이 n이고 두 번째 항이 $n-b$인 이러한 수열의 r번째 항은 $n-(r-1)b$이다. 그리고 초항이 n이고 두 번째 항이 $n+b$인 이러한 수열의 r번째 항은 $n+(r-1)b$이다.

대단히 중요하기 때문이고, 다른 한편으로는 앞 장에서 언급한(조항 139) 그리고 앞으로 종종 사용할 증명적 귀납의 한 종류에 대한 더할 나위 없이 완전하고 정통한 보기를 표현하기 위해서이다. 이러한 연구 방법에서 진행된 과정에 대한 몇 가지 언급을 더하는 것이 적절할 것 같다.

228.   첫 번째, 두 번째, 세 번째 그리고 네 번째 등급의 변분들의 개수에 대한 공식을 직접 조사하는 것으로부터 시작한다. 그 이유는 이들에 대한 구성 법칙과 각각의 관계를 알아보기 위해서이다. 임의 등급에 대한 변분들의 개수를 표현하는 구성 법칙이나 공식을 추정하는 것은 첫 번째 귀납법의 기초를 구성한다. **이러한 연구 방법에 대한 관찰**

다음으로 주어진 등급에서 이 법칙의 참을 가정하고, 그다음의 등급이 필연적으로 참임을 보인다.

마지막으로 증명된 경우로부터 다시 시작하여 한 등급과 이어지는 등급에 대하여 공식이 참임을 연결하는 명제에 의해 일반적인 기호 (r)로 표현된 임의의 등급까지 나아간다. 따라서 궁극의 명제들과 이들 사이의 매개 간의 필연적인 관계를 소개하고, 결과적으로 명제들 서로 간의 관계를 소개한다.

229.   위에서 소개한 공식의 몇 가지 결과들을 조사하여 보자.

$r = n$, 즉 모두를 택하면, 마지막 항은 $n - r + 1 = n - n + 1 = 1$이고 공식은 다음과 같다. **순열들의 개수**

$$n \cdot (n - 1) \cdots 2 \cdot 1,$$

또는 순서를 반대로 하여 쓰면 다음과 같다.

$$1 \cdot 2 \cdots (n - 1) \cdot n$$

이것은 1부터 n까지 자연수들의 곱으로 n개 물건의 순열들의 개수에 대한
표현이다. 또한 이 용어에 부여한 의미와 일치함을 알 수 있다. 그러므로
두 물건 (a,b)의 순열들의 개수는 $1\cdot2 = 2$이고, 세 물건 (a,b,c)의 순열들의
개수는 $1\cdot2\cdot3 = 6$이고, 네 물건 (a,b,c,d)의 순열들의 개수는 $1\cdot2\cdot3\cdot4 = 24$
이고, 다섯 물건 (a,b,c,d,e)의 순열들의 개수는 $1\cdot2\cdot3\cdot4\cdot5 = 120$이고,
여섯 물건 (a,b,c,d,e,f)의 순열들의 개수는 $1\cdot2\cdot3\cdot4\cdot5\cdot6 = 720$이고, 더
큰 수에 대해서도 같은 방법으로 얻을 수 있다.

동일한 문자를
포함한
순열들의 개수

230. 종종 나타나는 경우는 n개의 물건 중 몇 개가 동일할 때 순열
들의 개수를 결정해야 하는 것이다. 그러므로 n개의 물건 중 r개가 동일한
순열들의 개수에 대한 표현을 찾는 것이 요구되었다고 가정하자.

모두 서로 다른 순열들의 개수에 대한 표현은 다음과 같다.

$$n \cdot (n-1) \cdots 2 \cdot 1$$

이 양들 중 r개가 동일하면, 다른 양들의 위치가 주어지고 동일한 양들을
서로 바꾸어서 생기는, 즉 그 수가 $1\cdot2\cdots r$인 이들의 **특별한** 순열로부터
생기는 순열은 하나로 줄어든다. 그러므로 모두 다른 순열들의 개수는 r
개가 동일할 때의 $1\cdot2\cdots r$배이다. 다른 말로 하면 다음이 이러한 환경에서
순열들의 개수에 대한 표현이다.

$$\frac{n \cdot (n-1) \cdots 2 \cdot 1}{1 \cdot 2 \cdots r}$$

동일한 r개의 양에 추가로 이것과는 다른 s개가 서로 동일하면 이들의
순서를 바꾸는 것에 해당하는 순열들의 개수는 $1\cdot2\cdots s$개이다. 물론 이들
은 하나로 줄어든다. 이러한 환경에서 순열들의 개수는 다음과 같다.

$$\frac{n \cdot (n-1) \cdots 2 \cdot 1}{1 \cdot 2 \cdots r \times 1 \cdot 2 \cdots s}$$

비슷한 방법으로 n개의 양 중에서 a_1개가 한 종류이고, a_2개가 다른 한

종류이고, a_3개가 세 번째 한 종류이고, 계속해서 a_m개가 m번째 한 종류일 수 있다. 이 경우 이들에 대한 순열들의 총개수는 다음과 같다.

$$\frac{n \cdot (n-1) \cdots 2 \cdot 1}{1 \cdot 2 \cdots a_1 \times 1 \cdot 2 \cdots a_2 \times 1 \cdot 2 \cdots a_3 \times \cdots \times 1 \cdot 2 \cdots a_m}$$

231.   이들 공식들을 몇 가지 보기들로 예시하면 유용할 것이다.

(1) 단어 $algebra$에 있는 문자들의 순열들의 개수(p)를 찾아라.   보기들

이 경우 $n = 7$이고 문자 a는 두 번 나타난다. 따라서 다음을 얻는다.

$$p = \frac{7 \cdot 6 \cdot 5 \cdot 4 \cdot 3 \cdot 2 \cdot 1}{1 \cdot 2} = 2520$$

(2) 단어 $perseverance$에 있는 문자들의 순열들의 개수를 찾아라.

이 경우 $n = 12$이고 문자 e가 네 번, r이 두 번 나타난다. 그러므로 다음을 얻는다.

$$p = \frac{12 \cdot 11 \cdot 10 \cdot 9 \cdot 8 \cdot 7 \cdot 6 \cdot 5 \cdot 4 \cdot 3 \cdot 2 \cdot 1}{1 \cdot 2 \cdot 3 \cdot 4 \times 1 \cdot 2} = 9979200$$

(3) 곱 $a^3 b^5 c^2$을 모두 펼쳐 썼을 때 문자들의 순열들의 개수를 찾아라.

이 경우 $n = 10$이고, 문자 a가 세 번, b가 다섯 번, c가 두 번 나타난다. 그러므로 순열들의 개수는 다음과 같다.

$$p = \frac{10 \cdot 9 \cdot 8 \cdot 7 \cdot 6 \cdot 5 \cdot 4 \cdot 3 \cdot 2 \cdot 1}{1 \cdot 2 \cdot 3 \times 1 \cdot 2 \cdot 3 \cdot 4 \cdot 5 \times 1 \cdot 2} = 2520$$

(4) 식 $a^{m-1}b$, $a^{m-2}b^2$, $a^{m-3}b^3$, 그리고 $a^{m-r}b^r$에 있는 문자들에 대한 순열들의 개수를 찾아라.

$$a^{m-1}b \text{에서} \quad p = \frac{m \cdot (m-1) \cdots 2 \cdot 1}{1 \cdot 2 \cdots (m-1)} = m$$

$$a^{m-2}b^2 \text{에서} \quad p = \frac{m \cdot (m-1) \cdot (m-2) \cdots 2 \cdot 1}{1 \cdot 2 \times 1 \cdot 2 \cdots (m-2)} = \frac{m(m-1)}{1 \cdot 2}$$

두 번째 식에서 분자와 분모에 있는 $(m-2)$개의 마지막 인자는 서로 동일하므로 약분되었다.

$$a^{m-3}b^3 \text{에서} \quad p = \frac{m \cdot (m-1) \cdot (m-2) \cdot (m-3) \cdots 2 \cdot 1}{1 \cdot 2 \cdot 3 \times 1 \cdot 2 \cdots (m-3)}$$

$$= \frac{m(m-1)(m-2)}{1 \cdot 2 \cdot 3}$$

$$a^{m-r}b^r \text{에서} \quad p = \frac{m \cdot (m-1) \cdots (m-r+1) \cdot (m-r) \cdots 2 \cdot 1}{1 \cdot 2 \cdots r \times 1 \cdot 2 \cdots (m-r)}$$

$$= \frac{m(m-1) \cdots (m-r+1)}{1 \cdot 2 \cdots r}$$

마찬가지로 두 번째 식에서 분자와 분모에 있는 $(m-r)$개의 마지막 인자가 약분되었다.

위의 표현은 주목할 만한 것으로, 이들이 n개에서 한 개씩, 두 개씩, 세 개씩, 그리고 r개씩 택하는 조합의 수에 대한 표현이란 것을 발견할 것이다.

조합: 그 의미　　**232.**　　다른 양들의 조합은 이들에게 주어진 임의의 수에 해당하는, 그러나 이들의 배열 순서는 고려하지 않는 서로 다른 모임들을 의미한다.

그러므로 ab, ac 그리고 bc는 세 문자 a, b, c에서 두 개씩 택하는 서로 다른 조합이다. 동일한 세 문자에서 모두 택하는 경우 서로 다른 순열이 여섯 개인데 조합은 오직 한 개이다.

조합의 수　　**233.**　　r이 n보다 작을 때, n개에서 r개씩 택하는 조합의 수를 결정해 보자.

n개에서 개별적으로 한 개씩 택하는 조합의 수는 분명이 n이다.

두 개씩
택하는　　n개에서 두 개씩 택하는 조합의 수는 다음과 같다.

$$\frac{n(n-1)}{1 \cdot 2}$$

왜 그런지 살펴보자. n개에서 두 개씩 택하는 변분들의 개수는 $n(n-1)$ 이다. 그리고 한 조합에 해당하는 순열은 두 개$(ab,\ ba)$이다. 그러므로 조합의 수는 변분들의 개수를 2, 즉 $1\cdot2$로 나누어서 위와 같이 얻을 수 있다.

234. n개에서 세 개씩 택하는 조합의 수는 다음과 같다.

세 개씩
택하는

$$\frac{n(n-1)(n-2)}{1\cdot2\cdot3}$$

왜 그런지 살펴보자. n개에서 세 개씩 택하는 변분들의 개수는 $n(n-1)(n-2)$이다. 그리고 세 개의 한 조합에 해당하는 순열은 $1\cdot2\cdot3$개 있다. 그러므로 조합의 수는 변분들의 개수를 $1\cdot2\cdot3$으로 나누어서 위와 같이 얻을 수 있다.

235. n개에서 r개씩 택하는 조합의 수는 다음과 같다.

r개씩 택하는

$$\frac{n(n-1)\cdots(n-r+1)}{1\cdot2\cdots r}$$

왜 그런지 살펴보자. n개에서 r개씩 택하는 변분들의 개수는 $n(n-1)\cdots(n-r+1)$이다. 그리고 r개의 각 조합에 해당하는 순열은 $1\cdot2\cdots r$ 개 있다. 그러므로 n개에서 r개씩 택하는 조합의 수는 이들에 해당하는 변분들의 개수를 $1\cdot2\cdots r$로 나누어서 위와 같이 얻을 수 있다.

236. 이들 표현의 어떤 성질에는 매우 중요한 결과를 포함하고 있는데 이제 이들 성질을 소개하고자 한다.

첫 번째로, n개에서 r개씩 택하는 조합의 수는 $n-r$개씩 택하는 조합의 수와 같다.

n개에서
r개씩 택하는
조합의 수는
$n-r$개씩
택할 때와
같다

왜 그런지 살펴보자. n개에서 r개씩 택하는 조합의 수는 다음과 같다.

$$\frac{n(n-1)\cdots(n-r+1)}{1\cdot2\cdots r} \tag{9.3}$$

n개에서 $n - r$개씩 택하는 조합의 수는 위의 식 (9.3)에서 r의 자리에 $n - r$을 놓은 것으로 표현될 것이다. 따라서 분자의 마지막 항은 $n - (n - r) + 1$, 즉 $r + 1$이고, 분모의 마지막 항은 $n - r$이므로 표현은 다음과 같다.

$$\frac{n(n - 1) \cdots (r + 1)}{1 \cdot 2 \cdots (n - r)} \tag{9.4}$$

식 (9.4)는 동일한 의미라도 조금 다르게 다음과 같이 쓸 수 있다.

$$\frac{n(n - 1) \cdots (n - r + 1)(n - r) \cdots (r + 1)}{1 \cdot 2 \cdots r \cdot (r + 1) \cdots (n - r)}$$

(9.3)의 분자와 분모의 마지막 항이 추가되었고, (9.4)를 얻기 위해 (9.3)의 분자와 분모에 추가적인 항들이 도입되어 쓰여졌다. 이들 추가한 항들이 분자와 분모에 공통적인 것을 볼 수 있다. 그러므로 처음 표현 (9.3)은 두 번째 표현 (9.4)와 같다. 즉 다른 말로 하면, n개에서 r개씩 택하는 조합의 수는 $n - r$개씩 택하는 조합의 수와 같다.

두 번째 증명 **237.** 동일한 결론이 다음과 같이 앞에서 증명한 것과는 다르게 그리고 좀 더 간단하게 얻을 수 있다. n개의 양 $a_1, a_2, \ldots, a_n$이 주어졌을 때, 이들 중에서 r개의 한 조합 하나를 구성하면, 남아 있는 양들은 해당하는 그리고 보충적인 $n - r$개 양의 조합을 이룬다. 그러므로 보충이 없는 조합은 존재하지 않는다. 그리고 결과적으로 이들의 수는 같아야 한다.

n이 홀수일 때 조합의 수 중 가장 큰 수 **238.** 연속적인 조합의 수에 대하여 식 (9.3)을 조사해 보면, 분자에 추가되는 항이 이에 해당하는 분모에 추가되는 항보다 작거나 같을 때까지 계속해서 증가할 것이다. 식 (9.3)에서 분자의 r번째 항이 $n - r + 1$이고 해당하는 분모의 항이 r이다. 이들이 서로 같다고 하면 $n - r + 1 = r$이므로 $r = \frac{n+1}{2}$이다. r이 필연적으로 정수이므로 이 경우 n은 필연적으로 홀수이어야 한다. 그러므로 이 경우에 서로 동일하고 가장 큰 조합의 수가 $\frac{n-1}{2}$

개씩 택할 때와 $\frac{n+1}{2}$개씩 택할 때이다. 또한 이들 조합은 서로가 보충적인 조합을 이룬다.

n이 짝수이면, 조합의 수 중 가장 큰 수는 $\frac{n}{2}$개씩 택했을 때이다. 왜그 런지 살펴보자. 이 경우에 $n-r+1$이 $\frac{n}{2}+1$이 되면 해당하는 r의 값 $\frac{n}{2}$보다 크다. 이에 반하여 $n-r+1$의 다음 값 $\frac{n}{2}$은 해당하는 r의 값, 즉 분모의 마지막 항인 $\frac{n}{2}+1$보다 작아진다.

n이 짝수일 때

239. n개의 이항 인자 x_1+a_1, x_2+a_2, x_3+a_2, $\ldots$, x_n+a_n 의 곱을 구성하는 것을 조합 이론과 연계하여 고려해 보자. 이것으로부터 대단히 중요한 결과가 발견될 것이다.

이항 인자의 곱을 구성하는 법칙

첫 번째로, 이 곱의 항들은 동차이고 각 항들은 양 x_1, a_1, x_2, $a_2, \ldots$ 중에서 n개를 포함한다.

왜 그런지 살펴보자. 모든 항에 주어진, 모든 추가되는 인자에 의해 이미 존재하는 또는 구성된 추가적인 차원이 존재한다. 그리고 첫 번째 항들에서 처럼 모든 다른 인자들이 일 차원이므로, 두 인자의 곱에 있는 항들은 이 차원이고, 세 인자의 곱에 있는 항들은 삼 차원이다. 이와 같이 계속해서 모든 추가되는 인자에 의해 한 단위씩 증가하는 것을 볼 수 있다. 그러므로 n개의 인자의 곱에 있는 항들은 n차원이고 모두 동차이다.

항들은 동차이다

두 번째로, 각 항에 있는 문자들의 조합은 서로 다르다.

왜 그런지 살펴보자. 동일한 또는 다른 인자에 한 번 나타나는 동일한 문자는 곱하는 수로 단 한 번만 사용된다. 그러므로 이미 존재하거나 구 성된 항들이 서로 다르다면 이어지는 새로운 인자들의 도입으로 구성되는 항들은 계속해서 서로 달라야 한다.

항들은 모두 서로 다르다

세 번째로, 동일한 인자에 있는 문자들이 동일한 항에 함께 나타나는 일은 결코 없다.

231

왜 그런지 살펴보자. 이들 문자들은 곱하는 수로 단 한 번만 사용된다. 그리고 그렇게 사용될 때, 이들은 서로 다른 항들을 구성한다.

보완적인 조합 네 번째로, 곱의 결과에 있는 항들은 계층적으로 배열될 수 있다. 이때 x들과 a들의 조합 또는 여러 인자들의 첫 번째와 마지막 문자의 조합은 서로 보완적이다.

왜 그런지 살펴보자. 어떤 항이든지, r개 인자의 r개 첫 번째 문자들의 조합이 나타나는데, 똑같이 $(n-r)$개 다른 인자의 $(n-r)$개 두 번째 문자들의 조합도 나타나야 한다. 이러한 조합들을 서로 보완적이다라고 하는데, 동일한 일련의 문자를 포함하는 **보충적인** 조합들과 구별해야 한다.

곱의 첫 번째 항은 x_1, x_2, ..., x_n의, 즉 각 이항 인자의 첫 번째 항들의 연속된 곱이다.

첫 번째 보완적인 조합들은 $(n-1)$개의 x와 한 개의 a를 포함하고, 이들의 개수는 n이다.

두 번째 보완적인 조합들은 $(n-2)$개의 x와 두 개의 a를 포함하고, 이들의 개수는 $\frac{n(n-1)}{1\cdot2}$이다.

세 번째 보완적인 조합들은 $(n-3)$개의 x와 세 개의 a를 포함하고, 이들의 개수는 $\frac{n(n-1)(n-2)}{1\cdot2\cdot3}$이다.

일반적으로 r 번째 보완적인 조합들은 $(n-r)$개의 x와 r개의 a를 포함하고, 이들의 개수는 다음과 같다.

$$\frac{n(n-1)\cdots(n-r+1)}{1\cdot2\cdots r}$$

마지막 항은 a들, 즉 a_1, a_2, ..., a_n의 연속된 곱이다.

항들의 개수 **240.** 항들의 전체 개수, 즉 이들 조합의 전체 개수는 2^n이다. 왜냐하면, 항들의 개수는 곱에서 인자가 추가될 때마다 두 배가 되기 때문이다.

241. 이제 이 명제의 몇 가지 결과들을 알아보자.

각 인자에서 두 번째 항은 계속해서 서로 다른 반면에, 첫 번째 항이 모두 x와 동일하다고 하자. 다른 말로 하면, 다음과 같은 n개 인자의 곱을 찾아야 한다고 하자. **동일한 첫 번째 항을 갖는 n개의 이항 인자의 곱**

$$x + a_1, \ x + a_2, \ \ldots, \ x + a_n$$

이 경우, $x_1, \ x_2, \ \ldots, \ x_n$의 각 조합은 x의 거듭 제곱으로 바뀐다. 이 때 지수는 각 조합에 포함되어 있는 문자들의 개수이다.

그러므로 첫 번째 항은 x^n이다.

두 번째 항, 즉 첫 번째 보완적인 조합은 $A_1 x^{n-1}$이 된다. 여기서 $A_1 = a_1 + a_2 + \cdots + a_n$으로 이항 인자의 두 번째 항들의 합이다.

세 번째 항, 즉 두 번째 보완적인 조합은 $A_2 x^{n-2}$이 된다. 여기서 $A_2 = a_1 a_2 + a_1 a_3 + \cdots$으로 이항 인자의 두 번째 항들에서 두 개씩 택한 조합들의 합이다.

네 번째 항, 즉 세 번째 보완적인 조합은 $A_3 x^{n-3}$이 된다. 여기서 $A_3 = a_1 a_2 a_3 + a_1 a_3 a_4 + \cdots$으로 이항 인자의 두 번째 항들에서 세 개씩 택한 조합들의 합이다.

일반적으로 $(1+r)$번째 항, 즉 r번째 보완적인 조합은 $A_r x^{n-r}$이 된다. 여기서 A_r은 이항 인자의 두 번째 항들에서 r개씩 택한 조합들의 합이다.

242. 이 명제는 방정식론에서 기본 명제로 그 성질들이 승인되고 증명되었다. 이 성질의 다음과 같은 변형은 이항 정리의 기초로, 다음 장에서 좀 더 특별하게 고려될 것이다.

243. 각 이항 인자의 두 번째 항도 a와 동일하다고 가정하자. 그러면 **이항 정리**

연속된 곱 $(x + a_1)(x + a_2) \cdots (x + a_n)$은 $(x + a)^n$이 된다. 여기서 n은 $x + a$와 같은 인자들의 수이다.

첫 번째 항은 전과 같이 x^n이다.

두 번째 항의 계수는 $A_1 = na$이다. 왜냐하면 계수가 모두 a인 서로 동일한 항의 개수가 n이기 때문이다. 그러므로 두 번째 항은 nax^{n-1}이다.

세 번째 항의 계수는 $A_2 = \frac{n(n-1)}{1 \cdot 2}a^2$이다. 왜냐하면 계수가 모두 a^2인 서로 동일한 항의 개수가 $\frac{n(n-1)}{1 \cdot 2}$이기 때문이다. 그러므로 세 번째 항은 $\frac{n(n-1)}{1 \cdot 2}a^2 x^{n-2}$이다.

네 번째 항의 계수는 다음과 같다.

$$A_3 = \frac{n(n-1)(n-2)}{1 \cdot 2 \cdot 3}a^3$$

왜냐하면 계수가 모두 a^3인 서로 동일한 항의 개수가 $\frac{n(n-1)(n-2)}{1 \cdot 2 \cdot 3}$이기 때문이다. 그러므로 네 번째 항은 $\frac{n(n-1)(n-2)}{1 \cdot 2 \cdot 3}a^3 x^{n-3}$이다.

$(1 + r)$번째 항의 계수는 다음과 같다.

$$A_r = \frac{n(n-1) \cdots (n-r+1)}{1 \cdot 2 \cdots r}a^r$$

왜냐하면 계수가 모두 a^r인 서로 동일한 항의 개수가 $\frac{n(n-1) \cdots (n-r+1)}{1 \cdot 2 \cdots r}$이기 때문이다. 그러므로 $(1 + r)$번째 항은 $\frac{n(n-1) \cdots (n-r+1)}{1 \cdot 2 \cdots r}a^r x^{n-r}$이다.

따라서 다음을 얻는다.

$$
\begin{aligned}
(x + a)^n = {} & x^n + nax^{n-1} + \frac{n(n-1)}{1 \cdot 2}a^2 x^{n-2} \\
& + \frac{n(n-1)(n-2)}{1 \cdot 2 \cdot 3}a^3 x^{n-3} + \cdots \\
& + \frac{n(n-1) \cdots (n-r+1)}{1 \cdot 2 \cdots r}a^r x^{n-r} + \cdots
\end{aligned}
$$

244. 동일한 개수의 항을 갖는 여러 개 다항 인자들로 이루어진 곱의 **다른 순서의** 구성을 조사하기 전에, 각 조합에 두 종류 초과의 양이 포함될 때에 대한 **보완적인 조합** 보완적인 조합의 이론을 마무리하는 것이 적절할 것이다.

앞에서 다룬 경우에, 각 조합에 n개의 물건이 있고, 이 중 a_1개가 한 **두 종류의** 종류이고 $n - a_1$, 즉 a_2개가 다른 종류일 때, 보완적인 조합의 수에 대한 식은 다음과 같다.

$$\frac{n(n-1)\cdots(n-a_1+1)}{1\cdot 2\cdots a_1} = \frac{n(n-1)\cdots(n-a_1+1)(n-a_1)\cdots 2\cdot 1}{1\cdot 2\cdots a_1 \times 1\cdot 2\cdots(n-a_1)}$$
$$= \frac{n(n-1)\cdots 2\cdot 1}{1\cdot 2\cdots a_1 \times 1\cdot 2\cdots a_2}$$

첫 번째로 동일한 양 $(n-a_1)\cdots 2\cdot 1$을 분자와 분모에 곱하고, 두 번째로 $n - a_1$을 a_2로 바꾸었다.

245. 이제 각 조합에 세 가지 다른 종류의 양이 존재하는 경우를 **세 종류의** 다루어 보자. a_1개의 한 종류와 a_2개의 두 번째 종류, 그리고 a_3개의 세 번째 종류가 있다고 하자.

첫 번째 종류에 속한 a_1개의 양을 빼면, $n - a_1$, 즉 $a_2 + a_3$개의 양이 남고, 보완적인 조합의 수는 바로 위의 경우로부터 다음과 같다.

$$\frac{(n-a_1)(n-a_1-1)\cdots 2\cdot 1}{1\cdot 2\cdots a_2 \times 1\cdot 2\cdots a_3} \tag{9.5}$$

첫 번째 종류의 양에 대한 조합의 수는 다음과 같다.

$$\frac{n(n-1)\cdots(n-a_1+1)}{1\cdot 2\cdots a_1} \tag{9.6}$$

이들 각각의 조합은 $(n-a_1)$개의 양에서 한 종류로 a_2개를 택하고 다른 종류로 a_3개를 택한 모든 보완적인 조합과 결합할 것이다. 그러므로 세 종류의 보완적인 조합의 총수는 식 (9.6)을 (9.5)에 곱해서 다음과 같이 얻을 수 있다.

$$\frac{n(n-1)\cdots 2\cdot 1}{1\cdot 2\cdots a_1 \times 1\cdot 2\cdots a_2 \times 1\cdot 2\cdots a_3} \tag{9.7}$$

네 종류의 **246.** 이제 각 조합에 네 가지 다른 종류의 양이 존재하는 경우, 즉 a_1 개의 한 종류와 a_2개의 두 번째 종류, a_3개의 세 번째 종류, 그리고 a_4개의 네 번째 종류가 있는 경우를 다루어보자.

첫 번째 종류에 속한 a_1개의 양을 빼면 $n-a_1$, 즉 $a_2+a_3+a_4$개의 남아 있는 종류들의 양이 남고, 이들의 보완적인 조합의 수는 바로 위의 경우로 부터 다음과 같다.

$$\frac{(n-a_1)(n-a_1-1)\cdots 2\cdot 1}{1\cdot 2\cdots a_2 \times 1\cdot 2\cdots a_3 \times 1\cdot 2\cdots a_4} \tag{9.8}$$

위의 수 (9.8)을 첫 번째 종류의 조합의 수

$$\frac{n(n-1)\cdots(n-a_1+1)}{1\cdot 2\cdots a_1}$$

에 곱하면 네 종류의 보완적인 조합의 총수에 대한 식을 다음과 같이 얻을 수 있다.

$$\frac{n(n-1)\cdots 2\cdot 1}{1\cdot 2\cdots a_1 \times 1\cdot 2\cdots a_2 \times 1\cdot 2\cdots a_3 \times 1\cdot 2\cdots a_4} \tag{9.9}$$

m 종류의 **247.** 이 식에 대한 구성 법칙을 확정하는 것은 이미 다루어진 경우들 로 충분하다. $(m-1)$ 종류의 보완적인 조합의 수에 대해 참이면 m종류의 보완적인 조합의 수에 대해서 참이야 함을 보여 줌으로써 일반화될 것이다.

왜 그런지 살펴보자. 각각의 개수가 a_1, a_2, ..., a_{m-1}인 서로 다른

$m - 1$종류의 n개 물건에 대한 조합의 수가 다음과 같다고 가정하자.

$$\frac{n(n - 1) \cdots 2 \cdot 1}{1 \cdot 2 \cdots a_1 \times 1 \cdot 2 \cdots a_2 \times \cdots \times 1 \cdot 2 \cdots a_{m-1}}$$

그리고 m종류의 n개 물건에 대하여 첫 번째로 a_1개의 양을 포함하는, 두 번째로 a_2, 그리고 마지막으로 a_m개의 양을 포함하는 보완적인 조합들의 수를 찾기를 요구받았다고 하자. $a_2, a_3, \ldots, a_m$종류로 이루어진 $(n - a_1)$개 물건의 보완적인 조합의 수는 가정된 경우에서처럼 다음과 같다.

$$\frac{(n - a_1)(n - a_1 - 1) \cdots 2 \cdot 1}{1 \cdot 2 \cdots a_2 \times 1 \cdot 2 \cdots a_3 \times \cdots \times 1 \cdot 2 \cdots a_m} \tag{9.10}$$

이들 조합은 각각 첫 번째 종류의 조합, 즉 그 수가 다음과 같은 n개에서 a_1개를 택하는 조합과 결합할 것이다.

$$\frac{n(n - 1) \cdots (n - a_1 + 1)}{1 \cdot 2 \cdots a_1} \tag{9.11}$$

그러므로 m종류의 보완적인 조합들의 수는 다음과 같이 표현된다.

$$\frac{n(n - 1) \cdots 2 \cdot 1}{1 \cdot 2 \cdots a_1 \times 1 \cdot 2 \cdots a_2 \times \cdots \times 1 \cdot 2 \cdots a_m} \tag{9.12}$$

248.   보완적인 조합에 대한 위의 이론은 일반적으로 다항 인자의 **다항식의 곱** 곱에 대한 구성을 조사할 수 있게 해준다. $(a_1 + b_1 + c_1 + \cdots + l_1)$, $(a_2 + b_2 + c_2 + \cdots + l_2)$, $\ldots$, $(a_n + b_n + c_n + \cdots + l_n)$과 같이 각각이 m개의 항으로 이루어졌고 서로 다른 n개 인자의 곱으로부터 시작하자.

곱은 n차원의 동차식이고, (조항 239)에서 주어진 것과 동일한 이유로 모든 항은 서로 다르다.

a만을 포함하는 (개수가 n인) 항이 하나 있고, 또 다른 항은 b만을, 그리고 마찬가지로 모든 다른 문자들에 대해서도 동일하다.

다른 항들은 m을 넘지 않는 모든 종류의 보완적인 조합을 구성한다.

그리고 임의로 할당된 종류에 해당하는 항의 수는 바로 전 조항에서 주어진 공식에 의해 결정된다.

그러므로 a가 α_1번 나타나고, b가 α_2번, c가 α_3번, ... 그리고 l이 α_m번 나타나는 항의 수는 다음과 같은 공식으로 표현된다.

$$\frac{n(n-1)\cdots 2\cdot 1}{1\cdot 2\cdots \alpha_1 \times 1\cdot 2\cdots \alpha_2 \times 1\cdot 2\cdots \alpha_3 \times \cdots \times 1\cdot 2\cdots \alpha_m}$$

여기서 $\alpha_1 + \alpha_2 + \alpha_3 + \cdots + \alpha_m = n$이다.

항의 수 = m^n **249.** 곱에서 항의 총수는 m^n이다. 왜냐하면, 첫 번째와 그리고 모든 다른 인자에 m개의 항이 있고, 두 인자의 곱에서 항의 수는 m^2과 같고, 세 인자의 곱에서 항의 수는 m^3과 같고, 계속해서 이와 같이 진행하여 n개 인자의 곱에 다다르면 항의 수는 m^n이기 때문이다.

250. 이제, 각 인자에 모두 동일한 종류의 문자들이 있다고 가정하면, 그래서 인자들이 서로 동일하면 그 곱은 (각 문자에 붙은 숫자들을 빼면) 다음과 같다.

$$(a + b + c + \cdots + l)^n$$

동일한 종류의 문자들로 이루어진 조합은 그것이 a이든, b이든, c이든, ..., l이든 상관없이 이들 문자의 거듭 제곱일 것이고 이때 지수는 각 항에 나타나는 문자들의 수이다. 그러므로 모든 항은 같은 종류인 같은 수의 문자를 포함하여서 동일해진다. 그러므로 한 종류 (a)의 수가 α_1, 두 번째 종류 (b)의 수가 α_2, 세 번째 (c)의 수가 α_3이고 m번째 (l)의 수가 α_m이고 이때 $\alpha_1 + \alpha_2 + \alpha_3 + \cdots + \alpha_m = n$이면, 보완적인 조합들에 해당하는 총수를 포함하는 그래서 곱의 일반 항이라 불리는 항은 다음과 같다.

$$\frac{n(n-1)\cdots 2\cdot 1}{1\cdot 2\cdots \alpha_1 \times 1\cdot 2\cdots \alpha_2 \times 1\cdot 2\cdots \alpha_3 \times \cdots \times 1\cdot 2\cdots \alpha_m} a^{\alpha_1} b^{\alpha_2} c^{\alpha_3} \cdots l^{\alpha_m}$$

251. 앞에서 고려했던 것들과 마찬가지로 그 이론의 구성이 총수를 **동차 곱** 결정하는 것과 함께 매우 중요한 응용으로 안내할 조합의 다른 종류가 있다. 이들 중, 동차 곱[i]이라 명명된 조합이 있는데 그것은 동일한 문자의 반복을 허용하는 것이다. 그러므로 모두 함께 택해진 양들 a, b, c는 abc로 단지 한 조합을 구성한다. 그러나 동일한 세 문자들은 다음과 같이 열 개의 동차 곱을 구성한다.

$$a^3 + b^3 + c^3 + a^2b + a^2c + ab^2 + ac^2 + b^2c + bc^2 + abc$$

252. 일반적으로 이러한 곱의 개수를 결정하는 공식을 알아보자. **동차 곱의** 거듭 제곱까지 포함하여 모든 양이 다음 문자들의 결합이라고 하자. **개수**

$$a_1, \ a_2, \ a_3, \ \ldots, \ a_n$$

이제 이들로부터 두 개씩, 세 개씩, ..., 그리고 r개씩 택하는, 또는 이 차원, 삼 차원, ..., 그리고 r차원의 동차 곱의 수를 결정하고자 한다.

이 차원의 동차 곱은 모든 문자의 제곱과 이들의 곱, 즉 두 개씩 택하는 **이 차원의** 조합으로 이루어진다. 첫 번째 개수는 n이고, 두 번째 개수는 $\frac{n(n-1)}{1 \cdot 2}$이므로 이들의 총수는 다음과 같다.

$$n + \frac{n(n-1)}{1 \cdot 2} = \frac{n(2+n-1)}{1 \cdot 2} = \frac{n(n+1)}{1 \cdot 2}$$

253. 삼 차원 동차 곱의 개수를 결정하기 위하여 이 차원의 각 동차 **삼 차원의** 곱이 각 곱을 구성하는 특정한 문자들의 합과 함께 (n)개의 문자에 순차적으로 곱해졌다고 가정하자. 이들의 수는 각각의 경우에 $n+2$개이다. 그리고 모든 삼 차원의 동차 곱이 결과에서 세 번만 발생함을 보일 수 있다. 왜

---

i) 현재의 중복 조합을 일컫는 말이다.

그런지 살펴보기 위해 다음 식을 보자.

$$a_1^2(a_1 + a_2 + \cdots + a_n + 2a_1) = a_1^2(3a_1 + a_2 + \cdots + a_n)$$

위 곱에서 항 $3a_1^3$이 나타나는데 단지 이 곱에서만 나타난다. 항 $a_1^2 a_2$는 이 곱에서 한 번 나타나고, 다음 곱에서 두 번 나타나고, 다른 곱에서는 나타나지 않는다.

$$a_1 a_2(a_1 + a_2 + \cdots + a_n + a_1 + a_2) = a_1 a_2(2a_1 + 2a_2 + a_3 + \cdots + a_n)$$

다시, 항 $a_1 a_2 a_3$은 위의 곱에서 한 번, 그리고 다음 곱에서 한 번 나타나고

$$a_1 a_3(a_1 + a_2 + a_3 + \cdots a_n + a_1 + a_3),$$

다음 곱에서 한 번 더 나타나고 다른 곱에서는 나타나지 않는다.

$$a_2 a_3(a_1 + a_2 + a_3 + \cdots a_n + a_2 + a_3)$$

a_1^3, $a_1^2 a_2$ 그리고 $a_1 a_2 a_3$에 대해 참인 것을 증명하였는데 결과가 모든 문자에 대칭이어야 하므로(조항 136) 모든 비슷한 거듭 제곱 또는 곱들에 대해서도 동등하게 참이어야 한다. 그러므로 삼 차원 동차 곱의 총수는 이 차원 동차 곱의 개수에 $n + 2$를 곱하고 그 결과를 3으로 나누어서 얻을 수 있다. 따라서 원하던 수는 다음과 같다.

$$\frac{n(n+1)(n+2)}{1 \cdot 2 \cdot 3}$$

254. 위 식의 분자에 있는 인자는 n으로 시작해서 증가하는 자연수이다. 이들에 해당하는 분모의 인자는 1부터 시작해서 증가하는 자연수이다. 그리고 분자와 분모의 인자의 개수는 서로 같고, 각 곱에서의 차원과 **구성 법칙** 동일하다. 이 식에 대한 구성 법칙을 합법적으로 일반화할 수 있기 전에 $(r - 1)$차원 동차 곱의 개수에 대해서 참이면 마찬가지로 그다음인 r차원

동차 곱의 개수에 대해서도 참이어야 함을 보여야 한다.

255.   이러한 목적을 위하여, 순차적으로 전체 (n)개의 문자에 의해 곱해진 모든 $(r-1)$차원의 동차 곱을 가정하자. 이들 곱이 포함하는, 동일하든 다르든 상관없이, 특별한 문자들의 합을 함께 가정하자. 그러면 요구된 $(r$차원의$)$ 모든 동차 곱이 결과에서 r번 나타나고 더 이상 나타나지 않는다는 것을 발견할 것이다. 먼저, 다음 곱에서 ra_1^r을 볼 수 있는데 이것은 다른 곱에서는 나타나지 않는다.

n차원에
대하여

$$a_1^{r-1}\{a_1 + a_2 + \cdots + a_n + (r-1)a_1\} \quad \text{또는}$$
$$a_1^{r-1}(ra_1 + a_2 + \cdots + a_n) \tag{9.13}$$

항 $a_1^{r-1}a_2$는 위의 곱에서 한 번 나타나고, 다음 곱에서 $(r-1)$번 나타난다. 그리고 다른 데서는 나타나지 않는다.

$$a_1^{r-2}a_2\{a_1 + a_2 + \cdots + a_n + (r-2)a_1 + a_2\} \quad \text{또는}$$
$$a_1^{r-2}a_2\{(r-1)a_1 + 2a_2 + \cdots + a_n\} \tag{9.14}$$

항 $a_1^{r-2}a_2^2$은 위의 곱에서 두 번 나타나고, 다음 곱에서 $(r-2)$번 나타난다. 그리고 다른 데서는 나타나지 않는다.

$$a_1^{r-3}a_2^2\{a_1 + a_2 + \cdots + a_n + (r-3)a_1 + 2a_2\} \tag{9.15}$$

한편, (9.14)에서 한 번 나타난 항 $a_1^{r-2}a_2a_3$은 다음 곱에서 한 번 나타나고

$$a_1^{r-2}a_3\{a_1 + a_2 + \cdots + a_n + (r-2)a_1 + a_3\},$$

다음 곱에서 $(r-2)$번 발견된다. 그리고 다른 데서는 나타나지 않는다.

$$a_1^{r-3}a_2a_3\{a_1 + a_2 + a_3 + \cdots + a_n + (r-3)a_1 + a_2 + a_3\} \quad \text{또는}$$
$$a_1^{r-3}a_2a_3\{(r-2)a_1 + 2a_2 + 2a_3 + \cdots + a_n\} \tag{9.16}$$

그러므로 a_1^r, $a_1^{r-1}a_2$, $a_1^{r-2}a_2^2$, $a_1^{r-2}a_2a_3$, 그리고 결과적으로 모든 곱들은 결과에서 r번만 나타나야 한다. 그리고 일반적으로 다음과 같이 주어지는 항을 고려해 보자.

$$a_1^{\alpha_1}a_2^{\alpha_2}\cdots a_n^{\alpha_n}, \qquad \alpha_1 + \alpha_2 + \cdots + \alpha_n = r$$

위의 항은 다음 곱에서 α_1번 나타난다.

$$a_1^{\alpha_1-1}a_2^{\alpha_2}\cdots a_n^{\alpha_n}\{a_1 + a_2 + \cdots + a_n + (\alpha_1 - 1)a_1 + \alpha_2 a_2 + \cdots + \alpha_n a_n\}$$

또는 $a_1^{\alpha_1-1}a_2^{\alpha_2}\cdots a_n^{\alpha_n}\{\alpha_1 a_1 + (\alpha_2 + 1)a_2 + \cdots + (\alpha_n + 1)a_n\}$

그리고 다음 곱에서 α_2번 나타날 것이다.

$$a_1^{\alpha_1}a_2^{\alpha_2-1}\cdots a_n^{\alpha_n}\{(\alpha_1 + 1)a_1 + \alpha_2 a_2 + \cdots + (\alpha_n + 1)a_n\}$$

$\cdots\cdots\cdots$

마찬가지로 다음 곱에서 α_n번 나타날 것이다.

$$a_1^{\alpha_1}a_2^{\alpha_2}\cdots a_n^{\alpha_n-1}\{(\alpha_1 + 1)a_1 + (\alpha_2 + 1)a_2 + \cdots + \alpha_n a_n\}$$

그리고 더 이상은 나타나지 않는다. 그러므로 결과에서 $(\alpha_1+\alpha_2+\cdots+\alpha_n)$, 즉 r번 나타나고 더 이상은 나타나지 않는다. 일반적인 항에 적용된 것과 동일한 논리가 다른 모든 항들에 동등하게 적용되면 이들 항은 각각 결과에서 r번 나타나고 더 이상 나타나지 않는다.

그러므로 n개의 양에서 r차원 동차 곱의 개수는 n개의 양에서 $(r-1)$차원 동차 곱의 개수에 $(n+r-1)$을 곱하고 r로 나누어서 얻을 수 있다.

n개의 문자에서 $(r-1)$차원 동차 곱의 개수가 다음과 같다고 하자.

$$\frac{n(n+1)\cdots(n+r-2)}{1\cdot 2\cdots(r-1)}$$

그러면 n개의 문자에서 r차원 동차 곱의 개수는 다음과 같아야 한다.

$$\frac{n(n+1)\cdots(n+r-2)(n+r-1)}{1\cdot 2 \cdots (r-1)r}$$

그리고 위의 식이 $r=2$, $r=3$일 때 참인 것이 보여진 것처럼, $r=4$, 5, $\cdots$ 그리고 어떤 수일 때도 참이어야 한다[2](조항 226).

256. 바로 위에서 고려한 것과 같은, 일, 이, 삼 그리고 모든 고차원의 동차 곱은 다음 식으로 1을 나눈 결과를 나타내는 급수의 연속적인 항으로 표현된다.

연속된 차원의 동차 곱으로 표현되는 급수

$$(1-a_1)(1-a_2)(1-a_3)\cdots(1-a_n)$$

또한 동일하게도 $(1-a_1x)(1-a_2x)(1-a_3x)\cdots(1-a_nx)$로 1을 나누었을 때 나타나는 급수에서 x의 연속적인 거듭 제곱들의 계수로 나타난다. 왜냐하면 다음을 보면 알 수 있다(조항 46 보기 (22)).

$$\frac{1}{1-a_1x} = 1 + a_1x + a_1^2x^2 + a_1^3x^3 + \cdots + a_1^rx^r + \cdots$$

$$\frac{1}{1-a_2x} = 1 + a_2x + a_2^2x^2 + a_2^3x^3 + \cdots + a_2^rx^r + \cdots$$

$$\frac{1}{1-a_3x} = 1 + a_3x + a_1^2x^2 + a_3^3x^3 + \cdots + a_3^rx^r + \cdots$$

$$\cdots \qquad\qquad \cdots\cdots\cdots$$

$$\frac{1}{1-a_nx} = 1 + a_nx + a_n^2x^2 + a_n^3x^3 + \cdots + a_n^rx^r + \cdots$$

---

2) n개의 물건에서 r개씩 택하는 조합의 수에 대한 일반적인 식은 변분 또는 순열의 수에 대한 식을 사전에 알지 않아도 위에서와 비슷한 방법으로 얻을 수 있다. 왜그런지 알아 보자. $(r-1)$개 문자의 모든 조합에 그 안에 포함되지 않은 다른 문자들이 곱해져서 그 수가 $n-r+1$이면 r개 문자의 모든 조합이 결과에서 r번 나타날 것이라고 매우 쉽게 보일 수 있다. C_{r-1}이 n개 물건에서 $(r-1)$개씩 택하는 조합의 수이고 C_r이 r개씩 택하는 조합의 수라 하면, $C_r = C_{r-1} \times \frac{n-r+1}{r}$이고, 이로부터 C_r에 대한 완전한 식은 쉽게 얻을 수 있다.

이들 각 급수를 모두 곱하고 그 결과를 x의 거듭 제곱 순으로 나열하면 다음을 얻는다.

$$\frac{1}{(1 - a_1x)(1 - a_2x)(1 - a_3x) \cdots (1 - a_nx)}$$
$$= 1 + H_1x + H_2x^2 + H_3x^3 + \cdots + H_rx^r + \cdots$$

여기서 H_1은 n개의 문자 a_1, a_2, $\ldots$, a_n의 합, H_2는 이들의 이 차원 동차 곱들의 합, H_3는 이들의 삼 차원 동차 곱들의 합, $\ldots$, H_r는 이들의 r차원 동차 곱들의 합이고 계속해서 같은 의미를 갖는다.

$\frac{1}{(1-ax)^n}$에 대한 급수 **257.** n개의 문자 a_1, a_2, $\ldots$, a_n가 모두 서로 동일하여 a와 같아진다면 분수

$$\frac{1}{(1 - a_1x)(1 - a_2x)(1 - a_3x) \cdots (1 - a_nx)}$$

은 다음과 같이 된다.

$$\frac{1}{(1 - ax)^n}$$

그리고 연속적인 계수 H_1, H_2, H_3, $\ldots$, H_r, $\ldots$는 다음과 같다.

$$na, \quad \frac{n(n+1)}{1 \cdot 2}a^2, \quad \frac{n(n+1)(n+2)}{1 \cdot 2 \cdot 3}a^3, \quad \ldots, \quad \frac{n(n+1) \cdots (n+r-1)}{1 \cdot 2 \cdots r}a^r, \quad \ldots$$

결과적으로 다음을 얻는다.

$$\frac{1}{(1 - ax)^n}$$
$$= 1 + nax + \frac{n(n+1)}{1 \cdot 2}a^2x^2 + \frac{n(n+1)(n+2)}{1 \cdot 2 \cdot 3}a^3x^3$$
$$+ \ldots + \frac{n(n+1) \cdots (n+r-1)}{1 \cdot 2 \cdots r}a^r + \ldots$$

이 결과에 대해서는 다음 장에서 특별히 다룰 기회가 있을 것이다.

258. 공식

$$\frac{n(n+1)\cdots(n+r-1)}{1\cdot 2\cdots r}$$

은 다음 곱의 다른 변형을 표현한다.

$$a_1^{\alpha_1} a_2^{\alpha_2} \cdots a_n^{\alpha_n}$$

여기서 $\alpha_1 + \alpha_2 + \cdots + \alpha_n = r$이고 α_1, α_2, $\alpha_3, \ldots$, α_n은 0부터 r까지의 모든 값을 가질 수 있다. a_1을 나머지 $(n-1)$개의 문자들로부터 분리함으로써, 그리고 이들을 $(n-1)$개의 문자들의 r, $r-1$, $r-2$, $\ldots$, 3, 2, 1 그리고 0차원의 동차 곱을 1, a_1, a_1^2, $\ldots$, a_1^{r-2}, a_1^{r-1} 그리고 a_1^r에 연속적으로 곱하여 나타나는 것을 고려하면, 어떤 면에서 이들의 구성을 분석할 수 있다. 모든 경우에 n 대신에 $n-1$을 놓음으로써 그리고 r 대신에 $r-1$, $r-2$, $\ldots$, 3, 2, 1을 놓음으로써 결정되는 이들 항의 연속적인 숫자는 다음과 같다.

$$\frac{(n-1)n(n+1)\cdots(n+r-2)}{1\cdot 2\cdots r}$$

$$\frac{(n-1)n(n+1)\cdots(n+r-3)}{1\cdot 2\cdots(r-1)}$$

$$\frac{(n-1)n(n+1)\cdots(n+r-4)}{1\cdot 2\cdots(r-2)}$$

$$\cdots\cdots\cdots\cdots$$

$$\frac{(n-1)n(n+1)}{1\cdot 2\cdot 3}$$

$$\frac{(n-1)n}{1\cdot 2}$$

$$\frac{(n-1)}{1}$$

그러므로 다음을 얻는다.

$$\frac{n(n+1)\cdots(n+r-1)}{1\cdot 2\cdots r} = 1 + (n-1) + \frac{(n-1)n}{1\cdot 2} + \frac{(n-1)n(n+1)}{1\cdot 2\cdot 3}$$
$$+ \cdots + \frac{(n-1)n(n+1)\cdots(n+r-2)}{1\cdot 2\cdots r}$$

원래의 공식에서 n의 자리에 $n-2$, $n-3$, $n-4$, $\ldots$, $3,2$를 연속적으로 대입하면 서로 다른 차원의 연속적인 급수를 구성하게 된다. 이때 주어진 차원의 급수에 있는 $(r+1)$번째 항은 그다음 아래 차원 급수의 $(r+1)$번째 항들의 합과 동일할 것이다. 이들 급수의 마지막인, $n=3$에 해당하는(기본 급수로부터 계산하면 두 번째인), 즉

$$\frac{3\cdot 4\cdots(r+2)}{1\cdot 2\cdots r} = 1 + 2 + \frac{2\cdot 3}{1\cdot 2} + \frac{2\cdot 3\cdot 4}{1\cdot 2\cdot 3} + \cdots + \frac{2\cdot 3\cdots(r+1)}{1\cdot 2\cdots r}$$

인 것은 다음과 같아진다.

$$\frac{(r+1)(r+2)}{1\cdot 2} = 1 + 2 + 3 + 4 + \cdots + (r+1)$$

즉, 위의 식은 자연수로 이루어진 급수로 $(r+1)$개 항의 합이다. 반면에 다음 이어지는 $n=2$에 해당하는 기본 급수는 다음과 같다.

$$\frac{2\cdot 3\cdot 4\cdots(r+1)}{1\cdot 2\cdots r} = 1 + 1 + \frac{1\cdot 2}{1\cdot 2} + \frac{1\cdot 2\cdot 3}{1\cdot 2\cdot 3} + \cdots + \frac{1\cdot 2\cdots r}{1\cdot 2\cdots r},$$
$$\text{또는 } (r+1) = 1 + 1 + 1 + \cdots + 1$$

즉, $(r+1)$개 단위들의 급수임을 알 수 있다.

다각수   **259.** 이들 연속적인 급수를 구성하는 수들은 1, 2, 3, $\ldots$, n차원의 다각수라고 불린다. 여기서 임의의 한 차원의 r번째 항은 앞 차원의 r개 항의 합과 동일하다. 다음은 1차원부터 8차원까지의 앞 여덟 개의 항을 나열한 표이다.

1 차원.	1,	1,	1,	1,	1,	1,	1,	1.
2 차원.	1,	2,	3,	4,	5,	6,	7,	8.
3 차원.	1,	3,	6,	10,	15,	21,	28,	36.
4 차원.	1,	4,	10,	20,	35,	56,	84,	120.
5 차원.	1,	5,	15,	35,	70,	126,	210,	330.
6 차원.	1,	6,	21,	56,	126,	252,	462,	792.
7 차원.	1,	7,	28,	84,	210,	462,	924,	1716.
8 차원.	1,	8,	36,	120,	330,	792,	1716,	3432.

260.   이들 수 또는 이들의 구성 법칙에 대한 지식으로부터 앞에서 관심 없이 지나치도록 강요받은 질문들의 답을 얻을 수 있다. 그러므로 이제 다음에 해당하는 급수 또는 곱에 있는 항들의 개수를 결정해 보자.

$(a + b + c + \cdots)^n$ 에 해당하는 급수에서 항들의 개수

$$(a + b + c + \cdots + l)^n \quad \text{또는} \quad (a_1 + a_2 + a_3 + \cdots + a_r)^n$$

이것의 일반 항에 대해서는 이미 결정했다(조항 250).

항들의 개수는 다음과 같은 문자 곱 형태의 변분들의 개수에 의존한다.

$$a_1^{\alpha_1} a_1^{\alpha_2} \cdots a_r^{\alpha_r}$$

여기서 $\alpha_1 + \alpha_2 + \cdots + \alpha_r = n$ 이고 $\alpha_1, \alpha_2, \ldots, \alpha_r$ 은 0부터 n 까지의 모든 값을 가질 수 있다. 그러므로 원하는 개수는 r 개의 문자로 이루어진 n 차원 동차 곱의 개수와 동일함을 알 수 있고, 따라서 (조항 255)에 있는 공식에서 단지 n 을 r 로 r 을 n 으로 바꿈으로써 얻는다. 다른 말로 하면, 그 수는 다음과 같다.

$$\frac{r(r+1) \cdots (r+n-1)}{1 \cdot 2 \cdots n} \tag{9.17}$$

$r = 2$ 일 때, 이 식은 다음과 같다.

이항에 대하여

$$\frac{2 \cdot 3 \cdots (n+1)}{1 \cdot 2 \cdots n} = (n+1)$$

이것은 다음에 해당하는 급수에 있는 항들의 개수이다.

$$(a+b)^n$$

삼항에 대하여 $r = 3$일 때, 공식은 다음과 같다.

$$\frac{3 \cdot 4 \cdots (n+2)}{1 \cdot 2 \cdots n} = \frac{(n+1)(n+2)}{1 \cdot 2}$$

이것은 다음에 해당하는 급수에 있는 항들의 개수이다.

$$(a+b+c)^n$$

사항에 대하여 $r = 4$일 때, 공식은 다음과 같다.

$$\frac{4 \cdot 5 \cdots (n+3)}{1 \cdot 2 \cdots n} = \frac{(n+1)(n+2)(n+3)}{1 \cdot 2 \cdot 3}$$

이것은 다음에 해당하는 급수에 있는 항들의 개수이다.

$$(a+b+c+d)^n$$

일반적으로 일반적으로, r이 n보다 작은 임의의 수일 때 일반적인 공식 (9.17)은 다음과 동치이다.

$$\frac{(n+1)(n+2) \cdots (n+r-1)}{1 \cdot 2 \cdots (r-1)} \tag{9.18}$$

이 경우 곱 $r(r+1) \cdot (n-1)n$은 분자와 분모에 공통이므로 약분되었다.

수를 부분으로 분해 **261.** 위에서 주어진 공식 (9.18)은 수 n이 둘, 셋, 넷, 또는 0과 n 사이의 수를 포함하는 r개의 부분으로 쪼개지는 방법의 개수를 결정한다. 이때 이들 부분은 그들 자신이나 그들의 배열이 다르다. 이제, 수 7이 영을 포함하여 네 부분으로 쪼개지는 서로 다른 방법이 얼마나 되는지 알아보자. 물론 이때 각 부분은 그들 자신이나 그들의 배열이 다르다.

공식으로부터 $\frac{8 \cdot 9 \cdot 10}{1 \cdot 2 \cdot 3} = 120$을 얻는다. 이것은 다음의 서로 다른 순열에 의해 얻어진다.

7, 0, 0, 0	로부터	4	개
4, 1, 1, 1	……	4	…
2, 2, 2, 1	……	4	…
6, 1, 0, 0	……	12	…
5, 2, 0, 0	……	12	…
4, 3, 0, 0	……	12	…
5, 1, 1, 0	……	12	…
3, 3, 1, 0	……	12	…
3, 2, 2, 0	……	12	…
3, 2, 1, 1	……	12	…
4, 2, 1, 0	……	24	…

영을 포함하는 이들 수는 연속적인 순열의 순서를 통해 다음과 같은 급수의 각 항에서 a, b, c 그리고 d의 지수를 나타낸다.

$$(a + b + c + d)^7$$

262. 이 장의 앞 조항들에 있는 정리들과 문제들은 순열과 조합 이 **조합적 해석학** 론에서 또는 종종 언급되는 조합적 해석학에서 가장 중요한 것들로 선별되 었다. 이 분야는 사실 가장 일반적인 형태로 고려되었을 때, 이러한 종류의 일에 적당한 제한을 두고 이해하기에는 너무 방대하다. 그러므로 앞에서 진행한 선택에서 기본 명제, 그리고 이항 또는 여러 항에 대한 정리를 탐구 하고 완성하는 데 필요한, 또는 이들을 사용함으로써 얻는 발전을 촉진하는 데 유용한 명제들로 국한하는 것을 강요 받는 것 같다.

263. 조합 이론보다 문제를 사용하여 좀 더 다양한 설명을 허용하는 분야는 거의 없다. 이러한 문제들은 스스로 거의 즉각적으로 우연 또는 확률을 계산하는 문제들로 분해되고, 결과적으로 이들로부터 이론들이 나타난다. '우연의 원리'에서 가장 보편적으로 사용된 용어들의 수학적 의미뿐만 아니라 적어도 한 분야에서 조합 이론과의 연계를 보여주기를 요구받았을 때 그 학문의 가장 간단한 첫 번째 원리에 대하여 이러한 설명을 첨가하는 것이 편리하다. 그리고 학생들로 하여금 이 장에 있는 대부분의 명제를 교훈과 흥미로 가득하고 매우 광범위한 종류의 질문들에 적용할 수 있게 해준다.

264. 대중적인 언어로 용어 우연은 본래 또는 파생적으로 매우 다양한 의미를 가지고 있는데, 항상 쉽지는 않고 이 예에서 다른 것과 구별하는 데 매우 중요하지도 않다. 우연은 때때로 발생이 불확실한 사건을 의미하는데, 어떤 요인으로 일어나는 것인지 결정된 것 또는 결정할 수 있는 법칙에 의해 발생되는지와는 상관없다. 다른 경우에 우연은 사건이 발생하는 데 영향을 주는 원인을 나타내는 데 사용된다. 그리고 종종, 기대에 따른 것인지 또는 그 반대의 것인지에 상관없이 사건에 영향을 주거나 결정하는 원인의 강렬함에 대한 의견을 나타내는 데 사용되기도 한다.

265. 위에서 나중에 언급한 것과 같은 의미가 수학적 의미로 가장 가깝게 생각되는데, **확률**과 같은 동의어로 사용되었다. 그리고 발생하는 우연 또는 한 사건이 발생하는 확률 또는 그와 반대의 것은 측정되고 따라서 반드시 발생하는 사건들의 또는 반드시 존재하는 경우의 개수와 반드시 발생하고 발생할 가능성이 있는 사건들의 또는 반드시 존재하고 존재할 가능성이 있는 경우들의 전체 개수 사이에 존재하는 비에 의해 정의된다. 그리고 이들은 모두 비슷한 환경에 놓인다.

266. 이 비는 분수를 사용하여 나타낸다. 이때 분자는 적당한 사건 **우연을** 이나 경우의 개수이고, 분모는 적당하거나 부적당한 모든 사건 또는 경우의 **표현하는 방법** 개수이다. 이어지는 장에서 보게 될 모든 비는 분수로 표현되고 측정된다. 이때 분자는 선행하는 것이고 분모는 비에 의한 결과이다.

그러므로 a가 적당한 사건이나 경우의 개수를 나타내고, b가 부적당한 사건이나 경우의 개수를 나타낸다고 하면 사건이 발생할 또는 경우가 존재할 우연은 다음과 같다.

$$\frac{a}{a+b}$$

반면에 사건이 발생하지 않을 또는 경우가 존재하지 않을 우연은 다음과 같이 표현된다.

$$\frac{b}{a+b}$$

267. 이러한 표현 방법으로부터, 첫 번째 경우 $b = 0$일 때 모든 **단위로 표현된** 사건이나 경우가 적당한, 또는 두 번째 경우 $a = 0$일 때 모든 사건이나 **확실성** 경우가 부적당한, 확실성은 1로 표현된다. 그러므로 확실성에 대한 우연의 비는 또는 확실성에 대한 확률의 정도(종종 표현되는 것처럼)에 대한 비는 확실성을 단위로 표시하는 것에 의한 분수의 비 또는 분자에 대한 분모의 비일 것이다.

268. 실패할 우연에 대한 성공할 우연의 비 또는 대중적인 언어로 **가능성** 표현하여 성공 또는 실패에 대한 가능성의 비는 b에 대한 a의 비 또는 a에 대한 b일 것이다. 이것은 관련된 우연을 나타내는 분수의 분자들이다.

269. 우연은 크게 두 종류, 이론적인 것과 개연적인 것으로 분류될 **이론적인** 수 있다. 첫 번째 것은 표현하는 분수의 분자와 분모가 추상적인 결정을 **그리고** 허용하는 것이다. 두 번째 것은 분자와 분모에서 둘 중의 하나 또는 둘 **개연적인 우연**

모두가 추상적인 결정을 허용하지 않고 실험과 관찰로부터 추론되는 것이

이론적인
그리고
개연적인
확실성

다. 우연의 이들 다른 종류에 대해 한계를 준다고 하는, 확실성 또한 이들의 다른 값들의 한계처럼 동일한 방법으로 이론적인 것과 개연적인 것이 서로 구분될 수 있다.

다음 문제들에서 다루어지는 우연은 주로 이들 종류 중 첫 번째 것에 속하고, 이들의 결정은 조합 이론에 이질적인 어떠한 원리도 요구하지 않는다. 그러나 대부분의 경우, 개연적인 우연은 판단이 관여하는 한 이론적인 우연으로 변환 가능하다. 그리고 이러한 목적으로 사용된 추론의 본성을 보여 주기 위하여, 몇몇의 보기들이 주어질 것이다.

문제들

270. 주사위 한 개를 던져 1의 눈이 나올 우연을 찾아라.

단순한 우연:
1의 눈이 나올

여섯 개의 면이 모두 동등하지만[3] 맨 위에 올 수 있는 면은 오직 한 개이다. 그러므로 이 면의 눈이 1일 우연은 $\frac{1}{6}$이다.

1의 눈이
나오지 않을

(α) 이 면의 눈이 1이 아닐 우연은 $\frac{5}{6}$이다. 왜냐하면 여섯 개의 동등한 경우 중 이 가정에 적합한 개수가 다섯이기 때문이다.

1 또는 2의
눈이 나올

(β) 던져서 나온 면의 눈이 1 또는 2일 우연은 $\frac{2}{6}$, 즉 $\frac{1}{3}$이다. 왜냐하면 일어날 여섯 개의 동등한 경우 중 두 개가 적합하기 때문이다. 이로부터 실패할 우연, 즉 나온 눈이 1도 아니고 2도 아닐 우연은 $\frac{4}{6}$, 즉 $\frac{2}{3}$임을 알 수 있다.

사면체
주사위를 던져
1의 눈이 나올

(γ) 주사위가 각 면에 숫자 1, 2, 3, 4가 적혀 있는 정사면체이면, 1이 바닥에 놓일 우연은 $\frac{1}{4}$일 것이다. 그렇지 않을 우연은 $\frac{3}{4}$일 것이다.

한 묶음의
카드에서 1을
뽑을

(δ) 52개 카드의 한 묶음으로부터 스페이드 1을 뽑을 우연은 $\frac{1}{52}$이다. 네 종류 카드의 1을 뽑을 우연은 $\frac{4}{52}$, 즉 $\frac{1}{13}$이다. 왜냐하면 적합하거나 적

---

3) 여기, 그리고 앞으로 쓰일 동등이라는 문구는 (조항 126.)서 주어진 의미로 사용된다.

252

합하지 않은 쉰두 개 중 네 개의 적합한 경우가 있고, 이들 모두는 발생할 기회가 동등하기 때문이다.

(ϵ) 어떤 해의 11월 14일이 금요일이 될 우연은 $\frac{1}{7}$이다. 왜냐하면 이 날은 일곱 개의 연속적인 날들 중의 하나이다. 즉, 일곱 개의 날들 중 하나 그리고 단 하루만이 금요일이어야 한다. 이 날은 정해진 날이 될 수 없는데 그 이유는 365 또는 366은 7의 배수가 아니기 때문이다. 마찬가지로 서로 다른 그리고 이어지는 해들은 한 주의 다른 요일로부터 시작한다.

> 정하지 않은 해, 주어진 달, 주어진 날이 주어진 요일인

(ζ) 항아리에 흰 공 14개와 검은 공 6개가 담겨 있다면, 이로부터 한 번의 시도로 흰 공을 꺼낼 우연은 $\frac{14}{20}$이다. 실패할, 즉 검은 공을 꺼낼 우연은 $\frac{6}{20}$이다.

> 주어진 수의 공이 담긴 항아리에서 흰 또는 검은 공을 꺼낼

271. 이 경우 그리고 모든 다른 경우에, 동일한 사건에서 성공과 실패의 우연은 이들의 합이 1이 되도록 서로 **보충적**인데, 이것은 확실성의 잴대이자 좋은 예이다. 그러므로 한 정보는 필연적으로 다른 것을 결정한다.

> 성공과 실패가 서로 보충적인 우연

272. 복합 우연에 대한 다음 보기들은 이어질 복합 우연에 관한 이론을 소개한다.

> 복합 우연

(α) 주사위 한 개를 두 번 던져 연속으로 1이 나올 우연을 찾아라.

처음 던졌을 때 동등하게 일어날 경우는 여섯이고, 두 번째 던졌을 때도 동일한 가짓수이다. 이들은 서로 결합 또는 섞여서 6 × 6, 즉 36가지의 서로 다른 경우를 만든다. 이들 36가지는 동등하고 이들 중 한 경우만 적합한 것이다. 띠리시 우연은 $\frac{1}{36}$이다.

> 한 주사위를 두 번 던져 1이 두 번 나올 우연

(β) 주사위 두 개를 던져 동시에 1의 눈이 두 개 나올 우연은 동등하게 $\frac{1}{36}$이다. 왜냐하면 시간의 잇달음은 적합한 그리고 적합하지 않은 순열들의 개수에서 아무런 차이도 만들지 않기 때문이다.

> 주사위 두 개로

(γ) 첫 번째로 1의 눈이 나오고 두 번째로 2의 눈이 나올 우연은 또한 $\frac{1}{36}$

> 1과 2의 눈이 나올

이다. 왜냐하면 36가지 경우 중 단 한 개의 적합한 순열이 존재하기 때문이다.

(δ) 연속된 순서는 고려하지 않고 한 번 던져서 1의 눈이 나오고 다른 경우에는 2의 눈이 나올 우연은 $\frac{1}{18}$이다. 왜냐하면 이 경우에는 한 조합(1, 2 그리고 2, 1)을 구성하는 두 개의 순열이 존재하기 때문이다. 물론 이들은 가정에 적합하고 전체 36가지의 경우 중 단지 이들 두 개만이 적합하다.

복합 우연에 관한 명제 **273.** 다른 사건들을 조건으로 하는 한 사건의 우연은 각 사건의 우연을 연속적으로 곱한 것이다.

각각의 우연이 다음과 같다고 하자.

$$\frac{a_1}{a_1 + b_1}, \quad \frac{a_2}{a_2 + b_2}, \quad \frac{a_3}{a_3 + b_3}, \quad \ldots, \quad \frac{a_n}{a_n + b_n}$$

여기서, 성공이나 실패와 무관하게 각각의 사건에서 만들어진 특별한 가정에 대하여 a_1, a_2, a_3, ..., a_n은 적합한 경우의 개수를 나타내고, b_1, b_2, b_3, ..., b_n은 이들 가정에 대하여 적합하지 않은 경우의 개수를 나타낸다.

두 우연에 대하여 첫 번째 예로, 다음과 같은 두 개의 분리된 우연에 의존하는 우연을 고려해 보자.

$$\frac{a_1}{a_1 + b_1} \quad \text{그리고} \quad \frac{a_2}{a_2 + b_2}$$

$a_1 + b_1$에 있는 모든 경우는 $a_2 + b_2$에 있는 모든 경우와 결합할 것이다. 그리하여 동등하게 발생할, 경우들의 $(a_1 + b_1)(a_2 + b_2)$개 조합을 구성할 것이다.

첫 번째에 있는 적합한 경우들(a_1)은 각각 두 번째에 있는 적합한 경우들(a_2)과 결합할 것이다. 그리하여 복합 사건에 대한 적합한 경우들의 $a_1 a_2$개의 조합을 구성할 것이다.

그러므로 복합 우연은 다음과 같이 표현될 것이다.

$$\frac{a_1 a_2}{(a_1 + b_1)(a_2 + b_2)}$$

이것은 각 우연의 곱임을 알 수 있다.

이제 세 개의 서로 다른 사건에 의존하는 사건의 우연을 고려해 보자. 이들 사건에 대한 우연은 각각 다음과 같다.

세 우연에
대하여

$$\frac{a_1}{a_1 + b_1}, \quad \frac{a_2}{a_2 + b_2}, \quad \frac{a_3}{a_3 + b_3}$$

위의 마지막 논의에 의해 그 개수가 $(a_1 + b_1)(a_2 + b_2)$인 처음 두 우연에 있는 모든 경우의 여러 조합들은 세 번째 우연의 적합한 것과 적합하지 않은 것 모두인 각각 $(a_3 + b_3)$개의 다른 경우들과 결합하고, 따라서 일어날 확률이 동등한 $(a_1 + b_1)(a_2 + b_2)(a_3 + b_3)$개의 조합을 구성한다.

그 개수가 $a_1 a_2$인 처음 두 우연에 있는 적합한 경우는 마지막 우연에 있는 a_3개의 적합한 경우와 각각 결합한다. 그리고 복합 사건에서 적합한 $a_1 a_2 a_3$개의 경우를 구성한다.

그러므로 복합 사건의 우연은 단순 우연들의 곱으로 다음과 같다.

$$\frac{a_1 a_2 a_3}{(a_1 + b_1)(a_2 + b_2)(a_3 + b_3)}$$

이제 다음과 같은 임의 개(n)의 우연을 고려하면

임의 개수의
우연에 대하여

$$\frac{a_1}{a_1 + b_1}, \quad \frac{a_2}{a_2 + b_2}, \quad \frac{a_3}{a_3 + b_3}, \quad \cdots, \quad \frac{a_n}{a_n + b_n}$$

그리고 공표된 명제에서 표현된 법칙이 $(n-1)$개의 우연에 대하여 참이라고 가정했을 때, n개에 대하여도 참임을 증명하면 된다. 처음 $(n-1)$개의 사건에 의존하는 사건의 우연이 다음과 같다고 하자.

$$\frac{a_1 a_2 \cdots a_{n-1}}{(a_1 + b_1)(a_2 + b_2) \cdots (a_{n-1} + b_{n-1})}$$

분모에 있는 적합한 그리고 적합하지 않은 경우들의 모든 조합은 n번째 우연에 있는 $(a_n + b_n)$개의 적합한 그리고 적합하지 않은 경우들과 각각 결합하여 다음과 같은 개수의 경우를 얻는다.

$$(a_1 + b_1)(a_2 + b_2) \cdots (a_n + b_n)$$

이들 경우는 복합 사건의 적합한 그리고 적합하지 않은 모든 것으로 일어날 확률이 동등하다.

비슷한 방법으로 처음 $(n-1)$개의 우연에서 $a_1 a_2 \cdots a_{n-1}$개의 적합한 경우는 n번째 우연에서 a_n개의 적합한 경우들과 각각 결합하여 이 복합 사건에 대한 $a_1 a_2 \cdots a_n$개의 적합한 경우를 만든다. 물론 이들은 일어날 확률이 동등하다. 그러므로 복합 우연은 다음과 같이 모든 단순 우연의 곱이다.

$$\frac{a_1 a_2 \cdots a_n}{(a_1 + b_1)(a_2 + b_2) \cdots (a_n + b_n)}$$

이로부터 2개와 3개의 우연에 대해 참임이 증명된 법칙은 필연적으로 4, 5 그리고 계속해서 임의 개의 우연에 대하여도 참임을 알 수 있다.

대단히 중요한 이것은 매우 중요한 명제로, 어떠한 복합 사건의 우연에 대한 계산도 따로 정해진 순서로 개별 사건에 대한 단순 우연에 의존하게 만든다.

이것과 직접적으로 연결된 또 다른 중요한 명제들을 다루기 전에 몇몇 보기들로 이 명제의 응용을 설명하고자 한다.

두 번 연속으로 던져서 첫 번째에만 일의 눈이 나올 우연 **274.** 두 번 연속으로 던져서 단지 첫 번째에만 일의 눈이 나올 우연을 찾아보자.

첫 번째 단순 우연은 $\frac{1}{6}$이다.

두 번째 단순 우연은 $\frac{5}{6}$이다. 왜냐하면 두 번째에는 일의 눈이 나오지 않아야 하고, 다섯 개의 실패에 대해 적합한[4] 경우가 있기 때문이다.

그러므로 복합 우연은 다음과 같다.

$$\frac{1}{6} \times \frac{5}{6} = \frac{5}{36}$$

275. 한 묶음의 카드로부터 연속된 네 번의 시행에서 네 개의 1을 뽑을 우연은 얼마인가?

첫 번째 단순 우연은 $\frac{4}{52}$이다.

두 번째 단순 우연은 $\frac{3}{51}$이다.

왜냐하면 첫 번째에 1을 뽑았으면, 나머지는 단지 세 개의 1과 51개의 카드이기 때문이다.

세 번째 단순 우연은 $\frac{2}{50}$이다.

왜냐하면 처음 두 번에 걸쳐 1을 뽑았으면, 나머지는 단지 두 개의 1과 50개의 카드이기 때문이다.

네 번째 단순 우연은 $\frac{1}{49}$이다.

왜냐하면 처음 세 번에 걸쳐 1을 뽑았으면, 나머지는 단지 한 개의 1과 49개의 카드이기 때문이다.

원하던 복합 우연은 다음과 같다.

$$\frac{4 \cdot 3 \cdot 2 \cdot 1}{52 \cdot 51 \cdot 50 \cdot 49} = \frac{1}{270725}$$

276. 두 번의 휘스트[i](또는 이기거나 지는 것에 대해 동등한 우연을

(우측 여백) 한 묶음의 카드에서 연속하여 네 개의 1을 뽑을

(우측 여백) 두 번의 휘스트에서 이길

---

4) 마음 속에 간직해야 할 것은 적합한 경우란 각 사건 또는 시도에서 만들어진 특별한 가정을 만족하는 경우이다. 여기서 특별한 가정은 첫 번째에 일의 눈이 나오고, 두 번째에는 다른 눈이 나오는 것이다.

갖는 어떤 다른 게임)에서 이길 우연은 얼마인가?

첫 번째 단순 우연은 $\frac{1}{2}$이다.

두 번째 단순 우연은 $\frac{1}{2}$이다.

왜냐하면 첫 번째 경기에서의 사건은 두 번째의 우연에 영향을 주지 않기 때문이다.

그러므로 복합 우연은 다음과 같다.

$$\frac{1}{2} \times \frac{1}{2} = \frac{1}{4}$$

이기지 않을   그러므로 연속된 두 번의 경기에서 이기지 않을 (다른 것에 대해 보충적인) 우연은 $\frac{3}{4}$이다.

승산   연속된 두 번의 경기에서 이길 가능성은 3 대 1이다.

연속된 세   연속된 세 번의 경기에서 이길 우연은 세 개의 단순 우연들의 곱으로
번의 경기에서 다음과 같다.
이길

$$\frac{1}{2} \times \frac{1}{2} \times \frac{1}{2} = \frac{1}{8}$$

셋 중에서   처음 두 경기를 우승하고 세 번째에는 질, 또는 첫 번째에는 이기고 두
둘의 번째에 지고 세 번째에 이길, 또는 첫 번째에는 지고 두 번째와 세 번째에는 이길 우연은 각 경우에 $\frac{1}{8}$이다. 왜냐하면 첫 번째 예에서와 같이 단순 우연들이 $\frac{1}{2}$, $\frac{1}{2}$ 그리고 $\frac{1}{2}$이기 때문이다.

셋 중에서 두 경기를 이길 우연은, 연속된 순서를 무시하고, $\frac{3}{8}$으로 질문의 조건에 동등하게 답하는 각각 분리된 사건에 대한 우연의 합이다.

연속하여 세   연속하여 세 경기를 질 우연은 $\frac{1}{8}$인데 이것은 세 단순 우연 $\frac{1}{2}$, $\frac{1}{2}$ 그리고
경기를 질 $\frac{1}{2}$의 곱이다.

---

j) 휘스트는 4명이 둘 씩 짝을 이뤄 진행하는 카드 경기로 같은 짝끼리는 서로 마주 보고 앉는다.

258

277. 조합 이론을 사용하여 동일한 결론을 매우 쉽게 유도할 수 있다. 연속된 세 경기에서 이기거나 질 우연이 동등할 때, 반드시 일어나야 할 사건들의 서로 다른 조합이 $2 \times 2 \times 2$, 즉 8개가 있다. 이들 조합 중 모두 이기는 경우는 단 한 개이다. 세 경기 중 두 번은 이기고 한 번은 지는 조합은 세 개이다. 세 경기 중 한 번은 이기고 두 번은 지는 조합은 마찬가지로 세 개이다. 그리고 모두 지는 조합은 한 개이다. 이들 총합은 8개로 모든 조합의 개수와 동일함을 알 수 있다.

다르게 얻은 동일한 결론

278. 동일한 방법으로 n개의 서로 다른 사건에 대하여 적합한 그리고 적합하지 않은 경우들이 (조항 273)에서와 같이 각각 a_1, a_2, ..., a_n 그리고 b_1, b_2, ..., b_n으로, 그리고 이들의 합이 $a_1 + b_1$, $a_2 + b_2$, ..., $a_n + b_n$으로 표현되면, 이들의 연속된 곱에서 서로 다른 문자들의 서로 다른 조합은 스스로 표현 가능한 복합 사건들의 서로 다른 모든 변형을 나타낸다. 왜 그런지 살펴보자. 첫 번째로, 다음 곱은 각 개별 사건과 관련된 가정에 따라서 모든 사건이 연속하여 성공할 방법의 수를 나타낼 것이다.

이러한 추론의 일반화 과정

$$a_1 \cdot a_2 \cdots a_n$$

첫 번째 종류의 모든 보완적인 조합((n − 1)개의 a들과 한 개의 b를 포함하는, (조항 239)는 가정된 사건이 (n − 1)번 성공하고 한 번 실패할, 그리고 각 문자에 붙은 첨자들의 특별한 순서로 이루어진 서로 다른 모든 방법을 나타낼 것이다. 이러한 모든 보완적인 조합들은 (그 개수가 n인) 순서엔 상관 없이 (n − 1)개의 요구된 사건이 일어나고 이들 중 하나가 실패할 모든 가능성을 나타낼 것이다. 다시, 두 번째 종류의 모든 보완적인 조합은 a나 b의 각 문자에 첨부된 수들의 순서에 따라서 (n − 2)개의 요구된 사건이 일어나고 두 개가 실패할 방법의 수를 나타낼 것이다. 반면에 모든 보완적인 조합들은 (그 개수가 $\frac{n(n-1)}{1 \cdot 2}$인) (n − 2)개의 요구된 사건이 일어나고 두 개가 실패할 그리고 이들의 연속된 순서에는 무관한 모든 가능한 방법을 나타낼 것이다. 그리고 일반적으로, r번째 종류의 모든 보완적인 조합은 $(n-r)$개의 요구된 사건이 일어나고 r개가 실패할, 그리고 각 문자에 붙은 첨자들의 특별한 순서로 이루어진 서로 다른 모든 방법의 수를 나타낼 것이다. 반면에 이들 보완적인 조합들의 전체는 (그 개수가 $\frac{n(n-1)\cdots(n-r+1)}{1 \cdot 2 \cdots r}$ 인) $(n-r)$개의 요구된 사건이 일어나고 다른 것들은 실패할 그리고 이들의 연속된 순서에는 무관한 모든 가능한 방법을 나타낼 것이다.

적합한 그리고 적합하지 않은 경우의 개수가 동일할 때 반복된 시행에 대하여

279. 남아 있는 각 사건에 대하여 적합한 그리고 적합하지 않은 경우의 개수가 동일할 때 연속된 시행의 모든 경우에서, 문제의 연속된 곱은 (각 문자에 붙은 첨자를 제거하여) $(a+b)^n$이 될 것이다. 그리고 보완적인 다른 종류들은 $(a+b)^n$에 대한 급수에 있는, 두 번째부터 시작하는 몇몇의 항이 될 것이다. 정리 덕분에 이들 각 항을 해석하는 것은 매우 쉬운 일이다.

첫 번째 항 a^n은 요구된 사건이 n번 연속하여 일어날 조합의 수를 나타낸다. 그러므로 해당하는 우연은 다음과 같다.

$$\frac{a^n}{(a+b)^n}$$

두 번째 항의 문자 부분 $a^{n-1}b$는 지정된 순서로 요구된 사건이 $(n-1)$번 일어나고 한 번 실패할 방법의 수를 나타낸다. 전체 항 $na^{n-1}b$는 순서에 상관없이 요구된 사건이 $(n-1)$번 일어나고 한 번 실패할 모든 가능성을 나타낸다. 해당하는 우연은 다음과 같다.

$$\frac{a^{n-1}b}{(a+b)^n} \quad \text{그리고} \quad \frac{na^{n-1}b}{(a+b)^n}$$

일반적으로 $(1+r)$번째 항의 문자 부분 $a^{n-r}b^r$은 지정된 순서로 요구된 사건이 $(n-r)$번 일어나고 r번 실패할 방법의 수를 나타낸다. 반면에 전체

항, 즉

$$\frac{n(n-1)\cdots(n-r+1)}{1\cdot 2\cdots r}a^{n-r}b^r$$

은 순서에 상관없이 요구된 사건이 $(n-r)$번 일어나고 r번 실패할 모든 가능성을 나타낸다. 해당하는 우연은 다음과 같다.

$$\frac{a^{n-r}b^r}{(a+b)^n} \quad \text{그리고} \quad \frac{n(n-1)\cdots(n-r+1)}{1\cdot 2\cdots r}\frac{a^{n-r}b^r}{(a+b)^n}$$

제안된 질문이 순서에 상관없이 요구된 사건이 적어도 r번 일어나고 $(n-r)$번 실패할 방법의 수를 찾는 것이었다면, 그것은 a의 지수가 r보다 작지 않은 급수의 항들의 합에 의해 표현된다. 그러므로 해당하는 우연은 다음과 같다.

$$\frac{a^n + na^{n-1}b + \cdots + \frac{n(n-1)\cdots(r-1)}{1\cdot 2\cdots(n-r)}a^r b^{n-r}}{(a+b)^n}$$

280. 다음 보기들은 이들 공식의 응용을 설명하는 데 충분할 것이다. **보기들**

(α) 동전 던지기 경기에서 일곱 번 시행에서 앞면이 정확히 세 번 나올 우연은 얼마인가?

각 시행에서, 앞면이나 뒷면이 나올 확률은 동일하다.

결과적으로 $a=1$, $b=1$, $n=7$이고 $r=3$이므로 우연은 다음과 같다.

$$\frac{7\cdot 6\cdot 5\cdot 4}{1\cdot 2\cdot 3\cdot 4}\cdot\frac{a^3 b^4}{(a+b)^7} = \frac{7\cdot 6\cdot 5\cdot 4}{1\cdot 2\cdot 3\cdot 4}\cdot\frac{1}{2^7} = \frac{35}{128}$$

앞면이 적어도 세 번 나올 우연은 다음과 같다.

$$\frac{a^7 + 7a^6 b + \frac{7\cdot 6}{1\cdot 2}a^5 b^2 + \frac{7\cdot 6\cdot 5}{1\cdot 2\cdot 3}a^4 b^3 + \frac{7\cdot 6\cdot 5\cdot 4}{1\cdot 2\cdot 3\cdot 4}a^3 b^4}{(a+b)^7}$$

$$= \frac{1+7+21+35+35}{2^7} = \frac{99}{128}$$

(β) 주사위 한 개를 다섯 번 던져서 마지막 두 번에만 일의 눈이 나올 우연을 찾아라.

이 경우, 연속된 사건의 순서가 지정되었다. 그리고 $a = 1$, $b = 5$, $n = 5$ 이고 $r = 2$이므로 우연은 다음과 같다.

$$\frac{a^2 b^3}{(a+b)^5} = \frac{125}{7776}$$

다섯 번 시행에서 일의 눈을 두 번만 얻을 우연은 다음과 같다.

$$\frac{5 \cdot 4}{1 \cdot 2} \cdot \frac{a^2 b^3}{(a+b)^5} = \frac{1250}{7776}$$

다섯 번 시행에서 일의 눈을 적어도 두 번 얻을 우연은 다음과 같다.

$$\frac{a^5 + 5a^4 b + 10a^3 b^2 + 10a^2 b^3}{(a+b)^5} = \frac{1526}{7776}$$

(γ) 기량의 비율이 4 대 3인 두 사람 A와 B가 볼링을 한다. 이때 A가 일곱 경기 중 적어도 여섯 경기를 이길 우연은 얼마인가?

용어 기량의 의미 이 경우 그리고 다른 경우에, 적어도 계산의 목적이 관련되는 한, A의 기량은 A에게 유리하거나 유리하지 않은 경우나 사건 전체 개수에 대한 A에게 유리한 경우나 사건의 비율을 의미한다. 그리고 B에 대한 A의 상대적인 기량은 A에게 그리고 B에게 각각 유리한 경우나 사건의 개수의 비율로 정의된다. 이러한 비율이 상수로 변하지 않는다면, 용어 기량은 계산의 모든 목적에 대해 우연과 동등하게 사용될 수 있다. 이 비율이 상수가 아니고 단지 작은 범위에서의 결정을 허용한다고 하면, 비율의 근사 값이 상수처럼 사용되어야 하고, 도의적인 우연은 이 근사 값이 나타내는 절대적인 우연과 동등하게 여겨져야 한다. 궁극적인 응용에서 기량은 고정되고 변하지 않는 근거에 의존하는 것을 가정해야 한다.[5]

---

5) 순수한 기량의 경기는 많지 않다. 대부분의 경우에 우연의 영향과 비교하여 기량의 영향은 이들의 통합된 효과로부터 계산할 수 있다. 예를 들어 한 경기에 대한 자연적인

이러한 고려로부터 지금 문제를 $a = 4$, $b = 3$, $n = 7$, $r = 6$으로 하여 앞에서 주어진(조항 279) 일반 공식에 적용할 수 있다. 그러므로 우연은 다음과 같다.

$$\frac{a^7 + 7a^6 b}{(a + b)^7} = \frac{102400}{823543}$$

(δ) 많은 수의 딱지로 구성된 추첨이 있는데 상품은 1 대 7의 비율인 공백의 딱지에게 주어진다. 다섯 번 시도하여 적어도 세 번 상품을 받을 우연은 얼마인가?

이 경우, 공백인 딱지의 개수가 전체 개수에 대해 아주 작은 비율인 한, 뽑힌 딱지에 의해 영향 받지 않는 것처럼 공백의 딱지에 대한 상품의 관계를 고려할 수 있다. 다른 말로 하면, 문제를 단순 우연이 동일할 때 반복된

우연은 여섯 경기 중 A가 다섯 경기를 이기게끔 한다고 하자. 그러나 우수한 기량의 영향이 A가 일곱 경기 중 여섯 경기를 이기게끔 하는 경험에 의해 발견되었다고 하자. 그러면 A의 기량의 값은(절대적으로 추정된) $\frac{6}{7} - \frac{5}{6} = \frac{36-35}{42} = \frac{1}{42}$이다. 즉, 오로지 기량의 영향에 의해서는 A로 하여금 42경기 중 1경기를 이기게 한다.

그러나 보통 반복된 시도의 결과에서 우연과 기량의 결합된 효과를 관찰하고 이에 따라 추정을 하듯이 이들의 효과에 대한 분리가 요구되는 것은 흔하지 않다. 왜 그런지 살펴보면, 정교한 수학적 논증과는 독립적으로 반복된 시도의 실제 결과는 우연과 기량의 결합 효과에 비례할 것이라는 대중적 확신이 존재한다. 그리고 이 확신의 강도는 시도의 수가 증가함에 따라 빠르게 증가한다.

그러므로 70경기 중 40경기에서 A가 B를 이긴다면, A와 B의 기량은 4 대 3일 것이다. 또는, (이 경우 우연은 기량과 결합하였다) 상대적으로 A와 B에 유리한 경우는 같은 비율일 것이다. 그러나 700경기 중 400경기에서 A가 B를 이긴다면, 이 확신은 꽤 증가할 것이고, 7000경기 중 4000경기에서 A가 B를 이긴다면, 더욱더 증가할 것이다.

분석하는 데 대단히 어렵고 매우 섬세한 요령이 필요한 이와 같은 결정의 오차에 대한 수학적 한계를 조사하는 것이 우리의 목적은 아니다. 이러한 조사가 A 또는 B에게 유리한 사건의 수의 비율이 각자에게 유리한 우연의 비율에 수렴할 것이라는 사실을 분명히 한다는 확신만 있으면 충분하다.

대부분의 경우에 수학적 확신은 대중적 확신보다 매우 더 빠르게 증가한다. 주사위 한 개를 연속적으로 10번 던져서 일의 눈이 한 번 나왔다면, 주사위가 조작되었을 가능성이 매우 높다. 그러나 20번 던져서 일의 눈이 한 번 나왔다면 이 가정의 진실성에 대한 수학적 가능성은 6^{10} 대 6^{20}의 비율로 증가할 것이다. 이것은 1 대 60166176으로 대중적 확신으로는 따라갈 수 없는 비율이다.

시도의 하나로 고려할 수 있다.

그러므로 $a = 1$, $b = 7$, $n = 5$ 그리고 $r = 3$이므로 결과적으로 우연은 다음과 같다.

$$\frac{a^5 + 5a^4b + 10a^3b^2}{(a+b)^5} = \frac{1 + 35 + 490}{8^5}$$
$$= \frac{526}{32768} \approx \frac{3}{187}$$

각 시행에서 사건이 두 가지보다 많이 일어날 때의 다중 우연

281. 사건이 일어날 가짓수가 둘보다 많은 경우가 종종 있다. 한 항아리에 주어진 개수의 검은색, 흰색, 빨간색 공이 들어 있고, 특정한 색의 공이 뽑힐 우연이 요구될 수 있다. 또는, 한 경기에 둘 보다 많은 수의 참가자가 있고 이들이 우승할 우연은 동일하거나 다를 수 있다. 비슷하게 여러 경우들이 있을 수 있다. 특정한 사건이 일어날 우연을 표현하고 추정할 수 있게 하는 보완적인 조합의 이론이 사건의 수가 많아져도 여전히 유용함을 발견할 것이다.

단순 다중 우연을 표현하는 방법

282. a, b, c가 서로 다른 세 사건에 해당하는 경우의 수를 나타내고, $a+b+c$가 경우의 총수를 나타낸다고 하면, 단순 우연은 각각 다음과 같다.

$$\frac{a}{a+b+c}, \quad \frac{b}{a+b+c}, \quad \frac{c}{a+b+c}$$

그러므로 한 항아리에 6개의 흰 공, 8개의 검은 공 그리고 10개의 빨간 공이 들어 있다고 하면, 흰 공을 뽑을 단순 우연은 $\frac{6}{6+8+10} = \frac{6}{24}$, 즉 $\frac{1}{4}$이다. 검은 공을 뽑을 단순 우연은 $\frac{8}{24}$, 즉 $\frac{1}{3}$이고, 빨간 공을 뽑을 단순 우연은 $\frac{10}{24}$, 즉 $\frac{5}{12}$이다. 이들의 합은 $\frac{1}{4} + \frac{1}{3} + \frac{5}{12} = 1$임을 확인할 수 있다.

복합 다중 우연: 두 개의 단순 우연에 대해

283. 두 항아리가 있고, 각각 a와 a'개의 흰 공, b와 b'개의 검은 공 그리고 c와 c'개의 빨간 공이 들어 있을 때, 연속된 또는 동시의 시행에서

264

한 항아리에서 흰 공을 또 다른 항아리에서도 흰 공을 뽑을 우연은 다음과 같다.

$$\frac{aa'}{(a+b+c)(a'+b'+c')}$$

공들이 둘씩 결합된 것으로 가정된 전체 가짓수는 $(a+b+c)(a'+b'+c')$ 인데 여기서 임의의 결합은 뽑힐 확률이 동등하다. 이러한 조합에서 흰 공들의 개수는 aa'으로 각 항아리에 있는 흰 공 개수의 곱이다. 그러므로 원하는 우연은 aa'을 $(a+b+c)(a'+b'+c')$으로 나누어서 얻을 수 있다.

곱의 항들 $aa'+bb'+cc'+ab'+a'b+ac'+a'c+bc'+b'c$는 구성 가능한 모든 두 개 조합의 서로 다른 종류를 나타낸다. 여기서 흰 공의 두 개 조합의 수는 aa', 검은 공의 두 개 조합의 수는 bb', 빨간 공의 두 개 조합의 수는 cc', 흰 공과 검은 공의 두 개 조합의 수는 $ab'+a'b$, 흰 공과 빨간 공의 두 개 조합의 수는 $ac'+a'c$, 검은 공과 빨간 공의 두 개 조합의 수는 $bc'+b'c$이다. 이때 어떤 조합을 뽑을 우연은 주어진 가정에 맞는 조합의 수를 나타내는 항을 가정에 맞거나 맞지 않는 조합들의 총수로 나누어서 얻을 수 있다.

284. n개의 항아리가 있고, 그 안에 있는 흰 공의 개수를 각각 a_1, a_2, $\ldots$, a_n, 검은 공의 개수를 각각 b_1, b_2, $\ldots$, b_n, 빨간 공의 개수를 c_1, c_2, $\ldots$, c_n으로 나타낸다면, 곱 $(a_1+b_1+c_1)(a_2+b_2+c_2)\cdots(a_n+b_n+c_n)$의 항들은 각 항아리에서 한 개의 공을 꺼내서 이루는 모든 조합을 나타낼 것이다. $\alpha+\beta+\gamma=n$일 때 α개의 흰 공, β개의 검은 공 그리고 γ개의 빨간 공을 포함하고 서로 다른 조합을 나타내는 이 곱의 항들은 각각 α개의 a들, β개의 b들, γ개의 c들을 포함하는 것들의 합이 될 것이므로 그 수는 다음과 같을 것이다(조항 245).

$$\frac{n(n-1)\cdots 2\cdot 1}{1\cdot 2\cdots\alpha \times 1\cdot 2\cdots\beta \times 1\cdot 2\cdots\gamma}$$

다중 단순 우연의 임의의 수에 대하여

285. a개의 흰 공, b개의 검은 공 그리고 c개의 빨간 공이 들어 있는 한 개의 항아리가 있고 이 항아리로부터 한 개의 공을 꺼내고 다음 번 시행 전에 다시 넣어 놓는 것을 n번 연속적으로 시행한다고 하면 각각 다른 색의 공이 첫 번째 항아리와 동일한 수를 포함하는 n개의 서로 다른 항아리가 있을 때와 정확히 동일한 조합이 생긴다. 그러나 이 경우, 바로 전 조항에서 다루었던 연속된 곱은 $(a + b + c)^n$이 될 것이고 보완적인 조합들의 서로 다른 종류와 순서는 $(a + b + c)^n$을 전개할 때 생기는 항들로 변할 것이다. 다음과 같은 일반 항은 각각의 보완적인 조합의 총수를 나타낸다

$$\frac{n(n-1)\cdots 2 \cdot 1}{1 \cdot 2 \cdots \alpha \times 1 \cdot 2 \cdots \beta \times 1 \cdot 2 \cdots \gamma} a^\alpha b^\beta c^\gamma$$

이때 α개의 흰 공, β개의 검은 공 그리고 γ개의 빨간 공이 있고 이러한 조합 한 개를 꺼낼 우연은 다음과 같다.

$$\frac{n(n-1)\cdots 2 \cdot 1}{1 \cdot 2 \cdots \alpha \times 1 \cdot 2 \cdots \beta \times 1 \cdot 2 \cdots \gamma} \cdot \frac{a^\alpha b^\beta c^\gamma}{(a + b + c)^n}$$

(조항 279)에서 고려한 다른 문제에 해당하는 공식을 알아내는 방법을 언급하는 것은 필요치 않다. 그리고 항아리가 임의 개의 서로 다른 종류인 공을 포함할 때, 또는 물건들의 더미 혹은 모음이 동일한 물건들의 임의 개의 등급을 포함할 때, 해당하는 공식이 어떤 방법으로 탐구되고 만들어 지는지를 밝히는 것도 필요하지 않다.

286. 다음은 보기들이다.

(1) 한 항아리에 3개의 흰 공, 4개의 검은 공 그리고 5개의 빨간 공이 담겨져 있다. 공 하나씩 여섯 번을 연속적으로 뽑을 때, 1개의 흰 공, 2개의 검은 공 그리고 3개의 빨간 공을 뽑을 우연은 얼마인가?

이 경우, $a = 3$, $b = 4$, $c = 5$, $\alpha = 1$, $\beta = 2$, $\gamma = 3$이고 그러므로

$n = 6$이다. 따라서 우연은 다음과 같다.

$$\frac{6 \cdot 5 \cdot 4 \cdot 3 \cdot 2 \cdot 1}{1 \cdot 2 \times 1 \cdot 2 \cdot 3} \cdot \frac{ab^2 c^3}{(a+b+c)^6} = \frac{625}{5184}$$

(2) 20장의 카드 뭉치가 있는데, 그중에 7장이 스페이드, 8장이 클로버, 그리고 나머지가 다이아몬드이다. 한 장을 뽑고 다시 집어 넣고 하기를 네 번 시행할 때, 2장의 스페이드와 2장의 클로버를 뽑을 우연은 얼마인가?

이 경우, $a = 7$, $b = 8$, $c = 5$, $\alpha = 2$, $\beta = 2$이고 $n = 4$이다. 따라서 우연은 다음과 같다.

$$\frac{4 \cdot 3 \cdot 2 \cdot 1}{1 \cdot 2 \times 1 \cdot 2} \cdot \frac{a^2 b^2}{(a+b+c)^4} = \frac{147}{1250} \approx \frac{2}{17}$$

(3) 세 명의 도박꾼 A, B, C가 있는데 이들의 상대적인 기량이 각각 3, 2, 1이다. 이때 A가 네 경기에서 적어도 두 번 우승할 우연은 얼마인가?

이 경우, $a = 3$, $b = 2$, $c = 1$, $n = 4$이다. $(a+b+c)^4$에서 원하는 항은 a^2, a^3, a^4을 포함하는 것이다. 따라서 우연은 다음과 같다.

$$\frac{a^4 + 4a^3 b + 4a^3 c + 6a^2 b^2 + 6a^2 c^2 + 12a^2 bc}{(a+b+c)^4} = \frac{891}{1296} \approx \frac{9}{13}$$

287. 다음에 여러 가지 문제를 소개한다. 물론 조합 이론 그리고 이미 때때로 사용한 우연에 대한 일반 원리의 도움으로 해를 주어질 것이다. (1) 프랑스 복권에서는 90개의 숫자가 있고 이 중 한 번에 5개의 숫사가 뽑힌다. 다섯 개의 특정한 숫자 중에 2개만이 뽑힐 우연은 얼마인가?

뽑힐 확률이 동등한 다섯 개 조합의 총수는 다음과 같다.

$$\frac{90 \cdot 89 \cdot 88 \cdot 87 \cdot 86}{1 \cdot 2 \cdot 3 \cdot 4 \cdot 5} \tag{9.19}$$

(두 개를 뺀) 88개의 숫자 중 세 개 조합의 수는 다음과 같다.

$$\frac{88 \cdot 87 \cdot 86}{1 \cdot 2 \cdot 3} \tag{9.20}$$

(선택될 어떤) 5개 숫자의 두 개 조합의 수는 다음과 같다.

$$\frac{5 \cdot 4}{1 \cdot 2} \tag{9.21}$$

적합한 두 개 조합의 총수는 다음과 같다.

$$\frac{88 \cdot 87 \cdot 86}{1 \cdot 2 \cdot 3} \times \frac{5 \cdot 4}{1 \cdot 2}$$

왜냐하면 (9.21)에 있는 두 개 조합 중 하나가 (9.20)에 있는 세 개 조합 중의 하나와 결합하기 때문이다.

그러므로 우연은 다음과 같다.

$$\frac{88 \cdot 87 \cdot 86}{1 \cdot 2 \cdot 3} \times \frac{5 \cdot 4}{1 \cdot 2} \times \frac{1 \cdot 2 \cdot 3 \cdot 4 \cdot 5}{90 \cdot 89 \cdot 88 \cdot 87 \cdot 86} \approx \frac{1}{40}$$

(α) 다섯 개의 숫자 중 적어도 두 개를 뽑을 우연은 이들 중 다섯, 넷, 셋 그리고 둘을 뽑을 각각의 우연의 합으로 다음과 같다.

$$\frac{\{1 + \frac{86}{1} \times \frac{5 \cdot 4 \cdot 3 \cdot 2}{1 \cdot 2 \cdot 3 \cdot 4} + \frac{87 \cdot 86}{1 \cdot 2} \times \frac{5 \cdot 4 \cdot 3}{1 \cdot 2 \cdot 3} + \frac{88 \cdot 87 \cdot 86}{1 \cdot 2 \cdot 3} \times \frac{5 \cdot 4}{1 \cdot 2}\} \times 1 \cdot 2 \cdot 3 \cdot 4 \cdot 5}{90 \cdot 89 \cdot 88 \cdot 87 \cdot 86}$$

$$= \frac{1135201}{43949243} \approx \frac{4}{155}$$

(β) 두 개의 특정한 숫자가 뽑힐 우연은 다음과 같다.

$$\frac{88 \cdot 87 \cdot 86}{1 \cdot 2 \cdot 3} \times \frac{1 \cdot 2 \cdot 3 \cdot 4 \cdot 5}{90 \cdot 89 \cdot 88 \cdot 87 \cdot 86} = \frac{2}{801}$$

(γ) 위에서 주어진 세 개의 문제 그리고 이러한 종류의 복권에 관련된 모든 문제는 다섯 개의 숫자를 한 번에 뽑든 하나씩 연속적으로 뽑든 무관하게 동일하다.

왜냐하면 우연이 의존하는 조합이 두 경우에 정확히 동일하기 때문이다.

(2) 휘스트에서 각자에게 1을 나누어 줄 우연은 얼마인가?

카드가 나누어질 서로 다른 방법의 수는 다음과 같다.

$$\frac{52 \cdot 51 \cdots 40}{1 \cdot 2 \cdots 13} = 635013559600$$

네 개의 1이 없다면 남아 있는 48장의 카드가 나누어질 서로 다른 방법의 수는 다음과 같다.

$$\frac{48 \cdot 47 \cdots 37}{1 \cdot 2 \cdots 12}$$

네 개의 1 중 어느 하나가 이들과 결합될 수 있고 이 경우 단 한 장의 1만 포함하는 다음과 같은 수의 패를 만든다.

$$4 \times \frac{48 \cdot 47 \cdots 37}{1 \cdot 2 \cdots 12}$$

그러므로 원하는 우연은 다음과 같다.

$$\frac{48 \cdot 47 \cdots 37 \times 13 \times 4}{52 \cdot 51 \cdots 40} = \frac{39 \cdot 38 \cdot 37}{51 \cdot 50 \cdot 49} = \frac{36516}{83300} \approx \frac{32}{73}$$

(3) 휘스트에서 선과 그의 짝이 네 개의 으뜸패[k]를 가질 우연을 찾아라.

고려해야 할 두 가지 경우가 있다. 첫 번째로 선이 한 개의 으뜸패를 꺼낸 경우와 두 번째로 선이 으뜸패를 꺼내지 않은 경우이다.

두 경우에 선과 그의 짝이 남아 있는 51장의 카드 중 25장을 가지는데 이는 다음과 같은 개수의 서로 다른 조합 중의 하나이다.

$$\frac{51 \cdot 50 \cdots 27}{1 \cdot 2 \cdots 25} \tag{9.22}$$

---

k) 에이스, 킹, 퀸, 잭을 지칭하고 보통 이 패를 가진 팀에 추가 점수를 준다.

세 개의 으뜸패를 포함하는 조합의 수는 48장의 카드에서 22장씩 묶는 조합의 수와 동일하므로 다음과 같다.

$$\frac{48 \cdot 47 \cdots 27}{1 \cdot 2 \cdots 22} \tag{9.23}$$

첫 번째 가정이 참일 때 남아 있는 3장의 으뜸패가 선이나 그의 짝에게 주어질 우연은 다음과 같다.

$$\frac{(9.22)}{(9.23)} = \frac{25 \cdot 24 \cdot 23}{51 \cdot 50 \cdot 49} = \frac{92}{833}$$

한 으뜸패가 선에 의해 꺼내어질 우연은 $\frac{4}{13}$이다.

그러므로 이들 두 사건의 복합 우연은 다음과 같다.

$$\frac{92}{833} \times \frac{4}{13} = \gamma$$

두 번째 가정인 으뜸패가 꺼내어지지 않았을 때, 네 장의 으뜸패가 선과 그의 짝에게서 발견될 우연은 다음과 같다.

$$\frac{25 \cdot 24 \cdot 23 \cdot 22}{51 \cdot 50 \cdot 49 \cdot 48} = \frac{253}{4998}$$

으뜸패가 꺼내어지지 않을, 즉 두 번째 가정이 참일 우연은 $\frac{9}{13}$이다.

이들 두 사건의 복합 우연은 다음과 같다.

$$\frac{253}{4998} \times \frac{9}{13} = \delta$$

그러므로 전체 우연, 즉 두 경우를 통해 선과 그의 짝이 네 장의 으뜸패를 가질 우연은 다음과 같다.

$$\gamma + \delta = \frac{92}{833} \times \frac{4}{13} + \frac{253}{4998} \times \frac{9}{13} = \frac{115}{1666} \approx \frac{2}{29}$$

두 명의 다른 짝이 네 장의 으뜸패를 가질 우연은 $\frac{69}{1666}$가 될 것이다.

(4) 카드 한 갑에서 4장의 카드를 꺼낼 때, 이들 중의 하나가 하트, 다른 것은 다이아몬드, 세 번째 것은 클로버, 그리고 네 번째 것은 스페이드일 우연은 얼마인가?

네 개 조합의 총수는 다음과 같다.

$$\frac{52 \cdot 51 \cdot 50 \cdot 49}{1 \cdot 2 \cdot 3 \cdot 4}$$

13장의 하트 각각은 13장의 다이아몬드 각각과 결합한다. 그리고 이들 두 개 조합은 13장의 클로버 각각과 결합하고 이들 세 개 조합은 13장의 스페이드 각각과 결합한다. 그리하여 주어진 가정에 부합하는 $13 \times 13 \times 13 \times 13$, 즉 13^4개의 네 개 조합을 구성한다.

그러므로 우연은 다음과 같다.

$$\frac{13^4 \times 1 \cdot 2 \cdot 3 \cdot 4}{52 \cdot 51 \cdot 50 \cdot 49} = \frac{2197}{20825} \approx \frac{2}{19}$$

(5) 한 항아리에 26개의 공이 있는데 그중 5개는 흰색, 6개는 검은색, 7개는 빨간색 그리고 8개는 파란색이다. 한 번에 10개의 공을 꺼낼 때 2개는 흰색, 3개는 검은색 그리고 4개는 빨간색일 우연은 얼마인가?

열 개 조합의 총수는 다음과 같다.

$$\frac{26 \cdot 25 \cdots 17}{1 \cdot 2 \cdots 10}$$

5개의 흰 공 중 두 개 조합의 수는 다음과 같다.

$$\frac{5 \cdot 4}{1 \cdot 2} = 10 = \lambda_1$$

6개의 검은 공 중 세 개 조합의 수는 다음과 같다.

$$\frac{6 \cdot 5 \cdot 4}{1 \cdot 2 \cdot 3} = 20 = \lambda_2$$

7개의 빨간 공 중 네 개 조합의 수는 다음과 같다.

$$\frac{7 \cdot 6 \cdot 5 \cdot 4}{1 \cdot 2 \cdot 3 \cdot 4} = 35 = \lambda_3$$

파란 공의 개수(한 개씩 택하는)는 다음과 같다.

$$8 = \lambda_4$$

질문의 조건에 맞는 열 개 조합의 총수는 $\lambda_1\lambda_2\lambda_3\lambda_4$이다. 그러므로 우연은 다음과 같다.

$$\frac{10 \times 20 \times 35 \times 8 \times 1 \cdot 2 \cdots 10}{26 \cdot 25 \cdots 17} = \frac{11200}{1062347} \approx \frac{7}{664}$$

제 10 장

이항 정리와 다항 정리에 대하여

288. (조항 243)에서 이항 식의 곱에 대한 구성 법칙과 조합 이론의 이항 정리를
결과로서 $(x+a)^n$ 또는 $(a+x)^n$에 대한 급수의 항들에 대한 구성 법칙을 구성하는 것은
비슷하게 유도하였다. 이때 n은 임의의 자연수이다. 이 법칙의 대수적인 무엇인가
표현은 n이 임의의 양을 나타낼 때에도 참임을 발견하게 될 것인데, 이것이
유명한 이항 정리이다.

289. 이 정리를 이러한 일반적인 형태로 다루기 전에 지수가 자연수 지수가 자연수
이고 급수에 있는 항들의 개수를 알 수 있을 때 급수와 그 항들의 성질을 일 때 급수의
살펴볼 것이다. 성질

290. 다음이 성립함을 안다(조항 243) 급수

$$(a+x)^n = a^n + na^{n-1}x + \frac{n(n-1)}{1\cdot 2}a^{n-2}x^2 + \frac{n(n-1)(n-2)}{1\cdot 2\cdot 3}a^{n-3}x^3$$
$$+ \cdots + \frac{n(n-1)\cdots(n-r+1)}{1\cdot 2\cdots r}a^{n-r}x^r + \cdots$$

각 항에서 a의 지수가 1씩 감소하고, 두 번째 항부터 시작하여 각 계수가 법칙

n개에서 한 개씩 택하는, 두 개씩 택하는, 세 개씩 택하는, ..., r개씩 택하는 조합이다.

291. 각 계수가 구체적으로 필요하지 않을 때, 급수에서 연속되는 순서를 가리키는 서로 다른 숫자의 첨자를 붙여서 이들을 연속적으로 나타내는 전통적인 기호를 사용하는 것이 때때로 편리하다. 즉, 다음에서 C_1, C_2, C_3, ..., C_r, ...은 n개의 연속적인 조합을, 즉 급수의 계수를 나타내는 것으로 간주할 수 있다.

$$(a+x)^n = a^n + C_1 a^{n-1}x + C_2 a^{n-2}x^2 + C_3 a^{n-3}x^3$$
$$+ \cdots + C_r a^{n-r}x^r + \cdots$$

임의의 한 계수의 완벽한 대수적 표현으로의 전환은 바로 얻을 수 있다. 왜냐하면 일반적으로 급수의 $(1+r)$번째 계수는 다음과 같기 때문이다.

$$C_r = \frac{n(n-1)\cdots(n-r+1)}{1 \cdot 2 \cdots r}$$

이항 식을 다음과 같이 써보자.[1]

$$(a+x)^n = \left\{ a\left(1+\frac{x}{a}\right)\right\}^n = a^n\left(1+\frac{x}{a}\right)^n$$

그러면 다음을 얻는다.

$$a^n\left(1+\frac{x}{a}\right)^n = a^n + C_1 a^{n-1}x + C_2 a^{n-2}x^2 + \cdots + C_r a^{n-r}x^r + \cdots$$
$$= a^n\left(1 + C_1\frac{x}{a} + C_2\frac{x^2}{a^2} + \cdots + C_r\frac{x^r}{a^r} + \cdots\right)$$

---

1) 원서에는 여기서부터 새로운 조항이 시작된다. 그리고 (조항 292)가 반복된다. 원서에 있는 이후의 조항 번호와 맞추기 위해 여기서의 조항 번호 292를 삭제하고 그전의 조항에 편입하였다.

양변을 a^n으로 나누면 다음을 얻는다.

$$\left(1 + \frac{x}{a}\right)^n = 1 + C_1 \frac{x}{a} + C_2 \frac{x^2}{a^2} + \cdots + C_r \frac{x^r}{a^r} + \cdots$$

더 나아가, $\frac{x}{a}$를 u로 치환하면 다음을 얻는다.

$$(1 + u)^n = 1 + C_1 u + C_2 u^2 + \cdots + C_r u^r + \cdots$$

$(1+u)^n$에
대한 급수

이 급수에서 이항의 두 번째 항인 u에 대한 지수는 증가하는 정수로, 두 번째 항부터 시작하여 u의 거듭 제곱이 각 항에 포함된다. 원래 급수에서 이항의 두 번째 항에 대한 경우와 동일함을 볼 수 있는데, 그 경우에는 x의 지수가 1부터 하나씩 계속하여 증가하고, a의 지수가 n부터 하나씩 계속하여 감소한다.

급수를 아주 단순하게 만들어서 일반적인 성질을 탐구할 때 이러한 형태로 사용하는 것이 편리하다. 그리고 임의의 첨자에 해당하는 급수를 고려해야 할 때 이 형태의 관찰이 매우 중요함을 발견할 것이다.

급수는 이러한
형태로 다루는
것이 중요함

292. 특별한 값의 지수에 해당하는 급수를 전개하는 몇 개의 보기를 들어 보자.

보기들

(1) $(a + x)^5 = a^5 + 5a^4 x + 10a^3 x^2 + 10a^2 x^3 + 5ax^4 + x^5$

(2) $(a + x)^6 = a^6 + 6a^5 x + 15a^4 x^2 + 20a^3 x^3 + 15a^2 x^4 + 6ax^5 + x^6$

(3) $(a + x)^7 = a^7 + 7a^6 x + 21a^5 x^2 + 35a^4 x^3 + 35a^3 x^4 + 21a^2 x^5$
$$+ 7ax^6 + x^7$$

(4) $(a + x)^8 = a^8 + 8a^7 x + 28a^6 x^2 + 56a^5 x^3 + 70a^4 x^4 + 56a^3 x^5$
$$+ 28a^2 x^6 + 8ax^7 + x^8$$

위 전개식에서 계수들을 구성하는 수들은 (조항 259)에서 주어진 다각수의 표에서 9차원의 첫 번째 항으로부터 1차원의 아홉 번째 항까지 선을 그어서 발견할 수 있다. 비슷한 방법으로 보기 (1), (2)와 (3)에 있는 계수들을 얻을 수 있다.

(5) $(5 + 4x)^4 = 625 + 2000x + 2400x^2 + 1280x^3 + 256x^4$

(6) $(a - x)^9 = a^8 - 9a^8x + 36a^7x^2 - 84a^6x^3 + 126a^5x^4 - 126a^4x^5$
$\qquad + 84a^3x^6 - 36a^2x^7 + 9ax^8 - x^9$

이 경우 그리고 비슷한 모든 전개식에서, 두 번째, 네 번째, 여섯 번째 그리고 모든 다른 짝수 번째 항은 $-x$의 홀수 차 거듭 제곱을 포함하므로 음수일 것이다.

(7) $(a^2 - ax)^{10} = a^{20}\left(1 - \dfrac{x}{a}\right)^{10}$
$\qquad = a^{20}\left\{1 - 10\dfrac{x}{a} + 45\dfrac{x^2}{a^2} - 120\dfrac{x^3}{a^3} + 210\dfrac{x^4}{a^4} - 252\dfrac{x^5}{a^5}\right.$
$\qquad\qquad \left. + 210\dfrac{x^6}{a^6} - 120\dfrac{x^7}{a^7} + 45\dfrac{x^8}{a^8} - 10\dfrac{x^9}{a^9} + \dfrac{x^{10}}{a^{10}}\right\}$

(8) $\left(\dfrac{1}{2}x - 2y\right)^7 = \dfrac{x^7}{128}\left(1 - \dfrac{4y}{x}\right)^7$
$\qquad = \dfrac{x^7}{128} - \dfrac{7}{32}x^6y + \dfrac{21}{8}x^5y^2 - \dfrac{35}{2}x^4y^3 + 70x^3y^4$
$\qquad\qquad - 168x^2y^5 + 224xy^6 - 128y^7$

이 경우, $\left(\frac{1}{2}x - 2y\right)^7$을 바로 전개할 수도 있고, $\left(1 - \frac{4y}{x}\right)^7$을 전개한 다음 각 항에 $\frac{x^7}{128}$을 곱하여 얻을 수도 있다.

(9) $(\sqrt{a} + \sqrt{b})^4 = a^2 + 4a^{\frac{3}{2}}b^{\frac{1}{2}} + 6ab + 4a^{\frac{1}{2}}b^{\frac{3}{2}} + b^2$
$\qquad = a^2 + 6ab + b^2 + 4(a + b)\sqrt{ab}$

(10) $(\sqrt[3]{x} + \sqrt[3]{y})^6 = x^2\left(1 - \dfrac{y^{\frac{1}{2}}}{x^{\frac{1}{2}}}\right)^6$
$\qquad = x^2\left\{1 - \dfrac{6y^{\frac{1}{3}}}{x^{\frac{1}{3}}} + 15\dfrac{y^{\frac{2}{3}}}{x^{\frac{2}{3}}} - 20\dfrac{y}{x} + 15\dfrac{y^{\frac{4}{3}}}{x^{\frac{4}{3}}} - 6\dfrac{y^{\frac{5}{3}}}{x^{\frac{5}{3}}} + \dfrac{y^2}{x^2}\right\}$
$\qquad = x^2 - 20xy + y^2 - 6x^{\frac{1}{3}}y^{\frac{1}{3}}(x^{\frac{4}{3}} + y^{\frac{4}{3}}) + 15x^{\frac{2}{3}}y^{\frac{2}{3}}(x^{\frac{2}{3}} + y^{\frac{2}{3}})$

(11) $(a^2 - b^2)^{12}$의 다섯 번째 항 $= 495a^{16}b^8$

(12) $(a - x)^{30}$의 여섯 번째 항 $= -142506a^{25}x^5$

(13) $(\sqrt{a} - \sqrt{b})^{19}$의 열 번째 항 $= -92378a^5b^{\frac{9}{2}}$

(14) $\left\{\dfrac{2ac}{b^2} + \dfrac{1}{4}bc^2d\right\}^6$ 의 네 번째 항 $= \dfrac{5}{2}\dfrac{a^3c^2d^3}{b^5}$

(15) $(a^3 + 3ab)^9$ 의 일곱 번째 항 $= 61236a^{15}b^6$

293. 급수에서 임의로 선택된 항, 예를 들어 $(1+r)$번째 항은 다음과 선택된 항의
결정
같은 공식으로부터 결정된다.

$$\frac{n(n-1)\cdots(n-r+1)}{1\cdot 2\cdots r}A^{n-r}B^r$$

여기서 n은 이항 식의 지수이고, A는 이항의 첫 번째 항이고 B는 두 번째
항이다. 그러므로 $(a^3+3ab)^9$의 일곱 번째 항을 찾고자 하면 $1+r=7$, $n=9$, $A=a^3$이고 $B=3ab$이므로 위 보기의 마지막에서와 같이 요구된 항이
결정되는 것을 알 수 있다. 그리고 위 보기의 (11)부터 (14)까지에서도 동
일한 방법이 적용된다.

294. 이항의 두 번째 항 B가 음수이면 짝수 번째 할당된 항은 양수 항의 부호
이고 홀수 번째 할당된 항은 음수이다.

295. 식 전체 급수에서 항의 개수는 $(n+1)$로 이항의 지수보다 1만큼 항의 개수
더 많다(조항 260). 그러므로 $(a+x)^3$에 해당하는 급수에서 항의 개수는
4이고, $(1-x)^{13}$에 대해서는 14이다. 그리고 동일한 현상이 (조항 292)에
있는 모든 보기들에서 관찰된다.

296. 급수의 계수들을 처음부터 끝까지 살펴보면 동일한 것들이 있 급수의
처음부터
끝까지 동일한
계수들
다. 그 이유는 양 끝에서 똑같은 거리에 있는 항들은 보충적인 조합을 이루
기 때문이다(조항 237).

$$(1+u)^n = 1 + C_1 u + C_2 u^2 + \cdots + C_4 u^r + \cdots + C_{n-r}u^{n-r}$$
$$+ \cdots + C_{n-2}u^{n-2} + C_{n-1}u^{n-1} + C_n u^n$$

그러므로 급수를 위와 같이 나타내면, C_n은 n개의 물건에서 모두 택하는 조합의 수이므로 $C_n = 1$이 다음을 얻는다.

$$C_{n-1} = C_1, \ C_{n-2} = C_2, \ \ldots, \ C_{n-r} = C_r$$

위에서 각 쌍은 보충적인 조합이고 또한 급수의 끝과 처음으로부터 같은 거리에 있는 항들의 계수이다.

이와 같은 계수의 성질을 다룰 때, 이항 식에 있는 A와 B의 특별한 수치적 계수로부터 발생하는 각 계수의 양은 고려하지 않았다. 이러한 효과의 예는 (조항 292)에 있는 보기 (5)와 (8)에서 볼 수 있다.

가운데 항   **297.** 지수 n이 짝수이면 항의 개수 $(n+1)$은 홀수이고, 가운데 항은 $\left(\frac{n}{2}+1\right)$번째 항으로 그 계수는 급수에서 가장 크다(조항 238). $(a+x)^n$에 대한 급수의 가운데 항은 실제로 다음과 같다.[1]

$$\frac{n(n-1)\cdots\left(\frac{n}{2}+1\right)}{1\cdot 2\cdots\frac{n}{2}}a^{\frac{n}{2}}x^{\frac{n}{2}}$$

가운데 항들 $(a+x)^n$의 지수 n이 홀수이면 항의 개수 $(n+1)$은 짝수이다. 그러므로 가운데 항이 두 개인데 이들의 계수는 보충적인 조합으로 동일하다. 이들은 다음과 같다.[2]

$$\frac{n(n-1)\cdots\frac{n+3}{2}}{1\cdot 2\cdots\frac{n-1}{2}}a^{\frac{n+1}{2}}x^{\frac{n-1}{2}} \quad \text{그리고} \quad \frac{n(n-1)\cdots\frac{n+3}{2}\frac{n+1}{2}}{1\cdot 2\cdots\frac{n-1}{2}\frac{n+1}{2}}a^{\frac{n-1}{2}}x^{\frac{n+1}{2}}$$

---

1) 이 항의 계수는 다르지만 동등한 다음과 같은 형태로 표현할 수 있다.

$$\frac{1\cdot 3\cdot 5\cdots(n-1)}{1\cdot 2\cdot 3\cdot\frac{n}{2}}\cdot 2^{\frac{n}{2}}$$

2) 이들 두 항의 계수는 다르지만 동등한 다음과 같은 형태로 표현할 수 있다.

$$\frac{1\cdot 3\cdot 5\cdots n}{1\cdot 2\cdot 3\cdot\frac{n-1}{2}}\cdot 2^{\frac{n-1}{2}}$$

보기들

그러므로 $(a^2 - x^2)^{14}$의 가운데 항은 다음과 같다.

$$-\frac{14 \cdot 13 \cdots 8}{1 \cdot 2 \cdots 7} a^{14} x^{14} = -3432 a^{14} x^{14}$$

$(a^2 x + a x^2)^{17}$의 가운데 두 항은 다음과 같다.

$$\frac{17 \cdot 16 \cdots 10}{1 \cdot 2 \cdots 8} a^{26} x^{25} \quad \text{그리고} \quad \frac{17 \cdot 16 \cdots 10 \cdot 9}{1 \cdot 2 \cdots 8 \cdot 9} a^{25} x^{26}$$

즉, $24310 a^{26} x^{25}$과 $24310 a^{25} x^{26}$이다.

298.   앞에서 모든 항의 계수들의 합은 ($(a + x)^n$의 전개식에서 닮은 항이 하나로 합쳐지지 않는 모든 항들의 개수인) 2^n임을 살펴보았다(조항 240). 동일한 결론을 다른 방법으로 얻을 수 있다. 먼저 $(1 + u)^n$을 다음과 같이 전개했다고 하자. 항의 개수는 2^n

$$(1 + u)^n = 1 + C_1 u + C_2 u^2 + \cdots + C_r u^r + \cdots + C_n u^n$$

위 식에 $u = 1$을 대입하면 급수에 있는 모든 계수들의 합이 다음과 같음을 볼 수 있다.

$$(1 + 1)^n = 2^n = 1 + C_1 + C_2 + \cdots + C_r + \cdots + C_n$$

299. $(1 + u)^n$에 대한 동일한 급수에서 $u = -1$이라 하면 모든 짝수 번째 항은 음수가 되어 다음을 얻는다. 홀수 번째 항들의 계수들의 합은 짝수 번째 항들의 계수들의 합과 같다

$$(1 - 1)^n = 1 - C_1 + C_2 - C_3 + C_4 - C_5 + \cdots \pm C_r \mp \cdots (-1)^{n+1} C_n$$
$$= 0$$

다른 말로 하면 홀수 번째 항들의 계수를 더한 합은 짝수 번째 항들의 계수를 더한 합과 같다. 그러므로 각각은 2^{n-1}으로 모든 계수를 더한 합의 절반이 된다.

**홀수 개와
짝수 개
조합의 수**

300. 첫 번째 항을 제외한 홀수 번째 항들의 계수는 n개 물건의 모든 짝수 개 조합의 개수를 나타낸다. 반면에 짝수 번째 항들의 계수는 n개 물건의 모든 홀수 개 조합의 개수를 나타낸다. 그러므로 바로 위 조항으로부터 n개 물건의 모든 홀수 개 조합의 합은 n개 물건의 모든 짝수 개 조합의 합보다 1만큼 크다는 것을 알 수 있다. 왜냐하면, 앞엣것은 2^{n-1}이고 두 번째 것은 $2^{n-1} - 1$이기 때문이다.[3]

**모호한 부호를
나타내는 방법**

301. $(1 - u)^n$에 대한 급수에서 $(1 + r)$번째 항, 즉 $C_r u^r$은 $1 + r$이 짝수이면 음수이고 $1 + r$이 홀수이면 양수이다. r이 주어지지 않았을 때의 부호에 대한 모호함을 나타내기 위해서 겹부호를 그 앞에 놓아서 $\pm C_r u^r$과 같이 쓴다.

동일한 항을 다른 방법으로 다음과 같이 모호함 없이 표현할 수도 있다.

$$(-1)^r C_r u^r$$

왜냐하면 $(-1)^2 = 1$, $(-1)^3 = -1$, $(-1)^4 = 1$, $(-1)^5 = -1$, $(-1)^6 = 1$ 등과 같이 $(-1)^r$은 r이 홀수 또는 $1 + r$이 짝수이면 -1이고 r이 짝수 또는 $1 + r$이 홀수이면 $+1$이기 때문이다.

**전통적인
표기법의 확장**

302. 다음 식을 살펴보자.

$$(1 + u)^{m+n} = (1 + u)^m \times (1 + u)^n$$

$(1 + u)^{m+n}$, $(1 + u)^m$ 그리고 $(1 + u)^n$에 해당하는 급수 또는 전개식과 연결하여 살펴보면 위 식은 매우 중요한 결과를 알려준다. 그러나 이와 같은

---

3) n개 물건이 담겨진 가방에서 홀수 개를 택하는 우연은 (1부터 n까지의 어떤 조합도 동등하게 얻어진다는 가정하에) $\frac{2^{n-1}}{2^n - 1}$이다. 짝수 개를 택하는 동일한 우연은 $\frac{2^{n-1} - 1}{2^n - 1}$이다.

좀 더 특별한 고려로 나아가기 전에 지금까지 $(1+u)^m$에 대한 급수를 나타내기 위해 사용된 전통적인 표기법을 확대하는 것이 시기 적절해 보인다.

그러므로 $(1+u)^m$에 대한 급수를 아래와 같이 나타내는 대신에

$$1 + C_1 u + C_2 u^2 + C_3 u^3 + \cdots + C_r u^r + \cdots$$

앞으로는 다음과 같이 나타낼 것이다.

$$1 + C_1(m)u + C_2(m)u^2 + C_3(m)u^3 + \cdots + C_r(m)u^r + \cdots$$

즉, 앞에서 사용된 C_1, C_2, C_3, $\ldots$, C_r 다음에 이항 식의 지수를 써넣고 그 외에는 아무것도 추가하지 않는다.

전의 것보다 좀 더 복잡해 보이지만 이 표기법은 서로 다른 지수를 가진 이항 식에 해당하는 급수들을 서로 비교하여 고려할 때 편리함을 발견할 수 있을 것이다. 즉, $C_r(m)$은 $(1+u)^m$에 해당하는 급수의 $(1+r)$번째 항의 계수를 나타내고, $C_r(n)$은 $(1+u)^n$에 해당하는 급수의 $(1+r)$번째 항의 계수를 나타내고, $C_r(m+n)$은 $(1+u)^{m+n}$에 해당하는 급수의 $(1+r)$번째 항의 계수를 나타낸다. 반면에 C_r은 지수가 m, n, $m+n$ 또는 어떤 것이든 상관없이 임의의 이항 식에 해당하는 급수의 $(1+r)$번째 항의 계수를 나타낸다.

303. $(1+u)^m \times (1+u)^n = (1+u)^{m+n}$이므로 각 이항 식 $(1+u)^m$, $(1+u)^n$ 그리고 $(1+u)^{m+n}$에 동치이고 같은 급수들 사이에서 동일한 관계가 존재한다. 다른 말로 하면 다음이 성립한다.

식
$(1+u)^{m+n} = (1+u)^m \times (1+u)^n$의
결과

$$\{1 + C_1(m)u + C_2(m)u^2 + \cdots + C_r(m)u^r + \cdots\}$$
$$\times \{1 + C_1(n)u + C_2(n)u^2 + \cdots + C_r(n)u^r + \cdots\}$$
$$= 1 + C_1(m+n)u + C_2(m+n)u^2 + \cdots + C_r(m+n)u^r + \cdots$$

같은 방식으로, 위의 곱에 이항 식 $(1 + u)^p$의 곱을 추가하면 다음이 성립한다.

$$\{1 + C_1(m)u + C_2(m)u^2 + \cdots + C_r(m)u^r + \cdots\}$$
$$\times \{1 + C_1(n)u + C_2(n)u^2 + \cdots + C_r(n)u^r + \cdots\}$$
$$\times \{1 + C_1(p)u + C_2(p)u^2 + \cdots + C_r(p)u^r + \cdots\}$$
$$= 1 + C_1(m + n + p)u + C_2(m + n + p)u^2$$
$$+ \cdots + C_r(m + n + p)u^r + \cdots$$

그리고 임의 개수의 이항 식에 해당하는 급수들의 연속된 곱에도 동일한 언급이 확실하게 적용될 것이다.

전통적인 표기법: $S(m)$으로 표현되는 $(1 + u)^m$에 대한 급수

304. 간결하여 대단히 편리한 전통적인 표기법은 바로 전 조항에 포함된 명제의 표현을 사용하는 것이다. $(1 + u)^m$(또는 지수가 m인 어떤 이항 식)에 해당하는 급수를 $S(m)$으로 나타내면, $(1 + u)^n$에 대한 급수는 $S(n)$으로 나타날 것이고 $(1 + u)^{m+n}$에 대한 급수는 $S(m + n)$으로 나타난다. 그러므로 바로 전 조항의 결과들은 다음과 같이 쓸수 있다.[4]

$$S(m) \times S(n) = S(m + n),$$
$$S(m) \times S(n) \times S(p) = S(m + n + p)$$

$S(m + n)$과 $S(m) \times S(n)$에서 상응하는 항들

305. $S(m + n)$의 전개식에 있는 각 항들을 $S(m)$과 $S(n)$의 실제 곱의 전개식에 있는 각 항들과 비교할 때, 이 곱에 있는 u의 동일한 거듭

---

4) 이러한 전통적인 식은 이들을 고려하여 만든 특별한 전통에 따라서, 그리고 대수적 식을 번역하는 일반적인 원리에 따르지 않고 번역되어야 한다. 이러한 까닭에 이들 형태가 계속하여 사용된다. 이들의 의미가 사전에 설명되지 않으면, 그리고 이들과 동일하고 적당한 대수적 식이 소개되지 않으면, 하나로부터 다른 것으로의 전환은 즉각 영향을 받게 되어, 대수적 언어를 축약하는 대신에 복잡하게만 할 뿐이다.

제곱을 포함하는 모든 항들을 하나로 보아야만 한다. 이와 같은 $S(m+n)$과 $S(m) \times S(n)$에서 상응하는 항들은 서로 동일해야만 한다. 그렇지 않으면 $(1+u)^{m+n}$의 전개식은 $(1+u)^m$과 $(1+u)^n$에 대한 급수의 곱과 동치가 (이 경우에는 동일이) 아닐 수 있다. 예를 들어, u^r을 포함하는 항들, 즉 각각에서 $(1+r)$번째 항의 계수를 비교해 보자.

$$S(m+n) = (1+u)^{m+n}$$
$$= 1 + C_1(m+n)u + C_2(m+n)u^2 + \cdots + C_r(m+n)u^r + \cdots$$

여기서 $(1+r)$번째 항의 계수, 즉 $C_r(m+n)$은 다음과 같다(조항 291).

$$C_r(m+n) = \frac{(m+n)(m+n-1)\cdots(m+n-r+1)}{1 \cdot 2 \cdots r}$$

그리고 다음을 보자.

$$S(m) = 1 + C_1(m)u + C_2(m)u^2 + \cdots + C_r(m)u^r + \cdots,$$
$$S(n) = 1 + C_1(n)u + C_2(n)u^2 + \cdots + C_r(n)u^r + \cdots$$

여기서 $S(m) \times S(n)$의 $(1+r)$번째 항의 계수, 즉 $C_r(m+n)$은 다음과 같다.

$$C_r(m+n) = 1 \times C_r(n) + C_1(m) \times C_{r-1}(n) + C_2(m) \times C_{r-2}(n)$$
$$+ \cdots + C_{r-1}(m) \times C_1(n) + C_r(m) \times 1$$
$$= 1 \times \frac{n(n-1)\cdots(n-r+1)}{1 \cdot 2 \cdots r} + \frac{m}{1} \times \frac{n(n-1)\cdots(n-r+2)}{1 \cdot 2 \cdots (r-1)}$$
$$+ \frac{m(m-1)}{1 \cdot 2} \times \frac{n(n-1)\cdots(n-r+3)}{1 \cdot 2 \cdots (r-2)} + \cdots$$
$$+ \frac{m(m-1)\cdots(m-r+2)}{1 \cdot 2 \cdots (r-1)} \times \frac{n}{1} + \frac{m(m-1)\cdots(m-r+1)}{1 \cdot 2 \cdots r} \times 1$$

위에서는 $S(m)$과 $S(n)$에 대한 급수의 각 계수를 구체적인 대수 값으로 치환하였다.[5]

306. $m = n = r$이면 $S(m+n) = S(2n) = (1+u)^{2n}$이다. 그리고 $(1+r)$번째 항은 $(1+n)$번째 항, 즉 급수의 가운데 항이 된다. 결과적으로 다음을 얻는다.

$$C_n(2n) = \frac{2n(2n-1)\cdots(n+1)}{1 \cdot 2 \cdots n} = \frac{2n(2n-1)\cdots 2 \cdot 1}{(1 \cdot 2 \cdots n)^2}$$

동일한 상황에서, $S(m)$은 $S(n)$과 동일하고, 이들의 곱에서 $(1+n)$번째 항의 계수, 즉 $C_n(2n)$은 다음과 같다.

$$C_n(2n) = 1 \times C_n + C_1 \times C_{n-1} + C_2 \times C_{n-2}$$
$$+ \cdots + C_{n-1} \times C_1 + C_n \times 1$$
$$= 1^2 + C_1^2 + C_2^2 + \cdots + C_{n-1}^2 + C_n^2$$

왜냐하면 $1 = C_n$, $C_1 = C_{n-1}$, $C_2 = C_{n-2}$, $\ldots$, $C_r = C_{n-r}$, $\ldots$로 이들이 각각 보충적인 조합을 구성, 즉 급수의 시작과 끝으로부터 같은 거리에 있는 항의 계수이기 때문이다(조항 296).

그러므로 다음을 얻는다.[6]

$$\frac{2n(2n-1)\cdots 2 \cdot 1}{(1 \cdot 2 \cdots n)^2}$$
$$= 1^2 + \left(\frac{n}{1}\right)^2 + \left(\frac{n(n-1)}{1 \cdot 2}\right)^2 + \cdots + \left(\frac{n(n-1)\cdots(n-r+1)}{1 \cdot 2 \cdots r}\right)^2 + \cdots$$

---

5) 이 조항에 담긴 공식은 (조항 288)에서 문제를 해결한 특성들 중의 일부와 유사한 수단을 제공하여 다음 문제를 해결할 수 있게 한다.

"한 항아리에 m개의 흰 공과 n개의 검은 공이 담겨 있다. 한 번의 시도로 항아리로부터 p개의 흰 공과 q개의 검은 공, 즉 $r(= p + q)$개의 공을 꺼낼 우연은 얼마인가?"

여기서 요구된 우연은 다음과 같다.

$$\frac{C_p(m) \times C_q(n)}{C_r(m+n)} = \frac{\frac{m(m-1)\cdots(m-p+1)}{1 \cdot 2 \cdots p} \times \frac{n(n-1)\cdots(n-q+1)}{1 \cdot 2 \cdots q}}{\frac{(m+n)(m+n-1)\cdots(m+n-r+1)}{1 \cdot 2 \cdots r}}$$

307. 임의의 n에 대하여 $(a+x)^n$과 동치인 급수를 고려하기 전에, 좀 더 단순한 형태인 $(1+u)^n$에 우리의 관심을 제한하여 관찰하는 것이 적당 하다. $u = \frac{x}{a}$라 하면 $a+x = a+au = a(1+u)$이므로 $(a+x)^n = a^n(1+u)^n$을 얻는다. (조항 181)에 주어진 식들에 추가로 다음 보기들을 보자.

이항 식의 변형

(1) $\sqrt{(ax-x^2)} = (ax-x^2)^{\frac{1}{2}} = a^{\frac{1}{2}}x^{\frac{1}{2}}\left(1-\frac{x}{a}\right)^{\frac{1}{2}} = a^{\frac{1}{2}}x^{\frac{1}{2}}(1+u)^{\frac{1}{2}}$,

　　(여기서 $u = -\frac{x}{a}$)

(2) $(a^2x^3 + a^3x^2)^{-\frac{1}{3}} = a^{-\frac{2}{3}}x^{-1}\left(1+\frac{a}{x}\right)^{-\frac{1}{3}} = \frac{1}{a^{\frac{2}{3}}x}(1+u)^{-\frac{1}{3}}$,

　　(여기서 $u = \frac{x}{a}$)

(3) $(x^{\frac{1}{3}} - a^{\frac{1}{3}})^{-3} = \frac{1}{x}\left(1 - \frac{a^{\frac{1}{3}}}{x^{\frac{1}{3}}}\right)^{-3} = \frac{1}{x}(1+u)^{-3}$,　　(여기서 $u = -\frac{a^{\frac{1}{3}}}{x^{\frac{1}{3}}}$)

(4) $\left(\frac{a}{x} + \frac{x}{a}\right)^{\frac{1}{\sqrt{2}}} = \frac{a^{\frac{1}{\sqrt{2}}}}{x^{\frac{1}{\sqrt{2}}}}\left(1+\frac{x^2}{a^2}\right)^{\frac{1}{\sqrt{2}}} = \frac{a^{\frac{1}{\sqrt{2}}}}{x^{\frac{1}{\sqrt{2}}}}(1+u)^{\frac{1}{\sqrt{2}}}$,　　(여기서 $u = \frac{x^2}{a^2}$)

308. n이 임의의 수일 때, 일반적인 기호로 표현된 $(1+u)^n$에 대한 급수는 다음과 같다.

$(1+u)^n$에 대한 급수 형식의 일반화

$$1 + \frac{n}{1}u + \frac{n(n-1)}{1\cdot 2}u^2 + \frac{n(n-1)(n-2)}{1\cdot 2\cdot 3}u^3 + \cdots$$

---

6) 이 조항에 담긴 공식은 다음 문제를 해결할 수단을 제공한다.

　"한 항아리에 동일한 개수(n)의 흰 공과 검은 공이 담겨 있다. 자연수의 모든 짝수 개 조합이 추출될 정도가 같을 때, 항아리로부터 동일한 개수의 흰 공과 검은 공을 꺼낼 우연은 얼마인가?"

　이 질문의 조건에 답하는 조합의 수는 다음과 같다.

$$\left(\frac{n}{1}\right)^2 + \left(\frac{n(n-1)}{1\cdot 2}\right)^2 + \cdots + \left(\frac{n(n-1)\cdots(n-r+1)}{1\cdot 2\cdots r}\right)^2 \cdots$$
$$= \frac{2n(2n-1)\cdots 2\cdot 1}{(1\cdot 2\cdots n)^2} - 1 = (\alpha)$$

그리고 짝수 개 조합의 총수는 다음과 같다.

$$2^{2n-1} - 1 = (\beta)$$

그러므로 우연은 $\frac{(\alpha)}{(\beta)}$이다.

$$+ \frac{n(n-1)\cdots(n-r+1)}{1 \cdot 2 \cdots r} u^r + \cdots$$

여기서 특별한 n의 값에 의존하지 않고, 동일한 구성 법칙에 따라 형태는 무한히 계속될 수 있다. 급수의 이와 같은 무한한 형식은 양의 정수 n에 대하여도 참일 수도 있다. 왜냐하면 $(n+1)$번째 이후의 모든 항이 계수의 분자에 0과 동일한 인자를 포함할 수 있기 때문이다. 그러므로 위 급수는 n이 특별한 값이어도 일반적인 형식으로 인정된다.[7]

n의 모든 값에 대해 참인 급수

309. 법칙 동치인 형식의 영속성(조항 132)은 비록 그 값에서는 특별하더라도 지수가 그 형식에 있어서 일반적일 때 $(1+u)^n$에 동치였던 급수가, 형식에서나 그 값에서 지수가 일반적일 때에도 여전히 $(1+u)^n$과 동치인 것으로 결론지을 수 있게 해준다.[8]

그런데 성립된 명제의 중대함은 법칙의 근간으로 이 경우에 적용할 수 있을 정도로 세세하게 정당화한다.

$(1+u)^n$에 대하여 단 하나의 일반적인 형식만이 존재한다

310. 첫 번째로, 일반적인 동치인 형식, 즉 $(1+u)^n$에 대한 급수가

---

7) 이 급수에 기호 r은 일반적인 형식이지만 본질적으로 특별한 값이다. 왜냐하면 r은 임의로 할당된 항의 위치를 정하고, 그러므로 양의 정수여야 하기 때문이다. 형식에서와 같이 의미에서도 일반화된 이 공식의 기호를 말할 때에는 한 이항 식에 대한 급수를 다른 이항 식에 대한 급수와 다르게 하는 유일한 양이 이항 식의 지수임을 관찰하여야 한다.

8) 동치인 형식의 영속성에 대한 법칙을, 그 값에서는 특별하더라도 형식에서 일반적인 기호에 해당하는, 형식의 일반화로의 응용을 말할 때, 그 특별한 값에 본질적으로 연결된 형식으로 드러나지 않도록 잘 처리해야만 한다. 그러므로 n이 자연수일 때, 다음의 동치인 형식은 하나의 의미에서만 일반적이다.

$$\frac{a^n - b^n}{a - b} = a^{n-1} + a^{n-2}b + a^{n-3}b^2 + \cdots + ab^{n-2} + b^{n-1}$$

왜냐하면 마지막 항이 n의 정수 값에 본질적으로 의존하기 때문이다. 다음의 동치인 형식은 위의 형식과 같이 동등하게 중요하고, 그리고 n의 특별한 값에 연결되지 않았다.

$$\frac{a^n - b^n}{a - b} = a^{n-1} + a^{n-2}b + a^{n-3}b^2 + \cdots + a^{n-r}b^{r-1} + \cdots$$

존재하면, 그것은 문제의 급수, 즉 형식이어야 한다. 왜냐하면 그 형식이 일반적이면, 자연수인지 또는 다른 어떤 양이든 상관없이, 그리고 일반적인 기호에 의해 표현되었든 특별하게 할당되었든 상관없이, n의 모든 값을 동등하게 내포해야만 하기 때문이다.

311. 두 번째로, 이와 같은 일반적인 동치인 형식 또는 급수의 존재에 대한 가정은, 그것이 양의 분수이든, 음의 정수이든 또는 음의 분수이든 상관없이, $(1 + u)^n$에 있는 지수의 특별한 값에 주어진 해석에 어울리는 결과를 가져온다.

특별한 값의 지수에 주어진 해석과 일치하는 일반적인 형식

왜냐하면 m과 m'이 자연수일 때 성립하는 다음 방정식은 각각에 해당하는 급수들이 특별한 값에 의존하지 않고 표현되었을 때 참이어야만 하기 때문이다.

$$S(m + m') = S(m) \times S(m')$$

또한 m과 m'이 임의의 양일 때에도 성립해야만 하기 때문이다. 그리고 이들의 곱에 대한 기호적인 결과가 일반적인 기호들의 특별한 값에 독립적인 것이 명백하기 때문이다.

구체적으로 m과 m'의 값이 무엇이든 다음을 얻는다.

$$S(m) = 1 + \frac{m}{1}u + \frac{m(m - 1)}{1 \cdot 2}u^2$$
$$+ \cdots + \frac{m(m - 1) \cdots (m - r + 1)}{1 \cdot 2 \cdots r}u^r + \cdots$$
$$S(m') = 1 + \frac{m'}{1}u + \frac{m'(m' - 1)}{1 \cdot 2}u^2$$
$$+ \cdots + \frac{m'(m' - 1) \cdots (m' - r + 1)}{1 \cdot 2 \cdots r}u^r + \cdots$$
$$S(m) \times S(m') = S(m + m')$$

그러므로 이것이 법칙의 응용에 적합한 형식이다.

$$= 1 + \frac{(m + m')}{1} u + \frac{(m + m')(m + m' - 1)}{1 \cdot 2} u^2$$
$$+ \cdots + \frac{(m + m')(m + m' - 1) \cdots (m + m' - r + 1)}{1 \cdot 2 \cdots r} u^r + \cdots$$

이들 기호들의 병합에 대한 법칙과 결과적으로 얻는 형식들은 기호들의 특별한 값에 완전하게 독립적이기 때문이다.

지수가 음의 정수일 때 이 명제로부터 $(1 + u)^{-m} = S(-m)$을 얻는다. 왜냐하면 $m' = -m$이면, $S(m + m') = S(m - m) = S(0) = (1 + u)^0 = 1$이 성립하기 때문이다. 그리고 $S(m) \times S(m')$은 $S(m')$과 $S(m + m')$에 대한 급수에서 m' 대신에 $-m$을 대입하면 1이 된다. 그러므로 다음을 얻는다.[9]

$$(1 + u)^{-m} = S(-m) = 1 - mu + \frac{m(m + 1)}{1 \cdot 2} u^2 - \frac{m(m + 1)(m + 2)}{1 \cdot 2 \cdot 3} u^3$$
$$+ \cdots + (-1)^r \frac{m(m + 1) \cdots (m + r - 1)}{1 \cdot 2 \cdots r} u^r + \cdot$$

양의 수치적 분수일 때 다시 다음을 얻는다.

$$S(m + m) = S(2m) = (1 + u)^{2m} = \left\{ S(m) \right\}^2$$
$$S(2m + m) = S(3m) = (1 + u)^{3m} = \left\{ S(m) \right\}^3$$
$$\vdots$$
$$S((q - 1)m + m) = S(qm) = (1 + u)^{qm} = \left\{ S(m) \right\}^q$$

결과적으로 $qm = p$, 즉 $m = \frac{p}{q}$이면 다음을 얻는다.

$$(1 + u)^p = \left\{ S(m) \right\}^q = \left\{ S\left(\frac{p}{q} \right) \right\}^q$$

---

9) $(1 + u)^{-m}$에 대한 급수와 동일한 형식을 (조항 257)에서 다른 방법으로 얻었다.

이로부터 양변에서 q 거듭 제곱 근을 구하면 다음과 같다.

$$(1+u)^{\frac{p}{q}} = S\left(\frac{p}{q}\right) = 1 + \frac{p}{q}u + \frac{\frac{p}{q}\left(\frac{p}{q}-1\right)}{1\cdot 2}u^2 + \frac{\frac{p}{q}\left(\frac{p}{q}-1\right)\left(\frac{p}{q}-2\right)}{1\cdot 2\cdot 3}u^3$$
$$+ \cdots + \frac{\frac{p}{q}\left(\frac{p}{q}-1\right)\cdots\left(\frac{p}{q}-r+1\right)}{1\cdot 2\cdots r}u^r + \cdots$$

또 다른 동치인 형식으로 실제의 수치적 전개가 요구될 때 매우 편리하고 가장 단순한 형식은 다음과 같다.

$$(1+u)^{\frac{p}{q}} = 1 + \frac{p}{q}u + \frac{p(p-q)}{q^2}\frac{u^2}{1\cdot 2} + \frac{p(p-q)(p-2q)}{q^3}\frac{u^3}{1\cdot 2\cdot 3}$$
$$+ \cdots + \frac{p(p-q)\cdots\{p-(r-1)q\}}{q^r}\frac{u^r}{1\cdot 2\cdots r} + \cdots$$

여기서 분수 인자들은 공통 분모 q를 갖는 다른 동치인 형식으로 변환되었다. 그리고 잇단 자연수들의 곱, $1\cdot 2$, $1\cdot 2\cdot 3$, $1\cdot 2\cdots r$은 잇단 u의 거듭 제곱 밑에 쓰였다.

비슷한 방법으로 다음을 얻는다.

음의 수치적
분수일 때

$$S(-m-m) = S(-2m) = (1+u)^{-2m} = \left\{S(-m)\right\}^2$$
$$S(-2m-m) = S(-3m) = (1+u)^{-3m} = \left\{S(-m)\right\}^3$$
$$\vdots$$
$$S(-(q-1)m-m) = S(-qm) = (1+u)^{-qm} = \left\{S(-m)\right\}^q$$

결과적으로 $-qm = -p$, 즉 $-m = -\frac{p}{q}$이면 다음을 얻는다.

$$(1+u)^{-p} = \left\{S(-m)\right\}^q = \left\{S\left(-\frac{p}{q}\right)\right\}^q$$

그러므로 양변에 q 거듭 제곱 근을 구하면 다음과 같다.

$$(1+u)^{-\frac{p}{q}} = S\left(-\frac{p}{q}\right)$$

$$= 1 - \frac{p}{q}u + \frac{\frac{p}{q}\left(\frac{p}{q}+1\right)}{1\cdot 2}u^2 - \frac{\frac{p}{q}\left(\frac{p}{q}+1\right)\left(\frac{p}{q}+2\right)}{1\cdot 2 \cdot 3}u^3$$

$$+ \cdots + (-1)^r \frac{\frac{p}{q}\left(\frac{p}{q}+1\right)\cdots\left(\frac{p}{q}+r-1\right)}{1\cdot 2 \cdots r}u^r + \cdots$$

또 다른 동치인 형식은 다음과 같다.

$$(1+u)^{-\frac{p}{q}} = 1 - \frac{p}{q}u + \frac{p(p+q)}{q^2}\frac{u^2}{1\cdot 2} - \frac{p(p+q)(p+2q)}{q^3}\frac{u^3}{1\cdot 2 \cdot 3}$$

$$+ \cdots + (-1)^r \frac{p(p+q)\cdots\{p+(r-1)q\}}{q^r}\frac{u^r}{1\cdot 2 \cdots r} + \cdots$$

결론적으로 $(1+u)^n$의 일반적인 급수에 대하여, 지수들이 해석이 필요하고 표현된 연산들이 정의되고 결정된 각 경우에, 급수들에 주어진 의미의 완벽한 합의를 보았다.

보기들   **312.** $(1+u)^n$과 그 전개 사이의 관계를 좀 더 관찰하기 전에, 지수의 특별한 값에 해당하는 급수들의 실제 전개의 보기를 몇 개 들어 보기로 하자.

(1) $(1+x)^{-1} = 1 - x + x^2 - x^3 + x^4 - x^5 + \cdots$

이것은 1을 $1+x$로 나눈 무한 몫이다.

(2) $(1+x)^{-2} = 1 - 2x + \frac{2\cdot 3}{1\cdot 2}x^2 - \frac{2\cdot 3\cdot 4}{1\cdot 2\cdot 3}x^3 + \frac{2\cdot 3\cdot 4\cdot 5}{1\cdot 2\cdot 3\cdot 4}x^4 - \cdots$

$\qquad\qquad\quad = 1 - 2x + 3x^2 - 4x^3 + 5x^4 - \cdots$

계수는 이차원의 다각수이다(조항 259).

(3) $(1-x)^{-3} = 1 + 3x + \frac{3\cdot 4}{1\cdot 2}x^2 + \frac{3\cdot 4\cdot 5}{1\cdot 2\cdot 3}x^3 + \frac{3\cdot 4\cdot 5\cdot 6}{1\cdot 2\cdot 3\cdot 4}x^4 + \cdots$

$\qquad\qquad\quad = 1 + 3x + 6x^2 + 10x^3 + 15x^4 + \cdots$

계수는 삼차원의 다각수이다.

이 경우, 본래 음수인 짝수 번째 항들이 $-x$의 홀수 거듭 제곱을 포함하므로, 항들이 모두 양수이다.

(4) $(a+x)^{-4} = a^{-4}\left\{1 - 4\frac{x}{a} + \frac{4\cdot5}{1\cdot2}\frac{x^2}{a^2} - \frac{4\cdot5\cdot6}{1\cdot2\cdot3}\frac{x^3}{a^3} + \cdots\right\}$

$\qquad\qquad = \frac{1}{a^4}\left\{1 - 4\frac{x}{a} + 10\frac{x^2}{a^2} - 20\frac{x^3}{a^3} + 35\frac{x^4}{a^4} - \cdots\right\}$

$\qquad\qquad = \frac{1}{a^4} - 4\frac{x}{a^5} + 10\frac{x^2}{a^6} - 20\frac{x^3}{a^7} + 35\frac{x^4}{a^8} - \cdots$

계수는 사차원의 다각수이다.

(5) $\left(\frac{1}{x} - \frac{1}{a}\right)^{-5} = x^5\left(1 - \frac{x}{a}\right)^{-5} = x^5\left\{1 + 5\frac{x}{a} + 15\frac{x^2}{a^2} + 35\frac{x^3}{a^3} + 70\frac{x^4}{a^4} + \cdots\right\}$

$\qquad\qquad\qquad\qquad = x^5 + 5\frac{x^6}{a} + 15\frac{x^7}{a^2} + 35\frac{x^8}{a^3} + 70\frac{x^9}{a^4} + \cdots$

계수는 오차원의 다각수이다.

(6) $(1+x)^{\frac{1}{2}} = 1 + \frac{1}{2}x - \frac{1\cdot1}{2^2}\frac{x^2}{1\cdot2} + \frac{1\cdot1\cdot3}{2^3}\frac{x^3}{1\cdot2\cdot3} - \frac{1\cdot1\cdot3\cdot5}{2^4}\frac{x^4}{1\cdot2\cdot3\cdot4} + \cdots$

$\qquad\qquad = 1 + \frac{x}{2} - \frac{x^2}{8} + \frac{3x^3}{16} - \frac{5x^4}{128} + \frac{7x^5}{256} - \cdots$

다음 산술 급수의 항은 계수에서 분자의 인자들이다.

$$1,\ -1,\ -3,\ -5,\ -7,\cdots$$

(7) $\frac{1}{\sqrt{(1+x)}} = (1+x)^{-\frac{1}{2}}$

$\qquad = 1 - \frac{1}{2}x + \frac{1\cdot3}{2^2}\frac{x^2}{1\cdot2} - \frac{1\cdot3\cdot5}{2^3}\frac{x^3}{1\cdot2\cdot3} + \frac{1\cdot3\cdot5\cdot7}{2^4}\frac{x^4}{1\cdot2\cdot3\cdot4} - \cdots$

$\qquad = 1 - \frac{x}{2} + \frac{3x^2}{8} - \frac{5x^3}{16} + \frac{35x^4}{128} - \frac{63x^5}{256} - \cdots$

다음 산술 급수의 항은 계수에서 분자의 인자들이다.

$$-1,\ -3,\ -5,\ -7,\cdots$$

(8) $(a+x)^{\frac{1}{3}} = a^{\frac{1}{3}}\left\{1 + \frac{1}{3}\frac{x}{a} - \frac{1\cdot2}{3^2}\frac{x^2}{1\cdot2\cdot a^2} + \frac{1\cdot2\cdot5}{3^3}\frac{x^3}{1\cdot2\cdot3\cdot a^3}\right.$

$\qquad\qquad\qquad\left. - \frac{1\cdot2\cdot5\cdot8}{3^4}\frac{x^4}{1\cdot2\cdot3\cdot4\cdot a^4} + \cdots\right\}$

$\qquad\qquad = a^{\frac{1}{3}} + \frac{x}{3a^{\frac{2}{3}}} - \frac{x^2}{9a^{\frac{5}{3}}} + \frac{5x^3}{81a^{\frac{8}{3}}} - \frac{10x^4}{243a^{\frac{11}{3}}} + \cdots$

다음 산술 급수의 항은 계수에서 분자의 인자들이다.

$$1,\ -2,\ -5,\ -8,\cdots$$

(9) $(a+x)^{-\frac{1}{3}} = a^{-\frac{1}{3}}\left\{1 - \frac{1}{3}\frac{x}{a} + \frac{1\cdot4}{3^2}\frac{x^2}{1\cdot2\cdot a^2} - \frac{1\cdot4\cdot7}{3^3}\frac{x^3}{1\cdot2\cdot3\cdot a^3}\right.$

$\qquad\qquad\qquad\left. + \frac{1\cdot4\cdot7\cdot10}{3^4}\frac{x^4}{1\cdot2\cdot3\cdot4\cdot a^4} + \cdots\right\}$

$$= \frac{1}{a^{\frac{1}{3}}} - \frac{1}{3}\frac{x}{a^{\frac{4}{3}}} + \frac{2}{9}\frac{x^2}{a^{\frac{7}{3}}} - \frac{14}{81}\frac{x^3}{a^{\frac{10}{3}}} + \frac{35}{243}\frac{x^4}{a^{\frac{13}{3}}} - \cdots$$

다음 산술 급수의 항은 계수에서 분자의 인자들이다.

$$-1, \ -4, \ -7, \ -10, \cdots$$

(10) $(a^2 - ax)^{\frac{3}{10}} = a^{\frac{3}{5}} \Big\{ 1 - \frac{3}{10}\frac{x}{a} + \frac{3\cdot7}{10^2}\frac{x^2}{1\cdot2\cdot a^2} - \frac{3\cdot7\cdot17}{10^3}\frac{x^3}{1\cdot2\cdot3\cdot a^3}$$
$$+ \frac{3\cdot7\cdot17\cdot27}{10^4}\frac{x^4}{1\cdot2\cdot3\cdot4\cdot a^4} - \cdots \Big\}$$

다음 산술 급수의 항은 계수에서 분자의 인자들이다.

$$3, \ -7, \ -17, \ -27, \ -37, \cdots$$

(11) $(a^2 - ax)^{-\frac{3}{10}} = \frac{1}{a^{\frac{3}{5}}} \Big\{ 1 + \frac{3}{10}\frac{x}{a} + \frac{3\cdot13}{10^2}\frac{x^2}{1\cdot2\cdot a^2} + \frac{3\cdot13\cdot23}{10^3}\frac{x^3}{1\cdot2\cdot3\cdot a^3}$$
$$+ \frac{3\cdot13\cdot23\cdot33}{10^4}\frac{x^4}{1\cdot2\cdot3\cdot4\cdot a^4} - \cdots \Big\}$$

(12) $(\sqrt[4]{a} + \sqrt[4]{x})^{\frac{5}{4}} = a^{\frac{1}{5}} \Big\{ 1 + \frac{4}{5}\frac{x^{\frac{1}{4}}}{a^{\frac{1}{4}}} - \frac{4\cdot1}{5^2}\frac{x^{\frac{1}{2}}}{1\cdot2\cdot a^{\frac{1}{2}}} + \frac{4\cdot1\cdot6}{5^3}\frac{x^{\frac{3}{4}}}{1\cdot2\cdot3\cdot a^{\frac{3}{4}}}$$
$$- \frac{4\cdot1\cdot6\cdot11}{5^4}\frac{x}{1\cdot2\cdot3\cdot4\cdot a} + \cdots \Big\}$$
$$= a^{\frac{1}{3}} + \frac{4}{5}\frac{x^{\frac{1}{4}}}{a^{\frac{1}{20}}} - \frac{2}{25}\frac{x^{\frac{1}{2}}}{a^{\frac{3}{10}}} + \frac{4}{125}\frac{x^{\frac{3}{4}}}{a^{\frac{11}{20}}} - \frac{11}{625}\frac{x}{a^{\frac{4}{5}}} + \cdots$$

(13) $(1+x)^{\frac{1}{\sqrt{2}}} = 1 + \frac{1}{\sqrt{2}}x + \frac{1(1-\sqrt{2})}{2}\frac{x^2}{1\cdot2} + \frac{1(1-\sqrt{2})(1-2\sqrt{2})}{2\sqrt{2}}\frac{x^3}{1\cdot2\cdot3}$$
$$+ \frac{1(1-\sqrt{2})(1-2\sqrt{2})(1-3\sqrt{2})}{2^2}\frac{x^4}{1\cdot2\cdot3\cdot4} + \cdots$$

(14) $(a^3 - x^3)^{\frac{7}{3}}$에 대한 급수의 11번째 항은 다음과 같다.

$$-\frac{2618}{4782969}\frac{x^{30}}{a^{23}}$$

(15) $(a^3 - x^3)^{-\frac{7}{3}}$에 대한 급수의 11번째 항은 다음과 같다.

$$\frac{100230130}{4782969}\frac{x^{30}}{a^{37}}$$

(16) $(a+x)^{\frac{1}{2}}$에 대한 급수의 17번째 항은 다음과 같다.

$$-\frac{9694845}{1891371008}\frac{x^{16}}{a^{\frac{31}{2}}}$$

(17) $(a-x)^{\frac{1}{3}}$에 대한 급수의 13번째 항은 다음과 같다.

$$-\frac{1179256}{129140163}\frac{x^{12}}{a^{\frac{35}{3}}}$$

(18) $(\sqrt{3}-\sqrt{2})^{\frac{1}{5}}$에 대한 급수의 10번째 항은 다음과 같다.

$$-\frac{121771}{9765625}\frac{2^{\frac{9}{2}}}{3^{\frac{22}{5}}}=-\frac{1948336\times\sqrt{2}}{791015625\times 3^{\frac{2}{5}}}$$

313. 이제 $(1+u)^n$과 이에 해당하는 급수의 일반적인 대수적 동치에 대한 관찰을 해보자. 그리고 서로 대수적인 것처럼 산술적으로 동치인 것으로 여겨지는 환경을 찾아보자.

$(1+u)^n$ 그리고 이와 동치인 급수의 의미에 대한 관찰

이미 살펴보았듯이, $(1+u)^n$의 의미에 대한 해석은 다음 방정식에 의해 기호화된 지수의 일반 원리에 그 기초를 두고 있다.

$$(1+u)^m\times(1+u)^n=(1+u)^{m+n}$$

여기서 m과 n은 임의의 양이다. 따라서 n이 양 또는 음의 정수이든, 양 또는 음의 분수이든 상관없이 $(1+u)^n$에 대한 확정적인 그리고 일관된 해석을 할 수 있었다. n의 다른 값(여기서 n이 대수에서 사용된 임의의 다른 기호와 동등하게 일반적인 기호이다.)에 대해서 아무런 해석도 하지 않았다. 그리고 이것으로부터 그러한 값에 대한 인정할 만한 해석이 존재한다는 것이 필연적으로 따라오지는 않는다. 그러나 그 의미에 대한 어떠한 해석에도 독립적으로 대수적인 형식이 존재한다. 그리고 어떤 다른 형식 또는 급수 사이의 대수적인 동치에 대한 결정은 필수의 대수적인 조건을 만족하는 동치인 형식 또는 급수에 의존해야만 한다.

n의 모든 값에 대한 의미를 부여하는 것은 필요치 않다

314. $(1+u)^m$에 해당하는 급수의 전형을 $S(m)$이라 하면(동치이든 아니든), 모든 상황에서 $(1+u)^m\times(1+u)^n=(1+u)^{m+n}$에 해당하는

$(1+u)^m$에 대한 급수가 만족하는 조건

다음 방정식을 얻는다.

$$S(m) \times S(n) = S(m+n)$$

그러므로 m이 일반적인 형식일 때 발견할 수 있는 어떠한 상황에서도 $S(m)$이 $(1+u)^m$에 동치이면, 비록 그 값이 특별하더라도 이 방정식과 동치인 형식의 영속성에 대한 법칙의 도움을 받아 일반적으로 m의 형식에서나 값에서 동치이어야만 한다.

동치에 대한 검사 따라서 일반적인 명제는 $(1+u)^m$과 $S(m)$ 사이의 동치에 대한 적당한 대수적인 검사를 제공한다. 이로부터 급수는 동치가 의존하는 대수적 조건을 만족한다.

지수로 표현된 연산에 의해 유도된 급수와 동일하고 이항 정리에 의해 주어진 급수 **315.** 이 정리에 의해 주어진 급수는 n에 할당된 그리고 특별한 값에 대해 다른 연산으로부터 유도된 급수와 동일하다.

그러므로 n이 양의 정수이면 $(1+u)^n$에 대한 급수는 $1+u$를 반복하여 곱하여 얻은 $(1+u)^n$과 동치일 뿐 아니라 같아야 하고, 이러한 사실이 정리의 기본을 이룬다.

n이 음의 정수이면, $(1+u)^{-n}$ 또는 $\frac{1}{(1+u)^n}$에 대한 급수는 1을 $(1+u)^n$에 대한 급수로 나눈 결과이다.

n이 $\frac{p}{q}$와 같은 양의 분수이면, $(1+u)^{\frac{p}{q}}$는 $(1+u)^p$의 q 제곱 근을 나타낸다. 그리고 만약 n이 $-\frac{p}{q}$와 같은 음의 분수이면, $(1+u)^{-\frac{p}{q}}$는 $(1+u)^{-p}$ 또는 $\frac{1}{(1+u)^p}$의 q 제곱 근을 나타낸다.

이 정리로부터 유도되는 거듭 제곱 근을 얻는 법칙 이들은 어떤 경우에도 정리 자체로부터 유도된 것이 아니므로 지수 $\frac{p}{q}$ 또는 $-\frac{p}{q}$에 의해 표현된 연산의 수행에 대해 일반적인 법칙이 구성될 수 없다. 그리고 이 정리에 의해 유도된 이러한 연산의 결과는 이들에 붙여진 의미와 조화를 이루어야 한다. 따라서 다음을 얻는다.

$$\left\{ S\left(\frac{p}{q}\right)\right\}^q = S(p) \quad \text{그리고} \quad \left\{ S\left(\frac{-p}{q}\right)\right\}^q = S(-p)$$

다른 말로 하면, 왼쪽에서는 $S(p)$의 q제곱 근 그리고 오른쪽에서는 $S(-p)$의 q제곱 근에 해당하는 급수의 q제곱은 각각 $(1+u)^p$, $(1+u)^{-p}$과 동치인 양을 제공할 것이다.

316.   7장에서 다룬 제곱 근과 세 제곱 근을 얻는 것에 대한 특별한 법칙은 동일한 원리에 그 기초를 두고 있다. 그리고 각각 이들로 부터 얻은 급수는 정리로부터 얻는 것과 일치해야 한다. 왜냐하면 제곱 근 또는 세 제곱 근인 급수에 대해 한 경우에 제곱 그리고 다른 경우에 세 제곱은 원래의 양 또는 식을 복원해야만 하기 때문이다. **제곱 근과 세 제곱 근**

317.   이항 식 $(1+u)^n$과 이항 정리에 의해 주어진 해당하는 급수는 각 항에 부여된 대수적인 의미에서 모든 경우에 서로 동치이다. 앞으로 고려해야 할 사항은 어떤 환경에서 이들이 서로 산술적으로 동치 또는 같은지이다. 즉, 산술적 이항 식의 지수로 표현된 연산의 결과로부터 얻는 산술적 값은 언제 같은지 또는 할당할 수 있는 것보다 적은 양에 의한,[10] 해당하는 급수의 결정할 수 있는 개수의 항들의 총합과 언제 달라지는지를 고려해야 한다. **$(1+u)^n$이 그 급수에 산술적으로 동치인 경우**

318.   첫 번째로, 급수가 할당할 수 있는 개수의 항들에 대해 발산하면, 부호 =는 그것의 양쪽에 놓인 양들의 산술적 동일싱을 나타내지 않는다. 그러므로 임의 개수의, 즉 많은 개수의 항들의 총합은 고정된 그리고 구체적인 값에 전혀 접근하지 않는다. **급수는 언제 발산하는가**

---

10) 양들은 산술적으로 동일하고 동치이므로 서로 동일하다. 한편, 산술적으로 할당할 수 있는 것보다 적은 양에 의해서는 서로 다를 수 있다.

급수가 수렴할 때, 또는 적당한 수의 항 이후에 수렴할 때

319. 그러므로 이제 처음부터 또는 할당된 항 이후에 수렴하는 급수에 집중하여야 한다. 첫 번째 경우에, 하나로 합쳐지는 항들의 개수가 커질수록 급수의 산술적 값에 좀 더 가깝게 접근한다. 두 번째 경우에, 발산하는 항들의 전체 모임으로부터 시작하여 여기에 첫 번째 경우에 결정된 급수의 수렴하는 부분의 산술적 근사 값을 더한다.

등비 급수와의 비교

320. 급수의 항들을 등비 급수의 항들과 비교함으로써 이러한 근사의 정확도를 판단할 수 있고, 오차의 한계를 결정할 수 있다. 이러한 목적을 위해서 그와 같은 급수의 이론, 즉 생성과 그 값의 결정에 대한 이론을 전제할 필요가 있다.

등비 급수: 그 생성

321. 등비 급수는 a를 $1-x$로 나누면 얻을 수 있다. 이때 a와 x는 간단하든 복잡하든 상관없이 임의의 양이다. 이 급수의 일반적인 전형은 다음과 같은 뭇이다.

$$a + ax + ax^2 + ax^3 + \cdots + ax^r + \cdots$$

그리고 어떤 환경에서도, 분수 $\frac{a}{1-x}$는 대수적으로 무한히 계속되는 다음 급수와 동치이다.

$$a + ax + ax^2 + ax^3 + \cdots$$

이때 기호 a와 x의 특별한 값은 아무런 영향을 주지 않는다.

n개 항의 합

322. 급수에서 항의 개수를 n으로 제한하면, 다음을 얻는다.

$$\frac{a - ax^n}{1 - x} = a + ax + ax^2 + \cdots + ax^{n-1}$$

위 식의 양변이 동치일 뿐 아니라 동일하므로 오른쪽 변은 $a - ax^n$을 $1 - x$로 나눈 실제 뭇이다.

296

$\frac{a}{1-x} = s$라 하면 $\frac{a-ax^n}{1-x} = s - sx^n$이고 다음 방정식이 성립한다.

$$s - sx^n = a + ax + ax^2 + \cdots + ax^{n-1}$$

급수가 무한히 계속된다고 하면 n은 무한이고 항 sx^n은 더 이상 대수 적으로 표현할 수 없다. 이제 동일한 환경에서 x의 특별한 값에 대하여 그 산술적 값을 고려하여야 한다.

그리고 무한으로

323. 첫 번째, x가 1보다 클 때, n이 증가하면 x^n이 증가하고, n이 무한으로 가면 x^n도 무한이 된다. 그러므로 항 sx^n의 누락은 s와 무한히 계속되는 다음 급수 사이의 (정의에 따른) 산술적 상등을 만들지 않는다.

발산하는 무한 급수의 산술적 합

$$a + ax + ax^2 + ax^3 + \cdots$$

두 번째로, x가 1보다 작을 때, n이 커지면 sx^n은 점점 작아지고, 그러 므로 주어진 어떠한 양보다 작게 만들어질 수 있다. 이러한 환경에서 n이 무한으로 가면, $s - sx^n$은 (정의에 따르면) s과 산술적 동치이다. 그러므로 s, 즉 $\frac{a}{1-x}$와 무한히 계속되는[11]다음 급수 사이의 산술적 동치가 존재한다.

수렴할 때

$$a + ax + ax^2 + ax^3 + \cdots$$

---

11) **유한한이라는 용어와 무한한이라는 용어의 의미**: 수학 저자들은 종종 무한한 그리고 확 정되지 않은이라는 용어를 무분별하게 사용하는데, 언어의 적절성을 고려한다면 이들 용어는 서로 구분되어야 한다. 이들은 부정적인 용어들로, 유한한 그리고 확정된 이라는 용어들에 각각 반대인 의미로 정의되고 결정되어야 한다.

유한한 수, 유한한 선분, 유한한 공간, 유한한 시간 들은 할당되고 또는 할당 가능한 임의의 수, 직선, 공간 또는 시간에만 적절하게 적용될 수 있다. 반면에 확정된이라는 용어는 단지 할당되 고 결정된 양들에만 적절하게 적용될 수 있다. 다른 말로 하면, 유한한이라는 용어가 확정된이라는 용어보다 좀더 포괄적인데, 단지 동일한 종류의 다른 크기에만 적용되는 크기들의 관계를 허용하는 마음의 힘에 제한된다.

무한한 수, 무한한 직선, 무한한 공간, 무한한 시간 들은 유한한 수, 유한한 직선, 유한한 공간, 유한한 시간 들과의 있을 법한 또는 표현할 수 있는 관계를 전혀 갖고 있지 않다.

무한과 영: 크기는 무한하게 커지거나 무한하게 작아질 수 있다. 그리고 무한이라는 추 상적인 용어는, 언어의 용법에 의해 배타적으로 전자에 적용하도록 제한되더라도, 정확

히 말하면, 둘 다에게 동등하게 적용되어야 한다. 일반적인 용어 무한은 공간과 시간의 경우에 구체적인 용어 광대와 영원으로 대체되어 사용된다.

무한의 기호: 기호 ∞는 무한하게 큰 크기를 나타내는 데 사용된다. 반면에 기호 0은 무한하게 작은 크기를 나타낸다. 이들 기호는 유한한 크기의 양 a를 사용한 두 방정식 $\frac{a}{0} = \infty$와 $\frac{a}{\infty} = 0$으로 연결되어 있다. 첫 번째 방정식으로부터 ∞는 a를 0으로 나눈 몫으로 다룰 수 있고, 두 번째 방정식으로부터 0은 a를 0으로 나눈 몫으로 다룰 수 있다. 이러한 결과는 나뉠 양을 나누는 양과 몫의 곱으로 번역될 수 있다. 그러므로 어떠한 유한한 수도 영 또는 무한하게 작은 수(분수)에 곱해져서 유한한 곱을 만들어 낼 수 없다. 어떠한 유한한 선분도 영 또는 무한하게 작은 선분에 곱해져서 유한한 넓이를 만들어 낼 수 없고, 마찬가지가 다른 모든 영역에 적용된다.

동일한 기호로 표현된 무한의 다른 지위: 영에 무한을 곱한 것 또는 무한에 영을 곱한 것은, 이들 용어와 기호의 의미에 따라서 유한한 양을 만들어 낼 것이다. 그러나 꼭 그래야만 하는 것은 아니다. 보편적으로 a가 유한할 때, 방정식 $\frac{a}{0} = \infty$는 참이다. 그런데 a가 무한할 때에도 동일한 방정식이 참이다. 즉, $\frac{\infty}{0} = \infty$가 성립한다. 이 경우에 방정식의 한쪽에 있는 기호 ∞로 표현된 무한은 다른 쪽에서 동일한 기호 ∞로 표현된 무한보다 무한하게 크다고 말한다. 무한 크기의 서로 다른 지위를 용인하지 않는 한, 이러한 결과는 오로지 기호적 언어의 사용에 의한 것이다. 단지, 기호 ∞가 절대적인 크기로서 동일한 의미의 무한을 표현하기 위해 사용되었다면, $\infty \times \infty$와 ∞ 사이의 관계는 ∞와 1 사이의 관계와 동일하다. 그런데 $\infty \times \infty$와 ∞는 단일 기호 ∞로 표현된 동일한 용어 무한으로 번역되어 표현된다.

영의 다른 지위: 동일한 방법으로 $\infty \times 0$은 0 또는 어떤 유한한 양 또는 무한한 양과 같아질 수 있다. 기호 0을 추상적으로 사용하면, 여전히 $a \times 0$, $a \times 0 \times 0, \cdots$ 등을 단일 기호 0으로 동일하게 표현한다. $\frac{a}{0} = \infty$이므로 (기호적으로) $\frac{a \times 0}{0 \times 0} = \infty$이다. 이것은 특별한 유도 방법을 참고하지 않으면 $\frac{0}{0} = \infty$로 표현된다. 다른 말로 하면 영의 다른 지위는 무한의 다른 지위들처럼 기호적 언어의 결과로 나타난다. 그러나 두 경우 모두 이들 간의 기호적 연결에 의해 독립적으로 스스로를 나타낼 때 이들을 받아들이거나 표현하는 것은 불가능하다.

표현 $\frac{0}{0}$과 $\frac{\infty}{\infty}$의 값: 앞에서의 논의를 통해 동등하게 유한한 양, 무한 또는 영을 나타내는 $\frac{0}{0}$ 또는 $\frac{\infty}{\infty}$와 같은 표현의 의미를 번역할 수 있다. 추상적으로 이러한 표현은 영을 영으로 나눈 몫을 또는 무한을 무한으로 나눈 몫을 나타낸다. 첫 번째 경우에서, 이미 살펴보았듯이 0×0, $0 \times a$ 그리고 $0 \times \infty$가 0과 동일할 수 있는 것처럼, $\frac{0}{0}$은 0 또는 a 또는 ∞와 동일할 수 있다. 두 번째 경우에서 이미 살펴보았듯이 $\infty \times 0$이 ∞와 동일할 수 있고, $\infty \times a = \infty$, 그리고 $\infty \times \infty = \infty$인 것처럼, $\frac{\infty}{\infty}$는 0 또는 a 또는 ∞과 동일할 수 있다. 그러므로 두 경우 모두에서 요구되는 조건에 동일하게 대답할 수 있는 세 종류의 크기가 있다. 그러나 $\frac{0}{0}$과 $\frac{\infty}{\infty}$와 같은 표현을 통해 대수적 표현의 특수한 상태로 스스로를 나타낼 때, 기호들의 다른 일반적인 값들에 대해서는 동치인 형식으로 받아들여진, 동일한 환경에서 $\frac{0}{0}$ 또는 $\frac{\infty}{\infty}$가 되지 않는, 그 값을 고려하는 어떠한 불명확성도 더 이상 존재하지 않는다. 왜냐하면 기호의 모든 값에 동치인 형식은 근원적인 표현 $\frac{0}{0}$과 $\frac{\infty}{\infty}$를 이루는 것들에 대해 마찬가지로 참이어야만 한다.

다음은 보기들이다.

324. $x = \frac{1}{2}$인 급수, 즉 뒤에 오는 항이 그 앞 항의 절반인 급수를 살펴보면 다음을 발견하게 된다.

공비가 $\frac{1}{2}$인 급수

$$\frac{a}{1-x} = 2a = a + \frac{a}{2} + \frac{a}{4} + \frac{a}{8} + \frac{a}{16} + \cdots$$

(α) $\dfrac{a^3 - x^3}{a^2 - x^2} = \dfrac{a^2 + ax + x^2}{a + x}$

a와 x의 모든 값에 대해 $a = x$라 하자. 그러면 다음을 얻는다.

$$\frac{0}{0} = \frac{3a^2}{2a} = \frac{3a}{2}$$

(β) $\dfrac{a - ax^n}{1 - x} = a + ax + ax^2 + \cdots + ax^{n-1}$

a와 x의 모든 값에 대해 $x = 1$이라 하자. 그러면 다음을 얻는다.

$$\frac{0}{0} = a + a \times 1 + a \times 1^2 + \cdots + a \times 1^{n-1} = na$$

(γ) $\dfrac{3a^2 - 2ax - 21x^2}{9a^3 - 24a^2x - 3ax^2 - 18x^3} = \dfrac{3a + 7x}{9a^2 + 3ax + 6x^2}$

$x = \frac{a}{3}$이라 하면 다음을 얻는다.

$$\frac{0}{0} = \frac{1}{2a}$$

(δ) $\dfrac{\sqrt{(a^2 - x^2)} + \sqrt{(ax - x^2)}}{\sqrt{(a^3 - x^3)}} = \dfrac{\sqrt{(a + x)} = \sqrt{x}}{\sqrt{(a^2 + ax + x^2)}}$

$x = a$라 하면 다음을 얻는다.

$$\frac{0}{0} = \frac{\sqrt{2} + 1}{\sqrt{(3a)}}$$

(ϵ) $\dfrac{a\sqrt{(ax)} - x^2}{a - \sqrt{(ax)}} = \dfrac{ax^{\frac{1}{2}} + a^{\frac{1}{2}}x + x^{\frac{3}{2}}}{\sqrt{a}}$

$x = a$라 하면 다음을 얻는다.

$$\frac{0}{0} = 3a$$

(η) $\dfrac{\frac{1}{1-x}}{1 + \frac{1}{1-x}} = \dfrac{1}{2 - x}$

$x = 1$이라 하면 다음을 얻는다.

$$\frac{\infty}{\infty} = 1$$

또한 급수의 합이 첫째 항의 두 배가 됨을 볼 수 있다. 그러므로 급수의 첫째 항은 그 뒤에 오는 모든 항들의 합과 같고, 마찬가지로 동일한 언급이 급수의 다른 모든 항에 적용된다.

공비가 $\frac{1}{2}$보다 작은 급수　**325.**　인접하는 두 계수의 비[m])가 $\frac{1}{2}$인 이 특별한 급수에서 어떤 한 항과 그 이후의 모든 항들의 합 사이에 존재하는 관계는 공비가 $\frac{1}{2}$보다 크거나 작은 다른 급수의 수렴성을 판별할 수 있는 매우 편리한 도구를 제공한다. 공비가 $\frac{1}{2}$보다 크면, 임의의 주어진 항은 그 이후의 모든 항들의 합보다 작다. 그러나 공비가 $\frac{1}{2}$보다 작으면 주어진 어떠한 항도 그 이후의 모든 항들의 합보다 크다.

공비를 임의로 할당할 수 있는 급수　**326.**　많은 경우에, 공비 또는 곱하는 수 x가 임의로 변할 수 있고 임의로 할당 가능할 때, 수열의 합이 첫째 항과의 차이가 주어진 양보다 작게 만드는 값을 찾을 수 있을 것이다. 그러므로 첫째 항 이후의 모든 항의 합을 δ와 동일하게 할 x의 값이 요구되면, 다음을 얻는다.

$$\frac{a}{1-x} = a + ax + ax^2 + ax^3 + \cdots$$
$$= a + \delta$$

그러므로 $a = a + \delta - (a+\delta)x$가 성립하고, 결과적으로 $\delta = (a+\delta)x$, 즉 다음을 얻는다.

$$x = \frac{\delta}{a+\delta}$$

$\frac{\delta}{a+\delta}$보다 작은 x의 임의의 값(예를 들어 $\frac{\delta}{2(a+\delta)}$)이 첫째 항과 급수의 모든 항의 합과의 차이가 δ보다 작아질 것은 명백하다. 다른 말로 하면, 급수의 합을 첫째 항과의 차가 주어진 어떤 양보다 작아지도록 할 수 있다.

---

m) 원서에서는 역비로 표기되어 있다

r이 주어진 또는 확정된 양이고, x가 임의로 할당할 수 있는 양일 때, rx의 멱으로 전개된 급수도 동일한 결과를 갖는다. 이 경우에는 $rx = \frac{\delta}{a+\delta}$ 이고, 따라서 $x = \frac{\delta}{r(a+\delta)}$이다. 결과적으로 앞의 경우와 마찬가지로 이 경우에도, 급수의 합을 첫째 항과의 차가 주어진 임의의 양보다 작아지도록 만들 수 있다.

327. 앞 조항에서의 결론들을 종합한 다음 명제는 항들이 주어진 규칙을 따르는 급수에 대하여 일반적으로 어떤 환경에서 대수적 합으로부터 산술적 합으로 이행할 수 있는지에 대한 확신을 가능하게 한다.

수렴하는 급수의 구성

"다음과 같은 급수가 주어졌다고 하자.

명제.

$$a + a_1 x + a_2 x^2 + a_3 x^3 + \cdots \qquad (10.1)$$

r이 이웃하는 두 항 사이의 가장 큰 역비라고 하면 다음 기하 급수를 얻는다.

$$a + arx + ar^2 x^2 + ar^3 x^3 + \cdots \qquad (10.2)$$

이때 기하 급수 (10.2)의 모든 항은 대응하는 급수 (10.1)의 각각의 항과 동일하거나 크다."

첫 번째 경우에 $\frac{a_1}{a}$이 $\frac{a_2}{a_1}$, $\frac{a_3}{a_2}$ 그리고 이와 같이 모든 이웃하는 항 사이의 역비보다 크다고 하자. 그러면 $\frac{a_1}{a} = r$이므로 $a_1 = ar$이다. $\frac{a_2}{a_1}$가 r보다 작으므로 $a_2 < a_1 r$이고(조항 23), 따라서 $a_1 = ar$이므로 $a_2 < ar^2$이다. $\frac{a_3}{a_2} < r$이므로 $a_3 < a_2 r < ar^3$이다. 그리고 마찬가지로 급수 (10.1)의 모든 계수에 대하여 비슷한 식이 성립한다. 그러므로 기하 급수 (10.2)의 첫 번째 항과 두 번째 항은 급수 (10.1)의 첫 번째 항 그리고 두 번째 항과 동일하다. 그러나 기하 급수의 이어지는 항들은 주어진 급수의 대응하는 항들보다 크다.

증명.
첫 번째 경우

두 번째 경우   두 번째 경우에, 예를 들어 $\frac{a_1}{a}$이 아닌 $\frac{a_n}{a_{n-1}}$이 가장 큰 역비로 r과 동일하다고 하자. 결론적으로, $\frac{a_1}{a} < r$이고 따라서 $a_1 < ar$이다. $\frac{a_2}{a_1} < r$이므로 $a_2 < a_1 r < ar^2$이다. 계속해서 ar^{n-1}보다 작은 a_{n-1}까지 진행된다. 그다음 비는 $\frac{a_n}{a_{n-1}} = r$이고 $a_{n-1} < ar^{n-1}$이므로 $a_n = a_{n-1}r < ar^n$이다. 그리고 이어지는 모든 계수에 대하여 비슷한 식이 성립한다. 그러므로 급수 (10.2)에 대하여 첫째 항 이후의 항들은 급수 (10.1)에 대응하는 각각의 항보다 더 크다.

세 번째 경우 $\frac{a_1}{a}$, $\frac{a_2}{a_1}$, $\frac{a_3}{a_2}$과 같이 n번째의 비 $\frac{a_n}{a_{n-1}}$까지 연속된 비들은 서로 동일하고, 이들 다음부터는 모두 그 뒤의 비보다 크다고 하면, 급수 (10.1)과 (10.2)의 처음 n개의 항은 서로 동일하다. 그러나 이어지는 (10.1)의 항들은 대응하는 급수 (10.1)의 항보다 각각 크다.

328.   위에서 주어진 명제에 의존하지 않더라도 다음 명제는 비슷한 방법으로 증명될 수 있다. 그러므로 여기서는 단순히 소개하는 것으로 제한하고자 한다.

두 번째 명제   "다음과 같은 급수가 주어졌다고 하자.

$$a + a_1 x + a_2 x^2 + a_3 x^3 + \cdots \tag{10.3}$$

ρ가 이웃하는 두 항의 가장 작은 비라 하면 다음 기하 급수를 얻는다.

$$a + a\rho x + a\rho^2 x^2 + a\rho^3 x^3 + \cdots \tag{10.4}$$

이때 기하 급수 (10.4)의 모든 항은 대응하는 급수 (10.3)의 각각의 항과 동일하거나 작다."

상한과 하한   **329.**   급수 (10.2)와 (10.4)의 합은 각각 급수 (10.1) (= (10.3))의 합에 대한 상한과 하한으로 여겨진다. 다른 말로 하면, S를 급수 (10.2)의 합, σ를 (10.4)의 합, 그리고 s를 급수 (10.1) (= (10.3))의 합이라 하면, S

는 s보다 크고 σ는 s보다 작다. 그리고 결과적으로 s는 $S - \sigma$보다 작은 양만큼 S와 σ와 다르다.

330. 이제 급수들 사이의 이러한 관계에 대한 다른 결과를 살펴보자. rx와 ρx가 각각 1보다 작다고 하면 기하 급수 (10.2)와 (10.4)는 수렴하고, 이들 각각의 산술적 합은 다음과 같다.

첫째 항부터 수렴하는 급수의 극한

$$\frac{a}{1 - rx}, \qquad \frac{a}{1 - \rho x}$$

이로부터 급수 (10.1) $\big(= (10.3)\big)$의 합은 $\frac{a}{1-rx}$ 그리고 $\frac{a}{1-\rho x}$와 다른데, 그 차이는 다음 값보다 작다.

$$\frac{a}{1 - rx} - \frac{a}{1 - \rho x} = \frac{a(r - \rho)x}{(1 - rx)(1 - \rho x)}$$

331. 다시, 급수 (10.1)에 대하여 어떤 주어진 개수의 항의 합이 실질적인 합 또는 어떤 다른 방법으로 결정된다고 가정하자. 그리고 그다음의 첫 번째 항을 T라 하고, r과 ρ는 그다음 항들에 대한 계수들 사이의 비 중 가장 큰 것 그리고 가장 작은 것이라 하자. 그러면 첫 번째 경우와 같이, 그 크기에 따라 배치된 다음과 같은 급수들을 얻는다.

임의 개수의 항 이후부터 수렴하는 급수의 극한

$$T + Trx + Tr^2x^2 + Tr^3x^3 + \cdots$$
$$T + T_1x + T_2x^2 + T_3x^3 + \cdots$$
$$T + T\rho x + T\rho^2x^2 + T\rho^3x^3 + \cdots$$

rx와 ρx가 각각 1보다 작다고 하면, 두 번째 급수의 합은 첫 번째 급수와 세 번째 급수의 합인 $\frac{T}{1-rx}$와 $\frac{T}{1-\rho x}$의 사이에 있는 값이다.

그러므로 u를 T 앞에 있는 원래 급수의 모든 항의 합이라 하고, s를 무한히 계속되는 급수의 모든 항의 합이라고 하면, $u + \frac{T}{1-rx}$와 $u + \frac{T}{1-\rho x}$ 는 다음 값보다 작은 차이로 s와 다르다.

$$\frac{T}{1-rx} - \frac{T}{1-\rho x} = \frac{T(r-\rho)x}{(1-rx)(1-\rho x)}$$

위 이론의 **332.** 수렴하는 급수에서 또는 수렴하게 되는 급수에서, T는 점점
결과 작아지고, 급수의 시작부터 또는 수렴이 시작되는 항부터 더 멀리 제거된
다. 그리고 T의 값을 찾는 것은 항상 가능하고, 따라서 결과적으로 $\frac{T}{1-rx}$
와 $\frac{T}{1-\rho x}$의 값 또는 이들의 차이 $\frac{T(r-\rho)x}{(1-rx)(1-\rho x)}$를 찾을 수 있다. 또한 T와
결정된 관계가 있고 그리고 주어진 어떤 값보다 작은 모든 값을 찾을 수
있다.

그러므로 수렴하는 항들로 이루어진 무한 급수에서, 더하는 항의 수가
많아질수록, 급수의 합에 좀 더 가깝게 근사한다. 그리고 이러한 근사는
유한이고 결정할 수 있는 개수의 항들을 더함으로서 요구되는 어떤 정확도
까지 수행될 수 있다.

$(1+x)^n$의 **333.** 위에서 얻는 결론들을 급수 $(1+x)^n$에 여러 가지로 적용해
급수에 응용 보자.

이웃하는 두 항의 계수, 예를 들어 C_{t-1}과 C_t의 비는 다음과 같다.

$$\frac{C_t}{C_{t-1}} = \frac{n-t+1}{t} = \frac{n+1}{t} - 1$$

그러므로 이들 중 가장 큰 값은 n이다. 가장 작은 값으로는 t가 증가할수록
근사하는 -1이다.[12] 따라서 다음과 같이 그 크기 순으로 배치된 급수들을
얻는다.

$$1 + nx + n^2 x^2 + n^3 x^3 + \cdots$$

---

12) 양의 값은 음의 값보다 크다고 여겨진다. 그리고 크기는 일반적으로 다음 급수의 순과
같다고 여겨진다.
$$3, \ 2, \ 1, \ 0, \ -1, \ -2, \ -3, \ \cdots$$

$$1 + nx + \frac{n(n-1)}{1 \cdot 2}x^2 + \frac{n(n-1)(n-2)}{1 \cdot 2 \cdot 3}x^3 + \cdots$$

$$1 - x + x^2 - x^3 + x^4 - \cdots$$

그런데 첫 번째 급수와 세 번째 급수가 수렴할 때, 즉 nx와 x가 모두 1 보다 작을 때, 그리고 이 경우에만, 이들의 산술적 합은 각각 다음과 같다.

$$\frac{1}{1 - nx}, \qquad \frac{1}{1 + x}$$

이러한 환경에서, $(1 + x)^n$에 대한 급수의 값은 $\frac{1}{1-nx} - \frac{1}{1+x} = \frac{(n+1)x}{(1-nx)(1+x)}$ 보다 작은 값의 차이로 $\frac{1}{1-nx}$과 다르다.

334. x가 1보다 작으면, $(1 + x)^n$에 대한 급수는 시작부터 또는 결정 가능한 개수의 항 이후부터 수렴하게 된다. 이러한 경우에 수렴성을 확인 하기 위해서는 이웃하는 두 항의 비가 언제부터 1보다 작거나 같은지를 밝 혀야만 한다. 이러한 목적을 위해 다음과 같은 비의 일반적인 값을 만들어 야 한다.

첫 번째 항부터 수렴하지는 않는 급수에서 규명된 수렴성

$$\left(\frac{n+1}{t} - 1\right)x = 1, \quad \text{즉} \ \ t = \frac{n+1}{1 + \frac{1}{x}}$$

그리고 t와 동일한 자연수 또는 t보다 크고 가장 작은 자연수(t가 분수일 때)가 요구된 수렴성을 결정한다.

그러므로 $n = \frac{3}{2}$이고 $x = \frac{9}{10}$이면, $t = \frac{\frac{3}{2}+1}{1+\frac{10}{9}} = \frac{45}{38}$임을 알 수 있다. 이 값 t보다 큰 바로 다음의 자연수는 2이고, 그러므로 수렴은 두 번째 항부터 시작한다.

위의 공식은 n의 모든 양수 값에 대하여 그리고 -1보다 작은 n의 모든 음수 값에 대하여 적용된다. 그러나 n의 음수 값이 -1보다 작으면, x가 양 수일 때 이웃하는 두 항의 일반적인 비는 필연적으로 음수가 된다. 그러므 로 $\left(\frac{n+1}{t} - 1\right)x = -1$이고 결과적으로 $t = \frac{-n-1}{\frac{1}{x}-1}$이다. 따라서 $n = -3$이고

$x = \frac{11}{12}$이면, $t = \frac{3-1}{\frac{12}{11}-1} = 22$이므로 수렴은 22번째 항 다음부터 시작한다.

335. $(1+x)^n$에 대한 급수의 처음 t개 항들의 합을 종합적으로 알고 있다면 그리고 이 급수의 $(1+t)$번째 항을 T로 나타내면, 급수의 남은 항들의 합은 다음 두 급수의 합 사이에 놓인다.

$$T - T \cdot \left(1 - \frac{n+1}{t}\right)x + T\left(1 - \frac{n+1}{t}\right)^2 x^2 - \cdots,$$

$$T - Tx + Tx^2 - \cdots$$

$\left(1 - \frac{n+1}{t}\right)x$와 x 둘 다 모두 1보다 작으면 위 두 급수의 합은 다음과 같다.

$$\frac{T}{1 + \left(1 - \frac{n+1}{t}\right)x}, \qquad \frac{T}{1+x}$$

이러한 환경에서 $(1+x)^n$에 대한 급수의 전체 합은 처음 t개 항의 합과의 차가 다음 값보다 작다.

$$\frac{\frac{n+1}{t} \cdot Tx}{\left\{1 + \left(1 - \frac{n+1}{t}\right)x\right\}\{1+x\}}$$

이제 $2\sqrt{(1 + \frac{1}{4})}$에 대한 급수의 처음 다섯 개의 항을 더하여 5의 제곱근을 구할 때 오차의 한계를 결정하는 것을 요청받았다고 하자.

이 급수의 여섯 번째 항이 근사적으로 $T = .0000534$이고, 처음 다섯 개 항의 합 2.236026은 $\frac{12T}{235} = 0.0000027225$보다 작은 양에 의해 $\sqrt{5}$를 초과한다.[n]

336. 앞에서의 이론과 연관하여 급수에 대한 대수적 그리고 산술적 더하기에 의해 영향을 받는 주어진 대상에 있는 본질적인 차이점을 밝히는 것은 중요한 일이다.

---

n) $\frac{12T}{235} \times 2$로 바꾸어야 한다.

첫 번째 경우에, 급수를 생성하는 전개[13])에 의해 대수적 표현을 결정할 방법을 찾는다.

두 번째 경우에, 급수의 전개로 이끄는 특별한 연산에 독립적인 형식으로 급수에 대한 대수적 합의 정확한 또는 근사적인 산술 값을 결정할 방법을 찾는다.

그러므로 다음 급수에 대한 대수적 합은 $\sqrt{(1 + \frac{1}{4})} = \frac{1}{2}\sqrt{5}$이다.

$$1 + \frac{1}{2} \cdot \frac{1}{4} - \frac{1}{2^2 \cdot 1 \cdot 2} \cdot \frac{1}{4^2} + \frac{1 \cdot 3}{2^3 \cdot 1 \cdot 2 \cdot 3} \cdot \frac{1}{4^3} - \frac{1 \cdot 3 \cdot 5}{2^3 \cdot 1 \cdot 2 \cdot 3 \cdot 4} \cdot \frac{1}{4^4} + \cdots$$

이 양은 이항 정리의 방법을 통해 얻을 수 있다. 반면에 산술적 합은 단지 근사적으로, 연속적인 항들을 더하는 것에 의해 결정할 수 있다. 여기서 근사의 정확성은 하나로 모아지는 수렴하는 항들의 개수와 비례하여 증가한다.

337. 다음과 같이 대수적 합이 유리수 형태로 표현되면, 기호에 특정한 유리수 값이 할당되었을 때 그 산술적 값은 전개에 의해 생성된 급수를 참고하지 않고 결정된다.

다른 것으로 부터 직접적으로 하나의 합이 얻어지는 경우

$$\frac{a}{1 - x}, \quad (1 + x)^{10}, \quad \frac{1}{(a - x)^4}, \quad \frac{1 + x}{1 - x}, \quad \cdots$$

이러한 환경에서 이 급수가 수렴하는 경우에 결과적인 급수에 대한 산술적 합은 완벽하게 결정된다.[14])

338.   그런데 대수적 합이 유리수 형태로 표현되지 않는 경우, 즉

다른 것으로 부터 직접적으로 하나의 합이 얻어지지 않는 경우

---

13) 전개라는 용어는 가장 일반적으로 유한 식 또는 대수적 합에서 유일하게 지시되고 아직 수행되지 않은 한 연산 또는 여러 개 연산의 수행을 의미한다.

14) 여기서 수렴하는 급수를 언급할 때, 이들 급수에서 각각의 항이 그 앞의 항보다 작아야 하는 것은 물론 어떤 문자(특별한 값을 가진) 또는 숫자 또는 문자와 숫자의 조합이 가진 지수를 초과하여야 한다. 이런 중요한 조건을 만족하지 않고 수렴하는 그리고 독립적인 급수는 어떤 경우에 이들의 유한 개의 항을 더해 근사시킬 수가 없을 수도 있다. 이러한

구체적으로 할당 가능하지 않는 경우, 이들의 산술적 값 또는 산술적 합은 단지 전개로부터 또는 다른 수단에 의해 일치한다고 보여진 수렴하는 급수를 참조하여 근사적으로 결정된다.[15]즉, 이들 값 또는 합은, 정확하거나 근사적으로, 연산 또는 연산들이 독립적으로, 표시되었거나 이해되었거나, 무한 급수로 이끄는 확정으로 받아들여지지는 않는다. 그러므로 $\sqrt{3}$은 산술적으로 뿐만 아니라 대수적으로 다음과 동치이다.

$$2\left\{1 - \frac{1}{2}\cdot\frac{1}{4} - \frac{1\cdot 1}{2^2\cdot 1\cdot 2}\cdot\frac{1}{1\cdot 2\cdot 4^2} - \frac{1\cdot 1\cdot 3}{2^3}\cdot\frac{1}{1\cdot 2\cdot 3\cdot 4^3} - \cdots\right\}$$

그러나 $\sqrt{3}$에 대한 유한 또는 분수 형태의 근사적 값은 단지 급수의 항들을 더하는 방법으로 얻어진다. 여기서 유한 또는 분수 형태는 기호 $\sqrt{}$가 나타내는 연산에 독립적인 형태이어야 한다.

다른 동치인 형태에 부합하는 다른 급수

339. 동일한 대수적 표현은 일반적으로 다른 동치인 형태, 즉 매우 다른 급수로 이끄는 전개를 가지는데, 이들 급수는 기호에 특정한 값이 주어졌을 때 매우 다른 수렴 또는 발산의 정도를 가진다. 이러한 급수의 대수적 합은 모든 경우에 각각 이들을 생성하는 그리하여 서로 각각 약분되어

종류의 급수로 다음과 같이 자연수의 역수로 주어지는 급수가 있다.

$$\frac{1}{1} + \frac{1}{2} + \frac{1}{3} + \frac{1}{4} + \frac{1}{5} + \cdots$$

이들 무한 개 항의 합은 다음과 같이 확인할 수 있다. 먼저 아래와 같은 주기로 주어진 항들을 나누자.

$$2, \quad 2, \quad 2^2, \quad 2^3, \quad 2^4, \quad \cdots$$

첫 번째 주기의 합은 두 번째 항의 두 배보다 크다. 즉 1 또는 $\frac{1}{2}$보다 크다. 두 번째 주기의 합은 마지막 항의 두 배 즉 $\frac{1}{2}$보다 크다. 세 번째 주기의 합은 마지막 항에 2^2을 곱하여 얻는 값 $\frac{1}{2}$보다 크다. 네 번째 주기의 합은 마지막 항에 2^3을 곱하여 얻는 값 $\frac{1}{2}$보다 크다. 그리고 각 주기의 마지막 항에 그 주기에 있는 항의 수를 곱하면 항상 $\frac{1}{2}$이 되는데, $\frac{1}{2}$은 그 주기에 있는 모든 항을 더한 것보다 작은 것을 알 수 있다. 그런데 이런 주기들의 개수는 무한하므로 급수의 합은 $\frac{1}{2} \times \infty$를 초과한다. 즉, 급수의 합은 무한이다.

15) 무한히 많은 경우에, 유한 형태로는 표현 불가능한 양을 가진, 그리고 기호들이 보통의 대수적 기호들과 연관된 대수적 급수들이 얻어질 수 있다.

항등원이 되는 대수적 표현이다. 따라서 다음 급수들은

(1) $1 + n \cdot \dfrac{x}{1+x} + \dfrac{n(n+1)}{1 \cdot 2} \cdot \dfrac{x^2}{(1+x)^2} + \dfrac{n(n+1)(n+2)}{1 \cdot 2 \cdot 3} \cdot \dfrac{x^3}{(1+x)^3} + \cdots$

(2) $x^n \Big\{ 1 + n \cdot \dfrac{1}{1+x} + \dfrac{n(n+1)}{1 \cdot 2} \cdot \dfrac{1}{(1+x)^2}$
$\qquad + \dfrac{n(n+1)(n+2)}{1 \cdot 2 \cdot 3} \cdot \dfrac{1}{(1+x)^3} + \cdots \Big\}$

(3) $2^n \Big\{ 1 + n\Big(\dfrac{x-1}{x+1}\Big) + \dfrac{n(n+1)}{1 \cdot 2}\Big(\dfrac{x-1}{x+1}\Big)^2$
$\qquad + \dfrac{n(n+1)(n+2)}{1 \cdot 2 \cdot 3}\Big(\dfrac{x-1}{x+1}\Big)^3 + \cdots \Big\}$

(4) $2^n x^n \Big\{ 1 + n\Big(\dfrac{1-x}{1+x}\Big) + \dfrac{n(n+1)}{1 \cdot 2}\Big(\dfrac{1-x}{1+x}\Big)^2$
$\qquad + \dfrac{n(n+1)(n+2)}{1 \cdot 2 \cdot 3}\Big(\dfrac{1-x}{1+x}\Big)^3 + \cdots \Big\}$

각각 아래와 같이 귀결되는데,

$$\Big(1 - \dfrac{x}{1+x}\Big)^{-n}, \ x^n\Big(1 - \dfrac{x}{1+x}\Big)^{-n}, \ 2^n\Big(1 - \dfrac{x-1}{x+1}\Big)^{-n}, \ 2^n x^n\Big(1 - \dfrac{1-x}{1+x}\Big)^{-n}$$

이들은 모두 $(1+x)^n$과 동치인 형태이다. 이러한 변형에 의해 종종 발산하는 급수를 수렴하는 다른 급수로 바꿀 수 있고, 역으로 수렴하는 급수를 발산하는 다른 급수로 바꿀 수 있다.

급수의 산술적 합은 앞에서 언급한 것과 같이, 급수 자신으로부터 규명된다는 것과 문제의 연산이 홀로 수행될 수 있다는 것이 받아들여지는 한, 단순히 알려진 본성에 의해 가장 편리하고 빠르게 수행되는 연산의 결과로 여겨진다. 한 개보다 많은 급수의 표현이 존재하는 모든 경우에, 빠르게 수렴하는 그리고 수행되도록 요구되는 특별한 연산이 동시적인 독립적인, 급수의 그러한 형식을 자연스럽게 선택할 것이다. 그럼에도 불구하고, 항들 사이에 좀 더 빠른 산술적 계산을 할 수 있는 이유로 늦게 수렴하는 급수가 종종 선택되기도 한다. 해석학의 실제적인 응용에서 그러한 급수를 고안해

내는 것, 그리고 매우 빈번하게 나타나는 최대로 줄인 형식을 선택하는 것보다 더 중요한 주제가 없음을 볼 수 있다. 그러나 우리는 그러한 물음을 더 조사할 준비가 아직 되어 있지 않다. 그러므로 발산하는 급수에 대한 약간의 관찰을 통해, 오랫동안 매달려 온 주제를 매듭짓고자 한다.

발산하는 급수: 대수적 합 **340.** 특별한 값에 기호가 주어졌을 때 발산하는 급수의 대수적 합은 그 급수를 생성하는 대수적 표현이다. 그리고 이 합은 급수의 발산이나 수렴에 완벽하게 독립적이다. 그런데 급수가 수렴하여서 산술적 합을 가질 때에는, 근본적으로 급수와 연결짓는 그 표현의 특별한 형식을 자유롭게 무시할 수 있다. 그러므로 $\frac{1}{1-x}$은 x가 1보다 작을 때 다음 급수의 대수적 그리고 산술적 합이 된다.

$$1 + x + x^2 + x^3 + x^4 + \cdots$$

그런데 x가 1보다 클 때에는 $\frac{1}{1-x}$은, 그 원래의 형태를 보존하는 한, 위 급수의 대수적 합이다. 그러므로 $\frac{1}{1-2}$은 다음과 대수적으로 동치이다.

$$1 + 2 + 2^2 + 2^3 + 2^4 + \cdots$$

그러나 $\frac{1}{1-2}$이 동치인 대수적 양 $\frac{1}{-1}$, 즉 -1로 변형되면 더 이상 위 급수와 대수적으로 동치가 아니다. 왜냐하면 이 경우에는 대수적 합과 생성된 급수 사이에 특별한 그리고 근본적인 연관성이 존재하지 않기 때문이다.

비슷한 이유로, $\frac{1}{1-1}$과 $\frac{1}{0}$은 대수적으로 서로 그리고 ∞와 동치이다. 그러나 이들 중 처음 것만이, 급수를 생성하는 대수적인 형식으로서 다음 급수와 대수적으로 동치이다.

$$1 + 1 + 1 + 1 + \cdots$$

발산하는 급수는 산술적 합이 없다 **341.** 위에서 고려한 바와 같이 대수적 합은 기호에 산술적 값을 대입하는 것으로 산술적 합을 주진 않는다. 그런데 항들이 양수와 음수로

310

교대로 나타나는 발산하는 급수 중에, 기호에 산술적 값을 대입하는 것으로 그 대수적 합이 실제의 산술적 합을 주는 경우가 있다. 이러한 종류의 급수로 x가 1보다 큰 모든 값일 때 $\frac{1}{1+x}$에 해당하는 급수가 있다. 즉, 다음을 얻는다.

$$\frac{1}{1+2} = 1 - 2 + 4 - 8 + 16 - 32 + \cdots$$

그런데 이 경우, 이 특별한 형식의 표현과 근본적으로 연결되는 한, 급수와 산술적으로 동치인 급수의 대수적 합은 $\frac{1}{3}$이 아니라 $\frac{1}{1+2}$이다. 지금까지 항들에 부여한 의미를 정당하게 고려할지라도 $\frac{1}{3}$은 이 급수의 산술적 합이 아니다. 왜냐하면 첫 번째로, 산술적 대수의 체계에서 1을 3, 즉 $1 + 2$로 나누는 것은 불가능하고 위와 같은 급수를 만들어 낼 수 없다. 그리고 두 번째로, 이러한 급수가 존재한다고 하면, $\frac{1}{1+2}$, 즉 $\frac{1}{3}$ 또는 임의의 양을 적당한 항들을 더하는 것에 의해서는 근사시킬 수 없게 된다.

그러므로 이러한 급수의 합을 말할 때에는 산술적 합이 아니라 대수적 합이라는 것을 가슴 속에 담아 두어야 한다. 또한, 생성된 급수의 표현 형식을 자유롭게 바꿀 수 없다.[16]

342. 이제 다항식의 전개에 대하여 고려해보자. 그리고 지수의 모든 값에 적용할 수 있는 일반항에 대한 법칙을 찾아보자.   **다항식의 전개**

---

[16] $\frac{1}{1+1}$에 의해 생성된 다음 급수는 라이프니츠에 의해 $\frac{1}{2}$과 동치인 것으로 고려되었다.

$$1 - 1 + 1 - 1 + 1 - 1 + \cdots$$

그 이유를 살펴보자. 급수에서 항들의 수가 짝수이면 그 합은 0이고 항들의 수가 홀수이면 그 합은 1이다. 그런데 무한 개는 짝수도 아니고 홀수도 아니다. 다만 이들이 동등하게 포함되어 있다. 그러므로 그 합은 두 가지 가정에 기반을 둔 합과 동등하게 관련이 있고 따라서 이들의 산술 중앙인 $\frac{1}{2}$이어야 한다.
대수가 독립적인 원리들을 바탕으로 이루어진 각각의 고립적인 결과를 갖는 급수들로 구성된 학문이라면, 받아들여질 수 있는 이러한 논리 체계는 명백한 증거와 연결된 동일하고 공통적으로 가정된 원리들의 필연적 결과들로 구성된 완벽한 체계는 아니다.

지수 n이 일반적인 기호인 다음 다항식을 생각하자.

$$(a + aa_1 + aa_2 + \cdots + aa_m)^n$$

$u = a_1 + a_2 + \cdots + a_n$이라 하면 주어진 다항식은 다음과 같이 쓸 수 있다.

$$(a + au)^n = a^n(1 + u)^n$$

이항 정리에 의해 전개하면 다음을 얻는다.

$$a^n(1 + u)^n$$
$$= a^n\left\{1 + nu + \frac{n(n-1)}{1 \cdot 2}u^2 + \cdots + \frac{n(n-1)\cdots(n-r+1)}{1 \cdot 2 \cdots r}u^r + \cdots\right\}$$

이 급수의 $(1 + r)$번째 항은 다음과 같다.

$$\frac{n(n-1)\cdots(n-r+1)}{1 \cdot 2 \cdots r}a^n u^r$$
$$= \frac{n(n-1)\cdots(n-r+1)}{1 \cdot 2 \cdots r}a^n(a_1 + a_2 + \cdots + a_m)^r$$

r이 자연수이면, 다음 다항식의 일반항은 (조항 250)에서 주어진 정리로부터 바로 유도된다.

$$(a_1 + a_2 + \cdots + a_m)^r$$

임의의 특별한 항에서 a_1, a_2, $\cdots$, a_m 들의 지수들의 합이 $\alpha_1 + \alpha_2 + \cdots + \alpha_m = r$이면, 그 항은 다음과 같다.

$$\frac{r(r-1)\cdots 2 \cdot 1}{1 \cdot 2 \cdots \alpha_1 \times 1 \cdot 2 \cdots \alpha_2 \times \cdots \times 1 \cdot 2 \cdots \alpha_m}a^n a_1^{\alpha_1} a_2^{\alpha_2} \cdots a_m^{\alpha_m}$$

일반항 결과적으로 주어진 다항식의 일반항은 다음과 같다.

$$\frac{n(n-1)\cdots(n-r+1)}{1 \cdot 2 \cdots r}$$
$$\times \frac{r(r-1)\cdots 2 \cdot 1}{1 \cdot 2 \cdots \alpha_1 \times 1 \cdot 2 \cdots \alpha_2 \times \cdots \times 1 \cdot 2 \cdots \alpha_m}a^n a_1^{\alpha_1} a_2^{\alpha_2} \cdots a_m^{\alpha_m}$$

$$= \frac{n(n-1)\cdots(n-r+1)}{1\cdot 2\cdots\alpha_1 \times 1\cdot 2\cdots\alpha_2 \times \cdots \times 1\cdot 2\cdots\alpha_m} a^n a_1^{\alpha_1} a_2^{\alpha_2}\cdots a_m^{\alpha_m}$$

주어진 다항식이 $(a+a_1+a_2+\cdots+a_m)^n$의 형태이면 일반항은 다음과 **다른 상황에서**
같다.

$$\frac{n(n-1)\cdots(n-r+1)}{1\cdot 2\cdots\alpha_1 \times 1\cdot 2\cdots\alpha_2 \times \cdots \times 1\cdot 2\cdots\alpha_m} a^n \left(\frac{a_1}{a}\right)^{\alpha_1}\left(\frac{a_2}{a}\right)^{\alpha_2}\cdots\left(\frac{a_m}{a}\right)^{\alpha_m}$$
$$= \frac{n(n-1)\cdots(n-r+1)}{1\cdot 2\cdots\alpha_1 \times 1\cdot 2\cdots\alpha_2 \times \cdots \times 1\cdot 2\cdots\alpha_m} a^{n-r} a_1^{\alpha_1} a_2^{\alpha_2}\cdots a_m^{\alpha_m}$$

가장 일반적으로 그렇듯이, 다항식의 항들이 x와 같은 어떤 한 문자의
거듭 제곱에 의해 배열되었다고, 즉 다음과 같은 형태로 주어졌다고 가정
하자.

$$(a + aa_1 x + aa_2 x^2 + \cdots + aa_m x^m)^n$$

(여기서 x의 지수는 각 문자의 첨자와 동일하다.) 이 경우 일반항은 다음과
같아질 것이다.

$$\frac{n(n-1)\cdots(n-r+1)}{1\cdot 2\cdots\alpha_1 \times 1\cdot 2\cdots\alpha_2 \times \cdots \times 1\cdot 2\cdots\alpha_m} a^n a_1^{\alpha_1} a_2^{\alpha_2}\cdots a_m^{\alpha_m} x^{\alpha_1+2\alpha_2+\cdots+m\alpha_m}$$

343.   그런데 위에서 마지막 경우에, 급수의 일반항은 일반적으로 **급수가 한**
동일하게 할당된 x의 거듭 제곱들을 포함하는 모든 항을 이해하는 것으로 **기호의 거듭**
확장된 의미를 가진다. 왜냐하면 그러한 전개로부터 기인하는 급수의 항 **제곱에 따라**
들을 어떤 한 문자의 거듭 제곱에 따라서 배열하는 것이 일반적이고 또한 **배열되었을 때**
대부분의 경우에는 필연적이기 때문이다. 필연적으로 복잡한 그러한 항은 **일반항의 의미**
이미 결정된 일반항으로부터 아래와 같은 방법에 따라서 구성된다.

"요구되는 항에서 x의 지수를 t라 하자. 가능한 한 자주, 같거나 다르 **그 구성의**
거나 1부터 m까지, n은 넘지 않도록 수 t를 조각내자. 이들 각각의 조각의 **규칙**
수들은 요구된 복잡 항을 구성하는 각각의 특별한 항에 해당한다."

왜냐하면 이들 조각의 각 수들은 중복되는 것과 상관없이 다항식의 항에 있는 각각의 특별한 항에 들어가는 x의 지수에 해당할 것이고, 이들의 합은 복잡 항을 규정하는 x의 지수를 구성한다. 이들 각 항의 계수는, 다항식에서 각 조합에 들어가는 항들과 그 항들의 거듭 제곱이 주어지면, 위에서 주어진 규칙으로부터 결정된다.

지수 n이 자연수이면 각 조각에 있는 부분의 수는 n을 넘지 말아야 한다. 그렇지 않으면 $a_1 + a_2 + \cdots a_m$은 n을 넘게 될 것이고, 따라서 이들에 해당하는 항은 전개에서 존재할 수가 없다.

지수의 모든 값에 적합한 전개의 규칙

344. 이러한 그리고 다른 모든 급수의 구성 규칙은 그들의 일반항의 구성 규칙에 포함된다. 이런 이유로 앞서의 탐구에서 다항식의 일반항만을 다룬 것이다. 그것을 유도하는 데 우리가 따른 과정은 이항 식 $(1 + u)^n$ 의 전개와 필연적으로 동등하게 될 전개가 지수 n의 모든 값에 동등하게 적합하다는 것을 보여준다.

또한 첫째 항 a가 일반 지수 n에 영향을 받는 유일한 것이기 때문에 결과적인 급수에 첫째 항 이후 다항식의 모든 항이 정수 거듭 제곱만으로 나타난다. 첫째 항은 모든 항의 공통 인자로 다루어지는 것으로 급수의 나머지 모든 것으로부터 항상 분리될 수 있는 것 같다. 이것은 이항 식의 경우 (조항 307)에 자주 보인 방법과 정확히 동일하다. 그러므로 다음을 얻는다.

(1) $(x - x^2 + x^3)^n = x^n(1 - x + x^2)^n$

(2) $(a - 3bx + 5cx^2 - 7dx^3)^{\frac{2}{3}} = a^{\frac{2}{3}}\left(1 - \dfrac{3bx}{a} + \dfrac{5cx^2}{a} - \dfrac{7dx^3}{a}\right)^{\frac{2}{3}}$

(3) $(4 - 12x + 20x^2 - 32x^3 + 48x^4)^{\frac{3}{2}} = 8(1 - 3x + 5x^2 - 8x^3 + 12x^4)^{\frac{3}{2}}$

(4) $\left(\dfrac{2ab^m}{c} - \dfrac{3c^2}{4a^2b^{2m}} - \dfrac{2ab^2}{3c} - \dfrac{5b}{3a}\right)^3$

$\qquad = \dfrac{8a^3b^{3m}}{c^3}\left(1 - \dfrac{3c^3}{8a^3b^{3m}} - \dfrac{1}{3b^{m-2}} - \dfrac{5c}{6a^2b^{m-1}}\right)^3$

345.   다음 보기들은 다항식에 해당하는 급수로부터 얻은 것들, 그리 **보기들** 고 이들 급수에 할당된 간단하거나 복잡한 항들의 결정에 관한 것이다.

(1) $(a + b + c)^5 = a^3 + 5a^4b + 5a^4c + 10a^3b^2 + 20a^3bc + 10a^3c^2 + 10a^2b^3 + 30a^2b^2c + 30a^2bc^2 + 10a^2c^3 + 5ab^4 + 20ab^3c + 30ab^2c^2 + 20abc^3 + 5ac^4 + b^5 + 5b^4c + 10b^3c^2 + 10b^2c^3 + 5bc^4 + c^5$

위 전개식에서 항의 개수는 $\frac{6 \times 7}{1 \times 2} = 21$이다(조항 260).

(2) $\left(2a - \frac{3b}{2} + \frac{2c}{3b}\right)^4 = 16a^4 - 48a^3b + 54a^2b^2 - 27ab^3 + \frac{81b^4}{16} + \frac{64a^3c}{36} - 48a^2c + 36abc - 9b^2c + \frac{32a^2c^2}{3b^2} - \frac{16ac^2}{b} + 6c^2 - \frac{64ac^3}{27b^3} + \frac{16c^3}{9b^2} + \frac{16c^4}{81b^4}$

항의 개수는 $\frac{5 \cdot 6}{1 \cdot 2} = 15$이다.

(3) 다음 식의 전개식에서 $a^2b^3c^2$을 포함하는 항을 찾아보자.

$$(a - b - c)^7$$

구하는 항은 다음과 같다.

$$\frac{7 \cdot 6 \cdot 5 \cdot 4 \cdot 3}{1 \cdot 2 \cdot 3 \cdot 1 \cdot 2} a^2(-b)^3(-c)^2 = -21a^2b^3c^2$$

(4) 다음 식의 전개식에서 $ab^2c^3d^4e^5$을 포함하는 항을 찾아보자.

$$(a - b + c - d + e)^{15}$$

구하는 항은 다음과 같다.

$$\frac{15 \cdot 14 \cdots 3 \cdot 2}{1 \cdot 2 \cdot 1 \cdot 2 \cdot 3 \cdot 1 \cdot 2 \cdot 3 \cdot 4 \cdot 1 \cdot 2 \cdot 3 \cdot 4 \cdot 5} a(-b)^2 c^3 (-d)^4 e^5$$

$$= 37837800 ab^2c^3d^4e^5$$

(5) 다음 식의 전개식에서 x^7을 포함하는 항을 찾아보자.

$$(1 + a_1x + a_2x^2 + a_3x^3 + a_4x^4 + a_5x^5)^{10}$$

지수 7은 1부터 5까지의 수로 다음과 같이 분해된다.

(a) 5, 2   (b) 5, 1, 1

(c) 4, 3   (d) 4, 2, 1

(e) 4, 1, 1, 1   (f) 3, 3, 1

(g) 3, 2, 2   (h) 3, 2, 1, 1

(i) 3, 1, 1, 1, 1   (j) 2, 2, 2, 1

(k) 2, 2, 1, 1, 1   (l) 2, 1, 1, 1, 1, 1

(m) 1, 1, 1, 1, 1, 1, 1

그러므로 구하는 항은 다음과 같다.

$$
\left\{ \frac{10 \cdot 9}{1 \cdot 1} a_2 a_5 + \frac{10 \cdot 9 \cdot 8}{1 \cdot 2 \cdot 1} a_1^2 a_5 + \frac{10 \cdot 9}{1 \cdot 1} a_3 a_4 + \frac{10 \cdot 9 \cdot 8}{1 \cdot 1 \cdot 1} a_1 a_2 a_4 \right.
$$

$$
+ \frac{10 \cdot 9 \cdot 8 \cdot 7}{1 \cdot 2 \cdot 3 \cdot 1} a_1^3 a_4 + \frac{10 \cdot 9 \cdot 8}{1 \cdot 1 \cdot 2} a_1 a_3^2 + \frac{10 \cdot 9 \cdot 8}{1 \cdot 2 \cdot 1} a_2^2 a_3
$$

$$
+ \frac{10 \cdot 9 \cdot 8 \cdot 7}{1 \cdot 2 \cdot 1 \cdot 1} a_1^2 a_2 a_3 + \frac{10 \cdot 9 \cdot 8 \cdot 7 \cdot 6}{1 \cdot 2 \cdot 3 \cdot 4 \cdot 1} a_1^4 a_3 + \frac{10 \cdot 9 \cdot 8 \cdot 7}{1 \cdot 1 \cdot 2 \cdot 3} a_1 a_2^3
$$

$$
\left. + \frac{10 \cdot 9 \cdot 8 \cdot 7 \cdot 6}{1 \cdot 2 \cdot 3 \cdot 1 \cdot 2} a_1^3 a_2^2 + \frac{10 \cdot 9 \cdot 8 \cdot 7 \cdot 6 \cdot 5}{1 \cdot 1 \cdot 2 \cdot 3 \cdot 4 \cdot 5} a_1^5 a_2 + \frac{10 \cdot 9 \cdot 8 \cdot 7 \cdot 6 \cdot 5 \cdot 4}{1 \cdot 2 \cdot 3 \cdot 4 \cdot 5 \cdot 6 \cdot 7} a_1^7 \right\} x^7
$$

(6) $(1 + x + x^2)^6 = 1 + 6x + 21x^2 + 50x^3 + 90x^4 + 126x^5 + 141x^6 + 126x^7 + 90x^8 + 50x^9 + 21x^{10} + 6x^{11} + x^{12}$

이 전개식은 숫자 1, 2, 3, 4, 5, 6을 1과 2로 분해하는 것과(왜냐하면 나중에 계수들이 역순으로 배열되기 때문이다.) 그리고 해당하는 각 항을 하나로 모으는 것에 의해 영향을 받는다. 그러므로 x^6을 포함하는 가운데 항은 (처음부터) 다음에 해당하는 항들로 구성된다.

2, 2, 2

2, 2, 1, 1

2, 1, 1, 1, 1

1, 1, 1, 1, 1, 1

따라서 가운데 항은 다음과 같다.

$$\frac{6 \cdot 5 \cdot 4}{1 \cdot 2 \cdot 3}(x^2)^3 + \frac{6 \cdot 5 \cdot 4 \cdot 3}{1 \cdot 2 \cdot 1 \cdot 2}(x)^2(x^2)^2 + \frac{6 \cdot 5 \cdot 4 \cdot 3 \cdot 2}{1 \cdot 1 \cdot 2 \cdot 3 \cdot 4}(x)^4 x^2$$
$$+ \frac{6 \cdot 5 \cdot 4 \cdot 3 \cdot 2 \cdot 1}{1 \cdot 2 \cdot 3 \cdot 4 \cdot 5 \cdot 6}(x)^6 = 20x^6 + 90x^6 + 30x^6 + x^6 = 141x^6$$

(7) $(1 + x + x^2)^{12}$의 가운데 항을 찾아보자. 이 항은 x^{12}을 포함할 것이고 다음과 같음을 확인할 수 있다.

$$73789x^{12}$$

좀 더 일반적으로 $(1 + x + x^2)^n$의 가운데 항을 찾아보자. 가운데 항은 x^n을 포함할 것이고 지수 n은 1과 2로 분해하면 조각들은 다음과 같이 표현된다.

⓪ n개의 1: n 조각

① $(n-2)$개의 1:   한 개의 2, $(n-1)$ 조각

② $(n-4)$개의 1:   두 개의 2, $(n-2)$ 조각

③ $(n-6)$개의 1:   세 개의 2, $(n-3)$ 조각

⋮

ⓡ $(n-2r)$개의 1: r개의 2, $(n-r)$ 조각

계수의 분자를 순서대로 나열하면 다음과 같다.

$$n(n-1)\cdots 2 \cdot 1, \quad n(n-1)\cdots 2, \quad n(n-1)\cdots 3,$$
$$n(n-1)\cdots 4, \quad \ldots, \quad n(n-1)\cdots(r+1), \quad \ldots$$

분모를 순서대로 나열하면 다음과 같다.

$$1 \cdot 2 \cdots n, \quad 1 \cdot 2 \cdots (n-2) \times 1, \quad 1 \cdot 2 \cdots (n-4) \times 1 \cdot 2,$$
$$1 \cdot 2 \cdots (n-6) \times 1 \cdot 2 \cdot 3, \quad \ldots, \quad 1 \cdot 2 \cdots (n-2r) \times 1 \cdot 2 \cdots r, \quad \ldots$$

그러므로 구하려는 가운데 항[17])의 계수는 다음과 같다.

$$1 + \frac{n(n-1)}{1 \cdot 2} + \frac{n(n-1)(n-2)(n-3)}{1 \cdot 2 \cdot 1 \cdot 2}$$
$$+ \frac{n(n-1)(n-2)(n-3)(n-4)(n-5)}{1 \cdot 2 \cdot 3 \cdot 1 \cdot 2 \cdot 3}$$
$$+ \frac{n(n-1) \cdots \{n - (2r+1)\}}{1 \cdot 2 \cdots r \times 1 \cdot 2 \cdots r} + \cdots$$

(8) $(1 + x + x^2 + x^3)^6 = 1 + 6x + 21x^2 + 56x^3 + 120x^4 + 216x^5 + 336x^6 + 456x^7 + 546x^8 + 586x^9 + 546x^{10} + 456x^{11} + 336x^{12} + 216x^{13} + 120x^{14} + 56x^{15} + 21x^{16} + 6x^{17} + x^{18}$

(9) 다음 식의 전개식에서 x^{12}을 포함하는 항을 찾아보자.

$$(1 + x + x^2 + x^3 + x^4)^{10}$$

지수 12는 1부터 4까지의 수들로 10개를 넘지 않는 조각들로 분해하면 31가지의 서로 다른 방법이 있다. 이런 방법 중 맨 처음은 4, 4, 4이고 마지막은 다음과 같다.

$$2, \ 2, \ 1, \ 1, \ 1, \ 1, \ 1, \ 1, \ 1, \ 1$$

---

17) $(1 + x + x^2)^{2n}$의 가운데 항의 계수는 $(1 + x + x^2)^n$에 대한 급수의 계수들의 제곱의 합과 동일하다. 동일한 관계가 $(1 + x + x^2 + \cdots + x^m)^{2n}$의 가운데 항의 계수와 $(1 + x + x^2 + \cdots + x^m)^n$에 대한 급수의 계수들의 제곱의 합 사이에 존재한다. 왜 그런지 살펴보기 위해 $(1 + x + x^2 + \cdots + x^m)^n$이 다음과 같이 전개되었다고 하자.

$$(1 + x + x^2 + \cdots + x^m)^n = 1 + a_1 x + a_2 x^2 + \cdots + a_{mn} x^{mn}$$

이로부터 x^{mn}을 포함하는 항, 즉 $(1 + x + x^2 + \cdots + x^m)^{2n}$의 가운데 항은 다음과 같다.

$$(1 \times a_{mn} + a_1 \times a_{mn-1} + a_2 \times a_{mn-2} + \cdots a_{mn-1} \times a_1 + a_{mn} \times 1)x^{mn}$$
$$= (1^2 + a_1^2 + a_2^2 + \cdots + a_{mn-1}^2 + a_{mn}^2)x^{mn}$$

여기서 $1 = a_{mn}$, $a_1 = a_{mn-1}$, $a_2 = a_{mn-2}$, ..., 즉 시작과 끝으로부터 같은 거리만큼 떨어져 있는 두 항의 값은 동일하다.

이들 조각들에 해당하는 모든 항의 합은 $182005x^{12}$이다.[18]

(10) $(2 - 5x - 7x^2 + x^3 + 3x^4)^5 = 32 - 400x + 1440x^2 + 680x^3 - 11390x^4 + 1955x^5 + 47025x^6 + 5435x^7 - 111845x^8 - 71145x^9 + 108073x^{10} + 119495x^{11} - 36185x^{12} - 86055x^{13} - 8165x^{14} + 31441x^{15} + 9465x^{16} - 5715x^{17} - 2565x^{18} + 405x^{19} + 243x^{20}$

346.   다음 문제의 답은 위에서 다룬 공식과 방법에 연관되어 있다.   **우연의 문제**

"한 개의 주사위를 n번 던져서 또는 n개의 주사위를 한 번 던져서 $m+n$을 얻을 우연은 얼마인가?"

주사위의 각 면에는 $1, 2, 3, 4, 5, 6$의 숫자가 적혀 있으므로, 나올 눈의 합의 최소는 분명히 n으로, 1의 눈이 n번 나온 것이다.

그러므로 주사위의 면들에 $0, 1, 2, 3, 4, 5$가 적혀 있고 $m + n$이 아니라 m이 나올 우연을 구하는 문제도 동일할 것이다.

적합한 그리고 적합하지 않은 조합의 총수는 6^n이다(조항 245). 그런데 그 안에 있는 수들의 합이 m과 같은 조합들은 단지 적합한 것들이다. 그러므로 주사위의 각 면에 x^0, x^1, x^2, x^3, x^4, x^5이 적혀 있다고 하면, 적합한 경우의 수는 $(1 + x + x^2 + x^3 + x^4 + x^5)^n$의 전개식에서 x^m을 포함하는 항의 계수일 것이다. 왜냐하면, 계수는 요구되는 합을 만드는 면 또는 표현에 대한 조합들의 모든 수를 나타내기 때문이다.

요구된 우연은 이 계수를 6^n으로 나누어서 얻을 수 있다(조항 266).

다음 식을 살펴보사.

$$(1 + x + x^2 + x^3 + x^4 + x^5)^n = \left(\frac{1 - x^6}{1 - x}\right)^n$$

---

18) 이 경우 그리고 비슷한 경우에, $(1 + x + x^2 + x^3 + x^4)^{10} = \left(\frac{1-x^5}{1-x}\right)^{10}$을 고려하는 것 그리고 $(1 - x^5)^{10}$과 $(1 - x)^{-10}$에 대한 급수를 서로 곱하는 것은 문제의 항을 결정할 뿐만 아니라 급수의 전개를 매우 쉽게 한다.

위 식으로부터 $(1 - x^6)^n$과 $(1 - x)^{-n}$에 해당하는 급수들의 곱에서 x^m을 포함하는 항들을 모음으로써 동일한 문제가 해결될 수 있다는 것은 명백하다. 이 항의 계수는 다음과 같다.

$$\frac{n(n+1)\cdots(n+m-1)}{1\cdot 2\cdots m} - \frac{n(n+1)\cdots(n+m-7)}{1\cdot 2\cdots(m-6)}\cdot n$$

$$+ \frac{n(n+1)\cdots(n+m-13)}{1\cdot 2\cdots(m-12)}\cdot\frac{n(n-1)}{1\cdot 2} - \cdots$$

$$+ (-1)^r\frac{n(n+1)\cdots(n+m-6r-1)}{1\cdot 2\cdots(m-6r)}\cdot\frac{n(n-1)\cdots(n-r+1)}{1\cdot 2\cdots r} + \cdots$$

여기서 $6r + 1$이 m과 동일하거나 m보다 크면 위 급수는 끝난다.

보기들 **347.** 한 개의 주사위를 세 번 던져서 17을 얻을 우연을 찾아보자.

$17 - 3 = 14$이므로 수 14를 1부터 5까지의 숫자로 3을 넘지 않는 개수의 조각으로 분해해야 한다. 그러한 분해는 단 한 개가 있고 그것은 다음과 같다.

$$5,\ 5,\ 4$$

대응하는 계수는 다음과 같다.

$$\frac{3\cdot 2\cdot 1}{1\cdot 2\cdot 1} = 3$$

그러므로 우연은 $\frac{3}{6^3} = \frac{1}{72}$이다.

348. 다섯 개의 주사위를 한 번 던져서 18을 얻을 우연을 찾아보자.

$18 - 5 = 13$이므로 수 13을 1부터 5까지의 숫자로 5를 넘지 않는 개수의 조각으로 분해해야 한다. 그러한 조각의 개수는 20으로 $5, 5, 3$으로 시작해서 $3, 3, 3, 2, 2$로 끝난다. $(1 + x + x^2 + x^3 + x^4 + x^5)^5$의 전개식에서 해당하는 항의 계수의 합은 780으로, 주어진 가정에 대해 적합한 경우의 수를

나타낸다. 그러므로 찾는 우연은 다음과 같다.

$$\frac{780}{6^5} = \frac{780}{7776} = \frac{65}{648}$$

적합한 경우에 대하여 다음과 같이 두 번째 공식을 사용하면 동일한 결과를 훨씬 더 쉽게 얻을 수 있다.

$$\frac{5 \cdot 6 \cdots 17}{1 \cdot 2 \cdots 13} - \frac{5 \cdot 6 \cdots 11}{1 \cdot 2 \cdots 7} \cdot 5 + 5 \cdot \frac{5 \cdot 4}{1 \cdot 2} = 780$$

제 11 장

비와 비례

349.   일상 언어에서 용어 비는 크기에 있어서 같은 종류인 두 양 사 용어 비
이에 있는 관계를 나타내는 데 사용된다. 그러므로 두 수의, 두 선분의, 두
넓이의, 두 힘의, 두 기간의 그리고 또 다른 구체적인 두 양의 비는 각 크기
사이의 관계를 말하는데, 이때 각 크기는 추정된 것으로 받아들여진다.

350.   대수에서 비의 정의는, 그 학문에서 다른 모든 정의와 같이, 그 **원래의 의미를**
것에 기반하거나 또는 그것을 수단으로 표현된 결론들이 종속된 학문에 넘 **규명하는 것의**
겨줄 수 있도록, 산술 또는 기하 또는 둘 다에서의 가능한 한 그것의 대중적 **중요성**
사용에 적용된 가정이어야 한다.   이러한 목적을 제대로 달성하기 위해서,
이 학문에서 이 용어의 의미와 사용이 실제로 어떠한지 규명하는 노력을
시작하는 것이 필요하다.

351.   비는 (여기서는 엄격하게 사용된 단어) 전항과 후항으로 알려진 **어떠한**
두 항 또는 두 수로 구성된다.   기하학에서뿐만 아니라 산술에서도 비를 **방법으로**
나타내는 방법은 전항을 먼저 그리고 후항을 나중에 쓰고 그 사이에 위 아 **표현되는지**
래로 놓인 두 점을 쓰는 것이다. 그러므로 5에 대한 3의 비는 3 : 5와 같이

쓰여진다. 비슷한 방법으로, a와 b가 서로 다른 두 수, 두 선분의 길이 또는 동일한 종류의 두 크기를 나타낸다고 하면, 이들의 비는, 그것이 무엇을 의미하든, $a : b$로 표현된다.

비의 기하적인 표현 **352.** 비를 나타내는 이러한 방법은 단지 겉으로는 항들을 비교의 대상으로 표현하고, 그리고 결과적으로 절대적인 크기에 대한 어떠한 연상도 주지 않는다. 그러한 학문에서 사용되는 유일한 것이기 때문에 비의 기하적인 표현이라고 불린다. 기하학에서조차도 비를 표현하는 다양한 방법을 허락하므로, 이들은 여전히 동등하게 임의적이고 서로 독립적이다. 표현의 **비의 기하적인 정의는 없다** 다른 방법들에 대한 동등성을 필연적인 결과로 확신할 수 있는 비의 기하적인 정의는 없다. 비는 크기와 관련하여 동일한 종류의 양들의 관계라고 하는데 이러한 묘사는 정의로 사용하기에는 너무나도 모호하고 따라서 비와 관련된 다른 명제의 토대를 만들기도 불가능하다. 이러한 이유로 기하학에서 비는 단지 비례를 구성하는 또는 구성하지 않는 각각에 관련되어 다루어진다.

용어 비의 대중적인 의미 **353.** 그러나 그 용어의 일반적인 용법에 따라 얻은 비가 충족해야 하는 일부 조건을 조금 살펴보면, 비가 나타내는 산술적 형태로 이어지며, 이로써 그 절대적인 크기가 확인될 수 있고, 따라서 우리를 비에 대한 산술적 및 대수적 정의로 이끌 것이고, 이는 상호 간에 비의 연관성과 무관할 것이다. 왜냐하면 첫 번째로 비가 어떤 방식으로 표현되든 동일한 크기에 대해 반드시 동일한 것으로 간주하는 것이 비에 대한 우리의 일반적인 개념에 완벽하게 부합하기 때문이다. 그리고 두 번째로, 크기 자체의 특정한 영향이나 속성 (동일한 종류의)과 무관한 것으로 간주하는 것이다.

동일한 비의 용어가 겪을 수 있는 변화 **354.** 따라서 만약 두 선이 각각 3개와 5개의 부분으로 분해되어 서로 동등한 것으로 인정된다면, 선 자체는 숫자 3과 5로, 그리고 그 비는 $3 : 5$

324

로 정확하게 표현될 수 있다. 그러나 초기 분할의 공통 단위는 2, 3 또는 m등분으로 나눌 수 있으며, 원래의 선이 포함하는 이 연속적인 부분들의 숫자는 6과 10, 9와 15, $3m$과 $5m$이 될 것이고, 이것들은 원래의 숫자 3과 5를 동등하게 나타낼 수 있다. 그러므로 언급된 원리에 따라 동일하게 유지되는 비는 $6 : 10$, $9 : 15$, $3m : 5m$으로 균등하게 표시된다.

또한 상호 간에 특별한 관계를 갖는 선들과 그 비를 나타내는 이 형태는 상호 간에 동일한 관계를 갖는 같은 종류의 다른 어떤 크기에도 동일하게 적용된다. 따라서 두 넓이, 두 부피, 두 힘, 두 기간은 각각 3과 5개의 부분 또는 단위로 분해되어 서로 동등한 것으로 관련이 될 수 있다. 이런 상황에서 서로 동일한 부분 또는 단위의 숫자, 즉 3과 5의 등배수로의 분해를 수용해야 한다. 그러므로 이러한 숫자의 쌍은 그 크기를 동등하게 나타내며, 상호 관계를 표시하는 비의 조건을 동일하게 구성하게 된다.

355. 위의 관찰은 다음과 같은 결론으로 우리를 자연스럽게 이끌 것이다. 위와 같이
추론된 결론

(1) 서로 동일한 개수의 부분이나 단위로의 분해를 수용하는 동일한 종류의 크기는 그러한 숫자 또는 그 등배수[1]로 적절하게 표시할 수 있다.

(2) 동일한 종류의 두 가지 크기를 나타내는 숫자는 비의 조건을 구성하며, 조건이 그 숫자의 등배수로 치환되더라도 그 비는 변경되지 않는다.

(3) 그러한 비는 조건을 구성하는 숫자에 따라 달라지며, 그들 숫자가 구성하는 구체적인 단위의 특성과 크기에 관계없이 동일한 것이다.

356. 선행 값이 분자이고, 결과 값이 분모인 분수를 이용하여 비를 나타내는 데 우리가 동의한다면, 이 모든 조건이 완전하게 충족될 것이다. 비는 분수로
표시할 수
있음

---

1) 일반적으로 정수에 의한 곱뿐만 아니라 분수에 의한 곱의 결과를 나타내는 것으로 용어 배자에 확장된 의미를 부여하고자 한다.

왜냐하면 이 분수의 값은 분자와 분모를 구성하는 숫자로만 결정되며, 동일한 종류와 그 숫자가 구성하는 단위의 특정 값이나 속성과는 완전히 독립적이다. 분자와 분모를 동일한 수로 곱하거나 나누더라도, 즉 해당 비의 항이 그 등배수로 치환되더라도 그 값은 변경되지 않는다.

비의 산술적 정의   그러므로 산술에서 비는 분자가 선행 값이고 분모가 그 비의 결과 값인 분수로 정의할 수 있다.

비의 대수학적 정의   **357.**   대수학에서도 마찬가지로 우리는 기호 a와 b로 표현된 두 수량의 비를 고려할 때, $\frac{a}{b}$라는 분수와 동의어로 동일한 정의를 채택할 수 있다. 따라서 이 학문에서 그것이 나타내는 수량이 같은 종류인지 다른 것인지, 또는 대수학적 기호가 같은지 다른지 여부에 대하여, 분수 $\frac{a}{b}$에 수반되는 의미가 있을 때마다 b에 대한 a의 비에 붙여야 하는 의미가 있다. 다시 말하면, 이와 같이 적용할 때 비라는 용어를 해석하는 데 제한이 없으며, 이는 동치 분수의 해석에 속하는 것과 다르다.

따라서 산술과 대수 모두에서 비에 대한 이론이 분수 이론과 동일시되는 것으로 나타난다.

다른 크기와 마찬가지로 기하학적 크기도 포함   **358.**   대수학의 기호는 다른 수량뿐만 아니라 기하학적 형태를 나타내며, 따라서 기하학의 선의 길이, 넓이 및 부피는 이 정의의 범위 안에 들어간다. 그러나 이는 기하학을 오직 대수학의 하위 학문으로 간주함으로써 가능하고, 그러한 수량은 그 정의가 필요한 표현 형태를 인정한다는 것을

기하학에서 비에 대한 정의가 없는 이유   명심해야 한다. 왜냐하면 하나의 선을 다른 것으로 분할하거나 그 분할의 결과를 나타내는 기하학적 형태가 없기 때문이다. 이 결과는 본래 수치적이며 결과적으로 선으로 표현될 수 없으므로, 그것을 산출하는 수량과 유사성이 없다. 단, 모든 상황에서 다른 선들이 사용되는 것과 달라야 하는 상징적 의미에서는 그렇지 않다. 이런 구별에 주의를 기울이는 것은 매우

중요한데, 기하학에서 비에 대한 독립적인 정의가 없는 이유뿐만 아니라, 기하학적 선의 길이나 넓이의 서로 다른 비를 비교함에 있어서, 우리가 조사의 대상인 수량을 나타내는 방식을 먼저 변경하여 상징적 언어 사용에 의존하지 않는 한, 그들의 동질성이나 다양성과 관련한 비의 대수학적 정의를 우리가 이용하는 데 자유롭지 못한 이유를 설명하기 때문이다.

359. 산술과 대수에서 비에 대한 정의의 본질은 비의 항을 구성하는 수량이 산술적 또는 상징적 형태로 제시되는지에 대해 관심을 두지 않게 한다. 하나에서 다른 하나로의 전환은 하나에서 표시되고 수행되지 않는 연산에 의해 영향을 받을 수 있는 한, 즉각적이다. 따라서 $\sqrt{9}$에 대한 $\sqrt{4}$의 비, 또는 $\frac{\sqrt{4}}{\sqrt{9}}$는 $\frac{2}{3}$와 동일하지만, 하나의 비는 상징적 또는 대수적인 반면, 다른 것은 산술적이다. 비의 항에 대한 상징적인 공통 측도가 있을 때마다 동일한 이행이 이루어질 수 있으며, 이를 제거하면 산술적인 결과가 남는다. 즉, 다음이 성립한다.

(여백 주: 동일한 비가 산술적 또는 기호적 형식으로 나타내는 것에 대한 차이는 없음)

$$\frac{\sqrt{12}}{\sqrt{147}} = \frac{\sqrt{3} \times \sqrt{4}}{\sqrt{3} \times \sqrt{49}} = \frac{\sqrt{4}}{\sqrt{49}} = \frac{2}{7},$$

$$\frac{\sqrt{18}}{\sqrt{50}} = \frac{\sqrt{2} \times \sqrt{9}}{\sqrt{2} \times \sqrt{25}} = \frac{\sqrt{9}}{\sqrt{25}} = \frac{3}{5},$$

$$\frac{\sqrt[3]{81}}{\sqrt[3]{375}} = \frac{\sqrt[3]{3} \times \sqrt[3]{27}}{\sqrt[3]{3} \times \sqrt[3]{125}} = \frac{\sqrt[3]{27}}{\sqrt[3]{125}} = \frac{3}{5}$$

다른 경우에서도 유사하다.

360. 우리는 이제 비에 관한 더 일반적인 일부 명제들을 주장할 것인데, 비록 산술적이고 다른 분수의 속성이긴 하지만, 많은 중요한 적용을 수용하고 몇몇 가장 중요한 이론을 만들어 낼 것이다.

"비는 그들이 표시하는 분수를 비교함으로써 서로 비교된다."

따라서 3 대 5의 비와 5 대 8의 비는 분수 $\frac{3}{5}$과 $\frac{5}{8}$로 표시되며, 이는 $\frac{24}{40}$와 $\frac{25}{40}$와 동일하다. 따라서 둘 중 더 큰 비는 두 번째 것이다.

(여백 주: 비: 어떻게 비교되는가)

361. 더 큰 부등식의 비는 선행 값이 결과 값보다 큰 것이고, 더 작은 부등식의 비는 선행 값이 결과 값보다 적은 것이다. 등식의 비는 선행 값이 결과 값과 동일한 것이다. 첫 번째는 가분수에 해당하고, 둘째는 진분수에, 셋째는 1에 해당한다. 다음과 같은 명제는, 그에 따라 표시되는 비와 연결되어 자주 사용된다.

362. "두 항에 동일한 양을 더하면, 더 큰 부등식의 비는 감소하고, 더 작은 부등식의 비는 증가한다."

$\frac{a}{b}$를 첫 번째 비로, 두 항에 같은 양 x를 더하여 만든 $\frac{a+x}{b+x}$를 두 번째 비로 하고, 분수를 공통 분모로 만들면 각각 다음과 같다.

$$\frac{ab + ax}{b(b + x)}, \quad \text{그리고} \quad \frac{ab + bx}{b(b + x)}$$

a가 b보다 크거나 첫 번째 비가 더 큰 부등식의 비일 경우, 첫째 분수는 둘 중 더 크며, 따라서 두 항에 동일한 양을 더하면 감소한다. 그러나 a가 b보다 작거나 첫 번째 비가 더 작은 부등식의 비일 경우, 첫째 분수는 둘 중 더 작으며, 따라서 두 항에 동일한 양을 더하면 증가한다.

363. 선행 값들이 곱해져서 새 선행 값이 되고, 결과 값들이 곱해져서 새 결과 값이 되는 몇 개의 비가 있을 경우, 그 결과 비는 성분 비들의 합이라고 한다. 즉, 둘 또는 그 이상의 비에 대한 합은 이들을 나타내는 분수들의 곱이다.

따라서 두 개의 비 $a : b$와 $c : d$의 합은 $ac : bd$이다.

한 비의 결과 값이 다음 비의 선행 값이 될 때, 그 비의 숫자의 합은 마지막 결과 값에 대한 첫 번째 선행 값의 비이다.

비가 $a : b$, $b : c$, $c : d$와 $d : e$인 경우, 이들의 합은 다음과 같다.

$$\frac{a}{b} \times \frac{b}{c} \times \frac{c}{d} \times \frac{d}{e} = \frac{abcd}{bcde} = \frac{a}{e}$$

두 개의 동일한 비의 합, 또는 임의 비의 두 배는 결과 값의 제곱에 대한 **두 배의 비**
선행 값의 제곱의 비이다.

$a : b$와 $a : b$의 비의 합은 다음과 같다.

$$\frac{a}{b} \times \frac{a}{b} = \frac{a^2}{b^2}$$

비슷한 방식으로, 임의 비의 세 배는 결과 값의 세 제곱에 대한 선행 **세 배의 비**
값의 세 제곱의 비이다.

비 $a : b$에 대해, 세 번을 더하면, 다음을 얻는다.

$$\frac{a}{b} \times \frac{a}{b} \times \frac{a}{b} = \frac{a^3}{b^3}$$

더 일반적으로 $a : b$와 같은 임의 비의 n배의 합은 $a^n : b^n$의 비이다.

$\frac{a}{b}$에 $\frac{a}{b}$를 곱하여 n차 반복하면, $\frac{a^n}{b^n}$이 된다.

같은 의미에서의 $a^n : 1$, 또는 $\frac{a^n}{1}$, 또는 a^n은 $a : 1$ 비의 n배이다.

364.   이러한 의미에서 숫자의 거듭 제곱수는 1에 대한 간단한 숫자의 **로그: 그**
중복 비로 간주될 수 있다. 따라서 $10^2 : 1$ 또는 10^2은 $10 : 1$ 비의 두 배로 볼 **원래의 의미**
수 있고, $10^5 : 1$ 또는 10^5은 그 비의 다섯 배이며, 다른 경우에도 유사하게
거듭 제곱 지수는 더하기가 복합적인 것을 만드는 단순 비들의 수에 대한
잴대가 될 수 있다. 로그라는 용어는 비들의 수를 의미하므로, 기본 비를
형성하는 숫자의 지수와 의미가 같다.

따라서 기본 비가 $a : 1$ 또는 a일 경우, 2는 $a^2 : 1$ 또는 a^2의 로그이고,
3은 $a^3 : 1$ 또는 a^3의 로그이며, n은 $a^n : 1$ 또는 a^n의 로그가 된다.

365.   다시, $a^{\frac{1}{2}} : b^{\frac{1}{2}}$ 또는 $\frac{a^{\frac{1}{2}}}{b^{\frac{1}{2}}}$은 비 $a : b$의 절반 또는 제곱 근이다. **제곱 근 비**
왜냐하면, $a^{\frac{1}{2}} : b^{\frac{1}{2}}$의 두 배는 다음과 같기 때문이다.

$$\frac{a^{\frac{1}{2}}}{b^{\frac{1}{2}}} \times \frac{a^{\frac{1}{2}}}{b^{\frac{1}{2}}} = \frac{a}{b}$$

세 제곱 근 비 $a^{\frac{1}{3}} : b^{\frac{1}{3}}$ 또는 $\frac{a^{\frac{1}{3}}}{b^{\frac{1}{3}}}$ 의 비는 비 $a : b$ 의 세 제곱 근이다. 왜냐하면, $a^{\frac{1}{3}} : b^{\frac{1}{3}}$ 의 세 배는 다음과 같기 때문이다.

$$\frac{a^{\frac{1}{3}}}{b^{\frac{1}{3}}} \times \frac{a^{\frac{1}{3}}}{b^{\frac{1}{3}}} \times \frac{a^{\frac{1}{3}}}{b^{\frac{1}{3}}} = \frac{a}{b}$$

세 제곱의 $a^{\frac{3}{2}} : b^{\frac{3}{2}}$ 의 비는 $a : b$ 의 세 제곱의 제곱 근[2]비이다. 왜냐하면 $a : b$ 의
제곱 근 비 단순 비와 제곱 근 비의 합은 다음과 같기 때문이다.

$$\frac{a}{b} \times \frac{a^{\frac{1}{2}}}{b^{\frac{1}{2}}} = \frac{a^{\frac{3}{2}}}{b^{\frac{3}{2}}}$$

$a^{\frac{1}{n}} : b^{\frac{1}{n}}$ 의 비는 비 $a : b$ 의 $\frac{1}{n}$ 이다. 왜냐하면 비 $a^{\frac{1}{n}} : b^{\frac{1}{n}}$ 의 n 배는 $a : b$
이기 때문이다.

로그 용어의　**366.**　비슷한 방식으로 $a^{\frac{1}{n}} : 1$ 또는 $a^{\frac{1}{n}}$ 은 비 $a : 1$ 의 n -제곱 근 비이다.
확장된 사용 $a : 1$ 이 기본 비일 때, $\frac{1}{n}$ 을 비 $a^{\frac{1}{n}} : 1$ 또는 $a^{\frac{1}{n}}$ 의 로그라고 부르는 것은
로그라는 용어의 사용을 쉽고 자연스럽게 확장한 것이다.

367.　비교할 수 없는 양의 비와 그 값에 근접하는 방식에 대한 이론
은 그들의 동질성이나 다양성과 관련하여 반드시 서로 비를 비교하는 것을
포함한다. 이러한 이유 때문에 그것들에 대한 고려는 매우 자연스럽게 비
비례 례의 정의와 이에 종속되는 명제에 따른다. 그러므로 우리는 이 두 번째
주제로 바로 진행할 것인데, 이는 기하학에서 매우 중요하고 수학의 모든
실제 적용에서 여러 형태로 나타난다.
비례의 정의　"비례는 두 비의 동일성으로 구성된다."

---

2) 대수학에 분수 그리고 일반적인 지수를 도입하기 전에, 기하학이 모든 종류의 양들의
관계를 나타내는 기호 과학으로 사용될 때, 지수를 간단하고 통일적으로 나타내는 정수
의 변형으로 비들의 결과로서 고려되었고 꽤 복잡한 학술명으로서 선정되었다. 이러한
종류로서 본문에서 설명된 세 제곱의 제곱 근 등이 있다. $\frac{2}{3}$, $\frac{4}{5}$, $\frac{6}{7}$ 등과 같은 지수에
해당하는 비들을 위해서는 수치적 용어들의 극히 당황스러운 조합이 필요하다. 이러한
학술명 그리고 해당하는 해석에 의해 방해를 받았을 때, 가장 단순한 연구에서도 그
어려움이 얼마만큼 증가할지 예상하는 것은 쉬운 일이다.

비례는 (여기서는 절대적으로 사용되는 용어) 네 개의 항으로 구성되는데, 그중 첫 번째와 세 번째가 선행 값이고, 두 번째와 네 번째는 결과 값으로, 서로 동일하게 되어야 하는 비이다.

368. 기하학에서 비례는 기하학적으로 기호 ::로 표기된 두 비를 연결하여 표현한다. 이 기호는 서로에 대한 그들의 동일성을 나타내기 위해 사용된다. 따라서 $a : b$와 $c : d$가 비례를 구성하는 비라면, 그것들은 다음과 같이 표기된다.

기하학에서 비례를 표시하는 방법

$$a : b :: c : d$$

비례를 표시하는 동일한 방법은 산술과 대수에서, 그것을 구성하는 수량의 본질이 무엇이든 간에, 모두 매우 일반적으로 사용된다.

산술학과 대수학에서도 사용됨

369. 산술과 대수에서 주어진 비의 정의는 반드시 이러한 학문에 적합한 비례를 표시하는 방식으로 이어질 것이다. $\frac{a}{b}$와 $\frac{c}{d}$가 비례를 구성하는 비를 각각 나타내는 경우, 비례 자체는 다음 방정식으로 표현되어야 한다.

비례성에 대한 산술적 검증

$$\frac{a}{b} = \frac{c}{d}$$

비례성, 또는 비의 상등에 대한 검증은 이 분수의 상등으로, 비례를 구성하는 데 필수적이다. 그러므로 이러한 분수의 값을 계산하거나 결정할 수 있을 때는 항상 확인이 가능하다.

370. 여기서 도출할 수 있는 이 방정식의 또 다른 형태가 있는데, 이는 그것과 관련된 수량의 동일한 관계를 표현하고 있으며, 일반적으로 말하자면 계산의 목적에 더 편리하다. 분수 $\frac{a}{b}$와 $\frac{c}{d}$를 공통 분모로 환원하면, 방정식은 다음과 같다.

내항의 곱과 동일한 외항의 곱

$$\frac{a}{b} = \frac{c}{d} \;\Rightarrow\; \frac{ad}{bd} = \frac{bc}{bd}$$

또는, 공통 분모를 생략하면, 다음을 얻는다.

$$ad = bc$$

따라서 네 가지 수량이 비례를 구성한다면, 외항의 곱은 내항의 곱과 같아진다.

그 반대의 경우 **371.** 반대로, 어떤 두 수량의 곱이 다른 두 수량의 곱과 같다면, 그것들은 하나의 곱의 항들을 외항으로 하고, 다른 곱의 항들을 내항으로 하여 비례로 전환될 것이다.

만약 $ad = bc$에 대하여 동일한 수량 bd로 나누면 다음을 얻는다.

$$\frac{a}{b} = \frac{c}{d}$$

이는 다음과 같은 비례를 표현하는 대수적인 방식이다.

$$a : b :: c : d,$$

$$\text{또는} \quad c : d :: a : b$$

첫 번째에서는 a와 d가 외항이고, b와 c는 내항이며, 두 번째에서는 c와 b가 외항이고, d와 a가 내항이다.

연속적 비례 **372.** 비례에서 두 내항이 같거나, 한 비의 결과 값이 다음 비의 선행 값이라면, 외항의 곱은 이 경우 내항의 제곱과 같다. 왜냐하면 이 경우, 다음을 얻고

$$\frac{a}{b} = \frac{b}{c}, \quad \text{또는} \quad \frac{ac}{bc} = \frac{b^2}{bc}$$

따라서 다음이 성립하기 때문이다.

$$ac = b^2$$

이 경우, 항 a, b, c는 연속적 비례 관계에 있다고 한다.

373. 비례에 대한 정의의 결과 검토를 더 진행하기 전에, 이 정의와 그에 따른 비례성의 검증이 일반적인 언어에서 비례라는 용어에 수반되는 개념과 얼마나 일치하는지 따져 보는 것이 적절할 수 있다.

첫째로, 우리는 일반적인 언어에서, 비와 비례라는 용어를 서로 자주 혼동하기 때문에, 두 선분의 길이나 다른 양이 3 대 5의 비에 있거나 3 대 5의 비례에 있다고 말하는 것은 동등하게 일반적이다. 이 두 가지 형태의 표현은 정도의 차이는 있으나 모두 함축적이다. 첫 번째는 두 선분의 길이 또는 수량의 비가 3 대 5의 비와 동일하다는 말과 같고, 그것으로부터 그것들이 비례를 구성한다는 것을 추론하게끔 한다. 두 번째는 두 선분의 길이와 두 수량이 비례의 조건을 형성한다는 것에 대한 단축된 확증 방식으로 간주할 수 있다. 두 경우 모두 비례를 설정하는 데 필요한 조건에 대해 동일한 암묵적 언급이 있다.

서로 혼동되는 두 용어 비와 비례

374. 비례적이라는 표현은 훨씬 다양하게 사용되지만, 모든 경우에 그것은 명시적이거나 암묵적으로 이해되는 특정 수량 사이의 비례에 대한 주장과 동일하다는 것을 알 수 있다. 그러므로 우리가 돈의 이자가 원금에 비례한다고 말할 때, 단지 매우 함축적인 형태로 다음과 같은 명제를 표현하는 것이다. "이자율과 만기까지의 기간이 동일할 때, 어느 두 개의 원금과 그에 상응하는 이자액은 비례의 항을 구성할 것이다." 따라서, 만일 100파운드가 1년에 5파운드를 산출한다면, 700파운드는 같은 기간과 같은 이율로 35파운드를 산출할 것이다. 다시 말하면 100과 700, 5와 35는 다음과 같은 비례의 항을 구성한다

비례적이라는 용어의 사용

$$100 : 700 :: 5 : 35$$

375. 같은 명제를 표현하는 또 다른 방식은 산술적 정의에 엄격히 부합하는 진술이 다소간 필요하게 되는 지루함을 피하기 위해 통상적인 언

"동일한 비례로"라는 문구의 사용

어로 이루어진 노력을 설명하는 역할을 할 것이다. 원금에 대한 이자의 종속성에 대해 말할 때, 이율과 기간이 주어진다면, "원금이 어떤 비례로 증가하든지, 이자도 같은 비례로 증가할 것이다."라고 말해야 한다. 즉 다음과 같은 방법으로 앞서 말한 사례에 적용될 수 있는 명제이다. "100파운드와 700파운드, 두 개의 원금이 있는 경우, 이는 1과 7이란 숫자로 비례를 형성하는데, 그러면 두 원금의 이자 액수인 5와 35도 마찬가지로 같은 수 1과 7로 비례할 것이고, 또한 두 원금과 두 이자 액수도 서로 비례할 것이다."

원인에 비례하는 결과　**376.**　다음의 내용보다 더 자주 언급되거나 더 중요한 결과를 가져오는 명제는 없다. "결과는 항상 그 원인에 비례한다." 이 명제는 우리의 현재 논의 주제와 밀접하게 연관되어 있기 때문에, 우리는 그것의 의미와 적용에 대해 설명하고 서술하기 위해 노력할 것이다.

종속성이 물리적인 경우　**377.**　원인과 결과의 연관성이 물리적이고 따라서 필요하지 않다면, 그 명제는 자연 현상의 영속성과 통일성의 위대한 법칙을 표현하며, 그 진실에 대한 우리의 확신은 그것들에 대한 모든 추론의 기초가 된다. 따라서 주어진 힘이 주어진 중량을 지지한다면, 그 힘의 두 배는 두 배의 중량을 지지할 것이고, 그 힘의 임의의 배수는 같은 배수의 중량을 지지할 것이다. 그러므로 두 힘 사이의 비는 지지하는 해당 중량 간 비와 같을 것이다. 따라서 그러한 힘과 중량은 비례의 항을 구성하게 된다. 이러한 의미에서 힘은 중량에 비례하는 것으로 간주되며, 힘은 우리가 설명하는 일반적인 명제에서 원인에 해당하고, 중량은 결과에 해당하게 된다.

전환 가능한 용어인 원인과 결과　**378.**　그러나 비례를 구성하는 비는 전환 가능하며, 명제에서 이에 해당하는 항도 마찬가지로 전환되어야 한다. 따라서 우리가 고려하고 있는 특정한 경우에서, 힘을 중량에 비례한다고 간주한다면, 중량도 마찬가지로 힘에 비례하는 것으로 간주되어야 하므로, 어떤 의미에서든 비례는 이 형태

334

l 변화에 대한 답을 주기 위해 해석될 필요가 있으며, 명제의 조건들 간의
연결에서도 마찬가지로 그에 상응하는 변화가 일어나야 한다.

379. 명제의 조건 사이의 연결이 수학적이고 따라서 정의에 의해 결정된다면, 그 명제는 단지 해당 비례를 표현하는 축약된 형태로 간주될 수 있다. 그러므로 높이가 주어진 삼각형의 넓이가 그 밑변에 비례한다고 말할 때, 한 삼각형의 넓이와 동일한 높이를 지닌 다른 삼각형의 넓이 간의 비는 첫 번째 삼각형의 밑변과 두 번째 삼각형의 밑변 간의 비와 동일하다고 단지 주장하는 것이다.

종속성이
수학적인 경우

380. 그러나 명제 조건의 연결이 물리적으로나 수학적으로 필요하지 않은 경우, 우리는 명시적이든 암묵적이든 가설을 통해 필요한 연결을 해야 하는데, 이는 정의에 해당한다. 따라서 "노동자가 수행한 작업은 그들의 수에 비례한다"라고 말할 때, 우리는 각 개별 노동이 동일한 효과를 가진 것이라고 당연하게 생각한다. 두 배 혹은 임의의 배수의 작업은 인원수의 두 배 혹은 같은 배수로 달성할 수 있을 것이고, 결과적으로 어떤 두 경우에서 행해진 작업량과 그에 상응하는 인원수가 비례의 조건을 구성하게 될 것이라고 수학적으로 확실한 결론을 내리는 것은 그런 가설에 기인한다.

종속성이
가설적인 경우

381. 하나가 다른 것에 비례한다는 말로 표현되는 원인과 결과의 관계는 "결과는 원인에 따라 변하고, 그 역도 마찬가지다"라는 동등한 문구로 자주 회자된다. 두 경우 모두 원인과 결과라는 용어에 동등하게 확대된 의미를 부여하고, 이들 사이의 연결은 정의나 가설 또는 물리적 세계의 일반 법칙의 관찰로부터 도출된 추론에 의해 필요하게 된다.

결과는 원인에
따라 변화한다

382. 결과를 초래하는 원인이나 요인이 둘 이상일 때, 그 결과는 결과를 초래하는 원인과 결합하여 변화한다고 한다. 이러한 경우 특히 그들이

또는 원인이나
요인과
결합하여
변화함

구성하는 비례를 참조하여 결과와 요인의 종속성에 대한 법칙을 고려해야 한다.

결합 변화의 보기

383. 　그러므로 우리는 수행된 작업이 고용된 인원의 수와 그들이 일한 날짜에 따라 함께 변화할 것이라고 말해야 한다. 만약 그 사람들이 일하는 날짜 수가 동일하게 유지된다면, m배의 같은 작업이 m배의 같은 인원수로 달성될 것이다. 인원수가 동일하게 유지된다면, n배의 같은 작업이 n배의 작업 일수로 달성될 것이다. 따라서 원래 작업의 mn배는 m배의 원래 인원수가 n배의 원래 일수 동안 작업함으로써 달성되는 것이다. 유사한 방식으로, 원래 작업의 $m'n'$배는 m'배의 원래 인원수가 n'배의 원래 일수 동안 작업함으로써 달성된다. 그러므로 이러한 다른 상황에서 수행된 작업량에 대한 비는 mn 대 $m'n'$의 비이고, 이는 첫 번째 경우의 인원수를 작업 일수와 곱한 값과, 두 번째 경우의 인원수를 작업 일수와 곱한 값의 비이며, 따라서 이 네 가지 수량은 비례의 항을 구성하게 된다.

원래의 결과와 요인의 속성과 크기의 독립성

　마찬가지로, 이 비례를 구성하는 비의 존재와 값은 일차적 결과와 인자의 특정한 값이나 고유의 속성과는 완전히 독립적이라는 것은 명백하다. 원래 작업한 양을 w, 원래 인원수를 M, 원래 작업 일수를 N으로 표시한다면, 첫 번째 비의 항은 mnw와 $m'n'w$가 되고, 두 번째의 것은 $mnMN$과 $m'n'MN$이며, w가 첫 번째 비의 항에 대한 측정값이고 MN이 두 번째 비의 항에 대한 측정값인 만큼, 이것들은 서로 명백하게 동일하다.

요인이 둘 이상일 경우

384. 　우리가 고려해 왔던 질문에 다른 조건이나 다른 요인이 도입되어 결과에 영향을 줄 수 있다. 예컨대, 우리는 인원수와 작업 일수뿐만 아니라 그들이 각각 일하는 시간과 노동 강도에도 변수를 고려할 수 있다. 초래된 결과나 수행된 작업은 이 모든 원인이나 요인들과 함께 달라질 수 있다. 매일 노동 시간의 수를 두 배 또는 달리 증가시키면, 우리는 두 배 또는 동일한 비로 작업량을 증가시키게 된다. 노동자들의 효과적인 생산성을

두 배 또는 달리 증가시킨다면, 우리는 같은 조건에서 두 배 또는 동일한 비로 작업량을 증가시키게 된다. 따라서 $m : m'$이 어떤 두 가지 경우에서 인원수의 비를 나타내고, $n : n'$이 작업 일수의 비, $p : p'$이 매일 노동 시간의 비, 그리고 $q : q'$이 그러한 조건에서 작업자의 효과적 생산성의 비를 나타낸다면, 두 가지 경우에서 수행된 작업의 비는 $mnpq$ 대 $m'n'p'q'$의 비가 될 것이다.

385. 우리는 지금까지 여러 요인이나 원인에 대한 결과의 종속성 법칙을 고려해 왔다. 그리고 제시된 질문의 본질에 의해 그것들이 서로 충분히 구별되지 않는 경우는 매우 드물다. 그러나 결과가 동일할 때 한 요인의 다른 요인 또는 요인들에 대한 종속성의 법칙, 또는 여러 경우에서 결과가 서로 다를 때 한 요인의 다른 요인들 그리고 결과에 대한 종속성의 법칙을 확인하는 것은 종종 똑같은 중요성의 문제이다. **한 인자의 다른 인자 및 결과에 대한 종속성의 법칙**

그러므로 같은 작업은 각기 다른 인원수와 다른 작업 일수에 의해 달성 된다. 인원수와 작업 일수의 관계에 대한 본질은 무엇인가? **예제**

임의의 두 경우에서 인원수를 m과 m'으로 하거나, 그들의 비를 m 대 m'의 비로 한다. 해당 작업 일수는 n과 n'으로 한다. 그다음, 결과나 수행된 작업은 인원수와 작업 일수에 따라 함께 달라지기 때문에, 그리고 이러한 조건에서 수행된 작업의 비가 1 대 1이기 때문에, 다음과 같이 된다. **결과가 동일할 때**

$$1 : 1 :: mn : m'n'$$

그러므로 다음이 성립한다.

$$1 = \frac{mn}{m'n'} \quad \text{그리고} \quad \frac{m}{m'} = \frac{n'}{n}$$

결국, 다음을 얻는다.

$$m : m' :: n' : n$$

즉, 두 경우에서 인원수의 비는 작업 일수의 비와 반대이다. 다시 말하면, **역방향의 변화**

인원수는 작업 일수에 따라 역으로 변화한다고 할 수 있다.

결과가 다를 때 그러나 두 경우에서 수행된 작업이 서로 다르다고 가정하면, w 대 w'의 비에서 첫 번째 비례는 다음과 같다.

$$w : w' :: mn : m'n'$$

따라서 다음이 성립한다.

$$\frac{w}{w'} = \frac{mn}{m'n'} \quad \text{그리고} \quad \frac{m}{m'} = \frac{w}{w'} \times \frac{n'}{n} = \frac{\frac{w}{n}}{\frac{w'}{n'}}$$

결과적으로, 다음을 얻는다.

$$m : m' :: \frac{w}{n} : \frac{w'}{n'}$$

그러한 상황에서 각 경우에 인원수는 수행할 작업에 따라 정으로 변화하고, 작업 일수에 따라 역으로 달라진다고 한다.

삼의 법칙 등에서 문제 해결의 원칙 **386.** 삼의 법칙의 보기로서 제시되는 수많은 문제에서, 정비례든 반비례든, 단순하든 복잡하든, 산술적 적용의 대부분은, 세 개 이상의 이미 알고 있는 양과의 관계로부터 하나의 미지수의 값을 결정해야 한다. 이때, 이들 사이에는 우리가 고려해 온 바와 같이, 원인이나 요인 또는 요인들과 결과라는 관계가 존재한다. 그러한 모든 문제에서 공통적인 해법은 모든 양을 비례의 형태로 환원하는 것이다. 그중 미지의 수량은 하나의 항을 구성하고, 비례의 세 개 항이 주어지면, 네 번째는 항상 결정될 수 있다. 따라서 비례식

$$a : b :: c : d$$

에서 다음을 얻는다.

$$a = \frac{bc}{d}, \quad d = \frac{bc}{a}, \quad b = \frac{ad}{c}, \quad \text{그리고} \quad c = \frac{ad}{b}$$

따라서 비례의 외항 중 하나는 내항들의 곱을 다른 외항으로 나누어서 얻을

338

수 있고, 내항 중 하나는 외항들의 곱을·다른 내항으로 나누어서 얻을 수
있다.

387.   문제의 수량을 그 해법에 필요한 비례식으로 배열하기 위해 　비례 항들의
서, 우리는 우선 미지의 양이 결과로 간주되는지, 아니면 요인으로 간주할 　배열
수 있는지를 고려해야 한다. 또, 그것이 전체의 결과인지, 아니면 단지 그
일부인지도 고려해야 한다. 그것이 결과라면, 그것은 요인 또는 요인들에
따라 변화해야 한다. 그것이 요인이라면, 결과에 따라 정으로 변화하지만,
그것이 여러 요인들 중 하나라면, 그것은 결과에 따라 직접적으로, 다른
요인들에 따라 역으로 변화해야 한다.

경우에 따라 결과는 그 크기 측정과 관련하여, 그 자체 요인에 대해 별 　주요한 요인
개의 종속성을 지닐 수 있다. 따라서 결과는 길이와 너비에 따라 달라지는
넓이일 수도 있고, 길이, 너비 및 높이에 따라 달라지는 부피가 될 수도
있다. 그리고 문제의 대상은 때로 주요한 요인으로 초래되는 전체 결과의 　부수적인
부수적인 요인들 중 하나를 결정하도록 요구할 수 있다. 그것은 주요한 　요인들
요인에 직접적으로, 다른 부수적인 요인에 역으로 변할 것이다.

388. 다음은 그러한 보기들이다 　　　　　　　　　　　　　　　보기들

(1) 전투에서 3개의 총이 21명을 죽인다면, 11개의 총은 같은 시간에
얼마나 많은 사람을 죽일 것인가?

그 결과는 사망한 사람의 수이고, 요인은 동일하게 효율을 지닌 총의 수
이다.

결과는 요인에 따라 변화하므로 다음을 얻는다.

$$\text{사람} \quad \text{총} \quad \text{사람} \quad \text{총}$$
$$21 \; : \; x \; :: \; 3 \; : \; 11$$
$$\text{그리고} \quad x = \frac{11 \times 21}{3} = 77$$

(2) 코끼리는 3일 동안 400파운드의 쌀을 소비한다. 모든 치수가 $\frac{1}{4}$만큼 큰 코끼리는 5일 동안 얼마나 많은 양의 쌀을 소비할까?

코끼리의 쌀 소비량은 그의 몸집과 날짜 수에 따라 달라질 것이고, 코끼리의 몸집은 길이, 너비, 높이에 따라 달라질 것이라는 것은 수학적 가설로 생각된다.

결과는 소비량이고, 미지의 수량은 결과 중 하나이다.

요인들은 코끼리의 길이, 너비, 높이와 날짜 수이다. 즉 다음과 같다.

$$400 \ : \ x \ :: \ 1 \times 1 \times 1 \times 3 \ : \ \frac{5}{4} \times \frac{5}{4} \times \frac{5}{4} \times 5$$

파운드　파운드　길이　너비　높이　날짜　길이　너비　높이　날짜

따라서 다음을 얻는다.

$$x = \frac{625 \times 400}{192} = 1302\frac{1}{12} \ \text{파운드}$$

(3) 너비가 4인치일 때, 1제곱 야드를 만들려면 길이가 얼마가 되어야 하는가?

결과는 만들어진 넓이로, 두 경우 모두 같다.

요인은 길이와 너비이며, 따라서 하나는 다른 하나와 역으로 변화한다. 그러므로 다음과 같다.

$$x \quad : \quad 36 \quad :: \quad 36 \quad : \quad 4$$

첫째 길이　　둘째 길이　　둘째 너비　　첫째 너비

따라서 다음을 얻는다.

$$x = \frac{36 \times 36}{4} = 364\text{인치}$$

(4) 남자 132명이 7일 동안 매일 10시간씩 작업해서 길이 100야드, 깊이 3야드, 너비 2야드의 참호를 팔 수 있다면, 11일 동안 매일 12시간씩 작업해서 길이 320야드, 깊이 4야드, 너비 3야드의 참호를 파려면 몇 명의 남자가 필요할까?

결과는 참호이고, 그 부수적 요인들은 길이, 깊이, 너비이다.

주요한 요인은 남자의 수, 일수, 하루의 시간이다.

두 번째 경우에서 결정해야 할 요인은 남자의 수이다.

남자의 수는 결과의 부수적 요인에 따라 직접적으로, 다른 주요한 요인에 역으로 변화한다. 따라서, 다음을 얻는다.

$$132 : x :: \frac{100 \times 3 \times 2}{7 \times 10} : \frac{320 \times 4 \times 3}{11 \times 12} :: 33 : 112,$$
$$\therefore \ x = \frac{112 \times 132}{33} = 448$$

(5) 남자 10명이 3일 동안 길이 1200피트, 너비 800피트인 밭을 수확할 수 있다면, 남자 12명이 4일 동안 수확할 수 있는 밭의 길이가 1000피트일 때 밭의 너비는 얼마인가?

결과는 밭의 넓이이고, 결과의 부수적 요인은 그 길이와 너비이며, 비례식의 미지의 항은 두 번째 경우의 너비이다.

너비는 사람 수와 일수에 따라 직접적으로 변하고, 길이에 역으로 변한다. 따라서, 다음을 얻는다.

$$800 : x :: \frac{10 \times 3}{1200} : \frac{12 \times 4}{1000} :: 25 : 48$$
$$\therefore \ x = \frac{800 \times 48}{25} = 1536$$

389. 비례의 주제는 비즈니스는 물론 공동 생활의 언어에서도 매우 지속적으로 나타나기 때문에, 우리는 그것이 표현되는 매우 다양한 구절을 정확하게 해석하기 위해서뿐만 아니라, 그러한 해석이 우리가 채택한 비례의 일반적 정의와 일치함을 보여주기 위해서도 우리는 그것을 중요하게 여겨 왔다. 결론적으로 기하학에서 사용되는 고유한 형태의 비례에 대한 정의와 일치성을 고려해야 한다.

비례에 대한 대수학적 정의는 기하학으로 이전될 수 없음

비의 대수학적 정의를 기하학으로 이전하는 것을 막았던 동일한 이유는, 마찬가지로 비례의 정의의 유사한 이전을 막을 것이다. 만약 우리에게 분수 자체의 값을 확인하는 기하학적인 수단이 없다면, 비례를 구성하는 분수의 동질성을 확인하는 것은 불가능하기 때문이다. 그 분자와 분모가 다른 양들과 함께 기하학적인 경우에, 비례의 항을 구성할 때 이런 분수의 동질성이 존재한다고 말하는 것은 이 관찰에 대한 답이 될 수 없다. 기하학이 이론적일 뿐만 아니라 실용적인 과학으로 간주된다면, 우리는 다른 과학의 도움을 받아야만 발견할 수 있고, 어떤 기하학적 검정으로도 검증할 수 없는 조사의 대상이 되는 수량의 어떤 속성도 이용할 수 없다.

비례에 대한 기하학적 정의는 대수학적 정의의 결과가 되어야 함

390. 그러나 비례에 대한 대수학적 정의는 다른 양과 함께 기하학적으로 이해하며, 따라서 우리가 채택할 수 있는 비례의 기하학적 정의가 무엇이든 간에, 그것은 적어도 형식은 아니더라도 그 결과에서 대수학적 정의와 일치해야 한다. 다른 것들처럼 그러한 정의는 단순히 종속 명제 시스템의 기반으로만 간주될 때, 완전히 자의적인 것이지만, 그것이 다른 또 더 일반적인 과학의 정의에서 비롯되는 것들과 불일치하는 결론을 이끌어 내도록 구성된다면, 그것은 쓸모없는 것보다 더 나쁠 것이다. 모든 종류의 기하학적 수량에 똑같이 적용할 수 있는 기하학적 검정의 적용을 수용하는 것을 찾기 위해서, 비례의 대수적 정의의 결과를 가능한 순서대로 검토하는 것이 편리하리라는 것은 이러한 이유 때문이다.

제시된 정의, 외항으로 구성된 직사각형과 동일한 내항으로 구성된 직사각형

391. 비의 대수학적 정의에 따른 결과 중 가장 즉각적이고 주목할 만한 것은 비례의 외항과 내항의 곱이 같다는 것이다. 비교의 대상이 되는 양이 기하학적 직선이라면, 문제의 곱은 이 선들이 각각 인접한 변인 직사각형에 해당할 것이고, 그 선들은 그 직사각형들이 서로 동일한 경우, 비례의 항을 적절히 구성할 것이다. 그러한 직사각형의 동일성이나 다양성이 실용적인 기하학적 수단으로 (제곱으로 변환함으로써) 확인될 수 있는

342

만큼, 우리는 대수적 정의에 의해 제공된 검정과 반드시 일치하는 비례에 대한 기하학적 검정을 가져야 한다.

392. 그러한 비례의 기하학적 정의의 사용에 대한 다른 반대는 눈치 채지 못해도, 그것에는 치명적인 것이 하나 있는데, 그것은 모든 종류의 기하학적 양에 적용할 수가 없다. 비례의 항목이 두 개 또는 모두 넓이나 부피일 경우, 문제의 검정은 적용을 더 이상 인정하지 않는다. 간단히 말해서, 비례의 각 비를 구성하는 수량의 특성과 무관한 형태로 제시되지 않는다. 그리고 동일한 반대 의견이 어떠한 정의에도 다소간 적용되리라는 것은 명백한데, 그런 정의란 비례의 대수학적 정의에 기반을 두고 있고, 그것을 구성하는 비의 분수 형태와 무관하거나 즉시 연결되지 않는 것이다.

그 반대 의견

393. 이러한 이유로 우리는 비례의 정의를 구성하는 분수의 원래 형태로 다시 돌아간다. 즉, 다음과 같다.

비례에 대한 대수학적 정의의 두 번째 결과

$$\frac{a}{b} = \frac{c}{d}$$

그리고 기하학적 양이 기하학 시스템에서 인정할 수 있고, 그 동일성 또는 동질성과 연관되어 있는 항들의 변경 여부를 검토한다. 그것들 중에 선의 길이든 넓이든, 비의 항목에 어떤 배수라도 고려될 수 있다. 따라서 우리가 비례식의 첫 번째와 세 번째 항에 임의의 배수 (m)을 적용하고, 두 번째와 네 번째 항에 임의의 배수 (n)을 적용하면, 다음과 같이 된다.

$$\frac{ma}{nb} = \frac{mc}{nd}$$

ma가 nb보나 크면 mc노 nd보다 크고, ma가 nb와 같으면 mc도 nd와 같으며, ma가 nb보다 작으면 mc도 nd보다 작다. 그렇진 않겠지만, mc가 nb보다 크고 동시에 mc가 nd보다 크지 않다고 가정해 보자. 그러면 더 큰 부등식의 비가 등식의 비 또는 더 작은 부등식의 비와 같을 수 있다. 다시 말하면, 가분수가 1이나 진분수와 같을 수 있다는 것이다. 그리고 ma, nb, *mc*, *nd*라는 항들의 관계에 대한 결론이 우리가 언급해 온 것과 다르다면 비슷한 모순을 초래할 것임을 쉽게 알 수 있다.

비례에 대한 기하학적 정의

394. 그러므로 *a*와 *b*, *c*와 *d*가 선분의 길이든 넓이든 부피든 간에, 비례의 항을 구성하는 같은 종류의 기하학적 크기의 쌍인 경우, 첫 번째와 세 번째에 임의의 등배수를 취하고, 두 번째와 네 번째에 임의의 등배수를 취한다면, 그리고 첫 번째의 배수가 두 번째의 배수보다 크다면, 세 번째의 배수가 네 번째의 배수보다 클 것이다. 첫 번째의 배수가 두 번째의 배수와 같으면, 세 번째의 배수는 네 번째의 배수와 같을 것이며, 첫 번째의 배수가 두 번째의 배수보다 작으면 세 번째의 배수는 네 번째의 배수보다 작을 것이다. 이 명제는 다른 크기뿐만 아니라 기하학을 포함하여 대수학에서 비례에 대한 정의의 필요한 결과로 유추된 것으로, 이는 합법적으로 기하학에서 비례의 정의로 전환될 수 있으며, 그러한 목적을 위해 유클리드 제5권의 다섯 번째 정의에 제시되어 있다.

비례하지 않는 수량에 대한 기하학적 정의

395. 그러나 이 정의는 네 개의 기하학적 크기가 비례를 형성할 때뿐만 아니라, 그렇지 않을 때에도 확인할 수 있다는 것을 보여줄 수 없는 한 불완전하다. 이는 그러한 크기가 모든 상황에서 정의가 규정하는 조건을 충족하지 않는 비례를 형성하지 않는다는 유사한 결론으로 이어진다. 즉 다시 말하자면, 네 개의 크기가 비례를 형성하지 않는 경우는 다음과 같다. 첫 번째와 세 번째가 무엇이든 임의의 등배수를 취하고 두 번째와 네 번째가 무엇이든 임의의 등배수를 취했을 때, 첫 번째의 배수가 두 번째의 배수보다 크지만, 세 번째의 배수는 네 번째의 배수보다 크지 않은 것으로 보일 수 있다. 또는 첫 번째의 배수가 두 번째의 배수보다 작지만, 세 번째의 배수는 네 번째의 배수보다 작지 않은 경우이다.

대수학적 정의의 결과

396. 비례적이지 않은 수량에 대한 이런 정의가 마찬가지로 비례의

344

대수학적 정의의 결과라는 것을 보여주기 위해, 우리는 a, b, c, d 네 가지 양이 서로 관련이 있다고 하고, $\frac{a}{b}$가 $\frac{c}{d}$보다 크거나 작다고 가정한다. 첫 번째 경우에는 아래와 같이 구성하면

$$x = \frac{ad - bc}{d} \text{ 일 때 } \quad \frac{a - x}{b} = \frac{c}{d}$$

다음을 얻는다.

$$\frac{m(a - x)}{nb} = \frac{mc}{nd}$$

이제 $mc = nd$라 가정하면, 우리는 또한 $ma - mx = nb$를 갖게 되고, 따라서 ma는 nb보다 크고 동시에 mc는 nd와 같다. 다시 말하면 네 가지 양의 첫 번째와 세 번째에 등배수를 취하고, 두 번째와 네 번째에 다른 등배수를 취하면, 첫 번째의 배수는 두 번째 것보다 크지만, 세 번째의 배수는 네 번째 것보다 크지 않다. 다시 $\frac{a}{b}$가 $\frac{c}{d}$보다 작다고 가정한다면, 다음이 성립한다.

$$x = \frac{bc - ad}{b} \text{ 일 때 } \quad \frac{a + x}{b} = \frac{c}{d}$$

그리고 다음을 얻는다.

$$\frac{m(a + x)}{nb} = \frac{mc}{nd}$$

여기서 우리가 $mc = nd$라 가정하면, 다음을 얻는다.

$$ma + mx = nb$$

그러므로 ma는 nb보다 작고, 동시에 mc는 nd보다 작지 않다. 다시 말하면, 네 가지 양의 첫 번째와 세 번째에 등배수를 취하고, 마찬가지로 두 번째와 네 번째에 등배수를 취하면, 첫 번째의 배수는 두 번째 것보다 작지만, 세 번째의 배수는 네 번째 것보다 작지 않다. 따라서 비례하는 수량의 기하학적 정의는 비례하지 않는 것과 마찬가지로 대수학적 정의의 결과와 동일한 것으로 보인다.

기하학적 추론의 형식에 채택된 기하학적 정의

397. 비례의 기하학적 정의는 기하학에서 고려되는 수량의 고유한 특성뿐만 아니라, 그것들의 관계에 관한 추론들이 스스로 나타내는 형태에도 마찬가지로 적용된다. 일반적으로 대수적 곱셈에 해당하는 배수와 하위 배수의 형성을 넘어서는 기하학의 진행은 없고, 대수적 나눗셈에 해당하는 그 어느 것도 없다. 그렇게 불릴 수 있는 한, 기하학의 작동과 그것들과 관련되거나 정의에 기반을 둔 추론들은, 그들의 등식에 관한 것이든 부등식에 관한 것이든, 또는 비례식의 항을 형성하든 형성하지 않든, 서로 간에 양의 비교에 국한된다. 그러므로 기하학에서 비례의 고유한 정의는 선택만큼이나 필요성으로부터 채택되어 왔고, 그 학문의 과정과 추론의 형태와 속성에 적응한 유일한 것이다. 왜냐하면 우리는 필요한 조건을 가진 비례에 대한 대수학적 정의에 다른 변경이 없다는 것을 알게 되었기 때문이다.

두 가지 정의의 결과와 동일한 비와 비례에 관한 일반 명제

398. 비와 비례에 관한 모든 일반 명제는 대수학적 및 기하학적 정의 둘 다 똑같이 필요한 결과로 간주될 수 있다. 왜냐하면 그것들은 둘 다 모든 종류의 양에 똑같이 적용할 수 있고, 그중 하나는 다른 것으로부터 추론 가능한 명제로 생각할 수 있다. 따라서 수학적 조사에서 제시된 유일한 대상이 입증의 형식을 거치지 않고 가장 빠른 진리의 확립이나 발견이었다면, 당연히 그 정의를 이용해야 하며, 이는 가장 빠르고 가장 쉽게 추구하는 결론에 이르게 한다. 그러나 그러한 조사는 대개 어떤 일반적인 시스템의 일부로 스스로를 제시하고, 그 시스템의 완전성은 입증의 형식에서 일관성이 필요하며, 결과적으로 그 근거와 동일한 정의 시스템에 대한 통일된 기준이 필요하다. 이런 이유로 대수 시스템에서는 비례의 대수적 정의를 한결같이 고수하고, 기하 시스템에서는 기하학적 정의를 고수해야 한다.

기하학적 정의가 대수학적 정의보다 더 일반적인 이유

399. 다음 명제는 사실상 유클리드 제5권에서 비례의 기하학적 정의에 의해 입증되는 명제와 동일하다. 두 경우에서 입증의 간결성과 편리성과 관련하여, 그들이 나타내는 대조는 매우 주목할 만하여, 그 차이가 기하

학에서 해당 정의의 우월적 엄격성과 일반성보다 대수학에서 비례 검정의 정의에 대한 더 실질적인 성격에 덜 기인한다는 매우 일반적인 인상을 줄 정도이다. 그러나 이러한 편견의 상당 부분은 대수학을 단지 비례의 산술적 정의와 같은 맥락으로 간주하고, 따라서 비가 유한한 숫자로 표현할 수 있고 비교 가능한 크기로 이해하는 매우 일반적인 관행에 기인한다. 따라서 첫 번째가 두 번째의 동일한 여러 부분 또는 일부이고, 세 번째가 네 번째에 그러할 경우, 네 개의 크기는 비례로 정의되었다. 그 정의 자체가 비의 항목을 서로 비교할 수 없을 때, 그러한 상황에서 비례에 대한 대수적 또는 산술적인 검정이 존재하지 않는 결과로, 그 정의에 기초한 명제를 기하학적 정의에 의해 도출된 것보다 덜 포괄적인 것으로 만드는 것은 비례의 대수적 정의에 대한 특정 결과의 치환이었다.

400. 기하학적 크기는 연속성의 법칙에 따라 약분 가능 여부와 상관없이 동일한 종류의 다른 모든 크기의 비를 정확하게 나타낼 수 있다. 그러나 선분이 상징적으로 사용될 때, 우리는 이러한 목적을 떠맡고 눈에 보이는 실제 선분이 그들이 나타내는 양과 서로 동일한 관계를 갖고 있는지 확인할 방법이 없다. 따라서 그러한 상황에서, 그들은 같은 목적을 위해 사용되는 대수의 일반적인 기호보다 더 실용적으로 사용되지 못한다. 그러므로 그것들의 상호 약분 가능성에 대한 적절한 조사 대상이 되는 것은, 단지 상징적으로 사용되지 않고 그 자체가 그들이 대표하는 크기일 때뿐이다.

기하학적 크기는 약분 가능하거나 불가능한 비를 표시할 수 있음

401. 두 선분의 최대 공약수를 찾는 과정은 두 수의 최대 공약수를 찾는 과정과 동일하나. 왜냐하면 누 선분 중 작은 것(나누는 양)을 큰 것(나뉠 양)으로부터 가능한 한 여러 번 잘라낼 수 있고, 나머지와 최종 나누는 양으로 그 과정을 반복하면 되기 때문이다. 그 과정이 종료되면, 선분들은 약분이 가능하고, 최종 나누는 양이 공약수가 된다. 그러나 아무리 오래 지속해도 나눗셈이 종료되지 않는 경우, 선분들은 서로 약분할 수

두 선분의 약분 가능성을 확인하는 과정

없다. 이 과정으로 두 선분이 무한한 수의 연산 없이도 서로 약분 관계에 있지 않다고 말할 수는 없다는 반론이 있을 수 있다. 그러나 그러한 약분할 수 없는 선분들이 어떤 배분 가능한 기하학적 특성에 의해 서로 연결되었을 때, 나머지와 나누는 양 사이에 동일한 관계가 발생함을 보여주는 것은 일반적으로 가능하고, 따라서 그 과정이 결코 종료되지 않을 수 있다.

AB와 AC가 각각 정사각형의 대각선과 변을 나타낼 경우, AB에서 AC를 잘라내면 나머지는 BC이고, 다시 AC에서 BC를 두 번 잘라내면 나머지는 AE가 된다. AD와 DE 사이의 관계가 AB와 AC 사이의 그것과 동일하다고 기하학적으로 증명하는 것은 그리 어렵지 않다. 즉 다시 말하면, AD는 사각형의 대각선이고, DE나 BC는 그 정사각형의 변이며, 따라서 이 과정은 동일한 관계의 지속적인 반복의 결과로 결코 종료될 수 없으며, 결국 정사각형의 대각선과 변은 서로 약분할 수 없다는 결론으로 이어진다.[3]

기호적으로 표시된 정사각형에서 대각선과 변의 비

402. 만약 정사각형의 변을 a라 한다면, 대각선의 제곱은 두 변의 제곱의 합과 같게 되고, 결과적으로 $2a^2$이 된다. 따라서 대각선 그 자체는 $\sqrt{2} \cdot a$로 표시되며, 변에 대한 비는 $\sqrt{2} : 1$로 표시된다. 이 형식으로 나타낸 비는 상징적일 뿐이고, 어떤 유한한 숫자로도 대체될 수 없다. 이는 불연속 양과 연속 양의 차이로, 어느 한 학문이 상징적으로 사용될 때, 산술보다 기하학에 더 광범위한 표현력을 부여한다.

---

3) 외항과 내항의 비로 나누어진 선분의 조각들은 유사한 방법으로 서로 약분할 수 없다는 것을 보일 수 있다.

403. 약분이 되지 않는 모든 비의 경우에서 최대 공약수를 찾는 일 반적인 과정은, 쉽게 찾을 수 있는 기간 동안 반복되든 아니든 간에, 일련의 무한한 몫을 이끌어냄으로써, 수렴 분수를 형성하는데, 이는 비 자체의 값과 필요한 정확도에 근접한 값이다. 그러나 동일한 일련의 몫에서 연속 분수를 형성하고 그로부터 수렴 분수를 유도하는 이론은 다음 장에서 검토할 것이며, 이에 따라 우리는 이 주제에 대한 추가적인 고려는 유보하기로 한다.[4]

404. 그러나 숫자나 수량 자체와 비교할 때 서로 거의 차이가 없는 매우 큰 수나 수량의 제곱 근와 거듭 제곱의 경우, 그 비의 값에 대한 매우 즉각적이고 유용한 근사는, 약분 가능 여부와 관계없이, 다음과 같은 방법으로 구할 수 있다. 숫자 또는 수량 자체가 $a + x$와 a일 때, x가 a에 비해 매우 작다면, 다음이 성립한다.

$$\frac{(a+x)^n}{a^n} = \frac{a^n + na^{n-1}x + \frac{n(n-1)}{1\cdot 2}a^{n-2}x^2 + \cdots}{a^n}$$
$$= \frac{a + nx + \frac{n(n-1)}{1\cdot 2}\frac{x^2}{a} + \cdots}{a}$$
$$= \frac{a + nx}{a} \quad \text{근사적으로}$$

두 번째 항 이후 매우 작은 분수인 $\frac{x^2}{a}$, $\frac{x^3}{a^2}$, $\frac{x^4}{a^3}$, ...를 포함하여, 분자의 항들을 무시한다면, $(101)^2$ 대 $(100)^2$의 비는 102 대 100의 비에 매우 가깝고, $(137)^3$ 대 $(135)^3$의 비는 $135 + 3 \times 2$, 즉 141 대 135의 비에 매우 가깝다.

---

4) 최대 공약수를 찾는 통상의 과정은 연산이 수행되었을 때, 기호로부터 실제 양 또는 그러한 표현으로 이행되지 않는 한, 비의 항들이 기호적으로 표현되었을때 적용할 수 없다. 이러한 종류의 비로 다음을 들 수 있다.

$$\sqrt{2} \text{ 대 } 1, \quad \text{또는} \quad \sqrt{3} \text{ 대 } \sqrt{2}$$

이러한 환경에서는 연속 분수를 유도하는 몫의 구성을 위해서는 다른 방법에 의존하여 야 한다.

$\sqrt{1001}$ 대 $\sqrt{1000}$의 비는 $1000\frac{1}{2}$ 대 1000 또는 2001 대 2000의 비에 가깝고, $\sqrt[3]{729}$ 대 $\sqrt[3]{728}$의 비는 $728\frac{1}{3}$ 대 728 또는 2185 대 2184의 비에 가깝다.

비례에 대한 **405.** 우리는 이제 앞선 조사에 포함되지 않은 비의 주제에 관한 가장
일반 명제 중요한 명제들 중 일부를 보충할 것이다.

"같은 크기에 대하여 같은 비를 갖는 크기는 서로 같은 비를 갖는다."

$a : b :: e : f$ 그리고 $c : d :: e : f$일 때 다음이 성립한다.

$$a : b :: c : d$$

만약 $\frac{a}{b} = \frac{e}{f}$와 $\frac{c}{d} = \frac{e}{f}$라면 $\frac{a}{b} = \frac{c}{d}$이며, 따라서 $a : b :: c : d$이다.

역순 법칙 **406.** "4개의 크기가 비례를 구성하는 경우, 그들은 역순 법칙[5]을
따른다. 즉, 각 비의 항들을 역순으로 놓을 때도 비례한다."

$a : b :: c : d$이면, 다음이 성립한다.

$$b : a :: d : c$$

왜 그런지 살펴보면 $\frac{a}{b} = \frac{c}{d}$이고, 1을 이와 같은 수량으로 각각 나누면
다음을 얻는다.

$$\frac{1}{\left(\frac{a}{b}\right)} = \frac{1}{\left(\frac{c}{d}\right)}, \quad 즉 \quad \frac{b}{a} = \frac{d}{c}$$

따라서 다음이 성립한다.

$$b : a :: d : c$$

교대 법칙 **407.** "4개의 크기가 비례를 구성하는 경우, 그들은 교대 법칙을 따른

---

5) 비례의 주제에서 이 비례 그리고 몇몇 다른 비례를, 유클리드가 구성할 비례의 대상이
었던 비례에 대한 용어를 특별히 수정한 것을 나타내기 위해 사용한 라틴어 차용을 사
용하여, 기술적으로 인용하는 것이 일반적이다. 단 번역서에서는 그 뜻에 맞는 우리말로
바꾸어 표현한다.

다. 즉, 교대로 놓아도 비례한다."

$a : b :: c : d$이면 다음이 성립한다.

$$a : c :: b : d$$

왜 그런지 살펴보면 $\frac{a}{b} = \frac{c}{d}$일 때, $ad = bc$가 되고, 이를 같은 양 dc로 나누면, 다음을 얻는다.

$$\frac{ad}{dc} = \frac{bc}{dc}, \quad 즉 \quad \frac{a}{c} = \frac{b}{d}$$

따라서 다음이 성립한다.

$$a : c :: b : d$$

408. "4개의 크기가 비례를 구성하는 경우, 그들은 또한 합의 법칙을 **합의 법칙** 따른다. 즉, 첫째와 둘째의 합이 둘째에 대한 비와, 셋째와 넷째의 합이 넷째에 대한 비가 비례를 구성한다."

$a : b :: c : d$이면 다음이 성립한다. $a + b : b :: c + d : d$가 된다.

왜 그런지 살펴보면 $\frac{a}{b} = \frac{c}{d}$일 때, $\frac{a}{b} + 1 = \frac{c}{d} + 1$이 되고, 따라서 다음이 성립한다.

$$\frac{a + b}{b} = \frac{c + d}{d}, \quad 즉 \quad a + b : b :: c + d : d$$

409. "4개의 크기가 비례를 구성하는 경우, 차의 법칙을 따른다. 즉, **차의 법칙** 첫째와 둘째의 차에 대한 둘째의 비와, 셋째와 넷째의 차에 대한 넷째의 비가 비례를 구성한다."

$a : b :: c : d$이면 다음이 성립한다.

$$a - b : b :: c - d : d$$

왜 그런지 살펴보면 $\frac{a}{b} = \frac{c}{d}$일 때, $\frac{a}{b} - 1 = \frac{c}{d} - 1$이 되고 따라서 다음이 성립한다.

$$\frac{a-b}{b} = \frac{c-d}{d}, \quad 즉 \quad a - b : b :: c - d : d$$

변형 법칙　　**410.** "4개의 크기가 비례를 구성하는 경우, 변형 법칙을 따른다. 즉, 첫째에 대한 첫째와 둘째의 차의 비와, 셋째에 대한 셋째와 넷째의 차의 비가 비례를 구성한다."

$a : b :: c : d$이면 다음이 성립한다.

$$a : a - b :: c : c - d$$

왜 그런지 살펴보면 $\frac{a}{b} = \frac{c}{d}$일 때, 다음이 성립한다.

$$\frac{a-b}{b} = \frac{c-d}{d} \quad 그리고 \quad \frac{b}{a} = \frac{d}{c}$$

따라서 다음이 성립한다.

$$\frac{a-b}{b} \times \frac{b}{a} = \frac{c-d}{d} \times \frac{d}{c}, \quad 즉 \quad \frac{a-b}{a} = \frac{c-d}{c}$$

이제 역순 법칙에 의해 다음을 얻는다.

$$\frac{a}{a-b} = \frac{c}{c-d}, \quad 즉 \quad a : a - b :: c : c - d$$

411. "네 개의 크기가 비례를 구성하는 경우, 첫째와 둘째의 합에 대한 그들의 차의 비와, 셋째와 넷째의 합에 대한 그들의 차의 비가 비례를 구성한다."

$a : b :: c : d$이면 다음이 성립한다.

$$a + b : a - b :: c + d : c - d$$

왜 그런지 살펴보면 $\frac{a}{b} = \frac{c}{d}$일 때, 다음이 성립한다.

$$\frac{a+b}{b} = \frac{c+d}{d} \quad \text{그리고} \quad \frac{a-b}{b} = \frac{c-d}{d}$$

따라서 다음이 성립한다.

$$\frac{\frac{a+b}{b}}{\frac{a-b}{b}} = \frac{\frac{c+d}{d}}{\frac{c-d}{d}}$$

이로부터 다음을 얻는다.

$$\frac{a+b}{a-b} = \frac{c+d}{c-d}, \quad \text{즉} \quad a+b : a-b :: c+d : c-d$$

412. "동일한 종류의 세 개 또는 임의의 수의 크기와 같은 수의 다른 크기가 있을 때, 같은 순서로 두 개씩 취한 것이 동일한 비를 가질 경우, 첫 번째 세트의 크기에서 첫째의 말째에 대한 비는 두 번째 세트의 크기에서 첫째의 말째에 대한 비와 같다."

a, b, c가 첫 번째, a', b', c'이 크기들의 두 번째 집합이라 하자. 이때 아래의 식이 성립하면

$$a : b :: a' : b' \quad \text{그리고} \quad b : c :: b' : c'$$

다음을 얻는다.

$$a : c :: a' : c'$$

왜 그런지 살펴보자. $\frac{a}{b} = \frac{a'}{b'}$ 그리고 $\frac{b}{c} = \frac{b'}{c'}$이면 다음이 성립한다.

$$\frac{a}{b} \times \frac{b}{c} = \frac{a'}{b'} \times \frac{b'}{c'}$$

따라서 다음을 얻는다.

$$a/c = a'/c', \quad \text{즉} \quad a : c :: a' : c'$$

각 집합에 3개 이상의 크기가 있을 때 유사한 설명이 적용된다.

413. "임의 개수의 크기와 같은 개수의 다른 크기가 있고, 교차 순서에 따라 두 개씩 취한 것이 동일한 비를 가질 경우, 즉, 크기들의 첫 번째 집합에서 첫째의 둘째에 대한 비는 크기들의 두 번째 집합에서 끝에서 둘째가 말째에 대한 비와 같다. 그리고 크기들의 첫 번째 집합에서 둘째의 셋째에 대한 비는 크기들의 두 번째 집합에서 끝에서 셋째가 끝에서 둘째에 대한 비와 같다. 그러면 크기들의 첫 번째 집합에서 첫째의 말째에 대한 비는 크기들의 두 번째 집합에서 첫째가 말째에 대한 비와 같다."

a, b, c가 첫 번째, a', b', c'이 크기들의 두 번째 집합이라 하자. 그리고 다음이 성립한다고 하자.

$$a : b :: b' : c' \quad \text{그리고} \quad b : c :: a' : b'$$

그러면 다음이 성립한다.

$$a : c :: a' : c'$$

아래의 식이 성립하면

$$\frac{a}{b} = \frac{a'}{b'} \quad \text{그리고} \quad \frac{b}{c} = \frac{b'}{c'}$$

다음이 성립한다.

$$\frac{a}{b} \times \frac{b}{c} = \frac{a'}{b'} \times \frac{b'}{c'}$$

따라서 다음을 얻는다.

$$a/c = a'/c', \quad \text{즉} \quad a : c :: a' : c'$$

각 집합에 3개 이상의 크기가 있을 때 유사한 설명이 적용된다.

기하학에서의 제곱 비 **414.** "세 크기가 연속적 비례 관계에 있을 경우, 말째에 대한 첫째의 비는 둘째에 대한 첫째의 제곱 비이다."

$a : b :: b : c$이면, $a^2 : b^2 :: a : c$ 이다.

왜 그런지 살펴보자. $\frac{a}{b} = \frac{b}{c}$일 때 다음이 성립한다.

$$\frac{a}{b} \times \frac{a}{b} = \frac{b}{c} \times \frac{a}{b}, \quad 즉 \quad \frac{a^2}{b^2} = \frac{a}{c}$$

그러므로 다음을 얻는다.

$$a^2 : b^2 :: a : c$$

비에 대한 독립적 정의가 없는 기하학에서, 제곱 비에 대한 정의를 구성하는 것이 이 명제의 설명이다.

415. "네 크기가 연속적 비례 관계에 있을 경우, 넷째에 대한 첫째의 비는 둘째에 대한 첫째의 세 제곱 비이다." **기하학에서의 세제곱 비**

$a : b :: b : c :: c : d$이면, $a^3 : b^3 :: a : d$이다.

왜 그런지 살펴보자. $\frac{a}{b} = \frac{b}{c} = \frac{c}{d}$일 때 다음이 성립한다.

$$\frac{a^2}{b^2} = \frac{a}{c} \quad 그리고 \quad \frac{a^2}{b^2} \times \frac{a}{b} = \frac{a}{c} \times \frac{c}{d}, \quad 즉 \quad \frac{a^3}{b^3} = \frac{a}{d}$$

그러므로 다음을 얻는다.

$$a^3 : b^3 :: a : d$$

세 제곱 비의 정의를 구성하는 것은 이 명제의 설명이다.

416. "비례 관계에 있는 4개의 크기 a, b, c, d가 있고, 역시 비례 관계에 있는 또 다른 크기 a', b', c', d'의 비례가 있는 경우, 다음에 주어지는 그들의 상응하는 곱이나 몫도 역시 비례한다." **비례의 구성과 해법**

$$aa', \ bb', \ cc', \ dd'$$

$$또는 \quad \frac{a}{a'}, \ \frac{b}{b'}, \ \frac{c}{c'}, \ \frac{d}{d'}$$

왜 그런지 살펴보자. $\frac{a}{b} = \frac{c}{d}$ 그리고 $\frac{a'}{b'} = \frac{c'}{d'}$이면 다음이 성립한다.

$$\frac{a}{b} \times \frac{a'}{b'} = \frac{c}{d} \times \frac{c'}{d'}, \quad 즉 \quad aa' : bb' :: cc' : dd'$$

또, $\frac{a}{b} = \frac{c}{d}$ 그리고 $\frac{a'}{b'} = \frac{c'}{d'}$이면 다음이 성립한다.

$$\frac{a}{b} \times \frac{b'}{a'} = \frac{c}{d} \times \frac{d'}{c'}, \quad 즉 \quad \frac{a}{a'} \times \frac{b'}{b} = \frac{c}{c'} \times \frac{d'}{d}$$

따라서 다음을 얻는다.

$$\frac{\left(\frac{a}{a'}\right)}{\left(\frac{b}{b'}\right)} = \frac{\left(\frac{c}{c'}\right)}{\left(\frac{d}{d'}\right)}, \quad 즉 \quad \frac{a}{a'} : \frac{b}{b'} :: \frac{c}{c'} : \frac{d}{d'}$$

417. "4개의 양 a, b, c, d가 비례할 경우, a^n, b^n, c^n, d^n도 비례한다."

왜 그런지 살펴보자. $\frac{a}{b} = \frac{c}{d}$이면 다음이 성립한다.

$$\frac{a^n}{b^n} = \frac{c^n}{d^n}, \quad 즉 \quad a^n : b^n :: c^n : d^n$$

418. "서로 같은 임의 개수의 비가 있을 경우, 한 선행 값이 그 결과 값에 비례하면, 모든 선행 값이 모든 결과 값에 비례한다."

$a : b :: c : d :: e : f$이면 다음이 성립한다.

$$a : b :: a + c + e : b + d + f$$

왜 그런지 살펴보자. $\frac{a}{b} = \frac{c}{d} = \frac{e}{f}$이면 다음이 성립한다.

$$\frac{a}{b} = \frac{a}{b}, \quad 즉 \quad ab = ba$$
$$\frac{a}{b} = \frac{c}{d}, \quad 즉 \quad ad = bc$$

$$\frac{a}{b} = \frac{e}{f}, \quad 즉 \quad af = be$$

결국, 다음이 성립한다.

$$ab + ad + af = ba + bc + be, \quad 즉 \quad a(b + d + f) = b(a + c + e)$$

따라서 다음을 얻는다.

$$\frac{a}{b} = \frac{a + c + e}{b + d + f}, \quad 즉 \quad a : b :: a + c + e : b + d + f$$

동일한 설명이 임의 개수의 같은 비들에도 쉽게 확장될 수 있다.

419. 유클리드 제5권에는 여러 가지 명제가 있는데, 여기에는 서로 같은 것은 물론 크거나 작은 비와 그렇게 되는 조건에 관한 가설이 있는데, 이는 비의 대수학적 정의의 결과로서 자명하거나 거의 자명하기 때문에, 여기서 그것들을 증명해야 할 뚜렷한 명제로서 주목할 필요는 없을 것이다. 그러나 이것은 기하학 체계에서는 매우 다른데, 여기서는 비례의 정의와 단절된 상태에서, 비에 대한 정의의 필요성은 비의 그러한 속성을 증명의 대상으로서 비례의 속성으로 간주하도록 한다. 따라서 "서로 다른 크기에서 더 큰 것이 작은 것보다 더 큰 비를 갖는다"라고 한다면, 비례하지 않는 양에 대한 정의의 운용 범위 안에 이 명제를 가져와야 하며, 그 조건이 네 개의 크기 중 첫째의 둘째에 대한 비가 셋째(이 경우 둘째와 동일함)의 넷째에 대한 것보다 크다는 조건과 일치한다는 것을 보여야 한다. 그러나 대수적으로 똑같은 세 개의 크기를 a, b, c로 나타낸다면, a가 c보다 클 경우 첫 번째 비는 $\frac{a}{b}$로, 두 번째 비는 $\frac{c}{b}$로 표시된다. 비와 동의어로서 **분수**라는 용어에 부가된 의미의 결과로서, 그러한 상황에서 첫 번째 분수가 두 번째보다 크다는 것을 알 수 있고, 어떤 공식적인 증명도 그 명제의 근거를 증가시키지 않는다.

같은 논리가 다음의 명제에도 적용된다. "여섯 개의 크기가 있고, 둘

비례에 대한 대수학적 정의의 자명한 결과는 항상 기하학적 정의의 자명한 결과는 아니다

째에 대한 첫째의 비가 넷째에 대한 셋째의 비보다 크지만, 넷째에 대한 셋째의 비는 여섯째에 대한 다섯째의 비보다 작지 않을 경우, 둘째에 대한 첫째의 비는 여섯째에 대한 다섯째의 비보다 크다.”

여섯 개의 크기를 a, b, c, d, e, f로 표시하면, 명제의 대상인 세 가지 비는 각각 $\frac{a}{b}$, $\frac{c}{d}$, $\frac{e}{f}$가 되고, $\frac{a}{b}$가 $\frac{c}{d}$보다 크고 $\frac{c}{d}$가 $\frac{e}{f}$보다 작지 않으면, 우리는 $\frac{a}{b}$가 $\frac{e}{f}$보다 크다는 것을 즉시 추론할 수 있으며, 어떤 증명도 이 결론의 근거를 증가시킬 수 없다. 그러나 서로 독립적인 이들 비의 값을 정의하는 어떤 기하학적 형태가 없다면, 첫째와 다섯째, 그리고 둘째와 여섯째의 어떤 등배수가 있다는 것이 필수적이 되고, 여기서 첫째의 배수는 둘째의 배수보다 크지만 다섯째의 배수는 여섯째의 배수보다 크지 않다. 결코 자명한 것은 아니지만, 공식적인 증명의 인정이 필요하다.

제 12 장

단순 근의 일반 이론 그리고 대수의 기하로의 응용에 대한 원리

420. 우리는 이전에 '거듭 제곱'이라는 용어의 역으로서 '근'이라는 용어의 의미를 그 통상적인 수용에서 설명하고(조항 13), 또한 수와 단순 및 복합 대수식에 대한 해당 거듭 제곱으로부터 근을 결정하는 규칙을 상당히 조사하고 예시하였다(8장). 이러한 연산의 다른 결과들이 있는데, 이는 전체 기호학에서 가장 중요한 것에 속하는 대수학의 기본 가정에 기인하며, 이제 우리가 이를 계속 살펴볼 것이다. 그러나 산술학과 또 이른바 산술적 대수 체계에서 근이라는 용어에 적절히 부여되는 의미의 범위를 고려하고 결정하는 것이 이 주제에 대해 유용하고 어떤 면에서는 필요한 서론을 구성한다. 근과 거듭 제곱의 일반적 의미

421. 근이라는 용어를 수 또는 수량에 적용할 때, 우리가 본 바와 같이, 유한 결정을 인정하든 안 하든, 종종 그 액면 단위가 나타내는 바와 같이 곱셈에서 인자로 사용되어, 분수든 아니든 요구되는 수를 산출하는 수 산술학에서 근이라는 용어의 의미

또는 수량을 의미한다. 따라서 25의 제곱 근 또는 이차 근은 5이다. 왜냐하면 $5 \times 5 = 25$이기 때문이다. $\frac{5329}{361}$의 제곱 근은 $\frac{73}{19}$이다. 왜냐하면 다음이 성립하기 때문이다.

$$\frac{73}{19} \times \frac{73}{19} = \frac{5329}{361}$$

1.030301의 세 제곱 근은 1.01이다. 왜냐하면 $1.01 \times 1.01 \times 1.01$은 1.03030 이기 때문이다. 2의 제곱 근은 기호 $\sqrt{2}$로 표시되며, 그것과 동일한 유한 산술 양은 없다. 그러나 수에서 제곱 근을 추출하는 일반 규칙은 대략적인 값을 결정할 것이며, 더 많은 연산을 계속할수록 더 정확한 값이 된다.

산술 대수학에서 그 의미   **422.** 부호 +와 −를 독립적으로 사용하지 않고, 이로 인해 기호 값이 제한되는 산술 대수 체계에서, 근이라는 용어는 일반적인 산술에서의 의미와 엄격히 일치할 것이다. 그것은 (기호적으로 표현될 수는 있지만) 종종 그 액면 단위가 나타내는 바와 같이 곱셈에서 인자로 사용되어 요구되는 수식을 생성하는 산술적 양을 표시한다. 그러므로 그러한 근에서 오로지 양만 고려되므로, 하나의 거듭 제곱에 해당하는 하나의 근만 있을 수 있다. 한편 거듭 제곱에서는 양의 작용이 고려될 수 없으므로, 근에서도 양의 작용이 고려될 수 없다.

예제   **423.** 따라서 a^2의 제곱 근은 a이고 a뿐이다. 이차 근 $-a$는 전적으로 기호 대수 체계에 속한다. $a^2 - 2ab + b^2$의 제곱 근은 a가 b보다 큰 경우 또는 작은 경우에 따라, $a - b$ 또는 $b - a$ 이다. a^3의 세 제곱 근은 a이고 a뿐이다. 다른 두 개의 대수적 근이 있는데 나중에 우리가 주목할 기회가 있을 것이다. 아래 식의 세 제곱 근은 a가 b보다 큰 경우 $a - b$이다.

$$a^3 - 3a^2b + 3ab^2 - b^3$$

a가 b보다 작을 경우, 세 제곱 근이나 그 제곱 근은 산술적으로 존재하지

360

않는 것으로 간주된다. 그러나 우리는 산술 대수 체계에 필요한 기호의
사용과 그 값의 한계를 충분히 고려했기 때문에 이러한 관찰을 더 확장할
필요는 거의 없다(3장).

424. 산술 대수에서 기호는 수와 동일하게 포괄적이므로, 수가 나타 산술 근
용어의 확장된
사용
낼 수 있는 선의 길이, 넓이 또는 다른 모든 종류의 양을 표현할 수 있다.
그러한 양이 해석할 수 있는 거듭 제곱을 수용하는 모든 경우에, 산술 대
수의 이 체계에 속하는 산술 근이라 부를 수 있는 해당 근이 있을 것이다.
단 그것들이 나타내는 양은 그렇지 않을 수 있다. 따라서 a^2이 넓이라면, a
는 설명될 수 있는 동일한 정사각형의 한 변의 길이이다. a^3이 입체의 부피
라면, a는 동일한 정육면체의 모서리의 길이이고 다른 경우도 마찬가지다.
그러므로 산술 근이라는 용어 사용의 확장은 부호 $+$와 $-$의 독립적 사용에
의해서만 제한되며, 나타내는 양의 속성에 의해서는 제한되지 않는다.

425. 산술 대수학뿐만 아니라 기호 대수학에서도 근이라는 용어를 용어 근은
항상 용어
거듭 제곱의
역임
거듭 제곱이라는 용어의 역으로 간주할 수 있고, 그 반대도 마찬가지다. 왜
냐하면 a의 n차 제곱(또는 그렇게 부르는 것)이 a^n으로 표시되면, 그 n차
근은 $a^{\frac{1}{n}}$으로 표시할 수 있다. 지수의 일반 원리에 따르면, 다음 방정식을
얻는다.

$$(a^n)^{\frac{1}{n}} = (a^{\frac{1}{n}})^n$$

따라서 a의 n차 제곱의 n차 근은, a의 n차 근의 n차 제곱과 동일하고, 그
결과는 두 경우 모두 원래의 기호나 양인 a이다. 즉, a의 n차 제곱으로
표시된 연산은, n의 값이 무엇이든 간에, 또 그들이 개별적으로 나타내는
연산의 특성과 의미가 무엇이든 간에, a의 n차 근으로 표시된 연산의 결과
를 무효로 하며, 그 반대도 마찬가지다. 이러한 이유로 우리는 일반적으로
이러한 연산들이 서로 역의 관계에 있다고 결론을 내린다.

426. 그러나 우리가 이 지수의 일반 값에서 특정 값으로 넘어간다면, 그 연산의 대상이 기호나 수 또는 그들이 나타내는 어떤 양이든 간에, 동일한 원칙이 그것이 표시하는 연산의 의미 해석으로 즉시 이어진다. 따라서 $+a$나 $-a$의 제곱 근은 그 자체로 곱해져서 $+a$나 $-a$를 산출하는 기호적 양이 될 것이다. $+a$나 $-a$의 n차 근은 (n이 정수일 때) n회의 인자로 채택되어 $+a$나 $-a$를 산출하는 기호적 양이 될 것이다. 그것이 제곱 근이나 다른 제곱 근을 결정하거나 표현해야 할 필요가 있는 기호든 대수식이든, 다른 모든 경우에도 마찬가지다.

427. 기호 대수 체계에서, 수식 $+a^2$과 $-a^2$, 또는 a^2과 $-a^2$은 동일한 양의 상이한 작용을 나타내며, 이는 산술 대수 체계에서 a^2으로 똑같이 표시할 수 있다. a^2, $+a^2$ 그리고 $-a^2$에 동일하게 속하는 산술 근 a는 1개 뿐이다. 왜냐하면 그것은 거기에 따라 붙는 부호 $+$와 $-$로 표시되는 특정 작용이 아니라, a^2의 크기에만 의존하기 때문이다. 그러나 a^2과 $-a^2$의 대수 근을 고려할 때, 우리는 그러한 근이 충족해야 하는 조건만을 생각해야 한다. 물론 대수학의 일반 규칙과 가정에 부합하여 요구된 결과를 동일하게 산출하는 기호 식이 있는 만큼, 많은 근이 있을 것이다. 따라서 모든 수식은 똑같이 a^2 또는 $-a^2$의 대수 근이며, 그 자체로 곱해져서 a^2이나 $-a^2$을 생성할 것이다. 다른 모든 경우에서도 유사하다.

428. 이 원리에 따라, 우리는 a와 $-a$를 똑같이 a^2의 대수 제곱 근으로 간주한다. 왜냐하면 $a \times a = a^2$이고, 또한 $-a \times -a = a^2$이기 때문이다. 다시 말해서 a와 $-a$는 a^2의 제곱 근이 충족해야 할 대수적 조건에 똑같이 대응한다. 유사한 방식으로, a의 산술 제곱 근을 $\sqrt{a}$로 표시할 경우, a의 두 개의 대수 제곱 근은 각각 $+\sqrt{a}$와 $-\sqrt{a}$로 표시될 것이고, 전자는 산술 근과 일치한다. 또한 $a^2 - 2ab + b^2$의 대수 제곱 근은 똑같이 $a - b$와 $b - a$,

또는 $(a - b)$와 $-(a - b)$이며, 그중 하나만 가장 단순한 형태에서 산술 근과 일치한다.

429. 이제 $-a^2$의 대수 제곱 근을 계속 고려한다면, 그러한 근은 일반적인 부호 $+$나 $-$가 붙은 a 또는 b처럼 어떤 단순한 대수 기호로 나타낼 수 없다는 것을 바로 알 것이다. 왜냐하면 이러한 부호가 적용되는 일반 규칙에 따라, 이런 부호 중 하나 또는 다른 것으로 작용을 받는 어떤 기호의 제곱은 부호 $+$만으로 작용을 받아야 하며, 따라서 그 결과는 결코 $-a^2$과 동일할 수 없다. 그러므로 만일 $+$와 $-$라는 부호가 고려될 수 있는 양의 작용만을 나타내는 것과 같이, 그 사용이 국한되어 있다면, $-a^2$의 제곱 근은 없으며, 기호 언어가 그것을 표현하는 데 부적합하다는 결론을 내려야 한다.

부호 $-$의 작용을 받는 양의 제곱 근이 충족해야 하는 조건

430. 그러한 조건에서 우리가 $-a^2$ 앞에 연산 기호 $\sqrt{}$를 단순히 붙임으로써 $\sqrt{-a^2}$으로 $-a^2$의 제곱 근을 표시할 수 있다는 것은 사실이다. 또한 다음 두 방정식은 동일한 방정식으로, 실행 가능 여부와 관계없이 $\sqrt{}$로 표시된 연산의 실제 수행과는 완전히 독립적이다.

어떤 경우에 $-a^2$의 제곱 근을 가상이라 하는가

$$\sqrt{-a^2} \times \sqrt{-a^2} = -a^2, \quad \text{그리고} \quad -\sqrt{-a^2} \times -\sqrt{-a^2} = -a^2$$

이 연산의 결과를 표시하는 적절한 모드가 없다면, 그 연산은 불가능하다고, 또 그 결과는 가상이라고 적절하게 칭할 수 있다. 그러나 만약 부호가 기존의 부호 $+$ 그리고 $-$와 일치하지 않고, 그 경우가 요구하는 모든 대수적 조건을 충족한다고 가정할 수 있다면, 그 가상의 결과는 a^2의 제곱 근과 동등하게 실제가 될 것이다.

431. 그러므로 우리가 a를 $-a^2$의 산술 제곱 근으로 간주하고, 우선 i로 하여금 적절한 대수 근으로 전환하기 위해 그것에 부착해야 하는 가상의

부호 $\sqrt{-1}$의 기호적 결정

또는 특이한 부호를 나타낸다고 가정하면, 부호 i를 일반 기호로 취급하여, 다음을 얻는다.

$$\sqrt{-a^2} = i \cdot a$$

따라서 다음이 성립한다.

$$-a^2 = (i)^2 a^2$$

그러나 $-a^2$은 마찬가지로 $(-1)a^2$과 같으므로, 다음을 얻는다.

$$-a^2 = (i)^2 a^2 = (-1)a^2, \quad 그리고 \quad (i)^2 = -1$$

만약 우리가 $(i)^2$과 -1을 일반 기호들과 같은 법칙의 적용을 받는 것으로 생각한다면, 다음을 얻는다.

$$i = \sqrt{-1}$$

따라서 다음이 성립한다.

$$\sqrt{-a^2} = i \cdot a = \sqrt{-1} \cdot a, \quad 즉 \quad a\sqrt{-1}$$

따라서 우리는 $\sqrt{-1}$을 해석의 인정 여부에 관계없이, $+$ 그리고 $-$와 동일하게, 또한 일반적인 기호 특성과 완벽하게 일치하는 작용 부호로 사용할 수 있게 된다.

부호 $+$와 $-$를 허용하며 $\sqrt{-1}$의 작용을 받는 양 **432.** a^2의 제곱 근이 똑같이 $+a$와 $-a$인 것과 같은 이유로 $-a^2$의 제곱 근은 동일하게 다음 둘이다.

$$+a\sqrt{-1}, \quad 그리고 \quad -a\sqrt{-1}$$

왜냐하면 다음이 성립하기 때문이다.

$$a\sqrt{-1} \times a\sqrt{-1} = -a^2, \quad 그리고 \quad -a\sqrt{-1} \times -a\sqrt{-1} = -a^2$$

그러므로 $a\sqrt{-1}$은 부호 +와 −에 민감하고, 따라서 그들이 나타낼 수 있는 작용 중에서 부호 $\sqrt{-1}$에 의해 수정된 양 a에 적합하다는 것을 알 수 있으며, 이는 우리가 그 해석의 원리를 고려할 때 중요한 사실이 된다.

433. 우리는 이전의 경우에서 부호 +와 −의 독립적인 사용에 대한 가정이 서로 어떻게 연결되어 있든, 대수 기호의 무한한 값에 필수적이라는 것을 보였고, 또한 그러한 작용 부호를 덧셈과 뺄셈 연산의 부호와 동일하게 함으로써 비롯되는 장점들을 설명하였다. 부호 $\sqrt{-1}$의 가정은 거의 동일한 이유로 필요하다. 왜냐하면 부호 −가 붙은 양의 제곱 근을 자유롭게 고려할 수 없는 한, $\sqrt{(a^2 - b^2)}$과 같은 식에서 우리는 반드시 a를 b보다 큰 것으로 가정해야 하며, 이는 대수학의 기호 표현에서 가정된 보편성에 반하는 제한이다. 따라서 a가 b보다 작은, 즉 $b^2 = a^2 + c^2$이라고 가정할 경우, 이 식은 $\sqrt{-c^2}$이 되고, 그러한 양에 대한 고려는 대수학의 근본적인 가정으로부터 필연적인 결과가 될 것이다.

부호 $\sqrt{-1}$의 사용은 대수 기호의 보편성 가정에 필요함

434. 우리는 $-a^2$을 $a^2 \times -1$로 표시하듯이, a^2을 $a^2 \times 1$로 표시할 수 있다. 결과적으로 $\sqrt{-a^2}$을 $a\sqrt{-1}$로 표시하는 것과 같은 방법으로, $\sqrt{a^2}$을 $a\sqrt{1}$로 나타낼 수 있다. 그러한 조건에서 우리는 $\sqrt{1}$과 $\sqrt{-1}$을 산술 제곱 근과 대수 제곱 근의 차이를 구별하거나 구별하지 않을 수 있는 특이한 작용을 받는 것으로 간주할 수 있다. 왜냐하면 $\sqrt{1}$은 +1 또는 −1과 기호적으로 동일하며, 따라서 $a\sqrt{1}$은 $+a$ 및 $-a$와 기호적으로 동일하기 때문이다. 같은 방식으로, $\sqrt{-1}$이 +와 − 두 가지 부호에 똑같이 작용을 받기 때문에, $a\sqrt{-1}$은 그 자체로 $+a\sqrt{-1}$과 $-a\sqrt{-1}$의 이중 값을 포함하게 된다.

산술 제곱 근과 대수 제곱 근을 구별하는 작용을 받는 $\sqrt{1}$과 $\sqrt{-1}$

435. 동일한 표기 원칙이 a^n이나 $-a^n$의 n차 근으로 확장 가능하다. a^n은 $a^n \times 1$과 동일하고, $-a^n$은 $a^n \times (-1)$과 동일하기 때문이다. 그러므로,

$\sqrt[n]{1}$과 $\sqrt[n]{-1}$로 확장된 동일한 관찰

다음이 성립한다.

$$\sqrt[n]{a^n} \quad \text{또는} \quad (a^n)^{\frac{1}{n}} = a\sqrt[n]{1} \quad \text{또는} \quad a(1)^{\frac{1}{n}}$$

그리고 또한 다음이 성립한다.

$$\sqrt[n]{-a^n} \quad \text{또는} \quad (-a^n)^{\frac{1}{n}} = a\sqrt[n]{-1} \quad \text{또는} \quad a(-1)^{\frac{1}{n}}$$

따라서 a^n과 $-a^n$의 공통 산술 근이 해당 대수 근을 형성하도록 수정해야 하는 특이한 작용이 무엇이든 간에, 1과 −1의 유사한 근으로 기호화되어야 한다. 그리고 결정이 가능하다면, 그것들로부터 결정될 수 있다.

실제로 모든 경우에, 일반 이론의 목적상 1과 −1을 대수학 부호가 표현할 수 있는 모든 특이한 작용을 받는 것으로 고려하는 것이 편리하다. 따라서 다음은 $\sqrt{1}$ 그리고 $\sqrt{-1}$과 동일하게 크기가 아닌 작용을 표현하는 부호나 기호로 간주하고, 서로 다른 액면 단위의 해당 산술 근과 대수 근 사이에 기호적 연결을 형성하는 것으로 간주할 수 있다.

$$\sqrt[3]{1} \text{ 과 } \sqrt[3]{-1}, \quad \sqrt[4]{1} \text{ 과 } \sqrt[4]{-1}, \quad \ldots, \quad \sqrt[n]{1} \text{ 과 } \sqrt[n]{-1}$$

그렇게 기호화된 작용이 다수인지 단수인지, 또한 그것들이 동등한 다른 것으로 기호적 변환을 허용하는지 아닌지를 확인하는 것은 다음에 이어지는 연구의 주요 대상 중 하나가 된다.

부호 $\sqrt{-1}$과 관련된 대수 연산의 보기

436. 부호 $\sqrt{-1}$의 해석을 진행하기 전에, 그 자체로 나타날 수 있는 조건이 무엇이든, 그리고 그로부터 이어지는 매우 중요한 결과가 무엇이든 간에, 이 부호가 나타내는 대수식의 환원과 변환에 대해 몇 가지 예를 들어 보는 것이 적절할 수 있다.

(1) $\sqrt{-49} = 7\sqrt{-1}$

이 경우 그리고 다른 경우에는 부호 $\sqrt{-1}$을, 별도의 고려가 필요하지 않을 때, + 또는 −의 이중 부호를 가진 것으로 간주해야 한다.

(2) $\sqrt{-20} = 2\sqrt{5}\sqrt{-1}$

(3) $(a + b\sqrt{-1}) + (a - b\sqrt{-1}) = 2a$

(4) $(a + b\sqrt{-1}) - (a - b\sqrt{-1}) = 2b\sqrt{-1}$

(5) $(a + b\sqrt{-1}) + (c + d\sqrt{-1}) = a + c + (b + d)\sqrt{-1}$

(6) $(a + b\sqrt{-1}) - (c + d\sqrt{-1}) = a - c + (b - d)\sqrt{-1}$

(7) $a\sqrt{-b} = a\sqrt{b}\sqrt{-1}$

(8) $a\sqrt{-b} \times \alpha\sqrt{-\beta} = -a\alpha\sqrt{b\beta}$

왜 그런지 살펴보면, $a\sqrt{-b} = a\sqrt{b}\sqrt{-1}$이고, $\alpha\sqrt{-\beta} = \alpha\sqrt{\beta}\sqrt{-1}$이다. 따라서 다음이 성립한다.

$$a\sqrt{-b} \times \alpha\sqrt{-\beta} = a\alpha\sqrt{b\beta} \cdot (-1) = -a\alpha\sqrt{b\beta}$$

$\sqrt{b\beta}$의 양은 + 또는 −의 이중 부호를 가지고 있고, 결국 우리가 고려하고 있는 곱은 부호 + 또는 − 중 하나에 영향을 받을 수 있다. 우리가 내려놓은 결과는 $\sqrt{b}$와 $\sqrt{\beta}$가 모두 +든 −든 동일한 부호에 영향을 받은 경우에 그러한 결과가 발생할 수 있다는 것이다.

(9) $\sqrt{(-a^2 + 2ab - b^2)} = (a - b)\sqrt{-1}$

(10) $(a + b\sqrt{-1})(a - b\sqrt{-1}) = a^2 + b^2$

따라서 $a^2 + b^2$은 $a^2 - b^2$과 똑같이 인수로 분해될 수 있다고 보인다.

(11) $(a + b\sqrt{-1})^2 = a^2 + 2ab\sqrt{-1} - b^2$

(12) $(a + b\sqrt{-1})(c + d\sqrt{-1}) = ac - bd + (ad + bc)\sqrt{-1}$

(13) $(a - b\sqrt{-1})(c - d\sqrt{-1}) = ac - bd - (ad + bc)\sqrt{-1}$

(14) $(a + b\sqrt{-1} + c\sqrt{-1})(a - b\sqrt{-1} - c\sqrt{-1}) = a^2 + (b + c)^2$

(15) $(a + b\sqrt{-1} + c\sqrt{-1})(a + b\sqrt{-1} - c\sqrt{-1})$

$\quad = (a + b\sqrt{-1})^2 + c^2 = a^2 - b^2 + c^2 + 2ab\sqrt{-1}$

(16) $(a + b\sqrt{-1} + c\sqrt{-1})(a + b\sqrt{-1} - c\sqrt{-1})$

$\quad \times (a - b\sqrt{-1} + c\sqrt{-1})(a - b\sqrt{-1} - c\sqrt{-1})$

$\quad = a^4 + b^4 + c^4 + 2a^2b^2 + 2a^2c^2 - 2b^2c^2$

(17) $(\sqrt{-1})^2 = -1$

(18) $(\sqrt{-1})^3 = -\sqrt{-1}$

(19) $(\sqrt{-1})^4 = 1$

(20) $(\sqrt{-1})^5 = \sqrt{-1}$

다음 수열에서 매 네 번째 항 이후에 동일한 값이 발생하며, 우리가 원하는 만큼 계속된다.

$$(\sqrt{-1})^6, \quad (\sqrt{-1})^7, \quad (\sqrt{-1})^8, \quad (\sqrt{-1})^9$$

(21) $(1 + \sqrt{-1})^2 = 2\sqrt{-1}$

(22) $(1 - \sqrt{-1})^2 = -2\sqrt{-1}$

(23) $\left(\dfrac{-1 + \sqrt{-3}}{2}\right)^3 = 1$

(24) $\left(\dfrac{-1 - \sqrt{-3}}{2}\right)^3 = 1$

아래 두 식은 1의 세 제곱근이 갖춰야 할 조건을 만족한다.

$$\dfrac{-1 + \sqrt{-3}}{2} \quad \text{그리고} \quad \dfrac{-1 - \sqrt{-3}}{2}$$

(25) $\left(\dfrac{-1 + \sqrt{-3}}{2}\right)^2 = \dfrac{-1 - \sqrt{-3}}{2}$

같은 방법으로 다음을 얻는다.

$$\left(\dfrac{-1 - \sqrt{-3}}{2}\right)^2 = \dfrac{-1 + \sqrt{-3}}{2}$$

(26) $\left(\dfrac{1+\sqrt{-1}}{\sqrt{2}}\right)^4 = -1 = \left(\dfrac{1-\sqrt{-1}}{\sqrt{2}}\right)^4$

(27) $\left(\dfrac{-1+\sqrt{-1}}{\sqrt{2}}\right)^4 = -1 = \left(\dfrac{-1-\sqrt{-1}}{\sqrt{2}}\right)^4$

(28) $\dfrac{a\sqrt{-1}}{b\sqrt{-1}} = \dfrac{a}{b}$

(29) $\dfrac{a+b\sqrt{-1}}{a-b\sqrt{-1}} = \dfrac{a^2+b^2}{(a-b\sqrt{-1})^2} = \dfrac{(a+b\sqrt{-1})^2}{a^2+b^2} = \dfrac{a^2-b^2}{a^2+b^2} + \dfrac{2ab\sqrt{-1}}{a^2+b^2}$

(30) $\dfrac{a+b\sqrt{-1}}{c+d\sqrt{-1}} = \dfrac{ac+bd-(ad-bc)\sqrt{-1}}{c^2+d^2}$

(31) $\dfrac{a-b\sqrt{-1}}{c-d\sqrt{-1}} = \dfrac{ac+bd+(ad-bc)\sqrt{-1}}{c^2+d^2}$

(32) $\dfrac{1}{a+b\sqrt{-1}} = \dfrac{a-b\sqrt{-1}}{a^2+b^2}$

(33) $\dfrac{1}{a+b\sqrt{-1}} + \dfrac{1}{a-b\sqrt{-1}} = \dfrac{2a}{a^2+b^2}$

(34) $\dfrac{a+b\sqrt{-1}}{a-b\sqrt{-1}} + \dfrac{a-b\sqrt{-1}}{a+b\sqrt{-1}} = \dfrac{2(a^2-b^2)}{a^2+b^2}$

(35) $\dfrac{a+b\sqrt{-1}}{a-b\sqrt{-1}} - \dfrac{a-b\sqrt{-1}}{a+b\sqrt{-1}} = \dfrac{4ab\sqrt{-1}}{a^2+b^2}$

(36) $\dfrac{a+b\sqrt{-1}}{c+d\sqrt{-1}} + \dfrac{a-b\sqrt{-1}}{c-d\sqrt{-1}} = 2 \cdot \dfrac{ac+bd}{c^2+d^2}$

(37) $\dfrac{a+b\sqrt{-1}}{c+d\sqrt{-1}} - \dfrac{a-b\sqrt{-1}}{c-d\sqrt{-1}} = 2 \cdot \dfrac{(bc-ad)\sqrt{-1}}{c^2+d^2}$

(38) $\sqrt{(a+b\sqrt{-1})} + \sqrt{(a-b\sqrt{-1})} = \sqrt{\{2a+2\sqrt{(a^2+b^2)}\}}$

(조항 181 보기 (62))

(39) $\sqrt[4]{(a+b\sqrt{-1})} + \sqrt[4]{(a-b\sqrt{-1})}$

$\quad = \sqrt{\{\sqrt{[2a+2\sqrt{(a^2+b^2)}]} + 2\sqrt[4]{(a^2+b^2)}\}}$ (조항 182 보기 (64))

(40) $(a-b\sqrt{-1})(a^2+ab\sqrt{-1}-b^2) = a^3+b^3\sqrt{-1}$

(41) $(a - b\sqrt{-1})(a^4 + a^3b\sqrt{-1} - a^2b^2 - ab^3\sqrt{-1} + b^4)$

$\quad = a^5 - b^5\sqrt{-1}$

(42) $\dfrac{a^2 + b^2}{a + b\sqrt{-1}} = a - b\sqrt{-1}$

(43) $\dfrac{a^3 - b^3\sqrt{-1}}{a + b\sqrt{-1}} = a^2 - ab\sqrt{-1} - b^2$

(44) $\dfrac{a^4 - b^4}{a + b\sqrt{-1}} = a^3 - a^2b\sqrt{-1} - ab^2 + b^3\sqrt{-1}$

(45) $\dfrac{a^2 - b^2}{\sqrt{a} + \sqrt{b} \cdot \sqrt{-1}} = a^{\frac{3}{2}} - ab^{\frac{1}{2}}\sqrt{-1} - a^{\frac{1}{2}}b + b^{\frac{3}{2}}\sqrt{-1}$

(46) $(a + b\sqrt{-1})^m = a^m + ma^{m-1}b\sqrt{-1} - \dfrac{m(m-1)}{1 \cdot 2}a^{m-2}b^2$

$\quad\quad - \dfrac{m(m-1)(m-2)}{1 \cdot 2 \cdot 3}a^{m-3}b^3\sqrt{-1}$

$\quad\quad + \dfrac{m(m-1)(m-2)(m-3)}{1 \cdot 2 \cdot 3 \cdot 4}a^{m-4}b^4 + \cdots$

(47) $(a + b\sqrt{-1})^m + (a - b\sqrt{-1})^m = 2\left\{ a^m - \dfrac{m(m-1)}{1 \cdot 2}a^{m-2}b^2 \right.$

$\quad\quad \left. + \dfrac{m(m-1)(m-2)(m-3)}{1 \cdot 2 \cdot 3 \cdot 4}a^{m-4}b^4 + \cdots \right\}$

(48) $(a + b\sqrt{-1})^m - (a - b\sqrt{-1})^m = 2\sqrt{-1}\left\{ ma^{m-1}b \right.$

$\quad\quad - \dfrac{m(m-1)(m-2)}{1 \cdot 2 \cdot 3}a^{m-3}b^3\sqrt{-1}$

$\quad\quad \left. + \dfrac{m(m-1)\cdots(m-5)}{1 \cdot 2 \cdots 5}a^{m-5}b^5 - \cdots \right\}$

(49) $\sqrt{(a + b\sqrt{-1})} = \sqrt{\left\{ \dfrac{a}{2} + \dfrac{1}{2}\sqrt{(a^2 + b^2)} \right\}}$

$\quad\quad\quad + \sqrt{\left\{ -\dfrac{a}{2} + \dfrac{1}{2}\sqrt{(a^2 + b^2)} \right\}}\,\sqrt{-1}$

이들 수식의 동일성은 양쪽을 제곱하여 확인할 수 있다.

370

$$(50) \quad \sqrt{(a - b\sqrt{-1})} = \sqrt{\left\{ \frac{a}{2} + \frac{1}{2}\sqrt{(a^2 + b^2)} \right\}}$$
$$- \sqrt{\left\{ -\frac{a}{2} + \frac{1}{2}\sqrt{(a^2 + b^2)} \right\}} \sqrt{-1}$$

437. 부호 $\sqrt{-1}$의 의미 해석에 있어서 특정 값을 가진 기호에 붙을 때, 주의해야 하는 어떤 일반적인 원칙이 있는데, 이제 이를 살펴보려 한다.

부호 $\sqrt{-1}$에 대한 해석의 원칙

만일 우리가 양 자체의 특성과 함께 충족해야 할 기타 일반적인 대수적 조건에 따라 양의 속성이나 작용을 지정하기 위해 부호 $\sqrt{-1}$을 가정하면, 우리는 마찬가지로 이 부호를 주어진 양을 지정하는 기호에 붙이는 것을, 그것에 특이한 작용을 부여하는 것과 동등하게 간주할 수 있고, 이는 둘 다에게 모두 적절하다. 따라서 만일 a가 주어진 방향으로 그려진 선을 표시하고, 그러한 경우에 부호 $\sqrt{-1}$을 주어진 각을 통해 그 선의 이동이나 이전을 표시했다고 가정하거나 또는 달리 결정해야 한다면, $a\sqrt{-1}$은 그 새로운 위치에서 문제의 선을 나타낼 것이다. 같은 부호 $\sqrt{-1}$과 함께 이 두 번째 선에 대한 가상은 (그런 의미로 이 용어를 사용할 수 있다면) 다음과 동등하다.

용어 가상의 의미

$$a\sqrt{-1}\sqrt{-1} \quad \text{또는} \quad -a$$

$a\sqrt{-1}$과 동일한 각을 만드는 선을 지정하게 되어, $a\sqrt{-1}$로 표시된 선은 $-a$로 표시된 선을 만들어낸다. 이러한 조건에서, 동일한 부호 $\sqrt{-1}$으로 선 a를 연속적으로 가상하는 것은 쉽게 생각할 수 있고, 이는 기호적으로 아래의 식들과 같이 표현될 것이나.

$$a\sqrt{-1}, \quad a\sqrt{-1}\sqrt{-1}, \quad a\sqrt{-1}\sqrt{-1}\sqrt{-1}, \quad \ldots$$

$$\text{또는} \quad a\sqrt{-1}, \quad a(\sqrt{-1})^2, \quad a(\sqrt{-1})^3, \quad a(\sqrt{-1})^4, \quad \ldots$$

즉, $a\sqrt{-1}$로 표시된 선이 원래의 선 a를 만들어내는 동일한 각을 서로 형성하는 일련의 선을 지정할 것이다.

438. 다시 말하지만, 다음 기호적 양들은 부호 $\sqrt{-1}$로 선 a를 이중, 삼중, 사중, 오중, 육중 등 가상의 결과를 나타내는 것이다.

$$a(\sqrt{-1})^2, \quad a(\sqrt{-1})^3, \quad a(\sqrt{-1})^4, \quad a(\sqrt{-1})^5, \quad a(\sqrt{-1})^6, \quad \ldots$$

마찬가지로 이들 기호적 양들은 다음과 동치이고, 따라서 네 번째 가상 때마다 동일한 기호의 양이 반복되는 것을 알 수 있다.

$$-a, \quad -a\sqrt{-1}, \quad a, \quad a\sqrt{-1}, \quad -a, \quad \ldots$$

그러므로 아래 식으로 나타낸 선들은

$$a(\sqrt{-1})^2, \quad a(\sqrt{-1})^3, \quad a(\sqrt{-1})^4, \quad a(\sqrt{-1})^5, \quad a(\sqrt{-1})^6$$

다음과 같이 표시된 선들과 일치해야 하며, 즉 그들의 기호 표시가 일치할 때 그 선들 자체도 일치해야 한다.

$$-a, \quad -a\sqrt{-1}, \quad a, \quad a\sqrt{-1}, \quad -a$$

따라서 우리는 부호 $\sqrt{-1}$과 선 a의 가상이 선행 조건을 충족할 수 있도록 지정해야 하는 이동 각도의 특성을 절대적으로 결정할 수 있어야 한다.

439. a를 한 방향의 선으로 지정한 경우, $-a$는 그 반대 방향의 선을 지정하거나, 전자와 함께 두 직각, 즉 180도와 동일한 각을 만들어야 함을 앞의 경우에서 보여주었다. 그러나 $a(\sqrt{-1})^2 = -a$인 것과 같이, 부호 $\sqrt{-1}$과 함께 선 a를 이중 가상하면 $-a$로 표시되는 결과가 나타나며, 결과적으로 180도를 통한 이전과 동일하게 된다. 그러므로 부호 $\sqrt{-1}$에 대한 단일 가상은 그 각의 절반, 즉 90도를 통한 이동과 동일하게 된다. 다시 말해서 a가 하나의 선을 나타내면, $a\sqrt{-1}$은 그것과 직각이 되는 선을 나타낸다.

440. 특정한 이 경우에 부호 $\sqrt{-1}$에 부여한 의미의 다른 결과들을 고려할 필요가 있다. 따라서 다음과 같은 $a\sqrt{-1}$의 이중 가상 또는 $\sqrt{-1}$로 a를 삼중 가상하는 것은 $-a\sqrt{-1}$과 동일하다.

$$a(\sqrt{-1})^3 = -a\sqrt{-1}$$

$\sqrt{-1}$로 $a\sqrt{-1}$을 이중 가상하는 것은 그것이 표시하는 선을 180도를 통해, 즉 $a\sqrt{-1}$이 차지하는 선과 반대인 위치로 이동시킬 것이다. 또한 $a\sqrt{-1}$이 한 위치의 선을 지정하는 경우, $-a\sqrt{-1}$은 그것과 반대 위치에 있는 선을 지정한다는 것은, 우리가 부호 $+$와 $-$에 부여한 해석의 필연적인 결과로 이어진다. 다시 말하지만, $\sqrt{-1}$로 a를 삼중 가상한 결과는 $\sqrt{-1}$로 $a\sqrt{-1}$을 이중 가상한 결과와 반드시 일치해야 한다. 왜냐하면 하나는 원래의 선으로부터 세 직각을 통해 이동되는 선을 지정하고, 다른 하나는 원래의 선과 본래 직각을 이루는 선이 두 직각을 통해 이동하는 것을 지정하므로, 전자와 일치하기 때문이다.

441. 다시, $a(\sqrt{-1})^4 = a$, 즉 원래의 선을 $\sqrt{-1}$로 사중 가상하는 것은 네 직각을 통해 이동시키며, 따라서 그 원래의 위치로 복원하게 한다. 비슷한 방식으로, 다음을 얻는다.

$$a(\sqrt{-1})^5 = a\sqrt{-1}$$

즉 선 a를 $\sqrt{-1}$으로 오중 가상하는 것은 다섯 직각을 통해 이동시키므로, 원래의 선에 직각을 이루도록 위치하게 하며, 여기서 $a\sqrt{-1}$로 지정되는 선과 일치하게 된다. 같은 방식으로, $a(\sqrt{-1})^6$은 $-a$ 또는 $a(\sqrt{-1})^2$이 지정하는 선과 일치하는 선을 지정할 것이다. 그리고 $a(\sqrt{-1})^7$은 다음이 지정하는 것과 일치하는 선을 지정한다.

$$-a\sqrt{-1} \quad \text{또는} \quad a(\sqrt{-1})^3 \quad \text{등등}$$

$\sqrt{-1}$의 해석에서 다른 결과들

$\sqrt{-1}$에 의한 매 네 번째 가상 이후엔 동일한 선이 반복된다

여기서 동일한 기호 값과 해당되는 선들의 위치가 연속적으로 반복되는 수열을 형성함을 알 수 있다.

442.　이 결론은 매우 중요하며, 근의 이론에서 주목할 만한 많은 결과에 대한 열쇠를 제공할 것이며, 나중에 추론할 기회가 있을 것이다. 그러나 더 진행하기 전에, 부호 +와 −의 해석에 대해 논의할 때, 대수학의 기호 규칙의 결과가 필요한 반면에, 거기에 부여하는 해석은 그것들과 본질적인 연관성이 없다는 앞서 언급한 말을 반복하는 것이 적절할 수 있다. 그것들은 모든 경우에서 결과 자체의 추론에 이차적인 연구 주제가 되며, 그것들과 일치하는 경우에만 허용된다.

일반적인
결과와 그에
종속된 다른
결과의 해석
사이에 필요한
연관성

443.　그러나 기호적 결과와 그 해석 사이에 본질적인 연관성은 존재하지 않지만, 해석 그 자체 사이에는 필요하고 수학적인 연관성은 존재할 수 있다. 그 이유는 보다 일반적인 결과의 해석은 그것에 종속된 다른 결과의 해석을 포함해야 하기 때문이다. 따라서 a, $a\sqrt{-1}$, $a(\sqrt{-1})^2$, $a(\sqrt{-1})^3$ 등 영속적인 기호 결과의 해석은 반드시 $+a$와 $-a$의 해석을 포함한다. 그러므로 a가 특정 값을 가질 경우, 다른 방법으로 $+a$와 $-a$의 해석을 결정했다면, 보다 일반적인 경우로부터 도출된 해석에 일치하는 것은 둘 중 적어도 하나의 정확성에 필수적이다. 그러한 조건에서 가장 일반적으로 우세한 것은 덜 일반적인 경우에 달려 있는바, 그것은 조사 순서에서 보다 일반적인 경우의 해석보다 대개 앞서며, 과학의 첫 번째 원리와 더욱 즉각적이고 본질적으로 연관되어 있기 때문이다.

444.　그러므로 덜 일반적인 경우의 해석이 정확하다고 가정할 때, 그로부터 더 일반적인 경우의 해석으로 넘어가는 것은 오직 추론의 귀납적 과정에 의한 것이며, 하나의 존재는 용어의 수학적 의미에서 다른 것의 존재를 결정하지 않는다. 그러나 보다 일반적인 결과의 해석과 그에

종속된 결과 사이에 존재하는 것은 필요한 연결이며, 이는 전자의 해석에 대한 통일성뿐만 아니라 정확성 검정으로서 후자를 검토하고 확인하는 것을 매우 중요하게 만든다. 이러한 종류는 부호 $\sqrt{-1}$을 선을 지정하는 기호에 적용할 때, 그 해석에 적용할 수 있는 것으로 다음과 같다.

서로 직각을 이루는 동일한 선분 AB, AB', Ab, Ab'에 대해 일련의 정사각형을 다음과 같이 기술한다면, 우리가 앞서 살펴본(조항 104) 원칙에 따라, 만약 첫째와 셋째가 부호 +에 영향을 받았다면, 둘째와 넷째는 반드시 부호 −에 영향을 받는다.

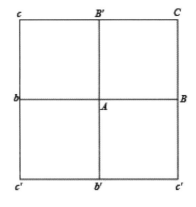

$$ABCB', \quad AB'cb,$$
$$Abc'b', \quad Ab'c'B$$

이제 첫째와 셋째가 선 AB와 Ab로 구성되고, 이는 기호 $+a$와 $-a$로 지정될 수 있다. 그리고 그것들은 같은 부분을 향해 오른쪽에서 왼쪽으로 설명된다. 유사한 방식으로 둘째와 넷째는 선 AB'과 Ab'에 대해 비슷하게 설명되는 정사각형이다. 이제 이 정사각형들 중 첫째와 셋째는 $+a$와 $-a$의 제곱인 a^2에 의해 기호적으로 표현되는 반면에, 둘째와 넷째는 $+a\sqrt{-1}$과 $-a\sqrt{-1}$의 제곱인 $-a^2$에 의해 기호적으로 표현된다. 그러므로 AB와 Ab가 $+a$와 $-a$로 표시되면 AB'과 Ab'은 $+a\sqrt{-1}$과 $-a\sqrt{-1}$로 올바르게 표시될 수 있다. 왜냐하면 그 선들을 표시하는 방식이나, 기호적 양 $+a\sqrt{-1}$과 $-a\sqrt{-1}$에 대한 그러한 해석은 충족되어야 할 조건을 완전히 만족시키기 때문이다. 또한 우리가 $+a$와 $-a$, 그리고 $+a^2$과 $-a^2$에 대한 해석의 정확성을 당연하게 여긴다면, 그렇게 할 수 있는 것은 오직 $+a\sqrt{-1}$과 $-a\sqrt{-1}$

의 해석이다.

445. 해석은 많은 경우에 그것을 표현하는 언어의 모호성에 어느 정도 관여할 수밖에 없다. 따라서 부호 $\sqrt{-1}$로 선을 나타낼 때, a를 가상하는 것은 그것을 90도 각을 통해 이동하는 것과 동등하다고 말했다. 그러나 a가 선을 나타낼 때, $a\sqrt{-1}$, $a(\sqrt{-1})^2$, $a(\sqrt{-1})^3$ 등이 연속적으로 서로 직각을 이루는 일련의 선을 표시한다고 말하는 것은 동일하게 올바를 것이고, 즉 기호 조건을 똑같이 충족할 것이다. 이동 개념은 이 해석에 필수가 아니며, 해석을 요구하는 기호 결과가 나타내야 하는 연속적인 양을 표시하거나 산출하는 다른 방법들 중 하나로서 소개되는 것뿐이다.

446. 선에 적용될 때 부호 $\sqrt{-1}$의 해석에 대한 고려를 그만하기 전에, 그것이 선을 나타낼 수 있고, 선과 동일한 작용을 할 수 있는 다른 수량에 동일하게 적용될 것이라고 적절하게 언급할 수 있다. 따라서 a와 $-a$가 반대 방향으로 크기는 같지만 두 가지의 다른 힘을 나타내면, $a\sqrt{-1}$과 $-a\sqrt{-1}$은 마찬가지로 반대 방향으로, 전자에 직각으로 작용하는 두 다른 동일한 크기의 힘을 나타낼 수 있다. a와 $-a$가 반대 방향으로 속도를 나타내는 경우, $a\sqrt{-1}$과 $-a\sqrt{-1}$은 마찬가지로 전자에 직각인 다른 방향의 속도를 나타낼 수 있다. 비슷한 종류의 다른 경우에서도 유사하다.

447. 그러나 기호적이 아니라면 선으로 표현될 수 없고, +와 −로 표시된 작용을 수용하며, 특정 속성에 적합한 양의 경우가 많다. 따라서 a가 소유 재산을 표현한다면, $-a$는 동일한 부채 재산을 나타낼 수 있다. 그러한 상황에서 $a\sqrt{-1}$과 $-a\sqrt{-1}$에 따라 붙는 의미는 무엇인가?

만약 우리가 다음과 같은 연속적인 양을 고려할 때, 첫째가 소유 재산을, 셋째가 부채 재산을 나타낸다면, 둘째는 그런 조건에서나 동일 인물에 의한

376

소유 재산도, 부채 재산도 나타낼 수 없다.

$$a, \quad a\sqrt{-1}, \quad a(\sqrt{-1})^2, \quad a(\sqrt{-1})^3$$

$$또는 \quad a, \quad a\sqrt{-1}, \quad -a, \quad -a\sqrt{-1}$$

그런 경우에 그것은 a나 $-a$에 의해 기호적으로 표현될 수 있기 때문이다. 그러나 그것은 예탁 재산을 표현할 수 있는데, 다른 사람의 소유 재산과 부채 재산으로 간주될 때 유사한 관계를 인정하게 된다. 그런 상황에서 A의 소유 재산을 표시하는 a를 $\sqrt{-1}$로 가상하면, 그것을 B의 소유 재산으로 변환할 수 있다. 그리고 $a\sqrt{-1}$을 $\sqrt{-1}$로 가상하면 B의 소유 재산을 A의 부채 재산으로 변환할 수 있다. 셋째로, $-a$를 $\sqrt{-1}$로 가상하면 A의 부채 재산을 B의 부채 재산으로 변환할 수 있다. 넷째로, $-a\sqrt{-1}$을 $\sqrt{-1}$로 가상하면 B의 부채 재산을 A의 소유 재산으로 변환할 수 있다. 부호 $\sqrt{-1}$로 가상의 과정을 반복하면, A에서 B로 재산의 이전과, 소유 재산의 부채로의 변환, 부채 재산의 소유 재산으로의 변환 등 동일한 이양을 지속적으로 재생산할 것이며, 이는 동일한 기호적 결과의 이양에 해당하는 것이 요구된다.

이 경우, 우리가 부여한 부호 $\sqrt{-1}$의 해석은 기호적인 조건을 만족시키고, 또 다른 방법으로 확립된 부호 $+$와 $-$의 의미 해석과도 일치한다. 이 해석을 a^2과 $-a^2$에 해당하는 양의 의미 해석과 일치하도록 하는 추가적인 권한을 여기에 부여할 수 없는데, 그 이유는 고려 중인 경우의 양은 해석을 허용하지 않기 때문이다.

448. 만일 a가 A가 얻은 함을 나타낸다면, $-a$는 A가 잃은 함을 표시할 수 있다. 이 경우 a를 $\sqrt{-1}$로 가상하면 A에서 B로 이익을 이전한다. $a\sqrt{-1}$을 $\sqrt{-1}$로 가상하면 B의 이익이 A의 손실로 이전된다. $-a$를 $\sqrt{-1}$로 가상하면 A에서 B로 손실이 이전된다. $-a\sqrt{-1}$을 $\sqrt{-1}$로 가상하면 다시 B의 손실이 A의 이익으로 이전된다. 그러면 우리가 고려한 다른 경

손실과 이익

우에서도 동일한 방식으로 동일한 변화가 반복된다.

449. 만일 ab가 $ABCD$의 넓이를 표현한다고 가정한다면, $-ab$는 $ABcd$ 또는 $ADEb$의 넓이를 표현하고 그 역도 마찬가지다. 이 경우에 $ab\sqrt{-1}$은 그런 가설이 필요한 모든 기호 조건을 충족하는 만큼, $ABCD$에 직각으로 AB나 AD로 설명되는 동일한 직사각형을 나타내는 것으로 해석될 수 있다. 왜냐하면 ab 또는 $ABCD$를 $\sqrt{-1}$로

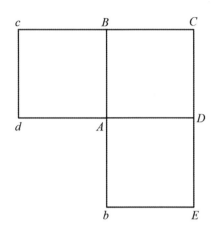

일차 가상할 때 직사각형 $ABCD$를 AB를 중심으로 90도 각을 통해 이동시킨다면, ab를 $\sqrt{-1}$로 이차 가상하면 그것을 90도가 추가되는 각을 통해 이동시켜 $ABcd$와 일치하게 만든다. 다시 ab 또는 $ABCD$를 $\sqrt{-1}$로 일차 가상할 때 직사각형 $ABCD$를 AD를 중심으로 90도 각을 통해 이동시킨다면, ab를 $\sqrt{-1}$로 이차 가상하면 그것을 90도가 추가되는 각을 통해 이동시켜 $ABEb$와 일치하게 만든다. 두 경우 모두에서 우리가 부여한 해석과 일치하는 결과는 $-ab$로 표시되며, 이는 기호적 결과인 $ab(\sqrt{-1})^2$과 동일하다. 다시 ab 또는 직사각형 $ABCD$를 부호 $\sqrt{-1}$로 삼중 가상을 하면 그것을 AB나 AD를 중심으로 세 개의 직각과 기호적 결과를 통해 이동시킨다. 즉 그러므로 $-ab\sqrt{-1}$은 평면이 $ABCD$, $ABcd$ 또는 $ADEb$의 면에 수직인 직사각형을 나타내며, 따라서 $\sqrt{-1}$로 표현되는 직사각형에 대해 동일한 위치를 차지하고, ab로 표현되는 직사각형은 $-ab$으로 표현되는 직사각형을 향해 있다. 반면에 ab를 $\sqrt{-1}$로 사중 가상을 하면 해당 직사각형을 네 개의 직각을 통해 이동시키고, 그것이 AB를 중심으로 이동하든 AD를 중심으로

이동하든, ab로 표현되는 원래의 직사각형 $ABCD$와 일치하게 한다. 이러한 연산의 반복에 주목할 필요는 없으며, 직사각형의 동일한 위치에 해당하는 동일한 기호 결과를 반복해서 만들 수 있다. 따라서 우리가 부여한 해석은 필요한 모든 기호 조건을 완전히 충족한다는 것을 보여준다.

450. 변이 $AD = a$와 $AB = b$인 직사각형 $ABCD$는 ab으로 표현되는 반면, $Ad = -a$와 $AB = b$를 포함하는 직사각형 $ABcd$는 $-ab$로 표현된다. 이 경우 우리가 적절한 부분에서 보여주었듯이(조항 102), b가 부호와 크기에서 동일하게 유지되는 반면, $+ab$와 $-ab$의 의미 해석은 $+a$와 $-a$에 의해 결정될 것이고, 또한 $+a$와 $-a$가 나타낼 수 있는 선으로 유사하게 구성될 수 있는 모든 직사각형에 동등하게 상응한다. 그러므로 그것들은 서로 평행하며, 따라서 동일한 평면에 수직인 모든 직사각형을 나타낼 것이다. 이 경우, 우리는 직사각형의 두 번째 변 AB를, 산술 대수에서 기호로 사용되는 b로 표현했으며, 선 $+a$와 $-a$가 차지하는 것과 다른 위치를 구별할 수 있는 작용 부호를 소유하거나 인정하지 않는다. 우리가 b를 여전히 산술 기호로 간주한다면, AB는 첫 번째 위치와 평행한 위치에 있든, 또는 그것과 어떤 각도를 만드는 위치에 있든 간에, 계속해서 b로 표시될 수 있고, 직사각형은 $+a$ 또는 $-a$로 표현되는 임의의 선으로 구성되며, 결과적으로 그러한 조건에서 같은 평면에 수직인 모든 직사각형은 동일하게 ab 또는 $-ab$로 표현될 것이다. 그러나 우리가 b와 a에 대수적 특성을 배정하고 따라서 적어도 무리의 부호가 그것을 표현할 수 있는 능력이 있는 한, 서로에 대한 그들의 위치를 고려한다면, 아래에 주어진 연속적인 값을

$$b, \quad b\sqrt{-1}, \quad -b, \quad -b\sqrt{-1}$$

다음 값들과 동일하게 검토해야 하며,

$$a, \quad a\sqrt{-1}, \quad -a, \quad -a\sqrt{-1}$$

ab와 $-ab$, $ab\sqrt{-1}$ 그리고 $-ab\sqrt{-1}$로 나타낼 수 있는 여러 직사각형

다음과 같은 여러 기호 결과에 해당하는 마지막으로 얻은 직사각형의 위치를 결정해야 한다.

$$ab, \quad -ab, \quad ab\sqrt{-1} \quad \text{그리고} \quad -ab\sqrt{-1}$$

따라서 AB와 Ab를 나타내며 a와 $-a$로 지정된 선은 하나의 선 BAb를 형성하는 반면, AC와 Ac를 나타내며 b와 $-b$로 지정된 선은 그 선과 직각을 이루는 다

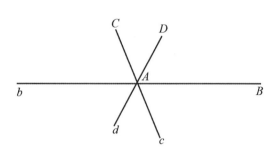

른 선을 형성한다. 다시 AD와 Ad를 나타내며 $b\sqrt{-1}$과 $-b\sqrt{-1}$로 지정된 선은 다른 선 BAb와 CAc 각각에 직각을 이루며, 또한 위에 있는 그림에서 평면에 직각을 이루는 세 번째 선 DAd를 형성한다. 이제 선 AB는 선 AC와 Ac, AD 그리고 Ad와 함께 네 개의 직사각형을 형성하고, 그중 처음 두 개는 ab와 $-ab$에 해당하고, 다른 두 개는 $ab\sqrt{-1}$과 $-ab\sqrt{-1}$에 해당한다. 같은 방법으로 선 Ab는 동일한 네 개의 선 AC와 Ac, AD 그리고 Ad와 함께 네 개의 직사각형을 형성하고, 이는 각각 $-ab$, ab, $-ab\sqrt{-1}$과 $ab\sqrt{-1}$에 해당한다. 따라서 BAb와 DAd를 통과하는 평면에 있는 네 개의 직사각형은 부호 $\sqrt{-1}$에 영향을 받는 반면, 전자에 직각인 BAb와 CAc를 통과하는 평면에 있는 네 개의 직사각형은 부호 $\sqrt{-1}$에 영향을 받지 않고 부호 $+$와 $-$에만 영향을 받는다.

AB와 Ab를 $a\sqrt{-1}$과 $-a\sqrt{-1}$로, AC와 Ac를 b와 $-b$로 나타낼 수 있고, 따라서 AD와 Ad를 $b\sqrt{-1}$과 $-b\sqrt{-1}$로 나타낼 수 있다. 이 경우 BAb와 CAc 평면에 있는 직사각형 네 개는 $ab\sqrt{-1}$과 $-ab\sqrt{-1}$에 해당하며, 반면에 그것과 직각을 이루며 BAb와 DAd를 통과하는 평면에 있는 직사각형

네 개는 ab와 $-ab$에 해당한다. 즉, 다음을 사용하여 AB와 Ab를 나타낼 수 있고,

$$a\sqrt{-1} \quad \text{그리고} \quad -a\sqrt{-1}$$

$b\sqrt{-1}$과 $-b\sqrt{-1}$로 AC와 Ac를, 따라서 b와 $-b$로 AD와 Ad를 나타낼 수 있다. 이 경우 BAb와 CAc를 통과하는 평면의 직사각형 네 개는 ab와 $-ab$에 해당하며, BAb와 DAd를 통과하는 평면의 다른 직사각형 네 개는 $ab\sqrt{-1}$과 $-ab\sqrt{-1}$에 해당한다. 즉, a와 $-a$로 AB와 Ab를, 그리고 $b\sqrt{-1}$과 $-b\sqrt{-1}$로 AC와 Ac를 나타낼 수 있고, 따라서 b와 $-b$로 AD와 Ad를 나타낼 수 있다. 이 경우 BAb와 CAc를 통과하는 평면의 직사각형 네 개는 $ab\sqrt{-1}$과 $-ab\sqrt{-1}$에 해당하며, 반면에 BAb와 DAd를 통과하고 평면에 있는 네 개의 다른 직사각형은 ab와 $-ab$에 해당될 것이다. 그러므로 어떤 방법으로든, 이런 직사각형을 포함하는 선의 표현은 다양하며, 우리가 부여한 부호 $+$, $-$, $\sqrt{-1}$, $-\sqrt{-1}$의 해석과 일치한다. 선에 적용할 때, 다음과 같은 동일한 일반적인 결론에 도달한다.

"한 평면의 직사각형은 부호 $+$와 $-$의 영향을 받는 수식에 의해 구별되는 반면, 그것과 직각인 평면의 직사각형은 부호 $\sqrt{-1}$과 $-\sqrt{-1}$의 영향을 받는다."

451. 조금만 고려를 해보아도, 부호 $\sqrt{-1}$과 $-\sqrt{-1}$이 평행육면체에 적용될 때, 해석을 인정하지 않을 뿐만 아니라, 그러한 양을 표현하는 데 스스로 적절하게 나타낼 수 없다는 것을 알 수 있을 것이다. 평행육면체의 모서리 중 하나를 a 또는 $-a$로 표시할 경우, 전자와 직각에 있는 다른 두 모서리는 첫 번째를 참조하여 고려한다면, 다음과 같이 표시될 것이다.

$$b\sqrt{-1} \ \text{ 그리고 } \ c\sqrt{-1}, \qquad \text{또는} \ -b\sqrt{-1} \ \text{ 그리고 } \ c\sqrt{-1},$$
$$\text{또는} \ b\sqrt{-1} \ \text{ 그리고 } \ -c\sqrt{-1}, \qquad \text{또는} \ -b\sqrt{-1} \ \text{ 그리고 } \ -c\sqrt{-1}$$

부호 $\sqrt{-1}$은 같은 점에 대하여 평행육면체를 표현하는 데 스스로 적절히 나타내지 못함

이러한 모든 경우에서 평행육면체 자체는 $+abc$ 또는 $-abc$로 표시할 수 있고, 따라서 그 표현은 부호 $\sqrt{-1}$과 $-\sqrt{-1}$과 독립적이다. 그러나 산술적으로 사용되는 기호로 한쪽 모서리를 나타내기로 하고, 다른 두 모서리는 오직 서로를 참조하여 고려한다면, 그들은 다음과 같이 표시될 것이다.

$$b \ \text{그리고} \ c\sqrt{-1}, \qquad \text{또는} \quad -b \ \text{그리고} \ c\sqrt{-1},$$
$$\text{또는} \quad b \ \text{그리고} \ -c\sqrt{-1}, \qquad \text{또는} \quad -b \ \text{그리고} \ -c\sqrt{-1}$$

이러한 가설에서 동일한 지점과 축을 중심으로 형성될 수 있는 모든 평행육면체는 부호 $\sqrt{-1}$에 의해 동일하게 영향을 받을 수 있으며, 따라서 이는 다른 것과 구별되는 하나의 평행육면체의 어떤 속성도 나타내지 않는다.

(1)$^{\frac{1}{4}}$에 포함된 부호 1, $\sqrt{-1}$, -1, $-\sqrt{-1}$

452. 지금까지 우리의 해석이 한정되어 온 연속 기호 1, $\sqrt{-1}$, -1, $-\sqrt{-1}$은 모두 단일 기호 또는 기호 식 (1)$^{\frac{1}{4}}$에 포함된다. 왜 그런지 살펴보면 먼저 다음이 성립한다.

$$(1)^{\frac{1}{2}} = 1 \ \text{또는} \ -1$$

그러므로 다음이 성립한다.

$$(1)^{\frac{1}{4}} = (1)^{\frac{1}{2}} \ \text{또는} \ (-1)^{\frac{1}{2}}$$

이는 다음과 동일하다.

$$1 \ \text{또는} \ -1 \ \text{또는} \ \sqrt{-1} \ \text{또는} \ -\sqrt{-1}$$

그러므로 이들 부호는 1의 네 개의 기호 제곱 근으로 간주할 수 있으며, 이는 그것들이 그 네 제곱이 각각 1과 같은 기호 식이기 때문이다. 따라서 a^4의 (a가 산술 근일 경우) 네 제곱 근은 다음과 같다.

$$a, \ -a, \ a\sqrt{-1}, \ -a\sqrt{-1}$$

382

그리고 이들은 a^2과 $-a^2$의 제곱 근과 동일하다. 그러나 $(1)^{\frac{1}{4}}$ 또는 그와 동등한 부호로 지정된 특이한 작용을 고려할 때, 특정한 값을 가진 기호에 붙을 경우, 그것들을 a^4의 네 제곱 근이나 심지어 a^2과 $-a^2$의 제곱 근을 추출한 결과로 간주할 필요는 없다. 그러한 작용은 부호 자체로부터, 그리고 추론 방식을 참조함 없이 그들이 충족해야 하는 일반적인 대수적 조건으로부터 결정된다.

453. 1에 대하여 네 개의 기호 제곱 근이 있으며, 또는 $(1)^{\frac{1}{4}}$에 대하여 네 개의 기호 값이 있고 그 이상은 없음을 보여주었다. 그 이후에는 1의 n개의 기호 근이 있으며, 또는 $(1)^{\frac{1}{n}}$의 n개의 기호 값이 있고 그 이상은 없음을 보여줄 것이다. 다시 말하면, 대수학의 일반 규칙에 따라 형성되어 n차 제곱이 1과 동일한 n개의 기호 값이 있음을 알 수 있다. 만약 우리가 그들의 존재를 일반적으로 가정하는 것으로 시작한다면 (그리고 어떤 경우에는 그들이 존재함을 밝혔지만), 그것들을 서로 관련지어 볼 때, 속성을 소유해야 함을 밝히는 것은 쉬울 것이며, 이는 그들이 특정한 값을 지닌 기호에 적용될 때, 그들이 지정할 수 있는 작용의 해석에 실질적으로 도움이 될 것이다. 그 이유는 그들은 크기를 표현할 수 없고, 다만 크기의 작용만을 나타내기 때문이다. 단지 이 점에서, $a(1)^{\frac{1}{n}}$의 값은 a의 값과 구별될 수 있고, 또는 산술 근과 대수 근을 구별할 수 있다.

$a(1)^{\frac{1}{n}}$에는 n개의 기호 값이 존재한다

454. 첫째로, 1은 모든 경우에 $(1)^{\frac{1}{n}}$의 값 중 하나인데, 1의 n차 제곱이 1과 같기 때문이며, 이는 그러한 값의 충족에 필요한 기호 조건일 뿐이다. 그러므로 $a(1)^{\frac{1}{n}}$의 값 중 하나는 항상 a이며, 다시 말해서 a^n의 (n) 대수 근 중 하나는 그 산술 근과 일치한다.

그중 하나는 산술 근이다

455. 만일 우리가 $(1)^{\frac{1}{n}}$의 다른 값을 아래와 같이 지정할 경우,

$$\alpha_1, \ \alpha_2, \ \ldots, \ \alpha_{n-1}$$

기호 근의 주목할 만한 관계

1과 다르고 또한 n의 하위 값에 해당하는 모든 것과 다른 이러한 값들 중 하나가 있다면, 그 모든 값은 서로 다르고, 마찬가지로 다음과 같이 수열의 항으로 나타낼 수도 있다.

$$1, \ \alpha_1, \ \alpha_1^2, \ \ldots, \ \alpha_1^{n-1}$$

왜 그런지 살펴보면 α_1이 $(1)^{\frac{1}{n}}$의 값일 때, 다음을 얻는다.

$$\alpha_1^n = 1, \quad \alpha_1^{2n} = 1, \quad \alpha_1^{3n} = 1, \quad \ldots, \quad \alpha_1^{(n-1)n} = 1$$

따라서 또한 다음을 얻기 때문이다.

$$\alpha_1^n = 1, \quad (\alpha_1^2)^n = 1, \quad (\alpha_1^3)^n = 1, \quad \ldots, \quad (\alpha_1^{(n-1)})^n = 1$$

그러므로 $\alpha_1, \alpha_1^2, \ \alpha_1^3, \ \ldots, \ \alpha_1^{n-1}$은 그것들이 필요한 기호 조건을 충족하기 때문에, $(1)^{\frac{1}{n}}$의 값이 된다. 만일 α_1이 n제곱보다 작은 어떤 제곱도 1과 같지 않은 $(1)^{\frac{1}{n}}$의 그러한 값이라면, 그들은 마찬가지로 서로 다를 것이다. 따라서 α_1^2은 반드시 그러한 조건에서 α_1과 다르다. 그 이유는 그들이 동일하다면, 즉 $\alpha_1^2 = \alpha_1$ 이면, $\alpha_1 = 1$이다. 또한 α_1^3은 α_1^2이나 α_1과 달라야 한다. 그렇지 않고 $\alpha_1^3 = \alpha_1^2$ 또는 $\alpha_1^3 = \alpha_1$이라면, $\alpha_1 = 1$ 이거나 $\alpha_1^2 = 1$ 이어야 한다. α_1^4은 α_1^3이나 α_1^2이나 α_1과 달라야 한다. 만일 $\alpha_1^4 = \alpha_1^3$이나 $\alpha_1^4 = \alpha_1^2$이나 $\alpha_1^4 = \alpha_1$이라면, $\alpha_1 = 1$이거나 $\alpha_1^2 = 1$이거나 $\alpha_1^3 = 1$이어야 한다. 그리고 일반적으로 α_1^{n-1}은 다음 값들과 달라야 한다.

$$\alpha_1^{n-2}, \quad \text{또는} \quad \alpha_1^{n-3}, \ \ldots \ \alpha_1$$

그렇지 않으면, 만일

$$\alpha_1^{n-1} = \alpha_1^{n-2}, \quad \text{또는} \quad \alpha_1^{n-1} = \alpha_1^{n-3}$$
$$\text{또는} \quad \alpha_1^{n-1} = \alpha_1^{n-4}, \ \ldots, \quad \text{또는} \quad \alpha_1^{n-1} = \alpha_1$$

인 경우 다음을 얻는다.

$$\alpha_1 = 1, \quad \text{또는} \quad \alpha_1^2 = 1, \quad \text{또는} \quad \alpha_1^3 = 1, \quad \ldots, \quad \text{또는} \quad \alpha_1^{n-2} = 1$$

그러므로 다음과 같은 수열의 항들은 $(1)^{\frac{1}{n}}$의 개별적인 값일 뿐만 아니라, 마찬가지로 우리가 만든 가설에서 제시된 조건에서도 모두 서로 다르다.

$$1, \; \alpha_1, \; \alpha_1^2, \; \ldots, \; \alpha_1^{n-1}$$

동일한 수열을 아래와 같은 항들로 확장하면,

$$\alpha_1^n, \; \alpha_1^{n+1}, \; \alpha_1^{n+2}, \; \ldots$$

여전히 $(1)^{\frac{1}{n}}$의 값이 나오지만, 그것들은 다음 수열의 연속적인 항들과 동일할 것이다.

$$1, \; \alpha_1, \; \alpha_1^2, \; \ldots, \; \alpha_1^{n-1}$$

왜냐하면 다음이 성립하기 때문이다.

$$\alpha_1^n = 1, \quad \alpha_1^{n+1} = \alpha_1^n \times \alpha_1 = \alpha_1, \quad \alpha_1^{n+2} = \alpha_1^n \times \alpha_2 = \alpha_2, \quad \ldots$$

$(1)^{\frac{1}{n}}$의 n개의 다른 값에 대한 동일한 수열은 이 수열이 얼마나 멀리 확장되든지 간에, 영구적으로 반복될 것이다.

456. 따라서 $(1)^{\frac{1}{n}}$에 대한 n개 가상의 다른 값을 얻었고, 더 이상은 있을 수 없다고 밝히는 것은 매우 쉽다. 왜냐하면 $x = (1)^{\frac{1}{n}}$이라 가정하면 $x^n = 1$이고, 따라서 $x^n - 1 = 0$이 된다. 이제 $x = 1$이라면 $x - 1$은 $x^n - 1$의 인자이다. 그렇지 않으면 $x^n - 1$은 0과 동일할 수 없다. $x = \alpha_1$이면 $x - \alpha_1$은 같은 이유로 인자가 되며, $x = \alpha_2$이면 $x - \alpha_2$도 역시 인자가 되고, 모든 경우에 x의 모든 값에 해당하는 인자이다. 그러므로 다음이 성립한다.

$$x^n - 1 = (x - 1)(x - \alpha_1)(x - \alpha_2) \cdots (x - \alpha_{n-1})$$

그리고, 그러한 인자의 수는 n을 초과할 수 없으므로, 그들이 서로 다르든 아니든, x 또는 $(1)^{\frac{1}{n}}$의 n개의 값보다 많을 수 없다. 그러므로 우리가 제시한 특정 가설에서 존재하고 서로 다를 것이라고 한 $(1)^{\frac{1}{n}}$의 n개 값은, 같은 조건에서 $(1)^{\frac{1}{n}}$이 가질 수 있는 유일한 값이다.

$(1)^{\frac{1}{n}}$의 기호 값 형식의 중요한 변형 **457.** 우리가 검토해 온 $(1)^{\frac{1}{n}}$의 가상적 값에 대한 수열은 중요한 형식의 변형을 쉽게 수용할 것이다. 왜 그런지 살펴보면, 먼저 다음이 성립하는 것은 명백하다.

$$\alpha_1^{n-1} = \frac{\alpha_1^n}{\alpha_1} = \frac{1}{\alpha_1} = \alpha_1^{-1}; \qquad \alpha_1^{n-2} = \frac{\alpha_1^n}{\alpha_1^2} = \frac{1}{\alpha_1^2} = \alpha_1^{-2};$$

$$\alpha_1^{n-3} = \frac{\alpha_1^n}{\alpha_1^3} = \frac{1}{\alpha_1^3} = \alpha_1^{-3}; \qquad \dots \qquad \alpha_1^{n-r} = \frac{\alpha_1^n}{\alpha_1^r} = \frac{1}{\alpha_1^r} = \alpha_1^{-r}$$

그러므로 아래 수열의 항들은

$$1, \ \alpha_1, \ \alpha_1^2, \ \dots, \ \alpha_1^{n-2}, \ \alpha_1^{n-1}$$

n이 홀수인 경우, 다음과 같이 배열될 수 있기 때문이다.

$$1; \ \alpha_1, \ \alpha_1^{-1}; \ \alpha_1^2, \ \alpha_1^{-2}; \ \alpha_1^3, \ \alpha_1^{-3}; \ \dots, \ \alpha_1^{\left(\frac{n-1}{2}\right)}, \ \alpha_1^{-\left(\frac{n-1}{2}\right)}$$

n이 짝수인 경우엔, 원래 수열의 중간 항은 $\alpha_1^{\frac{n}{2}}$이 되며, 이는 $\frac{1}{\alpha_1^{\frac{n}{2}}}$과 동일하고, 따라서 -1과 동일하다. 그러한 조건에서는 그것이 1 또는 -1과 같아야 하며, 우리가 만든 가설로는 1과 같을 수 없기 때문이다. 따라서 이 경우 그 수열은 다음과 같이 배열될 수 있다.

$$1, \ -1; \ \alpha_1, \ \alpha_1^{-1}; \ \alpha_1^2, \ \alpha_1^{-2}; \ \dots, \ \alpha_1^{\left(\frac{n}{2}-1\right)}, \ \alpha_1^{-\left(\frac{n}{2}-1\right)}$$

그 해석에 필수적인 $a(1)^{\frac{1}{n}}$ 기호 값의 선행 특성 **458.** $(1)^{\frac{1}{n}}$ 또는 1의 n제곱 근 값의 속성에 대한 앞선 조사는, 특정한 값을 갖는 기호에 붙여질 때, 그 의미 해석에 대한 적절한 서론을 형성할 것이다. 실제로 기호가 나타낼 수 있는 양이 많지 않다는 것을 알게 될 것인데, 이는 연속적인 그들의 근에 해당하는 연속적인 작용을 수용한다.

그러나 기하학에서 우리는 그 값을 충족해야 하는 기호 조건에 상응하기 위해 요구되는 완전히 연속적인 변화를 나타낼 수 있는 위치의 변화에 의해 선과 넓이를 모두 찾을 수 있다.

459. 우리가 n개의 동일한 부분으로 나누어진 원을 가정하고, 반지름이 그 중심에서 몇 개의 분할 지점까지 그려진다고 하면, a가 그 원래의 위치에서 반지름을 표시할 때, 다음은 원래의 선으로부터 동일한 방향만큼 회전한 연속적인 반지름을 나타낼 것이다.

a가 선일 때 $a(1)^{\frac{1}{n}}$ 값의 해석

$$a(1)^{\frac{1}{n}},\ a(1)^{\frac{2}{n}},\ a(1)^{\frac{3}{n}},\ \ldots,\ a(1)^{\frac{n-1}{n}}$$

$$\text{또는}\quad a \cdot \alpha_1,\ \ a \cdot \alpha_1^2,\ \ a \cdot \alpha_1^3,\ \ \ldots,\ \ a \cdot \alpha_1^{n-1}$$

만약 우리가 a를 α_1으로 가상하는 것을 $\frac{360°}{n}$, 즉 원주의 $\frac{1}{n}$ 부분과 동일한 각을 통해 이동하는 것과 동등하다고 간주할 경우, a를 다음과 같이 연속적으로 해당되는 같은 부호 또는 기호 α_1로 연속적으로 가상하는 것은 동일한 각을 통해 연속적으로 이동하는 것과 동등할 것이다

$$a\alpha_1^2,\ a\alpha_1^3,\ \ldots,\ a\alpha_1^{n-1},\ a\alpha_1^n$$

그러므로 다음의 각을 갖도록 지정된 선은 원래의 선과 일치한다.

$$\frac{2}{n} \times 360°,\quad \frac{3}{n} \times 360°,\quad \ldots,\quad \frac{(n-1)}{n} \times 360°,$$

$$\text{그리고 \quad 마지막으로}\quad \frac{n}{n} \times 360°\ \text{또는}\ 360°$$

그리고 $a\alpha_1^n = a$이므로, 이렇게 적용되었을 때 α_1의 그러한 해석은 필요한 기호 조건을 만족시킨다.

다시, a를 α_1^2으로 n번 가상하면, a로 지정된 선을 다음을 통해 이동시킨다.

$$\frac{2n}{n} \times 360°,\quad \text{또는}\quad 2 \times 360°$$

a를 α_1^3으로 n번 가상하면, 그것을 다음을 통해 이동시킨다.

$$\frac{3n}{n} \times 360°, \quad \text{또는} \quad 3 \times 360°$$

또한 a를 α_1^{n-1}로 n번 가상하면, 그것을 다음을 통해 이동시킨다.

$$\frac{(n-1)n}{n} \times 360°, \quad \text{또는} \quad (n-1) \times 360°$$

그러므로 모든 경우에서, a를 1과는 다른, 1의 $(n-1)$개의 거듭 제곱 근 중 어느 하나로 n번 가상하면, 일반적인 기호 결과인 a는 원래의 선을 원래 위치로 가져오고, 따라서 그 해석은 모든 경우에 충족되어야 하는 기호 조건을 만족시킨다.

$a(1)^{\frac{1}{n}}$로 표시된 선들은 선 a와 동일한 각을 만드는 쌍으로 묶을 수 있음

460. (a와 다른) $a(1)^{\frac{1}{n}}$의 값이 지정하는 선은 쌍으로 묶어 원래의 선과 동일한 각을 만들 수 있다. 따라서 아래 값들은

$$a\alpha_1 \quad \text{그리고} \quad a\alpha_1^{n-1}, \quad \text{즉} \quad a\alpha_1^{-1}$$

다음과 같은 a와의 각을 만드는 선을 나타낸다.

$$\frac{360°}{n} \quad \text{그리고} \quad \frac{n-1}{n} \times 360°, \quad \text{즉} \quad \frac{-360°}{n}$$

아래 값들은

$$a\alpha_1^2 \quad \text{그리고} \quad a\alpha_1^{n-2}, \quad \text{즉} \quad a\alpha_1^{-2}$$

다음과 같은 a와의 각을 만드는 선을 나타낸다.

$$\frac{2}{n} \times 360° \quad \text{그리고} \quad \frac{n-2}{n} \times 360°, \quad \text{즉} \quad \frac{-2}{n} \times 360°$$

계속해서 아래 값들은

$$a\alpha_1^r \quad \text{그리고} \quad a\alpha_1^{n-r}, \quad \text{즉} \quad a\alpha_1^{-r}$$

다음과 같은 a와의 각을 만드는 선을 나타낸다.

$$\frac{r}{n} \times 360° \quad \text{그리고} \quad \frac{n-r}{n} \times 360°, \quad \text{즉} \quad \frac{-r}{n} \times 360°$$

그러므로 $a(1)^{\frac{1}{n}}$에 해당하는 선의 결정에 관한 한, 동일한 선의 수열이 두 경우 모두를 초래해야 하기 때문에, 오른쪽에서 왼쪽으로든 왼쪽에서 오른쪽으로든, 원을 중심으로 어떤 방향으로 진행하는가는 무관하다.

n이 짝수이면, $\frac{n}{2} \cdot \frac{360°}{n} = 180°$이고, $a \cdot \alpha_1^{\frac{n}{2}}$ 즉, $-a$에 해당하는 선은 원래의 선과 반대이며, 따라서 부호 $-$의 작용을 받는다. 마찬가지로, 동일한 조건에서 아래에 해당하는 선들은

$$a \cdot \alpha_1 \quad \text{그리고} \quad a \cdot \alpha_1^{\frac{n}{2}+1}, \quad \text{즉} \quad a \cdot \alpha_1^{\frac{n}{2}} \times \alpha_1, \quad \text{즉} \quad -a \cdot \alpha_1;$$

$$a \cdot \alpha_1^2 \quad \text{그리고} \quad a \cdot \alpha_1^{\frac{n}{2}+2}, \quad \text{즉} \quad a \cdot \alpha_1^{\frac{n}{2}} \times \alpha_1^2, \quad \text{즉} \quad -a \cdot \alpha_1^2;$$

$$\vdots$$

$$a \cdot \alpha_1^r \quad \text{그리고} \quad a \cdot \alpha_1^{\frac{n}{2}+r}, \quad \text{즉} \quad a \cdot \alpha_1^{\frac{n}{2}} \times \alpha_1^r, \quad \text{즉} \quad -a \cdot \alpha_1^r$$

$+$와 $-$의 작용을 받는 동일한 여러 개의 기호 식으로 나타낼 수 있는 것으로, 이러한 조건에서 그런 부호에 우리가 부여한 해석에 따라, 서로 반대가 되는 선과 일치해야 한다.

461. (1)$^{\frac{1}{n}}$의 다른 값으로 선을 가상하는 것을 고려할 때, 우리는 α_1, α_1^2, α_1^3, ..., α_1^{n-1}의 무엇으로든 일차 가상에 해당하는 각의 배수로 이송 각을 표현한다. 이러한 조건에서, 이송 각의 그러한 배수는 4 직각 또는 4 직각의 배수를 초과할 수 있다. 그러나 작용을 받는 선의 위치 각은, 그것에 전달되는 방식과 관계없이 단독으로 고려되기 때문에, 우리는 4 직각이나 표현된 이송 각이 포함할 수 있는 4 직각의 어떤 배수를 거부할 수 있으며, 4 직각보다 작은 나머지는 요구되는 각이 될 것이다.

4 직각의 모든 배수는 거부됨

389

462. 4 직각과 그 배수의 각은, 이러한 1의 근 이론뿐만 아니라, 그것들과 연결되어 있는 다른 많은 중요한 이론에서도 매우 빈번하게 발생하는 것이기 때문에, 그것들로 항상 표현될 수 있는 기존의 기호를 채택하는 것이 편리해진다. 이러한 목적을 위해 2π를 사용하는 것이 일반적이었다.[1] 따라서 원래의 선과 θ의 각을 만드는 선은 아래의 각을 만드는 선과 일치한다.

$$(2\pi + \theta), \quad \text{또는} \quad (4\pi + \theta), \quad \text{또는} \quad (6\pi + \theta), \quad \ldots, \quad \text{또는} \quad (2m\pi + \theta)$$

또한 이 경우에 전과 같이 2π의 배수를 거부할 수 있다. 원래의 선과 $\pi + \theta$, 즉 $180° + \theta$의 각을 이루는 선은 아래의 각을 만드는 선과 일치한다.

$$3\pi + \theta, \quad \text{또는} \quad 5\pi + \theta, \quad \text{또는} \quad 7\pi + \theta, \quad \ldots, \quad \text{또는} \quad (2m + 1)\pi + \theta$$

원래의 선과 $-\theta$의 각을 이루는 선은 아래의 각을 만드는 선과 일치한다.

$$(2\pi - \theta), \quad \text{또는} \quad (4\pi - \theta), \quad \text{또는} \quad (6\pi - \theta), \quad \ldots, \quad \text{또는} \quad (2m\pi - \theta)$$

또는 다른 모든 경우처럼 2π와 그 배수를 거부할 수 있다.

463. $\pi - \theta$ 각은 θ의 보각이라고 하고 그 반대도 마찬가지로, 한 각이 다른 하나와 180도가 되는데 필요한 것과 동일하다. 그리고 θ는 $\frac{\pi}{2} - \theta$의 여각이라고 하며, 한 각이 다른 하나와 90도, 즉 직각이 되는 데 필요한 것과 동일하다.

---

1) 다른 각도의 비율은 중심에서 그들을 대하는 동일한 원에서 호들의 비율과 동일하다. 이런 의미에서 호를 각의 척도라고 한다. 따라서 직각에 대한 어떤 각의 비율을 결정하기 위해서, 원에서 해당 호의 사분 원에 대한 비율을 결정해야 하고, 그 역도 마찬가지다. 이 네 개의 크기가 비례의 조건을 형성하기 때문이다. 각은 동일한 원의 사분원에 대한 호의 비율, 또는 원의 반지름에 대한 호의 비율에 의해 기호적으로 표현될 수 있다. 그러한 양은 각이 같을 경우, 다른 원들에도 동일하며, 각이 변하면 그 각에 따라 그것도 달라진다. 따라서 우리가 원의 반지름을 모든 조건에서 1로 가정하면, 각은 해당 호로 기호적으로 표현되거나, 그 반대이다. 이런 가정에 따라 우리는 동일한 기호 2π로 4 직각과 반지름이 1인 원의 원주를 모두 표시한다.

464.　우리가 보여준 것처럼 $a(1)^{\frac{1}{n}}$의 다양한 값은 기본적으로 해당 선과 원래의 선으로 형성된 각과 연결되며, 따라서 그 각을 기호적으로 포함하는 동치인 형식으로 표현될 수 있다면 편리할 것이다. 그러한 식은 α_1과 α_1^{-1}에 해당하는 ϵ^θ와 $\epsilon^{-\theta}$이다. 그들은 서로에 대해 적절한 역 관계를 가지고 있어서 그 곱은 α_1과 α_1^{-1}과 동일하게 1이다. 또한 그것들은 해당 선이 원래의 선과 만드는 각 θ와 $-\theta$를 기호적으로 포함한다. 또한 $\alpha_1 = \epsilon^\theta$ 그리고 $\alpha_1^{-1} = \epsilon^{-\theta}$라면 다음이 성립한다.

$$\alpha_1^2 = \epsilon^{2\theta} \quad \text{그리고} \quad \alpha_1^{-2} = \epsilon^{-2\theta}$$
$$\alpha_1^3 = \epsilon^{3\theta} \quad \text{그리고} \quad \alpha_1^{-3} = \epsilon^{-3\theta}$$
$$\vdots$$
$$\alpha_1^{n-1} = \epsilon^{(n-1)\theta} \quad \text{그리고} \quad \alpha_1^{-(n-1)} = \epsilon^{-(n-1)\theta}$$

결과적으로, 다음 값의 수열은 동일한 양의 모든 거듭 제곱으로, 그 지수는 해당 선이 원래의 선과 이루는 여러 각을 나타낸다.

$$\alpha_1^2, \ \alpha_1^{-2}; \ \ \alpha_1^3, \ \alpha_1^{-3}; \ \ldots \ \alpha_1^{n-1}, \ \alpha_1^{-(n-1)}$$

따라서 $\alpha_1 = \epsilon^\theta$이므로 다음이 성립한다.

$$\alpha_1^n = \epsilon^{n\theta} = 1$$

여기서 다음이 성립하므로 $n\theta$는 2π와 동일하다.

$$\theta - \frac{360°}{n} - \frac{2\pi}{n}$$

그러므로 $\epsilon^{2\pi} = 1$이고, 나중에 기호적이든 아니든, ϵ과 동등한 양을 결정할 수 있게 하는 방정식이다. 그러나 $a(1)^{\frac{1}{n}}$의 값의 일관된 표현에 관한 한, ϵ의 특정 값이 무엇이든 간에 방정식 $\epsilon^{2\pi} = 1$이 참이라고 가정할 필요가 있다.

465. 우리는 그렇게 $a(1)^{\frac{1}{n}}$에 해당하는 선들을 나타내는 두 가지 기호 형태를 결정했는데, 그 형식은 다르지만 서로 동등하다. 이들을 표시하는 세 번째 방식에 대한 조사가 아직 남아 있는데, 이는 원래의 선과 관련하여 생각할 때, 그 선들의 기하학적 특성과 연결되기는 하지만, 앞엣것과 대수적으로 동등하다.

이제 평면에서 반지름이 AB인 원을 설명한다. 원래의 선과 동일한 각 BAC와 BAc를 만드는 반지름 AC와 Ac를 그리고, AB를 D에서 자르는 Cc를 연결한다. $AC = Ac$이고 AD는 두 개의 삼각형 ADC와 ADc에 공통이며, 각 BAC는 BAc와 같기 때문에, $CD = cD$이고, 각 $ADC = ADc$로 직각이 된다. 각 BAC[2])가 주어지면, AC 대 AD의

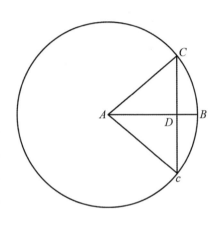

비율과 AC 대 CD의 비율이 주어지며, 모든 경우에 각 BAC와, AC 대 AD의 그리고 AC 대 DC의 두 비율 사이에 필요한 연결이 있고, 각의 연속적인 값에 해당하며 그 역도 되는 이 비율의 하나 또는 둘의 연속적인 값을 할당하는 것은 후속 조사와 계산의 대상이 될 것이다.

이 필수 연결을 다시 계산하기 위해, 비율 $\frac{AD}{AC}$를 각 BAC의 코사인으로, 다른 비율 $\frac{DC}{AC}$를 같은 각의 사인으로 칭하는 것이 일반적이다. 즉, 각 BAC를 θ로 부른다면, $\frac{AD}{AC}$는 θ의 코사인이라 불리고, $\frac{DC}{AC}$는 θ의 사인이라 불린다. 더 간결하게는 전자를 $\cos\theta$, 후자를 $\sin\theta$라 쓴다. 따라서 다음을

---

2) 삼각형의 변이나 변의 비율은 각을 결정하고, 기하학에서 각이 주어지거나 결정되는 것은 이런 방법뿐이다.

얻는다.

$$\frac{AD}{AC} = \cos\theta, \quad \text{그리고} \quad \frac{DC}{AC} = \sin\theta$$

그러므로 AC가 산술적으로, 즉 $AB = a$로 표현되는 경우, 다음을 얻는다.

$$AD = AC\cot\theta = a\cos\theta,$$
$$DC = AC\sin\theta = a\sin\theta$$

466. AC, 즉 원의 반지름을 1로 가정하면 다음이 성립한다.

원의 반지름이 1일 때

$$AD = \cos\theta, \quad \text{그리고} \quad DC = \sin\theta$$

즉, 빗변이 1인 직각 삼각형의 두 변은 그 밑변에 있는 각의 코사인과 사인이 된다.

467. 이제 그 의미에 대한 앞선 정의에서 비롯된 각의 코사인과 사인의 근본적 특성을 고찰해 보자.

그들의 근본적 특성

첫 번째로 다음이 성립한다.

$$\cos\theta = \cos(-\theta) \tag{12.1}$$

왜 그런지 살펴보면, 먼저 다음이 성립한다.

$$AD = AC\cos BAC = a\cos\theta$$

또한 동일한 선 AD는 마찬가지로 다음과 동일하다.

$$Ac\cos BAc = a\cos(-\theta), \quad (\text{왜냐하면} \quad BAc = -\theta)$$

결국 다음을 얻는다.

$$AD = a\cos\theta = a\cos(-\theta)$$

그러므로 $\cos\theta = \cos(-\theta)$이다.

두 번째로 다음이 성립한다.

$$\sin\theta = -\sin(-\theta) \tag{12.2}$$

왜 그런지 살펴보면, 먼저 다음이 성립한다.

$$DC = AC\sin BAC = a\sin\theta$$

또한 선 Dc는 다음과 동일하다.

$$Ac\sin BAc = a\sin(-\theta)$$

그러나 DC와 Dc는 동일하며 서로 반대인데, 다르거나 반대인 부호에 영향을 받는다. 결과적으로 다음이 성립한다.

$$DC = -Dc$$

따라서 다음을 얻는다.

$$a\sin\theta = -a\sin(-\theta), \quad \text{즉} \quad \sin\theta = -\sin(-\theta)$$

세 번째로 다음이 성립한다.

$$\cos^2\theta + \sin^2\theta = 1 \tag{12.3}$$

왜 그런지 살펴보면, 먼저 다음이 성립한다.

$$\frac{AD}{AC} = \cos\theta, \quad \text{그리고} \quad \frac{DC}{AC} = \sin\theta$$

그러므로 다음이 성립한다.

$$\frac{AD^2}{AC^2} + \frac{DC^2}{AC^2} = (\cos\theta)^2 + (\sin\theta)^2 = \cos^2\theta + \sin^2\theta$$

$$\text{그런데} \quad AD^2 + DC^2 = AC^2$$

따라서 다음을 얻는다.

$$\frac{AD^2}{AC^2} + \frac{DC^2}{AC^2} = 1$$

결과적으로 다음을 얻는다.

$$\cos^2\theta + \sin^2\theta = 1$$

468. 앞 조항에서 설명한 대로, 각의 코사인과 사인의 세 가지 특성은 기호 언어의 방식으로 표현된 기하학적 정의의 필연적인 결과이다. 그러나 이러한 정의를 참조하지 않고 볼 때, 그것들은 함께 취했을 때 $\cos\theta$와 $\sin\theta$로 지정된 수식의 대수적 또는 기호적 정의를 구성할 것이다. 따라서 θ는 그 의미나 표현이 무엇이든 간에, 기호적 양 $\cos\theta$와 $\sin\theta$와 연결되는 공통 기호이다. 다음 방정식은 그들이 적용받는 공통 조건을 나타내고 그중 하나를 다른 것의 측면에서 표현할 수 있게 한다.

기하학적 정의를 참조하지 않고 볼 때, $\cos\theta$와 $\sin\theta$의 기호적 정의

$$\cos^2\theta + \sin^2\theta = 1$$

반면에 다음 두 방정식은

$$\cos\theta = \cos(-\theta) \quad \text{그리고} \quad \sin\theta = -\sin(-\theta)$$

서로, 그리고 이전의 방정식과 독립적인 것으로, 이러한 수식 중 하나를 다른 것과 구별하여, 방정식 $\cos^2\theta + \sin^2\theta = 1$이 그들이 제한되었던 유일한 조건일 경우에, 그들이 더 이상 임의로 전환될 수 없다.

그러나 기하학적 정의와 관련하여 볼 때, 우리는 그러한 방정식을 그것의 필요한 기호적 결과로 간주하거나, 아니면 그 정의를 기호 방정식의 기하학적 해석으로 간주할 수 있다. 이 경우 θ와 $-\theta$는 원의 원래 반지름의 서로 다른 변에 있는 두 개의 동일한 각도를 나타내게 된다. $\cos\theta$와 $\sin\theta$는 직각삼각형의 각 변에 대해 빗변이 갖는 비율의 기호 식이다. $\cos\theta = \cos(-\theta)$

기하학적 정의를 참조하여 볼 때

또는 $a \cos \theta = a \cos(-\theta)$는 각 θ와 $-\theta$에 해당하는 두 직각 삼각형이 공통의 변을 가지고 있음을 나타낸다. 반면에 다음은 그 직각 삼각형의 두 번째 변은 동일하지만, 서로 반대되는 방향으로 그려져 있음을 보여준다.

$$\sin \theta = -\sin(-\theta), \quad \text{또는} \quad a \sin \theta = -a \sin(-\theta)$$

우리는 $\sin \theta$와 $\cos \theta$의 기하학적 또는 기호적 정의를 자유롭게 사용할 수 있음

469. 이렇게 기호적 정의를 해당 기하학적 양과 연결하는 해석 원리를 확립하고, $\cos \theta$와 $\sin \theta$의 기호적 정의를 구성하는 것으로 간주될 수 있는 기호 방정식이 기하학적 정의의 필연적인 결과라는 것을 보여주었으므로, 우리는 앞으로 목적에 가장 잘 맞도록, 하나 또는 다른 하나를 자유롭게 사용할 수 있을 것이다. 만약 기하학적 정의를 출발점으로 사용한다면, 우리는 그것들을 단지 해당 기호 언어로 덧입힘으로써 그로부터 결과를 기하학적으로 추론해야 한다. 그러나 그 기호 방정식을 우리의 출발점으로 삼기 원할 경우, 우리는 $\cos \theta$와 $\sin \theta$와 동등하고, 대수학의 통상적인 규칙과 법칙의 운용 안에 있는 다른 기호 식을 찾아야 한다. 왜냐하면 $\cos \theta$와 $\sin \theta$와 동등한 식을 발견할 수 없다면, 우리는 그들의 다른 조합의 결과를, 만일 $\cos \theta$와 $\sin \theta$를 단순한 기호 x와 y로 치환하여, 방정식 $x^2 + y^2 = 1$로 연결하고, θ 대신에 $-\theta$로 대체할 때, x가 아닌 y가 그 부호를 $+$에서 $-$로 변경하는 조건보다, 더 이상 변형되지 않는 형태로 남겨두어야 한다.

$\cos \theta$와 $\sin \theta$에 동등한 대수 값의 연구

470. 이를 위해 다음 기본 방정식의 구성을 조사하고,

$$\cos^2 \theta + \sin^2 \theta = 1$$

그 인자로부터 또는 다른 방법으로, 본질적으로 대수적인 $\cos \theta$와 $\sin \theta$의 동등한 식을 발견하려 해보자.

첫 번째로 다음 식을 살펴보자.

$$\cos^2 \theta + \sin^2 \theta = (\cos \theta + \sqrt{-1} \sin \theta) \times (\cos \theta - \sqrt{-1} \sin \theta) = 1$$

결과적으로 다음 두 인자는 서로에 대해 역 관계를 가지며, 이는 ϵ^θ와 $\epsilon^{-\theta}$가 가지고 있는 것으로, 원래의 선과 각 θ와 $-\theta$를 이루는 선의 작용 부호이다.

$$\cos\theta + \sqrt{-1}\sin\theta \quad \text{그리고} \quad \cos\theta - \sqrt{-1}\sin\theta$$

다시 인자 $\cos\theta + \sqrt{-1}\sin\theta$는 θ를 $-\theta$로 치환할 때, $\cos\theta - \sqrt{-1}\sin\theta$가 되며, 그 반대도 마찬가지인데, 이는 동일한 양과 공통으로 가지고 있는 또 하나의 속성이다. 첫 번째 경우의 가설로서 이렇게 가정해 보자.

$$\cos\theta + \sqrt{-1}\sin\theta = \epsilon^\theta \quad \text{그리고} \quad \cos\theta - \sqrt{-1}\sin\theta = \epsilon^{-\theta}$$

이로부터 우리는 덧셈과 뺄셈으로 다음을 얻게 된다.

$$2\cos\theta = \epsilon^\theta + \epsilon^{-\theta} \quad \text{그리고} \quad 2\sqrt{-1}\sin\theta = \epsilon^\theta - \epsilon^{-\theta}$$

결과적으로 다음을 얻는다.

$$\cos\theta = \frac{\epsilon^\theta + \epsilon^{-\theta}}{2} \quad \text{그리고} \quad \sin\theta = \frac{\epsilon^\theta - \epsilon^{-\theta}}{2\sqrt{-1}}$$

$\cos\theta$와 $\sin\theta$에 대해 이렇게 가정된 동등한 식을 추론하는 과정은 그들이 다음 세 개의 기본 방정식을 충족한다는 것을 보여 준다.

$$\cos^2\theta + \sin^2\theta 1, \quad \cos\theta = \cos(-\theta) \quad \text{그리고} \quad \sin\theta = -\sin(-\theta)$$

그러나 만일 그 과정을, $\cos\theta$와 $\sin\theta$에 동등한 대수 식이 되기 위한 가정에 대한 지침으로서만 고려해야 한다면, 바로 다음과 같이 될 것이다.

$$\left(\frac{\epsilon^\theta + \epsilon^{-\theta}}{2}\right)^2 + \left(\frac{\epsilon^\theta - \epsilon^{-\theta}}{2\sqrt{-1}}\right)^2 = \frac{\epsilon^{2\theta} + 2 + \epsilon^{-2\theta} - \epsilon^{2\theta} + 2 - \epsilon^{-2\theta}}{4}$$
$$= \frac{4}{4} = 1$$

또한 $\dfrac{\epsilon^\theta + \epsilon^{-\theta}}{2}$은 θ를 $-\theta$로 치환했을 때 변경되지 않을 것이다. 반면에

$\sin\theta$에 대한 해당 식은 동일한 조건에서 다음과 같다.

$$\frac{\epsilon^\theta - \epsilon^{-\theta}}{2\sqrt{-1}} = -\left(\frac{\epsilon^\theta - \epsilon^{-\theta}}{2\sqrt{-1}}\right)$$

그러므로 다음 가정된 식은 세 개의 기본 방정식을 만족하며, 따라서 모든 측면에서 $\cos\theta$와 $\sin\theta$와 동등한 것으로 나타날 것이다.

$$\frac{\epsilon^\theta + \epsilon^{-\theta}}{2} \quad \text{그리고} \quad \frac{\epsilon^\theta - \epsilon^{-\theta}}{2\sqrt{-1}}$$

그 대단한
중요성 **471.** 이러한 수식들은 가장 중요한 결과를 초래하는 것으로 밝혀질 것인데, 단순히 $(1)^{\frac{1}{n}}$의 모든 값의 기호적 결정과 그 이론의 완성에 관한 것뿐만 아니라, 마찬가지로 삼각법이란 명칭이 더 일반적인 각도 측정학을 구성하는 일련의 명제를 이루는 다양한 각의 사인과 코사인의 관계 표현에 관한 것이다. 우리가 기하학을 대수학 법칙의 운용에 도입할 수 있게 하는 것은 이 과학의 명제들을 통해서인 만큼, 우리는 가장 기본적이고 중요한 것으로 간주될 수 있는 이 과학의 그러한 명제들을 조사하는 데 있어서 이 공식들의 사용을 설명함으로써 시작할 것이다.

$\cos 0$과 $\sin 0$
의 값 **472. 명제.** 0과 동일한 각의 코사인은 1이고, 그 사인은 0이다.

왜 그런지 살펴보자. 먼저 다음을 기억하자.

$$\cos\theta = \frac{\epsilon^\theta + \epsilon^{-\theta}}{2}$$

그러므로 $\cos 0 = \frac{1+1}{2} = 1$이다. 그리고 다음을 기억하자.

$$\sin\theta = \frac{\epsilon^\theta - \epsilon^{-\theta}}{2\sqrt{-1}}$$

그러므로 $\sin 0 = \frac{1-1}{2\sqrt{-1}} = 0$이다.

$\cos\pi$와 $\sin\pi$
의 값 **473. 명제.** 180°, 즉 π와 동일한 각의 코사인 값은 −1이고 그 사인 값은 0이다.

왜 그런지 살펴보자. 먼저 $\epsilon^{2\pi} = 1$이다(조항 464). 그러므로 $\epsilon^{\pi} = (1)^{\frac{1}{2}} = 1$ 또는 -1이다. 한편, ϵ^{π}는 1이 될 수 없으므로 -1이 될 수밖에 없다. 따라서 다음이 성립한다.

$$\cos \pi = \frac{\epsilon^{\pi} + \epsilon^{-\pi}}{2} = \frac{-1-1}{2} = -1$$

또한 다음을 얻는다.

$$\sin \pi = \frac{\epsilon^{\pi} - \epsilon^{-\pi}}{2\sqrt{-1}} = \frac{-1+1}{2\sqrt{-1}} = 0$$

474. 아래 식들이 성립하므로

$$\epsilon^{\pi} = -1, \quad \epsilon^{2\pi} = 1, \quad \epsilon^{3\pi} = (-1)^3 = -1, \quad \epsilon^{4\pi} = 1, \quad \epsilon^{5\pi} = -1, \ldots$$

바로 다음을 얻는다.

π의 배수에 대한 코사인 값과 사인 값

$$\cos 2\pi = 1 \qquad \text{그리고} \qquad \sin 2\pi = 0$$

$$\cos 3\pi = -1 \qquad \text{그리고} \qquad \sin 3\pi = 0$$

$$\cos 4\pi = 1 \qquad \text{그리고} \qquad \sin 4\pi = 0$$

$$\cos 5\pi = -1 \qquad \text{그리고} \qquad \sin 5\pi = 0$$

$$\cos 6\pi = 1 \qquad \text{그리고} \qquad \sin 6\pi = 0$$

$$\vdots \qquad\qquad \vdots \qquad\qquad \vdots$$

$$\cos 2n\pi = 1 \qquad \text{그리고} \qquad \sin 2n\pi = 0$$

$$\cos(2n+1)\pi = -1 \qquad \text{그리고} \qquad \sin(2n+1)\pi = 0$$

다시 말하면 π, 즉 $180°$의 모든 짝수 배의 코사인은 1과 같고, 모든 홀수 배수의 코사인은 -1과 같다. π의 짝수든 홀수든 모든 배수의 사인은 영과 동일하다.

cos $\frac{\pi}{2}$와 sin $\frac{\pi}{2}$
의 값

475. 명제. 90°와 동일한 각의 코사인은 0이고, 그 사인은 1과 같다. 왜 그런지 살펴보자. 먼저 다음이 성립한다.

$$\epsilon^{\frac{\pi}{2}} = (\epsilon^\pi)^{\frac{1}{2}} = (-1)^{\frac{1}{2}}, \qquad \frac{1}{\sqrt{-1}} = -\sqrt{-1}$$

따라서 다음을 얻는다.

$$\cos\frac{\pi}{2} = \frac{\epsilon^{\frac{\pi}{2}} + \epsilon^{-\frac{\pi}{2}}}{2} = \frac{\sqrt{-1} + \frac{1}{\sqrt{-1}}}{2} = 0$$

또한 다음을 얻는다.

$$\sin\frac{\pi}{2} = \frac{\epsilon^{\frac{\pi}{2}} - \epsilon^{-\frac{\pi}{2}}}{2\sqrt{-1}} = \frac{\sqrt{-1} - \frac{1}{\sqrt{-1}}}{2\sqrt{-1}} = 1$$

$\frac{\pi}{2}$의 배수에
**대한 코사인과
사인의 값**

476. 아래 식들이 성립하므로

$$\epsilon^{\frac{3\pi}{2}} = (\sqrt{-1})^3 = -\sqrt{-1}, \quad \epsilon^{\frac{5\pi}{2}} = \sqrt{-1}, \quad \epsilon^{\frac{7\pi}{2}} = -\sqrt{-1}, \ \ldots$$

바로 다음을 얻는다.

$$\cos\frac{3\pi}{2} = 0 \qquad \text{그리고} \qquad \sin\frac{3\pi}{2} = -1$$
$$\cos\frac{5\pi}{2} = 0 \qquad \text{그리고} \qquad \sin\frac{3\pi}{2} = 1$$
$$\vdots \qquad\qquad\qquad \vdots \qquad\qquad \vdots$$
$$\cos\frac{(2n+1)\pi}{2} = 0 \qquad \text{그리고} \qquad \sin\frac{(2n+1)\pi}{2} = -1$$
$$\cos\frac{(4n+1)\pi}{2} = 0 \qquad \text{그리고} \qquad \sin\frac{(4n+1)\pi}{2} = 1$$

다시 말해서, 90°, 즉 한 사분원의 모든 홀수 배수의 코사인은 영과 같고, 반면 사분원의 배수에서 1을 감소하여 4 또는 2로만 나눌 수 있을 때, 그에 해당하는 사인은 교대로 1과 −1이 된다.

477. 명제. $\left(\frac{\pi}{2} - \theta\right)$의 코사인 값은 θ의 사인 값과 동일하고, 그 반대도 성립한다.

왜 그런지 살펴보면 다음이 성립한다.

$$
\begin{aligned}
\cos\left(\frac{\pi}{2} - \theta\right) &= \frac{\epsilon^{\left(\frac{\pi}{2}-\theta\right)} + \epsilon^{-\left(\frac{\pi}{2}-\theta\right)}}{2} = \frac{\epsilon^{\frac{\pi}{2}}\epsilon^{-\theta} + \epsilon^{-\frac{\pi}{2}}\epsilon^{\theta}}{2} \\
&= \frac{\sqrt{-1}(\epsilon^{-\theta} - \epsilon^{\theta})}{2} = \frac{\epsilon^{\theta} - \epsilon^{-\theta}}{2\sqrt{-1}} \\
&= \sin\theta
\end{aligned}
$$

또한, 다음이 성립한다.

$$
\begin{aligned}
\sin\left(\frac{\pi}{2} - \theta\right) &= \frac{\epsilon^{\left(\frac{\pi}{2}-\theta\right)} - \epsilon^{-\left(\frac{\pi}{2}-\theta\right)}}{2\sqrt{-1}} = \frac{\epsilon^{\frac{\pi}{2}}\epsilon^{-\theta} - \epsilon^{-\frac{\pi}{2}}\epsilon^{\theta}}{2\sqrt{-1}} \\
&= \frac{\sqrt{-1}(\epsilon^{-\theta} + \epsilon^{\theta})}{2\sqrt{-1}} = \frac{\epsilon^{\theta} + \epsilon^{-\theta}}{2} \\
&= \cos\theta
\end{aligned}
$$

다시 말해서 어떤 각의 코사인은 그 여각의 사인과 동일하고, 그 반대도 성립한다.

> 한 각의 코사인은 그 여각의 사인과 동일하고, 그 반대도 그러함

478. 명제. $(\pi - \theta)$의 코사인은 부호 −의 작용을 받아 θ의 코사인과 같은 반면, $(\pi - \theta)$의 사인은 θ의 사인과 같다.

왜 그런지 살펴보면 $\epsilon^{\pi} = \epsilon^{-\pi} = -1$이므로 다음이 성립한다.

$$
\begin{aligned}
\cos(\pi - \theta) &= \frac{\epsilon^{(\pi-\theta)} + \epsilon^{-(\pi-\theta)}}{2} = \frac{\epsilon^{\pi}\epsilon^{-\theta} + \epsilon^{-\pi}\epsilon^{\theta}}{2} \\
&= \frac{-\epsilon^{-\theta} - \epsilon^{\theta}}{2} \\
&= -\cos\theta
\end{aligned}
$$

> $\sin(\pi - \theta) = \sin\theta$ 그리고 $\cos(\pi - \theta) = -\cos\theta$

또한, 다음이 성립한다.

$$\sin(\pi - \theta) = \frac{\epsilon^{(\pi-\theta)} - \epsilon^{-(\pi-\theta)}}{2\sqrt{-1}} = \frac{\epsilon^{\pi}\epsilon^{-\theta} - \epsilon^{-\pi}\epsilon^{\theta}}{2\sqrt{-1}}$$

$$= \frac{\epsilon^{\theta} - \epsilon^{-\theta}}{2\sqrt{-1}}$$

$$= \sin\theta$$

다시 말해서, 호의 사인은 그 보각의 사인과 동일하지만, 호의 코사인은 부호 $-$의 작용을 받아 그 보각의 코사인과 동일하다.

유사한 증명을 인정하는 다른 명제들

479. 다음과 같은 다른 명제들이 많이 있고,

$$\cos\left(\frac{\pi}{2} + \theta\right) = -\sin\theta \quad \text{그리고} \quad \sin\left(\frac{\pi}{2} + \theta\right) = \cos\theta$$

$$\sin(\pi + \theta) = -\sin\theta \quad \text{그리고} \quad \cos(\pi + \theta) = \cos\theta$$

위에 주어진 것과 유사한 방식으로 매우 쉽게 추론할 수 있는 비슷한 종류의 다른 명제들도 있다. 그러나 그들은 마찬가지로 사인의 산술학에서 아래에 주어질 기본적인 일반 명제를 더 쉽고 아마도 더 일관되게 따른다.

단순 호의 사인과 코사인을 통해 표현된 두 호의 합과 차에 대한 코사인과 사인의 수식

480. $(\theta + \theta')$와 $(\theta - \theta')$의 코사인과 사인을 θ와 θ'의 코사인과 사인으로 표현해 보자.

θ의 모든 값에 대해 아래 식이 성립하므로

$$\epsilon^{\theta} = \cos\theta + \sqrt{-1}\sin\theta$$

다음을 얻는다.

$$\epsilon^{\theta'} = \cos\theta' + \sqrt{-1}\sin\theta'$$

또한, 다음이 성립한다.

$$\epsilon^{(\theta+\theta')} = \cos(\theta + \theta') + \sqrt{-1}\sin(\theta + \theta')$$

402

한편, 다음과 같이 전개할 수 있다.

$$\epsilon^{(\theta+\theta')} = \epsilon^\theta \times \epsilon^{\theta'} = (\cos\theta + \sqrt{-1}\sin\theta)(\cos\theta' + \sqrt{-1}\sin\theta')$$
$$= \cos\theta\cos\theta' - \sin\theta\sin\theta' + \sqrt{-1}\{\sin\theta\cos\theta' + \cos\theta\sin\theta'\}$$

결과적으로 다음을 얻는다.

$$\cos(\theta+\theta') + \sqrt{-1}\sin(\theta+\theta')$$
$$= \cos\theta\cos\theta' - \sin\theta\sin\theta' + \sqrt{-1}\{\sin\theta\cos\theta' + \cos\theta\sin\theta'\} \tag{12.4}$$

비슷한 방식으로, 아래 두 식으로 시작할 경우,

$$\epsilon^{-\theta} = \cos\theta - \sqrt{-1}\sin\theta \quad \text{그리고} \quad \epsilon^{-\theta'} = \cos\theta' - \sqrt{-1}\sin\theta'$$

다음의 결과를 얻는다.

$$\epsilon^{-(\theta+\theta')} = \cos(\theta+\theta') - \sqrt{-1}\sin(\theta+\theta')$$
$$= \cos\theta\cos\theta' - \sin\theta\sin\theta' - \sqrt{-1}\{\sin\theta\cos\theta' + \cos\theta\sin\theta'\} \tag{12.5}$$

식 (12.4)와 (12.5)를 (대수적으로) 더하고 2로 나누면 다음과 같다.

$$\cos(\theta+\theta') = \cos\theta\cos\theta' - \sin\theta\sin\theta' \tag{12.6}$$

또 방정식 (12.4)에서 (12.5)를 (대수적으로) 빼고 그 결과를 $2\sqrt{-1}$로 나누면, 다음을 얻는다.

$$\sin(\theta+\theta') = \sin\theta\cos\theta' + \cos\theta\sin\theta' \tag{12.7}$$

빙징식 (12.6)과 (12.7)에시 θ' 대신에 $-\theta'$을 넣으면, 디음을 얻는디.

$$\cos(\theta-\theta') = \cos\theta\cos\theta' + \sin\theta\sin\theta' \tag{12.8}$$

$$\sin(\theta-\theta') = \sin\theta\cos\theta' - \cos\theta\sin\theta' \tag{12.9}$$

481. 우리는 이 공식들의 사용을 일부 동치인 형식의 결정에 적용함으로써 예시하고자 한다.

(1) $\cos(\pi + \theta) = \cos \pi \cos \theta - \sin \pi \sin \theta = -\cos \theta$

왜냐하면 $\cos \pi = -1$이고 $\sin \pi = 0$이기 때문이다(조항 473). 이 공식은 (12.6)에서 비롯된다.

(2) $\sin(\pi + \theta) = \sin \pi \cos \theta + \cos \pi \sin \theta = -\sin \theta$

왜냐하면 $\sin \pi = 0$이고 $\cos \pi = -1$이기 때문이다. 이 공식은 (12.7)에서 비롯된다.

(3) $\cos \left(\frac{3\pi}{2} - \theta\right) = \cos \frac{3\pi}{2} \cos \theta + \sin \frac{3\pi}{2} \sin \theta = -\sin \theta$

왜냐하면 $\cos \frac{3\pi}{2} = 0$이고 $\sin \frac{3\pi}{2} = -1$이기 때문이다(조항 476). 이 공식은 (12.8)에서 비롯된다.

(4) $\sin \left(\frac{3\pi}{2} - \theta\right) = \sin \frac{3\pi}{2} \cos \theta - \cos \frac{3\pi}{2} \sin \theta = -\cos \theta$

왜냐하면 $\sin \frac{3\pi}{2} = -1$이고 $\cos \frac{3\pi}{2} = 0$이기 때문이다. 이 공식은 (12.9)에서 비롯된다.

(5) $\cos 2\theta = \cos(\theta + \theta) = \cos^2 \theta - \sin^2 \theta$

이 공식은 (12.6)에서 $\theta' = \theta$로 함으로써 얻어진다.

$\cos 2\theta$의
값으로 $\cos \theta$
와 $\sin \theta$의
값을 계산할
수 있다   **482.** 아래의 두 식이 성립하기 때문에

$$\cos^2 \theta + \sin^2 \theta = 1, \qquad \cos^2 \theta - \sin^2 \theta = \cos 2\theta$$

(덧셈과 뺄셈에 의해서) 다음을 얻는다.

$$2 \cos^2 \theta = 1 + \cos 2\theta,$$

$$2 \sin^2 \theta = 1 - \cos 2\theta$$

이것은 두 개의 중요한 하위 공식이며, 알려진 $\cos 2\theta$의 산술 값으로부터

다음의 산술 값을 계산할 수 있게 해준다.

$$\cos\theta \quad \text{그리고} \quad \sin\theta$$

따라서 만약 아래와 같이 값이 주어지면

$$\cos 2\theta = 0, \quad \text{또는} \quad 2\theta = 90° = \frac{\pi}{2}$$

다음을 얻는다.

$$\cos^2\theta = \frac{1}{2}$$

$$\text{그리고} \quad \cos\theta = \cos 45° = \cos\frac{\pi}{4} = \frac{1}{\sqrt{2}} = \sin\frac{\pi}{4}$$

483. 만약 기하학적으로 고려하면 즉시 60° 각에 해당함을 알 수 있는 $\cos 2\theta = \frac{1}{2}$로 가정할 경우,[3] 다음을 얻게 된다.

1′의 사인과 코사인 계산

$$2\cos^2 30° = 1 + \cos 60° = 1 + \frac{1}{2},$$

---

3) 우리가 $\cos 2\theta = \frac{1}{2}$로 가정한다면, 아래의 식을 얻고

$$\sin 2\theta = \sqrt{\left(1 - \frac{1}{4}\right)} = \frac{\sqrt{3}}{2}$$

따라서 다음을 얻는다.

$$\cos 4\theta = \cos^2 2\theta - \sin^2 2\theta = \frac{1}{4} - \frac{3}{4} = -\frac{1}{2}$$

그리고 해당히는 사인의 값은 다음과 같다.

$$\sin 4\theta = \frac{\sqrt{3}}{2} = \sin 2\theta = \sin(\pi - 2\theta)$$

그러므로 $4\theta = \pi - 2\theta$이고, 결국 다음이 성립한다.

$$6\theta = \pi, \quad \text{และ} \quad 2\theta = \frac{\pi}{3} = 60°$$

이것은 요구 조건에 대응하는 2θ의 최소값을 제공한다.

$$\text{그리고} \quad \cos 30° = \sqrt{\left(\frac{1 + \frac{1}{2}}{2}\right)} = \frac{\sqrt{3}}{2} = c_1$$

같은 방식으로 다음을 얻는다.

$$\cos \frac{30°}{2} = \cos 15° = \sqrt{\left(\frac{1 + c_1}{2}\right)} = c_2,$$

$$\cos \frac{30°}{2^2} = \cos 7°30' = \sqrt{\left(\frac{1 + c_2}{2}\right)} = c_3,$$

$$\cos \frac{30°}{2^3} = \cos 3°45' = \sqrt{\left(\frac{1 + c_3}{2}\right)} = c_4$$

계속된 각의 연속적인 이분법에 의해, 다음에 이르게 된다.

$$\cos \frac{30°}{2^{11}} = \cos 52''44''' \frac{1}{16} = \sqrt{\left(\frac{1 + c_{10}}{2}\right)} = .9999999674$$

그리고 해당하는 사인의 값은 다음과 같다.

$$\sin \frac{30°}{2^{11}} = \sqrt{(1 - c_{11}^2)} = .000255625$$

그러나 다음이 성립한다.

$$\frac{30°}{2^{11}} = \frac{30 \times 60'}{2^3 \times 2^8} = \frac{225}{256} \times 1'$$

그리고 매우 작은 각의 사인은 각 자체와 서로 거의 동일한 비율을 이루고 있다고 간주될 수 있는 만큼,[4] 우리는 합리적인 오류 없이 다음과 같이

---

[4] 여기서 참으로 추정되는 명제는 θ의 사인 값을 θ와 그 거듭 제곱으로 표현한 뒤에 발견될 수열의 매우 단순한 결과이다. 그러나 이런 검증 방식이 없을 때 실제적인 목적을 위해 다음을 관찰하면 충분할 것이다.

$$\sin \frac{30°}{2^9} = .0010224959,$$

$$\sin \frac{30°}{2^{10}} = .0005112182,$$

가정할 수 있다.

$$\frac{\sin \frac{30°}{2^{11}}}{\sin 1'} = \frac{225}{256}$$

그러므로 다음을 얻는다.

$$\sin 1' = \frac{225}{256} \sin \frac{30°}{2^{11}} = \frac{225}{256} \times .000255625 = .0002908882$$

따라서 다음이 성립한다.

$$\cos 1' = .9999999577$$

484. 각에서 $1'$의 사인과 코사인에 대한 지식은 $1'$의 각과 $90°$의 각 사이에서 $1'$만큼 서로 다른 모든 각의 사인과 코사인을 계산하는 기초가 될 것이다.

이를 위해 다음 공식의 도움이 필요하다.

$$\sin(n+1)\theta = 2\cos\theta \sin n\theta - \sin(n-1)\theta, \tag{12.10}$$

$$\cos(n+1)\theta = 2\cos\theta \cos n\theta - \cos(n-1)\theta \tag{12.11}$$

이는 다음과 같이 조사할 수 있다.

$$\sin(\theta' + \theta) = \sin\theta' \cos\theta + \cos\theta' \sin\theta,$$

$$\sin(\theta' - \theta) = \sin\theta' \cos\theta - \cos\theta' \sin\theta$$

90°**까지의 모든 각의 사인과 코사인을 계산하는 데 필요한 과정과 공식**

$$\sin \frac{30°}{2^{11}} = .000255625$$

또한 두 번째 사인에 대한 첫 번째 사인의 비율 그리고 세 번째 사인에 대한 두 번째 사인의 비율은 2 대 1의 비율과 거의 같으며, 이는 두 번째 각에 대한 첫 번째 각 그리고 세 번째 각에 대한 두 번째 각의 비율이다.

결과적으로 이를 더하면 다음을 얻는다.

$$\sin(\theta' + \theta) + \sin(\theta' - \theta) = 2\cos\theta\sin\theta'$$

그러므로 다음이 성립한다.

$$\sin(\theta' + \theta) = 2\cos\theta\sin\theta' - \sin(\theta' - \theta)$$

이제 θ'을 $n\theta$로 치환하면 다음을 얻는다.

$$\sin(n+1)\theta = 2\cos\theta\sin n\theta - \sin(n-1)\theta$$

유사한 방법으로 다음을 살펴보자.

$$\cos(\theta' + \theta) = \cos\theta'\cos\theta - \sin\theta'\sin\theta,$$
$$\cos(\theta' - \theta) = \cos\theta'\cos\theta + \sin\theta'\sin\theta$$

그러므로 다음을 얻는다.

$$\cos(\theta' + \theta) = 2\cos\theta'\cos\theta - \cos(\theta' - \theta)$$

여기서 θ'을 $n\theta$로 치환하면 다음을 얻는다.

$$\cos(n+1)\theta = 2\cos\theta\cos n\theta - \cos(n-1)\theta$$

이제 $\theta = 1'$으로 간주하고, n을 자연수 1, 2, 3, 4 등으로 계속 대체하면, 다음을 얻게 된다.

$$\sin 2' = 2\cos 1'\sin 1' \qquad\qquad = .0005817764,$$
$$\sin 3' = 2\cos 1'\sin 2' - \sin 1' = .0008726645,$$
$$\sin 4' = 2\cos 1'\sin 3' - \sin 2' = .0011635526,$$
$$\sin 5' = 2\cos 1'\sin 4' - \sin 3' = .0014544406,$$

$$\vdots \qquad \vdots \qquad\qquad \vdots$$

$$\cos 2' = 2\cos 1'\cos 1' - \cos 0 \ = .9999998308,$$

$$\cos 3' = 2\cos 1'\cos 2' - \cos 1' = .9999996192,$$

$$\cos 4' = 2\cos 1'\cos 3' - \cos 2' = .9999993231,$$

$$\cos 5' = 2\cos 1'\cos 4' - \cos 3' = .9999989423$$

485. 이러한 방식으로 45°의 사인 및 코사인까지 진행할 수 있으며, 그 후에 동일한 값이 반복될 것이며, 그 값은 이전에 결정되었다. 왜냐하면 각 45° + A와 45° − A는 서로 여각 관계인 만큼, $\sin(45° + A) = \cos(45° − A)$ 그리고 $\cos(45° + A) = \sin(45° − A)$이기 때문이다. 그러므로 45°로부터 오름 차순의 수열에 있는 각들의 사인은 이미 결정되어 있는 내림 차순의 수열에서 여각의 코사인과 각각 동일해진다. 이와 유사하게 45°로부터 오름 차순의 수열에 있는 각들의 코사인은 이미 결정되어 있는 내림 차순의 수열에서 여각의 사인과 동일해진다. 따라서 그 이상은 아닌 45°까지는 사인과 코사인의 정리표 또는 표를 구성하는 것이 필요하다.

45° 이상의 사인과 코사인의 이중 정리표를 확장할 필요는 없음

486. 앞의 과정을 통해 90°까지 모든 각의 (1′만큼씩 달라지는) 사인과 코사인의 실제 산술 값을 계산할 수 있으며, 그 이상은 그들의 값이 역순으로 반복된다.[5] 우리의 이론에 중요한 것은 그러한 결정을 내리는

---

5) 앞서 사인과 코사인의 정리표를 구성할 때, 계산을 단축하고 그 정확성을 검증하는 다양한 기술을 제시하려고 시도하지 않았다. 이 중 가장 중요한 것 중 하나는 다음 공식에 의해 주어진다.

$$\sin(30° + \theta) = \cos\theta - \sin(30° − \theta)$$

이것으로 30°부터 60°까지 각의 사인을, θ가 1′부터 30°까지의 값을 가질 때, θ의 코사인으로부터 (30° − θ)의 사인을 단순히 뺌으로써 계산할 수 있다. 또한 다음이 성립하므로,

$$\sin(30° + \theta) = \cos(60° − \theta)$$

실행 가능성으로, 이는 우리가 $(1)^{\frac{1}{n}}$ 의 다양한 기호 값을 절대적으로 할당할 수 있게 해주기 때문이다. 그러나 이 주제에 대한 검토를 재개하기 전에, 우리는 바로 앞의 절에서 우리 연구의 주요 대상이 되어온 각도 측정학에서 상당히 중요한 몇 가지 다른 명제를 주목해야 한다.

두 각의 사인 또는 코사인의 합과 차

487. θ와 θ'이 아래 두 값의 합과 차와 각각 동일하므로

$$\frac{\theta + \theta'}{2} \quad \text{그리고} \quad \frac{\theta - \theta'}{2}$$

다음이 성립한다.

$$
\begin{aligned}
\sin \theta &= \sin \left(\frac{\theta + \theta'}{2} + \frac{\theta - \theta'}{2} \right) \\
&= \sin \frac{\theta + \theta'}{2} \cos \frac{\theta - \theta'}{2} + \cos \frac{\theta + \theta'}{2} \sin \frac{\theta - \theta'}{2},
\end{aligned}
$$

그리고
$$
\begin{aligned}
\sin \theta' &= \sin \left(\frac{\theta + \theta'}{2} - \frac{\theta - \theta'}{2} \right) \\
&= \sin \frac{\theta + \theta'}{2} \cos \frac{\theta - \theta'}{2} - \cos \frac{\theta + \theta'}{2} \sin \frac{\theta - \theta'}{2}
\end{aligned}
$$

30°부터 60°까지 각의 사인 수열을 결정하면, 역순으로 해당 코사인 수열을 알 수 있다. 우리가 제공한 공식에서, 1′로부터 그이상 모든 각의 사인 및 코사인은 1′의 확인된 사인과 코사인 값으로부터 서로 독립적으로 계산되며, 결과적으로 임의의 각 θ의 사인과 코사인의 계산된 값은, 그들 값의 정확성을 검증하는 것뿐만 아니라, 마찬가지로 그들이 의존하는 다른 모든 각의 사인과 코사인의 값을 검증하는 데 도움이 될 수 있다. 왜냐하면 다음 방정식은 $\cos \theta$와 $\sin \theta$의 계산 값으로 충족되어야 하고, 그렇지 않으면 그것들은 정확하지 않기 때문이다.

$$\cos^2 \theta + \sin^2 \theta = 1$$

따라서 (조항 484)에 제시된 5′의 사인과 코사인 값을 취한다면, 다음을 얻는다.

$$\cos^2 5' = .99999788460111872929,$$
$$\sin^2 5' = .00000211539745892836,$$
$$\text{그리고} \quad \cos^2 5' + \sin^2 5' = .99999999999857765765$$

1과 .000000000002보다 적은 양만큼 다른 양으로, $\cos 5'$과 $\sin 5'$의 계산 값에서 항의 영향에서 발생하는 불일치이며, 소수점 10번째 자리 이상으로 반드시 생략된다.

결국, 덧셈과 뺄셈에 의하여 다음을 얻는다.

$$\sin\theta + \sin\theta' = 2\sin\frac{\theta+\theta'}{2}\cos\frac{\theta-\theta'}{2},$$
$$\sin\theta - \sin\theta' = 2\cos\frac{\theta+\theta'}{2}\sin\frac{\theta-\theta'}{2}$$

비슷한 방법으로

$$\cos\theta + \cos\theta' = 2\cos\frac{\theta+\theta'}{2}\cos\frac{\theta-\theta'}{2},$$
$$\cos\theta - \cos\theta' = 2\sin\frac{\theta+\theta'}{2}\sin\frac{\theta-\theta'}{2}$$

이것들은 매우 중요한 공식으로, 두 호의 사인의 합 또는 두 호의 코사인의 합을 부호 +나 −로 연결하여 그들의 합 또는 차의 코사인이나 사인에 대한 동등한 곱으로 전환할 수 있도록 하기 때문이다. 계산 목적으로 공식을 적용하는 데 매우 빈번히 요구되는 종류의 변형이다.

488. θ의 사인 대 코사인의 비율은 θ의 탄젠트, 즉 $\tan\theta = \frac{\sin\theta}{\cos\theta}$로 표시된다. 기하학에서 각 BAC의 탄젠트는 DC 대 AD의 비율을 나타내거나, 직각 삼각형 DAC의 밑변에 대한 높이의 비율을 나타낸다. 따라서 다음을 얻는다. *각의 탄젠트에 대한 정의*

$$DC = AD\tan BAC = AD\tan\theta$$

$AB = 1$이라고, 즉 원의 반지름을 1이라 가정하고, AC와 만나도록 B에서 원에 접선 BT를 그려서 T를 만들어 내면, 다음을 얻는다.

$$\frac{BT}{AB} = \frac{DC}{AD}$$

만일 $AB = 1$이면, $BT = \frac{DC}{AD}$, 즉 기하학적 접선 BT가 그 비율의 값

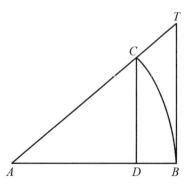

을 나타내는 척도가 되어, 결국 그러한 조건에서 $\tan\theta$와 동등해진다.

$\tan\theta = \frac{\sin\theta}{\cos\theta}$이면, 다음이 성립한다.

$$\tan\left(\frac{\pi}{2} - \theta\right) = \frac{\sin\left(\frac{\pi}{2} - \theta\right)}{\cos\left(\frac{\pi}{2} - \theta\right)} = \frac{\cos\theta}{\sin\theta} = \cot\theta$$

각의 코탄젠트에 대한 정의 즉, 그러한 조건에서 사인은 θ의 코사인이 되고, 그 반대도 되며, θ의 여각의 탄젠트를 θ의 코탄젠트로 부르고 $\cot\theta$로 표시함으로써 우리는 학술명과 표현의 유추를 완성한다.

두 각의 합과 차에 대한 탄젠트 수식 **489.** 다시 말하지만, 전개식에서 분자와 분모를 $\cos\theta\cos\theta'$으로 나누면, 다음을 얻는다.

$$\begin{aligned}\tan(\theta + \theta') &= \frac{\sin(\theta + \theta')}{\cos(\theta + \theta')} \\ &= \frac{\sin\theta\cos\theta' + \cos\theta\sin\theta'}{\cos\theta\cos\theta' - \sin\theta\sin\theta'} \\ &= \frac{\frac{\sin\theta}{\cos\theta} + \frac{\sin\theta'}{\cos\theta'}}{1 - \frac{\sin\theta\cos\theta'}{\cos\theta\cos\theta'}}\end{aligned}$$

여기서 $\frac{\sin\theta}{\cos\theta}$와 $\frac{\sin\theta'}{\cos\theta'}$을 $\tan\theta$와 $\tan\theta'$으로 치환하면, 다음을 얻는다.

$$\tan(\theta + \theta') = \frac{\tan\theta + \tan\theta'}{1 - \tan\theta\tan\theta'}$$

유사한 방법으로, θ'을 대신하여 $-\theta'$을 놓으면 다음을 얻는다.

$$\tan(\theta - \theta') = \frac{\tan\theta - \tan\theta'}{1 + \tan\theta\tan\theta'}$$

탄젠트의 특정 값 **490.** 이러한 공식들과 가정된 탄젠트 값의 도움으로, 아래의 결과를 쉽게 도출하거나 증명할 수 있다.

$$\tan 0 = 0, \qquad\qquad \tan\frac{\pi}{4} \quad \text{또는} \quad \tan 45° = 1,$$

$$\tan \frac{\pi}{6} \quad \text{또는} \quad \tan 30° = \frac{1}{\sqrt{3}}, \qquad \tan \frac{2\pi}{6} \quad \text{또는} \quad \tan 60° = \sqrt{3},$$

$$\tan \frac{\pi}{2} = \infty, \qquad\qquad\qquad \tan 2\pi = 0,$$

$$\tan \frac{3\pi}{2} = -\infty, \qquad\qquad\qquad \tan 4\pi = 0,$$

$$\tan \left(\frac{\pi}{2} + \theta \right) = -\cot \theta, \qquad\qquad \tan(\pi - \theta) = -\tan \theta,$$

$$\tan(\pi + \theta) = \tan \theta, \qquad\qquad \tan \left(\frac{3\pi}{2} - \theta \right) = \cot \theta,$$

$$\tan(2\pi - \theta) = -\tan \theta, \qquad\qquad \tan(2\pi + \theta) = \tan \theta,$$

$$\tan(2n\pi + \theta) = \tan \theta, \qquad\qquad \tan[(2n + 1)\pi + \theta] = \tan \theta$$

491. θ에 대한 코사인 값으로 표현된 비율의 역수는 θ의 시컨트로 부른다. θ의 시컨트, 즉 다음과 같다. 각의 시컨트와 코시컨트

$$\sec \theta = \frac{1}{\cos \theta}$$

여기서 θ를 $\frac{\pi}{2} - \theta$로 치환하면, 다음을 얻는다.

$$\sec \left(\frac{\pi}{2} - \theta \right) = \frac{1}{\cos \left(\frac{\pi}{2} - \theta \right)} = \frac{1}{\sin \theta}$$

이는 θ의 코시컨트 또는 θ의 여각의 시컨트로 부르며, $\operatorname{cosec} \theta$라고 쓴다. 기하학에서 BAC(조항 488 그림)의 시컨트는 $\frac{AC}{AD}$의 비율을 나타내고, 이는 $\frac{AT}{AB}$와 동일하다. 만일 AB, 즉 원의 반지름이 1이라면, AT는 시컨트라고 표시되는 비율을 나타낸다.

492. $\operatorname{versin} \theta$라고 쓰는 θ의 버스트 사인은 $1 - \cos \theta$를 표현하는 데 사용된다. 그것은 1과 비율 $\frac{AD}{AC}$의 대수적 차이, 즉 $\frac{AB}{AC}$와 $\frac{AD}{AC}$의 차이이며, 따라서 $\frac{BD}{AC}$와 동일하다. AB 또는 AC가 1이라면, 그것은 분명히 BD로 나타낸다. 각의 버스트 사인

탄젠트,
코탄젠트,
시컨트,
코시컨트,
버스트 사인
용어는
기하학적
기원을 가짐

493. 탄젠트와 코탄젠트, 시컨트와 코시컨트 및 버스트 사인이라는 용어는 기하학적 기원을 가질 뿐만 아니라, 그 도입은 원 내부나 주변에 기술된 선의 관계를 나타내거나 결정하는 것과 같이 본질적으로 기하학적인 이 학문의 주요 대상에 대한 견해에 기인한다. 그러한 조건에서, 그 선들의 관계, 기호적으로 표현되었을 때 그 대수 부호의 변화, 그리고 다른 호들의 합 또는 배수뿐만 아니라 원주의 하위 배수인 호에 해당하는 값의 결정과 관련된 이론들을 조사하는 것은, 그러한 호들의 사인이나 코사인에서 또는 서로와의 관계에서 독립적일 수 있다. 그러나 우리가 제시한 바와 같이 이 과학의 대수적 관점에서 볼 때, 탄젠트와 코탄젠트, 시컨트와 코시컨트 및 버스트 사인은 다양하거나 축약된 형태로, 그렇지 않으면 코사인과 사인으로 표현되고, 그 대수 부호와 산술 값이 전적으로 그것들에 의존하는 결과를 표현하는 수단을 제공하는 것으로 간주될 수 있을 뿐이다. 즉, 그러한 용어를 사용하고 사인과 코사인으로 달리 표현되는 양에 대해 동등한 식의 형태로 대체하는 것은 각도 측정학이나 그 응용에 결코 필수적인 것은 아니다.

494. 우리는 이제 기호적인 결정을 위해 $(1)\frac{1}{n}$의 값에 대한 고려를 재개할 것이며, 이를 위해 다음과 같이 가장 중요한 명제부터 시작할 것이다. 먼저 다음이 성립한다.

$$\epsilon^\theta = \cos\theta + \sqrt{-1}\sin\theta$$

θ를 $n\theta$로 치환하면 다음을 얻는다.

$$\epsilon^{n\theta} = \cos n\theta + \sqrt{-1}\sin n\theta$$

한편, 다음이 성립한다.

$$\epsilon^{n\theta} = \left(\epsilon^\theta\right)^n = (\cos\theta + \sqrt{-1}\sin\theta)^n$$

414

결과적으로 다음을 얻는다.

$$\cos n\theta + \sqrt{-1}\sin n\theta = (\cos\theta + \sqrt{-1}\sin\theta)^n \qquad (12.12)$$

또한 다음이 성립한다.

$$\epsilon^{-\theta} = \cos\theta - \sqrt{-1}\sin\theta$$

따라서 비슷한 방법으로 다음을 얻는다.

$$\cos n\theta - \sqrt{-1}\sin n\theta = (\cos\theta - \sqrt{-1}\sin\theta)^n \qquad (12.13)$$

495. 이들 방정식 (12.12)와 (12.13)에서 θ의 값이 절대적으로 할당되면, 그것들은 형식의 변동을 수용하지 않을 것이고, 한쪽 변에서 각 θ의 값이 다른 쪽 변에서 각 $(n\theta)$의 값에 대한 $\frac{1}{n}$번째 부분이 되어야 하는 것이 단지 필요할 것이다. 그러나 만일 각 $n\theta$의 값을 코사인이나 사인의 알려진 값에서 유추한다면, 이 방정식들의 두 번째 변에서 θ에 대한 n개의 다른 값이 있다는 것을 알게 될 것이며, 이는 요구 조건을 동일하게 충족시킨다.

$n\theta$값이 그 사인이나 코사인으로부터 유추될 때, θ의 값이 n개 존재한다

왜 그런지 살펴보자. 먼저 다음이 성립한다.

$$\cos n\theta = \cos(2\pi + n\theta) = \cos(4\pi + n\theta)$$
$$= \cos(2n\pi + n\theta),$$
$$\text{그리고} \quad \sin n\theta = \sin(2\pi + n\theta) = \sin(4\pi + n\theta)$$
$$= \sin(2n\pi + n\theta)$$

결과적으로 이 여러 방정식의 두 번째 변에 있는 각의 값은 모든 경우, 첫 번째 변의 값에 대한 $\frac{1}{n}$번째 부분이 될 것이기 때문에, 다음을 얻는다.

$$\cos n\theta + \sqrt{-1}\sin n\theta = (\cos\theta + \sqrt{-1}\sin\theta)^n,$$

$$\cos(2\pi + n\theta) + \sqrt{-1}\sin(2\pi + n\theta)$$
$$= \left\{\cos\left(\frac{2\pi}{n} + \theta\right) + \sqrt{-1}\sin\left(\frac{2\pi}{n} + \theta\right)\right\}^n,$$

$$\cos(4\pi + n\theta) + \sqrt{-1}\sin(4\pi + n\theta)$$
$$= \left\{\cos\left(\frac{4\pi}{n} + \theta\right) + \sqrt{-1}\sin\left(\frac{4\pi}{n} + \theta\right)\right\}^n,$$

$$\cos\{(2n-2)\pi + n\theta\} + \sqrt{-1}\sin\{(2n-2)\pi + n\theta\}$$
$$= \left\{\cos\left(\frac{(2n-2)\pi}{n} + \theta\right) + \sqrt{-1}\sin\left(\frac{(2n-2)\pi}{n} + \theta\right)\right\}^n,$$

$$\cos(2n\pi + n\theta) + \sqrt{-1}\sin(2n\pi + n\theta)$$
$$= \{\cos(2\pi + \theta) + \sqrt{-1}\sin(2\pi + \theta)\}^n = (\cos\theta + \sqrt{-1}\sin\theta)^n,$$

$$\cos\{(2n+2)\pi + n\theta\} + \sqrt{-1}\sin\{(2n+2)\pi + n\theta\}$$
$$= \left\{\cos\left(2\pi + \frac{2\pi}{n} + \theta\right) + \sqrt{-1}\sin\left(2\pi + \frac{2\pi}{n} + \theta\right)\right\}^n$$
$$= \left\{\cos\left(\frac{2\pi}{n} + \theta\right) + \sqrt{-1}\sin\left(\frac{2\pi}{n} + \theta\right)\right\}^n$$

그리고 우리가 선택하는 한 이러한 방정식의 수열은 계속된다.

사인과 코사인의 다른 값을 생성하는 θ의 값은 단지 n개만 존재한다

496. 이제 2π 또는 2π의 배수, 즉 네 직각만큼 서로 다른 여러 각의 코사인과 사인은 모두 서로 동일하다. 이들 각의 값이 그들의 사인과 코사인의 값에서 유추되어야 하기 때문에, 이들 각이 모두 동일하게 요구되는 조건에 대응함에 따라, 이들 중 하나를 다른 어떤 것에 우선하여 선택해야 할 이유가 없다. 그러나 여러 방정식의 두 번째 변에 있는 해당 각들은 첫 번째 변에 있는 각들의 $\frac{1}{n}$번째 부분으로, 그 수열의 순서대로 취했을 때, $\frac{2\pi}{n}$ 만큼 서로 다를 것이며, 다음과 같은 수열을 구성한다.

$$\theta, \quad \frac{2\pi}{n} + \theta, \quad \frac{4\pi}{n} + \theta, \quad \ldots, \quad \frac{(2n-2)\pi}{n} + \theta,$$

$$2\pi + \theta, \quad 2\pi + \frac{2\pi}{n} + \theta, \quad 2\pi + \frac{4\pi}{n} + \theta, \quad \dots$$

처음 n개의 코사인과 사인 중 하나 또는 둘 다는 서로 다르거나 다를 수 있으며, 이는 그들이 2π 이하인 각의 수열을 형성하기 때문이다. 그러나 그 수열의 $(n+1)$번째, $(n+2)$번째, $(n+r)$번째 항들은 아래와 같은 것으로,

$$2\pi + \theta, \quad 2\pi + \frac{2\pi}{n} + \theta, \quad \dots, \quad 2\pi + \frac{2(r-1)\pi}{n} + \theta$$

다음 각들, 즉 원래 수열에서 처음 n개의 항들과 같은 코사인과 사인을 가질 것이다.

$$\theta, \quad \frac{2\pi}{n} + \theta, \quad \dots, \quad \frac{2(r-1)\pi}{n} + \theta$$

따라서 방정식들의 두 번째 변에 있는 각에는 n개의 값만 있게 되고, 그 코사인과 사인은 서로 다르거나 다를 수 있다.

그러므로 아래 방정식에서

$$\cos(2r\pi + n\theta) + \sqrt{-1}\sin(2r\pi + n\theta)$$
$$= \left\{ \cos\left(\frac{2r\pi}{n} + \theta\right) + \sqrt{-1}\sin\left(\frac{2r\pi}{n} + \theta\right) \right\}$$

첫 번째 변은, r이 아래 수열의 항들 중 어느 하나일 때, 하나의 값만을 인정한다.

$$0, \ 1, \ 2, \ 3, \ 4, \ \dots, \ r$$

그리고 방정식의 조건을 충족하는, 아래와 같은 수열의 처음 n개의 항에 해당하는 값은 n개가 있고 그 이상은 없다.

$$\cos\left(\frac{2r\pi}{n} + \theta\right) + \sqrt{-1}\sin\left(\frac{2r\pi}{n} + \theta\right)$$

따라서 이 값들 중 어느 하나라도 다음 식의 n개 기호 근 중 하나로 간주될

수 있게 된다.

$$\cos n\theta + \sqrt{-1}\sin n\theta$$

또는 다음과 같은 동등한 양의 n개 기호 근 중 하나로 간주될 수 있다.

$$\cos(2r\pi + n\theta) + \sqrt{-1}\sin(2r\pi + n\theta)$$

각 $\frac{(2n-2)\pi}{n} + \theta$는 2π, 즉 네 직각에 대한 $\frac{2\pi}{n} - \theta$의 보각이며, 따라서 $-\left(\frac{2\pi}{n} - \theta\right)$로 치환할 수 있다. 같은 방법으로, 각 $\frac{(2n-4)\pi}{n} + \theta$는 $-\left(\frac{4\pi}{n} - \theta\right)$로 치환할 수 있고, n이 짝수라면 계속해서 다음까지 진행된다.

$$\frac{(2n-n)\pi}{n} + \theta, \quad \text{또는} \quad \pi + \theta$$

이때 위 값은 $-(\pi - \theta)$로 치환될 수 있다. 그러나 n이 홀수라면, π보다 큰 이들 각의 마지막은 다음과 같다.

$$\frac{\left(2n - \frac{2n-1}{2}\right)}{n}\pi + \theta \quad \text{또는} \quad \pi + \frac{\pi}{2n} + \theta$$

이때 위 값은 $-\left(\pi - \frac{\pi}{2n} - \theta\right)$로 치환할 수 있으며, 그러한 대체에 의해서 우리의 관심은 $180°$보다 작은 각의 사인과 코사인에 국한될 것이다.

$(1)^{\frac{1}{n}}$의 n개의 기호 값   **497.** $n\theta$를 0, 또는 2π, 또는 4π, 또는 $2n\pi$와 같다고 가정하면, 모든 경우에 다음이 성립해야 한다.

$$\cos n\theta = 1, \quad \text{그리고} \quad \sin n\theta = 0$$

$$\text{따라서} \quad \cos n\theta + \sqrt{-1}\sin n\theta = 1$$

이러한 환경에서

$$(\cos n\theta + \sqrt{-1}\sin n\theta)^{\frac{1}{n}} \quad \text{또는} \quad (1)^{\frac{1}{n}}$$

418

의 다른 n개의 값은 다음과 같다.

$$\cos 0 + \sqrt{-1}\sin 0, \quad \cos\frac{2\pi}{n} + \sqrt{-1}\sin\frac{2\pi}{n}, \quad \cos\frac{4\pi}{n} + \sqrt{-1}\sin\frac{4\pi}{n},$$
$$\ldots, \quad \cos\frac{(2n-2)\pi}{n} + \sqrt{-1}\sin\frac{(2n-2)\pi}{n}$$

그 값을 넘어서면, 동일한 순서로 반복되는 값의 수열이 된다. 이들은 1의 n개 기호 근, 또는 $(1)^{\frac{1}{n}}$의 값들로서, 이것을 결정하는 것은 앞선 조사의 주요 대상이 되어 왔다.

n이 짝수이면, 다음과 같이 치환할 수 있다. **n이 짝수일 때**

$$\frac{(2n-2)\pi}{n}\text{를} \quad -\frac{2\pi}{n}\text{로}, \qquad \frac{(2n-4)\pi}{n}\text{를} \quad -\frac{4\pi}{n}\text{로}$$

이 방법으로 그 값의 코사인과 사인이 $-\pi$의 코사인, 사인과 동일한, $\frac{(2n-n)\pi}{n}$, 즉 π까지 진행할 수 있다. 이러한 환경에서 1의 n제곱 근은 아래와 같이 표현될 것이다.

$$\cos 0 \quad \text{또는} \quad 1,$$

$$\cos\frac{2\pi}{n} + \sqrt{-1}\sin\frac{2\pi}{n}, \qquad\qquad \cos\frac{2\pi}{n} - \sqrt{-1}\sin\frac{2\pi}{n},$$

$$\cos\frac{4\pi}{n} + \sqrt{-1}\sin\frac{4\pi}{n}, \qquad\qquad \cos\frac{4\pi}{n} - \sqrt{-1}\sin\frac{4\pi}{n},$$

$$\vdots \qquad\qquad\qquad\qquad \vdots$$

$$\cos\frac{(n-2)\pi}{n} + \sqrt{-1}\sin\frac{(n-2)\pi}{n}, \qquad \cos\frac{(n-2)\pi}{n} - \sqrt{-1}\sin\frac{(n-2)\pi}{n},$$

$$\cos\pi \quad \text{또는} \quad -1$$

그러나 n이 홀수이면, 1에 대한 기호 근의 수열은 다음 두 값으로 끝날 **n이 홀수일 때** 것이다.

$$\cos\frac{(n-2)\pi}{n} + \sqrt{-1}\sin\frac{(n-2)\pi}{n}$$

$$\text{그리고} \quad \cos \frac{(n-2)\pi}{n} - \sqrt{-1} \sin \frac{(n-2)\pi}{n}$$

여기서, $\cos \pi$ 또는 -1과 동일한 제곱 근은 없다.

보기들 **498.** 따라서 1의 세 제곱 근을 할당해야 한다고 하자. 그것들은 기호적으로 다음과 같이 표현된다.

$$1, \quad \cos \frac{2\pi}{3} + \sqrt{-1} \sin \frac{2\pi}{3}, \quad \cos \frac{2\pi}{3} + \sqrt{-1} \sin \frac{2\pi}{3}$$

한편, 다음이 성립한다.

$$\cos \frac{2\pi}{3} = -\cos \frac{\pi}{3} = -\frac{1}{2}, \qquad \sin \frac{2\pi}{3} = \sin \frac{\pi}{3} = \frac{\sqrt{3}}{2}$$

그러므로 요구되는 근은 다음과 같다.

$$1, \quad \frac{-1 + \sqrt{3} \cdot \sqrt{-1}}{2}, \quad \frac{-1 - \sqrt{3} \cdot \sqrt{-1}}{2}$$

$(1)^{\frac{1}{4}}$의 네 개 값 다시 1의 네 제곱 근, 즉 $(1)^{\frac{1}{4}}$의 값을 할당해야 한다고 하자. 그것들은 기호적으로 다음과 같이 표현된다.

$$1, \quad \cos \frac{2\pi}{4} + \sqrt{-1} \sin \frac{2\pi}{4}, \quad \cos \frac{2\pi}{4} - \sqrt{-1} \sin \frac{2\pi}{4}, \quad -1$$

한편, 다음이 성립한다.

$$\cos \frac{2\pi}{4} = \cos \frac{\pi}{2} = 0, \qquad \sin \frac{2\pi}{4} = \sin \frac{\pi}{2} = 1$$

그러므로 근은 다음과 같고, 이는 이미 다른 방법으로 결정된 것과 일치한다(조항 452).

$$1, \quad \sqrt{-1}, \quad -\sqrt{-1}, \quad -1$$

$(1)^{\frac{1}{5}}$의 다섯 개 값 1, 또는 $(1)^{\frac{1}{5}}$의 값의 오 제곱 근을 할당해야 한다고 하자. 그것들은 기

호적으로 다음과 같이 표현된다.

$$1, \quad \cos\frac{2\pi}{5} + \sqrt{-1}\sin\frac{2\pi}{5}, \quad \cos\frac{2\pi}{5} - \sqrt{-1}\sin\frac{2\pi}{5},$$

$$\cos\frac{\pi}{5} + \sqrt{-1}\sin\frac{\pi}{5}, \quad \cos\frac{\pi}{5} - \sqrt{-1}\sin\frac{\pi}{5}$$

이제 자연수에 대한 사인과 코사인의 표를 참조해서 다음을 얻는다.

$$\cos\frac{\pi}{5} = \cos 36° = .8090170, \qquad \sin 36° = .5877853,$$

$$\cos\frac{2\pi}{5} = \cos 72° = .3090170, \qquad \sin 72° = .9510565$$

그러므로 요구되는 1의 오 제곱 근은 다음과 같다.

$$1, \quad .3090170 + .9510565\sqrt{-1}, \quad .3090170 - .9510565\sqrt{-1},$$

$$.8090170 + .5877853\sqrt{-1}, \quad .8090170 - .5877853\sqrt{-1}$$

499. -1의 근, 또는 $(-1)^{\frac{1}{n}}$값은 1의 $2n$제곱 근 사이에, 또는 $(1)^{\frac{1}{2n}}$의 <span style="float:right">$(1)^{\frac{1}{2n}}$ **값에**
값 사이에 포함된다. 왜냐하면 $x^{2n} - 1 = (x^n - 1)(x^n + 1)$이기 때문이다. **포함된**
그러므로 방정식 $x^n + 1 = 0$, 즉 $x^n = -1$을 만족하는 값은 마찬가지로 $(-1)^{\frac{1}{n}}$ **의 값**
방정식 $x^{2n} - 1 = 0$, 즉 $x^{2n} = 1$을 만족시켜야 한다. 다른 말로 하면,
$(-1)^{\frac{1}{n}}$의 값은 마찬가지로 $(1)^{\frac{1}{2n}}$의 값이다.

다음 방정식에서도 동일한 결론이 나올 수 있다.

$$\cos n\theta + \sqrt{-1}\sin n\theta = (\cos\theta + \sqrt{-1}\sin\theta)^n$$

왜 그런지 살펴보지. 먼저 다음을 가정하면 $\cos n\theta = 1, \ \sin n\theta = 0$이다.

$$n\theta = \pi, \quad 또는 \quad 3\pi, \quad 또는 \quad 5\pi, \quad \ldots, \quad 또는 \quad (2n+1)\pi$$

그러므로 다음이 성립한다.

$$-1 = (\cos\theta + \sqrt{-1}\sin\theta)^n$$

이때 θ는 다음과 같고, 그 이후에는 같은 순서로 동일한 값이 반복된다.

$$\theta = \frac{\pi}{n}, \quad \text{또는} \quad \frac{3\pi}{n}, \quad \text{또는} \quad \frac{5\pi}{n}, \quad \ldots, \quad \text{또는} \quad \frac{(2n-1)\pi}{n}$$

그리고, 이 값들은 아래에서 두 번째부터 시작하는 θ의 교대 값과 동일하다는 것은 명백하다.

$$0, \quad \frac{2\pi}{2n}, \quad \frac{4\pi}{2n}, \quad \frac{6\pi}{2n}, \quad \frac{8\pi}{2n}, \quad \ldots, \quad \frac{(4n-2)\pi}{2n}$$

한편, 위에 주어진 θ는 다음 방정식을 충족시킨다.

$$\cos 2n\theta + \sqrt{-1}\sin 2n\theta = 1 = (\cos\theta + \sqrt{-1}\sin\theta)^{2n}$$

(1)$^{\frac{1}{4n}}$ 값에 포함된 $(\sqrt{-1})^{\frac{1}{n}}$ 의 값

500. 비슷한 방법으로, 다음을 가정하자.

$$\cos 4n\theta + \sqrt{-1}\sin 4n\theta = \sqrt{-1} = (\cos\theta + \sqrt{-1}\sin\theta)^{4n}$$

이는 결과적으로 다음을 가정하는 것과 같다.

$$4n\theta = \frac{\pi}{2}, \quad \text{또는} \quad \frac{5\pi}{2}, \quad \text{또는} \quad \frac{9\pi}{2}, \quad \ldots, \quad \text{또는} \quad \frac{(4n-3)\pi}{2}$$

이때 $(\sqrt{-1})^{\frac{1}{n}}$의 값은 다음과 같이 주어지는 (1)$^{\frac{1}{4n}}$의 연속적인 값의 두 번째부터 시작하여 매 네 번째 항이 될 것이다.

$$0, \quad \frac{2\pi}{4n}, \quad \frac{4\pi}{4n}, \quad \frac{6\pi}{4n}, \quad \frac{8\pi}{4n}, \quad \frac{10\pi}{4n}, \quad \ldots$$

다시 말하면, $\sqrt{-1}$의 n제곱 근, 또는 $(\sqrt{-1})^{\frac{1}{n}}$의 값은 (1)$^{\frac{1}{4n}}$의 값들 안에 포함된다.

같은 방식으로, $(-\sqrt{-1})^{\frac{1}{n}}$의 값은 (1)$^{\frac{1}{4n}}$ 값의 네 번째부터 시작하여 매 네 번째 항과 일치할 것이다. 일반적으로 1과 다른, 1의 m제곱 근 중 어느 하나의 n차 근의 값은 (1)$^{\frac{1}{mn}}$의 값을 형성하는 것들의 수열 안에서 구할 수 있을 것이다.

501. 따라서 1의 n제곱 근, 또는 $(1)^{\frac{1}{n}}$의 값은, r이 수열 0, 1, 2, 3, ..., r에서 임의의 값을 가질 때, 다음 식에 포함되는 것으로 나타난다.

$$\cos \frac{2r\pi}{n} + \sqrt{-1} \sin \frac{2r\pi}{n}$$

마찬가지로 이 수열의 n개의 첫 번째 항에 해당하는 서로 다른 n개의 값만 있으며, 같은 순서로 동일한 연속적인 값을 재현하는 수열의 후속 항으로 나타난다. 그리고 마지막으로, 다음 산술 값은 이들 근의 기호 식 안에 들어가는데, 정확하거나 대략적인 계산을 인정한다.

$$\cos \frac{2r\pi}{n} \quad \text{그리고} \quad \sin \frac{2r\pi}{n}$$

비슷한 방법으로, -1의 n제곱 근은 (만약 1의 $2n$제곱 근과는 별개로 고려하고자 한다면) 다음 식에 포함된 것으로 보이며, 여기엔 마지막 절에서 언급한 것과 동일한 내용을 적용할 수 있다.

$$\cos \frac{(2r+1)\pi}{n} + \sqrt{-1} \sin \frac{(2r+1)\pi}{n}$$

$\sqrt{-1}$이나 $-\sqrt{-1}$의 n제곱 근, 또는 1의 다른 어떤 제곱 근의 수식에 대한 공식을 적용할 필요는 없는데, 이는 1이나 -1의 n제곱 근들보다 발생 빈도가 낮다.

502. 1의 모든 제곱 근과 따라서 그들이 지정하는 작용의 기호 표현은 다음 형식으로 환원할 수 있다.

$$\alpha + \beta \sqrt{-1}$$

여기서, $\alpha^2 + \beta^2 = 1$이고, α와 β는 다음 값에 국한되는 경우이다.

$$\cos \frac{2r\pi}{n} \quad \text{그리고} \quad \sin \frac{2r\pi}{n}$$

a가 a^n의 산술 근일 때, $(a^n)^{\frac{1}{n}} = a(1)^{\frac{1}{n}}$이므로, a^n의 n제곱 근은 아래 공식으로 표현된다.

앞선 이론의 일반적 결과

1의 모든 제곱 근은 $\alpha + \beta \sqrt{-1}$의 형식으로 환원할 수 있다

423

$$a\left(\cos\frac{2r\pi}{n} + \sqrt{-1}\sin\frac{2r\pi}{n}\right)$$

이는, $\alpha' = a\alpha$이고 $\beta' = a\beta$일 경우, 다음 형식으로 환원될 수 있다.

$$a(\alpha + \beta\sqrt{-1}) \quad \text{또는} \quad \alpha' + \beta'\sqrt{-1}$$

$a + b\sqrt{-1}$의
동치인 형식 **503.** 우리가 다음의 형식으로 시작한다면, 그것과 동등한 다른 형식으로 쉽게 환원해야 한다.

$$a + b\sqrt{-1}$$

예를 들어 다음 형식을 생각해 볼 수 있다.

$$\sqrt{a^2 + b^2}\left(\frac{a}{\sqrt{a^2 + b^2}} + \frac{b\sqrt{-1}}{\sqrt{a^2 + b^2}}\right)$$

또한 아래과 같이 놓으면

$$\cos\theta = \frac{a}{\sqrt{a^2 + b^2}}, \qquad \sin\theta = \frac{b}{\sqrt{a^2 + b^2}}$$

(아래의 식이 성립하는 한, 우리는 마음대로 그렇게 할 수 있다.

$$\cos^2\theta + \sin^2\theta = \frac{a^2}{a^2 + b^2} + \frac{b^2}{a^2 + b^2} = 1)$$

다음을 얻을 수 있다.

$$a + b\sqrt{-1} = \sqrt{(a^2 + b^2)}(\cos\theta + \sqrt{-1}\sin\theta) \quad \text{또는} \quad = \sqrt{(a^2 + b^2)}\epsilon^\theta$$

왜냐하면, ϵ^θ와 $\cos\theta + \sqrt{-1}\sin\theta$는 부호로 사용되든 다른 방법으로 사용되든, 동등한 기호 식으로 표시되기 때문이다.

반대로, $\sqrt{(a^2 + b^2)}\epsilon^\theta$ 또는 $\sqrt{(a^2 + b^2)}(\cos\theta + \sqrt{-1}\sin\theta)$는 $a = \sqrt{(a^2 + b^2)}\cos\theta$와 $b = \sqrt{(a^2 + b^2)}\sin\theta$일 경우, 다음과 동일하다.

$$a + b\sqrt{-1}$$

그러므로 한 경우에는 a와 b가 주어지고 다음을 결정하는 것이고,

$$\sqrt{a^2 + b^2}, \quad \cos\theta \quad \text{따라서} \quad \sin\theta$$

다른 경우에는 아래의 값들이 주어지고 a와 b를 결정하는 것이다.

$$\sqrt{a^2 + b^2}, \quad \cos\theta \quad \text{따라서} \quad \sin\theta$$

504. 반지름 $AB = \sqrt{(a^2 + b^2)}$으로 원의 호를 만들고, 각 $BAC = \theta$라고 할 경우, (이 값에 대해 코사인 $= \frac{a}{\sqrt{a^2+b^2}}$이고 사인 $= \frac{b}{\sqrt{a^2+b^2}}$이다) 다음 공식에서, 빗변 AC를 $a^2 + b^2$의 산술 근으로 간주할 때, a와 b는 $AC = \sqrt{(a^2 + b^2)}$ 인 직각 삼각형의 변 AD 와 CD를 나타낸다.

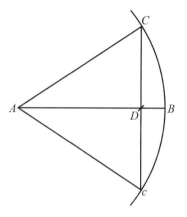

공식
$a + b\sqrt{-1}$
에서 a와 b의
기하학적 의미

$$a + b\sqrt{-1}$$

다시, $\sqrt{(a^2 + b^2)}\epsilon^\theta$는 $AC = \sqrt{(a^2 + b^2)}$과 산술적으로 같고 원래의 선과 각 θ를 이루는 선을 나타낸다. 그리고 아래의 식이 성립하므로 $a+b\sqrt{-1}$은 a와 b가 직각 삼각형의 변 AD와 DC의 실제 산술적 또는 기하학적 값의 산술적 값을 표현할 때, 그 빗변 $AC = \sqrt{(a^2 + b^2)}$을 나타낼 것이며, 밑변 AD 또는 원래의 선과 θ의 각을 만든다.

$$\sqrt{(a^2 + b^2)}\epsilon^\theta = \sqrt{(a^2 + b^2)}(\cos\theta + \sqrt{-1}\sin\theta)$$
$$= a + b\sqrt{-1}$$

이와 비슷하게 각 $BAc = -\theta$로 만들면, 다음을 얻는다.

$$Ac = \sqrt{(a^2 + b^2)}\epsilon^\theta = \sqrt{(a^2 + b^2)}(\cos\theta - \sqrt{-1}\sin\theta)$$
$$= a - b\sqrt{-1}$$

공식
$a - b\sqrt{-1}$
에서 a와 b의
기하학적 의미

그러므로 $a - b\sqrt{-1}$은 직각 삼각형 ADc의 빗변 $Ac = \sqrt{a^2 + b^2}$을 표시하

며, 밑변 AD 또는 원래의 선과 $-\theta$의$\left(\text{이 값에 대해 코사인} = \frac{a}{\sqrt{a^2+b^2}}\text{이다}\right)$ 각을 만든다.

505. 따라서 우리는 선을 지정하는 기호를 연결할 때와 그중 하나가 부호 $\sqrt{-1}$과 작용할 때, 부호 $+$와 $-$의 의미에 대한 매우 중요한 해석에 도달한다. 그들의 합 또는 차는 그렇게 사용될 때, 부호 $+$와 $-$로 기호화되는 의미에서, 직각 삼각형의 빗변을 지정하며, 한 경우에서 그 변은 a와 $b\sqrt{-1}$ 이었고, 다른 경우에서는 a와 $-b\sqrt{-1}$이었다. 여기서, $b\sqrt{-1}$과 $-b\sqrt{-1}$이 서로 반대 방향으로 그려진 선을 지정할 때이다.

506. 그러한 방법으로 선은 원래의 선에 관해서 모든 위치에 지정된다. 그들이 길이 (α)로 주어지고, 그것이 무엇이든 간에, 원래의 선이나 축에 주어진 각 θ를 만들면, 그들은 다음에 의해 지정된다.

$$\alpha \epsilon^\theta \quad \text{또는} \quad \alpha(\cos\theta + \sqrt{-1}\sin\theta)$$

여기서 ϵ^θ와 $\cos\theta + \sqrt{-1}\sin\theta$는 그들 위치의 동등한 대수 부호이다. 만일 그것들이 빗변을 형성하고, 밑변이 원래의 선이나 축과 일치하는 직각 삼각형의 변에 의해서 주어질 경우, 그것들은 다음의 형태로 표현된다.

$$a + b\sqrt{-1}$$

한 형태에서 다른 형태로의 전환은 즉각 이루어지는데, 한 경우에는 다음에 의하고

$$a = \alpha\cos\theta \quad \text{그리고} \quad b = \alpha\sin\theta$$

다른 경우에는 아래와 같은 식에 의한다.

$$\cos\theta = \frac{a}{\sqrt{(a^2+b^2)}}, \quad \sin\theta = \frac{b}{\sqrt{(a^2+b^2)}} \quad \text{그리고} \quad \alpha = \sqrt{(a^2+b^2)}$$

507. a와 b가 선을 지정하고, 따라서 a와 $b\sqrt{-1}$이 서로 직각을 이루는 선을 지정하는 경우, 다음 공식은 서로 실질적으로 동등함에도 불구하고, 다른 형태의 해석을 허용한다.

$$a + b\sqrt{-1}$$

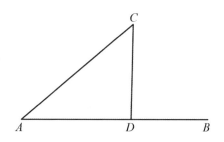

따라서 $AD = a$를 원래의 축에서, $DC = b$를 그것의 직각에서 취한다면, AD와 DC는 C 지점의 **좌표**라고 부른다. 그러한 조건에서 우리가 $a + b\sqrt{-1}$을 좌표의 원점 A와 그 좌표가 a와 b인 C 지점을 통과하는 선 AC를 지정하는 것으로 간주할 수 있다. 즉, 그것은 좌표가 a와 b인 점의 원점으로부터의 거리를 나타낼 수 있으며, 서로에 대해 자신의 위치를 지정하는 a와 b의 **공동작용**이다.

다시, 다음과 같이 지정된 선은 원래의 축에 대한 사영(그 맨 끝에서 수직으로)이 a이고, 그것에 직각인 축에 대한 사영이 b인 선이다.

$$a + b\sqrt{-1}$$

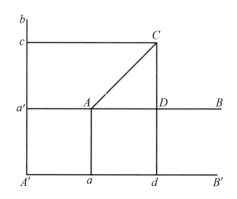

따라서 원래의 축이 $A'B'(AB$에 평행한)이고, 그것에 직각인 축이 $A'b$, 그리고 AC가 $a = AD$와 $b = DC$일 때, 아래와 같이 표시되는 선이라고 하면,

$$a + b\sqrt{-1}$$

ad는 AD와 동일하고 평행하며 따라서 동일한 기호 a로 표현된

427

다. 또한 $a'c$는 DC와 동일하고 평행하며, 따라서 동일한 기호 b로 표현된다.

유사한 방법으로, 다음과 같이 표현되는 선은 원래의 축과 그것에 직각인 축에 있는 선 a와 b로의 분해를 허용한다고 말할 수 있다.

$$a + b\sqrt{-1}$$

그렇게 분해된 선은 방금 고려한 사영과 동일하다.

다시, 다음과 같이 표현되는 선은, 원래의 축에 대한 선 a와, 그것에 직각인 축에 대한 선 b와 동등하다고 말할 수 있다.

$$a + b\sqrt{-1}$$

즉, 그것은 자체 안에 이 두 선의 표현을 포함하고 있다고 말할 수 있다.

다음 식의 해석을 나타내거나 표시하는 이러한 모든 다양한 형태는,

$$a + b\sqrt{-1}$$

서로 동등할지라도, 그러한 위치에 있는 선이 나타낼 수 있는 양의 다양한 특성, 또는 제안된 조사가 효력을 발휘하는 데 필요한 특정 대상들에 다소간 적용된다.

$a+b\sqrt{-1}=0$
이면, $a = 0$
그리고 $b = 0$

508. 다음 방정식은 $a = 0$, 그리고 $b = 0$이 될 때만 충족될 수 있다.

$$a + b\sqrt{-1} = 0$$

이는 모든 조건에서 $a+b\sqrt{-1} = \sqrt{(a^2+b^2)}\epsilon^\theta$이기 때문이다(여기서 $\cos\theta = \frac{a}{\sqrt{(a^2+b^2)}}$이다). a와 b가 0을 포함한 임의의 산술 값을 가지는 반면, ϵ^θ는 0과 같을 수 없으므로, $a + b\sqrt{-1} = 0$이면, $\sqrt{(a^2 + b^2)} = 0$이 되며, 이는 $a = 0$ 그리고 $b = 0$일 때만 발생할 수 있다.

509. 다시, 다음 방정식은 $a = c$와 $b = d$가 될 때만 충족될 수 있다. $a + b\sqrt{-1} = c + d\sqrt{-1}$ 이면, $a = c$ 그리고 $b = d$

$$a + b\sqrt{-1} = c + d\sqrt{-1}$$

이는 모든 조건에서 양쪽 변으로부터 $c + d\sqrt{-1}$을 뺌으로써 다음을 얻고,

$$a - c + (b - d)\sqrt{-1} = 0$$

따라서 위의 마지막 경우로부터 $a - c = 0$과 $b - d = 0$, 또는 $a = c$와 $b = d$ 가 된다.

510. 두 경우에서 추론한 결론은 우리가 $a + b\sqrt{-1}$에 부여한 해석과 완벽하게 일치하는데, 이를 밑변과 높이가 각각 a와 b인 직각 삼각형의 빗변을 나타낸다고 간주하는 것이다. 빗변이 0이면 밑변과 높이도 0이어야 한다. 다시, 식 $a + b\sqrt{-1}$과 $c + d\sqrt{-1}$은 산술적으로 각각 $\sqrt{(a^2 + b^2)}$과 $\sqrt{(c^2 + d^2)}$과 같은 두 개의 선을 나타낸다. $a + b\sqrt{-1} = c + d\sqrt{-1}$이면, 해당되는 선은 길이가 같아야 할 뿐만 아니라, 대수적으로 서로 평행해야 하며, 그렇지 않으면 그들은 다른 부호의 작용을 받기 때문에 따라서 대수적으로 서로 동일하거나 동등하지 않기 때문이다. 이에 따라 바로 $a = c$ 그리고 $b = d$가 된다.

앞선 결론은 또한 $a + b\sqrt{-1}$의 기하학적 해석의 결과임

511. $a = AD$ 이고 $b = DC$일 때, 선 AC를 아래와 같이 표현할 경우,

$$a + b\sqrt{-1}$$

길이가 AC와 동일하고, 각 DAc를 각 DAC 와 같게 만드는 선 Ac는 다음과 같이 표현된다.

두 동일한 선의 대수적 합과 차

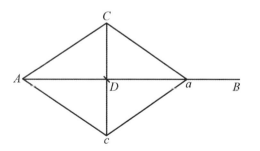

$$a - b\sqrt{-1}$$

그러므로 그들의 대수적 합은 $2a$이고, 대수적 차는 $2b\sqrt{-1}$이다. 이제 우리가 마름모 $ACac$를 완성하면, 원래의 축 또는 그것에 평행한 대각선 Aa는 $2AD$ 또는 2와 같고, 원래의 축에 직각을 이루는 다른 대각선 CDc는 $2CD$ 또는 $2b\sqrt{-1}$과 같다. 그러므로 기호적으로 표현되었을 때, 동일한 선 AC와 Ac의 대수적 합은 그것들로 이루어진 마름모의 대각선과 같다. 또한 같은 조건에서 그들 사이의 대수적 차는 첫 번째 대각선과 직각을 이루는 두 번째 대각선과 동일하다.

각 DAC를 θ로, DAc를 $-\theta$로 나타낸다면,

$$AC \text{를} \quad \sqrt{a^2 + b^2}(\cos\theta + \sqrt{-1}\sin\theta)\text{로}$$
$$\text{그리고} \quad Ac \text{를} \quad \sqrt{a^2 + b^2}(\cos\theta - \sqrt{-1}\sin\theta)\text{로}$$

나타낸다면, 그들의 합은 다음과 같다.

$$2\sqrt{(a^2 + b^2)}\cos\theta$$

그들 사이의 차는 $2\sqrt{(a^2+b^2)}\sqrt{-1}\sin\theta$로, 각각 $2a$와 $2b\sqrt{-1}$, 또는 각각 대각선 Aa, Cc와 동등한 수식이 된다.

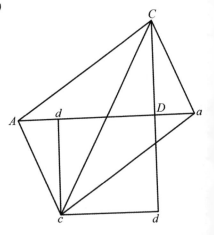

서로 다른 두 선의 대수적 합

512. 보다 일반적으로 AC와 Ac는 그림에 표시된 위치에서 두 개의 동일하지 않은 선을 나타내고, 그 위에 평행사변형 $ACac$를 구성해보자. 대각선 Aa에 직각으로 CD와 cd를 그려서 이것을 원래의 선이나 축, 또는 그것과 평행한 것으로 간주한다. 그러면

430

AC는 $AD = a$이고 $DC = b$일 때, 다음과 같이 표시된다.

$$a + b\sqrt{-1}$$

이와 비슷하게, Ac는 $Ad = c$이고 $dc = d$일 때, 다음과 같이 표시된다.

$$c - d\sqrt{-1}$$

그들의 대수적 합은 다음과 같다.

$$a + c + (b - d)\sqrt{-1}$$

그리고 그들의 대수적 차는 다음과 같다.

$$a - c + (b + d)\sqrt{-1}$$

그러나 $Ac = Ca$이고, 각 cAd는 엇각 CaD와 같으며, 직각 Adc는 직각 CDa와 동일하므로, $Ad = aD$와 $cd = CD$, 또는 $b = d$인 것이 분명하다. 따라서 다음이 성립한다.

$$a + c + (b - d)\sqrt{-1} = a + c$$
$$= AD + Da = Aa$$

즉, AC와 Ac가 포함하는 평행사변형의 대각선이다. 그리고 다음은 Cc로 표현된다.

$$a - c + (b + d)\sqrt{-1} = a - c + 2b\sqrt{-1}$$

왜 그런지 살펴보면, cd'이 Dd와 동일하고 평행하도록 그려질 경우, 다음이 성립한다.

$$a - c = AD - Ad = Dd$$
$$= cd'$$

그리고 Dd'이 cd와 동일하고 평행한 만큼, 다음이 성립한다.

$$2b = 2CD = Cd'$$

그러므로 $a - c$가 cd'과 같고, $2b$가 Cd'과 같을 때, cC는 $a - c + 2b\sqrt{-1}$로 표현된다.

평행사변형의 대각선으로 표현된 두 선의 합과 차 **513.** 따라서 우리는 서로 또는 원래의 선이나 축과 임의의 각을 형성하는 두 선의 대수적 합은 그것들로 이루어진 평행사변형의 대각선과 같으며, 그 대수적 차는 평행사변형의 다른 대각선과 같다는 일반적인 결론을 내릴 수 있다.

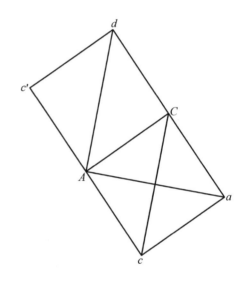

달리 추론된 두 번째 결과 **514.** 두 번째 결과는 다소 다른 방식으로 추론할 수 있다. 선 AC와 Ac의 합과 차를 말하는 데 있어서, 이러한 용어들이 대수적 의미로 사용될 때, 차라는 단어로 표시된 연산의 효과는 이러한 양의 두 번째 부호를 +에서 -로, 또는 그 반대로 변경하는 것이다. 따라서 우리가 cA를 c'으로 곱하여 $Ac' = Ac$로 만들면, Ac와 Ac'은 달리 작용을 받더라도, 마찬가지로 반대 부호 +와 -로 작용을 받을 것이며, AC와 Ac의 차는 AC와 Ac'의 합과 동등할 것이다. 그러나 AC와 Ac'의 합은 Ad이며, 이는 그것들이 포함하고 원래의 평행사변형 $ACac$의 두 번째 대각선 Cc와 동일하고 평행한 평행사변형 $ACdc'$의 대각선이다. 따라서 AC와 Ac의 합이 Aa로 표현될 경우, 이들의 차는 Cc로 표현될 수밖에 없다.

515. 코사인이나 사인으로 결정되는 삼각형의 변과 각 사이의 관계는 앞선 이론의 즉각적인 결과이다. 왜냐하면, 삼각형 ABC의 세 변 BC, CA, AB의 크기를 a, b, c로 지정하고, 맞각을 각각 A, B, C로 표시할 경우,

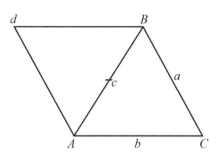

삼각형의 변과 각 사이의 관계

변 AC와 CB, 또는 AC와 Ad(Ad가 CB와 동일하고 평행일 때)의 합은 세 번째 변 AB와 동일하고, 이는 AC와 Ad로 이루어지는 평행사변형 $ACBd$의 대각선이다. 그러나 AC는 원래의 선과 각 A를 이루며, 따라서 $b\epsilon^A$로 표시된다. 반면 CB 또는 Ad는 AB의 맞변에 각 $BAd = B$를 만들므로, $a\epsilon^{-B}$로 표시된다. 결과적으로 다음을 얻는다.

$$b\epsilon^A + a\epsilon^{-B} = c$$

ϵ^A를 $\cos A + \sqrt{-1}\sin A$로, ϵ^{-B}를 $\cos B - \sqrt{-1}\sin B$로 대체하면, 이 방정식은 아래와 같이 된다.

$$b(\cos A + \sqrt{-1}\sin A) + a(\cos B - \sqrt{-1}\sin B) = c,$$

또는

$$b\cos A + a\cos B - c + \sqrt{-1}(b\sin A - a\sin B) = 0 \qquad (12.14)$$

이는 다음 두 방정식과 동등하다(조항 508).

$$b\cos A + a\cos B - c = 0, \qquad (12.15)$$

$$b\sin A - a\sin B = 0 \qquad (12.16)$$

433

516. 앞의 조사로부터, 삼각형 ABC의 두 변 AC와 CB의 합은 AB 와 동일하거나 동등하며, 결과적으로 그 순서대로 취했을 때 삼각형의 세 변 AC, CB, BA의 합은 영과 같다는 것을 알 수 있다. 왜냐하면 BA와 AB는 반대 방향으로 계산된 동일한 선을 표현하고, 따라서 반대 부호 $+$와 $-$의 작용을 받는 동일한 기호에 의해 대수적으로 표현되기 때문이다. 그 결과 방정식 (12.14)에 의해 대수적으로 표현된다.

517. 달리 표현된 동일한 결과는 삼각형의 각들 사이에 다음 세 번째 방정식으로 이어진다.

$$A + B + C = \pi \tag{12.17}$$

AB 또는 c를 원래의 선이나 축으로 간주하고, AB, BC, CA의 순서로 선을 계산하면, BC가 산출된 AB와 각 $\pi - B$를 이루는 만큼, BC는 다음과 같이 표현된다.

$$a\{\cos(\pi - B) + \sqrt{-1}\sin(\pi - B)\}$$

또한 CA가 선 AB와 $\pi - B + \pi - C$, 즉 $2\pi - B - C$와 동일한 각을 이루는 만큼, CA는 다음과 같이 표현된다.

$$b\{\cos(2\pi - B - C) + \sqrt{-1}\sin(2\pi - B - C)\}$$

그러나 우리가 이미 본 바와 같이, 세 변 AB, BC, CA의 합은 그 순서대로 취했을 때 영과 같으므로, 다른 방정식을 형성하는, 즉 부호 $\sqrt{-1}$로 작용을 받는 수식을 생략하면, 다음을 얻는다.

$$c + a\cos(\pi - B) + b\cos(2\pi - B - C) = 0$$

이 방정식은 다음과 같이 방정식 (12.15)와(조항 515) 동일하다.

$$c - a\cos B - b\cos A = 0$$

그러므로 달리 밝혀진 대로 $\cos(\pi - B) = -\cos B$이다(조항 478). 또한 다음이 성립한다.

$$\cos(2\pi - B - C) = -\cos A,$$

$$즉, \quad \cos(B + C) = -\cos A = \cos(\pi - A)$$

그러므로 $B + C = \pi - A$,[6] 즉 다음이 성립한다.

$$A + B + C = \pi \tag{12.17}$$

518. 이 방정식은 방정식 (12.15)와 (12.16)과 결합하여, 그 변과 각 의 상호 관계에 의존하는 삼각형의 그러한 특성들뿐만 아니라, 마찬가지로 삼각형이 결정되는 조건과, 그러한 삼각형의 변과 각을 필수 자료로부터 계산하는 규칙을 포함하는 공식도 추론할 수 있게 할 것이다. 그러나 변을 통해 각을 명시적으로 표현하거나, 각을 통해서 변의 비율을 명시적으로 표현할 수 있도록, 이러한 방정식의 형식을 수정하거나, 또는 그러한 다른 방정식을 추론하는 것이 필요할 것이다.

앞선 방정식들로 결정된 삼각형의 변과 각의 관계

519. 첫째로, 두 번째 방정식 (12.16)은 아래의 형태로 즉시 환원될 수 있고,

맞각의 사인에 비례하는 삼각형의 변

$$\frac{a}{b} = \frac{\sin A}{\sin B}$$

이는 다음과 같은 매우 중요한 명제를 나타낸다.

"삼각형의 어느 두 변의 비율은 그 맞각들에 대한 사인의 비율과 같다."

---

6) $-\cos A = \cos(\pi - A) = \cos(3\pi - A) = \cdots$. 그러나 삼각형의 모든 내각와 외각의 합이 3π와 같기 때문에, $\pi - A$는 $B + C$가 같아질 수 있는 유일한 각이다.

520. 만약 이 명제를 다음 방정식으로 표현된 것과 결합한다면,

$$A + B + C = \pi \tag{12.17}$$

우리는 삼각형의 변과 맞각 사이에 존재할 수 있는 모든 관계를 결정할 수 있을 것이다. 이런 식으로 다음을 알 수 있다.

"모든 삼각형의 큰 변은 큰 각과 맞은편에 있고, 그 역도 성립한다."

왜냐하면 a가 b보다 크면, $\sin A$는 $\sin B$보다 크기 때문이다. 그러나 각이 그들의 사인에서 유추되어야 하는 것처럼, 마지막 절의 명제에 관한 한, 사인이 a와 b의 비율에 있는 A와 B 대신에 어떤 각을 취하지 못할 이유가 없다. 그러나 방정식 (12.17)에서 두 각 A와 B의 합은 π보다 작아야 한다. 따라서 그들 둘 다 $\frac{\pi}{2}$보다 작으면, $\sin A$가 $\sin B$보다 크고, 또 사인은 각이 90°에 달할 때까지 함께 증가하므로, A는 B보다 커야 한다. 만일 A가 90°보다 크면, B는 90°보다 작고, 즉 A가 B보다 크다. 그러나 A가 90°보다 작으면, B도 90°보다 작아야 하고, 따라서 A보다 작다. 왜냐하면 B가 90°보다 크면, 그 보각 $\pi - B$는 90°보다 작아야 하기 때문이다. 그리고 $\sin(\pi - B) = \sin B$이고, $\sin B$는 $\sin A$보다 작으므로, $\sin(\pi - B)$는 $\sin A$보다 작아지고, 따라서 우리가 제시한 조건에서 $\pi - B$는 A보다 작아야 하고, 즉 π가 $A + B$보다 작아야 하는데, 이는 불가능하다. 그러므로 모든 경우에 B는 A보다 작아야 한다.

521. 마지막 명제의 역은, 모든 삼각형의 큰 각이 큰 변의 맞은편에 있다는 주장이 되는데, 그 진실은 방금 주어진 증명에 포함되거나, 그것으로부터 즉각 추론할 수 있다. 왜냐하면 A와 B 둘 다 $\frac{\pi}{2}$보다 작고 A가 B보다 크면, $\sin A$가 $\sin B$보다 크고, 따라서 a는 b보다 크다. 만일 A가 $\frac{\pi}{2}$보다 크면, $\pi - A$도 B보다 크고, 따라서 $\sin A$나 $\sin(\pi - A)$는 $\sin B$보다 크고, 따라서 a도 b보다 크다.

522. 만약 $a = b$이고 따라서 $\sin A = \sin B$이면, 반드시 $A = B$가 된다. 그 이유는 A가 B와 같지 않으면, $\pi - B$와 같아야 하는데, 이것은 불가능하기 때문이다. 따라서 이등변 삼각형의 밑변에 있는 각들은 서로 같고 그 역도 성립한다.

이등변 삼각형의 밑변의 각은 동일함

523. 만일 a와 b가 주어지고, 또한 a의 맞은편에 있는 각 A가 주어지면, a가 b보다 클 때, $\sin B = \frac{b}{a} \sin A$이므로, $\sin B$와 각 B를 계산하여 결정될 수 있는데, B가 반드시 $\frac{\pi}{2}$보다 작기 때문이다. 다시 말하면, 그런 조건으로 위에서 언급한 자료가 삼각형을 결정한다.

두 변과 그중 큰 변의 맞은편에 있는 각은 삼각형을 결정함

524. 그러나 a와 b, 그리고 각 B가 주어지면, $\sin A = \frac{a}{b} \sin B$이므로 $\sin A$의 값이 주어진다. 그러나 이 방정식에서 계산된 $\sin A$의 단일 값에 해당하는 각의 값이 두 개가 있는데, 둘 다 그 자료와 똑같이 일치한다. 이 중 하나는 $\frac{\pi}{2}$보다 작고, 다른 하나는 그 보각으로, 둘 다 B보다 크며, 둘 다 똑같이 그 자료가 부여하는 조건을 충족한다. 즉, 이러한 자료가 동등하게 일치하는 두 개의 다른 삼각형이 있다.

두 변과 그중 작은 변의 맞은편에 있는 각은 삼각형을 결정하지 못함

따라서 두 삼각형 CBA와 CBA'에서, 긴 변 CB와 각 B는 양쪽 모두에 공통이며, 한 삼각형의 변 CA는 다른 삼각형의 변 CA'과 길이가 같다. 그러므로 이 두 삼각형은 같

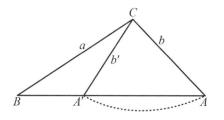

은 자료를 가지지만, 한 삼각형의 긴 변 CB의 맞은편에 있는 각 A'은, 다른 삼각형에서 같은 변의 맞은편에 있는 각 A의 보각이다. 그러나 결정해야 할 각의 맞은편에 있는 변 CB가 두 변 AB와 CA보다 크지 않을 경우, 그 맞은편의 각은 $\frac{\pi}{2}$를 초과할 수 없다. 결과적으로 요구되는 조건을 만족시킬 수 있는 삼각형은 단 하나뿐이다.

525. 다음으로 검토해야 할 경우는 두 변과 사이 각이 주어질 때, 나머지 변과 각을 그로부터 결정할 수 있는지 여부를 확인하는 것이다. 이 경우, 다음 방정식은 미지의 각 A와 B의 사인을 포함한다.

$$\frac{a}{b} = \frac{\sin A}{\sin B}$$

그러나 이들의 합 $A+B$는 $\pi - C$, 즉 주어진 각의 보각으로 이미 알고 있다. 그리고 $\frac{a}{b} = \frac{\sin A}{\sin B}$이므로 다음이 성립한다(조항 411).

$$\begin{aligned}
\frac{a+b}{a-b} &= \frac{\sin A + \sin B}{\sin A - \sin B} \\
&= \frac{2\sin\frac{A+B}{2}\cos\frac{A-B}{2}}{2\cos\frac{A+B}{2}\sin\frac{A-B}{2}} \\
&= \frac{\tan\frac{A+B}{2}}{\tan\frac{A-B}{2}}
\end{aligned}$$

결과적으로 다음을 얻는다.

$$\tan\frac{A-B}{2} = \frac{a-b}{a+b}\tan\frac{A+B}{2}$$

그러나 $\frac{A+B}{2} = \frac{\pi-C}{2}$이므로, $\tan\frac{A+B}{2} = \cot\frac{C}{2}$는 탄젠트의 정리표로부터 알 수 있다. 그러므로 $\tan\frac{A-B}{2}$는 계산될 수 있고, 따라서 그에 대응하는 호 $\frac{A-B}{2}$는 동일한 정리표로부터 구할 수 있다. 그러므로 $\left(\frac{A+B}{2}\right) + \left(\frac{A-B}{2}\right)$인 A와, $\left(\frac{A+B}{2}\right) - \left(\frac{A-B}{2}\right)$인 B는 결정될 수 있고, 세 번째 변은 다음 방정식으로부터 결정된다.

$$\frac{c}{a} = \frac{\sin C}{\sin A}$$

526. 삼각형의 두 각이 주어지고 세 번째 각도 주어지면, 방정식은 변의 비율을 결정하나, 그 크기는 결정하지 않는다.

$$\frac{a}{b} = \frac{\sin A}{\sin B}, \quad \frac{a}{c} = \frac{\sin A}{\sin C}, \quad \frac{b}{c} = \frac{\sin B}{\sin C}$$

그러나 어느 한 변이라도 주어지면 동일한 방정식이 비율뿐만 아니라 나머지 변의 크기도 결정하게 된다. 달리 말하면, 그것들은 삼각형을 결정할 것이다.

527. 삼각형의 세 변 a, b, c가 주어지면, 각의 코사인, 그리고 각들 자체는 다음과 같은 방식으로 결정될 수 있다. 만일, 아래 방정식을

$$b \cos A + a \cos B - c = 0 \ldots \ldots \ldots (12.15)(조항\ 515),$$

다음과 같은 형태로 변형하고,

$$a \cos B = c - b \cos A$$

그 양쪽을 제곱하면 다음을 얻는다.

$$a^2 \cos^2 B = c^2 - 2bc \cos A + b^2 \cos^2 A$$

또한 $\cos^2 B$, $\cos^2 A$를 $1 - \sin^2 B$, $1 - \sin^2 A$로 각각 치환하면 다음과 같다.

$$a^2 - a^2 \sin^2 B = c^2 - 2bc \cos A + b^2 - b^2 \sin^2 A$$

그러나 방정식 (12.16)(조항 515)에 의하여, $a^2 \sin^2 B = b^2 \sin^2 A$이다. 그러므로 다음을 얻는다.

$$a^2 = c^2 - 2bc \cos A + b^2$$

$$그리고 \quad \cos A = \frac{b^2 + c^2 - a^2}{2bc}$$

비슷한 방법으로, 우리는 다음을 얻을 수 있다

$$\cos B = \frac{a^2 + c^2 - b^2}{2ac}$$

$$\cos C = \frac{a^2 + b^2 - c^2}{2ab}$$

세 변은
삼각형을
결정함

439

따라서 세 변 a, b, c를 통해서 A, B, C의 코사인을 계산할 수 있고, 달리 말하면 세 변이 삼각형을 결정하는 것이다.

기하학의 해당 명제 **528.** 앞의 마지막 네 조항에서 제시한 결과들은 동일성이나 유사성에 관하여 삼각형이 서로 비교되는 기하학에서 그러한 명제를 포함하거나 또는 적절한 해석을 통해 포함하도록 할 수 있다. 따라서 두 변과 그 사이 각, 또는 세 변, 또는 한 변과 두 각이 있으면 삼각형이 결정되는 것으로 볼수 있는데, 이는 유클리드 제1권의 4번, 7번, 8번 및 26번 명제와 일치하는 명제들이다. 그리고 세 각, 또는 한 각과 그것을 포함하는 두 변의 비율, 또는 세 변의 비율이 있으면 삼각형의 크기는 아니지만 그 종류를 결정하는데, 이는 유클리드 제6권의 4번, 5번 및 6번 명제와 일치한다.

대수학과 기하학의 연관성 **529.** 앞의 명제들의 경우, 대수학의 결론을 기하학으로 이전하는 데 필요한 해석은 한 학문이 다른 학문에 의존하는 정도와 성격을 확인하기 위해 이를 검토하고 확립하는 것이 중요한 일반 원리와 연결이 된다. 이를 위해 조사의 대상이 같을 때, 그 첫 번째 원칙이 얼마나 공통적인지, 그리고 대수학적 조사가 불가능하거나, 또는 두 학문 사이의 연결 고리를 형성하는 데 필요한 명제가 기하학적 과정에 의해 확립된 것으로 기하학에 있는지 탐구할 필요가 있다.

기하학에서의 정의에 대한 조사 **530.** 그러한 탐구는, 대수학의 기호가 양을 나타내기 위해 이용되었을 때, 그 특성과 관계가 기하학과 대수학의 공통 대상을 형성하는 그러한 양의 정의를 조사하는 것에 가장 자연스럽게 연관이 될 수 있다. 따라서 그중 가장 중요한 것을 적절한 순서로 살펴볼 것이다.

기하학적인 점, 선과 면의 정의 **531.** "기하학적인 점, 선과 면은 물리적인 점, 선 또는 면과 구별되는데, 점에는 물리적인 길이, 너비 및 두께가 없고, 선에는 물리적 너비와 두께, 면에는 물리적 두께가 없다는 것으로 구분된다."

440

532. "기하학적 직선은, 아무리 멀리 연장되더라도, 공통인 점이 두 개 있는 다른 직선과 모든 위치에서 일치한다."

따라서 이 정의의 필연적 결과로서, 두 직선은 공간을 둘러싸지 못하고, 그렇지 않으면 서로 일치하지 않는 두 직선은 두 개의 공점을 가질 것이다. 또한 두 직선이 공통의 선분을 가질 수 없다는 것도 같은 정의의 필연적 결과이다. 왜냐하면, 그들이 공통으로 한 부분이나 선분을 가지고 있다면, 공통인 두 개의 점을 가질 것이고, 따라서 그 모든 범위에서 일치해야 하기 때문이다. 직선의 이 두 가지 특성은 직선에 대한 정의의 필연적 결과지만, 서로에 대한 필연적 결과는 아니다.

추가 조건으로, 공통인 두 점을 가진 직선들은 모든 위치에서 일치해야 한다는 것을 더했다. 다시 말해서, 그 점들 둘레를 어떠한 각만큼 회전하려는 경우, 그들은 계속해서 서로 일치하여야 한다는 것이다. 그렇지 않으면, 두 공점을 지나는, 동일한 중심을 가진 원들의 두 개의 호는 그 전체 범위에 걸쳐 일치할 것이고, 따라서 직선의 정의에 의해 부과된 조건을 충족시키는 것처럼 보일 것이다. 그러나 만약 우리가 그중 하나가 그 점들을 축으로 하여 회전한다면, 원의 중심이 같은 면에 있고, 그것들이 같은 평면에 있을 때, 한 위치에서만 만난다는 것을 알게 될 것이다.

533. 그 용어가 다른 기하학적 선에 속하지 않는 직선의 어떤 본질적인 특성을 부여할 추가적인 정의를 고르게 인정하지 않는 한, 그것이 그 극점들 사이에 고르게 놓여 있다고 말하는 것은 직선의 정의가 아니다. 이러한 이유로, 유클리드는 그러한 본질들 중 하나, 즉 두 개의 직선은 공간을 둘러싸지 못한다는 것을 나중에 공리에 삽입하고, 그 후에 두 직선은 공통 선분을 가질 수 없다고 가정하여, 그 가정의 결과로부터 증명을 했다.

직선을 두 점 사이의 최단 거리로 간주하는 것은 충분한 정의이다. 다만, 이로부터 그러한 선이 하나뿐이고, 결과적으로 두 공점을 통과하는 모든 직

*기하학적
직선의 정의*

그 특성

*다른 정의에
대한 반대
의견*

선은 서로 만나야 한다고 추론하는 것은 어느 정도 정제되고 형이상학적인 고려가 필요하다. 어떤 조건에서도, 기하학의 실제 과정에서 정의 자체가 아닌, 이 정의의 결과를 언급하는 것이 필요하기 때문에, 이러한 결과를 정의로 만들고, 정의가 내리는 속성을 그 결과로서 결정되도록 하는 것은, 그러한 결정이 기하학의 어떤 응용에 중요하다고 생각된다면, 확실히 더 편리하고, 어떤 면에서는 더 철학적이다.

기하학적 평면의 정의

534. "평면은 어떤 두 개의 점을 취하더라도, 그것들을 연결하고 직선에 있는 임의의 점이, 아무리 멀리 나아가더라도 마찬가지로 그 면에 있는 것이다."

그러므로 평면의 특성은 직선의 특성에 따라 결정된다.

세 점은 평면을 결정함

535. 두 점은 직선의 위치를 결정하며, 세 점은 평면의 위치를 결정한다. 왜냐하면 세 개의 공점을 통과하는 모든 평면은 아무리 멀리 확장되더라도 서로 만난다. E를 A, B와 C를 통과하는 평면의 어떤 점이라 하면, 직선 BE 상에 있는 모든 점은 그 면에 있고, 직선 AC, 또는 생성된 AC의 모든 점은 동일한 평면에 있다. 결과적으로, 직선 BE와 AC, 또는 생성된 BE와 AC는 공통의 점 D를 가진다. 그러나 A, B, C

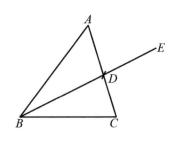

를 통과하는 모든 평면은 마찬가지로 D를 통과하며, 따라서 B와 D와 같은 직선에 있는 E를 통과한다. 다시 말해서 세 점을 통과하는 한 평면에 있는 임의의 점은, 마찬가지로 동일한 점들을 통과하는 모든 평면에 있는 점과 일치하고, 결국 모든 그러한 면은 서로 일치한다.

기하학적 각의 정의

536. "기하학적 각은 물리적인 각과 다르고, 한 공점을 가진 기하학

적 선들에 포함되며, 달리 표현되지 않는 한, 그러한 선들은 직선이 되어야
한다."

각이라는 용어로 전달되는 개념은, 점, 선, 면이라는 용어로 표현되는
것과 마찬가지로, 매우 단순하고 초보적이라 다른 것으로 분해할 필요가
없기 때문에, 어떤 설명도 그 용어 자체보다 더 명쾌하게 표현할 수 없다.
따라서 우리는 그러한 모든 경우에, 그 개념에서 물리적인 특성을 없애도록
우리 자신을 제한할 수밖에 없다. 물리적 특성은 본질적으로 가변적이고
무한하기 때문에 논증 학문의 적절한 대상이 아니기 때문이다.

537. "각이든, 선이든, 면이든 기하학적 크기는, 완전히 일치하거나,   **기하학에서의**
또는 분해나 다른 방법으로 서로 일치하게 될 때, 서로 동일한 것으로 정의   **상등 정의**
된다."

상등 또는 동일성의 이 검정은, 그 용어가 선호된다면, 본질적으로 기
하학적이며, 기하학과 대수학에서 따르는 추론의 과정들 사이의 큰 차이를
구성한다는 것을 알게 될 것이다. 이런 이유로 우리는 그것의 결과를 다소
상세하게 검토할 것이다.

538. 이 검정의 일차적 또는 직접적 적용은 서로 간의 일치를 확인   **그 일차적**
하기 위해, 선, 각 및 경계 면 또는 도형의 병렬 또는 중첩과 관련되며, 선,   **적용**
각, 또는 도형은 그것들이 각각 지정된 선, 각 또는 도형과 일치할 때 주어진
것으로 말할 수 있다.

539. 그러나 선, 각 또는 노형의 그러한 실세적인 직용은 어떤 기설이   **실용**
나 가정에 기초하지 않는 한 일어날 수 없다는 것이 분명하다. 첫째는 기하   **기하학에서**
학적 점이 결정될 수 있고, 둘째, 기하학적 직선을 한 점에서 다른 점으로   **필요한 가정**
마음대로 그릴 수 있으며, 셋째, 기하학적 선이나 도형이 물리적 또는 실제
선이나 면과 같이, 공간의 한 점으로부터 다른 점까지 이동될 수 있어서,

그들의 일치나 불일치를 확인하기 위해 서로에 대한 중첩을 인정한다는 가설과 가정이다.

실용 기하학과 물리 기하학의 구별

540. 기하학에서 고려되는 그런 선들의 그림과 그러한 도형의 구성은 실질적으로 불가능한 특정 연산에 의존하는 가설에 불과하다. 따라서 그러한 선과 도형의 특성에 대한 조사에 관한 한, 우리가 그것들을 실제로 존재하는 것으로 가정하든, 그런 가설 구성의 결과로 여기든 관계가 없다. 후자의 경우, 가정된 기본적 연산과의 연결을 마치 그런 연산이 실제로 가능한 것과 같은 방식으로 추적할 필요가 있다.

이른바 적절하게 말하는 실용 기하학은 우리가 방금 고려했던 도형의 가설적인 구성에 기초할 것이며, 동일한 제한을 받을 것이다. 어떤 물리적 선도 본질적 특성상 기하학적 선에 근접할 수 없으며, 어떠한 물리적 도형도 해당 기하학적 도형에 근접할 수 없다. 그러나 그러한 물리적 선과 도형의 속성은 해당 기하학적 선과 도형의 속성에 점점 더 가까워질 것이며, 기본적인 실제 연산의 정확도와 불변성은 더 커질 것이다.

그 결과를 매개로 하여 가장 일반적으로 이용되는 상등 정의

541. 이러한 상등 검정의 직접적인 적용은, 확인되거나 확립될 때마다 그것의 즉각적인 사용을 대체하는 조건들로 이어질 것이다. 그러므로 "한 삼각형의 두 변이 우연히 다른 삼각형의 두 변과 각각 같으면 이들은 동일하다", "각각 서로 같은 두 변 사이의 모든 각은 동일하고, 같은 선들에 대응한다"는 것을 알게 될 것이다. 이러한 명제가 일단 증명이 되면, 삼각형과 각의 상등은 그들이 포함하는 조건을 만족하느냐에 따라 결정될 것이다. 달리 말하면, 그런 명제들을 매개로 하여 상등 검정에 대해 참조가 될 것이다.

"똑같은 크기와 동일한 크기는 서로 동일하다"는 것은 상등 정의의 필연적인 결과이다. 따라서 똑같은 선, 각 또는 도형과 일치하는 두 개의 선, 각 또는 도형은 반드시 서로 일치해야 한다. 다시, 같은 정의로부터 다음과

444

같은 명제들이 이어진다. "같은 양에 같은 양을 더하면, 전체는 동일하다", "같은 양에서 같은 양을 빼면, 나머지는 동일하다", "같은 크기의 두 배인 크기들은 서로 동일하다.", "같은 크기의 절반인 크기들은 서로 동일하다." 그리고 이러한 명제를 매개로 하여 상등 검정이 매우 빈번히 적용된다.

542.　어떤 경우에, 이 정의의 적용은, 두 도형의 일부가 일치하도록 만들어질 수 있고, 공리적이든 아니든 다른 명제로부터 추론된 상등의 조건을 만족시킴으로써 초과 또는 결함에 대한 부분의 상등을 유추할 수 있을 때, 부분적으로 직접적이고 부분적으로 간접적이다. *부분적으로 직접적이고 부분적으로 간접적인 그 적용*

543.　마지막으로 그리고 가장 일반적으로, 도형의 상등은 일치하도록 만들 수 있거나, 동등의 간접적인 조건들을 각각 충족하는 부분들로 분해함으로써 추론된다. 이와 같은 방식으로, 우리는 직각 삼각형의 빗변에 그려진 정사각형의 상등을, 두 변에 그려진 정사각형의 합으로 추론할 수 있는데, 상등이나 부등과 관련하여 도형의 비교를 고려하는 모든 명제들 중 가장 중요한 것이다. 이러한 방식으로, 우리는 그 변이 아무리 많거나 그 형태가 아무리 비대칭적이더라도, 모든 종류의 도형을 그와 동등한 삼각형, 평행사변형, 또는 정사각형으로 변환할 수 있다. *도형의 분해에 의한 적용*

544.　비록 우리가 대수학에서 상등에 대한 동일한 정의를 유지할 수 있지만, 그 기호가 기하학적 크기를 나타내는 데 사용될 때, 그것이 기하학에서 적용되는 것과 같은 방식으로 제공하는 검정을 적용할 수 있는 방법이 없다. 단어의 기하학적 의미에서 농일한 기하학석 크기를 나타내기 위해 동일한 기호를 사용하며, 동일한 기호, 또는 서로 동일한 기호, 또는 그들의 동일한 조합에 의해 표현되는 크기의 기하학적 상등을 유추한다. 그러나 이 정의를 적용할 수 있는 대수적 수단은 없으며, 단지 이 학문에서 사용될 수 있는 추론이나 해석에 따를 뿐이다. *대수학에서 상등 검정의 실용적 적용은 없음*

545. 따라서 삼각형의 두 변과 사이 각이 주어졌을 때, 우리는 나머지 두 각과 (그 각을 포함한 각도 측정량을 매개로 하여) 세 번째 변에 대한 수식들을 알게 되었다. 그러므로 우리는 기하학에서와 같이, 한 삼각형의 두 변이 다른 삼각형의 두 변과 같고 그 사이 각도 같은 두 삼각형을 취할 경우, 각각의 삼각형에서 나머지 각과 세 번째 변의 서로에 대한 각각의 상은, 그러한 조건에서 표현된 것으로부터 동일한 기호, 또는 그들의 동일한 조합으로 추론될 수 있다.

그러한 조건에서 두 삼각형의 모든 변과 각의 개별적인 상등을 대수학적인 방법으로 확인했으므로, 삼각형 자체의 상등을 결정하거나 추론하는 것이 남아 있다. 이는 기하학에서처럼 중첩으로 결정할 수 있다. 또는 그것은 충족이유율의 결과로 추론할 수 있는데, 하나의 삼각형을 다른 것과 구별할 수 있는 유일한 양인 모든 변과 각이 서로 동일하기 때문이다. 마지막으로, 두 변과 사이 각, 또는 세 변, 즉 삼각형을 결정하는 데 필요한 변과 각의 임의의 조합을 통해, 삼각형들 중 하나에 대한 넓이의 대수식을 얻음으로써 추론할 수 있다. 또한 그러한 수식이 그로부터 서로 동일하다고 추론된 두 삼각형에 대해 똑같음을 보여줌으로써 가능하다.

546. 직사각형의 넓이가, a와 b가 인접한 변을 나타낼 때, ab로 표현되는 원리를 고려할 기회가 있었다(조항 101). 이 결과를 삼각형 넓이의 대수적 표현과 연결하기 위해 기하학에서 세 가지 명제의 도움이 필요할 것이다.

ABC를 삼각형으로, $ABCD$를 동일한 밑변과 동일한 평행선 사이에 있는 평행사변형으로, $ABdc$를 동일한 밑변과 동일한 평행선 사이에 있는 직사

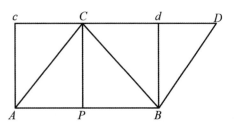

446

각형으로 가정해 보자. 선 CP는 Ac에 평행이고 따라서 AB에 수직이다.

첫째, AB와 Ac가 α와 β로 표시된다면, 직사각형 $AcdB$의 넓이는 $\alpha\beta$로 나타낼 수 있다.

둘째, 직사각형 $AcdB$의 넓이는 평행사변형 $ACDB$의 넓이와 동일하며, 이는 상등과 평행선의 기하학적 정의의 결과인 기하학적 명제이다.

셋째, 평행사변형 $ABDC$의 넓이는 삼각형 ABC 넓이의 두 배이며, 마찬가지로 동일한 정의의 결과이다.

따라서 삼각형 ABC의 넓이는 $\frac{\alpha\beta}{2}$로 표시될 수 있다.

다시, Ac 또는 β는 삼각형의 밑변 AB에 직각인 선 CP와 동일하다. 그리고 유클리드 제1권 47번 명제의 도움으로 다음을 증명했다.

$$\sin A = \frac{CP}{AC} = \frac{\beta}{b} \quad (AC = b\text{이면})$$

따라서 $\beta = b\sin A$이다. 그러므로 두 변과 사이 각이 각각 c, b 및 A로 표현되는 삼각형 ABC의 넓이는 다음과 같이 정확히 표현된다.

$$bc\sin\frac{A}{2}$$

547. 삼각형의 세 변이 a, b, c로 표현되는 경우, (조항 527)의 공식으로부터 다음을 알 수 있다.

$$\sin A = 2\frac{\sqrt{\left\{\left(\frac{a+b+c}{2}\right)\left(\frac{b+c-a}{2}\right)\left(\frac{a+c-b}{2}\right)\left(\frac{a+b-c}{2}\right)\right\}}}{bc}$$

그리고 결과적으로, 그 삼각형의 넓이는 다음과 같이 표현될 수 있다.

$$\frac{bc\sin A}{2} \quad \text{또는} \quad \sqrt{\left\{\left(\frac{a+b+c}{2}\right)\left(\frac{b+c-a}{2}\right)\left(\frac{a+c-b}{2}\right)\left(\frac{a+b-c}{2}\right)\right\}}$$

따라서 삼각형의 넓이는 두 변과 사이 각이 주어질 때, 그리고 세 변이 주어질 때, 결국 삼각형의 두 변과 사이 각, 또는 세 변을 결정하기에 충분한

세 변으로 나타낸 삼각형의 넓이에 대한 수식

자료가 있는 모든 경우에, 결정된다.

548.   대수학을 기하학에 적용함에 있어서, 기호는 기하학적 선을 나타내기 위해 적용된 첫 번째 경우뿐만 아니라, 기호를 통해 각과 넓이 및 부피를 표현하거나 결정해야 한다. 우리가 다른 학문의 도움에 의지해야 하는 것은 이러한 다른 종류의 양들 중 하나의 표현을 다른 것으로 전환하는 데 있다. 그 이유는 기하학에서, 각, 선, 넓이 및 부피는 일차적 정의의 대상이며, 동일한 직접적 표현의 대상이다. 따라서 그것은 기호가 나타내는 선들과 기하학의 정의와 명제가 제공하는 기하학적 추론의 다른 대상들 사이의 필수적인 연결에 의해 이루어지는 것으로, 선이 표시하는 기호와 그 다른 기하적 양 사이의 연결을 마찬가지로 확립할 수 있고, 따라서 한 학문에서 동일하게 고려되는 모든 종류의 양을 다른 학문의 영역으로 가져올 수 있다.

549.   따라서 삼각형의 세 각은 세 변에 의해 결정된다. 만약 우리가 삼각형의 다른 각들 중 하나를 직각으로 가정한다면, (그것이 직각보다 작아야 할 필요가 없는 한, 어떤 경우에도 결정되어야 할 다른 각에 영향을 미치지 않는 가정), 문제의 각은 임의의 두 변으로 결정될 것이다. 이 경우에 c, b, a가 직각 삼각형의 빗변과 다른 두 변이라 한다면, $c^2 = a^2 + b^2$이 되고, 임의의 두 변은 세 번째 변을 결정하게 될 것이다. 또한 같은 조건에서 변들의 비율(들)은 변 자체와 동일하게 각을 결정할 것이다. 왜냐하면 평행선인 변에 포함된 삼각형의 모든 각은, 서로 동일하고, 따라서 변 자체의 절대적 크기와는 무관하다. 이러한 이유로, 우리는 이러한 삼각형의 하나 또는 두 개의 각이 $\frac{a}{c}$, 또는 $\frac{b}{c}$, 또는 $\frac{a}{b}$에 의해 결정된다는 결론을 내린다. 또한 이런 삼각형의 각과 이런 비율 중 어느 하나 사이의 본질적인 연결을 표현하기 위해, 우리는 A가 변 a의 맞은편에 있는 각일 때, 첫 번째를 $\sin A$로, 두 번째를 $\cos A$로, 세 번째를 $\tan A$로 표시하기로 동의했다.

이 기본 명제에 기초하여 본 장의 앞부분에서 주어진 연구는, 직각의 일부로 간주되는 그들의 연속적인 값에 해당하는 각의 사인, 코사인 및 탄젠트의 값을 계산하여 그러한 삼각형의 변과 각의 연결을 완성할 수 있게 했다. 그리고 마찬가지로 우리는 모든 조건에서 선 자체뿐만 아니라 선의 위치 표현을 기호의 영역으로 가져올 수 있었다. 이 기호적인 연결이 일단 확립되면, 얻어진 결과의 적절한 해석에 필요할 수 있는 것보다 더한 하위 학문으로부터의 어떤 도움과 관계없이, 그 모든 결과를 따르는 것이 대수학의 과제가 된다.

550. 직사각형의 인접한 변을 나타내는 기호와, 삼각형의 두 변과 사이 각, 또는 세 변 사이의 필수적 연결과 그들 넓이의 기호적 표현은 이미 검토되었다. 모든 직선 도형은 삼각형으로 분해할 수 있는 만큼, 그들의 넓이가 필수 자료로부터 어떤 방식으로 기호적인 결정을 일반적으로 수용하는지 알아보는 것은 매우 쉽다. 그러한 넓이가 어떤 방식으로 크기뿐만 아니라 위치에서 표현될 수 있는지 나중에 알게 될 것인데, 이는 주어진 평면 표면으로 경계를 이루는 입체의 속성을 직선으로 경계를 이루는 도형의 속성과 동일하게 대수학의 영역으로 가져오는 것을 의미한다. **분해에 의한 넓이의 결정**

551. "다른 직선과 만나는 한 직선은 인접 각을 서로 동일하게 만들 때, 그것에 수직이라 하며, 그렇게 형성된 각도를 직각이라고 한다." **직각의 정의**

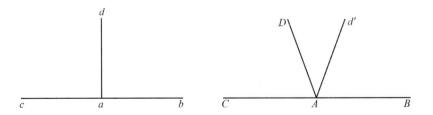

모든 직각은 서로 동일함

552. 이 정의는 상등 정의와 결합하여, 모든 직각은 서로 동일하다는 것으로 이어진다. 그 이유는 AD와 ad가 BC와 bc에 수직(또는 직각)인 두 선이고, 선 bc가 선 BC에, 점 A가 점 a에 적용될 경우, 선 ad는 선 AD와 일치하도록 만들어질 수 있기 때문이다. 아니면, 그것이 Ad'과 같이 다른 위치를 차지한다면, 각 BAD는 DAC와 동일하지만, BAD는 BAd'보다 크고, 따라서 CAD가 BAd'보다 크다. CAD보다 큰 CAd'이 훨씬 더 크고, 따라서 BAd'보다 크다. 그러나 BAd'과 CAd'은 각각 bad와 cad와 같으며, 따라서 서로 같아야 하는데, 이는 불가능하다. 그러므로 Ad'은 AD와 일치해야 하며, 따라서 직각 bad와 cad는 직각 BAD 또는 CAD와 같으며, 다른 모든 경우에서 유사하다.

다른 결과들

553. 한 직선과 같은 면에서 다른 직선으로 만들어진 각들의 합이 두 개의 직각과 같으며, 또한 한 개 이상의 직선과 한 공점 둘레로 다른 직선으로 만들어진 모든 각의 합이 네 개의 직각과 같다는 것은, 직각의 앞선 정의의 필연적인 결과이다.

대수학에서 직각의 정의

554. 대수학에서, 우리는 하나의 직선이 같은 면에 있는 다른 직선과 만드는 두 각의 합을 모든 조건에서 동일한 기호 π로 지정하는 것으로 시작하여, 결과적으로 그 두 각의 합이 항상 동일하다고 가정한다. 직각은 이 합의 절반이며, 따라서 항상 $\frac{\pi}{2}$로 지정된다. 상등의 기하학적 정의가 기하학에서의 기본 정리를 확립하는 데 필요한 다른 모든 경우와 마찬가지로 여기서도, 그러한 정리를 출발점으로 삼는 것, 즉 그 진리를 마치 정의처럼 가정하는 것이 대수학을 기하학에 적용하는 데 필요하게 된다.

π나 0과 동일한 각의 의미

555. 기하학에서는 적절히 말하면, 영이나 두 직각과 같은 각은 없다. 그러나 만약 우리가 다른 선이나 원래의 선과 공통의 점을 중심으로 도는 한 선의 움직임에 의해 생성되는 각을 고려한다면, 그 각들이 같은 방향으로

450

여겨지는 같은 직선에 있을 때, 서로 영과 같은 각을 만든다고 말할 수 있다. 그러한 조건에서 각의 이동을 계속하면, 우리가 종종 고려할 기회가 있었던 것처럼, 두 직각보다 큰 각을 생성할 수 있다. 그러나 반드시 명심해야 할 것은 그런 각의 존재가 기하학의 정신까지는 아니더라도, 적어도 실제 관행에는 이질적인 이런 생성 방법에 기인한다.[7]

556. 대수학에서, 각은 서로에 대해 그것들을 포함하는 선의 위치를 결정하거나, 원래의 선이나 축으로 간주되는 다른 선에 대한 한 선의 위치가 나타내는 부호를 결정하기 위해 사용된다. 이러한 이유로 영과 동일한 각, 그리고 두 직각과 동일한 각은 본질적으로 대수학을 기하학에 적용하는 데 들어가는 것으로, 서로에 대한 위치가 고려되는 두 선이 서로 만나거나, 한 경우에서는 같은 방향으로 위치하고, 다른 경우에서는 만나든 아니든 반대 방향에 위치하는 동일한 직선에 있음을 나타내는 것이다. 즉, 기하학적 대수학에서는 인정되지만, 기하학에서는 서로 구별되지 않는 두 종류의 평행을 나타내는 것이다. 전자는 평행선을 같은 방향으로 추정하거나 배치하고, 후자는 반대 방향으로 추정하거나 배치하는 것이다. *그 사용과 필요성*

557. "동일한 평면에서 자신과 만나는 임의의 선과 같은 부분을 향해 동일한 각을 만드는 선들은 서로 평행하다고 말한다." *평행선의 정의*

우리는 이전에, 평행선의 이런 정의와 기하학 계에서 채택의 근거를 주목할 기회가 있었다.

558. 우리는 대수학에서 이 정의를 사용했고, 이는 이 학문에서 적 *대수학에 필연적으로 채택된 정의*

---

7) 호가 기하학의 정의의 원격 결과인 각의 잴대라는 명제는 이러한 각의 생성 방법에 해당하며, 기하학적 각이 더 이상 존재하지 않을 때, 그 잴대를 표시할 수 있게 해준다. 따라서 일 사분면과 동일한 호는 직각의 측정치이고, 이 사분면과 동일한 호는 이 직각의 잴대이다. 원주는 사 직각의 잴대이고, 오 사분면과 같이 원주보다 큰 호는 오 직각의 잴대로, 우리가 주목했던 첫 번째 경우로 되돌아간다.

절히 채택할 수 있는 평행선의 유일한 정의다. 이것은 평행선에 주어지는 일반적인 정의의 필연적인 결과일 수도 있지만, 그것은 그 기하학적 결과이고, 따라서 대수학에서 후자를 사용하는 것은 우리를 기하학의 첫 번째 원리로부터 한 걸음 더 멀리 보낼 것이다. 그리고 대수학을 기하학으로 적용하는 문제에 관한 한, 이 결과는 모든 면에서 원래의 대수적 정의의 자리를 차지할 것이다.

대수학에서 평행의 두 종류 **559.** 대수학에서, 그것의 기하학에 대한 적용이 지금까지 고려된 만큼, 그 이상이 아닌 서로에 대한 선의 경사도에 관한 한, 오직 크기와 위치로만 선을 나타낼 수 있다. 이러한 이유로, 동일한 평면에 있고, 주어진 선이나 축과 동일한 각도를 만드는 동일한 선들은, 서로 대수학적으로 동일한 것으로 간주된다. 즉, 그들은 기호적 표현에서 동일한 것이다. 이것은 첫 번째 그리고 가장 완전한 종류의 평행이며, 여기서 선을 나타내는 기호는 동일한 대수 부호로 영향을 받는다.

부호의 이 동일성이 존재하지 않는 또 다른 경우가 있는데, 이는 기하학적 정의에 따라 마지막 경우의 것들과 똑같이 평행인 선에 해당한다. 그것은 선들이 부호의 영향을 받는 것이며, 그 부호가 하나는 + 부호로, 다른 하나는 − 부호로 영향을 받는다는 차이만 있다. 따라서 다음은 서로 기하학적으로 평행인 선들의 쌍을 지정한다.

$$a와 \ -a,$$
$$a\epsilon^\theta와 \ a\epsilon^{\pi+\theta}, \ 즉 \ -a\epsilon^\theta,$$
$$또는 \ a(\cos\theta + \sqrt{-1}\sin\theta)와 \ a\{\cos(\pi+\theta) + \sqrt{-1}\sin(\pi+\theta)\},$$
$$즉, \ -a(\cos\theta + \sqrt{-1}\sin\theta)$$

그 이유는 이들이 동일한 직선에 있든 아니든, 반대 방향으로 그려지는 선에 적용되기 때문이며, 기하학에서 표시될 수 없고, 따라서 고려될 수 없는

452

위치의 수정이다. 그러한 선들은 대수적으로 생각할 때, 우리가 이전에 말한 두 번째 종류의 평행을 가지고 있다고 말할 수 있다(조항 555).

560. 대수학에서 고려하는 것처럼 평행선 이론의 앞선 견해는 그들 위치의 유사성 또는 동일성을 오직 서로에 대해서만 고려하고, 필연적으로 무한에 대한 모든 고려를 배제한다. 직선은 그 안에 있는 어떤 두 점에 의해 결정되고, 따라서 그 모든 부분에서 완전히 유사하고 대칭적이기 때문에, 평행선의 특성을 다른 것과 구별되는 것으로 결정하기 위해서, 무한히 멀리 떨어진 부분의 특성이나 관계를 언급할 필요는 분명히 없다. 그러나 만일 그러한 선들의 관계에 대한 우리의 개념을 보다 정확하게 고정할 필요가 있다고 생각하면, A와 B 두

평행선 개념에 적절히 포함되지 않은 무한성에 대한 고려

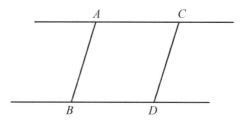

점을 두 평행선에서 취하고, 또한 A와 B로부터 각각 어떤 동일한 거리에 있는 그 선의 두 개의 다른 점 C와 D를 취한다면, 점 A와 B 및 C와 D는 서로 항상 등거리에 있을 거라는 것이 우리가 내린 정의의 결과로 매우 쉽게 따라올 것이다. 평행선은 결코 만날 수 없으며, 역으로 결코 만나지 않는 같은 평면에 의한 선들은 서로 평행하다는 것은 이 명제로부터 매우 쉽게 알 수 있다. 그러나 마지막으로 언급된 특성은, 해당 선들의 상대적 위치를 조사할 때, 즉시 관심을 가지고, 따라서 관심을 기울여야 하는 어떤 다른 명제의 결과로씨가 아니리면, 임의의 두 선에 대해 결코 단정할 수 없다.

561. "부등변 사각형은 무엇이든 네 변을 가진 도형이다."

"사다리꼴은 두 변이 평행한 네 변을 가진 도형이다."

"평행사변형은 평행선으로 둘러싸인 네 변을 가진 도형이다."

사변형의 다양한 종류

"직사각형은 한 각이 직각인 평행사변형이다."

"마름모[8]는 네 개의 동일한 변으로 둘러싸인 도형이다."

"정사각형은 네 개의 동일한 변으로 둘러싸인 도형으로, 그중 한 각이 직각이다."

그러한 도형에 가정된 조건의 한계

562. 위에서 설명(또는 정의)한 여섯 종류의 다른 사변형에서 두 번째에 도입되는 하나의 조건, 세 번째에 두 개, 네 번째에 세 개, 다섯 번째에 네 개, 그리고 여섯 번째에 다섯 개의 조건이 있다. 왜 더 진행하지 않는 걸까? 모든 변이 동일하고 두 각이 세 직각과 동일한 다른 종류의 사변형에 독특한 이름을 붙이지 않는 걸까? 그런데 그러한 사변형은 형성될 수 없으며, 이는 그와 같은 도형들의 일반적 특성과 일치하지 않는 조건을 가정했다고 밝혀질 것이기 때문이다.

그들에 관련하여 증명된 특성에 다소 의존하는 도형의 정의

563. 독특한 이름을 부여하는 도형의 특성을 정의하거나 가정하는 것으로 시작하고, 따라서 그 존재의 가능성을 확인하든 안 하든, 또는 먼저 그러한 도형의 일반적 특성을 결정하고, 그로부터 그들의 변과 각의 관계나 크기에 관한 가정을 하는 데 우리가 정당화되는 범위를 유추해야 하는지에 대한 조사가 상당히 중요한 것으로 그렇게 제시된다. 가장 자연스럽고 철학적인 것은 나중의 진행 과정인데, 그것은 특정한 분류에 속하는 모든 다른 종류의 도형들과 그 정의된 도형의 특성을 결정한다고 말할 수 있는 정도를 결정할 수 있게 하기 때문이다. 역시 그러한 조건에서 그 도형들의 정의는 그에 관한 명제의 단순한 표현이 될 뿐이며, 명제 자체의 토대는 아니다. 왜냐하면 그러한 도형들의 특성은 그 변과 각에 의존하며, 따라서

---

8) 마름모라는 용어의 이런 제한된 용법을 버리고, 그것으로 평행사변형이란 용어를 대체하자는 제안이 제기되어 왔다. 평행사변형이라는 용어에 함축된 특성은, 적절하게 말해서 네 변을 가진 도형에 특이한 것이 아니며, 정육각형, 정팔각형, 정십각형 및 짝수의 변을 가진 정다각형은 평행선의 쌍으로 둘러싸여 있기 때문이다.

그들에 관한 정의의 적절하고 필연적인 결과이다. 그러므로 이제 우리는
앞의 조사를 특별히 참고하여, 사변형이든 아니든, 직선 도형의 일반적 특
성에 대한 대수적 검토를 진행할 것이다.

564. 산술적으로 a, b, c, d로 표시된 네 개의 선을 가정하고, 그
마지막 세 개의 선이 원래의 선이나 축으로 간주되는 a와 각각 θ, θ', θ''의
각을 만든다고 하면, 그것들은 대수적으로 각각 다음과 같이 표시될 것이다.

$$a, \quad b(\cos\theta + \sqrt{-1}\sin\theta), \quad c(\cos\theta' + \sqrt{-1}\sin\theta'), \quad d(\cos\theta'' + \sqrt{-1}\sin\theta'')$$

또한 그림에서처럼 선들이 같은 점 A로부터 그려지든지, 그들과 대수적으

네 선이
도형을
형성하기 위해
충족해야 하는
조건의 조사

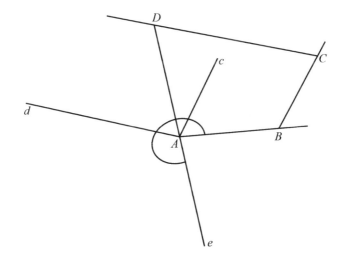

로 평행인 위치에 놓이든지 간에, 같은 수식이 그러한 선을 동일하게 표시할
것이다. 그러므로 그 수식들은 BC가 Ac와, CD가 Ad와 동일하고 평행이
며, 그리고 DA가 Ae와 동일하고, 그것과 같은 직선에 있을 경우, 사변형
$ABCD$의 형성에 관하여 서로 관계가 있을 때 그 선들을 나타낼 것이다.
이제 이것이 일어날 수 있는 조건들을 조사하는 것이 남아 있다.

우리가 AC를 연결하면 다음을 얻는다.

$$AC = AB + BC = a + b(\cos\theta + \sqrt{-1}\sin\theta)$$

비슷한 방법으로 다음이 성립함을 알수 있다.

$$AD = AC + CD = AB + BC + CD$$
$$= a + b(\cos\theta + \sqrt{-1}\sin\theta) + c(\cos\theta' + \sqrt{-1}\sin\theta')$$

그러나 다음이 성립한다.

$$AD = -DA = -d(\cos\theta'' + \sqrt{-1}\sin\theta'')$$

그러므로 다음을 얻는다.

$$a + b(\cos\theta + \sqrt{-1}\sin\theta) + c(\cos\theta' + \sqrt{-1}\sin\theta')$$
$$= -d(\cos\theta'' + \sqrt{-1}\sin\theta'')$$

즉, 다음이 성립한다.

$$a + b(\cos\theta + \sqrt{-1}\sin\theta) + c(\cos\theta' + \sqrt{-1}\sin\theta')$$
$$+ d(\cos\theta'' + \sqrt{-1}\sin\theta'') = 0$$

이는, 다음 두 방정식으로 분해할 수 있는 방정식이다.

$$a + b\cos\theta + c\cos\theta' + d\cos\theta'' = 0 \tag{12.18}$$
$$b\sin\theta + c\sin\theta' + d\sin\theta'' = 0 \tag{12.19}$$

이는 네 개의 선 AB, Ac, Ad, Ae가 사변형을 형성할 수 있도록 하는 조건의 방정식이다.

외각을 포함한 방정식   **565.**   만약 우리가 A, B, C, D로 사변형의 네 각을 표시하고, 그 각 방향으로 변 DA, AB, BC, CD를 생성하여 형성된 해당 외각을

A', B', C', D'으로 나타낸다면, 각 $BAc = B'$, 각 $cAd = C'$, 각 $dAc = D'$ 및 각 $eAB = A'$인 것은 명백하다. 그러므로 우리는 각 θ, θ', θ''을, 방정식 (12.18)과 (12.19)가 다음과 같이 될 때, 각각 B', $B' + C'$ 및 $B' + C' + D'$ 으로 치환할 수 있다.

$$a + b\cos B' + c\cos(B' + C') + d\cos(B' + C' + D') = 0 \qquad (12.20)$$

$$b\sin B' + c\sin(B' + C') + d\sin(B' + C' + D') = 0 \qquad (12.21)$$

566. 다음이 성립하므로 내각의 합

$$A + A' = \pi, \quad B + B' = \pi, \quad C + C' = \pi, \quad D + D' = \pi$$

그리고 또한 $A' + B' + C' + D' = 2\pi$이므로, 사변형의 네 각만 고려하는 조건에 대한 다음과 같은 제3의 방정식을 얻는다.

$$A + B + C + D = 2\pi \qquad (12.22)$$

567. 다시 B'을 $\pi - B$로, $B' + C'$을 $2\pi - (B + C)$로, $B' + C' + D'$ 내각을 포함한
방정식 을 $3\pi - (B + C + D)$로 바꾸면 방정식 (12.20)과 (12.21)은 아래와 같이 될 것이다.

$$a - b\cos B + c\cos(B + C) - d\cos(B + C + D) = 0 \qquad (12.23)$$

$$b\sin B - c\sin(B + C) + d\sin(B + C + D) = 0 \qquad (12.24)$$

568. 이제 사변형을 사다리꼴로, 즉 그 두 변이 평행하다고 가정한다 사다리꼴의
경우 면, $B + C = \pi$, 따라서 앞의 방정식이 아래와 같이 될 때, $A + D = \pi$이다.

$$a - b\cos B - c + d\cos D = 0 \qquad (12.25)$$

$$b\sin B - d\sin D = 0 \qquad (12.26)$$

569. 사변형을 평행사변형으로 가정한다면, 연속된 임의의 두 각의 합은 π와 동일할 것이고, 결국 $A+B = \pi$, $B+C = \pi$, $C+D = \pi$, $D+A = \pi$, 즉 다른 모든 각이 A에 의존하는 것으로 간주될 수 있다. 따라서 방정식 (12.23)과 (12.24)는 아래와 같이 된다.

$$a + b\cos A - c - d\cos A = 0 \tag{12.27}$$

$$b\sin A - d\sin A = 0 \quad \text{즉} \quad b - d = 0 \tag{12.28}$$

이 방정식의 두 번째 (12.28)로부터 $b = d$가 뒤따른다. 이 결론을 첫 번째 방정식 (12.27)과 결합하면, 마찬가지로 $a = c$가 된다. 달리 말하면 "평행사변형에서는 반대쪽 각뿐만 아니라 반대쪽 변도 서로 동일하다"는 것이다.

570. 각 A뿐만 아니라 평행사변형의 인접한 변 a, b의 값은 완전히 불확정된 것이므로, 마음대로 가정할 수 있다. 만약 우리가 A를 직각으로 가정하면, 다른 모든 각도 직각이 되어, 그 평행사변형은 직사각형이 된다. a와 b가 동일하다고 가정하고 A를 불확정한 것으로 남기거나, 또는 a, b, c, d가 동일하고 따라서 평행사변형을 형성한다면, 그 평행사변형은 마름모가 된다. 만약 a, b, c, d가 서로 동일하고 A가 직각이라고 가정한다면, 그 도형은 정사각형이고 다른 모든 각은 마찬가지로 직각이다.

571. 모든 사변형에는 그 완전한 결정에 관련이 있는 네 변과 네 각이 있다. 네 개의 변과 세 개의 각을 포함하며, 도형의 방정식이라 부를 수 있는 두 방정식 (12.18)과 (12.19)가 있는데, 이 방정식은 대수학적으로 관련된 네 변이 완전히 경계를 이룬 도형을 형성하도록 하려면 반드시 충족되어야 하기 때문이다. 네 개의 각만 고려하는 세 번째 방정식 (12.22)가 있는데, 이는 각의 방정식이라 부르며, 임의의 세 각이 네 번째 각을 결정한다는 것을 보여준다. 다른 말로 하면 네 각 중 세 개만 임의적인 것으로 간주할

수 있다. 그러므로 임의적이고 마음대로 가정할 수 있는 것으로 간주되는 사변형의 요소가 다섯 개만 있게 되는데, 그것은 두 변과 세 각, 세 변과 두 각, 또는 네 변과 한 각이다. 만일 다섯 요소의 값이 명시적으로든, 또는 이들을 수반하는 방정식을 통하든 주어지면, 도형의 모든 요소와, 따라서 그 도형 자체는 결정되거나 결정 가능한 것으로 간주될 수 있다.

572. n개의 변을 가진 도형에 대하여, 각의 방정식뿐 아니라 도형의 **도형과 각의** 방정식을 조사하기는 매우 쉬울 것이다. 따라서, a, a_1, a_2, $\ldots$, a_{n-1}이 **일반 방정식** 일련의 선들의 산술적 값이고, θ_1, θ_2, $\ldots$, θ_{n-1}이 뒤쪽 $(n-1)$개의 선들과 원래의 선, 즉 축 a와 이루는 각을 나타내는 경우, 도형의 방정식은 사변형의 경우와 같은 방법으로, 다음과 같이 될 것이다.

$$a + a_1 \cos \theta_1 + a_2 \cos \theta_2 + \cdots + a_{n-1} \cos \theta_{n-1} = 0 \qquad (12.29)$$

$$a_1 \sin \theta_1 + a_2 \sin \theta_2 + \cdots + a_{n-1} \sin \theta_{n-1} = 0 \qquad (12.30)$$

이어서 우리가 내각을 A, A_1, A_2, $\ldots$, A_{n-1}로 가정하고, 해당하는 외각이 아래와 같다고 한다면,

$$A', \ A_1', \ A_2', \ \ldots, \ A_{n-1}'$$

다음이 성립한다.

$$A' + A_1' + A_2' + \cdots + A_{n-1}' = 2\pi$$

따라서 다음과 같은 각의 방정식을 얻는다.

$$A + A_1 + A_2 + \cdots + A_{n-1} = n\pi - 2\pi = (n-2)\pi \qquad (12.31)$$

만일 θ_1, θ_2, $\ldots$, θ_{n-1}을 아래의 각으로 각각 치환하면,

$$A_1', \ (A_1' + A_2'), \ \ldots, \ (A_1' + A_2' + \cdots + A_{n-1}')$$

방정식 (12.29)와 (12.30)은 다음과 같이 된다.

$$a + a_1 \cos A_1' + a_2 \cos(A_1' + A_2') + \cdots$$
$$+ a_{n-1} \cos(A_1' + A_2' + \cdots + A_{n-1}') = 0 \qquad (12.32)$$
$$a_1 \sin A_1' + a_2 \sin(A_1' + A_2') + \cdots$$
$$+ a_{n-1} \sin(A_1' + A_2' + \cdots + A_{n-1}') = 0 \qquad (12.33)$$

나아가 A_1', $(A_1' + A_2')$, $\ldots$, $(A_1' + A_2' + \cdots + A_{n-1}')$을 $\pi - A_1$, $2\pi - (A_1 + A_2)$, $\ldots$, $(n-1)\pi - (A_1 + A_2 + \cdots + A_{n-1})$로 각각 치환하면, 다음을 얻을 수 있다.

$$a - a_1 \cos A_1 + a_2 \cos(A_1 + A_2) + \cdots$$
$$+ (-1)^{n-1} a_{n-1} \cos(A_1 + A_2 + \cdots + A_{n-1}) = 0 \qquad (12.34)$$
$$a_1 \sin A_1 - a_2 \sin(A_1 + A_2) + \cdots$$
$$+ (-1)^n a_{n-1} \sin(A_1 + A_2 + \cdots + A_{n-1}) = 0 \qquad (12.35)$$

573. n개의 변을 가진 도형에는 $2n$개의 요소와 이들을 포함하는 세 개의 방정식만 있으며, 그중 하나는 각의 방정식이다. 그러므로 완전히 임의적이고 마음대로 가정할 수 있는 $(2n - 3)$개의 요소가 있는데, 이들은 n개의 변과 $(n - 3)$개의 각, 또는 $(n - 1)$개의 변과 $(n - 2)$개의 각, 또는 $(n - 2)$개의 변과 $(n - 1)$개의 각이다. 그러므로 도형을 결정하는 데는 세 가지 유형의 자료가 있는데, 첫 번째는 $\frac{n(n-1)(n-2)}{1 \cdot 2 \cdot 3}$개의 변동을, 두 번째는 $n \cdot \frac{n(n-1)}{1 \cdot 2}$개의 변동을, 세 번째는 $n \cdot \frac{n(n-1)}{1 \cdot 2}$개의 변동을 허용하는 것이다. 독립적인 자료의 개수가 $(n - 3)$보다 작으면 도형이 결정되지 않는다. 그것이 $(n - 3)$을 초과할 경우 $(n - 3)$개의 자료가 주는 결과와 불일치하며, 그렇지 않으면 그것들의 필연적인 결과로서 불필요하다.

574. "닮은 도형은 서로 각각 동일한 각을 가지고 있고, 그 동일한 각에 대해 변들은 비례하는 것으로 정의된다." 닮은 도형의 정의

575. 닮은 도형의 기하학적 정의를 대수적으로 해석할 경우, 모든 각과 그리고 변의 비율이 주어져야 한다는 것을 그러한 도형의 조건으로 내세운다. 달리 말해서, a, a_1, a_2, ..., a_{n-1}이 변을 나타낸다면, 다음과 같은 비와 각 A, A_1, A_2, ..., A_{n-1}이 주어진다. 이 정의에 내포된 조건의 개수

$$\frac{a}{a_1}, \frac{a_1}{a_2}, \frac{a_2}{a_3}, \dots, \frac{a_{n-2}}{a_{n-1}}$$

그러나 만일 이 변들 중 하나의 값이 a와 같이 주어지면, 그들을 연속적으로 포함하는 n개의 독립적인 방정식이 있으므로, 다른 모든 것들이 주어질 것이다. 따라서 닮은 도형의 선행 정의가 $(2n-1)$개의 조건의 충족을 의미하며, 이는 그 도형의 결정을 완성하는 데 필요한 조건의 개수를 2만큼 초과한다. 그러나 이러한 닮음을 결정하기 위해서는 $(2n-4)$개의 조건만 필요하며, 따라서 나머지 세 개의 조건은 불필요하거나, 이 닮음을 확인하는 검정에 포함될 필요가 없다는 것을 알게 될 것이다.

576. 임의 개수의 선분(예를 들어, AB, BC, CD, DE)을 다음과 도형의 닮음 결정에 필요한 조건의 수에 대한 조사

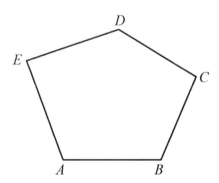

같이 대수적으로 표현한다고 가정하면,

$$a, \quad a_1(\cos\theta_1 + \sqrt{-1}\sin\theta_1), \quad a_2(\cos\theta_2 + \sqrt{-1}\sin\theta_2),$$
$$\ldots, \quad a_{n-2}(\cos\theta_{n-2} + \sqrt{-1}\sin\theta_{n-2})$$

그리고 a가 산술적으로 AE(의 길이)와 동일하다면, 다음을 얻는다.

$$a + a_1(\cos\theta_1 + \sqrt{-1}\sin\theta_1) + a_2(\cos\theta_2 + \sqrt{-1}\sin\theta_2) +$$
$$\cdots + a_{n-2}(\cos\theta_{n-2} + \sqrt{-1}\sin\theta_{n-2})$$
$$= a(\cos A + \sqrt{-1}\sin A) \qquad (12.36)$$

즉, 선분들의 대수적 표현의 합은 AE(A에서 E 방향으로 추정된)와 동일한 것으로, 원래의 선과 각 A를 이루고 도형을 완성하며, 따라서 그 보완으로 표시되는데, 이는 단일 방정식 (12.36)을 두 개로 분해함으로써 위치와 크기로 완전히 결정된다. 마찬가지로 만약 우리가 $(n-1)$개의 다른 선들을 가정하여, 전자와 각각 같은 비율 e를 갖고, 원래의 선과 각각 같은 각 θ_1, θ_2, $\ldots$, θ_{n-2}를 이루게 한다면, 해당 도형의 보완은 다음과 같다.

$$ea + ea_1(\cos\theta_1 + \sqrt{-1}\sin\theta_1) + ea_2(\cos\theta_2 + \sqrt{-1}\sin\theta_2) +$$
$$\cdots + ea_{n-2}(\cos\theta_{n-2} + \sqrt{-1}\sin\theta_{n-2})$$
$$= ea(\cos A + \sqrt{-1}\sin A) \qquad (12.37)$$

그러므로 이들 도형의 보완은 각각 다른 변과 동일한 비율을 서로 가지고, 마찬가지로 원래의 선과 동일한 각을 이룬다. 따라서 그런 도형의 변은 닮음의 필요한 조건을 충족시킨다. θ_1, θ_2, $\ldots$, θ_{n-2}가 $(n-2)$개의 외각, 따라서 $(n-2)$개의 내각을 결정하고, 각 A는 그 보완의 결정으로 결정되며, 나머지 각은 그 도형에 대한 각의 방정식으로부터 결정되기 때문에, 모든 각이 결정되고, 따라서 두 도형에서 각각 동일하게 된다. 결과적으로, 모든 닮음의 조건들이 정의가 요구하는 대로 충족된다.

577. 앞선 조사에서, $(n-1)$개의 연속적인 변 사이에 $(n-2)$개의 방정식이 있고, $(n-2)$개의 각이 할당되어 $(2n-4)$개의 조건을 만들었다. 이러한 조건을 공통으로 가지는 모든 도형은 닮았다고 보인다. 이 결론에 의해 제안된 닮음의 다른 조건을 조사하지 않고, 도형의 닮음에 대한 가장 편리한 기하학적 검정을 제공하는 그 기하학적 결과를 지적하는 데 만족할 것이다.

n개의 변을 가진 도형의 닮음엔 $(2n-4)$개의 조건이 존재함

578. 만약 AB 대 BC, BC 대 CD, 그리고 CD 대 DE의 비를 각각 ab 대 bc, bc 대 cd, 그리고 cd 대 de의 비율과 각각 동일하게 하고, 각 B, C, D를 각 b, c, d와 각각 동일하게 가정한다면, AB 대 BC 또는 AC 대 BC, 그리고 AC 대 CD의 보완의 비는 ab 대 bc, 또는 ac 대 ab, 그리고 ac 대 cd의 보완의 비와 동일하다. 같은 방법으로 AC 대 CD 또는 AD 대 CD, 그리고 AD 대 DE의 보완 비율은 따라서 ac 대 cd 또는 ad 대 cd, 그리고 ad 대 de의 보완 비율과 동일하다. 마지막으로 AD 대 DE 또는 AE 대 DE의 보완 비율은 ad 대 de 또는 ae 대 de의 보완 비율과 동일하다. 그러므로 각각 유사하게 형성된 세 삼각형 ABC, ACD, ADE와 abc, acd, ade는 서로 닮았고, 도형의 변의 수가 얼마가 되든 동일한 결론이 뒤따를 것이다. 따라서 그러한 직선으로 둘러싸인 도형은 서로 닮았고, 여기서 각각 유사하게 형성된 모든 삼각형은 서로 닮았다.

닮음의 기하학적 조건

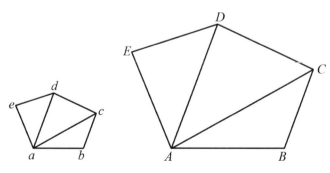

579. 도형의 방정식에 대한 앞선 조사와 특정 사례에 대한 적용에서 우리는 암묵적으로 그 도형들의 외각은 항상 양수라고, 즉 그 도형들이 요각을 가지고 있지 않다고 가정해 왔다. 다시 말해서 우리는 단지 외각과 내각의 각 쌍의 합이 π와 같을 뿐 아니라, 내각이 항상 π보다 작은 것으로 가정해 왔다. 이 조건이 충족되지 않은 경우를 조사하는 것이 적절하겠다. 변이 서로 같고, 각 B와 C가 $\frac{3\pi}{5}$, 즉 $108°$로 서로 같은 오각형 $ABCDE$를 가정하고, 오각형

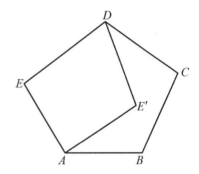

의 나머지 각을 결정해야 한다고 하자. 도형의 방정식은 다음과 같다.

$$1 + \cos 72° + \cos 36° + \cos(36° + D) - \cos(36° + E + D) = 0$$

$$\sin 72° + \sin 36° - \sin(36° + D) + \sin(36° + E + D) = 0$$

$36 + D = x$라 하고, $72°$와 $36°$의 코사인 및 사인을 수치적 값으로 치환하면, 다음을 얻는다.

$$\cos x - \cos(x + E) = .5 \tag{12.38}$$

$$\sin x - \sin(x + E) = 1.5383418 \tag{12.39}$$

(12.38)을 (12.39)로 나누고 그들을 각각 동치인 형식으로 치환하면(조항 487), 다음을 얻는다.

$$\frac{\cos x - \cos(x + E)}{\sin x - \sin(x + E)} = \frac{2 \sin\left(x + \frac{E}{2}\right) \sin\frac{E}{2}}{2 \cos\left(x + \frac{E}{2}\right) \sin\frac{E}{2}}$$

$$= \tan\left(x + \frac{E}{2}\right) = .325012$$

이는 똑같이 $18°$, $\pi + 18°$, $2\pi + 182°$ 등의 탄젠트이다.

결과적으로 다음이 성립한다.

$$x + \frac{E}{2} = 18°, \quad \text{또는} \quad \pi + 18°, \quad \text{또는} \quad 2\pi + 182°$$

그러므로 다음이 성립한다.

$$D + \frac{E}{2} = -18°, \quad \text{또는} \quad \pi - 18°, \quad \text{또는} \quad 2\pi - 182°$$

따라서 $\frac{D+E}{2}$의 최소 양수 값은 $\pi - 18°$, 즉 $162°$이다.

다시, $2\sin\left(x + \frac{E}{2}\right)\sin\frac{E}{2} = .5$ 그리고 $\sin\left(x + \frac{E}{2}\right) = .309017$ 또는 $- .309017$이므로 다음이 성립한다.

$$\sin\frac{E}{2} = .809017 \quad \text{또는} \quad - .809017$$

이는 $54°$나 $\pi - 54°$, 그리고 $\pi + 54°$나 $2\pi - 54°$의 사인 값이다. 결과적으로 E값은 $108°$, 또는 $2\pi - 108°$로 2π보다 큰 모든 값을 배제한다.

$E = 108°$라 한다면, $\frac{D+E}{2} = 162°$, 따라서 $D = 108°$이다. 나머지 각 A도 (각의 방정식에 의해 결정됨) 역시 $108°$이고, 형성된 도형은 요각이 없는 정오각형이다.

$E = \pi - 108 = 252°$라 한다면, $\frac{D+E}{2}$ 또는 $D + 126° = 162°$, 따라서 $D = 36°$이다. 나머지 각 A도 (각의 방정식에 의해 결정됨) 역시 $36°$이므로, 그 오각형은 정오각형 아니며, 각 E는 $252°$와 같으므로 요각이다.

580. 동일한 평면에서 선과 그 합에 대한 이러한 공식에서 취할 수 있는 또 다른 견해가 있는데, 이는 매우 중요하다. 이전에 살펴본 대로(조항 507), 다음 수식은 동등한 선의 극단에 있는 점의 좌표에 대한 수식을 포함하는 것으로 간주될 수 있는데,

연속적으로 놓인 어떤 수의 선의 끝점의 좌표에 대한 수식

$$a(\cos\theta + \sqrt{-1}\sin\theta)$$

그 좌표는 원래의 선이나 축에서 $a\cos\theta$이고, 그것과 직각인 축에서는 $a\sin\theta$

이다. 아래와 같은 수식에서 임의 수의 대수적 합이 동등한 선 수열의 마지막 극단에 있는 점의 좌표를 포함한다는 것은 명백하고 필연적인 결과이다.

$$a, \ a_1(\cos\theta_1 + \sqrt{-1}\sin\theta_1), \ a_2(\cos\theta_2 + \sqrt{-1}\sin\theta_2),$$
$$\ldots, \ a_{n-2}(\cos\theta_{n-2} + \sqrt{-1}\sin\theta_{n-2})$$

이들의 좌표는 다음과 같고, 궁극 점이 그 좌표들의 원점과 일치할 때, 각각 0과 동일하다.

$$a + a_1\cos\theta_1 + a_2\cos\theta_2 + \cdots + a_{n-1}\cos\theta_{n-1} = 0,$$
$$\text{그리고} \quad a_1\sin\theta_1 + a_2\sin\theta_2 + \cdots + a_{n-1}\sin\theta_{n-1} = 0$$

581. 만일 우리가 원래의 선의 방향과 $\theta_1, \theta_2, \ldots, \theta_{n-1}$의 각을 이루는 방향에서 다음과 같이 크기를 가지고 공간을 통해 연속적으로 이동하는 한 점을 생각한다면,

$$a, \ a_1, \ a_2, \ \ldots, \ a_{n-1}$$

위 조항의 수식들은 이동의 끝에서 평면에 그 점의 위치를 결정할 것이고, 그것들은 이동하는 점이 원점으로 되돌아갔을 때, 분명히 각각 영과 동일할 것이다.

주어진 방향으로 주어진 공간을 따라 연속적으로 이동하는 점의 좌표

582. 이동을 결정하는 선의 이송 각의 합이 2π와 같고, 선 자체의 합이 영이 되면, 선은 우리가 이미 본 바와 같이 완전히 경계가 있는 도형을 형성할 것이다. 그러나 이송 각의 합이 4π이고, 선 자체의 합이 영과 같다고 가정하면, 교차하는 또는 별 모양의 도형을 설명한 후, 그 점은 다시 그 이동의 원점으로 되돌아갈 것이다. 이는 점을 운송하는 선들이 6π, 8π 또는 운송 선의 수를 초과하지 않는 2π의 다른 어떤 배수를 통해 옮겨졌을 때, 점이 이동의 원점으로 되돌아갈 경우에도 마찬가지로 동일하다.

이송 각의 합이 2π의 배수일 때, 이동의 원점으로 돌아가는 점으로 설명되는 도형의 속성

466

그러나 이 모든 경우에 내각과 해당 외각의 합은 π와 같으며, 따라서 모든 각의 합은, n이 이동 선의 수일 때, $n\pi$이다. 그러므로 이 별 모양 도형의 첫 번째 경우에서 내각의 합은 $(n-4)\pi$, 두 번째 경우는 $(n-6)\pi$, 세 번째는 $(n-8)\pi$, r번째는 5다음과 같다. $\{n - 2(r+1)\}\pi$가 된다. 이와 같이 해당되는 여러 종류의 도형과는 구별되는 각의 방정식들을 형성한다.

583. 따라서 AB를 원래의 선으로 가정하고, 이동 선은 모두 서로 같고 그리고 AB와 같으며, 이송 각은 서로 같고 그리고 $\frac{4\pi}{5}$(ABC의 보각)와 같은 것으로 가정하면, 이동하는 점은 다섯 번의 이동을 거친 후 원점 A로 되돌아간다는 것을 알게 될 것이다. 그러한 조건에서, 그 점의 좌표는 다음과 같다. **별 모양의 정오각형에 대한 설명**

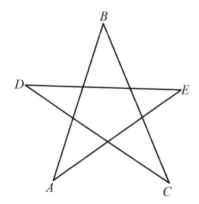

$$a\left\{1 + \cos\frac{4\pi}{5} + \cos\frac{8\pi}{5} + \cos\frac{12\pi}{5} + \cos\frac{16\pi}{5}\right\}$$

$$= a\left\{1 + \frac{\cos\frac{5}{2}\left(\frac{4\pi}{5}\right)\sin\frac{4}{2}\left(\frac{4\pi}{5}\right)}{\sin\frac{2\pi}{5}}\right\} = a(1-1) = 0, {}^{9)}$$

그리고 $a\left\{1 + \sin\frac{4\pi}{5} + \sin\frac{8\pi}{5} + \sin\frac{12\pi}{5} + \sin\frac{16\pi}{5}\right\}$

$$= a \left\{ 1 + \frac{\sin \frac{5}{2} \left(\frac{4\pi}{5} \right) \sin \frac{4}{2} \left(\frac{4\pi}{5} \right)}{\sin \frac{2\pi}{5}} \right\} = 0$$

또한 이송 각의 합(이동이 원래의 방향에서 AB로 전달되는 두 번째일 경우)은 다음과 같다.

$$\frac{5.4\pi}{5} = 4\pi$$

그러나 A, B, C, D 및 E의 모든 내각과 외각의 합은 5π고, 외각의 합은 4π이므로, 별 모양 도형의 내각의 합은 다음과 같다.

$$A + B + C + D + E = 5\pi - 4\pi = \pi$$

이는 각의 방정식이 된다.

---

9) 급수 $\cos\theta + \cos 2\theta + \cos 3\theta + \cdots + \cos n\theta$는 다음과 동치이다.

$$\frac{\epsilon^{\theta} + \epsilon^{-\theta}}{2} + \frac{\epsilon^{2\theta} + \epsilon^{-2\theta}}{2} + \frac{\epsilon^{3\theta} + \epsilon^{-3\theta}}{2} + \cdots + \frac{\epsilon^{n\theta} + \epsilon^{-n\theta}}{2}$$

$$= \frac{1}{2} \left\{ \epsilon^{\theta} + \epsilon^{2\theta} + \cdots + \epsilon^{n\theta} \right\} + \frac{1}{2} \left\{ \epsilon^{-\theta} + \epsilon^{-2\theta} + \cdots + \epsilon^{-n\theta} \right\}$$

$$= \frac{1}{2} \frac{\epsilon^{(n+1)\theta} - \epsilon^{\theta}}{\epsilon^{\theta} - 1} + \frac{1}{2} \frac{\epsilon^{-(n+1)\theta} - \epsilon^{-\theta}}{\epsilon^{-\theta} - 1}$$

$$= \frac{1}{2 \left(\epsilon^{\frac{\theta}{2}} - \epsilon^{-\frac{\theta}{2}} \right)} \left\{ \epsilon^{\left(\frac{2n+1}{2} \right)\theta} - \epsilon^{-\left(\frac{2n+1}{2} \right)\theta} - \left(\epsilon^{\frac{\theta}{2}} - \epsilon^{-\frac{\theta}{2}} \right) \right\}$$

$$= \frac{1}{2 \sin \frac{\theta}{2}} \left(\sin \frac{2n+1}{2}\theta - \sin \frac{\theta}{2} \right)$$

$$= \frac{\cos \frac{n+1}{2}\theta \sin \frac{n\theta}{2}}{\sin \frac{\theta}{2}}$$

그리고 아래 급수는

$$\sin\theta + \sin 2\theta + \sin 3\theta + \cdots + \sin n\theta$$

다음과 동치임을 비슷한 방법으로 보일 수 있다.

$$\frac{\sin \frac{n+1}{2}\theta \sin \frac{n\theta}{2}}{\sin \frac{\theta}{2}}$$

584. 만약 우리가 동일한 가정을 하되, 단지 공통 이송 각을 $\frac{4\pi}{5}$ 대신에 $\frac{6\pi}{5}$라고 한다 해도 동일한 도형이 만들어질 것이다. 다만, 원래의 선에 대하여 다른 위치에 있지만, 선 BC가 선 AB의 오른쪽에서 왼쪽으로 이동한다. 도형의 방정식 또는 다섯 번의 운송 이후 점의 궁극의 위치에 대한 좌표는 다음과 같다.

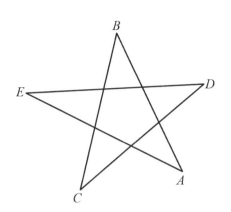

달리 설명된 닮은 별 모양의 정오각형

$$a\left\{1 + \cos\frac{6\pi}{5} + \cos\frac{12\pi}{5} + \cos\frac{18\pi}{5} + \cos\frac{24\pi}{5}\right\}$$
$$= a\left\{1 + \frac{\cos 3\pi \sin\frac{12\pi}{5}}{\sin\frac{3\pi}{5}}\right\}$$
$$= a(1-1) = 0,$$

그리고

$$a\left\{1 + \sin\frac{6\pi}{5} + \sin\frac{12\pi}{5} + \sin\frac{18\pi}{5} + \sin\frac{24\pi}{5}\right\}$$
$$= a\left\{1 + \frac{\sin 3\pi \sin\frac{12\pi}{5}}{\sin\frac{3\pi}{5}}\right\} = 0$$

$\frac{5 \cdot 6\pi}{5} = 6\pi$이므로, 각의 방정식은 다음과 같다.

$$A + B + C + D + E = 5\pi - 6\pi = -\pi$$

따라서 이 경우, 모든 내각은 음수로 $-\frac{\pi}{5}$와 같다.

정오각형의
정의는 이런
별 모양의
도형을
포함한다

585. 만약 우리가 정오각형을 다섯 개의 동일한 변과 다섯 개의 동일한 각을 가진 도형으로 정의한다면, 이런 별 모양의 도형이 기하학의 일반적이고 완전히 경계를 이룬 오각형에 대한 그러한 정의의 조건들에 똑같이 대응할 것이 분명하다. 이들 사이의 본질적인 구별은 각의 방정식에 존재하는데, 이는 기하학에서 같은 수의 변을 가진 도형에 대해서는 항상 동일한 것으로 가정된다. 이러한 이유로 이 학문에 있어서 우리의 관심은 단지 각 유형의 한 도형에만 국한된다. 그러나 그러한 도형의 기하학적 존재에 관하여 우리의 가설에 대한 제한이 없다면, 우리가 고려했던 마지막 두 개의 별 모양 도형 간의 구별은 전적으로 대수학적이라는 것이 명백하다.

별 모양의
육각형은 없음

586. 정육각형에서 이송 각은 $\frac{\pi}{3}$, 즉 60°이다. 외각의 합이 두 배로 증가한다고 가정할 경우, 이송 각은 두 배, 즉 120°가 된다. 따라서 해당 육각형은 등변 삼각형, 즉 정삼각형으로 퇴화하고, 묘사 점은 각 변을 두 번 지나가게 된다. 이송 각이 세 배로 증가한다고 가정하면, 해당 도형은 직선이 될 것이고, 네 배가 되면 기하학의 정육각형이 되는데, 여기서 모든 내각은 음수로 $\frac{\pi}{3}$와 동일하다. 다섯 배가 되면 그것은 다시 등변 삼각형이 될 것이다.

여러 종류의
칠각형과
팔각형

587. 정칠각형의 수열은 연속적인 도형을 형성하는데, 일곱 개 중 다섯 개는 별 모양으로 기하학의 칠각형은 그 수열의 첫째, 여덟째, 열다섯째 항 등을 형성하고, 직선은 일곱째, 열넷째 항 등을 형성한다. 팔각형에 대한 유사한 수열의 두 번째는 사각형이며, 각 변은 두 번 나타난다. 세 번째는 별 모양 도형이고, 네 번째는 선으로 여덟 번 나타난다. 다섯 번째는 별 모양의 도형, 여섯 번째는 사각형, 일곱 번째는 별 모양 도형, 여덟 번째는 선이다. 아홉 번째 항은 원래의 팔각형으로, 이렇게 같은 도형이 같은 순서로 되풀이된다. 우리가 이러한 언급을 변의 수가 더 많은 정다각형의 수열에까지 확대할 필요는 없다.

588. 만일 우리가 역학에서 힘(수학적 성질을 가진 정의나 가정으로 부여됨)이 직선으로 양과 방향을 표현한다고 가정하면, 그들은 선 자체와 동일하게 대수식을 가질 수 있을 것이다. 두 개 이상의 힘이 하나의 동등한 힘으로 대체될 수 있는지, 또한 그러한 동등한 힘이 성분 힘들을 나타내는 선의 대수적 합인 선으로 나타낼 수 있는지 여부를 검토하는 일이 남아 있다.

힘과 그 영향에 대한 대수적 표현

힘과 그 영향, 그리고 해당 물리 원리와의 연결 특성을 다루는 학문의 수학적 첫 번째 원칙을 조사하는 것은 이 연구에 필요한 준비가 되는데, 이는 물질 세계에서 관찰되는 작용과 법칙으로부터 추론할 수 있다.

589. 수학을 자연 철학에 적용함에 있어서, 가정이든 아니든 간에, 추리의 첫 번째 원칙은 그에 기초한 결론에 관하여 임의적인 가정이나 정의의 위치를 차지해야 한다. 다시 말해서, 그러한 결론의 타당성은 자연의 법칙이나 현상에 따르는 것이 아니라, 그 원칙만을 참조해야 한다. 그러나 그 구성 명제의 연결에 관한 한, 엄격히 수학적인 학문이 단순한 추측이 아니라 적절한 해석을 통해 해당 물리학에 전달 가능한 결과를 표현하는 것으로 간주되기 위해서는, 그 기본 원칙이 그런 학문에 관하여 서로 독립적으로, 관찰이나 실험 또는 그에 대한 추론으로 유추할 수 있는 가장 단순한 결론을 나타내거나 포함되어야 하는 것은 필수적이다. 또한 그러한 원칙이 엄격한 수학적 특성을 가질 수 있도록 하기 위해, 그것들은 원칙 자체의 결과가 아닌, 따라서 그것들을 통해 표현하거나 추정할 수 없는 그러한 모든 변동의 원인을 제거해야 한다.

수학을 자연 철학에 적용하는 데 즉각적인 첫 번째 원칙은 물리적이 아니라 수학적이어야 함

590. "힘 작용의 대상인 점은 수학적인 점의 특성을 가진 것으로 가정된다."

힘의 작용점은 수학적임

힘을 가하는 점에서 확장이 고려되는 경우, 그 안에 반드시 다른 기하적 점이 있어야 하고, 물리적 점에 대한 힘이나 힘의 효과는 적용되는 기하적

471

점에 따라 달라질 것이다. 이를 바탕으로, 추정할 수 없는 효과에서의 변동이 발생할 것이며, 따라서 그 원인은 학문의 첫 번째 원칙에서 제외되어야 한다.

물리적 또는 물질적 점은 기하적 점과 공통적으로 갖고 있는 이동성을 제외하고 확장과 무관한 어떤 물리적 특성도 인정하지 않는다. 그러한 조건에서 무게가 그것에 속한다고 간주되면(가설적으로), 그것은 중력 방향으로 작용하는 힘(잴대는 무게)을 지정하는 표현식으로 받아들일 수 있다.

힘의 전달 원리 **591.** "힘은 그 효과의 변화 없이, 작용 방향의 어떤 점(들)에 전달되거나 전달될 것으로 가정할 수 있다."

한 점에 작용하는 동일하고 반대 방향인 두 힘의 효과 **592.** 힘은 선에 의해 크기와 방향을 나타내며, 따라서 (즉, 기호적 표시에 관한 한) 이를 나타내는 선들이 서로 동일하고 대수적으로 평행할 때, 대수적으로 동등하다. 방금 언급한 원리가 부과한 조건은 힘이 대수적으로 동일하고 작용 방향과 일치하는 선의 같거나 다른 점에 적용되는 경우, 효과도 동등하다는 것을 보여줄 것이다.

만약 동일하고 반대 방향의 두 힘이 한 점에 작용한다면, 그들의 대수적 합은 그 효과의 대수적 합과 마찬가지로 영과 같다. 왜냐하면 힘의 크기는 동일하고 그들의 작용 중 하나는 + 부호가, 다른 하나는 − 부호가 앞에 있다는 차이가 있을 뿐이다. 또한 힘이 같은 점에 가해지기 때문에 그 효과가 힘과 동일하다. 그러한 경우, 힘의 효과가 동일하고 방향이 반대일 때, 따라서 정지든 운동이든 간에 점의 자연 상태가 힘의 작용에 영향을 받지 않을 때, 한 힘은 다른 힘에 대하여 반대로 동등하다고 말할 수 있다.

같은 직선에 있는 다른 점에 작용할 때 **593.** 이는 힘이 동일하고 반대 방향에 있지만, 그들의 작용 방향에 공통되는 선에 있는 다른 점들에 가해질 경우에도 동일할 것이다. 힘의 대수적 표현은 마지막에 고려된 경우와 정확히 같기 때문에, 그 힘들의 합은 영이다. 그리고 위에서 언급한 일반 원리에 따라 변경 없이, 한 점에서 힘의 영향은 다른 점으로 전달될 수 있기 때문에 그 공동의 효과는 마지막 경우와 정확히 동일할 것이고, 따라서 하나는 다른 것과 반대로 동등할 것이다.

594. 물리적으로 말하면, 어떤 점에 대한 힘의 영향은 그 작용이 물리적 점에서 운동을 일으키는 것이며, 수학적인 점에서 수학적 힘의 자연스러운 영향이라고 가정할 수 있다. 한 경우에서 다른 힘들의 영향과 함께 힘의 강도는 움직이는 물체의 질량을 고려하지 않을 때, 전달된 속도로 측정될 것이다. 또는 물체의 질량과 속도 둘 다 고려할 때는 이 둘의 곱으로 측정될 것이고, 또는 다른 수단으로 측정될 수 있겠으나, 우리가 현재 조사할 일이 아니다. 다른 경우에서는, 영향의 크기와 작용이 반대로 동등한 힘의 크기와 작용으로 측정될 것이다. 왜냐하면 만일 반대로 동등한 힘이 영일 경우, 그 지점의 정지 또는 운동이라는 자연적인 상태는 힘의 작용에 영향을 받지 기 때문이다. 그리고 반대로 동등한 힘이 영이 아니라면, 그 크기와 작용은, 그것을 추정하는 것이 적절하다고 생각될 수 있는 어떤 방법을 통해서든, 그러한 힘의 작용에서 오는 효과의 크기와 작용을 적절히 측정할 것이다.

(여백 주: 힘의 자연스러운 영향은 운동을 일으키는 것임)

그러나 모든 경우에 반대로 동등한 힘이 다른 힘과 공통으로 존재한다고 가정하면, 힘의 평형, 즉 그 점에 대한 영향의 무효화가 존재할 것이다.

(여백 주: 반대로 동등한 힘)

595. 만약 어떤 점에 대한 힘의 영향이, 즉각적이든 전달되는 것이든, 운동을 초래한다면, 모든 힘의 효과는 단 하나뿐이고, 결과적으로 반대로 동등한 한 개의 힘만이 있을 수 있다. 만일 운동이 어떤 점에 대한 모든 힘이 동시 작용한 결과라면, 항상 한 방향으로만 일어날 수 있고, 따라서 항상 그 방향의 단일 힘에 의해 초래되며, 결국 항상 반대로 동등한 힘에 의해 상쇄될 수 있기 때문이다. 첫 번째 힘은 그 수가 얼마이든 원래의 힘과 동등한 것으로 불릴 것이다. 역학을 다루는 학문에서 일반적인 연구

(여백 주: 한 점에 작용하는 힘의 수가 몇 개이든, 항상 동등한 힘이 존재함)

대상은 모든 조건에서 이 동등한 힘을 결정하는 것이고, 그로부터 필요할 때 상응하는 반대로 동등한 힘을 결정하는 것이다.

힘의 전달 원리는 물리적으로 사실임　**596.** 　우리는 물체의 본질적인 구성을 제대로 알지 못하여, 실험과 관찰에 무관하게 어떤 추론으로도 물리적 힘의 영향이 그 물체의 한 점에서 그 작용의 선상에 있는 다른 어떤 점으로 변경되지 않고 전달될 수 있다는 결론을 내릴 수 없었다. 만일 우리가 물체를 고체로, 즉 움직이지 않게 서로 연결되도록 구성된 연속적인 물리적 점으로 가정한다면, 그런 결론이 가능할 것이다. 실험을 적용할 수 있는 한, 그것들을 통해 대략적으로 사실임을 알 수 있을 것이다. 힘의 적용에서든, 힘의 크기의 추정에서든, 그 영향의 크기의 추정에서든, 또는 힘이 가해지거나 힘을 통해 전달되는 물체의 합리적인 구성에서든, 그러한 관찰이나 실험의 결과를 서로 비교하고, 다양한 변동의 원인을 제거하여 발생할 수 있는 효과에 대한 유사성으로부터 추론함으로써, 우리는 그 표현 측면에서 위에서 가정한 수학 원리와 일치하는 물리 원리에 도달한다고 말할 수 있으며, 결과적으로 물리적 힘이 물체에 작용하는 영향에 대한 설명이나 해석에 그것이 주는 수학적 결과를 적용할 수 있다.

도르래 원리　**597.** 　힘의 물리적인 전달을 말할 때, 점에 작용하는 신축적인 현이나 도르래, 또는 다른 표면을 이용하여 힘의 전달을 알아차리지 못하는 것은 부적절할 것이다. 따라서 현 자체의 영향이 무시할 수 있을 만큼 아주 작거나, 두 힘의 영향에 똑같이 기여할 때, 모든 조건에서 그러한 현의 말단에 작용하는 두 개의 동일한 무게나 힘은 서로를 지탱한다는 것을 알 수 있다. 현을 서로 불변하게 연결되어 있는 일련의 물리학적 점들로 구성된다고 간주한다면, 힘은 점에서 점으로 전달되고, 모든 점은 동일하고 반대되는 힘에 의해 작용을 받아, 결과적으로 정지된 것으로 간주될 수 있다. 이 설명에 포함된 물리 원리는 때로 도르래 원리라고 불렸는데, 그 이유는 도르래에 의해 전달되는 힘의 영향을 추정하는 데 매우 즉각적으로 적용을 수용했기 때문이다. 전달되는 힘은, 그것이 무엇이든 현이나 다른 전달 물체의 장력으로 표시되었는데, 이는 연속적인 부분이나 연속적인 점들이 서로 쏠리거나 끌어당기는 힘에 대한 강도의 척도가 될 수 있다. 그러나 수학적으로 말해서, 이 물리 원리는 위에 주어진 일반 원리에 포함되며, 이는 약간의 조정과 함께 같은 유형의 기계적 효과를 설명하는 데 동일하게 적용된다.

598. 한 점에 반대 방향으로 작용하는 동일한 힘은 그 상태가 어떤 것이든, 그 자연적인 존재 상태에 영향을 미치지 않는다는 것을 수학 원리뿐만 아니라 물리 원리로 가정해 왔다. 한 경우에서는 실험과 관찰의 결과로 간주될 수 있고, 다른 경우에는 힘의 표현과 그 전달에 대한 가정된 일반 원리의 필연적인 결과이다. "작용과 반작용은 동일하고 반대 방향이다" 라는 것이 서로 다르지만 동등한 형태로 표현될 때, 그것은 힘이 작용하는 조건이 아무리 달라도, 평형이 발생하는 모든 종류의 기계적 작용을 이해하는 것이다. 같은 점에 작용하는 두 개의 동일하고 반대되는 힘인지, 또는 물체를 통해 그것에 전달되는 힘인지, 그 힘들이 서로 작용을 주는 건지 받는 건지, 또는 하나의 힘이 정지 상태에 있는 물체의 질량에 작용하는 건지, 하나의 힘이 작용하든, 또는 동일하고 반대로 동등한 힘이 작용점에서 즉각적으로 생성되어야 할 때, 그를 통해 작용하게 된 힘의 체계에서든, 마찬가지다. 왜냐하면 어떤 방식으로든 그러한 점이 역학 작용의 대상이고 정지 상태로 유지된다면, 모든 점의 시스템과 연결되기 때문이며, 그것은 동일하고 반대되는 힘의 작용의 결과여야 한다.

작용과 반작용은 동일하고 반대 방향임

599. "직접적이든 전달에 의해서든, 어떤 점에 작용하는 하나의 힘 또는 힘 시스템의 영향은, 영과 동등하거나, 또는 그 자체로 이전의 정지나 운동에 영향을 미치지 않을 그 어떤 다른 힘의 작용에 의해서도 영향을 받지 않는다."

평형의 중첩 원리

이것은 일반적인 수학 원리로 가정되며, 기술적으로 표현하면 평형의 중첩 원리이다.

다른 원리들의 물리적이 아닌 수학적 결과

600. 힘의 수학적 영향을 결정하는 다른 원리와 관련하여 수학적으로 고려한다면, 마치 첫 번째 힘이 가해진 적이 없는 것처럼, 그 힘들이 영과 동등하고, 따라서 그러한 점이 그 점에 미치는 다른 힘들의 영향에 대해 동일한 조건에 있는 어떤 점에 대한 힘의 효과를 우리가 무효로 가정했기 때문에, 그것은 그 필연적인 결과로 간주될 수 있다.

그러나 이 원리를 물리 원리로 보면, 실험이나 관찰과 무관하게, 서로를 지탱하거나 이전의 정지 또는 운동 상태에 영향을 미치지 않는 힘들의 작용을 받는 물체나 물리적 점이, 마치 첫 번째 힘이 가해진 적이 없는 것처럼, 다른 힘들의 작용 효과에 관하여 동일한 물리적 상태에 있을 것이라고, 선험적인 추론으로 결론을 내릴 수 없었다. 따라서 이 원리를 수학적으로나 물리학적으로 사실이라고 가정할 때, 물체에 작용하는 힘의 효과에 대한 다른 모든 물리 원리의 확립에 의존할 필요가 있다고 밝혀진 것과 같이 동일한 종류의 증거에 의지해야 한다.[10]

---

10) 해당 수학 원리를 가정하는 데 지침이 되고, 해석을 통해 그 결과를 실제 기계적 현상과 연결할 수 있게 하는 역학에서 다양한 물리 원리를 확립하는 것은, 모든 경우에 그 궁극적인 분석에서, 실험이나 관찰에 의존하고 있다고 밝혀질 것이다. 우리가 이미 기회가 있었던 언급은, 힘의 전달에 관한 모든 경우에서 그러한 근거가 필요함을 보여줄 것이다. 그러나 결론이 충족이유율의 필연적인 결과처럼 보일 수 있고, 피상적인 조사가 우리로 하여금 추론의 필연적인 결과를 잘못 이해하도록 유도할 수 있는 다른 사례들이 있다. 이런 종류의 역학 명제는, "동일한 점에 반대 방향으로 작용하는 두 동일한 힘은 정지 상태를 유지한다", "서로 동일하고 서로 동일한 각을 만드는 방향으로 한 점에 작용하는 세 개 이상의 힘은 정지 상태를 유지한다", "모든 부분에서 대칭을 이루고 완벽하게 균일한 막대를 중간 지점에 놓으면, 스스로 균형을 이룰 것이다", 그리고 유사한 종류의 다른 명제들이다. 이러한 모든 경우에서 운동이 다른 어떤 것보다 우선하여 한 방향으로 일어나야 하는 이유가 없다. 따라서 그것은 어떤 방향으로도 일어날 수 없다는 결론이 내려진다. 그러나 첫째로, 가설이 수학적이고 물리적인 것이 아니며, 우리가 동일한 점에 대한 다양한 물리적 힘의 작용을 전달과 관계없이 생각할 수 없다는 것을 관찰해야 한다. 둘째로, 충족이유율 자체 또는 물리적 적용에서 유사한 원인들이 유사한 효과를 초래한다는 것이 그 작동에서 관찰된 보편성으로부터 그 권위를 이끌어내야

601. 이제 힘이 표현되고 그 효과가 추정되는 수학 원리들을 조사했 **힘의**
으므로, 직접적이든 전달에 의해서든 같은 점에 작용하는 두 개 이상의 힘 **평행사변형**
에 대한 대수적 합이

모든 경우에서 등가
물이나 결과물을 나
타낸다는 것임을 밝
혀야 한다.

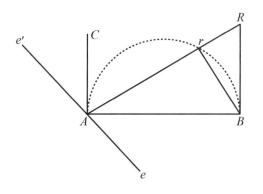

두 개의 주어진 힘 **서로 직각인**
AB (a)와 AC (b)가 **두 힘**
점 A에서 직접적이

든 전달에 의해서든, 서로 직각으로 작용한다고 가정하고, 그 영향을 두 경
우 모두 동일하다고 가정해 보자. 또한 그들의 등가물 또는 결과물 AR (R)
의 크기와 방향을 결정한다고 하자.

힘 a와 b를 두 쌍의 힘 r과 e 및 r'과 e'의 각각 등가물로 간주할 수 있다.
여기서 r과 r'은 같은 방향 AR에서 작용하고, e와 e'은 반대 방향 Ae와 Ae'
에서 AR과 직각으로 작용한다. 그리고 그러한 조건에서는 AR이나 R을
두 힘 a와 b와 동등한 것으로 간주하든, 네 힘 r, r', e, e'과 동등한 것으로
간주하든 상관이 없을 것이다. 그러나 두 힘 r과 r'은 같은 방향 AR에서
작용하며, 따라서 그 방향에서 하나의 힘 $r + r'$과 동등하다. 힘 e와 e'이
반대 방향 Ae와 Ae'에서 작용하므로, 이들은 하나의 힘 $e - e'$과 동등하며,
그중 더 큰 쪽의 방향으로 작용한다. 하지만 결과물 a, b, R은 성분 힘의
쌍인 r과 e, e'과 r', a와 b에 관해서 유사하게 놓여지기 때문에 (또는 동
일한 각도를 만든다), 따라서 각 결과물은 그 해당 성분 힘들에 비례하게

한다는 것이다.

된다.[11] 결과적으로 다음을 얻는다.

$$e : a :: b : R, \quad \text{따라서} \quad e = \frac{ab}{R},$$

$$e' : b :: a : R, \quad \text{따라서} \quad e' = \frac{ab}{R},$$

$$a : r :: R : a, \quad \text{따라서} \quad r = \frac{a^2}{R},$$

$$b : r' :: R : b, \quad \text{따라서} \quad r' = \frac{b^2}{R}$$

그러므로 $e = e'$이 되고, 결과적으로 네 힘 r, r', e, e'의 등가물은 r

결정된 과 r'의 것과 동일하며, 이는 AR 또는 R과 동일하고 일치한다. 그러므로

결과물의 크기 다음을 얻는다.

$$R = r + r' = \frac{a^2}{R} + \frac{b^2}{R}, \quad \text{즉}, \quad R^2 = a^2 + b^2$$

결과물 R의 크기를 결정했으므로, 위치를 결정하는 일이 남아 있다.

결정된 a의 성분 힘인 r과 e가 서로 직각이기 때문에, 앞선 조사로부터, 다음이

결과물의 위치 성립한다.

$$r^2 + e^2 = a^2$$

결과적으로 r과 e, 또는 각각 그것과 동일한 선들이 a에, 즉 a와 동일한 선에 그려진 직각 삼각형을 만들 수 있다. 그러한 삼각형 ArB를 AB에 형성하도록 하면, 그 하위의 성분 힘 r은 결과물 AR 또는 R과 일치하기 때문에, 이 삼각형의 변 $AR = r$은 이 결과물과 일치하며, 따라서 그 결과물의 위치를 결정한다.

---

11) 이 결론은 수학적 또는 물리적 의미에서 보더라도, 충족이유율의 필연적인 결과로 간주될 수 있다. 첫째, 성분 힘이 크기와 위치로 주어졌을 때, 하나의 결과는 동일한 원인에 의해서만 발생할 수 있기 때문에, 결과물은 마찬가지로 크기와 위치로 결정될 수 있어야 한다. 둘째, 하나의 결과물이 그 성분 힘과 관련하여 크기와 위치로 주어진다면, 성분 힘은 동일한 이유로 결정될 수 있어야 한다. 마지막으로, 주어진 위치에서 결과물의 비율을 두 배로 하거나 증가시킬 경우, 동일한 비율로 성분 힘들을 두 배로 하거나 증가시켜야 한다. 동일한 조건에서 결과는 원인(들)에 따라 변화하고 그 역도 마찬가지이기 때문이다.

또한 $R^2 = a^2 + b^2$이고, 그리고 $AR = R$, $AB = a$ 이므로, BR은 AB에 직각이고, b와 동일하다. $r = \frac{a^2}{R}$이므로, 다음이 성립한다.

$$AR : AB :: AB : Ar$$

또는 두 삼각형 ABR과 ABr의 공통 각 A에 대한 변은 비례하게 된다. 그러므로 각 ABR은 ArB와 동일하며, 따라서 직각과 동일하여, 결과적으로, $AB^2 + BR^2 = AR^2$, 따라서 $BR^2 = R^2 - a^2 = b^2$, 그리고 결정되어야 하는 $BR = b$이다.

따라서 서로 직각에 있는 두 힘이 직각 삼각형의 두 변, 또는 직사각형의 인접한 두 변에 의해 크기와 방향으로 표현되는 경우, 그 결과물의 크기와 방향은 직각 삼각형의 빗변 또는 직사각형의 대각선으로 표현될 것이다. 이는 기하학 또는 기하 대수학의 영역에서, 어떤 점에 어떤 방식으로든 작용하는 여러 힘의 등가물을 추정할 수 있도록 하는 가장 중요한 명제이다.

602. 따라서 a와 $b\sqrt{-1}$이 두 힘의 크기와 좌표를 나타내는 경우, 이들의 합 $a + b\sqrt{-1}$은 또한 등가물의 크기와 방향을 나타낼 것이다. 유사한 방식으로 a와 $-b\sqrt{-1}$로 (전자와 관련하여) 표시되는 두 힘은 그 등가물에 대해 다음과 같이 표시된다.

$$a - b\sqrt{-1}$$

서로 임의의 각을 이루는 두 동일한 힘의 결과물은 그들의 합임

이는 $a + b\sqrt{-1}$로 표시되는 선과 동일한 선을 나타내지만 원래의 선, 즉 a의 맞은편에 동일한 각을 만든다. 이들의 등가물 또는 합은 $2a$로, 그들을 포함하여 구성된 평행사변형의 대각선이 된다. 이들의 차 $2b\sqrt{-1}$은 이 평행사변형의 다른 대각선으로, 그것은 다음과 같이 표현되는 두 힘의 등가물 또는 합이다.

$$a + b\sqrt{-1}, \quad \text{그리고} \quad -(a - b\sqrt{-1})$$

그 마지막은 동일하고 반대인 $a - b\sqrt{-1}$이다.

한 점에
작용하는 두
개 또는 모든
수의 힘의
결과물은
그들의 합임

평형의 방정식

603. 보다 일반적으로, 어떤 점에서 어떤 방식으로 어떻게 작용하든 두 힘의 등가물은 그들의 대수적 합이며, 따라서 그것들을 양과 방향으로 나타내는 선에 구성된 평행사변형의 대각선으로 크기와 방향이 표현된다. 이 결론은 하나의 힘을 그 성분 힘인 a와 $b\sqrt{-1}$로, 또는 그 위에 구성된 직각 삼각형의 변 a와 b로 분해한 필연적 결과로서, (조항 512)의 해당 명제와 동일한 방법으로 정밀하게 추론된다. 유사한 방법으로 우리는 평형 방정식(들)이 (조항 571)에서 고려한 도형의 방정식(들)과 일치하는 것으로 밝혀질 때, 동일한 점에 작용하는 임의 개 힘의 등가물을 결정하고 나타낼 수 있다. 다시 말해, 평형 상태에 있는 어떤 점에 작용하는 힘은, 순서대로 취할 때, 그 크기를 나타내고 그 방향과 평행을 이루는 완전한 도형의 변으로 나타낼 수 있다. 그러한 힘이 평형 상태에 있지 않은 다른 모든 경우에, 그들의 반대로 동등한 힘은 다른 것과 같은 순서로 취할 때, 도형을 완성하는 데 필요한 변이 될 것이다.

604. 우리가 위에서 제시한 힘과 그 영향에 대한 이론의 관점에서, 우리는 어떤 점에 즉시 작용하는 힘의 경우와 전달에 의해 작용하는 힘의 경우를 구별하지 않았다. 그러나 이 이론을 기계에 미치는 힘 작용의 영향과 기타의 해석을 통하여 설명에 적용하는 데 있어서, 비록 그것들이 가설에 의해 동일한 일반적인 수학적 조건으로 환원될 수 있다 해도, 우리는 힘을 전달하는 물리적인 매체에 의해 서로 구별되는 수많은 사례들을 만날 것이다. 다시 말해서 그 사례들이 제시하는 구별은 수학적으로 추정할 수 없을 것이다. 그러나 평행하는 힘들의 작용이 고려되고, 수학적 조건에서 다른 것과 본질적으로 다른 경우가 하나 있는데, 계속 검토할 것이다.

605. Aa (a)와 Bb (b)가 서로 평행한 방향에서 물체에 작용하는 두 힘의 크기를 나타낸다 하자. 그 영향은 그들이 작용하는 방향에서 어떤 점

에서도 같을 것이기 때문에, 우리는 그 둘에 수직인 선에 있는 A와 B를 그
들의 작용점으로 가정한다. 물체에 대한 그들의 영향은 (서로 불변하게 연
결되어 있고, 따라서 적절한 방
향으로 변경되지 않은 힘을 전달
할 수 있는 수학적 점의 시스템
으로 간주됨) AB와 BA 방향에
서 점 A와 B에 가해지는 두 동
일한 힘 β와 $-\beta$를 가정해도 영
향을 받지 않을 것이다. 또는 다
시 말하면, 네 힘 a, b, β, $-\beta$의
결과물은 a와 b의 결과물과 같을
것이다. 그러나 두 힘 a와 $\beta\sqrt{-1}$

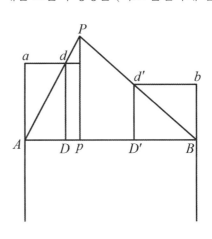

은 하나의 힘 $a + \beta\sqrt{-1}$, 즉 다음이 성립할 때 직사각형의 대각선인 Ad로
치환될 수 있다.

$$Aa = a \quad \text{그리고} \quad AD = \beta$$

비슷한 방법으로, 두 힘 b와 $-\beta\sqrt{-1}$은 하나의 힘 $b - \beta\sqrt{-1}$, 즉 다음이
성립할 때 평행사변형 $Bbd'D'$의 대각선인 Bd'으로 치환될 수 있다.

$$Bb = b \quad \text{그리고} \quad BD' = \beta$$

네 힘 a, β, b, $-\beta$ 또는 두 힘 a와 b로 치환된 두 힘 Ad와 Bd'은 더 이상
서로 평행하지 않지만, 공통의 점 P를 갖는다. 그러므로 그들은 그들의 합,
즉 다음과 같은 하나의 결과물을 갖는다.

$$(a + \beta\sqrt{-1}) + (b - \beta\sqrt{-1}) \quad \text{또는} \quad a + b$$

이는 그 힘이 동일한 방향으로 작용하는 경우 단일 힘들의 산술적 합이고,
반대 방향으로 작용하는 경우엔 산술적 차가 된다.

　　606. 다시 두 점 A와 B의 거리 AB를 d로 나타내고, P의 좌표를 x와 y로 하면(A를 좌표의 원점으로, AB를 축으로 간주한다), 다음을 얻는다.

(A가 각 BAP일 때)

$$AP = x + y\sqrt{-1} = \sqrt{(x^2 + y^2)}(\cos A + \sqrt{-1}\sin A),$$

(B가 각 ABP일 때)

$$BP = -(d - x) + y\sqrt{-1} = \sqrt{\{(d - x)^2 + y^2\}}(-\cos B + \sqrt{-1}\sin B)$$

　결과적으로 $\cos A$를 $\dfrac{\beta}{\sqrt{(a^2 + \beta^2)}}$로 치환하면 다음이 성립한다.

$$x = \sqrt{(x^2 + y^2)}\cos A = \sqrt{(x^2 + y^2)}\frac{\beta}{\sqrt{(a^2 + \beta^2)}}$$

그러므로 다음을 얻는다.

$$x^2 - \frac{\beta^2 x^2}{a^2 + \beta^2} = \frac{\beta^2 y^2}{a^2 + \beta^2},$$

$$\text{즉}\quad a^2 x^2 = \beta^2 y^2, \quad \text{즉}\quad as = \beta y$$

비슷한 방법으로 다음이 성립한다.

$$d - x = \sqrt{\{(d - x)^2 + y^2\}}\frac{\beta}{\sqrt{(a^2 + \beta^2)}}$$

그러므로 다음이 성립한다.

$$b(d - x) = \beta y$$

결과적으로 다음을 얻는다.

$$ax = b(d - x),$$

$$\text{즉}\quad (a + b)x = bd \quad \text{그리고}\quad x = \frac{bd}{a + b}$$

그러므로 β의 값이 무엇이든 x는 항상 동일한 크기이고, 결과적으로 점 P

는 항상 Aa와 Bb에 평행하고 동일한 직선에 있을 것이다. 마찬가지로,

$$\frac{x}{d-x} = \frac{b}{a}$$

이므로, 반대로 동등한 힘이 똑같이 가해질 수 있는 임의의 점 P가 위치하는 선이 힘 자체의 역비로 거리 AB를 나눌 것이다.

607. 반대로 동등한 힘의 작용점의 위치가 되는 선의 거리에 대한 수 식 $x = \frac{bd}{a+b}$는 a와 b가 서로 동일하고 반대 부호에 있는 경우 무한을 나타낼 것이다. 그러한 경우, 공통의 점을 갖는 힘들의 동등한 계가 없기 때문에, 단일의 동등한 힘이 없다. 이러한 조건에서 다음이 성립한다. 또는 선 Ad 와 Bd'은 β의 값이 무엇이든 간에 서로 평행을 유지한다.

동일하고 반대 방향에 평행인 힘은 하나의 동등한 힘이 존재하지 않음

$$\cos A = \frac{\beta}{\sqrt{(a^2+\beta^2)}}, \quad \text{그리고} \quad \cos B = \frac{-\beta}{\sqrt{(a^2+\beta^2)}} = \cos(\pi - A)$$

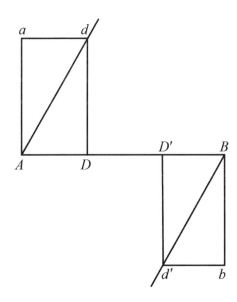

608. 그러나 어떤 하나의 반대로 동등한 힘이 없는 경우, 점의 체계에서 평형을 만들어내고, 따라서 그러한 경우에 적합한 반대로 동등한 계로 간주될 수 있는, 유사한 힘의 쌍이나 짝이 무한히 존재한다. 따라서 Aa와 Cc가 점 A와 C에서 작용하는 그러한 힘의 짝을 나타내고, Bb와 Dd가 전자와 동일하고, 반대 위치에서 서로로부터 동일한 거리 BD에 작용하는 힘의 짝을 나타낸다고 하면, 그것들과 평행하고, 그 작용점이 p에

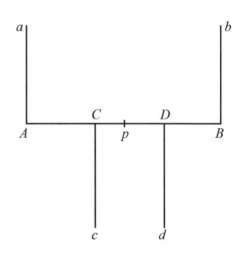

서 AB를 이등분하는 Aa와 Bb의 합과 동일한 하나의 동등한 힘이 있다. 또한 Cc와 Dd와 평행하며, 그 합과 같고, 작용점이 p에서 마찬가지로 AB의 중점이 되는 CD를 이등분하는 위치에 역시 하나의 동등한 힘이 있다. 그러므로 이 두 동등한 힘은 서로 같고, 반대 방향에서 같은 선에 작용한다. 따라서 평형 상태에 있다.

609. 정적인 평형의 첫 번째 원리와 기본 명제에 대한 앞서의 연구는 크기와 위치에서 직선의 대수적 표현 이론과 매우 밀접하게 연결되어 있으며, 그 적용에 대해 매우 유익한 설명을 제공하기 때문에, 이 책의 주요 목적엔 이질적이긴 하지만, 우리는 그것을 소개하려고 노력했다. 평형 조건을 결정할 목적으로, 연결된 점의 모든 시스템에 대한 임의 개 힘의 영향을 추정하고, 또한 그들이 어떤 점이나 물체에서 운동을 초래할 때 모든 조건에서 그 영향을 추정하는 데 유사한 적용을 하는 것은 그리 어렵지

않을 것이다. 그러나 동역학의 수학적 및 물리적 첫 번째 원리에 필요한 서론적인 조사와 함께, 서로 연결을 설정할 목적으로, 그러한 적용의 가장 첫 번째 요소들은, 이 작업의 한계와 일치하지 않는 세부 사항으로 이어질 것이다. 그러므로 우리는 그것들을 생략할 수밖에 없다고 생각한다.

610. 평면 표면을 지정하는(조항 449, 450) 기호나 기호 조합에 붙여졌을 때, 다음과 같은 연속적인 부호의 해석에 대해 앞에서 검토하였다.

$$+1, \quad +\sqrt{-1}, \quad -1, \quad -\sqrt{-1}$$

이제 다음과 같은 보다 일반적인 부호의 유사한 적용에 대한 해석을 고려하는 일이 남았다.

$$\cos\theta + \sqrt{-1}\sin\theta$$

평면 표면을 지정하는 기호에 적용된 $\cos\theta + \sqrt{-1}\sin\theta$ 부호의 의미

AX를 원래의 축으로, AY를 AX에 직각인 축으로, AZ를 AX와 AY에 직각인, 따라서 그들을 통과하는 평면에 직각인 제3의 축으로 가정하자.

평면 표면이 직사각형일 때

따라서 우리는 서로 직각인 3개의 좌표 축 AX, AY, AZ와, 역시 서로 직각에 있는 그 축의 다양한 쌍 AX와 AY, AX와 AZ, AY와 AZ를 각각 통과하는 3개의 좌표 평면을 구성한다. AX와 AZ 평면에 있는 선 AB가 점 A를 중심으로, 따라서 축 AY를 중심으로 서로 다른 위치로 이동한다고 가정해 보자. 임의로 할당된 위

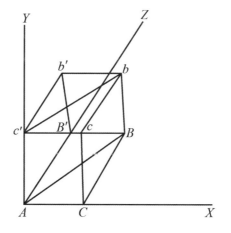

치에서 AB가 AX와 함께 만드는 각을 θ라 한다면, 선 AB는 (a와 산술적으로 동일하다면) 대수적으로 다음과 같이 표현될 것이다.

$$a(\cos\theta + \sqrt{-1}\sin\theta)$$

나아가 AY를 중심으로 하는 이동에서 선 AB가, AB와 Ac' (b) 또는 AB와 Bb로 둘러싸인 직사각형 평면 $ABbc'$으로 이어진다고 가정하면, 산술적으로 ab로 표현되는 평면은 대수적으로 아래와 같이 표현될 것이다.

$$ab(\cos\theta + \sqrt{-1}\sin\theta)$$

ab를 아래의 식과 함께 연속적으로 가상하는 것에 상응하는 연속적인 위치는 선 AB의 연속적인 해당 위치와 일치할 것이다.

$$\cos\theta + \sqrt{-1}\sin\theta$$

선의 다양한 위치의 표현에 대하여 (조항 459, 460)과 그 외에서 행한 관찰은 지금 고려하고 있는 경우로 아무런 변경 없이 이전될 수 있다.

평면 표면이 직사각형이 아닐 때 **611.** 평면 표면이 직사각형이 아니고, 그 넓이가 산술적으로 ab, 또는 a^2과 같고, 바로 위 조항에서 나타내는 직사각형과 일치하며, 직선이든 아니든 다른 도형으로 경계를 이루는 경우, 그것은

$$a^2(\cos\theta + \sqrt{-1}\sin\theta)$$

에 의해 위치와 크기로 똑같이 표현될 것이다. 그리고

$$\cos\theta + \sqrt{-1}\sin\theta$$

에 의한 a^2의 다양한 가상에 상응하는 연속적인 위치는 a^2이 산술적으로 나타낼 수 있는 넓이의 형태와 완전히 독립적일 것이다.

일차적 및 보완적 사영 **612.** 축 AX와 AZ, 또는 AC와 AB'에 있는 선 AB의 사영은 각각 $a\cos\theta$와 $a\sin\theta$와 동일하다. 좌표 평면 XAY와 ZAY에 있는 직사각형

$ABbc'$의 해당 사영 $ACcc'$과 $AB'b'c'$은 각각 $ab\cos\theta$와 $ab\sin\theta$와 동일하다. 만일 선 AB의 사영이 a와 β로 표시되는 경우, 선 자체는 다음과 같이 표현될 것이다.

$$a + \beta\sqrt{-1}$$

그리고 해당 직사각형은 다음과 같이 나타낼 수 있다.

$$ab + \beta b\sqrt{-1}$$

따라서 우리가 a 및 β를 선의 일차적 및 보완적 사영이라 부른다면, ab과 **기준 평면** βb, 또는 $ab\cos\theta$와 $ab\sin\theta$는 마찬가지로 평면 표면의 일차적 및 보완적 사영이라고 부를 수 있으며, 이는 산술적으로 ab과 동일하고, 기준 평면 XAY와 θ의 각을 이룬다.

613. 따라서 고려한 조건에서 직사각형 평면 넓이의 표현은 법이라고 **평면 표면의** 부를 수 있는 선의 표현에 의존하는데, 이는 그것과 같은 평면에 있고, 기 **법** 준 평면과의 교차점에 수직이다. 만약 법의 위치와 크기가 그것의 대수적 표현으로부터 유추된다면, 같은 대수적 표현이 서로 동일하고 평행한 모든 법에 똑같이 대응할 것이라는 게 분명하다. 따라서 그러한 법들에 해당하는 모든 동일한 평면 표면, 다시 말해서, 서로 평행한 모든 동일한 평면 표면이 같은 대수적 표현을 가질 것이다. 이러한 이유로 우리는 평행한 모든 평면 에 대해 좌표의 원점을 통과하는 동일한 법에 관심을 국한해야 한다. 다른 자료와 관계없이, 법의 길이와 해당 평면 표면의 넓이 사이에 필요한 연결 이 없기 때문에, 다음에 이어지는 조사에서 법의 크기가 아니라 그 위치만 고려할 것이다.

614. (조항 610)의 그림에서 ZAX인 기준 평면에 수직인 법을 통과하 **상대적 평면** 는 평면을 상대적 평면이라고 부른다면, 이 평면을, 그 법과 그에 해당하는

평면 표면과 함께 AZ를 축으로 하여 우리 앞의 그림에서 ZAC와 같은 다른 위치로 이동하여, 그 원래의 위치와 각, 즉 XAC를 만드는 것으로 생각할 수 있다. 그러한 조건에서 기준 평면 XAY에 대해 주어진 평면 표면의 경사도를 측정하는 각 $BAC(\theta)$는 변경되지 않은 상

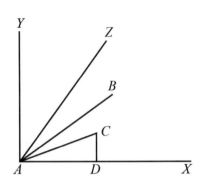

태로 유지된다. 만약 a^2이 적절한 평면에서 이 넓이를 나타낸다면, 그 표면은 기준 평면에 대하여 크기와 또한 위치에서 계속 다음과 같이 표시된다.

$$a^2(\cos\theta + \sqrt{-1}\sin\theta)$$

좌표 평면에 대한 평면 표면의 사영 **615.** 아래와 같은 보완적 사영은 (기준 평면에 대한 그 위치를 고려하는 경우) 좌표 평면 ZAX와 $\frac{\pi}{2} + \phi$와 동일한 각을 만든다.

$$a^2\sin\theta \quad \text{또는} \quad a^2\sin\theta\sqrt{-1}$$

왜냐하면 이것은 AX와 함께, 보완적 사영의 자취에 의해 또는 기준 평면과의 단면에 의해 만들어진 각인데, 마찬가지로 한 평면이 다른 평면과 만드는 각의 측정 값이다. 따라서 좌표 평면 ZAX와 ZAY에 대한 $a^2\sin\theta$의 일차적 및 보완적 사영은 다음과 같다.

$$-a^2\sin\theta\sin\phi \quad \text{그리고} \quad a^2\sin\theta\sin\phi$$

이는 마찬가지로 같은 좌표 평면에 대한 주어진 평면의 사영과 동일하다.

만약 θ'과 θ''이 ZAX와 ZAY 평면에 대한 주어진 평면의 경사각을 나타내는 것으로 가정하면, 그 평면들에 대한 사영은 다음과 같다.

$$a^2\cos\theta' \quad \text{그리고} \quad a^2\cos\theta''$$

그러므로 다음을 얻는다.

$$a^2 \cos \theta' = -a^2 \sin \theta \sin \phi$$

$$\text{그리고} \quad a^2 \cos \theta'' = a^2 \sin \theta \sin \phi$$

616. 좌표 평면에 있는 여러 사영의 제곱을 더하면, 다음을 얻는다. **사영의 방정식**

$$a^4(\cos^2 \theta + \cos^2 \theta' + \cos^2 \theta'')$$

$$= a^4 \cos^2 \theta + a^4 \sin^2 \theta \sin^2 \phi + a^4 \sin^2 \theta \cos^2 \phi$$

$$= a^4 \{\cos^2 \theta + \sin^2 \theta (\sin^2 \phi + \cos^2 \phi)\}$$

$$= a^4 (\cos^2 \theta + \sin^2 \theta) = a^4$$

즉, 여러 사영의 제곱의 합은 평면 넓이의 제곱과 동일하다.

617. 따라서 기준 평면에 대한 경사도와 상대 평면의 위치가 주어지 **평면의 위치를** 면, 평면 표면의 위치가 주어질 것이다. 또는 기준 평면에 대한 경사도와 **결정하는 조건** 같은 평면에 그 자취의 위치가 주어지는 경우, 또는 임의의 두 좌표 평면의 경사도가 주어지는 경우다. 왜냐하면

$$\cos^2 \theta + \cos^2 \theta' + \cos^2 \theta'' = 1$$

이 성립하고, 그러므로 수량 θ, θ', θ'' 중 임의의 두 개는 세 번째 양을 결정하기 때문이다. 두 개의 양이 주어지면, θ와 ϕ는 (조항 615)에 있는 방정식으로부터 결정할 수 있다.

618. 평면은 아래 두 독립적인 수식에 의해 크기와 위치를 완전히 **위치와 크기로** 표현될 것이다. **평면 표면을**

나타내는 여러

$$a^2 \cos \theta + a^2 \sqrt{-1} \sin \theta \tag{12.40}$$ **대수적 방식**

$$\text{그리고} \quad -a^2 \sin \theta \sin \phi + \sqrt{-1} a^2 \sin \theta \cos \phi \tag{12.41}$$

여기서 $a^2 \cos\theta$는 평면의 일차적 사영을, $a^2\sqrt{-1}\sin\theta$는 보완적 사영을 나타내며, 유사한 방식으로 두 번째 수식 (12.41)은 상대 평면과 각 ϕ를 이루는 좌표 평면을 참조하는 보완적 사영을 나타낸다.

비슷한 방법으로, $-t\sin\phi + \sqrt{-1}t\cos\phi$가 기준 평면에 평면 표면의 자취의 위치와 크기를, θ가 그 평면에 대한 경사도를 나타내고, $at = a^2$이면, 평면 표면의 위치와 크기는 아래와 같이 표현된다.

$$a^2\cos\theta + a^2\sqrt{-1}\sin\theta \tag{12.40}$$

$$\text{그리고} \quad -at\sin\theta\sin\phi + \sqrt{-1}at\sin\theta\cos\phi \tag{12.42}$$

사영을 통해 크기와 위치에서 대수적으로 나타내는 평면 **619.** 만일 α, β, γ가 세 개의 좌표 평면에 대한 평면 표면(a^2)의 사영을 나타낸다면, 다음을 얻는다.

$$\alpha^2 + \beta^2 + \gamma^2 = a^4,$$

$$\cos\theta = \frac{\alpha}{\sqrt{(\alpha^2 + \beta^2 + \gamma^2)}} = \frac{\alpha}{a^2},$$

$$\cos\theta' = \frac{\beta}{\sqrt{(\alpha^2 + \beta^2 + \gamma^2)}} = \frac{\beta}{a^2},$$

$$\cos\theta'' = \frac{\gamma}{\sqrt{(\alpha^2 + \beta^2 + \gamma^2)}} = \frac{\gamma}{a^2},$$

$$\cos\phi = \frac{\cos\theta''}{\sin\theta} = \frac{\gamma}{\sqrt{(\beta^2 + \gamma^2)}},$$

$$\sin\phi = -\frac{\cos\theta'}{\sin\theta} = \frac{-\beta}{\sqrt{(\beta^2 + \gamma^2)}}.$$

이러한 조건에서 해당 평면은 위치와 크기가 다음과 같이 표현된다.

$$\alpha + \sqrt{-1}\sqrt{(\beta^2 + \gamma^2)}, \quad \text{그리고} \quad -\beta + \sqrt{-1}\gamma$$

또는 다음과 같이 표현된다.

$$\sqrt{(\alpha^2 + \beta^2 + \gamma^2)}\left\{ \frac{\alpha}{\sqrt{(\alpha^2 + \beta^2 + \gamma^2)}} + \sqrt{-1}\frac{\sqrt{(\beta^2 + \gamma^2)}}{\sqrt{(\alpha^2 + \beta^2 + \gamma^2)}} \right\},$$

$$\sqrt{(\alpha^2 + \beta^2 + \gamma^2)} \left\{ \frac{-\beta}{\sqrt{(\alpha^2 + \beta^2 + \gamma^2)}} + \sqrt{-1} \frac{\gamma}{\sqrt{(\alpha^2 + \beta^2 + \gamma^2)}} \right\}$$

620. 앞의 공식을 예시하기 위해서, 그것들을 이용하여 정사면체의 면을 나타내야 한다고 하자.

정사면체 면의 대수적 표현

이 목적을 위해, 우리는 사면체의 밑면을 기준 평면으로, 한 모서리 t가 주축과 일치하는 것으로 가정하고 시작한다. 그러한 조건에서 세 경사면의 자취는 t에 의해 다음과 같이 표현된다.

$$t, \quad t\left(\cos\frac{2\pi}{3} + \sqrt{-1}\sin\frac{2\pi}{3}\right), \quad \text{그리고} \quad t\left(\cos\frac{2\pi}{3} - \sqrt{-1}\sin\frac{2\pi}{3}\right)$$

각 표면의 넓이가 $a^2 = at$이면, 그 자취들에 해당하는 평면은 다음과 같이 표현된다.

$$\left(\cos\frac{2\pi}{3} = -\frac{1}{2}, \quad \text{그리고} \quad \sin\frac{2\pi}{3} = \frac{\sqrt{3}}{2} \quad \text{이므로}\right)$$

$$at\cos\theta + \sqrt{-1}at\sin\theta, \quad \text{그리고} \quad -at\sin\theta \tag{12.43}$$

$$at\cos\theta + \sqrt{-1}at\sin\theta, \quad \text{그리고} \quad at\sin\theta\left(\frac{1}{2} + \sqrt{-1}\frac{\sqrt{3}}{2}\right) \tag{12.44}$$

$$at\cos\theta + \sqrt{-1}at\sin\theta, \quad \text{그리고} \quad at\sin\theta\left(\frac{1}{2} - \sqrt{-1}\frac{\sqrt{3}}{2}\right) \tag{12.45}$$

세 개의 일차적 사영의 합은 다음과 같다.

일차적 사영의 산술 합

$$3at\cos\theta = at$$

그러므로 다음을 얻는다.

$$\cos\theta = \frac{1}{3}, \quad \text{그리고} \quad \theta = 70.32°$$

이는 서로에 대한 표면의 경사각이다.

기준 평면에 직각으로 있는 두 개의 좌표 평면 각각에 대한 사영의 합은 0과 같을 것이다.

좌표 평면에 대한 사영의 대수적 합은 각각 0임

621. 우리는 경사면의 일차적 사영이 같은 대수 부호를 갖는 것으로 간주했으며, 이는 기준 평면에 관해서만 고려되는 평면에 대한 표현에서 파생될 때 일어나야 하는 조건이다. 그러나 우리가 그러한 일차적 사영의 위치를 경사면의 자취에 관해서 고려할 경우, 그들은 각각 다음과 같이 표현될 것이다.

$$at\cos\theta, \quad at\cos\theta\left(\cos\frac{2\pi}{3} + \sqrt{-1}\sin\frac{2\pi}{3}\right),$$

$$\text{그리고} \quad at\cos\theta\left(\cos\frac{2\pi}{3} - \sqrt{-1}\sin\frac{2\pi}{3}\right)$$

여기서 그들의 합은 0과 동일하고, 다른 좌표 평면에 대한 사영의 합과 똑같다.

정평행육면체의 면들에 대한 대수적 표현

622. 다시, 유사한 방법으로, 정평행육면체°)의 여러 면들에 대한 표현이 요구되었다고 하자.

t, t', t''은 입체의 인접한 세 모서리를 나타내며, t와 t'이 기준 평면을 이루고, t는 주축과 일치한다고 하자. A, A', A''은 t와 t', t와 t'', t'과 t''에 의해 만들어진 각이라 하고, θ와 θ'을[12] 기준 평면에 대한 입체의 인접한 두 경사면의 각이라고 하자. 따라서 경사면의 자취는 각각 다음과 같이 표현된다.

$$t, \quad t'(-\cos A + \sqrt{-1}\sin A), \quad -t, \quad \text{그리고} \quad t'(\cos A - \sqrt{-1}\sin A)$$

---

12) 맞은편의 평면이 평행하므로, 그중 한 평면의 어떤 점으로부터 다른 평면에 대한 수직선은 그 평면에서도 수직이다. 결과적으로 $t''\sin A'\sin\theta = t''\sin A''\sin\theta'$이므로, A', A'', θ, θ' 중 세 개의 양은 네 번째 양을 결정한다.

o) 여섯 개의 면이 모두 합동인 평행사변형으로 이루어진 평행육면체

492

해당 평면은 다음과 같이 표현된다.

$$tt'' \sin A'(\cos\theta + \sqrt{-1}\sin\theta), \quad \text{그리고} \quad tt' \sin A' \sin\theta \qquad (12.46)$$
$$tt'' \sin A''(\cos\theta' + \sqrt{-1}\sin\theta'),$$
$$\text{그리고} \quad tt'' \sin A'' \sin\theta'(-\cos A + \sqrt{-1}\sin A) \qquad (12.47)$$
$$-tt'' \sin A'(\cos\theta + \sqrt{-1}\sin\theta), \quad \text{그리고} \quad -tt' \sin A' \sin\theta \qquad (12.48)$$
$$t't'' \sin A''(\cos\theta' + \sqrt{-1}\sin\theta'),$$
$$\text{그리고} \quad t't'' \sin A'' \sin\theta'(\cos A - \sqrt{-1}\sin A) \qquad (12.49)$$

그 입체의 나머지 면은 밑면과 평행하며 동일하므로, $tt' \sin A$로 표현된다. 그러나 만일 그것이 적절한 대수 부호에 관하여, 한 경우에서 t의 부호로, 다른 경우에는 $-t$의 부호로 결정되는 것으로 간주된다면, 밑면이 $tt' \sin A$일 때, $-tt' \sin A$로 표시됨을 알 수 있을 것이고, 그 역도 마찬가지다.

만일 일차적 사영이 그 적절한 평면에서 크기뿐만 아니라 위치로도 표현되어야 한다면, 그들의 대수적 합은 아래와 같이 될 것이다.

$$tt'' \sin A' \cos\theta + t't'' \sin A'' \cos\theta'(-\cos A + \sqrt{-1}\sin A)$$
$$-tt'' \sin A \cos\theta + t't'' \sin A'' \cos\theta'(\cos A - \sqrt{-1}\sin A) = 0$$

이는 다른 두 좌표 평면에서 사영의 합과 똑같이 0과 동일하다.

623. 방금 주어진 것을 특정한 경우로 간주할 수 있는 일반적인 결론은 다음과 같다.

"부호가 그 모서리의 자취 부호로 결정되는 좌표 평면에서 평면 표면으로 경계를 이룬 입체의 사영의 대수적 합은 0과 동일하다."

입체의 일반적 특성에서 발생하는 방정식은 경계 평면 도형의 방정식에

입체 도형에 관한 일반 이론의 설명

해당한다. 특히 그것들을 결정하거나 서로에 대한 입체의 닮음을 결정하는 조건과 관련하여, 입체와 평면 도형 사이에 다른 대수적 특성에 대한 비슷한 유추를 추적할 수 있을 것이다. 그러나 그러한 조사가 반드시 이르게 할 엄청난 범위로 인해, 우리는 그것들을 생략할 수밖에 없다.

$(a+b\sqrt{-1})^{\frac{1}{n}}$ 과 $(a-b\sqrt{-1})^{\frac{1}{n}}$ 에 대한 n개 값의 결정

624. (조항 495)와 그 바로 뒤에 있는 조항에서 $\frac{(1)^1}{n}$에 대해 n개의 값을 결정하였는데, 이는 a의 해당 산술 근을 할당할 수 있는 경우, 마찬가지로 $\frac{(a)^1}{n}$에 대해 n개의 값을 결정하는 것으로 이어졌다. 이와 유사한 방법으로 우리는 $(a+b\sqrt{-1})^{\frac{1}{n}}$ 또는 $(a-b\sqrt{-1})^{\frac{1}{n}}$에 n개의 값을 결정할 수 있을 것이다. 왜 그런지 살펴보자. 만일 ρ가 $(a^2+b^2)^{\frac{1}{2n}}$의 산술 값이라면, 그리고 아래의 식이 성립한다면

$$\cos\theta = \frac{a}{\sqrt{(a^2+b^2)}}$$

다음이 성립하기 때문이다.

$$(a+b\sqrt{-1})^{\frac{1}{n}} = (a^2+b^2)^{\frac{1}{2n}}\left\{\frac{a}{\sqrt{(a^2+b^2)}} + \frac{b\sqrt{-1}}{\sqrt{(a^2+b^2)}}\right\}^{\frac{1}{n}}$$
$$= \rho(1)^{\frac{1}{n}}(\cos\theta + \sqrt{-1}\sin\theta)^{\frac{1}{n}}$$

그런데 γ와 γ'이 수열 0, 1, 2, 3, ...의 임의의 항들일 때 다음이 성립한다.

$$(1)^{\frac{1}{n}} = \cos\frac{2\gamma\pi}{n} + \sqrt{-1}\sin\frac{2\gamma\pi}{n},$$

그리고 $(\cos\theta + \sqrt{-1}\sin\theta)^{\frac{1}{n}} = \cos\left(\frac{2\gamma'\pi + \theta}{n}\right) + \sqrt{-1}\sin\left(\frac{2\gamma'\pi + \theta}{n}\right)$

결과적으로 그들이 같은 수열의 항들을 똑같이 지정하기 때문에, 다음이 성립한다.

$$(1)^{\frac{1}{n}}(\cos\theta + \sqrt{-1}\sin\theta)^{\frac{1}{n}}$$
$$= \left(\cos\frac{2\gamma\pi}{n} + \sqrt{-1}\sin\frac{2\gamma\pi}{n}\right)$$

$$\times \left\{ \cos\left(\frac{2\gamma'\pi+\theta}{n}\right) + \sqrt{-1}\sin\left(\frac{2\gamma'\pi+\theta}{n}\right) \right\}$$

$$= \cos\left(\frac{2(\gamma+\gamma')\pi+\theta}{n}\right) + \sqrt{-1}\sin\left(\frac{2(\gamma+\gamma')\pi+\theta}{n}\right)$$

$$= \cos\left(\frac{2\gamma\pi+\theta}{n}\right) + \sqrt{-1}\sin\left(\frac{2\gamma\pi+\theta}{n}\right)$$

위의 마지막 식에서 $\gamma + \gamma'$을 γ로 치환하였다.

그러므로 다음을 얻는다.

$$(a+b\sqrt{-1})^{\frac{1}{n}} = \rho\left\{ \cos\left(\frac{2\gamma\pi+\theta}{n}\right) + \sqrt{-1}\sin\left(\frac{2\gamma\pi+\theta}{n}\right) \right\}$$

그리고 비슷한 방법으로 다음을 얻는다.

$$(a-b\sqrt{-1})^{\frac{1}{n}} = \rho\left\{ \cos\left(\frac{2\gamma\pi+\theta}{n}\right) - \sqrt{-1}\sin\left(\frac{2\gamma\pi+\theta}{n}\right) \right\}$$

이 수식들로부터 $(a+b\sqrt{-1})^{\frac{1}{n}}$ 과 $(a-b\sqrt{-1})^{\frac{1}{n}}$ 의 모든 값(n개의 수)을 결정할 수 있다.

625. 예를 들어 다음의 값을 계산해야 한다고 하자.　　　　　　　예제

$$\{25 + \sqrt{(-104)}\}^{\frac{1}{3}}$$

이 경우 다음이 성립한다.

$$\rho = (a^2+b^2)^{\frac{1}{6}} = (729)^{\frac{1}{6}} = 3$$

그리고 $\cos\theta = \frac{25}{27}$, 따라서 $\theta = 22° \, 12'$이다.

따라서 요구되는 세 값은 다음과 같다.

$$3(\cos 7° \, 24' + \sqrt{-1}\sin 7° \, 24') = 2.9750136 + .3863868\sqrt{-1},$$

$$3(\cos 127° \, 24' + \sqrt{-1}\sin 127° \, 24') = -1.8221274 + 2.3832438\sqrt{-1},$$

$$3(\cos 112° \, 36' - \sqrt{-1}\sin 112° \, 36') = -1.1528859 - 2.7696306\sqrt{-1}$$

해당 기하학적 값은 서로 똑같이 3과 같은 세 개의 선으로, 원래의 선이나 축과 각각 다음의 각을 이룬다.

$$7° 24', \quad 127° 24', \quad \text{그리고} \quad 247° 24' \quad \text{즉} \quad -112° 36'$$

다시 다음 수식의 서로 다른 값을 계산해야 한다고 하자.

$$\sqrt[3]{\left\{ -6 + \sqrt{\left(-\frac{1225}{27} \right)} \right\}} + \sqrt[3]{\left\{ -6 - \sqrt{\left(-\frac{1225}{27} \right)} \right\}}$$

식 $\sqrt[3]{\left\{ -6 + \sqrt{\left(-\frac{1225}{27} \right)} \right\}}$의 세 개의 값은 마지막 예제에서 계산된 것처럼 다음과 같다.

$$1.5 + 1.4434\sqrt{-1} \tag{12.50}$$

$$-2 + .5773\sqrt{-1} \tag{12.51}$$

$$.5 - 2.0206\sqrt{-1} \tag{12.52}$$

$\sqrt[3]{\left\{ -6 - \sqrt{\left(-\frac{1225}{27} \right)} \right\}}$의 세 개의 값은 다음과 같다.

$$1.5 - 1.4434\sqrt{-1} \tag{12.53}$$

$$-2 - .5773\sqrt{-1} \tag{12.54}$$

$$.5 + 2.0206\sqrt{-1} \tag{12.55}$$

제시된 수식 9개의 다른 값은 그 첫 번째와 두 번째 부분의 값을 결합한 결과로서 다음과 같다.

(1) $(12.50) + (12.53) = 3$

(2) $(12.51) + (12.54) = -4$

(3) $(12.52) + (12.55) = 1$

(4) $(12.50) + (12.54) = -.5 + .8661\sqrt{-1}$

(5) $(12.51) + (12.53) = -.5 - .8661\sqrt{-1}$

(6) $(12.50) + (12.55) = 2 + 3.4640\sqrt{-1}$

(7) $(12.52) + (12.53) = 2 + 3.4640\sqrt{-1}$

(8) $(12.51) + (12.55) = -1.5 + 2.5979\sqrt{-1}$

(9) $(12.52) + (12.54) = -1.5 - 2.5979\sqrt{-1}$

값의 쌍인 (12.50)과 (12.53), (12.51)과 (12.54), (12.52)와 (12.55)는 각각 서로에 대해 그리고

$$\sqrt{\frac{13}{3}} \quad \text{즉} \quad 2.0818$$

과 동일한 선을 나타내는 것으로 간주할 수 있으며, 원래 선의 각 변에서 43.54°, 163.54° 및 76.6°의 각에 위치한다. 원래의 선과 동일한 각을 이루는 선 쌍의 합 또는 그 위에 구성된 평행사변형의 대각선은 원래의 선과 일치하며, 각각 3, −4 및 1로 표시된다. 나머지 합은 원래의 선과 동일한 각을 이루는 선의 쌍을 형성한다. 이 합의 첫 번째 쌍은 1과 같고, 원래의 선과 120°와 동일한 각을 만들며, 두 번째는 4와 같고 60°와 동일한 각을 만들며, 세 번째는 3과 같고 120°와 동일한 각도를 만든다.

626. 따라서 $\frac{(a+b\sqrt{-1})^1}{n}$의 값들, 또는 그러한 양의 조합의 값은 $\frac{(a)^1}{n}$의 값, 또는 그 조합의 값과 같은 방법으로 추정할 수 있다. 한 경우에서는 산술 근을 $(1)^{\frac{1}{n}}$ 또는 $(-1)^{\frac{1}{n}}$의 n개의 값으로 곱하고, 다른 경우에는 산술 근을 다음 식의 n개의 값으로 곱한다.

$(a+b\sqrt{-1})^{\frac{1}{n}}$ 과 $(a-b\sqrt{-1})^{\frac{1}{n}}$ **값의 개수는 n 개를 초과할 수 없음**

$$\left\{ \frac{a}{\sqrt{(a^2+b^2)}} + \frac{b\sqrt{-1}}{\sqrt{(a^2+b^2)}} \right\}^{\frac{1}{n}}$$

다음 식의 모든 값들은 그중 하나를 $(1)^{\frac{1}{n}}$의 여러 값으로 곱하여 얻을 수 있어 보인다.

$$\left\{ \frac{a}{\sqrt{(a^2+b^2)}} + \frac{b\sqrt{-1}}{\sqrt{(a^2+b^2)}} \right\}^{\frac{1}{n}}$$

그러나 어떤 경우에도 기호적으로 서로 다른 그러한 값의 개수는 그들이 어떤 방식으로 결정되든, n을 초과하도록 할 수 없다. 그것들을 포함하는 다른 수식의 완전한 상등을 확인하고 나타내기 위해서는 이러한 관찰에 주의할 필요가 있는데, 이는 서로 추론이 가능하다.

수열 $(1+x)^n$ 과 $(a+x)^n$의 완전한 형식

627.　따라서 다음 방정식은 n이 정수일 때 완전하며, n이 분수일 때는 산술 근만을 나타낸다.

$$(1+x)^n = 1 + nx + \frac{n(n-1)}{1 \cdot 2}x^2 + \frac{n(n-1)(n-2)}{1 \cdot 2 \cdot 3}x^3 + \cdots$$

일반적으로 완전해지려면, 아래와 같은 형식으로 표현해야 한다.

$$(1+x)^n = (1)^n \left\{ 1 + nx + \frac{n(n-1)}{1 \cdot 2}x^2 + \cdots \right\}$$

$$= (\cos 2\gamma n\pi + \sqrt{-1} \sin 2\gamma n\pi) \times \left\{ 1 + nx + \frac{n(n-1)}{1 \cdot 2}x^2 + \cdots \right\}$$

다음 방정식은 모든 조건에서 완전하다.

$$(a+x)^n = a^n \left\{ 1 + \frac{nx}{a} + \frac{n(n-1)}{1 \cdot 2}\frac{x^2}{a^2} + \cdots \right\}$$

왜냐하면 a^n이 $\gamma = 0$에 해당하는 a^n의 산술 값인 경우, a^n은 $a^n(\cos 2\gamma n\pi + \sqrt{-1} \sin 2\gamma n\pi)$과 동등하다. 그러나 동일한 방정식이 다음과 같은 형식으로 표현되면, γ의 값이 모든 경우에 가정될 때 완전한 것으로 간주된다.

$$(a+x)^n = a^n + na^{n-1}x + \frac{n(n-1)}{1 \cdot 2}a^{n-2}x^2 + \cdots$$

이때 a^n, a^{n-1}, a^{n-2}, $\ldots$은 그와 동등한 아래의 형식으로 대체된다.

$$a^n(\cos 2\gamma n\pi + \sqrt{-1} \sin 2\gamma n\pi),$$

$$a^{n-1}(\cos 2\gamma(n-1)\pi + \sqrt{-1} \sin 2\gamma(n-1)\pi),$$

$$a^{n-2}(\cos 2\gamma(n-2)\pi + \sqrt{-1} \sin 2\gamma(n-2)\pi),$$

$$\vdots$$

628. 이 마지막 언급은 우리가 전개의 결과로 간주되는 분수 지수를
포함하는 수열의 값을 추정해야 할 때, 그리고 그 기원을 언급하지 않고 절
대적으로 간주할 때, 우리에게 매우 다른 진행 과정을 부과할 것이기 때문에
매우 중요하다. 따라서 다음 급수는 무한히 계속되며, 여러 항의 양수 값과
음수 값의 서로 다른 조합으로 인해, 무한한 수의 값을 가질 것이다.

$$\sqrt{ax} - \frac{1}{2}\frac{x^{\frac{3}{2}}}{\sqrt{a}} - \frac{1\cdot 1}{2^2\cdot 1\cdot 2}\frac{x^{\frac{5}{2}}}{a^{\frac{3}{2}}} - \frac{1\cdot 1\cdot 3}{2^3\cdot 1\cdot 2\cdot 3}\frac{x^{\frac{7}{2}}}{a^{\frac{5}{2}}} + \cdots$$

그러나 동일한 급수가 $\sqrt{ax - x^2}$의 전개로 간주되면, 그것은 바로 다음의
동치인 형식으로 환원될 수 있다.

$$\sqrt{ax}\left\{ 1 - \frac{1}{2}\frac{x}{a} - \frac{1\cdot 1}{2^2\cdot 1\cdot 2}\frac{x^2}{a^2} - \frac{1\cdot 1\cdot 3}{2^3\cdot 1\cdot 2\cdot 3}\frac{x^3}{a^3} + \cdots \right\}$$

이는 거기에서 반드시 파생되는 함수와 동일한 수의 값을 가지며, 그 이상
은 아니다.

수열의 절대
값의 수는
전개의 결과로
간주되는
값들의 수와
다를 수 있음

629. 할당된 수식의 전개에 대응해야 하거나, 한정된 형태로 대수적
으로 표현할 수 있든 없든 양을 표시해야 하는 수열의 특성을 고려할 때,
수열이 거기에서 파생된 수식이나 양보다 더 많은 값을 허용할 수 없다는
것을 바로 유추할 수 있다. 따라서 수량의 값이 단일이면 그 전개에 분수
지수가 있을 수 없다. 이중일 경우엔 적어도 한 항에 포함되어 분모가 2
인 분수 지수여야 하고, 삼중인 경우 분모가 3인 분수 지수여야 하며, 다른
경우도 마찬가지다.

수열의 속성은
그 수식의
단일 또는
다중의
값으로부터
어느 정도
추론할 수
있음

630. 많은 경우에 공식은 특정 가설을 근거로 추론되었고, 이후에
얻어진 결과에 대한 가설의 영향에 충분한 주의를 기울이지 않은 채 일반
화되었다. 다시 말하면, 동치인 형식의 영속성 원리는 형식 자체가 적용에
적합한 상태에 있기 전에 암묵적으로 적용하는 것으로 가정되었다. 예를

$(2\cos x)^m$에
대한 수열의
조사

들어, 그러한 오류가 모두 발생했거나 발생할 수 있는 경우, 아래에 나오는 $(\cos x)^m$의 동치인 형식을 고려해 보자.

$2\cos x = \epsilon^x + \epsilon^{-x}$(조항 470)이므로 다음이 성립한다.

$$2^m(\cos x)^m = \epsilon^{mx} + m\epsilon^{(m-2)x} + \frac{m(m-1)}{1\cdot 2}\epsilon^{(m-4)x} + \cdots$$

$$= \cos mx + m\cos(m-2)x + \frac{m(m-1)}{1\cdot 2}\cos(m-4)x + \cdots$$

$$+ \sqrt{-1}\{\sin mx + m\sin(m-2)x + \frac{m(m-1)}{1\cdot 2}\sin(m-4)x + \cdots$$

여기서 ϵ^{mx}, $\epsilon^{(m-2)x}$, $\epsilon^{(m-4)x}$, $\ldots$를 다음 식들로 치환하였다.

$$\cos mx + \sqrt{-1}\sin mx,$$

$$\cos(m-2)x + \sqrt{-1}\sin(m-2)x,$$

$$\cos(m-4)x + \sqrt{-1}\sin(m-4)x,$$

$$\vdots$$

산술 값 만약 ρ가 부호를 참조하지 않고 결정되는 $2^m\cos x^2$의 산술 값을 나타낸다고 가정하면, 완전한 값은 $\cos x$가 양수일 때 다음과 같이 주어진다.

$$\rho(\cos 2m\gamma\pi + \sqrt{-1}\sin 2m\gamma\pi)$$

그리고 $\cos x$가 음수일 때는 다음과 같다.

$$\rho(\cos m(2\gamma+1)\pi + \sqrt{-1}\sin m(2\gamma+1)\pi)$$

$\cos x$는 동일하므로, x를

$$x+2\pi,\ x+4\pi,\ \ldots,\ x+2\gamma\pi,\ \ldots$$

완전한 값 로 치환하면, 방정식은 아래의 형식으로 표현될 때 완전해질 것이다.

$$\rho(1)^m \quad \text{또는} \quad \rho(-1)^m = \cos m(x+2\gamma\pi)$$

$$+ m\cos(m-2)(x+2\gamma\pi) + \frac{m(m-1)}{1\cdot 2}\cos(m-4)(x+2\gamma\pi) + \cdots$$
$$+ \sqrt{-1}\Big\{\sin m(x+2\gamma\pi) + m\sin(m-2)(x+2\gamma\pi)$$
$$+ \frac{m(m-1)}{1\cdot 2}\sin(m-4)(x+2\gamma\pi) + \cdots\Big\} \tag{12.56}$$

m이 정수일 경우, 이 방정식의 각 항의 값은 하나뿐이지만, m이 $\frac{1}{n}$ 또는 $\frac{p}{n}$와 같은 분수라면 그 방정식 각 항의 값 개수는 n개이고, 그 이상은 아니다.

631. 첨자 γ가 수열 0, 1, 2, 3, …에서 어떤 항을 표시할 경우,

축약된 형식으로 표시된 완전한 값

$$X_\gamma = \cos m(x+2\gamma\pi) + m\cos(m-2)(x+2\gamma\pi)$$
$$+ \frac{m(m-1)}{1\cdot 2}\cos(m-4)(x+2\gamma\pi) + \cdots,$$
$$X'_\gamma = \sin m(x+2\gamma\pi) + m\sin(m-2)(x+2\gamma\pi)$$
$$+ \frac{m(m-1)}{1\cdot 2}\sin(m-4)(x+2\gamma\pi) + \cdots$$

이라 하면, $\cos x$가 양수일 때 다음을 얻는다.

$\cos x$가 양수일 때

$$\rho(\cos 2m\gamma\pi + \sqrt{-1}\sin 2m\gamma\pi) = X_\gamma + X'_\gamma\sqrt{-1}$$

그러므로 다음이 성립한다.

$$\rho\cos 2m\gamma\pi = X_\gamma, \quad \text{그리고} \quad \rho\sin 2m\gamma\pi = X'_\gamma$$

그리고 $\cos x$가 음수일 때 다음을 얻는다.

$\cos x$가 음수일 때

$$\rho(\cos m(2\gamma+1)\pi + \sqrt{-1}\sin m(2\gamma+1)\pi) = X_\gamma + X'_\gamma\sqrt{-1}$$

그러므로 다음이 성립한다.

$$\rho\cos m(2\gamma+1)\pi = X_\gamma, \quad \text{그리고} \quad \rho\sin m(2\gamma+1)\pi = X'_\gamma$$

632. m이 정수이고 $\cos x$가 양수이면 다음이 성립한다.

$$\cos 2m\gamma\pi = 1, \quad \text{그리고} \quad \sin 2m\gamma\pi = 0$$

따라서, X_γ는 무엇이든 동일하고 $X'_\gamma = 0$이므로 $2^m \cos x^m$ 즉 ρ의 유일한 값은 X이다.

m이 짝수인 정수이고 $\cos x$가 음수일 때 다음이 성립한다.

$$\cos m(2\gamma + 1)\pi = 1, \quad \text{그리고} \quad \sin m(2\gamma + 1)\pi = 0$$

따라서, X_γ는 하나의 값만 가지고 $X'_\gamma = 0$이므로 $2^m \cos x^m$ 즉 ρ의 유일한 값은 X이다.

m이 홀수인 정수이고 $\cos x$가 음수일 때 다음이 성립한다.

$$\cos m(2\gamma + 1)\pi = -1, \quad \text{그리고} \quad \sin m(2\gamma + 1)\pi = 0$$

따라서, X_γ는 하나의 값만 가지고 $X'_\gamma = 0$이므로 $2^m \cos x^m$ 즉 $-\rho$의 유일한 값은 X이다.

633. m이 $\frac{p}{n}$와 같은 분수이고 $\cos x$가 양수일 때, ρ는 $\gamma = 0$과 일치한다. 즉, 다음이 성립한다.

$$\rho = 2^m \cos x^m = X_0$$

그러한 조건에서 γ의 다른 모든 값에 대해 다음을 얻는다.

$$\rho = \frac{X_\gamma}{\cos 2m\gamma\pi} = \frac{X'_\gamma}{\sin 2m\gamma\pi}$$

$\gamma = 0$이면 다음을 얻는다.

$$\rho = \frac{X'_0}{0} = \frac{0}{0} = X_0$$

이는 다음 장에서 확립될 원리의 도움으로 해석을 인정하게 될 결과이다.

634. m이 $\frac{p}{n}$와 같은 분수이고 $\cos x$가 음수일 때, 다음이 성립한다.

$$\rho = \frac{X_\gamma}{\cos m(2\gamma + 1)\pi} = \frac{X'_\gamma}{\sin m(2\gamma + 1)\pi}$$

이는 똑같이 $2^m \cos x^m$의 산술 값을 나타낸다.

그러한 조건에서 어떤 경우에 ρ의 값 또는 $2^m \cos x^m$의 산술 값이 X_γ 또는 X'_γ의 단순한 값으로 표현될 수 있는지 검토해야 한다.

p가 짝수이고 n은 홀수일 때, $m = \frac{p}{n}$(기약 분수)라 하자. 이 경우 $2\gamma + 1 = n$으로 하면 $\cos m(2\gamma + 1)\pi = \cos p\pi = 1$, 그리고 $\sin p\pi = 0$이다. 결과적으로 $\rho = X_{\frac{n-1}{2}}$, 이는 그것을 표현하는 X_γ와 X'_γ의 유일한 값이다. $\frac{p(2\gamma+1)}{n}$이 정수이고, n이 p에 대한 소수이기 때문에, $2\gamma + 1 = n$ 또는 $2n$ 또는 $3n$ 또는 그 수열의 어떤 항이 된다(조항 192). 그러나 이들 값의 두 번째는 정수가 아닌 $\gamma = \frac{2n-1}{2}$이 되고, 세 번째는 n보다 큰 값인 $\gamma = \frac{3n-1}{2}$이 되며, 따라서 $X_{\frac{n-1}{2}}$와 동일한 X_γ의 값을 생성한다. 유사한 관찰이 급수의 다른 모든 항에 적용된다.

p와 n이 둘 다 홀수이고, $2\gamma + 1 = n$이 되면 다음을 얻는다.

$$\cos m(2\gamma + 1)\pi = \cos p\pi = -1, \quad \text{그리고} \quad \sin p\pi = 0$$

결과적으로 $\rho = -X_{\frac{n-1}{2}}$로, 그것을 표현하는 $-X_\gamma$ 또는 X'_γ의 유일한 값이다.

p가 홀수, n이 짝수일 경우엔 $\frac{p(2\gamma+1)}{n}$은 정수가 될 수 없고, ρ와 동일한 X_γ의 값은 없다. 그러나 r이 홀수일 때 n이 $2r$ 형식의 짝수이면, n이 수열 2, 6, 10, 14, ...의 어떤 항이고, $2\gamma + 1 = r$이라면 다음이 성립한다.

$$m(2\gamma + 1)\pi = \frac{p(2\gamma + 1)\pi}{n} = \frac{p(2\gamma + 1)\pi}{2r} = \frac{p\pi}{2}$$

결과적으로 그러한 조건에서, p가 수열 1, 5, 9, ...의 항인지 수열 3, 7, 11, ...

의 항인지에 따라 다음이 성립한다.

$$\cos m(2\gamma + 1)\pi = 0, \quad \text{그리고} \quad \sin m(2\gamma + 1)\pi = 1 \ \text{또는} \ -1$$

따라서 첫 번째 경우에서는 $\rho = X'_{\frac{n}{2}-1}$, 두 번째 경우에는 $\rho = -X'_{\frac{n}{2}-1}$ 이 될 것이다.

p가 홀수이고, n이 수열 4, 8, 12, 16, ...의 짝수일 경우, ρ와 동일한 X_γ 또는 X'_γ의 단순 값은 존재하지 않는다.

제 13 장

미정 계수에 대하여

635. 동치인 형식의 결정할 때 채택된 방법들은 그것이 직접적이냐 동치인 형식을 도출하는 직접적 그리고 간접적인 방법 간접적이냐에 따라 두 가지 클래스를 구성하는 것으로 간주될 수 있다. 직접적인 방법은 원래의 형식에서 동치인 형식으로 전환하는 데 있어서 곱셈, 나눗셈, 제곱 및 제곱 근 풀이와 같이 정의되거나 정의 가능한 연산을 통해 구하는 방법이다. 반면에 간접적인 방법은, 원래의 형식을 그와 동치인 형식으로 연결하는 연산 또는 연산들의 속성을 언어로 표현할 수 없을 때 일반적으로 이용된다. 그러나 이러한 상황에서 원래의 형식은 대체로 이차적 형식이 동등성을 결정하기 위해 충족해야 하는 조건을 제공할 것이다.

이 두 번째 클래스에 대해서는 가장 광범위한 적용을 인정하는 미정 계수 방법을 참조할 수 있으며, 이는 직접적 방법이 마찬가지로 가능할 때 자주 유용하게 이용될 수 있다. 특성한 예에 내한 적용으로부터 가장 잘 이해될 수 있을 것이다.

636. 분수 $\frac{a}{a+bx}$는 분자를 분모로 실제 나눔으로써 다음 무한 급수와 보기들

동등한 것으로 나타난다.

$$1 - \frac{bx}{a} + \frac{b^2 x^2}{a^2} - \frac{b^3 x^3}{a^3} + \frac{b^4 x^4}{a^4} - \cdots$$

다음이 성립한다고 하자.

$$\frac{a}{a+bx} = 1 + A_1 x + A_2 x^2 + A_3 x^3 + A_4 x^4 + \cdots$$

여기서 A_1, A_2, A_3, A_4, ...가 미정 계수들이다. 이때 다음과 같이 정하면 필요한 조건이 충족될 것이 분명하다.

$$A_1 = -\frac{b}{a}, \quad A_2 = \frac{b^2}{a^2}, \quad A_3 = -\frac{b^3}{a^3}, \quad A_4 = \frac{b^4}{a^4}, \quad \cdots$$

이 경우 급수를 전개하기 시작했고, 결과적으로 미정 계수를 가진 급수를 가정하여 아무것도 얻지 못한다. 그러나 첫 번째 경우에, 급수 형태에 대한 지식으로부터, 파생된 어떤 방식으로든, 다음을 가정하고,

$$\frac{a}{a+bx} = 1 + A_1 x + A_2 x^2 + A_3 x^3 + A_4 x^4 + \cdots$$

$\frac{a}{a+bx}$와 동치인 급수가 같은 결과를 산출해야 한다고 간주하면, 동일한 양 $a + bx$를 곱했을 때, 다음과 같이 된다.

$$\frac{a}{a+bx} \times (a+bx) = (a+bx)(1 + A_1 x + A_2 x^2 + A_3 x^3 + A_4 x^4 + \cdots)$$

즉 $a = a + (A_1 a + b)x + (A_2 a + A_1 b)x^2 + (A_3 a + A_2 b)x^3$
$\qquad + (A_4 a + A_3 b)x^4 + \cdots$

x와 그 두 번째 거듭 제곱의 계수를 영과 같다고 가정함으로써, 두 결과는 동일해질 수 있다. 결국 다음과 같은 결과를 얻을 수 있다.

$$A_1 a + b = 0, \quad \therefore A_1 = -\frac{b}{a}$$
$$A_2 a + A_1 b = 0, \quad \therefore A_2 = -\frac{A_1 b}{a} = \frac{b^2}{a^2}$$

$$A_3 a + A_2 b = 0, \qquad \therefore \ A_3 = -\frac{A_2 b}{a} = -\frac{b^3}{a^3}$$

$$A_4 a + A_3 b = 0, \qquad \therefore \ A_4 = -\frac{A_3 b}{a} = \frac{b^4}{a^4}$$

따라서 우리는 a를 $a + bx$로 나누는 연산을 할 필요도 없이 대수적으로 $\frac{a}{a+bx}$와 동일한 무한 급수의 법칙을 얻게 된다.

다시, 두 번째 보기로서 다음과 같이 가정해 보자.

$$\frac{a + bx}{\alpha + \beta x + \gamma x^2} = A_0 + A_1 x + A_2 x^2 + A_3 x^3 + \cdots$$

여기서 x의 거듭 제곱이 포함되지 않는 첫 번째 항은 A_0으로 표시하고, 다른 계수들은 미정의 양 A_1, A_2, A_3, A_4, ...으로 표시하는데, 이때 이들의 첨자는 해당하는 항에서 x의 지수와 동일하다. 그러므로 가정된 급수가 원래의 형식과 동등하다면, 다음과 같이 된다.

$$\frac{a + bx}{\alpha + \beta x + \gamma x^2} \times (\alpha + \beta x + \gamma x^2)$$
$$= (\alpha + \beta x + \gamma x^2)(A_0 + A_1 x + A_2 x^2 + A_3 x^3 + \cdots)$$

그리고 다음을 얻는다.

$$
\begin{aligned}
a + bx = {} & A_0\alpha + A_1\alpha x + A_2\alpha x^2 + A_3\alpha x^3 + A_4\alpha x^4 + \cdots \\
& + A_0\beta x + A_1\beta x^2 + A_2\beta x^3 + A_3\beta x^4 + \cdots \\
& + A_0\gamma x^2 + A_1\gamma x^3 + A_2\gamma x^4 + \cdots
\end{aligned}
$$

이 두 결과가 서로 동일하기 위해서는 다음과 같아야 한다.

$$A_0\alpha = a, \qquad\qquad\qquad \therefore \ A_0 = \frac{a}{\alpha}$$

$$A_1\alpha + A_0\beta = b, \qquad\qquad \therefore \ A_1 = \frac{b}{\alpha} - \frac{A_0\beta}{\alpha} = \frac{b}{\alpha} - \frac{a\beta}{\alpha^2}$$

$$A_2\alpha + A_1\beta + A_0\gamma = 0, \qquad \therefore \ A_2 = -\frac{A_1\beta}{\alpha} - \frac{A_0\gamma}{\alpha}$$

$$= \frac{b\beta}{\alpha^2} - \frac{a\beta^2}{\alpha^3} - \frac{a\gamma}{\alpha^2}$$

$$A_3\alpha + A_2\beta + A_1\gamma = 0, \quad \therefore \ A_3 = -\frac{A_2\beta}{\alpha} - \frac{A_1\gamma}{\alpha}$$

이 급수에서 연속적인 항의 구성을 조사해 보면, 두 번째 이후의 어느 한 계수는 두 선행 계수를 $-\frac{\beta}{\alpha}$와 $-\frac{\gamma}{\alpha}$로 각각 곱하고, 그 결과를 적절한 부호와 함께 연결함으로써 구성된다는 것을 보여준다. 유사한 방식으로 파생된 다른 급수의 연속적인 항의 구성에 대해서도 유사한 설명을 할 수 있다.[1]따라서 아래와 같이 가정하면,

$$\frac{a + bx + cx^2}{1 + \alpha x + \beta x^2 + \gamma x^3} = A_0 + A_1 x + A_2 x^2 + A_3 x^3 + \cdots$$

다음을 얻는다.

$$A_0 = a,$$
$$A_1 + A_0\alpha = b,$$
$$A_2 + A_1\alpha + A_1\beta = 0,$$
$$A_3 + A_2\alpha + A_1\beta + A_0\gamma = 0,$$
$$A_4 + A_3\alpha + A_2\beta + A_1\gamma = 0$$

그러므로, 이 급수의 세 번째 이후의 어느 한 항의 계수는 세 선행 항의 계수를 $-\alpha$, $-\beta$ 그리고 $-\gamma$로 각각 곱하고, 그 결과를 적절한 기호로 연결함으로써 구성된다.

얻어진 결과의 동일성　　**637.** 앞의 예에서 가정된 미정 계수의 결정은 (그리고 이어지는 예에서도 마찬가지) 산출되는 결과의 대수적 동일성을 가정한다. 따라서 $\frac{a}{a+bx}$

---

1) **관계의 척도:** 급수를 종종 순환 급수라 부른다. 그리고 적당한 부호와 연결된 곱하는 수는 관계의 척도를 구성한다. 그러므로 여기서 다룬 급수에 대한 관계의 척도는 $\frac{-\beta}{\alpha} - \frac{\gamma}{\alpha}$ 이다. 그리고 그다음 급수에 대한 관계의 척도는 $-\alpha - \beta - \gamma$이다.

와 동치인 급수는 같은 종류의 것이어야 한다. 만일 여기에 $a + bx$를 곱한다면 $\frac{a}{a+bx}$와 $a + bx$를 곱한 것과 같은 결과가 된다. 후자의 경우 결과가 a인 것과 마찬가지로, 첫 번째 경우의 결과가 그것과 동일해야 하며, 결과적으로 그 곱의 첫 번째 항은 a이고, 다른 모든 항의 계수는 영이어야 한다. 어떤 조건에서도 가정한 급수가 $\frac{a}{a+bx}$와 동등한 것으로 간주될 수 없다. 우리가 검토해 온 다른 급수에도 동일한 설명을 쉽게 적용할 수 있다.

638.   다음과 같은 두 개의 급수 또는 수식이 서로 동일한 경우, 이들은 같은 형식으로 표현될 뿐 아니라, 배열된 해당 항의 계수는 가능하면 같은 문자 또는 문자들의 같은 조합의 제곱에 따라 서로 동일해야 한다. 두 수식이나
급수의
동일성의 의미

$$a_0 + a_1 x + a_2 x^2 + a_3 x^3 + \cdots,$$
$$A_0 + A_1 x + A_2 x^2 + A_3 x^3 + \cdots$$

따라서 이 경우에는 다음이 성립해야 한다.

$$a_0 = A_0,\ a_1 = A_1,\ a_2 = A_2,\ a_3 = A_3,\ \ldots$$

이러한 조건이 충족되어야 그러한 수식의 동일성이 구성되며, 모든 경우에 항의 의미에 대한 정의와 동등한 것으로 간주될 수 있다.

639.   앞에서 동등함이라는 용어의 의미를 두 개의 수식 사이에 놓인 기호 $=$의 의미 해석으로 간주하는 기회가 있었다. 여기서 두 개의 수식은 대수학의 일반적인 법칙과 연산에 의해 서로 또는 제3의 수식으로부터 추론할 수 있는 것이다. 이에 따라 수식들은 동일하고 동등하지만, 역은 성립하지 않는 것으로 보인다. 따라서 $\frac{a^3 - x^3}{a - x}$은 $a^2 + ax + x^2$과 동등하지만, 같은 형태로 스스로를 나타내지 않기 때문에 동일하진 않다. 또한 같은 설명이 기호 $=$로 연결된 수식의 모든 쌍에 적용되는데, 이 수식에서 한쪽에서 다른 쪽으로의 전환은 정의 가능 여부와 관계없이 어떤 연산을 통해 이루어진다. 동일함과
동등함 간의
구분

그러나 같은 형식인 두 개의 수식이나 급수가 제3의 수식과 같은 것으로 나타날 경우, 그들은 동등함의 정의를 충족시키기 위해 서로 동일해야 한다. 그리고 해당 항들은 불확정된 것으로 가정된 계수를 포함하든 그렇지 않든 간에 서로 동일해야 한다.

미정 계수를 지닌 급수 형식의 그릇된 가정은 그릇된 결과로 이어지지 않음

640. 선택된 형식에 따라 수식을 동등한 다른 수식으로 변환하는 과정은, 실제로 존재하든 아니든, 그러한 동치인 형식의 존재를 임의로 가정하는 것으로 보인다. 그러나 조금만 고려해 보면, 가정된 급수의 불확정 요소의 결정에 채택된 과정이 두 수식의 동등성이 달려 있는 조건이 포함되어야 함을 보여준다. 그러므로 부적절하거나 불필요하게 가정된 계수를 결정하는 데 실패하거나, 최종 결과로부터 완전히 사라지면, 첫 번째 가정을 적절히 수정하게 하거나, 다시 말하면, 그것에 선택된 형식에 따라 동치인 수식이나 급수의 비존재를 적절히 시사하는 것으로 간주될 수 있다.

보기들

641. 따라서 다음과 같이 가정하고,

$$\frac{1}{1+x} = \frac{A_{-1}}{x} + A_0 + A_1 x + A_2 x^2 + \cdots$$

미정 계수의 결정을 진행한다면, 두 동일한 수식의 항을 비교함으로써 $A_{-1} = 0$을 찾을 수 있으며, 따라서 동등한 수식이나 급수에서 존재하지 않는 항을 가정한 것은 최종 결과에 오류로 이어지지 않을 것이다. 다시, 다음과 같이 가정하고,

$$\frac{1-x^2}{1+x^2-x^4} = A_0 + A_1 x + A_2 x^2 + A_3 x^3 + A_4 x^4 + A_5 x^5 + \cdots$$

비슷한 방법으로 급수의 여러 계수의 결정을 진행한다면, A_1, A_3, A_5와 x의 홀수 거듭 제곱을 포함하는 항의 모든 계수는 영이 되고, 모든 불필요한 항이 생략된 급수를 다음과 같이 가정하고 시작했다면,

$$A_0 + A_2 x^2 + A_4 x^4 + A_6 x^6 + \cdots$$

동일한 방법으로 다음의 올바른 급수가 결정된다.

$$1 - 2x^2 + 3x^4 - 5x^6 + 8x^8 - \cdots$$

642. 첫 번째 경우에 동치인 급수의 형식에 대한 정확한 가정이 급수 자체의 정확한 결정에 필수적인 것은 아니지만, 그럼에도 그것은 결정해야 할 양의 수를 줄이고, 해법에 불필요한 기호의 사용이 요구되는 방정식에 지장을 주지 않음으로써 그러한 목적을 위해 과정을 다소 단순화할 것이다. 이러한 이유로 급수에 대한 원래의 가정에서 우리를 안내하는 데 도움이 될 수 있는 고려사항을 스스로 활용하는 것이 매우 중요해진다.

급수의 올바른 가정으로 안내하는 고려사항

이미 살펴본 바와 같이 미정 계수법의 일반적인 원리는 두 개의 수식이나 급수를 추론하는 것인데, 그들을 얻는 과정의 특성상 서로 동일하며, 이 동일성은 무한대 음수로부터 무한대 양수에 이르는, 따라서 영을 포함하는 기호의 모든 값에 대해 존재할 것이 분명하다. 마찬가지로 앞(10장)에서 조사한 바와 같이, 원래의 수식 및 가정된 동치인 급수는 동일한 한도 사이에 있는 모든 기호 값에 대해 대수적으로 동등해야 하지만, 첫 번째 값은 급수가 어떤 결정 가능한 항으로부터 수렴되도록 하는 기호의 값에 대해 두 번째와 산술적으로 동등한 것으로 간주할 수 있다. 그러므로 기호 또는 기호 조합의 양의 거듭 제곱에 따라 급수가 진행한다면, 이 산술 등식은 이 기호나 기호 조합의 모든 값에 대해 마찬가지로 존재할 것이다. 그러나 만약 급수가 이 기호나 기호 조합의 음의 거듭 제곱에 따라 진행한다면, 그 방정식의 두 요소의 산술 등식이 의존하는 연속적인 값에 더 이상 영이 포함되지 않을 것이다. 그러나 급수가 기호나 기호 조합의 음의 거듭 제곱을 포함하더라도, 양의 거듭 제곱도 함께 포함한다면, 영은 연속적인 값에 포함되는 것으로 간주될 수 있고, 무한성은 상응하는 산술 값이나 급수의 합으로 여겨질 수 있다. 급수가 포함된다면, 더 이상 이어지는 값들에 포함되지 않을 것이다.

643. 위에서 살펴본 첫 번째 경우에 시사하는 바는, 급수의 항이 배열되는 데 필요한 양의 거듭 제곱에 따라, 기호나 기호 조합의 값에 상응하는 유한 양, 즉 영과 동일한 원래의 수식 값이 될 것이다. 따라서 x의 거듭 제곱에 따라 배열된 $(1+x)^n$(그 존재를 당연하게 여기는 경우)에 대한 급수는 그 첫째 항(또는 x에 독립적인 항)이 $n = 0$일 때 $(1+x)^n$의 값인 1과 같을 것이다. 이와 유사한 방식으로 x의 거듭 제곱에 따라 진행되는 $(a+x)^n$에 대한 급수의 첫째 항은 같은 이유로 a^n이 될 것이다. $\frac{x}{a+x}$나 $\frac{x}{a-x}$의 거듭 제곱에 따라 진행되는 $(a+x)^n$에 대한 급수의 첫째 항도 마찬가지이다. 그러나 $\frac{a-x}{a+x}$의 거듭 제곱에 따라 진행되는 $(a+x)^n$에 대한 급수의 첫째 항은, $a - x = 0$, 즉 $a = x$일 때 $(a+x)^n$의 값인 $2^n a^n$이 될 것이다. x의 거듭 제곱에 따라 진행되는 급수의 첫째 항은 a^x과 동등한 것으로, $x = 0$일 때 $a^x = 1$이 되는 것처럼 1이 될 것이다. x의 거듭 제곱에 따라 진행되는 $\cos x$에 대한 급수의 첫째 항은 $\cos 0 = 1$이므로 1이 될 것이다. 그러나 $\frac{\pi}{2} - x$의 거듭 제곱에 따라 진행되는 $\cos x$에 대한 급수의 첫째 항은 $\frac{\pi}{2} - x = 0$일 때 $\cos x = \cos \frac{\pi}{2} = 0$이므로 0이 된다. 유사한 방식으로, $\frac{\pi}{2} - x$의 거듭 제곱에 따라 진행되는 $\sin x$에 대한 급수의 첫째 항은 $\frac{\pi}{2} - x = 0$일 때 $\sin x = \sin \frac{\pi}{2} = 1$이므로 1이 된다.

644. 만일 급수가 전적으로 기호나 기호 조합의 역 거듭 제곱에 따라 전개된다면, 기호나 기호 조합이 무한대일 때 원래의 식은 영이 될 것이며, 이는 그러한 조건에서 급수의 산술 합이다. 따라서 x의 역 거듭 제곱에 따라 진행하는 $\frac{1}{x+1}$에 대한 급수는 각 항에 그러한 거듭 제곱 중 하나를 포함하며, x가 무한대이면 산술 합은 영이다. $\frac{1}{x\sqrt{1+\frac{a}{x}}}$의 전개로 간주되는 $\frac{1}{\sqrt{(ax+x^2)}}$에 대한 급수도 마찬가지이다. 만일 급수가 기호나 기호 조합의 역

거듭 제곱에 따라 배열되어 있으면서도, 그것에 독립적인 항, 또는 양의 거듭 제곱이 있는 항(들)을 포함하고 있다면, 같은 조건에서 원래의 수식은 어떤 경우에는 그 항과 동일해지고, 다른 경우에는 무한대와 동일해지며, 그들 값은 마찬가지로 급수의 상응하는 산술 합이 된다. 따라서 $\sqrt{\left(1 + \frac{a}{x}\right)}$ 에 대한 급수는 1과 동일한 첫째 항을 갖는데, 이는 x가 무한대일 때의 산술 합이다. 반면에 $\sqrt{(x^3 + ax^2)}$에 대한 급수는 같은 조건에서 무한대가 되는데, 이는 마찬가지로 그 산술 합이다. 마지막으로, 해당 급수가 기호나 기호 조합의 오름 차순 거듭 제곱에 따라 진행되지만, 음이나 역 거듭 제곱을 가진 항(들)을 포함하면, 기호나 기호 조합이 영일 때, 무한대 역시 급수의 산술 합이다. 따라서 x가 영일 때, x의 오름 차순 거듭 제곱에 따라 배열된 $\frac{1}{\sqrt{ax+x^2}}$에 대한 급수는 무한대와 같으며, 이는 $\frac{1}{\sqrt{ax+x^2}}$의 대응 값이고 급수의 산술 합이다. 유사한 방식으로, x의 오름 차순 거듭 제곱에 따라 배열된 $\cot x$에 대한 급수는 같은 조건에서 무한대이며, 거기에 x의 음의 거듭 제곱을 포함하는 항이 한 개 이상 있다.

645. 전개 자체가 진행되기 전에 특정 수식과 동치인 급수의 다른 특성을 예측할 수 있는 다른 고려 사항들이 많다. 따라서 전개가 필요한 수식이 급수의 배열에 따른 기호나 기호 조합의 부호 변경에도($+$에서 $-$로 그리고 $-$에서 $+$로) 변하지 않은 상태로 유지된다면, 그것은 짝 거듭 제곱만을 포함할 수 있다. 만일 같은 조건에서 수식의 부호가 바뀐다면 그것은 홀 거듭 제곱만 포함할 수 있다. 첫 번째 종류의 예는 $\cos x$에 대한 급수에서, 두 번째는 $\sin x$에 대한 급수에서 찾을 수 있다. 그러므로 다음과 같이 가정해도 될 것이다.

전적으로 기호의 홀수 또는 짝수의 거듭 제곱에 따라 진행되는 급수의 시사점

$$\cos x = 1 + A_2 x^2 + A_4 x^4 + A_6 x^6 + \cdots,$$
$$\text{그리고} \quad \sin x = A_1 x + A_3 x^3 + A_5 x^5 + \cdots$$

646. 앞 장의 결론에 따른 관찰 결과, 수식과 완전히 동치인 급수는 그것과 동일한 개수의 값을 가져야 하며, 그 이상은 없는 것으로 보인다. 그러므로 원래의 수식이 하나의 값만 가지고 있다면, 그에 상응한 동치인 급수는 오름 차순이든 내림 차순이든, 그 기호의 정수 거듭 제곱만 포함해야 한다. 만일 급수가 원래의 수식과 동일한 수의 값을 갖는 하나의 항을 가지거나 간접적으로 고려하여 가질 수 있는 경우, 그 항은 단수로서 급수의 다른 항들로 이어지는 동일한 연산 또는 연산들에서 발생하지 않거나, 아니면 그 복수의 값이 의존하는 그것의 기호 부분은 급수의 일부 또는 다른 모든 항들의 공통 인자로 간주될 수 있고, 따라서 유리수 항들의 급수로 곱해지는 것으로 여겨진다. 그러나 급수의 여러 항이 여러 복수의 값을 허용하는 기호 부분을 포함한다면, 모든 조건에서 그 급수는 각 쌍의 인자가 수납자인 여러 곱으로 분해될 수 있다. 여기서 수납자는 복수의 값과 유리수의 양 또는 산술 값만 지닌 양으로, 이런 복수의 값들의 여러 조합의 수가 전개가 필요한 원래의 수식의 여러 값들의 수와 같아야 하고 초과하지 않아야 하는 것이 당연하다.

647. 따라서 다음에 대한 급수들과 기호의 동일한 값들에 대해 하나의 값을 인정하는 다른 수식은 x, 또는 오름 차순이든 내림 차순이든 그에 따라 급수가 배열되는 다른 기호나 기호 조합의 정수 거듭 제곱에 따라 진행해야 한다.

$$\frac{a+x}{a-x}, \quad \frac{a+bx+cx^2}{\alpha+\beta x+\gamma x^2}, \quad a^x, \quad \sin x, \quad \cos x$$

$(a+x)^n$에 대한 급수의 첫째 항은 a^n인데, 그들 값이 하나 이상일 때 a^n이 $(a+x)^n$의 여러 값들의 수납자이므로, 또 급수의 어떤 항도 a^n과 독립적일 수 없으므로, 요구되는 급수는 a^n과 유리 항들로 이루어진 한 급수의 곱으

로 간주될 수 있다. 유사한 방식으로 다음 식들에 대한 급수들은

$$\sqrt{(ax - x^2)}, \quad \frac{1}{\sqrt[3]{(ax + x^2)}}, \quad (a - bx + cx^2)^{\frac{1}{n}}, \quad \text{그리고} \quad \sqrt[3]{\frac{a - x}{a + x}}$$

각각 다음 식들의 곱이 되어

$$\sqrt{(ax)}, \quad \frac{1}{\sqrt[3]{(ax)}}, \quad (a)^{\frac{1}{n}}, \quad \text{그리고} \quad \sqrt[3]{1}$$

포함된 기호들의 정수 거듭 제곱에 따라 진행되는 급수가 된다.

648. 대수적이든 선험적이든 어떤 기호들을 포함하는 수식을 취하여 u라고 한 후, x처럼 기호들 중 하나를 $x + h$로 치환하고 그것을 새로운 형태로 u'이라 한다면, h의 거듭 제곱에 따라 진행되는 다음과 같은 u'의 전개 형태를 가정해도 무방할 것이다.

x가 $x + h$로 대치될 때, 기호 x를 포함하는 수식에 대한 급수의 형식

$$u' = u + c_1 h + c_2 h^2 + c_3 h^3 + \cdots$$

우선 $h = 0$이라고 가정하면, u'은 u와 같아지고, 그 전개를 표시하는 급수는 그 첫째 항과 같아진다. 결과적으로 원래의 수식인 u는 동치인 급수의 첫째 항, 즉 h와 독립적인 항을 반드시 형성한다.

둘째로, u'에 대한 급수가 h의 정수 거듭 제곱만을 포함하는 경우이다. u'은 u보다 더 많은 값을 가질 수 있으나, 이는 x를 $x + h$로 치환한다고 해서 어떤 추가적인 값이 도입되는 것이 아닌 만큼 분명히 불가능하다.

셋째로, 이 급수는 h의 음의 거듭 제곱을 포함할 수 없는데, 이는 $h = 0$일 때 그것을 포함하는 항들은 무한대가 되기 때문이다. 그러므로 u'에 대한 급수는 그러한 조건에서 u와 동일하게 된다.

이 조사의 추론 과정에 따르면, h의 거듭 제곱은 규칙적으로 상승하여 자연수 1, 2, 3, $\cdots$와 일치하게 되며, 또한 급수의 어떤 한 항의 계수가 영이 될 때, 그 이후의 모든 항도 마찬가지로 영이 될 것임을 알 수 있다.

여기서 후속 고려를 위한 질문이 있는데, 그러한 항들 중 하나 이상이 어떤 순서로든 영이 되는 가능성을 허용하는 것은 우리 자유다.

649. 지금까지 우리가 만들고 정당화한 가정으로부터 즉시 뒤따르는 것은 다음과 같다.

$$\frac{u' - u}{h} = c_1 + c_2 h + c_3 h^3 + c_4 h^4 + \cdots$$

그리고 $h = 0$이라는 가정으로 u'이 u와 같아져 $\frac{u'-u}{h} = \frac{0}{0}$이 되는 만큼, 해당 급수를 첫째 항 c_1으로 변환시킨다. 따라서 다음을 얻는다.

$$\frac{u' - u}{h} = \frac{0}{0} = c_1$$

650. (조항 323)의 주석에서 우리는 특정한 조건에서 $\frac{0}{0}$이 되는 수식의 의미와, 영과 무한대와 다를 때 그들의 실제 대수 값이 결정되고 표시되는 원리를 설명하였다. 거기서 들었던 예에 더하여, $u = x^n$일 때 다음 수식의 값을 고려해 본다.

$$\begin{aligned}
\frac{u' - u}{h} &= \frac{(x+h)^n - x^n}{h} \\
&= \frac{\left(x^n + n x^{n-1} h + \frac{n(n-1)}{1 \cdot 2} x^{n-2} h^2 + \cdots \right) - x^n}{h} \\
&= n x^{n-1} h + \frac{n(n-1)}{1 \cdot 2} x^{n-2} h + \frac{n(n-1)(n-2)}{1 \cdot 2 \cdot 3} x^{n-3} h^2 + \cdots
\end{aligned}$$

결과적으로, $h = 0$일 때 다음을 얻는다.

$$\frac{u' - u}{h} = \frac{0}{0} = n x^{(n-1)} = c_1$$

그리고 $x = 1$이고 $u = 1^n$, 따라서 $u' = (1+h)^n$인 경우, 다음을 얻는다.

$$\frac{u' - u}{h} = \frac{0}{0} = n = c_1$$

651. 선행 이론으로부터, $\frac{u'-u}{h}$값의 결정은 그것이 $\frac{0}{0}$이 될 때, u'에 대한 급수에서 h의 계수를 결정하는 것과 등등하며, 반대로 u'의 전개에서 u로부터 c_1로 이동할 수 있는 동일한 법칙이 마찬가지로 그것이 $\frac{0}{0}$이 될 때 u로부터 $\frac{u'-u}{h}$의 값으로 이동을 가능하게 한다. 그것은 우리가 이 추론의 법칙, 또는 그렇게 파생된 양이나 $\frac{u'-u}{h} = \frac{0}{0}$에 어떤 이름을 붙이든지, 또는 $\frac{u'-u}{h} = \frac{0}{0}$으로부터 c_1의 값을 결정하든지, 또 그 반대로 결정하든지 간에, 차이가 없는 문제이다.

652. 스스로를 나타낼 수 있는 모든 형태의 대수학적 또는 선험적 수식에 대해, 이 추론의 법칙을 조사하거나 발견하는 것을 멈추지 않고, 매우 중요하지만, 어떤 면에서는 우리의 현재 대상과는 다른 질문으로, 우리는 u'에 대한 급수의 두 번째 항 계수의 결정과 다른 항들 계수의 결정 사이의 본질적인 관계에 대한 조사를 진행할 것이다.

둘째 항의 계수에 대한 급수의 여러 항들 계수의 종속 법칙

우리는 이미 다음과 같은 식을 보였다

$$u' = u + c_1 h + c_2 h^2 + c_3 h^3 + \cdots \tag{13.1}$$

여기서 h를 h_1으로 치환하고, u'에 해당하는 값을 u_1으로 정하면, 다음의 식을 얻는다.

$$u_1 = u + c_1 h_1 + c_2 h_1^2 + c_3 h_1^3 + \cdots \tag{13.2}$$

이들 급수에서 두 번째를 첫 번째에서 빼면 다음과 같다.

$$u' - u_1 = c_1(h - h_1) + c_2(h^2 - h_1^2) + c_3(h^3 - h_1^3) + \cdots$$

그리고 이 방정식의 모든 항을 $h - h_1$로 나누면, 다음을 얻는다.

$$\frac{u' - u_1}{h - h_1} = c_1 + c_2 \frac{h^2 - h_1^2}{h - h_1} + c_3 \frac{h3 - h_1^3}{h - h_1} + \cdots$$
$$= c_1 + c_2(h + h_1) + c_3(h^2 + hh_1 + h_1^2) + \cdots$$

여기서 $h = h_1$이라 가정하면 $u' = u_1$이고 다음을 얻는다.

$$\frac{u' - u'}{h - h} - \frac{0}{0} = c_1 + 2c_2h + 3c_3h^2 + \cdots \qquad (13.3)$$

그러나 우리는 $\frac{u-u}{0} = \frac{u-u}{h-h} = c_1$임을 이미 보았다. 그러므로 c_1에 포함된 기호 x가 $x + h$로 치환된다면 $\frac{u'-u'}{h-h} = c_1^1$이 된다. 왜냐하면 $\frac{u-u}{h-h} = c_1^1$은 x를 $x + h$로 치환하기만 하면 $\frac{u'-u'}{h-h} = c_1$로 변환되는 것이 명백하기 때문이다. c_1^1이 동치인 급수인

$$c_1 + C_2h + C_3h^2 + C_4h^3 + \cdots$$

로 변환되는 만큼, 같은 방법으로, 그리고 같은 이유로 u'은 다음과 같이 변환된다.

$$u + c_1h + c_2h^2 + c_3h^3 + \cdots$$

그러므로 다음이 성립한다.

$$\frac{u' - u'}{h - h} = c_1 + C_2h + C_3h^2 + C_4h^3 + \cdots$$
$$= c_1 + 2c_2h + 3c_3h^2 + 4c_4h^3 + \cdots$$

그리고 이들 급수가 동일하기 때문에 다음이 성립한다.

$$C_2 = 2c_2, \quad C_3 = 3c_3, \quad C_4 = 4c_4, \cdots$$

그러나 C_2, C_3, C_4, $\cdots$은 c_1로부터 파생된 것이 분명하며, 같은 방법으로 또한 같은 법칙에 의해 c_1, c_2, c_3, $\cdots$은 u로부터 파생된 것이 분명하다. 다시 말하면 u로부터 c_1을 얻을 수 있다면, 같은 법칙에 따라 계속 진행한다면, c_1로부터 C_2를, c_2로부터 C_3을, c_3으로부터 C_4 등등을 얻을 수 있다. 그러므로 u_1로부터 c_1을 결정할 수 있다면, 그것들을 결정할 필요가 있다고 생각할 때, u' 전개의 계수인 C_2, C_3, C_4, $\cdots$과 또한 c_2, c_3, c_4, $\cdots$도

결정할 수 있다.[2])

653. 따라서 $c_1 = 0$이면, c_2, c_3, c_4 그리고 급수의 모든 후속 계수들도 마찬가지로 영이 될 것이다. 다시 말해 u가 가장 단순한 형태로 x를

급수의 어느 한 계수가 영이 되면, 그 후의 모든 계수는 마찬가지로 영이 됨

---

2) **테일러 급수:** 주어진 식으로부터 각 계수들의 연속적인 추출을 나타내는 전통적인 기호를 적용하기를 선택하면, 본문에 있는 명제는 스스로 유명한 테일러 급수로 전개할 것이다. 테일러 급수는 미분학 그리고 급수 전개에 대한 일반 이론의 근간을 이룬다.

그러므로 c_1을 Du로 나타내길 동의한다면, 여기서 Du는 통상적인 대수 기호에서처럼 D를 u와 곱한 것이 아니라 $\frac{u-u}{h-h} = \frac{0}{0}$의 대수적 값으로 u로부터 유도된 식을 나타낼 때, 동일한 법칙으로 c_1을 Du로 치환하여 다음을 얻는다.

$$C_2 = Dc_1 = D(Du)$$

추가로 $D(Du)$를 D^2u로 나타내기로 동의하면(대수에서의 첨자 사용을 차용하여, 그러나 대수에서의 일반적인 해석을 사용하지는 않고), 다음을 얻는다.

$$c_2 = \frac{1}{2}C_2 = \frac{1}{1 \cdot 2} \cdot D^2u$$

비슷한 방법에 의해, 본문에 있는 명제로부터 (c_2를 $\frac{D^2u}{1\cdot2}$로 치환하여) 다음을 얻는다.

$$C_3 = Dc_2 = D\left(\frac{D^2u}{1 \cdot 2}\right)$$

따라서 $D(D^2u)$를 D^3u로 치환하면, 위에서 언급된 유추와 일치하게 $C_3 = \frac{D^3u}{1\cdot2}$이다. 결과적으로 다음을 얻는다.

$$c_3 = \frac{C_3}{3} = \frac{D^3u}{1 \cdot 2 \cdot 3}$$

동일한 방법으로 진행하면, 다음을 얻는다.

$$c_4 = \frac{D^4u}{1 \cdot 2 \cdot 3 \cdot 4}, \qquad c_5 = \frac{D^5u}{1 \cdot 2 \cdot 3 \cdot 4 \cdot 5}$$

그리고 원하는 만큼 같은 방법이 적용된다. 그러므로 u'에 대한 급수의 몇 개 항을 유도히는 법칙을 기호로 표현힐 수 있나. 즉, 아래 급수틀

$$u' = u + c_1h + c_2h^2 + c_3h^3 + c_4h^4 + \cdots$$

다음과 같이 테일러 급수로 변형할 수 있다.

$$u' = u + Du \cdot h + D^2u \cdot \frac{h^2}{1 \cdot 2} + D^3u \cdot \frac{h^3}{1 \cdot 2 \cdot 3} + D^4u \cdot \frac{h^4}{1 \cdot 2 \cdot 3 \cdot 4} + \cdots$$

예를 보이기 위해 $u = x^n$일 때 u'의 전개에 적용해 보자. 이 경우 $Du = nx^{n-1}$

포함하지 않을 때에만 발생할 수 있는 $u' = u$가 아닌 한, u'에 대한 급수는 그것이 진행되는 한, h의 연속적인 거듭 제곱을 포함할 수밖에 없고, 이는 1, 2, 3, 4, 5 등 자연수의 급수와 일치한다.

u가 x를 포함할 때, 항상 $\frac{u'-u}{h} = \frac{0}{0}$의 값이 있음

654. x를 포함하는 모든 수식(u)에는, u'의 전개에서 h의 계수도 되는 다음 식의 값이 존재한다.

$$\frac{u' - u}{h} = \frac{0}{0}$$

이 값을 u와 연결해 주는 추론의 법칙은 u'에 대한 급수의 다른 모든 항의 계수에 대한 추론의 법칙을 포함한다.

u'과 동치인 급수는 항상 있음

655. 마찬가지로 x를 포함하거나 그것에 어떤 식으로든 종속적인 수식은 없을 것이며, x가 $x + h$로 대치될 때 거기에 상응하는 동치인 급수가 없을 것이다. 즉, 그러한 전개들의 존재는 가설이 아니라 필수적이다.

둘째 항의 계수로부터 $(1 + x)^n$에 대한 급수의 계수 결정

656. 앞의 결론은 매우 중요하고 일반적인 것으로, 독립적으로 추론이고, 추론의 법칙을 말로 표현하면 다음과 같다.

"양(x^n)에 x의 지수를 곱하고, 그 지수에서 1을 뺀다."

따라서, Du에서 x의 지수가 $n - 1$이므로 다음을 얻는다.

$$D^2 u = n(n-1)x^{n-2}$$

또한, $D^2 u$에서 x의 지수가 $n - 2$이므로 다음을 얻는다.

$$D^3 u = n(n-1)(n-2)x^{n-3}$$

마찬가지로 다음을 얻는다.

$$D^4 u = n(n-1)(n-2)(n-3)x^{n-4}$$
$$D^5 u = n(n-1)(n-2)(n-3)(n-4)x^{n-5}$$

결과적으로 다음이 성립한다.

$$u' = (x + h)^n$$
$$= x^n + nx^{n-1} \cdot h + n(n-1)x^{n-2} \cdot \frac{h^2}{1 \cdot 2} + n(n-1)(n-2)x^{n-3} \cdot \frac{h^3}{1 \cdot 2 \cdot 3} + \cdots$$

된 두 개의 급수를 비교함으로써 얻어졌으며, 이 둘은 서로 동일하다. 같은 방법이 앞의 결론이나 그들과 관계된 일반적인 추론에 직접적인 참조를 하지 않고 다른 많은 경우에 채택될 수 있다. 다음과 같은 방법은 이런 종류인데, 가장 일반적으로 사용되는 것으로서, $(1+x)^n$에 대한 급수의 계수들을 그 두 번째 항의 계수를 앎으로써 추론하는 것이다.

다음이 성립한다고 하자.

$$(1+x)^n = 1 + c_1 x + c_2 x^2 + c_3 x^3 + \cdots \tag{13.4}$$

x를 x_1로 대치하면, 다음을 얻는다.

$$(1+x_1)^n = 1 + c_1 x_1 + c_2 x_1^2 + c_3 x_1^3 + \cdots$$

결국, 다음을 얻는다.

$$(1+x)^n - (1+x_1)^n = c_1(x - x_1) + c_2(x^2 - x_1^2) + c_3(x^3 - x_1^3) + \cdots$$

그러므로 다음이 성립한다.

$$\frac{(1+x)^n - (1+x_1)^n}{(1+x) - (1+x_1)} = c_1 + c_2(x + x_1) + c_3(x^2 + xx_1 + x_1^2) + \cdots$$

여기서 $x = x_1$로, $\frac{v^n - v^n}{v - v} = nv^{n-1}$이라 가정하면, 다음을 얻는다.

$$n(1+x)^{n-1} = c_1 + 2c_2 x + 3c_3 x^2 + \cdots$$

이 방정식의 양변에 $1 + x$를 곱하면 다음을 얻는다.

$$n(1+x)^n = c_1 + (2c_2 + c_1)x + (3c_3 + 2c_2)x^2 + \cdots$$

$$= n + nc_1 x + nc_2 x^2 + \cdots$$

이는 $(1+x)^n$에 대해 가정된 원래 급수에 n을 곱한 값과 동일하다.

그렇게 $n(1+x)^n$에 대해 동일한 급수 두 개를 얻고 나서, 해당 항을 동일시하면, 다음의 결과가 된다.

$$c_1 = n$$

$$2c_2 + c_1 = nc_1, \qquad \text{따라서} \quad 2c_2 = nc_1 - c_1 = (n-1)c_1$$

$$2c_2 = n(n-1), \quad \text{따라서} \quad c_2 \;=\; \frac{n(n-1)}{1 \cdot 2}$$

$$3c_3 + 2c_2 = nc_2, \qquad \text{따라서} \quad 3c_2 = nc_2 - 2c_2 = (n-2)c_2$$

$$= \frac{n(n-1)(n-2)}{1 \cdot 2}$$

결과적으로, 다음을 얻는다.

$$c_3 = \frac{n(n-1)(n-2)}{1 \cdot 2 \cdot 3}$$

유사한 방법으로 다음의 결과를 얻을 수 있다.

$$c_4 = \frac{n(n-1)(n-2)(n-3)}{1 \cdot 2 \cdot 3 \cdot 4}$$
$$c_5 = \frac{n(n-1)(n-2)(n-3)(n-4)}{1 \cdot 2 \cdot 3 \cdot 4 \cdot 5}$$

그리고 원하는 만큼 계속해서 진행할 수 있다.

$\frac{v^n - v^n}{v - v} = nv^{n-1}$을 직접 증명할 수 있는 경우 **657.** n의 모든 값에 대해, $\frac{v^n - v^n}{v - v} = nv^{n-1}$을 일반적으로 보여줄 수 있다면, 그 급수의 나머지 계수를 추론하는 앞의 방법이 마찬가지로 일반적이라는 것은 명백하다. 따라서 명제가 성립되는 근거를 고려해야 한다.

우선 n이 정수일 때 $v^n - v_1^n$을 $v - v_1$로 나누면, n항 이후를 종료하고, 모든 항이 서로 같고, $v = v_1$일 때 v^{n-1}과 같아진다. 따라서 그러한 조건에서는 다음이 성립한다.

$$\frac{v^n - v^n}{v - v} = nv^{n-1}$$

만일 가장 낮은 항에서 n을 분수 $\frac{m}{p}$으로 대치하고, $v^{\frac{1}{p}} = z$라 하면,

$v^n = v^{\frac{m}{p}} = z^m$이 되어, $v = v_1$일 때 다음 결과가 된다.

$$\frac{v^n - v_1^n}{v - v_1} = \frac{v^{\frac{m}{p}} - v_1^{\frac{m}{p}}}{v - v_1} = \frac{z^m - z_1^m}{z^p - z_1^p} = \frac{\left(\frac{z^m - z_1^m}{z - z_1}\right)}{\left(\frac{z^p - z_1^p}{z - z_1}\right)} = \frac{mz^{m-1}}{pz^{p-1}}$$

$$= \frac{m}{p} z^{m-p} = \frac{m}{p} v^{\frac{m}{p}-1} = nv^{n-1}$$

만일 m이 정수 또는 분수일 때 n을 $-m$으로 대치하면, $v = v_1$일 때 다음의 결과를 얻는다.

$$\frac{v^{-m} - v_1^{-m}}{v - v_1} = -\frac{1}{v^m v_1^m} \cdot \frac{v^m - v_1^m}{v - v_1} = -\frac{1}{v^{2m}} \cdot mv^{m-1}$$

$$= -mv^{-m-1} = nv^{n-1}$$

658. 그러나 n이 정수일 때 $\frac{v^n - v^n}{v - v}$의 값을 n이 일반 기호일 때의 그 값으로 이동하고자 한다면, 동치인 형식의 영속성의 원리에 따라 두 경우 모두 그 값이 기호적으로 동일할 것이라고 결론을 내려야 하며, 이 결론은 다른 방법으로는 추론할 수 없다. 비록 양의 값이든 음의 값이든 유한 분수인 n의 모든 값에 대한 진실을 우리가 확인할 수 있더라도, 지수가 지정한 연산이 그러한 해석에 의존하는 직접적인 과정을 통해 정의되거나 해석될 수 있을 경우, 그 해석이 존재하지 않을 때 또는 존재하더라도 발견되거나 지정되지 않을 때, 모든 유사한 과정이 반드시 그 경우의 본질로부터 반드시 실패할 수밖에 없다.

동치인 형식의 영속성 원리로 일반화된 선행 결론

659. 동일한 관찰 결과가 동치인 형식의 영속성 원리에 따라 좌우되는 이항 정리의 모든 증명에 다소간 적용되어야 한다. 왜냐하면 그 경우의 본질로부터 $(1+x)^n$의 전개는 지수 n이 지정하는 연산의 의미에 대한 우리의 지식에 따라 달라져야 한다는 것이 명백하기 때문이다. 다른 어떤 조건에서도 요구되는 전개가 직접적인 과정으로 수행되어야 하는 경우 우

그 원리와 독립적인 이항 정리에 대한 일반적 증명은 없음

리는 연산을 수행할 수 없거나, 또는 알려진 연산으로 도출된 임의 수식의 두 동일한 급수에 대한 동등성을 결정할 수 없는데, 이는 요구되는 급수의 미정 계수를 독립적으로 포함한다. 그러므로 그러한 조건에서 $(1+x)^n$ 에 대한 급수로의 전환은, 다른 모든 경우에 전개가 연산에 의존해야 하는 것처럼, 언급된 원칙에 의해 수행되어야 하는데, 그 연산은 변경될 수 있고, 어떤 위장된 방법으로라도 지수의 특정 값 해석에 기본적으로 관련되고 의존한다[3](조항 135).

a^x의 전개　**660.**　미정 계수에 의해 전개를 수행할 때 일반적으로 사용되는 방법은 다른 수단으로 해결할 수 없는 난제를 극복해야 하는 필요성보다 필요한 과정을 단축시킬 목적으로 더 자주 사용된다. 따라서 x의 거듭 제곱에 따라 진행하는 a^x에 해당하는 급수를 조사할 필요가 있다고 가정하자.

1차 과정　다음이 성립한다고 하자.

$$a^x = 1 + A_1 x + A_2 x^2 + A_3 x^3 + \cdots$$

그러면 다음을 얻는다.

---

[3] 본문에서 제시된 견해는 명백히 1774년 페테르부르크 법에 제공된 이항 정리의 증명에 대한 일종의 서문에서 동치인 형식의 영속성 원리를 부인한 위대한 오일러의 권위에 대한 반대이다. 그러나 그가 제시한 증명의 유효성이 비록 일반적으로 고려되는 지수의 값으로 제한된다 할지라도 아마도 문제에서 원리의 진리에 의존하는, 그리고 그 권위의 도움없이, 지수의 일반적인 값으로 확장할 수 없는, 다른 어떤 것보다 더 크다는 것은 놀라운 일이 아니다.

그가 주장한 이 원리의 진리와 보편성에 대한 예외는 매우 주목할 만한 다음 급수에서 발견된다.

$$\frac{1-a^m}{1-a} + \frac{(1-a^m)(1-a^{m-1})}{1-a^2} + \frac{(1-a^m)(1-a^{m-1})(1-a^{m-2})}{1-a^3} + \cdots$$

위 급수의 법칙은 처음 세 개 항으로부터 충분히 명백하다. m이 정수이면 이 급수의 합은 m인데, 그는 다른 값의 경우에는 그렇지 않다고 말한다. 그러나 그는, 매우 일반적으로, 급수의 대수적 합과 산술적 합을 혼동한 것으로 보이는데, 둘 중에서 대수적 합만 문제의 원리에 관련된다.

$$a^h = 1 + A_1 h + A_2 h^2 + A_3 h^3 + \cdots$$

또한 다음이 성립한다.

$$a^{x+h} = 1 + A_1(x+h) + A_2(x+h)^2 + A_3(x+h)^3 + \cdots$$

그러나 $a^x \times a^h = a^{x+h}$이므로, a^x와 a^h에 대한 두 급수의 곱은 a^{x+h}에 대한 급수와 같아야 한다. 만약 이 곱셈을 수행하여 a^{x+h}에 대한 급수에서 $x+h$의 거듭 제곱을 전개한다면, 우리는 서로 독립적으로 추론되는 두 개의 동일한 급수를 얻을 것이며, 그 해당 항을 비교함으로써 일련의 방정식을 구할 수 있고, 거기에서 A_2, A_3, A_4 등의 값을 A_1로부터 결정할 수 있다.

위에서 설명한 과정은 매우 지루하여, 다음의 새로운 방법으로 크게 단 **2차 과정** 축할 수 있다.

이전처럼 다음과 같이 가정하자.

$$a^x = 1 + A_1 x + A_2 x^2 + A_3 x^3 + \cdots$$

방정식의 양변에 모두 a를 곱하면, 다음과 같이 된다.

$$
\begin{aligned}
a^{1+x} &= 1 + A_1(1+x) + A_2(1+x)^2 + A_3(1+x)^3 + \cdots \\
&= 1 + A_1 + A_2 + A_3 + \cdots \\
&\quad + x(A_1 + 2A_2 + 3A_3 + \cdots) \\
&\quad + x^2(A_2 + 3A_3 + 6A_4 + \cdots) \\
&\quad + \cdots \\
&= a \times a^x = a + A_1 a x + A_2 a x^2 + A_3 a x^3 + \cdots
\end{aligned}
$$

결국, 이 동일한 두 급수에서 해당 항과 계수를 동일시하면 다음을 얻는다.

$$a = 1 + A_1 + A_2 + A_3 + \cdots$$

따라서 다음이 성립한다.

$$A_1 a = A_1 + A_1^2 + A_1 A_2 + A_1 A_3 + \cdots$$

$$= A_1 + 2A_2 + 3A_3 + 4A_4 + \cdots$$

결과적으로 다음을 얻는다.

$$2A_2 = A_1^2, \qquad \text{따라서} \quad A_2 = \frac{A_1^2}{1 \cdot 2},$$

$$3A_3 = A_1 A_2 = \frac{A_1^3}{1 \cdot 2}, \qquad \text{따라서} \quad A_3 = \frac{A_1^3}{1 \cdot 2 \cdot 3},$$

$$4A_4 = A_1 A_3 = \frac{A_1^4}{1 \cdot 2 \cdot 3}, \qquad \text{따라서} \quad A_4 = \frac{A_1^4}{1 \cdot 2 \cdot 3 \cdot 4}$$

그러므로 다음이 성립한다.

$$a^x = 1 + A_1 x + \frac{A_1^2}{1 \cdot 2} x^2 + \frac{A_1^3}{1 \cdot 2 \cdot 3} x^3 + \frac{A_1^4}{1 \cdot 2 \cdot 3 \cdot 4} x^4 + \cdots$$

a^x에 대한
급수에서 둘째
항의 계수를
결정

661. 위의 전개 과정은 계수 $A_1 (x = 0$일 때 $\frac{a^x - a^x}{x - x}$의 값$)$을 불확정한 것으로 만든다. 그러나 아래의 식이 성립하므로

$$a = 1 + A_1 + A_2 + A_3 + \cdots$$

$$\text{즉,} \quad a - 1 = A_1 + \frac{A_1^2}{1 \cdot 2} + \frac{A_1^3}{1 \cdot 2 \cdot 3} + \cdots$$

이것과 동등한 $(a - 1)$의 거듭 제곱에 따라 전개되는는 급수의 존재가 명백하다. 또한 아래의 식의 성립하므로

$$a = 1 + (a - 1)$$

다음을 얻는다.

$$a^x = \{1 + (a - 1)\}^x$$

이는 이항 정리에 의해 $(a-1)$의 거듭 제곱에 따라 전개되는 것으로, 다음과

526

같은 결과로 이어진다.

$$a^x = 1 + x(a-1) + \frac{x(x-1)}{1 \cdot 2}(a-1)^2$$
$$+ \frac{x(x-1)(x-2)}{1 \cdot 2 \cdot 3}(a-1)^3 + \cdots$$

이 급수가 x의 거듭 제곱에 따른 전개를 위해 변환될 수 있다면, a^x에 대한 급수와 반드시 동일해야 하는데, 지난 조항에서 설명한 바 있다. 우리의 목적상 둘째 항의 계수를 결정하면 충분할 것이고, 이는 다음과 같이 수행될 수 있다.

인자들이 서로 곱해졌을 때, 연속적인 계수에서 분자 x, $x(x-1)$, $x(x-1)(x-2)(x-2)$, $\cdots$의 마지막 항은 다음과 같다.

$$x, \quad -x, \quad 1 \cdot 2 \cdot x, \quad -1 \cdot 2 \cdot 3 \cdot x, \quad \cdots$$

x를 포함하는 전체 계수들에 해당하는 부분은 다음과 같다.

$$1, \quad \frac{-1}{2}, \quad \frac{1}{3}, \quad \frac{-1}{4}, \quad \frac{1}{5}, \quad -\cdots$$

결과적으로, 변환된 급수에서 항의 계수는 다음과 같다.

$$(a-1) - \frac{(a-1)^2}{2} + \frac{(a-1)^3}{3} - \frac{(a-1)^4}{4} + \cdots$$

여기서 위 식은 A_1과 동일하다.

662. A_1에 대한 급수를 산술 값을 결정할 필요가 있을 때마다 계산할 수 있는 다른 형식으로 변환하는 것이나, 또한 그것과 연관된 다른 중요한 결과를 조사하는 것은 현재의 의도가 아니며, 이는 다음 장에서 더 적절하게 검토할 것이다. 우리는 단지 a의 특정 값을 주목하는바, 이는 $A_1 = 1$을 만들고 다른 어떤 것보다 일반적으로 언급되는 급수의 형식을 생성한다.

$A_1 = 1$을 만드는 a의 값을 e라 하면, 다음을 얻는다.

$A_1 = 1$이 되게 하는 a 값의 결정

$$e^x = 1 + x + \frac{x^2}{1 \cdot 2} + \frac{x^3}{1 \cdot 2 \cdot 3} + \cdots$$

그리고 $x = 1$로 하면, 다음이 성립한다.

$$e = 1 + 1 + \frac{1}{1 \cdot 2} + \frac{1}{1 \cdot 2 \cdot 3} + \frac{1}{1 \cdot 2 \cdot 3 \cdot 4} + \cdots$$

위 급수는 e의 산술 값을 계산할 수 있게 수렴하는 급수가 된다.

이 급수의 14개 항을 더하면, 다음과 같이 마지막 숫자까지 정확한 e의 값을 얻는다.

$$e = 2.7182818$$

e, a, A_1을 연결하는 방정식

663. 방금 결정된 숫자의 양은 분석적인 조사에 널리 이용되고, 네이피어 로가리듬의 베이스로 간주되며, 다음 장에서 구체적으로 검토될 것이다. 현재로선 e, a 그리고 A_1을 서로 연결하는 방정식만을 제시한다.

아래의 식이 성립하므로

$$e^x = 1 + x + \frac{x^2}{1 \cdot 2} + \frac{x^3}{1 \cdot 2 \cdot 3} + \frac{x^4}{1 \cdot 2 \cdot 3 \cdot 4} + \cdots$$

x를 A_1로 대치하면, 다음을 얻는다.

$$e^{A_1} = 1 + A_1 + \frac{A_1^2}{1 \cdot 2} + \frac{A_1^3}{1 \cdot 2 \cdot 3} + \cdots$$
$$= a$$

$\cos x$와 $\sin x$에 대한 변수 x의 급수

664. $\cos x$와 $\sin x$에 대한 지수식은, 비록 그것이 대수학적이든 기하학적이든 간에, 그 정의의 다른 결과로부터 도출하는 것은 매우 쉬울 것이지만, 그 전개를 위해 가장 분명하고 즉각적인 방법을 제공할 것이다.[4)]

따라서 다음이 성립한다.

$$\cos x = \frac{\epsilon^x + \epsilon^{-x}}{2}$$

$$= \frac{1}{2} \left\{ 1 + B_1 x + \frac{B_1^2 x^2}{1 \cdot 2} + \frac{B_1^3 x^3}{1 \cdot 2 \cdot 3} + \frac{B_1^4 x^4}{1 \cdot 2 \cdot 3 \cdot 4} + \cdots \right\}$$

$$+ \frac{1}{2} \left\{ 1 - B_1 x + \frac{B_1^2 x^2}{1 \cdot 2} - \frac{B_1^3 x^3}{1 \cdot 2 \cdot 3} + \frac{B_1^4 x^4}{1 \cdot 2 \cdot 3 \cdot 4} + \cdots \right\}$$

$$= 1 + \frac{B_1^2 x^2}{1 \cdot 2} + \frac{B_1^4 x^4}{1 \cdot 2 \cdot 3 \cdot 4} + \cdots$$

유사한 방법으로, 다음을 얻는다.

---

4) $\cos x$와 $\sin x$에 대한 급수를 유도하는 다음 방법은 a^x에 대한 급수를 유도하기 위해 (조항 660)에서 사용한 방법과 유사하다. 다음을 가정하자.

$$\cos x = 1 + B_2 x^2 + B_4 x^4 + \cdots$$

$x = 1$이라 하면 다음이 성립한다.

$$\cos 1 = 1 + B_2 + B_4 + \cdots$$

또한 다음을 가정하자.

$$\sin x = B_1 x + B_3 x^3 + B_5 x^5 + \cdots$$

마찬가지로 $x = 1$이라 하면 다음이 성립한다.

$$\sin x = B_1 + B_3 + B_5 + \cdots$$

결과적으로 다음을 얻는다.

$$\cos(1 + x) = 1 + B_2(1 + x)^2 + B_4(1 + x)^4 + \cdots$$
$$= 1 + B_2 + B_4 + B_6 + \cdots + (2B_2 + 2B_4 + 2B_6 + \cdots)x$$
$$+ (B_2 + \frac{3 \cdot 4}{1 \cdot 2} B_4 + \frac{5 \cdot 6}{1 \cdot 2} B_6 + \cdots)x^2 + \cdots$$
$$= \cos 1 \cos x - \sin 1 \sin x \quad (pm480)$$
$$= (1 + B_2 + B_4 + \cdots)(1 + B_2 x^2 + B_4 x^4 + \cdots)$$
$$- (B_1 + B_3 + B_5 + \cdots)(B_1 x + B_3 x^3 + B_5 x^5 + \cdots)$$
$$= 1 + B_2 + B_4 + B_6 + \cdots - (B_1^2 + B_1 B_3 + B_1 B_5 + \cdots)x$$
$$+ (B_2 + B_2^2 + B_2 B_4 + \cdots)x^2 + \cdots$$

동치인 이들 두 급수에서 대응하는 항들로부터 다음을 얻는다.

$$2B_2 + 2B_4 + 2B_6 + \cdots = -B_1^2 - B_1 B_3 - B_1 B_5 - \cdots$$
$$B_2 + \frac{3 \cdot 4}{1 \cdot 2} B_4 + \frac{5 \cdot 6}{1 \cdot 2} B_6 + \cdots = B_2 + B_2^2 + B_2 B_4 + \cdots$$

결과적으로 다음을 얻는다.

$$\sin x = \frac{\epsilon^x - \epsilon^{-x}}{2\sqrt{-1}}$$

$$= \frac{1}{2\sqrt{-1}}\left\{1 + B_1 x + \frac{B_1^2 x^2}{1 \cdot 2} + \frac{B_1^3 x^3}{1 \cdot 2 \cdot 3} + \frac{B_1^4 x^4}{1 \cdot 2 \cdot 3 \cdot 4} + \cdots\right\}$$

$$+ \frac{1}{2\sqrt{-1}}\left\{1 - B_1 x + \frac{B_1^2 x^2}{1 \cdot 2} - \frac{B_1^3 x^3}{1 \cdot 2 \cdot 3} + \frac{B_1^4 x^4}{1 \cdot 2 \cdot 3 \cdot 4} + \cdots\right\}$$

$$= \frac{1}{\sqrt{-1}}\left\{B_1 x + \frac{B_1^3 x^3}{1 \cdot 2 \cdot 3} + \frac{B_1^5 x^5}{1 \cdot 2 \cdot 3 \cdot 4 \cdot 5} + \cdots\right\}$$

이 두 번째 경우, 그 급수의 모든 항이 반드시 유리수이고, 하나의 x값에 대하여 하나의 값을 갖는 한, $\sqrt{-1}$에 영향을 받지 않는 결과를 얻기 위하여, $\sqrt{-1}$은 B_1, B_3, B_5, $\ldots$을 나누어야 한다. 그러므로 $B_1 = C\sqrt{-1}$이라 하면, 다음 결과를 얻는다.

$$\cos x = 1 - \frac{C^2 x^2}{1 \cdot 2} + \frac{C^4 x^4}{1 \cdot 2 \cdot 3 \cdot 4} - \cdots, \tag{13.5}$$

$$2B_2 = -B_1^2, \qquad\qquad \text{따라서} \quad B_2 = \frac{-B_1^2}{1 \cdot 2},$$

$$\frac{3 \cdot 4}{1 \cdot 2}B_4 = B_2^2 = \frac{B_1^4}{1 \cdot 2 \cdot 1 \cdot 2}, \qquad \text{따라서} \quad B_4 = \frac{B_1^4}{1 \cdot 2 \cdot 3 \cdot 4},$$

$$\frac{5 \cdot 6}{1 \cdot 2}B_6 = B_2 B_4 = -\frac{B_1^6}{1 \cdot 2 \cdot 1 \cdot 2 \cdot 3 \cdot 4}, \qquad \text{따라서} \quad B_6 = \frac{-B_1^6}{1 \cdot 2 \cdot 3 \cdot 4 \cdot 5 \cdot 6},$$

$$\vdots \qquad\qquad\qquad\qquad\qquad \vdots$$

$$4B_4 = -B_1 B_3 = \frac{B_1^4}{1 \cdot 2 \cdot 3}, \qquad \text{따라서} \quad B_3 = \frac{-B_1^3}{1 \cdot 2 \cdot 3},$$

$$6B_6 = -B_1 B_5 = \frac{-B_1^6}{1 \cdot 2 \cdot 3 \cdot 4 \cdot 5}, \qquad \text{따라서} \quad B_5 = \frac{B_1^5}{1 \cdot 2 \cdot 3 \cdot 4 \cdot 5},$$

$$\vdots \qquad\qquad\qquad\qquad\qquad \vdots$$

그러므로 B_1을 본문에서 사용한 기호 C로 바꾸면 동치인 다음 식을 얻는다.

$$\cos x = 1 - \frac{C^2 x^2}{1 \cdot 2} + \frac{C^4 x^4}{1 \cdot 2 \cdot 3 \cdot 4} - \frac{C^6 x^6}{1 \cdot 2 \cdot 3 \cdot 4 \cdot 5 \cdot 6} + \cdots,$$

$$\sin x = Cx - \frac{C^3 x^3}{1 \cdot 2 \cdot 3} + \frac{C^5 x^5}{1 \cdot 2 \cdot 3 \cdot 4 \cdot 5} - \cdots$$

$$\sin x = Cx - \frac{C^3 x^3}{1\cdot 2\cdot 3} + \frac{C^5 x^5}{1\cdot 2\cdot 3\cdot 4\cdot 5} - \cdots \qquad (13.6)$$

665.   이러한 양의 대수학적 정의를 구성하는 $\cos x$와 $\sin x$에 대한 지수식에서 ϵ의 특정 값과 네이피어 로가리듬의 밑인 e에 대한 관계는 여기서 지정되지 않았으며, 이전 조사의 어떤 부분에서도 그 결정이 요구되지 않았다. 왜냐하면 사인과 코사인의 정의가 (대수학적이든 기하학적이든) 부여하는 조건은, 지금까지 본질적으로 미정인 ϵ의 값이 무엇이든지 간에 동일하게 충족될 수 있기 때문이다. 유사한 방식으로, 앞의 조항에서 $\cos x$와 $\sin x$에 대한 급수는 C에 어떤 값을 지정하더라도 그러한 정의의 조건에 대해 동일하게 답을 할 것이다. x의 부호가 $+$에서 $-$로, 또는 반대로 바뀔 때, 전자는 그 부호가 변하지 않고, 후자는 변할 것이기 때문이다. 반면에 다음과 같은 세 번째 조건은 x의 모든 값에 의해 동일하게 충족되므로, 그 급수의 여러 항에서 x를 Cx로, 또는 반대로 대치하더라도 차이가 없다.

$$\cos^2 x + \sin^2 x = 1$$

따라서 그 결정이 필요하면, C의 결정은 각도의 사인 및 코사인 정의와 그에 기초한 전개와는 독립적인 원칙에 따라 구해야 한다는 것은 명백하다.

666.   사실은, 사인 또는 코사인의 주어진 값이 각도의 결정된 값에 상응하므로, 우리는 이 각도의 다른 각, 또는 직각에 대한 비율을 결정할 수 있다. 그러나 그러한 각도의 값(실제 기하학적 양으로 간주됨)에서 그 측정 값까지 전환하는 것은, 어떤 양이 가정되었을 때 그 측정 값도 그것과 동일한 비율로 증가하거나 감소하는 것처럼, 완전히 임의적이다. 임의의 양과 마찬가지로 임의의 양과 동일한 비율로 증가하거나 감소하는 측정 값으로 가정할 수 있다. 따라서 각도를 형성하는 선에 의해 가로막힌 임의로 주어진 원의 호는, 우리가 그 각도의 다양한 값들에 대한 **동일한 원**을 고수한다

면, 그 측정 값으로 가정할 수 있다. 그러나 이 측정에 대해 이 원의 호가 반지름에 대해 갖는 비율을 가정해야 한다면, 원의 반지름이 무엇이든 간에 동일한 각도의 측정 값과 같은 양이 되는데, 원의 반지름이 1과 같다면, 그 크기가 동일하게 유지되는 균일한 측정 값을 얻을 수 있다.

한 각도의 가정된 측정 값과 C값 사이의 본질적 관계

667. 그러나 원의 반지름을 1로 가정하고, ACB가 x로 표시되는 각

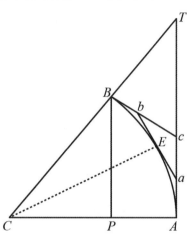

도라 한다면, 직각 삼각형 BCP의 변 CP와 BP는 코사인 및 사인 값을 나타내고, 산술적으로는 $\cos x$와 $\sin x$로 표시될 것이며, 호 AEB는 유사하게 각도 x를 나타낼 것이다. 왜냐하면 그러한 조건에서 다음 비율들은 각각 CP, BP, AEB와 산술적으로 동일할 것이기 때문이다.

$$\frac{CP}{AC}, \quad \frac{BP}{AC}, \quad \frac{AEB}{AC}$$

한 각도의 가정된 측정 값가, $\cos x$와 $\sin x$에 대한 급수에서 C의 값을 어떤 방식으로 확인할 수 있게 하는지의 문제가 여전히 남아 있다(조항 664).

첫째로, 호 AEB에 대한 사인 BP의 비율, 즉 $\frac{BP}{AEB}$는 $\frac{\sin x}{x}$와 동일하므

로, 다음 급수로 표현된 그 값은 x가 0일 때 C가 된다.

$$C - \frac{C^3 x^2}{1.2.3} + \frac{C^5 x^4}{1.2.3.4.5} - \cdots$$

둘째로, 호 AEB의 현 AB에 대한 사인 BP의 비율, 즉 $\frac{BP}{AB}$는 $\frac{\sin x}{2\sin\frac{x}{2}}$, 또는 $\frac{2\sin\frac{x}{2}\cos\frac{x}{2}}{2\sin\frac{x}{2}}$, 또는 $\cos\frac{x}{2}$와 동일하며, 현 AB가 호 AEB, 즉 x보다 작을 경우, $\frac{\cos x}{2}$는 $\frac{\sin x}{x}$보다 크다. 셋째로, 탄젠트 AT에 대한 사인 BP의 비율, $\frac{BP}{AT}$, 또는 $\frac{\sin x}{\tan x}$ 또는 $\cos x$는, AT가 호 AEB, 즉 x보다 클 경우, $\frac{\sin x}{x}$보다 작다.[5] 그러므로 $\frac{\sin x}{x}$의 값은 x의 모든 값에 대하여 $\cos\frac{x}{2}$와 $\cos x$ 값들 사이에 포함된다. 또한 $\cos\frac{x}{2}$와 $\cos x$ 둘 다 1과 같을 경우, $\frac{\sin x}{x}$는 같은 조건에서 마찬가지로 C의 값이 되는 1과 같다. 다시 말해서, 각도의 측정에 관하여 우리가 제시한 가설에 상응하는 C의 값은 반드시 1이 된다.[6]

668. (조항 660)을 참조하면, $C = 1$이므로 다음을 얻는다.

그러나 $\cos\frac{x}{2}$와 $\cos x$가 $\frac{\sin x}{x}$의 상한과 하한이고, $x = 1$일 때 서로 같아진다는 것을 보여줌으로써 시작한다면, 그리고 0이고, 따라서 x의 거듭 제곱에 따라 진행되는 $\sin x$에 대한 급수의 첫 번째 항이 1임을 추론한다면, 이 명제의 정신에 동등하게 부합한다.

5) **원호의 탄젠트는 그 원호 자신보다 크다**: 이것은 기하학적인 고려사항에서 쉽게 도출될 수 있다. 만약 호 AEB의 끝단 B로부터 t에서 AT와 만나는 접선 BT를 그린다면, $At = Bt$를 얻는다. 그러나 Tt는 삼각형의 더 큰 각도와 대변인 Bt보다 크다. 따라서 AT는 $At + Bt$보다 크다. AEB의 중점 E로부터, a에서 At와 만나고, b에서 Bt와 만나는 접선을 그리면, $at + bt$가 ab보다 크다. 따라서 $Aa + Bt$, 그리고 더욱더 AT는 $Aa + ab + Bb$보다 크다. 유사한 방법으로, 호 AE와 BE를 이등분하고, 이들의 중점으로부터 ab와 Bb에서 Aa와 만나는 접선을 그리면, $Aa + ab + Bb$, 따라서 더욱더 AT는 A와 B 사이에 포함된 접선들의 합보다 더 클 것이다. 이 과정을 계속하여, 합계가 할당될 수 있는 양 또는 선보다 작은 양만큼 호 AEB와 길이가 달라야 하고, 동시에 반드시 AT보다 작아야 하는, 이 작은 접선의 수를 늘리고 크기를 줄여야 한다. 또는 나든 날로, 호 AEB는 반드시 접선 AT보다 작아야 한다.

6) 본문의 결론은 다음에 주어지는 좀 더 일반적인 명제로부터 얻어지는 결과로 간주될 수 있다. 그리고 동일한 방법으로 유도될 수 있다.
   "같은 기호의 거듭 제곱에 따라 진행하는 수렴 급수에 의해 표현되는 세 개의 양이 있고, 그 기호의 동일한 값에 대해 첫 번째가 반드시 두 번째보다 크고, 두 번째가 세 번째보다 크다면, 첫 번째와 세 번째가 같은 첫 번째 항을 갖는 경우, 두 번째 급수의 첫 번째 항은 필연적으로 그것과 동등하다."
   따라서 이러한 양을 나타내는 수렴 급수가 아래와 같다고 하면,

$$\epsilon^x = 1 + B_1 x + \frac{B_1^2 x^2}{1 \cdot 2} + \cdots$$

$$= 1 + C\sqrt{-1}x - \frac{C^2 x^2}{1 \cdot 2} - \frac{C^3 \sqrt{-1} x^3}{1 \cdot 2 \cdot 3} + \frac{C^4 x^3}{1 \cdot 2 \cdot 3 \cdot 4} + \cdots$$

$$= 1 + \sqrt{-1}x - \frac{x^2}{1 \cdot 2} - \frac{\sqrt{-1}x^3}{1 \cdot 2 \cdot 3} + \frac{x^3}{1 \cdot 2 \cdot 3 \cdot 4} + \cdots$$

$$A_0 + A_1 x + A_2 x^2 + \cdots,$$
$$B_0 + B_1 x + B_2 x^2 + \cdots,$$
$$A_0 + a_1 x + a_2 x^2 + \cdots,$$

x의 값은 각각의 산술적 값을 첫 번째 항과 다르게 만들 수 있으며, 이는 할당될 수 있는 것보다 적은 양이다(조항 326, 327). 이러한 값을 $A_0 + D$, $B_0 + \Delta$, $A_0 + d$라 하자. 그러면, $A_0 + D > B_0 + \Delta$이고 $B_0 + \Delta > A_0 + d$이므로, 다음은 동일하게 양의 부호를 갖는 산술 값이다.

$$A_0 - B_0 + (D - \Delta), \quad \text{그리고} \quad (B_0 - A_0) + (\Delta - d)$$

가능하면, $B_0 = A_0 + b$ 또는 $A_0 - b$라 하자. 첫 번째 경우, 앞의 식은 다음과 같다.

$$-b + (D - \Delta), \quad \text{그리고} \quad b + (\Delta - d)$$

그리고 두 번째의 경우에는 다음과 같다.

$$b + (D - \Delta), \quad \text{그리고} \quad -b + (\Delta - d)$$

그리고 이러한 표현들이 반드시 양의 값을 가지므로, 첫 번째 경우 $D - \Delta$는 b보다 커야 하고, D는 $b + \Delta$보다 커야 하는데, 이는 가설에 반한다. 그리고 두 번째 경우, $\Delta - d$는 b보다 커야 하고, Δ는 $b + d$보다 커야 하는데, 이는 Δ가 할당될 수 있는 양보다 작다고 가정했기 때문에 가설에 어긋난다. 따라서, B_0은 A_0과 필연적으로 같아지고, 이는 증명되어야 할 명제이다.

만약 x가 영과 같다고 가정했다면, 혹은 다른 어떤 것과 동등하게 고려될 수 있는 x의 산술적 값들 중 하나로 영을 가정했다면, 즉시 같은 결론에 도달했어야 했다. 우리가 방금 증명했고, 이 결과가 보통 이 명제가 사용될 때 우리 조사의 궁극적인 목표인 만큼, 이 명제가 의존하는 명제보다 이 결과 자체를 한 번에 언급하는 것이 더 편리하다.

그러나 만약 이 명제로부터 즉각적으로 본문의 결론을 추론하는 것이 요구된다면, 그것은 매우 쉽다. 왜냐하면 $\cos \frac{x}{2}$가 $\frac{\sin x}{x}$보다 더 크고, $\frac{\sin x}{x}$가 $\cos x$보다 더 크기 때문이다. 그리고 아래의 식들에서 $C = 1$이기 때문이다.

$$\cos \frac{x}{2} = 1 - \frac{C^2}{4} \cdot \frac{x^2}{1 \cdot 2} + \frac{C^4}{16} \cdot \frac{x^4}{1 \cdot 2 \cdot 3 \cdot 4} - \cdots,$$

$$\frac{\sin x}{x} = C - \frac{C^3 x^2}{1 \cdot 2 \cdot 3} + \frac{C^5 x^4}{1 \cdot 2 \cdot 3 \cdot 4 \cdot 5} - \cdots,$$

$$\cos x = 1 - \frac{C^2 x^2}{1 \cdot 2} + \frac{C^4 x^4}{1 \cdot 2 \cdot 3 \cdot 4} - \cdots$$

그러므로 (조항 663)에서 주어진 방정식으로부터, 다음이 성립한다.

$$\epsilon = e^{\sqrt{-1}}$$

이는 네이피어 로가리듬의 밑이 되는 ϵ과 e의 관계를 나타내는 방정식으로, 그 값은 이미 결정되어 있는 것이다.

669. 이로부터 다음의 식이 얻어진다.

$$\cos x = \frac{e^{x\sqrt{-1}} + e^{x\sqrt{-1}}}{2},$$

$$\text{그리고} \quad \sin x = \frac{e^{x\sqrt{-1}} - e^{x\sqrt{-1}}}{2\sqrt{-1}}$$

$\sin x$와 $\cos x$ 의 지수 값에 대한 최종 형식

위의 코사인과 사인에 대한 지수 식이 일반적으로 나타나는 형식이다.

670. 유사한 방법으로, 다음을 얻는다.

$$\epsilon^x = e^{x\sqrt{-1}} = \cos x + \sqrt{-1}\sin x$$

즉 ϵ^x나 $\cos x + \sqrt{-1}\sin x$의 기호는 $e^{x\sqrt{-1}}$로 치환될 수 있다. 왜냐하면 이러한 수식들은 서로 기호적으로 동등하기 때문에, 결과적으로 그 해석의 동일성에 대한 가정은 우리가 어떤 방식으로 도달하든지 간에 동일한 기호적 결과에 동일한 의미를 부여할 것이다.

앞선 조사에는 급수의 전개에 관한 일반 이론의 가장 중요한 요소들이 포함되며, 미분학의 근본적인 명제로 바로 이어진다. 그러나 이러한 관계를 더 추적하는 것은 우리의 의도가 아니며, 대수학 및 다른 가장 포괄적인 학문의 한 분야의 응용으로 나아가는 것은 더더욱 아니다. 이는 그것이 용어의 가장 광범위한 의미에 따라 대수학의 기하학과의 연결을 완성하고, 또한 상징적 언어의 영역하에 그 대상을 가져올 수 있는 자연철학의 거의 모든 분야와의 연결을 완성하기 때문이다.

671. 어떤 양이나 기호가 다른 양이나 기호의 거듭 제곱에 따라 진행되는 급수로 나타나는 경우, 후자의 양이나 기호가 전자의 거듭 제곱에 따라 진행되는 급수로 나타난다면, 이들을 역 급수라 한다. 따라서

$$y = A_0 + A_1 x + A_2 x^2 + A_3 x^3 + \cdots$$

일 때, 그 역 급수는 다음과 같다.

$$x = a_0 + a_1 y + a_2 y^2 + a_3 y^3 + \cdots$$

비슷한 방식으로, $\sin x$와 $\cos x$는 x의 거듭 제곱에 따라 진행하는 급수로 나타나며, 그에 상응하는 역 급수의 하나는 $\sin x$로, 다른 하나는 $\cos x$로서 x의 값을 나타낼 것이다.

672. 급수의 역전은 많은 경우에, 다항 정리의 도움으로 미정 계수에 의해 수행될 수 있다. 따라서 영향을 받을 수 있으며, 다음이 성립한다.

$$\sin x = x - \frac{x^3}{1 \cdot 2 \cdot 3} + \frac{x^5}{1 \cdot 2 \cdot 3 \cdot 4 \cdot 5} - \cdots$$

그러므로 다음과 같이 가정할 수 있다.

$$x = A_1 \sin x + A_3 \sin^3 x + A_5 \sin^5 x + \cdots$$

이 급수가 $\sin x$의 홀수인 거듭 제곱에 한정되어야 하는 것이 분명하며, 같은 이유로 첫 번째 급수는 거듭 제곱에 한정되었다(조항 645). 그러므로 다음을 얻는다.

$$x = A_1 \sin x + A_3 \sin^3 x + A_5 \sin^5 x + \cdots$$

$$-\frac{x^3}{1 \cdot 2 \cdot 3} = -\frac{A_1^3}{1 \cdot 2 \cdot 3} \sin^3 x - \frac{3 A_1^2 A_3}{1 \cdot 2 \cdot 3} \sin^5 x - \cdots$$

$$+\frac{x^5}{1 \cdot 2 \cdot 3 \cdot 4 \cdot 5} = \frac{A_1^5}{1 \cdot 2 \cdot 3 \cdot 4 \cdot 5} \sin^5 x + \cdots$$

$$\vdots \qquad\qquad \vdots$$

결과적으로 다음을 얻는다.

$$\sin x = A_1 \sin x + \left(A_3 - \frac{A_1^3}{1\cdot 2\cdot 3}\right)\sin^3 x$$
$$+ \left(A_5 - \frac{3A_1^2 A_3}{1\cdot 2\cdot 3} + \frac{A_1^5}{1\cdot 2\cdot 3\cdot 4\cdot 5}\right)\sin^5 x + \cdots$$

그리고 이 방정식의 항들이 서로 동일하기 때문에, 다음을 얻을 수 있다.

$$A_1 = 1,$$
$$A_3 - \frac{A_1^3}{1\cdot 2\cdot 3} = 0, \quad \text{즉 } A_3 = \frac{A_1^3}{1\cdot 2\cdot 3},$$
$$A_5 - \frac{3A_1^2 A_3}{1\cdot 2\cdot 3} + \frac{A_1^5}{1\cdot 2\cdot 3\cdot 4\cdot 5} = 0, \quad \text{즉 } A_5 = \frac{3A_1^2 A_3}{1\cdot 2\cdot 3} + \frac{A_1^5}{1\cdot 2\cdot 3\cdot 4\cdot 5}$$
$$\vdots \qquad \vdots \qquad\qquad \vdots$$

그러므로 다음이 성립한다.

$$x = \sin x + \frac{\sin^3 x}{1\cdot 2\cdot 3} + \frac{9\sin^5 x}{1\cdot 2\cdot 3\cdot 4\cdot 5} + \cdots$$

673. 역전이 필요한 급수가 그것이 배열된 거듭 제곱에 따라 기호나 기호 조합과 독립적인 항을 포함하면, 앞의 예에서 사용된 것과 같은 미정 계수의 방법을 직접 적용하는 것은 다른 방법의 도움 없이는 수행할 수 없음을 알게 될 것이다. 이러한 종류의 급수로 다음을 생각해 볼 수 있다.

급수의 역전에 대한 일반적 과정이 실패하는 경우

$$\cos x = 1 - \frac{x^2}{1\cdot 2} + \frac{x^4}{1\cdot 2\cdot 3\cdot 4} - \frac{x^6}{1\cdot 2\cdot 3\cdot 4\cdot 5\cdot 6} + \cdots$$

이는 그런 방법으로 $1 - \cos x$, 즉 $\operatorname{versin} x$의 거듭 제곱에 따라 진행하지만 $\cos x$의 거듭 제곱에 따르지는 않는 급수에서, 역 급수가 될 수 있다. 같은 종류로서 (조항 661)에서 고려한 다음 급수는 a의 거듭 제곱에 따라 역 급

수가 되어야 하면, $(a-1)$의 거듭 제곱에 따른 방법으로 이미 역 급수가
되었다.

$$a = 1 + A_1 + \frac{A_1^2}{1 \cdot 2} + \frac{A_1^3}{1 \cdot 2 \cdot 3} + \cdots$$

그것은 이 방법으로 적용을 인정하는 경우와 그렇지 못한 다른 경우에,
역 급수 구성의 법칙을 결정하기가 어려운 결과로서 매우 드물게 의존하게
되며, 미분법에 근거한 방법으로 대체됨으로써 그에 대한 고려를 우리가
생략할 수밖에 없다고 생각한다.

복합 분모가 있는 대수적 유리 분수의 부분 분수로의 분해

    674. 급수의 전개와 직접 관계가 없는 다른 많은 미정 계수의 적용이
있는데, 이는 매우 중요하며, 대수 학문에 대한 다양한 요구를 충족하기
위해서 많은 경우에 필요할 것이다. 이어지는 것은 이 장의 적절한 한계로
우리가 알아볼 수 있는 유일한 것이다. 그것은 복합 분모가 있는 대수적
분수를, 그 분모가 원래 분수의 분모의 인자가 되는 일련의 부분 분수로
분해하는 데 필요한 문제이다.

    그 가장 간단한 사례 한두 개를 고려하는 것으로 시작하고자 한다.

보기들   분수 $\frac{1}{1-x^2}$을 분모가 각각 $1+x$와 $1-x$인 두 개의 분수로 분해해 보자.
다음과 같이 가정하자.

$$\frac{1}{1-x^2} = \frac{A}{1+x} + \frac{B}{1-x}$$

결국, 두 개의 부분 분수를 함께 더하면, 다음을 얻는다.

$$\frac{1}{1-x^2} = \frac{A - Ax + B + Bx}{1-x^2}$$

이들 분수는 동일하기 때문에, 그 분자들도 동일하다. 그러므로 다음이 성
립한다.

$$\left. \begin{array}{l} A + B = 1 \\ -A + B = 0 \end{array} \right\}$$

이들 방정식을 함께 더하면, $2B = 1$ 즉 $B = \frac{1}{2}$이 된다. 만일 전자에서 후자를 빼면, $2A = 1$, 즉 $A = \frac{1}{2}$이 된다. 결과적으로, 다음을 얻는다.

$$\frac{1}{1-x^2} = \frac{\frac{1}{2}}{1+x} + \frac{\frac{1}{2}}{1-x}$$

다시, 다음 분수를, 분모가 x^2+1, $x+2$, $x-3$인 부분 분수로 환산해야 한다고 하자.

$$\frac{6x^3 - 2x - 6}{(x^2+1)(x+2)(x-3)}$$

다음을 가정하자.

$$\frac{6x^3 - 2x - 6}{(x^2+1)(x+2)(x-3)} = \frac{A+Bx}{x^2+1} + \frac{C}{x+2} + \frac{D}{x-3}$$

부분 분수를 함께 더하고, 결과 분수의 분자 여러 항을 원래 분수의 상응하고 동일한 항들과 비교한다면, 다음을 얻는다.

$$B + C + D = 6,$$
$$A - B - 3C + 2D = 0,$$
$$A + 6B - C - D = 2,$$
$$6A + 3C - 2D = 6$$

이들 방정식을 풀면, $A = 1$, $B = 1$, $C = 2$, $D = 3$이 되므로, 필요한 부분 분수는 다음과 같다.

$$\frac{1+x}{1+x^2}, \quad \frac{2}{x+2}, \quad \frac{3}{x-3}$$

675.   그 분자와 분모가 x와 같은 기호의 거듭 제곱에 따라 배열된 유리수의 분수는, 분자에서 x의 최고 거듭 제곱이 분모에서 x의 최고 거듭 제곱보다 작지 않은지, 작은지에 따라, 때로 두 부류로 구분되어 왔다. 첫째 부류의 분수는 가분수라 부르며, 둘째 부류의 것은 진분수라 부른다. 이런

진분수와 가분수 두 부류로 구분되는 대수적 분수

명칭은 그리 적절하지는 않지만, 보다 구체적인 설명의 필요성을 대체함으로써 종종 편리하다. 모든 가분수는 실제 나눗셈에 의해 x의 역 거듭 제곱을 포함하지 않는 유리수 몫과 진분수인 나머지로 변환될 수 있다. 이는 나머지에서 x의 최고 거듭 제곱의 지수가 나눗자에서 x의 최고 거듭 제곱 지수보다 작아질 때까지, x의 음의 거듭 제곱의 도입 없이, 나눗셈이 항상 지속될 수 있는 경우에서이다.

따라서 $\frac{1+x^4}{1+x^2}$은 이런 과정을 통해 동등한 수식 $x^2 - 1 + \frac{2}{1+x}$로 변환될 수 있고, $\frac{x^5+7x^3+10x^2}{x^3-13x-12}$은 아래와 같이 변환 가능하며,

$$x^2 + 20 + \frac{22x^2 + 260x + 24}{x^3 - 13x - 12}$$

다른 경우도 마찬가지이다.

그러므로 원래의 분수가 진분수일 때, 그 대수적 합이 같은 부분 분수도 마찬가지로 진분수가 되며, 원래의 분수가 가분수일 때, 우리는 이를 x의 양의 거듭 제곱을 포함하는 몫과 진분수인 나머지로 환원할 수 있다. 나머지는 첫 번째 경우와 같은 방식으로 부분 진분수로 계속 분해된다.

따라서 원래의 진분수의 분자 인자를 $a+bx$라 하면, 이에 상응하는 부분 분수는 $\frac{A}{a+bx}$가 된다. 이 인자가 $a + bx + cx^2$이면, 그 해당 부분 분수는 다음과 같다.

$$\frac{A + Bx}{a + bx + cx^2}$$

만일 그 인자가 $(a + bx)^n$이면, 그 해당 부분 분수는 다음과 같다.

$$\frac{A_0 + A_1x + A_2x^2 + \cdots + A_{n-1}x^{n-1}}{(a + bx)^n}$$

그리고 이 식은 아래와 같이 동치인 형식으로 변환될 수 있다.

$$\frac{a_0 + a_1(a + bx) + a_2(a + bx)^2 + \cdots + a_{n-1}(a + bx)^{n-1}}{(a + bx)^n}$$

여기서 분자는 전자와 같이 x의 연속적인 거듭 제곱을 포함하도록 할 수 있다. 그 여러 개의 항을 분리하여 각각의 공통 인자를 제거하면, 다음과 같은 n개의 부분 분수를 얻게 된다.

$$\frac{a_0}{(a+bx)^n} + \frac{a_1}{(a+bx)^{n-1}} + \frac{a_2}{(a+bx)^{n-2}} + \cdots + \frac{a_{n-1}}{a+bx}$$

676. 우리가 제시한 예들은, 미정 계수의 수가 상당한 경우, 해결이 필요한 방정식의 수와 복잡성을 감안할 때, 그러한 계수의 결정이 얼마나 당혹스러울 것인지를 충분히 밝혀냈다. 다음과 같은 고려를 통해, 우리는 그러한 방정식의 해법에 의존할 필요 없이, 연속적으로 그 계수들을 결정할 수 있다.

*$a + bx$와 같이
지정된 인자에
상응하는 부분
분수를
독립적으로
결정하는 과정*

$\frac{M}{N}$을 우리가 고려하고 있는 종류의 진분수라 하고, N의 인자 중 하나를 $a + bx$, 또는 $a = -\frac{a}{b}$일 때 $b(x - a)$가 되도록 하고, $N = (a + bx)Q$라고 하면, 우리는 이렇게 가정할 수 있다.

$$\frac{M}{N} = \frac{A}{a+bx} + \frac{P}{Q} = \frac{AQ + (a+bx)P}{N}$$

그러면 다음이 성립한다.

$$(a+bx)P = M - AQ, \quad \text{그리고} \quad P = \frac{M - AQ}{a + bx}$$

따라서 P가 x의 역 거듭 제곱을 포함하지 않는 유리수의 분자이면, $M - AQ$는 $a + bx$로 나머지 없이 나누어진다. 그러므로 $a + bx = 0$ 또는 $x = a$로 만들면, 다음을 얻는다.

$$P = \frac{0}{0}$$

다시 말해 $x = 0$일 때 $M - AQ = 0$이 됨을 알 수 있다. 만일 $x = a$일 때,

M과 Q의 값을 각각 m과 q로 나타낸다면, 다음을 얻는다.

$$m - Aq = 0, \quad 즉 \quad A = \frac{m}{q}$$

이는 구해야 하는 불확정 양 A의 값이다. 유사한 방법으로, 원래의 분수에서 분모의 다른 단순 인자에 상응하는 부분 분수의 분자 값을 결정할 수 있다.

보기   예를 들어, 다음의 분수를 부분 분수로 분해해 보자.

$$\frac{x^2}{(x+1)(x+2)(x+3)}$$

다시 다음을 가정하자.

$$\frac{x^2}{(x+1)(x+2)(x+3)} = \frac{A_1}{x+1} + \frac{P_1}{Q_1}$$

이 경우 $M = x^2$, $Q_1 = (x+2)(x+3)$ 그리고 $A_1 = -1$이다. 그러므로 다음이 성립한다.

$$A_1 = \frac{m}{q_1} = \frac{1}{(2-1)(3-1)} = \frac{1}{2}$$

다시 다음을 가정하자.

$$\frac{x^2}{(x+1)(x+2)(x+3)} = \frac{A_2}{x+2} + \frac{P_2}{Q_2}$$

이 경우 $M = x^2$, $Q_2 = (x+1)(x+3)$ 그리고 $A_2 = -2$이다. 그러므로 다음이 성립한다.

$$A_2 = \frac{m}{q_2} = \frac{4}{(1-2)(3-2)} = -4$$

마지막으로, 다음을 가정하자.

$$\frac{x^2}{(x+1)(x+2)(x+3)} = \frac{A_3}{x+3} + \frac{P_3}{Q_3}$$

이 경우 $M = x^2$, $Q_3 = (x+1)(x+2)$ 그리고 $A_3 = -3$이다. 그러므로

다음이 성립한다.

$$A_3 = \frac{m}{q_3} = \frac{9}{(1-3)(2-3)} = \frac{9}{2}$$

결과적으로 다음을 얻는다.

$$\frac{x^2}{x^3 + 6x^2 + 11x + 6} = \frac{1}{2(x+1)} - \frac{4}{2(x+2)} + \frac{9}{2(x+3)}$$

677.   원래 분수의 분모의 두 개 이상의 인자가 $(a+bx)^n$ 형식의 인자를 구성하며 서로 동일하면, 다음과 같이 된다.

$$\frac{M}{N} = \frac{A_0}{(a+bx)^n} + \frac{A_1}{(a+bx)^{n-1}} + \cdots + \frac{A_{n-1}}{a+bx} + \frac{P}{Q}$$

$$= \frac{A_0 Q + A_1 Q(a+bx) + \cdots + A_{n-1}(a+bx)^{n-1} + P(a+bx)^n}{A(a+bx)^n}$$

$(a+bx)^n$과 같은 인자에 상응하는 부분 분수를 결정하는 유사한 과정

그러므로 다음이 성립한다.

$$P = \frac{M - A_0 Q - A_1 Q(a+bx) - \cdots - A_{n-1}(a+bx)^{n-1}}{(a+bx)^{n-1}}$$

이는 분자가 $(a+bx)^n$으로 완전히 나누어지는 분수이다. 결과적으로 우선, 분자의 다른 모든 항이 $a+bx$를 포함하므로, $M - A_0 Q$는 $a+bx$로 나눌 수 있다. 그러므로 다음과 같다.

$$m - A_0 q = 0, \quad \text{그리고} \quad A_0 = \frac{m}{q}$$

다시 $\frac{M - A_0 Q}{a+bx} = M_1$으로 만들면, 다음을 얻는다.

$$P = \frac{M_1 - A_1 Q - A_2 Q(a+bx) - \cdots - A_{n-1}(a+bx)^{n-1}}{(a+bx)^{n-1}}$$

이로부터 앞에서와 같은 이유로, 다음과 같이 된다.

$$A_1 = \frac{m_1}{q}$$

유사한 방법으로 아래와 같이 만들면서 계속해서 진행한다면,

$$\frac{M_1 - A_1 Q}{a + bx} = M_2, \ \frac{M_2 - A_2 Q}{a + bx} = M_3, \ \frac{M_3 - A_3 Q}{a + bx} = M_4, \ \ldots$$

다음과 같은 결과를 얻는다.

$$A_2 = \frac{m_2}{q}, \ A_3 = \frac{m_3}{q}, \ A_4 = \frac{m_4}{q}, \ \ldots$$

이는 $(a + bx)^n$에 상응하는 부분 분수의 연속적인 분자가 모두 결정될 때까지 이어진다.

보기   예를 들어, 아래 분수를 부분 분수로 분해해 보기로 하자.

$$\frac{x^2 + 2x + 1}{(x - 2)^2 (x + 4)}$$

다음을 가정하자.

$$\frac{x^2 + 2x + 1}{(x - 2)^2 (x + 4)} = \frac{A_0}{(x - 2)^2} + \frac{A_1}{(x - 2)} + \frac{P}{Q}$$

이 경우, $M = x^2 + 2x + 1$, $Q = x + 4$ 그리고 $a = 2$이다. 그러므로 다음이 성립한다.

$$A_0 = \frac{m}{q} = \frac{3}{2}$$

다시 다음을 가정하자.

$$M_1 = \frac{M - \frac{3}{2}Q}{x - 2} = x + \frac{5}{2}$$

그러면 다음이 성립한다.

$$A_1 = \frac{m_1}{q} = \frac{3}{4}$$

마지막으로 다음을 가정하자.

$$\frac{x^2 + 2x + 1}{(x - 2)^2 (x + 4)} = \frac{B}{x + 4} + \frac{P1}{q1}$$

그러면 $M = x^2 + 2x + 1$, $Q_1 = (x - 2)^2$ 그리고 $a = -4$가 된다. 그러므로

다음이 성립한다.

$$B = \frac{m}{q} = \frac{1}{4}$$

결과적으로 다음을 얻는다.

$$\frac{x^2 = 2x + 1}{x^3 - 12x + 16} = \frac{3}{2(x-2)^2} + \frac{3}{4(x-2}} + \frac{1}{4(x-2)}$$

복합 분모를 지닌 분수를 더 단순한 부분 분수로 분해하는 이 방법의 적용은 한 개 이상의 그 분모의 구성 인자를 알아야 함을 전제로 한다. 그런 모든 인자들이 주어지거나 발견할 수 있을 때, 그 해법은 완전해질 것이다. 그러나 만약 원래 분수의 분모가 그 인자 없이 주어진다면, 그 필요한 존재뿐만 아니라, 그 발견은 방정식과 그 해법의 일반 이론과 분리할 수 없이 연결되어 있다.

제 14 장

로그와 로그 표 그리고 그 응용에 대하여

678. 다음 방정식을 살펴보자.

$$a^x = n$$

(조항 364)의 로그라는 통상적인 명칭을 같은 기호 a의 거듭 제곱의 지수에 부여하는 것이 일반적이며, 이는 다른 기호나 양 n과 동일하다. 다시 말하면, x는 a를 밑으로 하는 n의 로그라 부른다.

679. 로그 계는 연속적으로 이어지는 n의 값에 상응하는 동일한 밑에
대한 지수의 급수이다.

680. 따라서 밑이 e = 2.7182818...이라면, 해당 지수는 로그의 네이
피어 계를 형성하는데, 이는 네이피어 경이 채택한 밑이었다. 이것은 대수
공식에 거의 독점적으로 사용되는 계이고, 축약 형태인 $\log n$은, 반대로 표

시되거나 그 위치와 용법에서 유추되지 않는 한, 항상 n의 네이피어 로그를 의미한다.

표 로그 **681.** 밑이 숫자 10이면, 즉 세는 법의 척도와 산술적 표기법의 기수 또는 밑이 되는 경우, 해당 지수를 표 로그라고 하며, 이는 일반적인 로그 표에 기록되며 산술적 계산에 전적으로 사용된다.

표 로그의 **682.** $\log n$이라는 용어는 그러한 계산에 사용될 때, 반대로 표시되지
지정 모드 않는 한, 항상 n의 표 로그를 의미할 것이다. 왜냐하면 이러한 조건에서 그 위치와 용법은 어떤 특정한 지정을 하지 않고도 그 의미를 결정할 것이기 때문이다. 다른 경우에는 tlog에 의해 편리하게 지정될 수 있으며, 여기서 글자 t가 log 앞에 붙어서, 그렇게 지정된 표 로그임을 나타낸다.

다른 계의 **683.** 일반적인 기호 a는 e, 10과 다르든 동일하든 간에, 그 용법이
로그 보편적인 대수적 문제에 더 적합한 것처럼 보이는 어떤 밑을 지정하기 위해 사용되지만, e와 10은 분석적 문제에 사용되는 유일한 로그의 밑이다.

동일한 수나 **684.** 방정식 $a^x = n$에서 필요한 조건을 만족하는 x의 기호 값이
양의 로그에는 하나보다 많은 경우, 이들은 똑같이 n의 로그가 된다.[1] 단, a^x를 n의 산술
하나의 산술 값과 같게 만드는 x의 산술 값은 하나밖에 없다는 것을 쉽게 보여준다. 왜
값만 존재함 냐하면 만일 y가 x와는 다른 그러한 값일 경우, $a^x = n$ 및 $a^y = n$이므로, $\frac{a^x}{a^y} = a^{x-y} = 1$이 되며, 이는 $x - y = 0$이 되어야만 산술적으로 성립될 수 있는 방정식이다. 다시 말하면 x는 y와 같고 그것과 동일하다. 우리는 첫 번째 경우로서, 전적으로 그러한 산술 로그에만 관심을 국한시키고, 그 후에 이전과 구별되는 기호 로그에 대해 계속 검토할 것이다.

---

1) 로그라는 용어는 이 정의의 의미에서 엄격하게 사용되며, (조항 364)에서 볼 수 있는 제한적인 의미를 참조하지 않는다.

685.   로그의 속성은 동일한 기호의 지수의 속성이다. 따라서 만약 **로그의 속성**
$a^x = n$ 및 $a^{x'} = n'$이면, $a^{x+x'} = nn'$, $a^{x-x'} = \frac{n}{n'}$, $a^{px} = n^p$와 $a^{\frac{x}{p}} = n^{\frac{1}{p}}$
이 되므로, 만약 x를 $\log' n(a = e$나 $a = 10$이 아닐 때 사용하는 $\log'$은 $\log$
와 tlog와 다름)으로 표시하고, x'을 $\log' n'$으로 표시한다면, 다음과 같은
결과를 얻는다.

(1) $\mathrm{Log}' nn' = \log' n + \log' n'$, 즉 두 수나 양의 곱셈의 로그는 두 인자의
로그의 합과 같으며, 그 역도 마찬가지다.

(2) $\mathrm{Log}' \frac{n}{n'} = \log' n - \log' n'$, 즉 두 수나 양의 몫의 로그는 나눗자의
로그를 뺀 나뉠자의 로그이며, 그 역도 마찬가지다.

(3) $\mathrm{Log}' n^p = p \log' n$, 즉 한 수의 p 제곱이나 어떤 거듭 제곱의 로그는
p, 즉 거듭 제곱의 지수를 그 수의 로그에 곱하여 얻으며, 그 역도 마찬가
지다.

(4) $\mathrm{Log}' n^{\frac{1}{p}} = \frac{1}{p} \log' n$, 즉 한 수의 p 제곱 근이나 어떤 거듭 제곱 근의
로그는 그 수의 로그를 제곱 근을 나타내는 수로 나누어 얻으며, 그 역도
마찬가지다.

686.   따라서 $n = 37$, $n' = 185$일 경우, 표에서 다음의 결과를 얻을 **예제**
수 있다.

(α) $\mathrm{tlog}\, 37 * 185 = \mathrm{tlog}\, 37 + \mathrm{tlog}\, 185$
$$= 1.5682017 + 2.2671717 = 3.8353733 = \mathrm{tlog}\, 6845,$$

(β) $\mathrm{tlog}\, \dfrac{185}{37} = \mathrm{tlog}\, 185 - \mathrm{tlog}\, 37 = .6989700 = \mathrm{tlog}\, 5,$

(γ) $\mathrm{tlog}\, 37^2 = 2\, \mathrm{tlog}\, 37 = 3.1364034 = \mathrm{tlog}\, 1369,$

(δ) $\mathrm{tlog}\, 37^3 = 3\, \mathrm{tlog}\, 37 = 4.7046051 = \mathrm{tlog}\, 50653,$

(ϵ) $\mathrm{tlog}\, \sqrt{185} = \dfrac{1}{2}\, \mathrm{tlog}\, 185 = 1.1335858 = \mathrm{tlog}\, 13.611,$

$$(\eta) \quad \mathrm{tlog}\ \sqrt[3]{185} = \frac{1}{3}\ \mathrm{tlog}\ 185 = .7557239 = \mathrm{tlog}\ 5.6980,$$

$$(\zeta) \quad \mathrm{tlog}\ \sqrt[5]{185} = \frac{1}{5}\ \mathrm{tlog}\ 185 = .4534343 = \mathrm{tlog}\ 2.8408$$

동일한 체계에
적용된 로그에
의해 수행된
산술 연산

687. 정수이든 소수이든, 같은 시스템에 속하는 모든 수의 로그가 표에 등록되어 있다면, 그 수의 곱셈과 나눗셈의 연산은 그들 로그의 덧셈과 뺄셈을 통해 수행될 것이고, 그 수에 거듭 제곱을 올리고 거듭 제곱근을 취하는 연산은, 그 수의 로그와 거듭 제곱과 거듭 제곱 근을 표시하는 수의 곱셈과 나눗셈을 통해 수행된다는 것이 명백하다. 왜냐하면 그러한 방법으로 결과 값의 로그를 얻고, 결국 그러한 표를 참조함으로써 우리는 그에 상응하는 결과를 얻기 때문이다.

밑 10의 로그
표의 탁월한
간편성

688. 그러나 조금만 검토해 보면, 계산에 필요한 가장 좁은 한계로 국한하여도, 정수든 소수든 모든 수의 연속적인 로그 값을 이해하는 데 필요한 표의 범위가 너무 커서 쉽게 등록하거나 참조하기 어려움을 알 수 있다. 이것은 표기 척도의 기수와 일치하지 않는 모든 계의 로그에 적용되는 반대 주장이다. 그러나 밑이 10일 경우, 공식 $10^n \times N$과 $\frac{N}{10^n}$으로 표시된 모든 수들과 양들의 로그는 N의 로그로부터 즉시 알 수 있다. n이 밑 10에 대한 10^n의 로그이므로, 다음이 성립한다.

$$\mathrm{tlog}\ 10^n \times N = \mathrm{tlog}\ 10^n + \mathrm{tlog}\ N = n + \mathrm{tlog}\ N$$

그리고 $\mathrm{tlog}\ \frac{N}{10^n} = \mathrm{tlog}\ N - \mathrm{tlog}\ 10^n = \mathrm{tlog}\ N - n$이다. 그러므로 정수이든 소수이든 상호 유사하게 배치되고 동일한 유효 숫자로 표현되는 모든 수의 로그가 서로 알려져 있는 한, 이 계에서 우리는 연속적인 정수만 등록해야 한다.

보기   따라서 다음이 성립한다.

$$\mathrm{tlog}\ 96498 \quad = 4.9845228,$$

550

$$\text{tlog}\, 96498 \times 10 = \text{tlog}\, 964980 \quad = 5.9845228,$$

$$\text{tlog}\, 96498 \times 10^2 = \text{tlog}\, 9649800 = 6.9845228,$$

$$\text{tlog}\, \frac{96498}{10} = \text{tlog}\, 9649.8 \quad = 3.9845228,$$

$$\text{tlog}\, \frac{96498}{10^2} = \text{tlog}\, 964.98 \quad = 2.9845228,$$

$$\text{tlog}\, \frac{96498}{10^3} = \text{tlog}\, 96.498 \quad = 1.9845228,$$

$$\text{tlog}\, \frac{96498}{10^4} = \text{tlog}\, 9.6498 \quad = \quad .9845223,$$

$$\text{tlog}\, \frac{96498}{10^5} = \text{tlog}\, .96498 \quad = \bar{1}.9845228,$$

$$\text{tlog}\, \frac{96498}{10^6} = \text{tlog}\, .096498 = \bar{2}.9845228,$$

$$\vdots \qquad\qquad \vdots \qquad\qquad \vdots$$

마지막 두 경우에서 부호 −는 한 경우에는 숫자 1 위에, 다른 경우에는 숫자 2 위에 표시하여 로그의 소수 부분에서 빼야 한다는 뜻이다. 즉, 1 보다 작은 소수의 로그는 음수이지만, 로그의 소수 부분을, 동일한 순서로 동일한 유효 숫자로 표시된 모든 수에 대해 동일하게 보존하기 위해 이런 방식으로 표현한다.

689.   10의 거듭 제곱으로 곱하거나 나눌 때만 서로 다를 뿐, 모든 수나 양에 대해 바뀌지 않는 로그의 소수 부분을 가수[p]라 한다. 정수 부분은 지표라 한다. 수가 1과 10 사이에 있다면, 그 로그는 0과 1 사이에 있고, 지표는 0이다. 수가 10과 10^2 사이면 그 로그는 1과 2 사이에 있고, 그 지표는 1이다. 수가 10^2과 10^3 사이면 그 로그는 2와 3 사이고, 그 지표는 2

가수와 지표: 그 의미

---

p) 원서는 "저자가 라틴어를 사용하여 mantissa로 표시하였으며, 이는 우리 언어가 간단한 명칭을 부여하지 못할 경우 우리가 유지해야 할 용어다"라 하고 가수를 mantissa로 불렀다.

가 되는 등이다. 그 지표를 구성하는 수는 그것의 로그가 부분이 되는 수에 있어서 정수의 자릿수보다 1만큼 적다. 만일 그 수가 1과 $\frac{1}{10}$ 사이에 있다면, 그 지표는 −1이고, 수가 $\frac{1}{10}$과 $\frac{1}{10^2}$ 사이라면 그 지표는 −2이며, 내림차순의 수열에서 다른 분수나 동등한 소수들에 대해서도 마찬가지다.

수에 대한 로그 표는 가수만 포함함

690. 위에서 언급한 이유로 인해, 표는 해당 숫자의 적절한 순서로 유효 자릿수를 가진 로그의 가수만 제공하는 것으로서, 지표는 로그를 구하는 수의 정수의 자릿수로부터, 또는 정수의 자릿수가 없는 경우 소수점 뒤에 오는 0(있는 경우)의 수로부터 항상 제공될 수 있기 때문이며, 그러한 0의 숫자보다 1을 초과하는 음의 지표이다. 따라서 53399의 로그의 가수는 .7275331로, 모두 표에 의해 주어진다. 완전한 로그는 4.7275331이고, 여기서 4는 해당 숫자의 정수의 자릿수보다 1만큼 적다. 비슷한 방식으로 .00053399의 완전한 로그는 $\overline{4}$.7275331이며, 여기서 4는 소수점 바로 뒤에 있는 0의 수를 1만큼 초과한다.

사인, 코사인, 탄젠트 등의 로그 표

691. 각의 사인, 코사인, 탄젠트, 시컨트 등이 할당된 숫자 값을 가진 다른 기호와 동일하게 계산의 대상이 되는 공식으로 입력되는 만큼, 연속적인 숫자 값의 로그 목록은 자연수 수열의 로그 목록과 동일하게 필요하게 된다. 자연수의 사인, 코사인, 탄젠트, 코탄젠트, 시컨트, 코시컨트 등의 표는, 사인이 코사인으로, 탄젠트가 코탄젠트로, 시컨트가 코시컨트로 치환될 때, 1′에서 45°까지, 결과적으로 역순으로 취하면 90°까지의 사분면의 매분(일부의 경우는 매초)에 대한 사인, 코사인, 탄젠트, 코탄젠트, 시컨트, 코시컨트의 연속적인 숫자 값을 포함한다. 로그 사인과 로그 코사인, 로그 탄젠트와 로그 코탄젠트, 로그 시컨트와 로그 코시컨트의 표는 동일한 순서로 배열되어 숫자 10만큼 증가하는 자연수 값의 로그를 포함하며, 자연수 값의 각 페이지는 로그 값의 해당 페이지와 반대가 된다.

692. 아주 조금만 고려해도, 계산의 목적상 각도 측정량의 로그를 표에 기록된 대로 숫자 10만큼 증가시키는 것이 매우 편리하다는 것을 알 수 있다. 사인과 코사인의 자연수 값은 0과 1 사이에 포함되기 때문에, 그 로그의 지표는 음수이다. 그러므로 다음이 성립한다.

$$\sin 1' = .0002909 : \text{자연 로그는} \quad \overline{4}.4637261$$
$$\sin 1° = .0174524 \quad .... \quad \overline{2}.2418553$$
$$\sin 50° = .7660444 \quad .... \quad \overline{1}.8842540$$
$$\cos 30' = .9999619 \quad .... \quad \overline{1}.9999836$$
$$\cos 30° = .8660254 \quad .... \quad \overline{1}.9375306$$
$$\cos 85° = .0871557 \quad .... \quad \overline{2}.9402960$$

만일 그러한 로그가 표에 등록되었다면, 그들의 지표와 가수는 다른 부호를 가지게 될 것이고, 따라서 음수의 양(독립적인 부호를 갖는)을 산술적으로 엄격한 과정에 도입할 때 적절성의 명백한 위반에 대한 언급 없이, 그러한 양이 발생한 공식의 값을 계산하는 경우에 큰 혼란이 발생할 수 있다. 이러한 이유로, 자연 로그가 10만큼 증가하고, 따라서 아래 값들의 로그는

$$\sin 1', \quad \sin 1°, \quad \sin 50°, \quad \cos 30', \quad \cos 30°, \quad \cos 85°$$

다음과 같은 값으로 표에 나타난다.

$$6.4637261, \qquad 8.2418553, \qquad 9.8842540,$$
$$9.9999836, \qquad 9.9375306, \qquad 8.9402960$$

693. 숫자 10은 10^{10}의 로그이고, 사인, 코사인 및 기타 각도 측정량의 등록된 로그는 10^{10}을 곱한 양의 자연 로그이다. 표의 사인, 코사인, 탄젠트 등은 일반적으로 수행되듯이, 10^{10}, 즉 10000000000을 곱한 자연수의 사인,

코사인, 탄젠트 등으로 간주할 수 있다.[2] 그러나 모든 경우에 그러한 양의 자연 로그는 로그 연산으로 환원된 공식에서 발생할 때, 10으로 감소되는 표의 로그로 대치할 수 있다. 따라서 $\cos\theta$의 자연 로그는 $(t\log\cos\theta - 10)$으로, $\cos^2\theta$의 자연 로그는 $2(t\log\cos\theta - 10)$으로 대치되며, 다른 경우도 유사하다. 이것이 수행되면, 나중에 가장 편리하다고 여겨질 수 있는 어떤 방법으로든 산술 계산에 맞게 조정될 수 있다.

보기

694. 다음은 각도 측정량을 포함하는 공식을 계산할 때 로그를 적용하는 보기이다.

직각
삼각형에서
빗변과 밑변
사이의 각이
주어졌을 때,
변들의 길이를
구하기

(1) $x = 393\cos 72°\,9'$, $y = 393\sin 72°\,9'$일 때, x와 y의 값을 구해보자.

$$\log x = \log 393 + \log\cos 72°\,9'$$
$$= \log 393 + (t\log\cos 72°\,9' - 10)$$

$$\log 393 = \quad 2.5943926$$
$$t\log\cos 72°\,9' = \quad 9.4864674$$
$$\overline{12.0808600}$$
$$10$$
$$\overline{}$$
$$\log 120.467 = \quad 2.0808600$$

따라서 $x = 120.467$이다.

$$\log y = \log 393 + (\text{tlog} \sin 72° \, 9' - 10)$$

$$\log 393 = \quad 2.5943926$$

$$\text{tlog} \sin 72° \, 9' = \quad 9.9786926$$

$$\overline{ 12.5730124}$$

$$10$$

$$\overline{}$$

$$\log 374.13 = \quad 2.5730124$$

따라서 $y = 374.13$이다.

이 경우에서, x와 y는 빗변이 393인 직각 삼각형의 밑변과 높이이며, 밑변에서의 각은 $72° \, 9'$이다(조항 466).

(2) 삼각형의 두 변이 17.09와 93.451이고, 긴 변의 대각이 $93° \, 16'$일 때, 짧은 변의 대각을 구해보자.

이 경우는 다음이 성립한다(조항 523, 478).

$$\sin A = \frac{a}{b} \sin B = \frac{17.09}{93.451} \times \sin 93° \, 16' = \frac{17.09}{93.451} \times \sin 86° \, 44'$$

결과적으로 다음을 얻는다.

$$(\text{tlog} \sin A - 10) = \log 17.09 + (\text{tlog} \sin 86° \, 44' - 10) - \log 93.451$$

이 방정식의 양쪽에서 10을 제거하면 다음과 같다.

$$\text{tlog} \sin A = \log 17.09 + \text{tlog} \sin 86° \, 44' - \log 93.451$$

$$\log 17.09 = \quad 1.2327421$$

$$\text{tlog} \sin 86° \, 44' = \quad 9.9992938$$

$$\overline{ 11.2320359}$$

$$\log 93.451 = \quad 1.9705840$$

$$\overline{}$$

$$\text{tlog} \sin 10° \, 31' = \quad 9.2614519$$

삼각형의 두 변과 긴 변의 반대쪽 각이 주어졌을 때, 나머지 각과 변을 구하기

555

그러므로 $A = 10° \, 31'$이다.

삼각형의 나머지 각과 변을 구하면, 먼저 다음을 얻는다.

$$C = 180° - 93° \, 16' - 10° \, 31' = 76° \, 13'$$

또 $c = \frac{a \sin C}{\sin A}$ 이므로 다음과 같이 계산된다.

$$\log c = \log a + (\text{tlog} \sin C - 10) - (\text{tlog} \sin A - 10)$$

$$= \log a + \text{tlog} \sin C - \text{tlog} \sin A$$

$$
\begin{aligned}
\log 17.09 = \quad & 1.2327421 \\
\text{tlog} \sin 76° \, 13' = \quad & \underline{9.9873103} \\
& 11.2200524 \\
\text{tlog} \sin 10° \, 31' = \quad & \underline{9.2614519} \\
\log 90.908 = \quad & 1.9586005
\end{aligned}
$$

따라서 $c = 90.908$이다.

삼각형의 두 변과 사이 각이 주어졌을 때, 나머지 부분을 구하기

(3) 삼각형의 두 변이 27.04와 74.67이고, 그 사이 각도가 $117° \, 20'$일 때, 나머지 변과 각을 구해보자.

이 문제의 해법에 필요한 공식들은 (조항 525)에서 주어졌다.

아래의 식이 성립하므로

$$\tan \frac{(A - B)}{2} = \frac{(a - b)}{a + b} \tan \frac{(A + B)}{2} {}^{3)}$$

다음을 얻는다.

$$\text{tlog} \tan \frac{A - B}{2} - 10 = \log(a - b) + \left\{ \text{tlog} \frac{A + B}{2} - 10 \right\} - \log(a + b)$$

즉, 다음이 성립한다.

$$\text{tlog} \tan \frac{A - B}{2} = \log(a - b) + \text{tlog} \frac{A + B}{2} - \log(a + b)$$

556

그런데 다음이 성립한다.

$$a - b = 47.63, \quad a + b = 101.71, \quad \frac{A+B}{2} = \frac{\pi}{2} - \frac{C}{2} = 31° \, 20'$$

그리고

$$
\begin{aligned}
\log 47.63 &= \quad 1.6778806 \\
\operatorname{tlog} \tan 31° \, 20' &= \quad 9.7844784 \\
\hline
&\quad 11.4623590 \\
\log 101.71 &= \quad 2.0073637 \\
\hline
\operatorname{tlog} \tan 15° \, 55' &= \quad 9.4549953
\end{aligned}
$$

따라서 다음을 얻는다.

$$\frac{A+B}{2} + \frac{(A-B)}{2} = A = 47° \, 15',$$

$$\frac{A+B}{2} - \frac{(A-B)}{2} = B = 15° \, 25'$$

또 $c = \frac{a \sin C}{\sin A}$ 이므로 다음을 얻는다.

$$\log c = \log a + \operatorname{tlog} \sin 117° \, 20' - \operatorname{tlog} \sin 47° \, 15'$$

$$= \log 74.67 + \operatorname{tlog} \sin 62° \, 40' - \operatorname{tlog} \sin 47° \, 15'$$

$$
\begin{aligned}
\log 74.67 &= \quad 1.8731461 \\
\operatorname{tlog} \sin 62° \, 40' &= \quad 9.9485852
\end{aligned}
$$

---

3) $\tan \theta = \frac{a}{b}$ 이면 $\tan(\theta - 45°) = \frac{a-b}{a+b}$ 이다. 그러므로 다음이 성립한다.

$$\tan\left(\frac{A-B}{2}\right) = \tan(\theta - 45°) \tan\left(\frac{A+B}{2}\right)$$

이것은, 때때로 주어지지만, 나머지 각들에 대한 계산을 결코 단축시키지 않는 형식의 변형이다.

$$\begin{array}{r} 11.8217314 \\ \text{tlog} \sin 47^\circ\, 15' = \quad 9.8658868 \\ \hline \log 90.333 = \quad 1.9558446 \end{array}$$

따라서 $c = 90.333$이다.

삼각형의 세
변이 주어졌을
때, 세 각을
구하기
(4) 삼각형의 세 변이 107.9, 193.4, 217.12일 때, 삼각형의 세 각을 구해보자.

(조항 547)에 주어진 공식으로부터 다음과 같은 식을 얻는다

$$\sin A = \frac{2\sqrt{\left\{ \left(\frac{a+b+c}{2} \right) \left(\frac{b+c-a}{2} \right) \left(\frac{a+c-b}{2} \right) \left(\frac{a+b-c}{2} \right) \right\}}}{bc}$$
$$= \frac{2N}{bc} = \frac{2\sqrt{\{s(s-a)(s-b)(s-c)\}}}{bc}, \qquad s = \frac{a+b+c}{2}$$

결과적으로 다음이 성립한다.

$$\text{tlog} \sin A - 10 = \frac{1}{2} \{ \log s + \log(s-a) + \log(s-b) + \log(s-c) \}$$
$$+ \log 2 - \log b - \log c$$

$$\begin{aligned}
\log s &= \log 259.21 = 2.4136518 \\
\log(s-a) &= \log 151.31 = 2.1798676 \\
\log(s-b) &= \log\ \ 65.81 = 1.8182919 \\
\log(s-c) &= \log\ \ 42.09 = 1.6241789 \\
\end{aligned}$$
$$\begin{array}{r} \hline 2)8.0359902 \\ \hline 4.0179951 \end{array}$$
$$\log 2 = \ldots\ldots\ldots \quad .3010300$$
$$\begin{array}{r} \hline 10\text{을 더하면} \quad 14.3190251 \end{array}$$

$$\log b = \log 193.4 \quad = \ldots\ldots\ldots \quad 2.2864565$$

$$\log c = \log 217.12 = \ldots\ldots\ldots \quad 2.3366998$$

$$\log b + \log c \;\; = 4.6231563$$

$$\text{tlog} \sin A = t \log \sin 29°46' = 9.6958688$$

즉, $A = 29° \, 46'$이다.

다시 $\sin B = \frac{2N}{ac}$이므로 예전처럼 다음과 같이 계산한다.

$$\log 2 + \log N + 10 = 14.3190251$$

$$\log a = \log 107.9 \ldots\ldots\ldots \quad 2.0330214$$

$$\log b = \log 217.12 \ldots\ldots\ldots \quad 2.3366998$$

$$\log a + \log c = \;\; 4.3607212$$

$$\text{tlog} \sin B = \text{tlog} \sin 62° \, 51' = 9.9493039$$

따라서 $B = 62° \, 51'$이다.

세 번째 각 C는 다른 두 개와 같은 방식으로, 공식 $\sin C = \frac{2N}{ab}$에 의해 결정될 수 있지만, $180°$에서 $A + B$를 빼면 더 즉시 결정될 수 있으며, 그 값은 $C = 87° \, 26'$이다.

695. 이 문제에서 삼각형의 세 각은 기본 공식으로부터 마찬가지로 결정될 수 있다(조항 527).

$$\cos A - \frac{b^2 + c^2 - a^2}{2bc}, \; \cos B = \frac{a^2 + c^2 - b^2}{2ac}, \; \cos C = \frac{a^2 + b^2 - c^2}{2ab}$$

그러나 a, b, c의 제곱이, 그 분수의 분자 수치를 결정하기 전에, 결국 분수 자체의 로그 계산을 수행하기 전에, 별도로 결정되어야(로그 또는 다른 방식으로) 하는 만큼, 그러한 공식은 위에 사용된 것과 동일하게 로그 계산에 채택된 상태로 나타나지 않는다고 한다.

로그 연산에 채택되거나 채택되지 않은 수식

공식은 일반적으로 쉽게 계산되는 항의 곱셈, 나눗셈, 거듭 제곱 근 또는 거듭 제곱에 사용된다고 한다. 이런 의미에서 다음 공식은 로그 계산에 사용된 것으로 보인다.

$$\frac{2\sqrt{\{s(s-a)(s-b)(s-c)\}}}{bc}$$

그러나 이것이나 다른 공식의 구성 요소가 로그와 수치 계산의 혼합 적용이 필요한 경우, 그들의 값을 결정하기 위해서, 그것이 로그 연산에 적용되지 않는다고 말할 수 있다. 그러나 그 말과 용법은 가장 편리한 조건을 절대적으로 결정하지 않기 때문에 매우 모호하고 불명확하다. 다시 말하면, 로그 연산에 적용되지 않는 공식은 그러한 공식보다, 그 용어의 기술적 의미에 따라, 많은 경우에 산술적 수단의 혼합 또는 단독으로 더 빠른 계산을 허용할 수 있다. 따라서 둘 다 우리가 이용할 수 있을 때, 이것 또는 저것을 선택하는 것은 계산하는 사람의 판단과 경험, 때로는 취향에 따라 결정되어야 한다.

$a+b$의 로그 연산 공식

696. $a+b$와 같이 두 개의 항으로 구성되고, 하나 또는 두 개의 항이 거듭 제곱 혹은 거듭 제곱 근이거나, 어떤 식으로든 로그 연산을 허용하거나 필요한 인자로 구성된 공식은, 다음과 같은 방법으로 그 자체가 로그 연산으로 환원될 수 있다.

아래의 식이 성립하므로

$$a+b = a\left(1+\frac{b}{a}\right)$$

$\tan^2 \theta = \frac{b}{a}$라 하면 다음을 얻는다.

$$a+b = a(1+\tan^2\theta) = a\sec^2\theta, \quad 즉 \quad \frac{a}{\cos^2\theta}$$

그리고 계산의 과정은 다음과 같다.

$$\text{tlog}\tan\theta = \frac{1}{2}(20 + \log b - \log a),$$

$$\log(a + b) = \log a + 2\,\text{tlog}\sec\theta - 20,$$

$$= \log a + 20 - 2\,\text{tlog}\cos\theta$$

697. 이 공식의 적용 예는 다음과 같은 문제의 해법으로부터 도출될 **예제** 수 있다.

삼각형의 두 변이 729와 340.5이고, 그 사이의 각이 76°24′일 때, 두 각 의 개입 없이 제3의 변을 구해보자.

먼저 다음이 성립한다.

$$c^2 = a^2 + b^2 - 2ab\cos C \qquad\qquad \text{(조항 527)}$$

$$= a^2 - 2ab + b^2 + 2ab - 2ab\cos C$$

$$= (a - b)^2 + 2ab(1 - \cos C)$$

$$= (a - b)^2 \left\{ 1 + \frac{4ab}{(a - b)^2}\sin^2\frac{C}{2} \right\} \qquad \text{(조항 482)}$$

$\tan^2\theta = \frac{4ab}{(a-b)^2}\sin^2\frac{C}{2}$ 라 하면 다음을 얻는다.

$$\text{tlog}\tan\theta = \frac{1}{2}(\log a + \log b) + \log 2 + \text{tlog}\sin\frac{C}{2} - \log(a - b)$$

$$\log a = \log 729 = \quad 2.8627275$$

$$\log b = \log 340.5 = \quad 2.5321171$$

$$\overline{2)5.3948446}$$

$$2.6974223$$

$$\log 2 = \qquad .3010300$$

$$\text{tlog}\sin\frac{C}{2} = \text{tlog}\sin 38° \, 12' = \quad 9.7912754$$

$$12.7807277$$

$$\log(a-b) = \log 388.5 = \quad 2.5893910$$

$$\text{tlog}\tan 57° \, 46' = 10.2003367$$

한편, $\log c = \log(a-b) + \text{tlog}\sec\theta - 10$이므로 다음과 같이 계산한다.

$$\log(a-b) = \quad 2.5893910$$

$$\text{tlog}\tan 57° \, 46' - 10 = \quad 0.2003367$$

$$\log 728.4 = \quad 2.8623637$$

따라서 $c = 728.4$이다.

$a-b$의 로그
연산 공식   **698.** a가 b보다 클 때, $a-b$와 같은 공식은 $\sin^2\theta = \frac{b}{a}$일 때, $a\cos^2\theta$ 형식으로 환원될 수 있다. 왜냐하면 다음이 성립하기 때문이다.

$$(a-b) = a\left(1 - \frac{b}{a}\right) = a(1 - \sin^2\theta) = a\cos^2\theta$$

결과적으로, 로그를 사용하여 계산하면 다음과 같다.

$$\text{tlog}\sin\theta = \frac{1}{2}\{20 + \log b - \log a\},$$

$$\text{그리고} \quad \log(a-b) = \log a + \text{tlog}\cos\theta - 10^{4)}$$

---

4) 방금 푼 문제의 공식은 고려 중인 사례에 쉽게 적용할 수 있다. 왜냐하면 다음이 성립하기 때문이다.

$$c^2 = a^2 + b^2 - 2ab\cos C$$
$$= a^2 + 2ab + b^2 - 2ab - 2ab\cos C$$

699. 같은 공식 $a - b$도 마찬가지로 다음과 같은 형식으로 환원할 수 있는데, 이는 또한 로그 연산에도 적용된다.

$$a(\sin^2 \theta - \sin^2 \theta') = a \sin(\theta + \theta') \sin(\theta - \theta')^{5)}$$

이러한 공식은 $a - b$의 항들 중 하나인 a 또는 b가 $a\sin^2\theta$의 형식으로 나타날 때 매우 편리할 것이다. 이런 종류의 공식은 다음과 같다.

$$\sin^2 \left(\frac{a + b}{2} \right) - \sin a \sin b \cos^2 \frac{C}{2}$$

$\sin^2 \theta = \sin a \sin b \cos^2 \frac{C}{2}$이라 하면 위 식은 다음과 같아진다.

$$\sin \left(\frac{a + b + \theta}{2} \right) \sin \left(\frac{a + b - \theta}{2} \right)$$

700. 보다 일반적으로, $+$ 및 $-$ 부호로 연결된 다음과 같은 모든 연

$$= (a + b)^2 \left\{ 1 - \frac{2ab(1 + \cos C)}{(a + b)^2} \right\}$$

$$= (a + b)^2 \left\{ 1 - \frac{4ab \cos^2 \frac{C}{2}}{(a + b)^2} \right\}$$

그러므로 $\frac{4ab \cos^2 \frac{C}{2}}{(a+b)^2} = \sin^2 \theta$라 하면 다음을 얻는다.

$$c^2 = (a + b)^2 \cos^2 \theta$$

따라서 $\log c = \log(a + b) + \mathrm{t}\log \cos \theta - 10$이다.

5) 왜냐하면 다음이 성립하기 때문이다.

$$\sin^2 \theta - \sin^2 \theta' = (\sin \theta + \sin \theta')(\sin \theta - \sin \theta')$$

$$= 2 \sin \left(\frac{\theta + \theta'}{2} \right) \cos \left(\frac{\theta - \theta'}{2} \right) \times 2 \cos \left(\frac{\theta + \theta'}{2} \right) \sin \left(\frac{\theta - \theta'}{2} \right)$$

$$= 2 \sin \left(\frac{\theta + \theta'}{2} \right) \cos \left(\frac{\theta + \theta'}{2} \right) \times 2 \sin \left(\frac{\theta - \theta'}{2} \right) \cos \left(\frac{\theta - \theta'}{2} \right)$$

$$= \sin(\theta + \theta') \sin(\theta - \theta')$$

속적인 항은 위에서 언급한 것과 유사한 방편으로 로그 계산을 할 수 있다.

$$a - b + c - d + e - \cdots$$

두 개, 세 개, 네 개 등 항의 합은 다음과 같이 연속적인 형식으로 표시할 수 있다.

$$a - b = a \left(1 - \frac{b}{a} \right) = a \cos^2 \theta, \qquad (\sin^2 \theta = \frac{b}{a})$$

$$a - b + c = (a - b) \left(1 - \frac{c}{a - b} \right) = (a - b) \cos^2 \theta', \quad (\sin^2 \theta' = \frac{c}{a - b})$$

$$a - b + c - d = (a - b + c) \left(1 - \frac{d}{a - b + c} \right)$$

$$= (a - b + c) \cos^2 \theta'', \qquad (\sin^2 \theta'' = \frac{d}{a - b + c})$$

우리가 계속 진행하기로 한다면, 같은 방식으로 계속할 수 있다. 그리고 각 경우의 과정이 이미 결정된 항들의 합계의 로그 값을 제공하므로, 연속적으로 도입되는 수열의 추가 항의 로그 계산에 필요한 것보다 더 많은 표를 열 필요가 없을 것이다.

위에서 설명한 것과 같은 편리한 방법에 의해, 기호나 구성 요소가 특정한 산술 값을 갖는 모든 공식은 엄격한 로그 연산의 영역에 놓일 수 있다. 그러나 그 적용 조건에 따라 달라지는 가장 빠른 로그 연산에 공식을 적용하기 위한 목적을 위해 사용되는 다양한 기술을 자세히 언급하는 것은 우리의 목적이 아니며, 만일 그렇더라도 우리의 한계가 허용하지 않을 것이다. 실제 적용을 목적으로 공식을 구성하는 분석가의 기량이 주로 발휘되는 것은 바로 그런 기술에 있다.

방정식
$e^{A_1} = a$**에서**
A_1**값을**
계산하는 급수

701. 로그 표의 특성과 사용법을 설명했으므로, 로그가 표현되고 산술 값이 계산될 수 있는 일부 급수를 주목하고자 한다.

우리는 지난 장에서 a^x와 e^x에 대한 급수, 그리고 방정식 $e^{A_1} = a$와

$e^{A_1 x} = a^x$를 조사했는데, 이는 다른 밑에 해당하는 로그가 서로 연결되어 있다. a에 할당된 값에 대해, 특히 표 로그 경우엔 $a = 10$이 될 때, 산술 값 A_1을 계산할 수 있는 급수를 조사해야 한다.

(조항 663)에서 소개한 다음 급수는 a가 2를 초과할 때 수렴하지 않으며, 그러한 형식에서는 산술 값이 존재하지 않는다.

$$A_1 = (a-1) - \frac{(a-1)^2}{2} + \frac{(a-1)^3}{3} - \frac{(a-1)^4}{4} + \cdots \tag{14.1}$$

그러나 모든 경우에 빠르게 수렴하도록 위 급수는 쉽게 수정할 수 있다.

$e^{A_1} = a$이므로, $\log a = A_1$이 되고, 결국 다음을 얻는다.

$$\log a = (a-1) - \frac{(a-1)^2}{2} + \frac{(a-1)^3}{3} - \frac{(a-1)^4}{4} + \cdots \tag{14.2}$$

즉, A_1에 대한 급수는 수 또는 양 자체로 a라는 수 또는 양의 네이피어 로그를 동일하게 표현한다.

또한 $\left(a^{\frac{1}{m}}\right)^m = a$이므로, 다음을 얻는다.

$$\log\left(a^{\frac{1}{m}}\right)^m = m \log\left(a^{\frac{1}{m}}\right) = \log a = A_1$$

급수 (14.2)의 형식으로부터, 다음 수식을 얻는다.

$$\log\left(a^{\frac{1}{m}}\right) = (a^{\frac{1}{m}}-1) - \frac{(a^{\frac{1}{m}}-1)^2}{2} + \frac{(a^{\frac{1}{m}}-1)^3}{3} - \frac{(a^{\frac{1}{m}}-1)^4}{4} + \cdots \tag{14.3}$$

따라서 다음이 성립한다.

$$A_1 = m\left\{(a^{\frac{1}{m}}-1) - \frac{(a^{\frac{1}{m}}-1)^2}{2} + \frac{(a^{\frac{1}{m}}-1)^3}{3} - \frac{(a^{\frac{1}{m}}-1)^4}{4} + \cdots\right\} \tag{14.4}$$

만일 우리가 a를 1보다 크다고 가정하고, m을 충분히 크게 가정하면, $a^{\frac{1}{m}}$을 우리가 선택한 작은 양만큼 1과 다르게 만드는 것이 항상 가능하다.

따라서 $a = 10$이고 $m = 2^{54}$이라면, 다음과 같이 된다.

$$10^{\frac{1}{2^{54}}} = 1.00000000000012781914932003235$$

그리고 $m = 2^{54} = 18014398550948198 4$이므로 다음이 성립한다.

$$m(a^{\frac{1}{m}} - 1) = 2.3025851 \cdots$$

이는 마찬가지로 계산하는 데까지 A_1 또는 $\log 10$의 정확한 값이다. 그리고 $\dfrac{\left(10^{\frac{1}{2^{54}}} -1\right)^2}{2}$이 되는 급수 (14.3)의 두 번째 항은 소수점 이하 첫 15자릿수에서 유효 숫자가 없다.

네이피어 로그의 다른 로그로의 변환   **702.** 앞의 계산은 10의 네이피어 로그를 제공하며, 유사한 과정을 거치면, 필요한 수렴 정도를 가지는 급수를 통해 다른 숫자의 네이피어 로그를 계산할 수 있다는 것이 매우 명백하다. 그러나 네이피어 로그가 계산되거나 알려질 때, 그것을 어떤 방법으로 다른 계에서, 특히 로그가 표에 등록되어 있는 계에서, 동일한 수나 양의 해당 로그로 전달하는지를 결정해야 한다.

우선, 방정식 $e^{A_1 x} = a^x$로부터, 지정된 밑 a의 로그는 해당 네이피어 로그를 A_1로 나누거나, 또는 $\frac{1}{A_1}$이나 $\frac{1}{\log a}$을 곱하여 구할 수 있다.

로그 계수   **703.** 그것은 동일한 계에 대한 불변의 곱셈자로서, 그 계의 로그 계수라고 부르며, 이는 항상 그 밑의 네이피어 로그의 역수와 같다. 결과적으로 표 로그의 경우, 로그 계수를 구할 수 있다. 즉, 다음과 같다.

$$m = \frac{1}{\log 10} = \frac{1}{2.3025851} = .434294481$$

로그를 계산하는 앞의 방법에 대한 반대 의견   **704.** 로그 표를 계산하는 앞의 방법은 이론적으로는 완벽하지만, 여기에 포함되는 연산(곱셈, 나눗셈 그리고 거듭 제곱 근의 추출)은 매우 지루하고 곤란하여, 실제 적용을 상당한 정도로 차단할 수밖에 없게 한다.

그러한 이유로, 연속된 숫자의 로그 계산에서, 연속적인 로그의 차이에 기초하는 방법을 제공하는 분석 기법에 의존하거나, 또는 아래에서와 같이, 유리수로 된 항들만 포함하는 급수에 의존하는 것이 일반적이다.

705. 다음이 성립한다.

로그 급수

$$\log a = (a-1) - \frac{(a-1)^2}{2} + \frac{(a-1)^3}{3} - \frac{(a-1)^4}{4} + \cdots \qquad (14.5)$$

따라서 다음을 얻는다.

$$\log(1+a) = a - \frac{a^2}{2} + \frac{a^3}{3} - \frac{a^4}{4} + \cdots \qquad (14.6)$$

이 급수에서 a를 $-a$로 치환하면, 다음을 얻는다.

$$\log(1-a) = -a - \frac{a^2}{2} - \frac{a^3}{3} - \frac{a^4}{4} - \cdots \qquad (14.7)$$

$\log(1+a) - \log(1-a) = \log\left(\frac{1+a}{1-a}\right)$이므로 두 번째 급수 (14.6)에서 마지막 급수 (14.7)을 빼면 다음을 얻는다.

$$\log\left(\frac{1+a}{1-a}\right) = 2\left\{ a + \frac{a^3}{3} + \frac{a^5}{5} + \cdots \right\} \qquad (14.8)$$

706. 만일 $\frac{1+a}{1-a} = \frac{m}{n}$이라 하면, $a = \frac{m-n}{m+n}$이므로, 다음이 성립한다.

$\log \frac{m}{n}$에 대한 급수

$$\log \frac{m}{n} = 2\left\{ \frac{m-n}{m+n} + \frac{1}{3}\left(\frac{m-n}{m+n}\right)^3 + \frac{1}{5}\left(\frac{m-n}{m+n}\right)^5 + \cdots \right\} \qquad (14.9)$$

$m = n+1$이라 하면, $\frac{m-n}{m+n} = \frac{1}{2n+1}$이 되므로, 다음을 얻는다.

$$\log \frac{n+1}{n} = 2\left\{ \frac{1}{2n+1} + \frac{1}{3}\frac{1}{(2n+1)^3} + \frac{1}{5}\frac{1}{(2n+1)^5} + \cdots \right\} \qquad (14.10)$$

즉, 다음이 성립한다.

$$\log(n+1)$$

$$= \log n + 2 \left\{ \frac{1}{2n+1} + \frac{1}{3}\frac{1}{(2n+1)^3} + \frac{1}{5}\frac{1}{(2n+1)^5} + \cdots \right\} \tag{14.11}$$

이것은 연속적인 숫자 계산에 적용되는 공식으로, 모든 경우에 빠르게 수렴하는 급수를 포함하고, 특히 숫자가 클 때 더욱 그러하다.

m과 n이 단순한 인자로 구성된 경우   m과 n이 단순한 인자로 분해될 수 있는 경우, $\log \frac{m}{n}$은 m에 있는 인자들의 로그의 합에서 n에 있는 인자들의 로그의 합을 뺀 것과 같을 것이다. 가장 큰 인자의 로그를 표현하기 위해 p를, 적절한 부호로 연결된 다른 인자들의 대수 합계를 표현하기 위해 $-q$를 가정할 경우, 다음을 얻는다.

$$p = q + 2 \left\{ \frac{m-n}{m+n} + \frac{1}{3}\left(\frac{m-n}{m+n}\right)^3 + \frac{1}{5}\left(\frac{m-n}{m+n}\right)^5 + \cdots \right\} \tag{14.12}$$

또는 가장 큰 인자에 의해 표시된 숫자의 로그는 이미 결정된 작은 숫자의 로그와, 다소간 수렴하는 무한 급수의 항들로 표현될 것이다. m과 n을 $m-n$이 1이나 어떤 불변의 수와 같도록 가정하면, 이 급수에 있는 항들의 수렴성은 로그를 결정해야 하는 숫자가 증가함에 따라 빠르게 증가할 것이다.

보기   따라서 $m = x^2$, $n = x^2 - 1 = (x+1)(x-1)$이라 하면 $p = \log(x+1)$, $q = 2\log x - \log(x-1)$, $\frac{m-n}{m+n} = \frac{1}{2x^2-1}$이다. 그러므로 다음을 얻는다.

$$\log(x+1)$$

$$= 2\log x - \log(x-1)$$

$$+ 2 \left\{ \frac{1}{2x^2-1} + \frac{1}{3}\frac{1}{(2x^2-1)^3} + \frac{1}{5}\frac{1}{(2x^2-1)^5} + \cdots \right\}$$

따라서 임의 수에 대한 로그는 바로 앞에 있는 두 숫자의 로그에 따라 결정된다.

다시, $m = (x - 1)^2(x + 2)$, $n = (x + 1)^2(x - 2)$, $p = \log(x + 2)$, $q = 2\log(x+1) + \log(x-2) - 2\log(x-1)$, 그리고 $\frac{m-n}{m+n} = \frac{2}{x^3-3x}$라 하면 다음을 얻는다.

$$\log(x + 2)$$
$$= 2\log(x + 1) + \log(x - 2) - 2\log(x - 1)$$
$$+ 2\left\{ \frac{2}{x^3 - 3x} + \frac{1}{3}\left(\frac{2}{x^3 - 3x} \right)^3 + + \frac{1}{5}\left(\frac{2}{x^3 - 3x} \right)^5 + \cdots \right\}$$

위 식은 바로 앞에 있는 숫자 4개 중 3개의 로그에 의존하는 항들에서 한 숫자의 로그를 제공하는 공식이다.

$x = 100$이면, 이 급수의 두 번째 항 $\frac{1}{3}\left(\frac{2}{x^3-3x} \right)^3$은 처음 열여섯째 자리에 유효 숫자가 없다. 그러므로 많은 숫자의 경우 주어진 공식으로 해당 로그를 계산하는 데 알 필요가 있는 것은 첫째 항뿐이다.

아래와 같이 가정하면

$$m = x^2(x - 7)^2(x + 7)^2 = x^6 - 98x^4 + 2401x^2$$
$$n = (x - 3)(x + 3)(x - 5)(x + 5)(x - 8)(x + 8)$$
$$= x^6 - 98x^4 + 2401x^2 - 14400$$

다음을 얻을 수 있다.

$$\log(x + 8) = 2\log(x + 7) + 2\log x + 2\log(x - 7) - \log(x + 5)$$
$$- \log(x + 3) - \log(x - 3) - \log(x - 5) - \log(x - 8)$$
$$- 2\left\{ \frac{7200}{x^6 - 98x^4 + 2401x^2 - 7200} + \cdots \right\}$$

$x = 100$이면, 이 급수의 첫째 항은 소수점 처음 일곱 자리에 유효 숫자가 없다. $x = 1000$이면, 소수점 처음 열세 자리에 유효 숫자가 없다. 따라서

이러한 경우에는 그것은 아예 무시될 수 있으며, 숫자의 로그 계산은 앞에 있는 8개 숫자의 로그를 통해 수행될 수 있다.

차이의 열 **707.** 로그 표는 수의 다섯 자리 숫자만으로 구성되지만, 수의 여섯 자리 또는 더 많은 숫자로 이루어진 숫자의 로그가 때때로 필요하다. 이러한 목적으로, 비례 부분의 작은 보조 열이 개별 값에 상응하는 차이의 열은 다섯 자리인 수들의 표 로그가 있는 각 페이지를 수반하며, 그 구성 원리는 다음과 같다.

첫 번째 차이 우선, 다음이 성립한다.

$$\text{tlog}(n+1) - \text{tlog}\, n = \text{tlog}\left(\frac{n+1}{n}\right) = \text{tlog}\left(1 + \frac{1}{n}\right)$$
$$= m\left(\frac{1}{n} - \frac{1}{2n^2} + \cdots\right) \approx \frac{m}{n}$$

여기서 m은 로그 계수 또는 .434294481이다. 이 두 개의 연속 로그의 차이를 $\triangle$라 하자. 비슷한 방법으로 다음을 얻는다.

$$\text{tlog}(n+2) - \text{tlog}(n+1) \approx \frac{m}{n+1}$$

두 번째 차이 이것을 $\triangle'$이라 하자. 결국 다음을 얻는다.

$$\triangle - \triangle' \approx m\left\{\frac{1}{n} - \frac{1}{n+1}\right\} = \frac{m}{n(n+1)}$$

이는 n이 다섯 자리의 수일 때, 소수의 처음 아홉 자리에 유효 숫자가 없는 수이다. 결과적으로, 대부분의 수에 대한 연속 로그의 첫 번째 차이는 동일하게 유지된다.[6] 그 연속적인 값은 대개 문자 D로 시작하는 열에 등록된다.

---

6) **로그 표를 구성함에 있어서 차이의 이용**: 이것은 큰 수의 로그 표가 차이만으로도 얼마나 쉽게 해석될 수 있는지를 보여준다. 왜냐하면 다음이 성립하기 때문이다.

$$\log(n+1) - \log n = \triangle = m\left\{\frac{1}{n} - \frac{1}{2n^2} + \cdots\right\}$$

708. 다시 다음과 같이 계산하자.

$$\operatorname{tlog} N = \operatorname{tlog}(10n + x) \approx 1 + \operatorname{tlog} n + \frac{mx}{10n}$$
$$= 1 + \operatorname{tlog} n + \frac{\triangle x}{10}, \qquad (\triangle = \frac{m}{n}\text{이므로})$$

다시 말하면, $n+1$과 n의 연속 로그 2개의 차이인 $\triangle$는 추가 숫자 x로 곱하고 10으로 나누어야 한다. 그 결과는 n의 로그에 1만큼 더해질 때 요구되는 로그를 제공한다. 이 연산은 차이의 모든 다른 값을 수반하는 비례 부분의 작은 표에서 x의 모든 아홉 개 값에 대해 가장 가까운 정수로 수행된다.

따라서 표에서 338188의 로그를 찾아보자.

그리고 두 번째 차이는 다음과 같다.

$$\triangle - \triangle' = \log(n + 2) - 2\log(n + 1) + \log n$$
$$= \frac{m}{n(n+1)} \approx \frac{m}{n^2}$$

따라서 다음이 성립한다.

$$\log(n + 1) \approx \log n + \triangle - \frac{1}{2}(\triangle - \triangle')$$
$$\log(n + 2) \approx \log(n + 1) + \triangle - \frac{1}{2}(\triangle - \triangle')$$
$$\vdots \qquad\qquad \vdots$$
$$\log(n + x) \approx \log(n + x - 1) + \triangle - \frac{1}{2}(\triangle - \triangle')$$

이 결과들을 모두 더하고, 양쪽에 공통되는 양을 제거하면, 다음을 얻는다.

$$\log(n + x) = \log n + x\triangle - \frac{x}{2}(\triangle - \triangle')$$

그러므로 $\frac{x}{2}(\triangle - \triangle')$은 $\triangle$의 마지막 숫자에 영향을 주지 않을 정도로 작기 때문에 첫 번째 차이는 동일하게 유지된다. 그러나 $\frac{x}{2}(\triangle - \triangle')$의 첫째 숫자가 $\triangle$의 마지막 숫자에 영향을 줄 경우, $\triangle$는 1만큼 감소해야 하며, $\triangle$값의 새로운 수열이 다시 시작되어야 한다. 다른 모든 것들 중에서 가장 편리하고, 실제로 사용되는 유일한 이 방법에 의한 로그 표의 구성에 있어서, x가 큰 숫자가 되었을 때 $\log\left(1 + \frac{x}{n}\right)$에 대한 급수의 두 번째 이상의 항들이 끼치는 영향을 피하기 위해, 상당한 간격에 있는 3개의 연속 숫자의 로그를 독립적인 방법으로 정확하게 계산하는 것이 필요할 뿐이다.

$$\log 33819 = 4.5291\ 608$$
$$\log 33818 = 4.5291\ 479$$
$$\triangle = 129$$
$$\log 338180 = 5.5291\ 479$$
$$\frac{8\triangle}{10} = 103$$
$$\log 338188 = 5.5291\ 582$$

비례 부분		
숫자		
129	1	13
	2	26
	3	39
	4	52
	5	65
	6	77
	7	90
	8	103
	9	116

일곱 자리의 수에 대한 로그

709. 마지막 두 자릿수가 x와 y인 일곱 자리의 수에 대한 로그가 필요한 경우, 우리는 비례 부분 표로부터 처음 다섯 자리의 수에 대한 로그에서 2가 증가한 값에, 첫 번째 숫자에 대응하는 $\frac{x\triangle}{10}$을, 두 번째 숫자에 대응하는 $\frac{y\triangle}{100}$를 더해야 한다. 따라서 3381886의 로그를 구해보자.

$$\log 3381800 = 6.5291\ 479$$
$$\frac{8\triangle}{10} = 103$$
$$\frac{6\triangle}{100} = 8$$
$$\log 3381886 = 6.5291\ 590$$

표에 없는 로그에 해당하는 수를 구하기

710. 마지막에 고려한 것과 반대되는 문제는 "표에 없는 로그에 해당하는 숫자를 찾는 것"이다. 그 목적을 위해, δ를 주어진 로그와 표에서 다음 작은 로그와의 차이로 하고, $\triangle$를 2개의 연속적이고 가장 가까운 정수

로그에 해당하는 차이라고 하자. 그러면, 다음을 얻는다.

$$\log(n + x) - \log n = \delta \approx x\triangle$$

그러므로 $x = \frac{\delta}{\triangle}$, 즉 소수점 단위로 변환하고 n에 더해지면 $n + x$의 필요한 값이 주어진다.

따라서 로그 3.7895900에 해당하는 수를 구해보자. 보기

$$\log(n + x) = 3.78959 \; 00$$

$$\log n = \log 6160.1 = 3.78958 \; 78$$

$$\delta = \qquad\quad 22$$

$$\log 6160.2 = 3.78959 \; 49$$

$$\triangle = \qquad\quad 71$$

따라서 $x = \frac{22}{71 \times 10} = .030986$이다. 결과적으로 다음을 얻는다.

$$n + x = 6160.1030986$$

711.   지금까지 전적으로 산술 로그에 관심을 국한했는데, 이는 계산 업무에 단독으로 사용되며, 따라서 그것만으로도 실질적인 중요성을 갖는 것으로 간주될 수 있다. 이러한 로그는 그것에 상응하는 수나 양의 작용 부호와 무관하다. 다시 말해, 다른 기호 양 $+a$, $-a$, $\epsilon^\theta a$, 또는 $(\cos\theta + \sqrt{-1}\sin\theta)a$는 동일한 산술 로그를 갖는다. 다음의 양들, 그리고 $\sqrt{(a^2 + b^2)}$의 산술 값 경우에도 동일하다. 산술 로그는 해당 양의 작용 부호와 무관함

$$a + b\sqrt{-1}, \quad a - b\sqrt{-1}$$

그리고 다른 경우도 마찬가지이다.

712. 로그의 속성은 동일한 밑에 대한 지수의 속성이며, 로그는 가정된 밑의 해당 거듭 제곱을 로그가 상응하는 양에 기호적으로 동일하게 만드는 지수들이다. 이 원리에 따라, a와 b의 양이 산술적이든 기호적이든 간에, 다음과 같은 방정식이 항상 성립한다.

$$\log ab = \log a + \log b$$

이러한 방정식은 지수의 일반 원리에 대한 가장 일반적인 표현이 될 것이고, 이는 지수에 관한 모든 추론의 토대가 되어 왔다.

해당 양을
그들의 작용
부호와 산술
값의 곱으로
간주함으로써
결정하는 기호
로그 **713.** 따라서 $+a$, $-a$, ϵ^θ 또는 $(\cos\theta + \sqrt{-1}\sin\theta)a$와 같은 양을 1과 a, -1과 a, ϵ^θ과 a, 또는 $(\cos\theta + \sqrt{-1}\sin\theta)a$과 a의 기호적인 곱으로 간주하고, 산술적 로그를 lóg로 나타내면, 다음을 얻는다.

$$\log a = \log 1 + \text{lóg}\, a,$$
$$\log -a = \log -1 + \text{lóg}\, a,$$
$$\log \epsilon^\theta a = \log \epsilon^\theta + \text{lóg}\, a,$$
$$\log(\cos\theta + \sqrt{-1}\sin\theta)a = \log(\cos\theta + \sqrt{-1}\sin\theta) + \text{lóg}\, a,$$
$$\log a^m = \log 1^m + \text{lóg}\, a^m$$
$$= \log(\cos 2rm\pi + \sqrt{-1}\sin 2rm\pi) + m\,\text{lóg}\, a$$

714. 이전의 경우에서(조항 464), $\epsilon^{2\pi}$와 따라서 $\epsilon^{2r\pi}$(r이 0 또는 양수든 음수든 정수이면)는 1과 같고, ϵ^π와 $\epsilon^{(2r+1)\pi}$도 -1이 되는 것을 보였다. 또한 $\epsilon = e^{\sqrt{-1}}$이면(조항 668), 0을 포함한 r의 모든 정수 값에 대하여 다음이 성립한다.

$$e^{2r\pi\sqrt{-1}} = 1 \quad \text{그리고} \quad e^{(2r+1)\pi\sqrt{-1}} = -1$$

결과적으로 로그에 대한 우리의 정의는 이렇게 된다.

$$\log 1 = \log e^{2r\pi\sqrt{-1}} = 2r\pi\sqrt{-1},$$

$$\text{그리고} \quad \log -1 = \log e^{(2r+1)\pi\sqrt{-1}} = (2r+1)\pi\sqrt{-1}$$

따라서 다음이 성립한다.

$$\log a = 2r\pi\sqrt{-1} + \text{lóg}\, a,$$

$$\log -a = (2r+1)\pi\sqrt{-1} + \text{lóg}\, a$$

715.   비슷한 방식으로 $\epsilon^\theta = \cos\theta + \sqrt{-1}\sin\theta = \epsilon^{2r\pi+\theta} = e^{(2r\pi+\theta)\sqrt{-1}}$ $\epsilon^\theta a$의 기호
이므로, r이 정수 또는 0일 경우, 다음을 얻는다. 로그

$$\log \epsilon^\theta = \log(\cos\theta + \sqrt{-1}\sin\theta) = (2r\pi+\theta)\sqrt{-1}$$

그러므로 다음이 성립한다.

$$\log \epsilon^\theta a = \log(\cos\theta + \sqrt{-1}\sin\theta)a$$
$$= (2r\pi+\theta)\sqrt{-1} + \text{lóg}\, a$$

716.   또한 다음이 성립한다. a^m의 기호
로그

$$1^m = \cos 2rm\pi + \sqrt{-1}\sin 2rm\pi = \epsilon^{2mr\pi} = e^{2mr\pi\sqrt{-1}}$$

그러므로 다음을 얻는다.

$$\log a^m = 2mr\pi\sqrt{-1} + m\,\text{lóg}\, a$$

$r = 0$, $2mr\pi\sqrt{-1} = 0$이면, $\log 1^m$의 한 값은 항상 0이다.

717. m이 정수이면, $2mr\pi\sqrt{-1}$의 값은 $2r\pi\sqrt{-1}$값에 포함되지만, m이 **정수일**
때

그 역은 아니다. 다시 말해서 $\log 1^m$값은 $\log 1$값에 포함되지만, 그 역은
아니다.

718. $m = \frac{1}{2}$이면, $2mr\pi\sqrt{-1}$은 $r\pi\sqrt{-1}$이고, 따라서 다음을 얻는다.

$$\log \sqrt{a} = r\pi\sqrt{-1} + \frac{1}{2}\log a$$

719. 다시 다음이 성립한다.

$$(-1)^m = \cos(2r+1)m\pi + \sqrt{-1}\sin(2r+1)m\pi$$

그러므로 다음을 얻는다.

$$\begin{aligned}\log(-a)^m &= \log(-1)^m a^m \\ &= (2r+1)m\pi\sqrt{-1} + m\log a\end{aligned}$$

720. $m = 2$일 경우, 다음이 성립한다.

$$\begin{aligned}\log(-a)^2 &= (2r+1)2\pi\sqrt{-1} + 2\log a \\ &= (4r+2)\pi\sqrt{-1} + 2\log a\end{aligned}$$

721. 다음이 성립한다.

$$\log a^2 = 2r\pi\sqrt{-1} + 2\log a$$

그러므로 $\log(-a)^2$값은 항상 $\log a^2$값에 포함되지만, 그 역은 성립하지 않
는다.

722. 다음이 성립한다.

576

$$-1^m = (-1)1^m$$

$$= \{\cos(2r+1)\pi + \sqrt{-1}\sin(2r+1)\pi\}$$

$$\times \{\cos 2mr'\pi + \sqrt{-1}\sin 2mr'\pi\}$$

$$= \cos(2r + 2mr' + 1)\pi + \sqrt{-1}\sin(2r + 2mr' + 1)\pi$$

따라서 다음을 얻는다.

$$\log -a^m = (2r + 2mr' + 1)\pi\sqrt{-1} + m\,\text{lóg}\,a$$

723. $m = \frac{1}{2}$이라 하고, $r = \theta$, $r' = -1$이라면, 다음이 성립한다. $\qquad m = \frac{1}{2}$**일 때**

$$\log -\sqrt{a} = \frac{1}{2}\,\text{lóg}\,a$$

이는 $\log \sqrt{a}$의 산술 값도 된다(조항 717).

724. 보다 일반적으로, p가 n에 대한 홀수의 소수일 때, $m = \frac{p}{2n}$이고, $\qquad m = \frac{p}{2n}$**일 때** $r' = -n$, $r = \frac{p-1}{2}$이면, 다음이 성립한다.

$$2r + 2mr' + 1 = 0$$

그리고 $\log -a^m$에 상응하는 값은 $\log a^m$의 산술 값이 된다. 이러한 음수 로그의 산술 값은 음수 부호가 앞에 오는 기호의 거듭 제곱으로 제한되며, 그 지수는 분모가 짝수인 분수가 된다.

725. θ가 $\cos^{-1} \frac{a}{\sqrt{(a^2+b^2)}} = \sin^{-1} \frac{b}{\sqrt{(a^2+b^2)}}$,[7] 즉 그 고사인이 $\frac{a}{\sqrt{(a^2+b^2)}}$ $\qquad a \pm b\sqrt{-1}$**의** 이거나 사인이 $\frac{b}{\sqrt{(a^2+b^2)}}$인 임의 호의 경우, 다음이 성립한다. $\qquad$**기호 로그**

$$a + b\sqrt{-1} = \epsilon^\theta \sqrt{(a^2 + b^2)} = \epsilon^\theta \rho, \qquad (\rho = \sqrt{(a^2 + b^2)})$$

그리고 $\quad a - b\sqrt{-1} = \epsilon^{-\theta}\sqrt{(a^2 + b^2)} = \epsilon^{-\theta}\rho$

그러므로 다음을 얻는다.

$$\log(a + b\sqrt{-1}) = (2r\pi + \theta)\sqrt{-1} + \text{lóg}\,\rho,$$

$$\log(a - b\sqrt{-1}) = (2r\pi - \theta)\sqrt{-1} + \text{lóg}\,\rho$$

726. 아래와 같은 더 일반적인 식을 생각하면

$$(a + b\sqrt{-1})^{(\alpha + \beta\sqrt{-1})}$$

$(a + b\sqrt{-1})^{\alpha+\beta\sqrt{-1}}$ 의 기호 로그

그 로그는 다음과 같다.

$$\log(a + b\sqrt{-1})^{(\alpha + \beta\sqrt{-1})}$$

$$= (\alpha + \beta\sqrt{-1})\log(a + b\sqrt{-1})$$

$$= (\alpha + \beta\sqrt{-1})\left\{\cos^{-1}\frac{a}{\sqrt{(a^2 + b^2)}}\sqrt{-1} + \text{lóg}\,\sqrt{(a^2 + b^2)}\right\}$$

$$= (\alpha + \beta\sqrt{-1})\left\{(2r\pi + \theta)\sqrt{-1} + \text{lóg}\,\rho\right\}$$

$$\left(\frac{a}{\sqrt{(a^2 + b^2)}}\text{를}\ \ 2r\pi + \theta\text{로},\ \ \sqrt{(a^2 + b^2)}\text{를}\ \ \rho\text{로 치환하여}\right)$$

$$= \{(2r\pi + \theta)\alpha + \beta\,\text{lóg}\,\rho\}\sqrt{-1} + \alpha\,\text{lóg}\,\rho - (2r\pi + \theta)\beta$$

이 공식을 살펴보면, 위에서 언급한 조건에서 그것은 산술 값을 가질 것이며, 다른 조건에서는 그렇지 않음을 알 수 있다.

---

7) 매우 편리한 이 표기법은 음의 지수 사용의 자연스러운 확장이다. $\cos$이나 $\cos^{-1}$을 a와 a^{-1} 또는 $\sqrt{-1}$과 $(\sqrt{-1})^{-1}$같이 단순한 기호로 간주하면, 그 뒤에 오는 양이나 기호의 고유하고 정의 가능한 수정을 의미하는데, 그러면 방정식 $\theta = \cos^{-1} x$는 반드시 방정식 $\cos\theta = x$로 이어지고, $\theta = (\sqrt{-1})^{-1}x$는 반드시 $x = \sqrt{-1}\theta$로 이어진다. 다시 말해 $\cos^{-1}$와 $\frac{1}{\cos}$을 동등한 기호 표현으로 간주하고, 하나 또는 다른 하나에 의한 곱셈 연산을 다른 인자에 그것이 지시하도록 되어 있는 고유한 수정을 부과하는 것으로 간주하는 것이다. 동일한 관측이 $\sin^{-1}$, $\tan^{-1}$, $\sec^{-1}$ 등 일반적으로 f^{-1}과 같은 유사한 기호 표현에 적용된다. 단, 기호 앞에 접두어로 붙일 때, f로 표시될 수 있는 값의 역 연산 또는 수정을 나타내도록 가정했을 때이다.

578

727. $b = 0$으로 가정할 경우, $\theta = 0$, $\rho = a$이고 다음이 성립한다. $\qquad$ $b = 0$일 때

$$\log a^{\alpha + \beta\sqrt{-1}} = (2\alpha r\pi + \beta \log a)\sqrt{-1} + \alpha \log a - 2\beta r\pi$$

728. $a = 0$이라 가정하면, $\cos^{-1} 0 = (2r + 1)\frac{\pi}{2}$가 되고, 그러므로 $\qquad$ $a = 0$일 때
다음이 성립한다.

$$\log(b\sqrt{-1})^{\alpha + \beta\sqrt{-1}} = \left\{ (2r+1)\alpha\frac{\pi}{2} + \beta \log b \right\}\sqrt{-1}$$
$$+ \alpha \log b - (2r+1)\beta\frac{\pi}{2}$$

729. $a = 0$, $\alpha = 0$으로 가정하면, 다음을 얻는다. $\qquad$ $a = 0, \alpha = 0$
$\qquad$ 일 때

$$\log(b\sqrt{-1})^{\beta\sqrt{-1}} = \beta \log b\sqrt{-1} - (2r+1)\beta\frac{\pi}{2}$$

730. 더 나아가 $b = \beta = 1$이라 가정하면, 다음을 얻는다. $\qquad$ $a = 0, \alpha = 0,$
$\qquad$ $b = \beta = 1$일
$\qquad$ 때

$$\log(\sqrt{-1})^{\sqrt{-1}} = \sqrt{-1} \log \sqrt{-1} = (2r+1)\frac{\pi}{2}$$

따라서 다음이 성립한다.

$$\pi = -\frac{2\sqrt{-1}\log\sqrt{-1}}{2r+1} = \frac{1}{2r+1}\frac{2\log\sqrt{-1}}{\sqrt{-1}}$$

이는 본질상 상징적인 매우 주목할 만한 결과이다.

731. $\log$로 표시된 네이피어 로그는 일반적인 분석 문제에서 발생하 $\qquad$ e와 **다른 밑을**
는 유일한 로그이며, 따라서 기호 값이 요구되는 경우에 적절하게 스스로 $\qquad$ **가진 기호**
표시할 수 있는 유일한 로그이다. 그러나 앞의 공식은 그 로그 계수가 M $\qquad$ **로그**
인 다른 밑에 매우 쉽게 적응할 수 있게 한다. ϵ^θ가 양 a의 작용 부호이면,

다음을 얻는다.

$$\log' \epsilon^\theta a = \log' \epsilon^\theta + \log' a$$

그런데 $\log' e = M$이므로 다음이 성립한다.

$$\log' \epsilon^\theta = \log' e^{\theta\sqrt{-1}} = (2r\pi + \theta)\sqrt{-1}\log' e$$
$$= M(2r\pi + \theta)\sqrt{-1}$$

그러므로 다음을 얻는다.

$$\log' \epsilon^\theta a = M(2r\pi + \theta)\sqrt{-1} + \log' a$$

732. 기호 로그에 대한 선행 공식은, 로그의 정의를 확대하지 않더라도, 모든 양을 그들보다 선행하는 작용 부호의 연속적인 곱으로, 거듭 제곱근이든 거듭 제곱이든 또는 그 밖의 것이든, 그것과 관련된 작용 부호들과 그 산술 값의 연속적인 곱으로 간주함으로써 얻어졌다. 따라서 우리는 $\log a^2$과 $\log(-a)^2$ 간의 기호적 구분을 표시하고, 때로 그들 로그의 동일성 주장에 기반을 두고 있는 논거를 반박할 수 있게 되었다.[8] 따라서 마찬가지로 우리는 $\log -a^{\frac{1}{2}}$에 대한 기호 값과 또한 $\log -a^{\frac{p}{2n}}$의 기호 값이 있음을 결정할 수 있게 되었는데, 이것은 해당 산술 로그와 동일한 것으로, 로그의 정의에서 자연스럽게 따를 것으로 예상되는 결론이다.

---

[8] $a^2 = (-a)^2$이므로, 그 로그도 동일하고, 따라서 $2\log a = 2\log -a$ 또는 $\log a = \log -a$라는 결론이 된다. 이것은 a와 $-a$의 로그가 동일하다고 증명하기 위한 주요 주장 중 하나였다.

제 15 장

알려지지 않은 양 한 개를 포함하는 일차, 이차 그리고 고차 방정식에 대하여

733. 등호가 어떤 방식으로 해석되든, 방정식이라는 용어는 일반적으로 등호 =로 연결되는 0을 포함한 모든 식에 적용된다. 그러나 본질적인 차이는 앞에 경우에서 예시했는데(조항 128, 129, 130), 방정식의 구성이 각 항목으로 인식되기 위해 항등원으로 축소될 수 있는 방정식과 그렇지 못한 방정식에 있다. 방정식의 이론과 해답에 대해 말할 때, 단지 우리가 우려하는 것은 방정식의 후자 부류와 관련이 있다.[1]

동일한 기타
방정식

---

1) 우리는 이 책의 훨씬 더 앞부분에서 이 장의 주제를 다루었어야 했는데, 이 주제에 대한 설명이 마지막 다섯 장 모두에서 다소 요구되었기 때문이다. 그러나 그렇게 함으로써 동등한 형태의 발견과 변형에 관한 우리의 조사 과정을 방해하고 싶지 않았고, 따라서 우리는 이 매우 중요한 주제를 뒤에서 다루는 것에 대해 주저하지 않았다. 그것에 대해 요구되는 적용은 매우 드문 예외적인 것으로 매우 단순하고 명백하여, 해당 장을 읽을

734. 만약 A와 B가 방정식의 초기 또는 축소되지 않은 형태로, 방정식의 두 구성을 나타낸다고 가정하거나, 또는 다음이 성립하면

$$A = B$$

이때, A와 B 모두를 같은 수 또는 서로 같아지는 것을 낮추는 어떤 두 수를 더하거나 빼거나, 곱하거나 나누거나 한다면, 그 방정식은 계속 성립할 것이다. 그리고 그러한 과정은 방정식이 답을 나타내는 방식을 감소시키는 작업의 주요한 부분을 구성하는 만큼 또는 그 이론에 대한 고려를 감소시키는 만큼, 방정식과 그 결과를 세부적으로 알게 될 것이다.

735. (α) $A = B$이면 다음이 성립한다.

$$A + C = B + C, \quad \text{그리고} \quad A - C = B - C$$

이 문제의 결과로, 단지 부호를 +에서 −로 또는 −에서 +로 변경하는 것에 의해서, 그 양은 방정식의 한 요소에서 다른 요소로 이전될 수 있다. 그러므로 처음 방정식이 다음과 같다고 하면

$$A - C = B$$

방정식의 양변에 C를 더하여 다음을 얻는다.

$$A - C + C = B + C,$$

$$\text{또는} \quad A = B + C$$

유사한 방식으로, 처음 방정식이 다음과 같다고 하면

$$A + C = B$$

수 있는 학생들, 그게 아니라면 그 장을 이해할 수 있는 학생들에게 어떠한 어려움도 만들지 않는다고 생각했다.

방정식의 양변에 C를 빼서 다음을 얻는다.

$$A + C - C = B - C,$$

$$\text{또는} \quad A = B - C$$

이것은 방정식의 한 요소 중 그 요소에 대한 조건의 전부 또는 일부를 다른 요소에 이전할 수 있게 해주기 때문에 새로운 형태로의 방정식 축소에 있어서 가장 중요한 원칙이며, 반대로, 모든 방정식이 그에 대한 변경에 바로 인정할 수 있는 즉각적인 결과로서 나타난다. 그것의 모든 중요한 조건이 그 방정식 요소들 중 하나를 형성하기 위해 만들어질 수 있고, 다른 것을 0으로 만든다. 다음이 성립한다고 하면

$$A = B$$

방적식의 양변에서 B를 빼면 다음과 같다.

$$A - B = B - B = 0$$

736. 예를 들면 다음과 같다.

(1) $7 - 3x = 5 - 2x$: $2x$를 옮기는 것이 필요하다. $2x$를 양변에 더하면 다음과 같다.

$$7 - 3x + 2x = 5 - 2x + 2x, \quad \text{또는} \quad 7 - x = 5$$

(2) $a - bx = c - dx$: x를 포함한 항들을 한쪽으로 옮기고, x를 포함하지 않은 항들을 다른 쪽으로 옮기는 것이 필요하다.

양변에 dx를 더하고 a를 빼면, 다음을 구할 수 있다.

$$a - a - bx + dx = c - a, \quad \text{즉} \quad -(b - d)x = c - a$$

이제 좌우의 부호를 바꾸면, 다음을 얻는다.

$$(b - d)x = a - c$$

(3) $ax^2 - bx = c$: 모든 중요한 항들을 한쪽으로 옮겨야 한다.
양변에서 c를 빼면, 다음과 같다.

$$ax^2 - bx - c = c - c = 0$$

(4) $ax^3 - bx^2 + cx - d = \alpha x^3 - \beta x^2 + \gamma x - \delta$: 중요한 모든 항들을
한쪽으로 옮기는 것이 필요하다.

$\alpha x^3 - \beta x^2 + \gamma x - \delta$를 양변에서 빼면 다음과 같다.

$$ax^3 - \alpha x^3 - bx^2 + \beta x^2 + cx - \gamma x - d + \delta = 0$$

즉, 다음과 같다.

$$(a - \alpha)x^3 - (b - \beta)x^2 + (c - \gamma)x - (d - \delta) = 0$$

곱하기와
나누기에
의해서

737. (β) $A = B$라 하면 다음을 얻는다.

$$AC = BC, \quad 그리고 \quad \frac{A}{C} = \frac{B}{C}$$

방정식의 두 변 또는 한 변에 분수 항들이 포함된다면, 이러한 항목은
연속적으로 관련된 분수 몇 개의 분모로 곱하거나 최소 또는 최소 공배로
한 번에 곱하여 앞의 문제에 따라 제거할 수 있다. 예를 들면 다음과 같다.

방정식에서
분수를
제거하는
보기들

738. (1) $\frac{x}{2} + 8 = 8 - x$: 이 방정식에서 분수를 없애야 한다.
단지 분모 2를 양변에 곱함으로써 다음을 구할 수 있다.

$$x + 6 = 16 - 2x.$$

(2) $\frac{x}{2} + \frac{x}{3} + \frac{x}{4} = 13$: 이 방정식에서 분수 항들을 없애는 것이 필요하다. 분모의 최소 공배수인 12를 이 방정식의 양변에 곱하면, 다음을 구할 수 있다.

$$6x + 4x + 3x = 156$$

(3) $\frac{a}{x} = \frac{b}{b+x}$

이 방정식의 양변에 x를 곱하고, 그다음 두 번째로 $b+x$를 곱하면, 다음과 같다.

$$a = \frac{bx}{b+x},$$
$$a(b+x) = bx \quad \text{또는} \quad ab + ax = bx$$

(4) $\frac{10}{x} - \frac{3}{x+2} = \frac{10}{x+1}$

이 방정식의 양변에 x를 곱하고, $x+2$ 그리고 $x+1$을 연속으로 곱하면 다음과 같다.

$$10 - \frac{3x}{x+2} = \frac{10x}{x+1},$$
$$10x + 20 - 3x = \frac{10x^2 + 20x}{x+1},$$
$$10x^2 + 10x + 20x + 20 - 3x^2 - 3x = 10x^2 + 20x$$

(5) $\frac{7}{x-2} - \frac{10}{4x-8} = \frac{32}{7x^2-14x}$

방정식의 양변에 다음 식을 곱한다.

$$28x^2 - 56x \quad \text{또는} \quad 4 \times 7 \times x \times (x-2)$$

이는 분모의 최소 공배인데, 다음의 결과를 얻을 수 있다.

$$7 \times 28x - 10 \times 7x = 32 \times 4,$$

$$\text{또는} \quad 196x - 70x = 128$$

(6) $\frac{20x}{7-x} + \frac{140-20x}{x} = 580$

방정식의 양변을 20으로 나누면 다음 결과를 얻을 수 있다.

$$\frac{x}{7-x} + \frac{7-x}{x} = 29$$

방정식 양변에 $x(7-x)$를 곱하여 다음의 결과를 얻는다.

$$x^2 + (7-x)^2 = 29x(7-x),$$
$$\text{또는} \quad x^2 + 49 - 14x + x^2 = 2 - 3x - 29x^2$$

방정식의 동일 여부를 확인하는 모드

739. 합리적인 형식에서 방정식이, 그 방정식의 해법에 대해 또는 그 속성에 대한 논의와 관련한 어떠한 점검에 대해서 제안할 때, 앞의 예에서 설명된 방식으로, 산출된 값과 분수 값을 제거한 후에, 한쪽으로 모든 중요한 조건을 옮기는 것부터 시작한다. 그러한 상쇄 후에, 중요한 항들은 반대 부호에 의해 사라지고, 방정식은 **동등**한데, 방정식과 관련한 모든 일반적인 기호들은 똑같이 확정되지 않는다. 만약 이러한 조건들이 그러한 환경하에서 사라지지 않는다면, 방정식과 관련한 기호와 양에 의존하는 하나의 기호만 존재하는 것이다. 그렇지 않다면 문제에서 기호는 균등하게 불분명하고 모든 다른 것들에 대해 임의이고, 다른 어떤 상황에서도 그 기호 중 하나의 특정 값에 의존하지 않는 것과 마찬가지로 방정식 자체는, 모든 나머지 값들이 할당되었을 때, 동일해야 한다.

차원에 따른 방정식의 분류

740. 따라서 동일하지 않은 모든 방정식에는, 다른 모든 방정식에 의존하는 하나의 기호가 있으며, 그 기호가 그들의 값이 할당되거나 할당할 수 있을 때 결정될 수 있다고 할 수 있다. 그러나 이 기호의 결정은 방정식의 해법에 따라 발생하므로, 그러한 해법은 실행 가능하거나 아닐 수 있는 알려

586

지지 않은 것으로 간주될 수 있다. 상쇄된 방정식의 조건이 나열되는 것은, 보통 x가 정하는 이 알려지지 않은 양의 거듭 제곱에 따른 것이다. 그리고 방정식의 다른 종류와 차원을 결정하는 것은 이 알려지지 않은 양의 가장 큰 거듭 제곱의 지수들에 의해서 결정된다. 그러므로 x 또는 알려지지 않은 양에 대한 단순하거나 또는 하나의 거듭 제곱만이 포함되는 방정식을 일차 방정식이라고 한다. 방정식의 일차 거듭 제곱 유무에 관계없이, 알려지지 않은 양에 이차의 거듭 제곱이 포함된다면, 그것을 이차 방정식 또는 이차원 의 방정식이라고 한다. 알려지지 않은 양의 세 제곱이 방정식에 포함되어 있다면, 낮은 거듭 제곱의 유무와 관계 없이, 삼차 방정식 또는 삼차원의 방 정식이라고 한다. x의 네 제곱이 방정식에 포함되어 있다면, 하위의 제곱 유무와 관계없이, 사차 방정식 또는 사차원의 방정식이라고 한다. 그리고 알려지지 않은 양의 n제곱이 포함되는, 하위 거듭 제곱 유무와 관계 없이, n차원의 방정식 등이 있다.(여기서 n은 정수이다.)

741. 서로 다른 차원의 방정식에 대한 이전의 정의로부터 이들 각각 을 일반적인 형태로 변형할 수 있다는 것을 알아낼 수 있다.

일차, 이차 그리고 고차 방정식의 일반적인 형태

(α) 일차 방정식은 다음 형태로 변형할 수 있다.

$$ax + b = 0$$

또는 a로 나누고, $-a$로 $\frac{b}{a}$를 대체하면 다음을 얻는다.

$$x - a = 0$$

(β) 이차 방정식은 다음 형태로 변형할 수 있다.

$$ax^2 + bx + cd = 0$$

또는, a(x^2의 계수)로 나누고, $\frac{b}{a}$와 $\frac{c}{a}$를 p와 q로 대체하면 다음을 얻는다.

$$x^2 + px + q = 0$$

(γ) 삼차 방정식은 다음의 형태로 변형할 수 있다.

$$x^3 + px^2 + qx + r = 0$$

여기서 x의 가장 높은 거듭 제곱의 계수는 1이다.

(δ) 사차 방정식은 다음의 형태로 변형할 수 있다.

$$x^4 + px^3 + qx^2 + rx + 8 = 0$$

여기서 x의 가장 높은 거듭 제곱의 계수는 앞의 경우와 같이 1이다.

(ε) 일반적으로, n차 방정식은 다음의 형태로 변형할 수 있다.

$$x^n + p_1 x^{n-1} + p_2 x^{n-2} + \ldots + p_n = 0$$

여기서 x의 가장 높은 거듭 제곱의 계수는 1이고, 첨자로 주어진 숫자들이 방정식의 서로 다른 항들의 연속되는 순서를 결정한다.

방정식의 차원은 그 방정식에 포함되는 알려지지 않은 양의 가장 높은 거듭 제곱에 의해 결정되므로, $x^2 + q = 0$은 $x^2 + px + q = 0$과 동일한 이차 방정식이고, $x^3 + r = 0$은 $x^3 + qx + r = 0$ 또는 $x^3 + px^2 + qx + r = 0$과 동등한 삼차 방정식이고, 그리고 $x^n + p_n = 0$는 위에 주어진 방정식의 일반적인 형태를 갖는 n차 방정식, 포함된 p_1부터 p_{n-1}까지의 어떠한 계수도 0이 될 수 있는 방정식과 동등하다.

방정식 풀이의 의미　**742.** 알려지지 않은 양의 값이나 값들이 결정되었을 때, 즉 그 값들이 알려지지 않은 양을 대체하면 방정식의 양변이 서로 같아졌을 때, 또는 한 변이 영이면 대체한 값이 영과 동일하게 같아졌을 때, 그 방정식은 풀이가 되었다고 한다. 방정식의 일반적인 이론은 값들(또는 근들, 흔히 부르는

방정식의 근들

것처럼)의 개수가 방정식의 차원과 같은 것을 보여준다. 그러나 상당히 어려운 문제 중 하나인 이 문제에 대한 논의를 과감하게 말한다면, 우리는 이 문제와 일차 방정식에 대한 다음 장으로 우리의 관심을 국한시켜야 하는데, 이것은 명백하게 x의 한 값을 인정하고 이항 방정식들로 쉽게 변형된다는 것을 인정하는 것과 같이 다른 방정식과 그 방정식들의 풀이에 대해 관심 논의를 국한시켜야 한다. 이러한 이론은 이미 완전하게 조사가 되었고, 그 방정식들의 풀이법은 밝혀졌다(조항 456).

743. 따라서 일차 방정식에 대한 고려를 다시 시작한다면, 일차 방 정식의 풀이에 대한 규칙을 만드는 것은 매우 쉽다. 위에서 예시된 예비의 변형을 통해 주어진 방정식을 다음과 같은 형태로 만든다. *(일차 방정식의 풀이)*

$$ax + b = 0$$

그런 다음 b를 방정식의 다른 반대 쪽으로 옮기면 다음을 얻는다.

$$ax = -b$$

이제 a 즉 알려지지 않은 양의 계수로 방정식의 양변을 나누면 다음과 같다.

$$x = -\frac{b}{a}$$

이것이 풀이법이다.

744. 위에서 언급한 과정은 다음 규칙으로 즉시 바꿀 수 있다. *(규칙)*

"방정식에서 분수를 제거한다 (1): 알려지지 않은 양을 포함하는 항들을 한쪽으로 옮기고, 알려지지 않은 양을 포함하지 않는 항들을 그 반대 쪽으로 옮긴다 (2): 알려지지 않은 양을 포함하는 방정식의 해당 변에서 각각의 항을 하나로 취합한다 (3): 알려지지 않은 양의 계수로 방정식의 양변을 나눈다 (4): 이것이 바로 풀이법이다."

745. 다음의 예에서, (1), (2), (3) 그리고 (4)를 사용하여 이 과정의 각 단계를 설명한다.

1. $9 - x = 3x - 7$

$$\text{(2) 에 의해} \quad 9 + 7 = 3x + x,$$

또는 $\quad$ (3) 에 의해 $\quad 4x = 16,$

$$\text{(4) 에 의해} \quad x = 4$$

2. $\dfrac{x}{4} + \dfrac{5x}{6} = \dfrac{x}{3} + 9$

(1) $\qquad 3x + 10x = 4x + 108,$

(2) $\quad 3x + 10x - 4x = 108,$

(3) $\qquad\qquad 9x = 108,$

(4) $\qquad\qquad x = 12$

3. $\dfrac{ax}{a-b} + \dfrac{bx}{b-c} = \dfrac{d}{a-c}$

(1) $(a-c)(b-c)ax + (a-b)(a-c)bx = (a-b)(b-c)d,$

(3) $\{(a-c)(b-c)a + (a-b)(a-c)b\}x = (a-b)(b-c)d,$

(4) $x = \dfrac{(a-b)(b-c)d}{(a-c)(b-c)a + (a-b)(b-c)b}$

4. $\dfrac{cx}{c-dx} - \dfrac{c+bcx}{a-bx} = c - \dfrac{d-cx}{c-dx}$

(1) $acx - bcx^2 - c^2 - bc^2x + cdx + bcdx^2$

$= ac^2 - acdx - bc^2x + bcdx^2 - ad + acx + bdx - bcx^2,$

(2) $cdx + acdx - bdx = c^2 + ac^2 - ad,$

반대 부호에 의해 사라지는 모든 항을 제거하면,

(3) $(cd + acd - bd)x = c^2 + ac^2 - ad,$

590

(4) $x = \dfrac{(1+a)\,c^2 - ad}{\{(1+a)\,c - b\}\,d}$

5. $(7+x)\,(8-x) - \dfrac{7x}{3} = 17x + 1 - x^2$

우리는 이 모든 유사 사례에서, 나타나는 풀이를 수행하는 것과 함께 시작해서, 결과적으로 끝에 종료로 이어진다면, 우리는 다음과 같은 결과를 얻는다.

$$56 + x - x^2 - \dfrac{7x}{3} = 17x + 1 - x^2$$

(1) $\quad 168 + 3x - 3x^2 - 7x = 51x + 3 - 3x^2,$

(2) $\qquad 51x + 7x - 3x = 168 - 3,$

(3) $\qquad\qquad 55x = 165,$

(4) $\qquad\qquad\quad x = 3$

6. $3 + \sqrt{x} = 10$

(2) $\quad \sqrt{x} = 10 - 3 = 7$

그러므로, 다음을 얻는다.

$$x = 49$$

풀이 과정은 첫째로 $\sqrt{x}$의 값을 결정하는데, 그 이후에 x의 값을 결정하기 위한 추가 단계가 필요하다.

일반적으로 자연수 n에 대하여 방정식이 변형되어서 x의 n제곱 근의 값에 대한 일차 방정식이라면, 그 방정식은 또한 x에 대한 일차 방정식이다. $x^{\frac{1}{n}}$의 n개 값이 모두 x의 동일한 값을 주므로, 이는 $x^{\frac{1}{n}}$의 n개 값의 무차별의 문제이다. 결정된 값은 모두 동등하게 이 경우, x의 값이 결정될 때, n이 자연수인 x^n의 할당된 값과는 완전히 다르다.

$x^{\frac{1}{n}}$만 포함하는 방정식들은 x에 대한 일차 방정식이다

7. $3\sqrt[3]{x} + 4 = 24 - 2\sqrt[3]{x}$

$$(2) \quad 3\sqrt[3]{x} + 2\sqrt[3]{x} = 20,$$

$$(3) \qquad 5\sqrt[3]{x} = 20,$$

$$(4) \qquad \sqrt[3]{x} = 4$$

그러므로 다음을 얻는다.

$$x = 64$$

8. $\sqrt{x} + \sqrt{(a+x)} = \sqrt{b}$

이 방정식은 다음과 같이 $\sqrt{(a+x)}$를 자유롭게 둘 수 있다.

$$\sqrt{(a+x)} = \sqrt{b} - \sqrt{x}$$

양변을 제곱하면, 다음을 얻는다.

$$a + x = b - 2\sqrt{bx} + x$$

$$(2) \quad 2\sqrt{bx} = b - a,$$

$$4bx = (b-a)^2 = (a-b)^2,$$

$$(4) \qquad x = \frac{(a-b)^2}{4b}$$

방정식이 다음과 같다면,

$$\sqrt{x} + \sqrt{(a-x)} = \sqrt{b}$$

동일한 변형의 과정을 통해 다음 방정식을 얻는다.

$$x^2 - ax + \frac{(a-b)^2}{4} = 0$$

이 방정식은 앞으로 주목하게 될 이차 방정식이다.

동일하게 다음 방정식들에 적용하면,

$$\sqrt{a+x} + \sqrt{x} = \frac{b}{\sqrt{(a+x)}}$$

$$\sqrt{a-x} + \sqrt{x} = \frac{b}{\sqrt{(a-x)}}$$

첫 번째는 일차 방정식, 두 번째는 이차 방정식이 된다.

9. $\sqrt[m]{(a+x)} = \sqrt[2m]{(x^2 + 7ax + b^2)}$

이 방정식의 양변을 $2m$제곱하면, 다음을 얻는다.

$$(a+x)^2 = x^2 + 7ax + b^2$$

$$a^2 + 2ax + x^2 = x^2 + 7ax + b^2$$

$$(3) \quad 5ax = a^2 - b^2$$

$$(4) \quad x = \frac{a^2 - b^2}{5a}$$

10. $\sqrt{\{a^2 + x\sqrt{(b^2 + x^2)}\}} = a + x$

양변을 제곱하면, 다음을 얻는다.

$$a^2 + x\sqrt{(b^2 + x^2)} = a^2 + 2ax + x^2,$$

$$\text{또는} \quad x\sqrt{(b^2 + x^2)} = 2ax + x^2$$

그리고 x로 나누면 다음을 얻는다.

$$\sqrt{(b^2 + x^2)} = 2a + x$$

양변을 다시 제곱하면, 다음과 같다.

$$b^2 + x^2 = 4a^2 + 4ax + x^2$$

$$(2) \quad 4ax = b^2 - 4a^2$$

$$(4) \quad x = \frac{b^2 - 4a^2}{4a}$$

주어진 방정식이 $x = 0$일 때 성립하면, $x = 0$이 그 방정식의 한 근이다.

11. $a^{mn}b^{nx} = c$

이 방정식은 로그에 의해 다음 형식으로 변형될 수 있다.

$$mx \log a + nx \log b = \log c$$

$$(3) \qquad (m \log a + \log b)x = \log c$$

$$(4) \quad x = \frac{\log c}{m \log a + n \log b} = \frac{\log c}{\log a^m b^n}$$

이 결과는 로그에 의해 표현된 로그의 밑 또는 계수가 무엇이든 간에 참이다. 로그의 산술 값만 고려되는 것은 분명하다.

12. $3^{2x} \times 5^{3x-4} = 7^{x-1} \times 11^{2-x}$

$$2x \log 3 + (3x - 4) \log 5 = (x - 1) \log 7 + (2 - x) \log 11$$

$$(2) \ 2x \log 3 + 3x \log 5 - x \log 7 + x \log 11 = 4 \log 5 - \log 7 + 2 \log 11$$

$$(3) \ x = \frac{4 \log 5 - \log 7 + 2 \log 11}{2 \log 3 + 3 \log 5 - \log 7 + \log 11} = 1.242076\ldots$$

이항 방정식   **746.** 이항 방정식은 변형된 형태로 두 가지 조건으로만 구성되며, 그 중 하나는 알려지지 않은 양의 거듭 제곱이며, 다른 하나는 이를 포함하지 않는 것이다. 따라서 그러한 방정식은 다음과 같은 일반적인 형태로 설명될 수 있다.

$$x^n - a = 0,$$

$$\text{또는} \quad x^n + a = 0$$

이항 방정식의   **747.**   위의 이항 방정식 중 첫 번째의 일반적인 해법은 이미 보여준
풀이법 것처럼(조항 497, 499) 다음과 같다.

$$x = (1)^{\frac{1}{n}} \rho$$
$$= \left(\cos \frac{2r\pi}{n} + \sqrt{-1} \sin \frac{2r\pi}{n} \right) \rho$$

그리고 두 번째 방정식에 대해서는 다음과 같다.

$$x = (-1)^{\frac{1}{n}} \rho$$
$$= \left\{ \cos \frac{(2r+1)\pi}{n} + \sqrt{-1} \sin \frac{(2r+1)\pi}{n} \right\} \rho$$

여기서 ρ는 $a^{\frac{1}{n}}$의 산술 값이다.

748. n이 분자가 1인 분수이면 $(1)^{\frac{1}{n}}$ 또는 $(-1)^{\frac{1}{n}}$에 대해서 단지 하나의 값만 존재하고, 그러한 환경에서 이항 방정식은 본질적으로 단순 방정식이다. 그러나 n이 자연수이거나 분자 p인 분수(최저차 항에서)이면, 그 방정식은 앞의 경우에는 n차 방정식이고, 뒤의 경우에는 p차 방정식이다. 그리고 위의 모든 경우에 x의 값의 개수는 방정식의 차원을 나타내는 숫자와 동일하다.

이항 방정식의 근의 개수

749. 다음은 일차원을 초과하는 이항 방정식의 보기들이다.

이항 방정식의 보기들

1. $x^2 = 36$

   $x = (1)^{\frac{1}{2}} 6 = \pm 6$: 왜냐하면 $(1)^{\frac{1}{2}} = +1$ 또는 -1

2. $\dfrac{1}{x + \sqrt{(2 - x^2)}} + \dfrac{1}{x - \sqrt{(2 - x^2)}} = ax$

   $$x - \sqrt{(2 - x^2)} + x + \sqrt{(2 - x^2)} = ax(2x^2 - 2),$$
   $$2x = ax(2x^2 - 2),$$
   $$1 = a(x^2 - 1) = ax^2 - a,$$
   $$ax^2 = 1 + a,$$
   $$x^2 = \frac{1 + a}{a},$$
   $$x = \pm\sqrt{\left(\frac{1 + a}{a}\right)}$$

3. $\dfrac{x^2 + ax + bc}{x^2 + bx + ad} = \dfrac{a}{b}$

      (1) $bx^2 + abx + b^2 = ax^2 + abx + a^2d$

      (2) (3) $(a - b)x^2 = b^2c - a^2d$

      (4) $x^2 = \dfrac{b^2c - a^2d}{a - b}$

그러므로 다음을 얻는다.

$$x = \pm\sqrt{\left\{\dfrac{b^2c - a^2d}{a - b}\right\}}$$

    4. $\dfrac{28(x - 18)}{x} = \dfrac{63x}{4(x - 18)}$

7로 나누면 다음을 얻는다.

$$\dfrac{4\,(x - 18)}{x} = \dfrac{9x}{4\,(x - 18)}$$

      (1) $16(x - 18)^2 = 9x^2$

$$\dfrac{(x - 18)^2}{x^2} = \dfrac{9}{16}$$

$$\dfrac{x - 18}{x} = \pm\dfrac{3}{4}$$

$$4x - 72 = \pm 3x$$

그러므로 다음을 얻는다.

$$x = 72 \quad \text{또는} \quad \dfrac{72}{7}$$

이항 방정식을 이용한 이차 방정식의 풀이

750. 위의 마지막 보기에서 $\frac{(x - 18)}{x}$이 단순 기호로 취급되기 때문에, 그 보기는 이항 방정식의 적절한 예로 간주될 수 있다. 즉, $\frac{(x - 18)}{x} = u$라

하면 다음 방정식을 얻는다.

$$u^2 = \frac{9}{16},$$
$$u = \pm\frac{3}{4}$$

그리고 방정식의 값으로 u를 대체하면 다음과 같다.

$$\frac{x-18}{x} = \pm\frac{3}{4}$$

이러한 방식으로 두 개의 일차 방정식을 얻는데, 이들로부터 x의 값을 각각 구할 수 있다.

만약 그 단순화를 위한 어떤 조작에 의존없이, 통상적인 과정으로 원래의 방정식을 변형하면, 다음을 얻는다.

$$7x^2 - 576x + 5184 = 0,$$
$$\text{또는} \quad x^2 - \frac{576}{7}x + \frac{5184}{7} = 0$$

이 방정식은 일반적인 형태에 따른 이차 방정식이다. 따라서 그러한 방정식은 때때로 적어도 이항 방정식을 이용하여 풀 수 있을 것으로 보인다. 그리고 우리는 이제 어떤 식으로든 이차 방정식을 이항 방정식으로 변환하여 그에 따라 방정식을 풀 수 있는 방식으로 진행할 것이다.

751. 우리가 이미 (조항 740)에서 보여준 바와 같이, 이차 방정식의 일반적인 형태는 다음과 같다.

> 이차 **방정식을**
> **이항**
> **방정식으로의**
> **일반적인 변형**

$$x^2 + px + q = 0$$

여기서, p와 q는 무엇이든지 알려진 양이다. $x + \frac{p}{2} = u$라 하면, 다음을 얻는다.

$$\left(x + \frac{p}{2}\right)^2 = x^2 + px + \frac{p^2}{4} = u^2$$

그러므로 다음과 같이 계산된다.

$$x^2 + px = u^2 - \frac{p^2}{4},$$

$$\text{그리고} \quad x^2 + px + q = u^2 - \frac{p^2}{4} + q = 0$$

따라서 이차 방정식은 다음과 같이 이항 방정식으로 변형된다.

$$u^2 - \frac{p^2}{4} + q = 0,$$

$$\text{또는} \quad u^2 = \frac{p^2}{4} - q$$

752. 이 방정식을 풀면, 다음과 같다.

$$u = \pm \sqrt{\left\{ \frac{p^2}{4} - q \right\}}$$

그리고 방정식의 원래 추정된 값으로 u를 대체하면, 다음을 얻는다.

$$x + \frac{p}{2} = \pm \sqrt{\left\{ \frac{p^2}{4} - q \right\}},$$

$$\text{그리고} \quad x = -\frac{p}{2} \pm \sqrt{\left\{ \frac{p^2}{4} - q \right\}}$$

이들은 다음 이차 방정식의 근이다.

$$x^2 + px + q = 0$$

방정식의 항들
중 두 번째
항과 마지막
항의 계수
구성

753. 이들 근을 α와 β로 나타내면, 다음을 얻는다.

$$\alpha + \beta = -\frac{p}{2} + \sqrt{\left\{ \frac{p^2}{4} - q \right\}} - \frac{p}{2} - \sqrt{\left\{ \frac{p^2}{4} - q \right\}} = -p,$$

$$\alpha\beta = \left\{ -\frac{p}{2} + \sqrt{\left(\frac{p^2}{4} - q \right)} \right\} \left\{ -\frac{p}{2} - \sqrt{\left(\frac{p^2}{4} - q \right)} \right\} = q$$

598

결과적으로, 이차 방정식의 두 번째 항의 계수는 두 근의 합을 구한 후에 부호를 바꾼 것과 같고, 마지막 항은 두 근의 곱과 같다.

754. 다시 정리하면, 다음과 같다.

$$(x - \alpha)(x - \beta) = \left\{ x + \frac{p}{2} - \sqrt{\left(\frac{p^2}{4} - q \right)} \right\} \left\{ x + \frac{p}{2} - \sqrt{\left(\frac{p^2}{4} - q \right)} \right\}$$
$$= x^2 + px + q$$

결론적으로 식 $x^2 + px + q$는 두 개의 일차 이항 인자 $x - \alpha$와 $x - \beta$의 곱셈을 통해 형성된 것으로 간주할 수 있다. 여기서 α와 β는 방정식 $x^2 + px + q = 0$의 해이다. 즉, 이 간단한 방정식들을 별개로 만족시키는 것에 의해서 이차 방정식 $x^2 + px + q = 0$은, 두 개의 일차 방정식 $x - \alpha = 0$과 $x - \beta = 0$으로 구성된 것으로 간주될 수 있고, x의 두 값을 동시에 나타내고 연관시키는 것으로 간주될 수 있다.

755. 아주 조금만 조사해도 다음 방정식의 형태가 달라지면 해당하는 근의 속성이 마찬가지로 달라지는 것을 볼 수 있다.

$$x^2 + px + q = 0$$

q가 양수이고, 또한 $\frac{p^2}{4} - q$도 양수이면, p가 양수 또는 음수인가에 따라서, α와 β는 모두 음수이거나 양수가 된다. q가 양수이고 $\frac{p^2}{4} - q$가 음수이면, α와 β는, p가 양수 또는 음수인가에 따라서, $-a + b\sqrt{-1}$, $-a - b\sqrt{-1}$, 또는 $a + b\sqrt{-1}$, $a - b\sqrt{-1}$의 형태가 된다.

q가 양이고 $\frac{p^2}{4} - q = 0$이면, α와 β가 서로 같고 $\frac{-p}{2}$와 같게 된다. q가 음수이면, 그때 α와 β는 서로 다른 부호를 가지는데, 그중 더 큰 수는 (산술적으로 말하면) p에 따라 음수 또는 양수가 된다. q가 음수일 경우에는

이차 방정식의 근이 다음과 같다고 가정할 수 없다.

$$a \pm b\sqrt{-1} \quad \text{또는} \quad -a \pm b\sqrt{-1}$$

이차 방정식의 풀이에 대한 규칙

756. 위 과정의 각 단계는 다음 방정식의 풀이에서 통상적으로 적용된다.

$$x^2 + px + q = 0$$

그리고 이항시키는 규칙은 다음과 같다.

(1) $x^2 + px = -q$

(2) $x^2 + px + \dfrac{p^2}{4} = \dfrac{p^2}{4} - q$

(3) $x + \dfrac{p}{2} = \pm\sqrt{\left(\dfrac{p^2}{4} - q\right)}$

(4) $x = -\dfrac{p}{2} \pm\sqrt{\left(\dfrac{p^2}{4} - q\right)}$

규칙 "원래 방정식에서 x를 포함하는 분수들, 곱들 또는 근호들이 사라지도록 조작한다. (1) x를 포함하는 항을 방정식의 한쪽으로 옮긴다. 그리고 x를 포함하지 않는 항을 다른 항으로 옮긴다. (2) x^2의 계수가 1이 아니면, x^2의 계수로 방정식의 양변을 나눈다. x의 계수 절반을 제곱하여, 준비된 방정식 양변에 더한다. (3) 그 결과들의 제곱 근을 추출한다. (4) 그리고 x 값은 결과로 나온 일차 방정식으로부터 결정한다."

보기들

757. 다음은 보기들이다.

1. $x^2 - 7x + 12 = 0$

(1) $x^2 - 7x = -12$

$$(2) \quad x^2 - 7x + \frac{49}{4} = \frac{49}{4} - 12 = \frac{1}{4}$$

$$(3) \quad x - \frac{7}{2} = \pm\frac{1}{2}$$

$$(4) \quad x = 4 \quad \text{또는} \quad 3$$

위 방정식의 근에 대해 부호를 바꾼 -4와 -3은 그 영향만으로 다음 방정식의 근이다.

$$x^2 + 7x + 12 = 0$$

2. $x^2 + 10x + 29 = 0$

$$(1) \quad x^2 + 10x = -29$$

$$(2) \quad x^2 + 10x + 25 = 25 - 29 = -4$$

$$(3) \quad x + 5 = \pm\sqrt{-4} = \pm 2\sqrt{-1}$$

$$(4) \quad x = -5 \pm 2\sqrt{-1}$$

두 근 $-5 + 2\sqrt{-1}$과 $-5 - 2\sqrt{-1}$의 대수적 합과 곱은 각각 -10과 29이다 (조항 752).

3. $x^2 + x - 90 = 0$

$$(1) \quad x^2 + x = 90$$

$$(2) \quad x^2 + x + \frac{1}{4} = \frac{1}{4} + 90 = \frac{361}{4}$$

$$(3) \quad x + \frac{1}{2} = \pm\frac{19}{2}$$

$$(4) \quad x = 9 \quad \text{또는} \quad -10$$

9와 -10의 대수적 합과 곱은 각각 -1과 -90이다.

방정식 $x^2 + x - 90 = 0$의 근들과 부호를 다르게 하면 다음 방정식의 근은 −9와 10임을 발견할 수 있다.

$$x^2 - x - 90 = 0$$

여기서 단지 부호만 영향을 주었다.

    4. $\dfrac{x+20}{x} = \dfrac{x-5}{20-x} + \dfrac{5}{2}$

$$800 - 2x^2 = 2x^2 - 10x + 100x - 5x^2$$

     (1) $x^2 - 90x = -800$

     (2) $x^2 - 90x + 2025 = 1225$

     (3) $x - 45 = \pm 35$

     (4) $x = 80$ 또는 10

    5. $\dfrac{x^2+1}{a^2+3ab+b^2} = \dfrac{2x}{a^2+ab+b^2}$

(1) $x^2 - \dfrac{2\left(a^2+3ab+b^2\right)}{a^2+ab+b^2}x = -1$

(2) $x^2 - \dfrac{2\left(a^2+3ab+b^2\right)}{a^2+ab+b^2}x + \dfrac{\left(a^2+3ab+b^2\right)^2}{\left(a^2+ab+b^2\right)^2} = \dfrac{4ab\left(a^2+2ab+b^2\right)}{\left(a^2+ab+b^2\right)^2}$

(3) $x - \dfrac{a^2+3ab+b^2}{a^2+ab+b^2} = \pm\dfrac{2\sqrt{ab}\,(a+b)}{a^2+ab+b^2}$

(4) $x = \dfrac{a+\sqrt{ab}+b}{a-\sqrt{ab}+b}$ or $\dfrac{a-\sqrt{ab}+b}{a+\sqrt{ab}+b}$

    6. $\sqrt{x} + \sqrt{a-x} = \sqrt{b}$

방정식의 양변을 제곱하면, 다음을 얻는다.

$$x + 2\sqrt{ax - x^2} + a - x = b,$$

$$또는\quad 2\sqrt{ax - x^2} = b - a$$

결과적으로 다음을 얻는다.

$$ax - x^2 = \frac{(a-b)^2}{4}$$

(1) $\quad x^2 - ax = -\dfrac{(a-b)^2}{4}$

(2) $\quad x^2 - ax + \dfrac{a^2}{4} = \dfrac{2ab - b^2}{4}$

(3) $\quad x - \dfrac{a}{2} = \pm\dfrac{\sqrt{(2ab - b^2)}}{2}$

(4) $\quad x = \dfrac{a}{2} \pm \dfrac{\sqrt{(2ab - b^2)}}{2}$

만약 $x = \frac{a}{2} + \frac{\sqrt{(2ab-b^2)}}{2}$ 이면, $a - x = \frac{a}{2} - \frac{\sqrt{(2ab-b^2)}}{2}$ 이고, 거꾸로 이 값들을 원래 방정식에 대입하면 다음과 같다.

$$\sqrt{\left\{\frac{a}{2} + \frac{\sqrt{2ab - b^2}}{2}\right\}} + \sqrt{\left\{\frac{a}{2} - \frac{\sqrt{2ab - b^2}}{2}\right\}} = \sqrt{b}$$

7. $\sqrt[3]{(x^3 - a^3)} = x - b$ 따라서, 양변을 세 제곱하면, 다음을 얻는다.

$$x^3 - a^3 = x^3 - 3bx^2 + 3b^2x - b^3$$

$$3bx^2 - 3b^2x = a^3 - b^3$$

(1) $\quad x^2 - bx = \dfrac{a^3 - b^3}{3b}$

(2) $\quad x^2 - bx + \dfrac{b^2}{4} = \dfrac{4a^3 - b^3}{12b}$

(3) $\quad x - \dfrac{b}{2} = \pm\sqrt{\left\{\dfrac{4a^3 - b^3}{12b}\right\}}$

(4) $\quad x = \dfrac{b}{2} \pm \sqrt{\left\{\dfrac{4a^3 - b^3}{12b}\right\}}$

758. 방정식이 아래와 같은 형식으로 변형할 수 없거나 쉽게 변형할 수 없는 경우,

$$x^2 + px + q = 0$$

그러나 x를 포함하고 그외에는 알려지지 않은 양을 포함하지 않는 x와 다른 식 u에 대하여 방정식 자체가 또는 변형되어 아래와 같은 형태로 나타낼 수 있는 경우,

$$u^2 + Pu + Q = 0$$

완전한 풀이법을 얻을 수 있다. 이때 이 방정식을 풀면 다음과 같다.

$$u = -\frac{P}{2} \pm \sqrt{\left\{\frac{P^2}{4} - Q\right\}}$$

x의 값이 무엇이든지 아래 방정식을 만족시키면

$$u + \frac{P}{2} \pm \sqrt{\left\{\frac{P^2}{4} - Q\right\}} = 0,$$

처음 방정식으로 간주될 수 있는 다음 방정식을 만족시켜야 한다.

$$u^2 + Pu + Q = 0$$

759. 다음은 보기들이다.

(1) $x^3 - 6x^{\frac{3}{2}} = 16$

이 경우, $u = x^{\frac{3}{2}}$이라 하면, 방정식은 다음과 같이 된다.

$$u^2 - 6u = 16,$$

$$u^2 - 6u + 9 = 25,$$

$$u - 3 = \pm 5,$$

$$u = 8 \quad \text{또는} \quad -2$$

첫 번째 값에 대해 다음을 얻는다.

$$x^{\frac{3}{2}} = 8,$$
$$x^3 = 64,$$
$$x = (1)^{\frac{1}{3}} \cdot 4$$

여기서 4는 64의 산술적 세 제곱 근이다. 한편, $(1)^{\frac{1}{3}} = 1$, 또는 $\frac{-1+\sqrt{-3}}{2}$ 또는 $\frac{-1-\sqrt{-3}}{2}$ 이다(조항 498). 따라서 다음을 얻는다.

$$x = 4 \quad \text{또는} \quad -2 + 2\sqrt{-3} \quad \text{또는} \quad -2 - 2\sqrt{-3}$$

u의 두 번째 값에 대하여 다음을 얻는다.

$$x^{\frac{3}{2}} = -2,$$
$$x^3 = 4$$

따라서 다음을 얻는다.

$$x = (4)^{\frac{1}{3}}, \quad \left(\frac{-1+\sqrt{-3}}{2}\right) \times (4)^{\frac{1}{3}}, \quad \left(\frac{-1-\sqrt{-3}}{2}\right) \times (4)^{\frac{1}{3}}$$

x의 처음 세 개의 값은 이항 방정식 $x^3 - 64 = 0$에 대응하고, 마지막 세 개의 값은 이항 방정식 $x^3 - 4 = 0$에 대응한다. 그러나 이 모든 여섯 개의 값은 동등하게 다음 방정식에 대응한다.

$$(x^3 - 64)(x^3 - 4) = x^6 - 68x^3 + 256 = 0$$

위 방정식은 다음 두 방정식의 곱과 같다.

$$x^3 - 6x^{\frac{3}{2}} - 16 = 0, \quad \text{그리고} \quad x^3 + 6x^{\frac{3}{2}} - 16 = 0$$

위 두 방정식 중 첫 번째는 처음 주어진 방정식이다.

따라서 $6x^{\frac{3}{2}}$이 적절한 두 부호 +와 −를 소유한다고 가정하지 않는 한,

또는 방정식 $x^3 - 6x^{\frac{3}{2}} - 16 = 0$이 필연적으로 다음 방정식과 관련이 있다고 가정하지 않는 한,

$$x^3 - 6x^{\frac{3}{2}} - 16 = 0$$

주어진 원래 방정식과 다른 두 번째 값들 집합을 버려야 한다는 것은 명백하다.

　동일한 언급이 알려지지 않은 양이 암묵적으로 또는 명시적으로 분수의 거듭 제곱을 포함하는 폭넓은 방정식 부류에 적용된다. 그러한 경우, 일반적으로 풀이 과정에 의해, 알려지지 않은 양이나 그와 관련한 표현 식의 최소의 분수 거듭 제곱으로부터 적분이든 아니든, 같은 수의 더 높은 거듭 제곱으로 그리고 그 결과의 방정식의 변형과 풀이 방법에 따라, 다시 더 낮은 거듭 제곱으로 나타나게 된다. 그러한 상황에서, 이 풀이 과정의 결론에 이르렀을 때, 얻고자 하는 거듭 제곱 값은, 이 과정을 시작하는 시점에 방정식의 값 또는 방정식의 값이라고 추정되었던 것보다 더 많은 값을 할당할 수는 없다.

적절한 근과 풀이의 근　이런 식으로 얻은 방정식의 근은, 원시 형태로 방정식을 만족시키는 적절한 근들과 구별하기 위해, 풀이의 근이라고 할 수 있다. 이들을 소개하는 것은 일반적으로 피할 수 있는데, 알려지지 않은 새로운 양의 거듭 제곱의 근에 한정함으로써, 원래의 알려지지 않은 양의 분수 거듭 제곱 또는 그 거듭 제곱에 관련되는 무리식으로 나타낼 수 있는데, 산술적 가치만 가지고 있어야 한다.

　(2) $ax = b + \sqrt{cx}$

$\sqrt{cx} = u$라 하면, $x = \frac{u^2}{c}$이 되고 그 방정식은 다음과 같다.

$$u^2 - \frac{cu}{a} = \frac{bc}{a},$$
$$u^2 - \frac{cu}{a} + \frac{c^2}{4a^2} = \frac{4abc + c^2}{4a^2},$$

$$u - \frac{c}{2a} = \pm \frac{\sqrt{(4abc + c^2)}}{2a},$$
$$u = \frac{c \pm \sqrt{(4abc + c^2)}}{2a}$$

결과적으로 다음을 얻는다.

$$x = \frac{u^2}{c} = \frac{1}{c} \left\{ \frac{c \pm \sqrt{(4abc + c^2)}}{2a} \right\}^2$$
$$= \frac{2ab + c \pm \sqrt{(4abc + c^2)}}{2a}$$

이들 값 중 원래의 방정식에 적절하게 속하는 것은 첫 번째 값뿐이고, 두 번째 값은 풀이의 근이다. 다시 말해, u와 $u - \frac{c}{2a}$는 $\sqrt{cx}$보다 더 많은 값을 가질 수 없으며, 따라서 cx의 산술 값 또는 근에 국한된 경우, $\frac{4abc + c^2}{4a^2}$의 제곱 근의 산술 값과 마찬가지로 국한되어야 한다.

만약 주어진 방정식을 유리화하면 다음을 얻는다.

$$a^2 x^2 - (2ab + c)x + b^2 = 0$$

이 식의 근은 위에서 주어진 x의 값이고, 두 가지 인자인 $ax - \sqrt{cx} - b = 0$ 그리고 $ax + \sqrt{cx} - b = 0$에 각각 해당하지만, 무차별하지 않은 x의 값이며, 이 중 첫 번째가 주어진 방정식이다.

이 방정식에 포함된 알려지지 않은 양의 최고 거듭 제곱의 지수는 1이고, 그러한 모든 방정식에는 단 하나의 적절한 근 또는 방정식의 값이 존재한다. 그렇지 않다면, 해를 나타내기 위해 주어진 방정식의 절대 형태를 변경해야 하기 때문에, 산술 값에 대해, 분수의 거듭 제곱으로 나타낼 수 있는 다른 모든 조건으로 제한된다. 그러한 모든 방정식은, 방정식의 제곱 근의 수가 방정식의 순서를 결정한다면, 일차 방정식으로 간주될 수 있다. 그러나 풀이의 근이 방정식의 근 순서를, 적절한 근과 균등하게 정하는 것이라면, 방정식의 차원은 이와 관련하여 유리화로 나타낼 때, 또는 분수 거듭 제곱에 대해 전체적으로 자유롭다면, 그 방정식에서 발생하는 알려지지 않은 양의 가장 높은 거듭 제곱에 의해서 결정되어야만 한다.

(3) $7\sqrt{(3x-6)} = 3\sqrt{(7x+1)} + 3$

$\sqrt{(3x-6)} = u$라 하면, $x = \frac{u^2+6}{3}$이 된다. 따라서 다음을 얻는다.

$$7u = 3\sqrt{\left(\frac{7u^2+45}{3}\right)} + 3,$$

$$(7u-3)^2 = 21u^2 + 135,$$

$$u^2 - \frac{3u}{2} = \frac{9}{2},$$

$$u^2 - \frac{3u}{2} + \frac{9}{16} = \frac{81}{16},$$

$$u - \frac{3}{4} = \pm\frac{9}{4},$$

$$u = 3 \quad \text{또는} \quad -\frac{3}{2}$$

u의 첫 번째 값에 대해, 다음을 얻는다.

$$\sqrt{(3x-6)} = 3, \quad 3x-6 = 9, \quad \text{그리고} \quad x = 5$$

이는 주어진 함수의 적절한 근이다.

u의 두 번째 값에 대해서는, 다음을 얻는다.

$$\sqrt{(3x-6)} = -\frac{3}{2}, \quad 3x-6 = \frac{9}{4}, \quad \text{그리고} \quad x = \frac{11}{4}$$

이는 단지 풀이 근이며, 다음 방정식을 만족시킨다.

$$3\sqrt{(7x+1)} - 7\sqrt{(3x-6)} + 3 = 0$$

이 방정식은 무리수 부호에서 주어진 방정식과는 다르다.

만약 치환의 도움 없이 무리수를 주어진 방정식에서 제거하고자 했다면, 적절한 변형을 한 후에 다음 방정식을 얻는다.

$$x^2 - \frac{31x}{4} + \frac{55}{4} = 0$$

이 방정식의 적절한 근은 5와 $\frac{11}{4}$이다. 그런 조건에서 주어진 방정식의 적절한 근은 방정식의 풀이 과정에서 $\left(x - \frac{31}{8}\right)^2$과 $\frac{81}{64}$의 산술적 제곱 근에 국한시키는 것에 의해서 구할 수 있다.

(4) $3\sqrt{(112 - 8x)} = 19 + \sqrt{(3x + 7)}$

이 방정식의 적절한 근은 6이다. 풀이 근은 $\frac{7398}{625}$인데, 이것은 다음 방정식을 만족시킨다.

$$3\sqrt{(112 - 8x)} = \sqrt{(3x + 7)} - 19$$

이 근 모두는 다음과 같이 유리화시킨 방정식의 적절한 근이 된다.

$$x^2 - \frac{11148}{625}x + \frac{44388}{625} = 0$$

유사한 언급을 다음 방정식에 적용하자.

$$\sqrt{(2x + 7)} + \sqrt{(3x - 18)} = \sqrt{(7x + 1)},$$

$$7\sqrt{\left(\frac{3x}{2} - 5\right)} - \sqrt{\left(\frac{x}{5} + 45\right)} - \frac{7}{4}\sqrt{(10x + 56)} = 0$$

그러면 이 식의 적절한 근은 각각 9와 20이고, 이 식의 풀이 근은 각각 $-\frac{18}{5}$과 $\frac{14568980}{2874649}$이다.

(5) $x^{\frac{6}{5}} + 6x^{\frac{3}{5}} = 891$

$u = x^{\frac{3}{5}}$이라 하면, 다음을 얻는다.

$$u^2 + 6u = 892,$$

$$u^2 + 6u + 9 = 900,$$

609

$$u + 3 = \pm 30,$$
$$u = 27 \quad \text{또는} \quad -33$$

결과적으로 다음을 얻는다.

$$x^{\frac{3}{5}} = 27 \quad \text{또는} \quad -33$$
$$x^{\frac{1}{5}} = (1)^{\frac{1}{3}} \times 3 \quad \text{또는} \quad (-1)^{\frac{1}{3}} \times (33)^{\frac{1}{3}}$$
$$x = (1)^{\frac{5}{3}} \times 243 \quad \text{또는} \quad (-1)^{\frac{5}{3}} \times (33)^{\frac{5}{3}}$$
$$= (1)^{\frac{1}{3}} \times 243 \quad \text{또는} \quad (-1)^{\frac{1}{3}} \times (33)^{\frac{5}{3}}$$

왜냐하면 $(1)^{\frac{5}{3}} = (1)^{\frac{1}{3}}$, 그리고 $(-1)^{\frac{5}{3}} = (-1)^{\frac{1}{3}}$ (조항 455)

알려지지 않은 양의 가장 높은 거듭 제곱의 지수의 분모에 영향을 받지 않는 방정식의 적절한 근의 개수

한 방정식의 적절한 해의 개수는 알려지지 않은 양의 지수의 공통 분모나 또는 가장 높은 거듭 제곱의 지수에 대한 어떤 분모의 영향을 받지 않는다. 이 알려지지 않은 양의 가장 높은 제곱 근이 $x^{\frac{p}{n}}$ 라고 하면, 풀이 과정에서 $x^{\frac{1}{n}}$의 값을 구할 수 있고, $x^{\frac{1}{n}}$의 값에서 x의 값으로 전환하는 과정에서 새로운 값이 도입되지 않을 것이다. 따라서 아래 방정식은

$$v^6 + 6v^3 = 891$$

다음의 방정식과 같은 수의 적절한 해를 갖는다.

$$x^{\frac{6}{5}} + 6x^{\frac{3}{5}} = 891$$

그 해는 그리고 해 자체는 두 번째 방정식의 해들은 처음 방정식의 해를 다섯 번 거듭 제곱한 것이 된다는 것에서만 다를 것이다.

하지만, 만약 우리가 아래 방정식을 다루어야 한다면,

$$x^{\frac{6}{5}} + 6x^{\frac{3}{5}} = 891$$

개수가 25인 $x^{\frac{6}{5}}$와 $x^{\frac{3}{5}}$의 다른 값에 적합한 모든 형태를 동등하게 인정하기

위해 각각에 해당하는 여섯 개의 근을 가져야 하며, 풀이의 근과 적절한 근의 개수는 150이 될 것인데, 이 중 단지 여섯 개만이 두 번째 부류에 속할 것이다. 그러한 보기는 이러한 종류의 방정식이 풀이를 위해 제안될 때, 실질적인 관점에서, 연구의 적절한 대상인 근의 제한에 대한 중요성과 필요성을 충분히 보여줄 것이다.

유사한 고려를 통해서, 그러한 변화의 결과로 단지 산술 값으로 추출되는 근의 한계가 한 형태에서 다른 형태로의 변화를 수반하지 않는 한, 방정식의 알려지지 않은 양의 지수를 공통 분모로 줄이면 풀이의 근이 적절한 근으로 변환된다는 것을 마찬가지로 알 수 있다. 따라서 다음 방정식의 적절한 근은 4이고, 9는 풀이의 근이다.

$$x + \sqrt{x} = 6 \tag{15.1}$$

그러나 4와 9는 동등하게 다음 방정식의 적절한 근이다.

$$x^{\frac{2}{2}} + x^{\frac{1}{2}} = 6 \tag{15.2}$$

여기서 두 방정식 (15.1)과 (15.2)에서, $x^{\frac{1}{2}}$의 산술 값으로 동등하게 제한하지 않는 것이 필요하다.

비슷한 방법으로, 다음 방정식의 적절한 근은 세 개뿐이다.

$$x^3 - 6x^{\frac{3}{2}} - 16 = 0 \tag{15.3}$$

하지만 다음 방정식은 여섯 개의 적절한 근을 갖는다.

$$x^{\frac{6}{2}} - 6x^{\frac{3}{2}} - 16 = 0 \tag{15.4}$$

이들 근의 집합은 앞의 방정식 (15.3)에 대한 풀이의 근들을 포함한다.

(6) $x^2 + 15 + 4\sqrt{x^2 + 15} = 96$

$\sqrt{(x^2 + 15)} = u$라 하면, 다음을 얻는다.

$$u^2 + 4u = 96,$$
$$u^2 + 4u + 4 = 100,$$
$$u + 2 = \pm 10,$$
$$u = 8 \quad \text{또는} \quad -12$$

따라서 다음을 얻는다.

$$\sqrt{(x^2 + 15)} = 8 \quad \text{또는} \quad -12,$$
$$x^2 + 15 = 64 \quad \text{또는} \quad 144,$$
$$x^2 = 49 \quad \text{또는} \quad 129,$$
$$x = \pm 7 \quad \text{또는} \quad \pm\sqrt{129}$$

x의 처음 두 값은 주어진 방정식의 적절한 근이다. 마지막 두 개는 단지 풀이의 근이다.

(7) $6x - x^2 + 3\sqrt{(x^2 - 6x + 16)} = 12$

$\sqrt{(x^2 - 6x + 16)} = u$라 하면, 다음을 얻는다.

$$x^2 - 6x + 16 = u^2 \quad 6x - x^2 = 16 - u^2$$

결과적으로 다음을 얻는다.

$$16 - u^2 + 3u = 12,$$
$$u^2 - 3u = 4,$$
$$u^2 - 3u + \frac{9}{4} = \frac{25}{4},$$
$$u - \frac{3}{2} = \pm\frac{5}{2},$$

$$u = 4 \quad \text{또는} \quad -1$$

여기서 첫 번째 값만이 u 또는 $\sqrt{x^2 - 6x + 16}$의 적절한 값이다.

다시 말해서 아래 식이 성립하기 때문에,

$$\sqrt{(x^2 - 6x + 16)} = 4$$

다음을 얻는다.

$$x^2 - 6x + 16 = 16$$

그러므로 아래 방정식의 근은 주어진 방정식의 적절한 근인 0과 6이다.

$$x^2 - 6x = 0$$

u의 두 번째 값에서 추정된 x의 값은 풀이의 근일 뿐이다.

(8) $\dfrac{x}{x^2 + x + 5} + \dfrac{5}{\sqrt{x^2 + x + 5}} = \dfrac{116}{25x}$

방정식의 양변을 x로 곱하면, 다음을 얻는다.

$$\frac{x^2}{x^2 + x + 5} + \frac{5x}{\sqrt{x^2 + x + 5}} = \frac{116}{25}$$

$\frac{x}{x^2+x+5} = u$라 하면, 다음과 같다.

$$u^2 + 5u = \frac{116}{25},$$

$$u^2 + 5u + \frac{25}{4} = \frac{1089}{100},$$

$$u + \frac{5}{2} = \pm \frac{33}{10},$$

$$u = \frac{4}{5} \quad \text{또는} \quad \frac{-29}{5}$$

u의 처음 값에 대하여 다음을 얻는다.

$$\frac{x}{\sqrt{(x^2 + x + 5)}} = \frac{4}{5},$$

$$25x^2 = 16x^2 + 16x + 80,$$

$$x^2 - \frac{16x}{9} = \frac{80}{9},$$

$$x^2 - \frac{16x}{9} + \frac{64}{81} = \frac{784}{81},$$

$$x - \frac{8}{9} = \pm\frac{28}{9},$$

$$x = 4 \quad \text{또는} \quad -\frac{20}{9}$$

이들은 주어진 방정식의 적절한 근이다. u의 두 번째 값을 통해서 구한 근은 단지 풀이의 근일 뿐이다.

확실하게 서로 다른 형태를 나타내는 방정식을 만드는 것은 매우 쉽지만, 지수들이 2 대 1의 비율로 되어 있는 알려지지 않은 양을 무리수나 분수의 거듭 제곱에 포함한다면, 이는 위에 제시한 것과 유사한 방법으로 해결할 수 있다. 그리고 언급되었듯이, 그러한 모든 경우에, 적절한 근과 풀이의 근을 분리할 수 있게 된다. 그러한 모든 방정식은 유리화된 해당 방정식의 개별적 구성 요소로 간주될 수 있다.

760. 이제 몇 개 방정식의 경우를 고려하는 것만 남았는데, 이 방정식은 유리화한 형태로 나타난다. 그리고 알려지지 않은 양의 거듭 제곱 또는 알려지지 않은 양을 포함하는 식과 함께 나타난다. 이 방정식의 지수 또한 2 대 1의 비율이 된다.

(1) $x^4 + 10x^2 = 2891$

$x^2 = u$라 하면, 다음을 얻는다.

$$u^2 + 10u = 2891,$$

$$u^2 + 10u + 25 = 2916,$$

$$u + 5 = \pm 54,$$

$$u = x^2 = 49 \quad \text{또는} \quad -59$$

그러므로 다음을 얻는다.

$$x = \pm 7 \quad \text{또는} \quad (-1)^{\frac{1}{2}}(59)^{\frac{1}{2}}$$

이들 모든 값은 동등하게 주어진 방정식의 적절한 근이다.

(2) $\{(x+3)^2 + x + 3\}^2 - 7(x+3)^2 = 711 + 7x$

정리하면 $\{(x+3)^2 + x + 3\}^2 - 7\{(x+3)^2 + x + 3\} = 690$이고, $(x+3)^2 + (x+3) = u$라 하면, 다음을 얻는다.

$$u^2 - 7u = 690,$$
$$u^2 - 7u + \frac{49}{4} = \frac{2809}{4},$$
$$u - \frac{7}{2} = \pm\frac{53}{2},$$
$$u = 30 \quad \text{또는} \quad -23$$

u의 처음 값에 대하여 다음을 얻는다.

$$(x+3)^2 + (x+3) = 30$$

이 방정식에서 $x+3$을 v로 치환하면 다음과 같다.

$$v^2 + v = 30,$$
$$v^2 + v + \frac{1}{4} = \frac{121}{4},$$
$$v + \frac{1}{2} = \pm\frac{11}{2},$$
$$v = x + 3 = 5 \quad \text{또는} \quad -6,$$
$$\text{따라서,} \quad x = 2 \quad \text{또는} \quad -9$$

u의 두 번째 값에 대해서, 비슷한 방식으로 다음을 알 수 있다.

$$x = \frac{-1 \pm \sqrt{-91}}{2}$$

이는 이미 결정된 값과 함께 동등하게 주어진 방정식의 적절한 근이 된다.

주어진 방정식은, 통상적인 방식과 알려지지 않은 양의 거듭 제곱에 따라서 정리된 항으로, 아래와 같은 사차 방정식이 된다.

$$x^4 + 14x^3 + 66x^2 + 119x - 630 = 0$$

(3) $x^4 - 2x^3 - 2x^2 + 3x - 108 = 0$

사차 방정식은 다음 형태로 변형될 수 있다.

$$(x^2 - x)^2 - 3(x^2 - x) = 108$$

따라서 이 방정식은 고려 조건에서의 방법으로 풀 수가 있다. 즉, $x^2 - x = u$ 라 하면, 다음을 얻는다.

$$u^2 - 3u = 108,$$
$$u^2 - 3u + \frac{9}{4} = \frac{441}{4},$$
$$u - \frac{3}{2} = \pm\frac{21}{2},$$
$$u = 12 \quad \text{또는} \quad -9$$

u의 첫 번째 값에 대하여 다음을 얻는다.

$$x^2 - x = 12,$$
$$x^2 - x + \frac{1}{4} = \frac{49}{4},$$
$$x - \frac{1}{2} = \pm\frac{7}{2},$$
$$x = 4 \quad \text{또는} \quad -3$$

u의 두 번째 값에 대하여 다음을 얻는다.

$$x^2 - x = -9$$
$$x^2 - x + \frac{1}{4} = -\frac{35}{4},$$
$$x - \frac{1}{2} = \pm\frac{\sqrt{-35}}{2},$$
$$x = \frac{1 \pm \sqrt{-35}}{2}$$

그러므로 주어진 방정식에 대하여 네 개의 적절한 근을 얻는다.

(4) $x^4 + \dfrac{3x^3}{2} - 24x - 256 = 0$

이는 사차 방정식의 보기인데, 이 방정식은 두 제곱의 차이이고 다음과 같이 풀 수 있다.

$$x^4 + \frac{3x^3}{2} = 24x + 256,$$
$$x^4 + \frac{3x^3}{2} + \frac{9x^2}{16} = \frac{9x^2}{16} + 24x + 256,$$
$$\left(x^2 + \frac{3x}{4}\right)^2 = \left(\frac{3x}{4} + 16\right)^2,$$
$$x^2 + \frac{3x}{4} = \pm\left(\frac{3x}{4} + 16\right)$$

양의 부호에 대하여 다음을 얻는다.

$$x^2 + \frac{3x}{4} = \frac{3x}{4} + 16,$$
$$x^2 = 16,$$
$$x = \pm 4$$

음의 부호에 대하여 다음을 얻는다.

$$x^2 + \frac{3x}{4} = -\frac{3x}{4} - 16,$$

$$x^2 + \frac{3x}{2} = -16,$$

$$x^2 + \frac{3x}{2} + \frac{9}{16} = -\frac{247}{16},$$

$$x + \frac{3}{4} = \pm\frac{\sqrt{-247}}{4},$$

$$x = \frac{-3 \pm \sqrt{-247}}{4}$$

(5) $x^3 - 3x = 2$

이는 삼차 방정식인데, 방정식의 모든 항에 x를 곱함으로써 사차 방정식 형태의 삼차 방정식이다. 따라서 다음을 얻는다.

$$x^4 - 3x^2 = 2x,$$

$$x^4 - 2x^2 = x^2 + 2x,$$

$$x^4 - 2x^3 + 1 = x^2 + 2x + 1,$$

$$(x^2 - 1)^2 = (x + 1)^2,$$

$$x^2 - 1 = \pm(x + 1)$$

양의 부호에 대하여 다음을 얻는다.

$$x^2 - x = 2,$$

$$x^2 - x + \frac{1}{4} = \frac{9}{4},$$

$$x - \frac{1}{2} = \pm\frac{3}{2},$$

$$x = 2 \quad \text{또는} \quad -1$$

음의 부호에 대하여 다음을 얻는다.

$$x^2 - x = 2,$$

$$\text{따라서,} \quad x = 0 \quad \text{또는} \quad -1$$

그러므로 x에 대한 네 개의 값을 얻는데, 그중 0은 풀이의 근이고, 다른 두 개의 적절한 근은 서로 같으며 −1이다.

앞의 예에서 주목된 다양한 방법과 그러한 해법들에서 경험하는 유사한 종류의 많은 다른 방법들을 이용하여 특정한 상황에서 삼차 방정식과 사차 방정식을 풀 수 있게 된다. 그러나 그러한 해법은 원래 방정식이 그 자신을 나타내는 특정한 형태나 또는 즉시 변형될 수 있는 특정한 형태에 따라 달라지거나, 완전하게 변형될 때, 방정식 계수의 특정한 관계에 따라 달라지기 때문에, 일반적인 해에 필요한 방법을 제시하는 것에는 어떤 기여도 하지 않는다. 이제 관심을 기울여야 하는 것은 그러한 방법의 이론과 조사에 대한 것이다.

761. 아래 형식과 같이 모든 항을 가진 완전한 삼차 방정식은,

두 번째 항이 없는 삼차 방정식의 변환

$$x^3 + p_1 x^2 + p_2 x + p_3 = 0$$

완전 삼항식을 이항 이차 방정식으로 변환하기 위해 적용된 방법과 유사한 방법에 의해서, 두 번째 항이 없는 동일한 차원의 방정식으로 변환할 수 있다. $x + \frac{p_1}{3} = u$라 하면, $x = u - \frac{p_1}{3}$이 되고, 다음을 얻는다.

$$x^3 = u^3 - p_1 u^2 + \frac{p_1^2}{3}u - \frac{p_1}{27},$$
$$+ p_1 x^2 = \quad + p_1 u^2 - \frac{2p_1^2}{3}u + \frac{p_1^3}{9},$$
$$+ p_2 x = \qquad\qquad + p_2 u - \frac{p_1 p_2}{3},$$
$$+ p_3 = \qquad\qquad\qquad\qquad + p_3,$$
$$x^3 + p_1 x^2 + p_2 x^2 + p_3 = u^3 - \left(\frac{p_1^2}{3} - p_2\right)u + \frac{2p_1^3}{27} - \frac{p_1 p_2}{3} + p_3$$
$$= u^3 - qu + r = 0$$

여기서 q와 r은 다음과 같다.

$$q = \frac{p_1^2}{3} - p_2, \quad \text{그리고} \quad r = \frac{2p_1^3}{27} - \frac{p_1 p_2}{3} + p_3$$

삼차 방정식의 일반적인 해법으로 고려하면, 다음의 방정식에 주의를 기울여야 한다.

$$u^3 - qu + r = 0,$$

$$\text{또는} \quad x^3 - qx + r = 0$$

이 방정식은 삼차 방정식이 앞에 과정에 의해서 축소될 수 있는 가장 단순한 형태이다.

방정식
$x^3 - qx + r = $
0의 풀이 공식

762. x 또는 이 방정식에 근의 값은 α나 $\sqrt[3]{\alpha}$와 같은 단순한 항이 될 수 없지만, $x^3 = qx - r$이 가질 수 있는 그러한 복합 형식의 항이 될 수는 있다. 그러한 복합 항은 $\sqrt[3]{\alpha} + \sqrt[3]{\beta}$이다. $x = \sqrt[3]{\alpha} + \sqrt[3]{\beta}$라 하면, 다음을 얻는다.

$$x^3 = \alpha + \beta + 3\sqrt[3]{\alpha\beta}(\sqrt[3]{\alpha} + \sqrt[3]{\beta})$$

$$= 3\sqrt[3]{\alpha\beta} \cdot x + \alpha + \beta$$

만약 $3\sqrt[3]{\alpha\beta} = q$, 그리고 $\alpha + \beta = -r$이라 하면 그 결과는 다음 방정식과 동일하게 된다.

$$x^3 = qx - r \qquad (15.5)$$

그러나 $3\sqrt[3]{\alpha\beta} = q$, 즉 $\alpha\beta = \frac{q^3}{27}$이고 $\alpha + \beta = -r$이 성립하면, 이때 α와 β는 다음 이차 방정식의 근이 된다.

$$u^2 + ru + \frac{q^3}{27} = 0 \qquad \text{(조항 753)} \qquad (15.6)$$

즉, α와 β는 이차 방정식 (15.6)에 의해 결정된다. 이 방정식을 풀면, 다음을 얻는다.

$$u = -\frac{r}{2} \pm \sqrt{\left(\frac{r^2}{4} - \frac{q^3}{27}\right)} = \alpha \quad \text{그리고} \quad \beta$$

결론적으로, 다음을 얻는다.

$$x = \sqrt[3]{\alpha} + \sqrt[3]{\beta}$$

$$= \left\{-\frac{r}{2} + \sqrt{\left(\frac{r^2}{4} - \frac{q^3}{27}\right)}\right\}^{\frac{1}{3}} + \left\{-\frac{r}{2} - \sqrt{\left(\frac{r^2}{4} - \frac{q^3}{27}\right)}\right\}^{\frac{1}{3}}$$

763. 아래의 삼차 방정식의 근은

$$x^2 - qx + r = 0 \tag{15.7}$$

다음과 같은 변형한 이차 방정식의 근에 달려 있다.

$$u^2 + ru + \frac{q^3}{27} = 0 \tag{15.8}$$

풀이 과정에서 유추된 x의 값과 구별되기 때문에, 삼차 방정식의 적절한 근을 결정하는 것이 남았다.

ρ와 ρ'이 $\sqrt[3]{\alpha}$와 $\sqrt[3]{\beta}$의 산술 값을 나타낸다고 가정하면, 부호 $\sqrt{-1}$가 α와 β로 표현되지 않을 때, 즉 다시 말해서 $\frac{r^2}{4}$가 $\frac{q^3}{27}$보다 클 때, 다음을 얻는다 (α와 β의 앞에 모호한 부호 $\pm$을 붙여서).

$$x = (\pm 1)^{\frac{1}{3}} \rho + (\pm 1)^{\frac{1}{3}} \rho'$$

$(\pm 1)^{\frac{1}{3}}$의 세 값은 ± 1, $\pm \left(\frac{-1+\sqrt{-3}}{2}\right)$, $\pm \left(\frac{-1-\sqrt{-3}}{2}\right)$이다. 이들은 단지 부호 $+$ 또는 $-$에서만 서로 다르다. 따라서 $\pm \rho$를 ρ_1으로, $\pm \rho'$을 ρ'_1으로 나타내는 것을 동의한다면, 위의 식을 다음과 같이 나타낼 수 있다.

$$x = (1)^{\frac{1}{3}} \rho_1 + (1)^{\frac{1}{3}} \rho'_1$$

(1)$\frac{1}{3}\rho_1$의 세 값을 (1)$\frac{1}{3}\rho_1'$의 세 값과 결합하면, x에 대한 아홉 개의 서로 다른 조합, 즉 x의 서로 다른 아홉 개의 값을 얻는데, 이들 값 모두는 주어진 방정식에 대한 풀이의 근으로 간주될 수 있다. 그러나 풀이의 과정을 참조한다면, $3\sqrt[3]{\alpha\beta}$가 q와 같다고 가정하는 것을 알 수 있다. 따라서 부호 $\sqrt{-1}$이 q에 존재하지 않는다면, 그 부호는 $\sqrt[3]{\alpha\beta}$에 존재하지 않을 수 있다. 즉 다시 말하면, (1)$\frac{1}{3}\rho_1$과 (1)$\frac{1}{3}\rho_1'$의 조합에 국한되어야 하는데, 이는 $\sqrt{-1}$의 독립된 결과를 산출하게 된다. 따라서 x에 대한 세 개의 적절한 값 또는 방정식 $x^3 - qx + r = 0$의 근을 얻는데, 이는 다음과 같다.

$$x = \rho_1 + \rho_1',$$
$$x = \left(\frac{-1+\sqrt{-3}}{2}\right)\rho_1 + \left(\frac{-1-\sqrt{-3}}{2}\right)\rho_1'$$
$$= -\frac{\rho_1 + \rho_1'}{2} + \frac{(\rho_1 - \rho_1')\sqrt{-3}}{2},$$
$$x = \left(\frac{-1-\sqrt{-3}}{2}\right)\rho_1 + \left(\frac{-1+\sqrt{-3}}{2}\right)\rho_1'$$
$$= -\frac{\rho_1 + \rho_1'}{2} - \frac{(\rho_1 - \rho_1')\sqrt{-3}}{2}$$

$\frac{r^2}{4}$가 $\frac{q^3}{27}$보다 작을 때   변형한 이차 방정식의 근 α와 β가 부호 $\sqrt{-1}$과 독립적일 때, 삼차 방정식의 세 근은 $2a$, $-a + b\sqrt{-1}$, $-a - b\sqrt{-1}$의 형태로 나타난다. 그러나 α와 β의 값이 $c + d\sqrt{-1}$ 그리고 $c - d\sqrt{-1}$ 형식이면, 따라서 $\frac{r^2}{4}$가 $\frac{q^3}{27}$보다 작은 경우, 다음을 얻는다.

$$x = \left(\cos\frac{2m\pi + \theta}{3} + \sqrt{-1}\sin a\frac{2m\pi + \theta}{3}\right)\rho$$
$$+ \left(\cos\frac{2m'\pi + \theta}{3} - \sqrt{-1}\sin a\frac{2m'\pi + \theta}{3}\right)\rho, \quad \text{(조항 624)}$$

여기서 ρ와 θ는 다음과 같다.

$$\rho = \sqrt[6]{(c^2 + d^2)} = \sqrt{\frac{q}{3}},$$

그리고 $\theta = \cos^{-1} \dfrac{c}{\sqrt{c^2 + d^2}} = \cos^{-1} \dfrac{-\frac{r}{2}}{\sqrt{\frac{q^3}{27}}}$, (조항 725)

위 x의 식에서 $\sqrt[3]{\alpha\beta}$가 $\sqrt{-1}$과 독립적이므로 m과 m'의 값은 같아야 한다. 또한 m의 다른 값에 대해 $\cos\frac{2m\pi+\theta}{3} \pm \sqrt{-1}\sin a\frac{2m\pi+\theta}{3}$의 값이 반복되기 때문에 m의 값은 0, 1, 2로 제한될 수 있다. 따라서 x의 세 값으로 국한되는데, 이는 다음과 같다.

$$m = 0 \text{ 이면, } \quad x = 2\rho\cos\frac{\theta}{3} = 2\sqrt{\frac{q}{3}}\cos a\frac{\theta}{3},$$

$$m = 1 \text{ 이면, } \quad x = 2\rho\cos\frac{2\pi+\theta}{3} = 2\sqrt{\frac{q}{3}}\cos a\frac{2\pi+\theta}{3},$$

$$m = 2 \text{ 이면, } \quad x = 2\rho\cos\frac{4\pi+\theta}{3} = 2\sqrt{\frac{q}{3}}\cos a\frac{2\pi-\theta}{3}$$

축소 이차 방정식의 근 α와 β가 부호 $\sqrt{-1}$을 포함하면, 삼차 방정식의 세 근이 $\sqrt{-1}$과 독립적인 것으로 나타난다. 그리고 다음 식이 성립하므로, 한 근이 다른 두 근의 합과 같으며, 그들의 부호가 $+$에서 $-$로 바뀌거나 또는 반대로 바뀌게 된다.

$$\cos a\frac{2\pi+\theta}{3} + \cos a\frac{2\pi-\theta}{3} = 2\cos\frac{2\pi}{3}\cos\frac{\theta}{3} = -\cos\frac{\theta}{3}$$

764. 다음은 보기들이다.

(1) $x^3 - 3x - 2 = 0$

이 경우에 $\frac{r}{2} = -1$, $\frac{q}{3} = 1$이고, 따라서 다음을 얻는다.

$$\alpha = 1, \quad \beta = 1, \quad \text{그리고}$$

① $x = 1 + 1 = 2,$

② $x = \dfrac{-1+\sqrt{-3}}{2} + \dfrac{-1-\sqrt{-3}}{2} = -1,$

③ $x = \dfrac{-1-\sqrt{-3}}{2} + \dfrac{-1+\sqrt{-3}}{2} = -1$

축소 이차
방정식의 근이
$\sqrt{-1}$을
포함하면,
삼차 방정식의
근은 $\sqrt{-1}$
과는
독립적이다

보기들

(2) $x^3 - \dfrac{15x}{2} + \dfrac{581}{2} = 0$

$$\alpha = \frac{-581 + \sqrt{(337311)}}{4},$$
$$\beta = \frac{-581 - \sqrt{(337311)}}{4},$$
$$\rho_1 = \frac{-7 + \sqrt{(39)}}{2},$$
$$\rho_1' = \frac{-7 - \sqrt{(39)}}{2}$$

따라서 다음을 얻는다.

$$x = \rho_1 + \rho_1' = -7,$$
$$x = -\frac{\rho_1 + \rho_1'}{2} + \frac{\rho_1 - \rho_1'}{2}\sqrt{-3} = -\frac{7}{2} + \frac{1}{2}\sqrt{-117},$$
$$x = -\frac{\rho_1 + \rho_1'}{2} - \frac{\rho_1 - \rho_1'}{2}\sqrt{-3} = -\frac{7}{2} - \frac{1}{2}\sqrt{-117}$$

이항 무리수에서 세 제곱 근의 추출

이 보기에서, 다음과 같은 종류의 잠정적인 과정에 의해 결정된 ρ_1과 ρ_1'의 값을 한정된 형태로 두었다.

α와 β가 앞 보기에서와 같은 경우에, 세 제곱 근을 알고자 하는 아래와 같은 형태의 수식이

$$a + \sqrt{b}$$

둘 다 또는 하나가 이차 무리수인 x와 y에 대하여 다음과 같은 식의 완전 세 제곱이라는 것이 속성으로부터 추정되면,

$$\frac{x + y}{\sqrt[6]{R}}$$

이때 추가로 x와 y의 합이 정수나 유리수인 r에 대해 rx의 형태로 변형되지 않는다는 것을 가정하면 다음 식이 성립해야 한다.

$$\sqrt[3]{(a - \sqrt{b})} = \frac{x - y}{\sqrt[3]{R}}$$

624

왜냐하면 $\frac{x+y}{\sqrt[6]{R}}$의 세 제곱이 $a + \sqrt{b}$이면 $\frac{x-y}{\sqrt[6]{R}}$의 세 제곱도 $a - \sqrt{b}$이어야 하기 때문이다. 그러므로 다음을 얻는다.

$$\sqrt[3]{(a^2 - b)} = \frac{x^2 - y^2}{\sqrt[3]{R}},$$

$$\text{또는} \quad \sqrt[3]{\{(a^2 - b)R\}} = x^2 - y^2 = c$$

위 식에서 R은 항상 그렇게 가정되었고 $(a^2 - b)R$이 완벽한 세 제곱[2] 또는 $x^2 - y^2$이 정수일 수 있다.

다시 말해, 다음이 성립하기 때문에

$$\sqrt[3]{\{(a + b)^2 R\}} = x^2 + 2xy + y^2,$$

$$\sqrt[3]{\{(a - b)^2 R\}} = x^2 - 2xy + y^2$$

다음 식을 얻는다.

$$\sqrt[3]{\{(a + \sqrt{b})^2 R\}} + \sqrt[3]{\{(a - \sqrt{b})^2 R\}} = 2x^2 + 2y^2$$

그리고 가정으로부터 x^2과 y^2이 정수이므로 $2x^2 + 2y^2$의 값은 $\sqrt[3]{\{(a + \sqrt{b})^2 R\}}$과 $\sqrt[3]{\{(a - \sqrt{b})^2 R\}}$의 가장 가까운 두 정수 값 ι, ι'의 합과 같을 것이다. 이때 한 정수는 초과 값이고 다른 정수는 부족할 것이다. 왜냐하면 이들 세 제곱 근 중 하나가 정수 ι 그리고 ι' 중 하나로부터 초과하고 다른 것으로부터 부족하지 않다면, 그 합은 정수가 될 수 없기 때문이다. 그러므

---

2) $a^2 - b$가 완벽한 세 제곱이 아니거나 반복되는 인자로 분해할 수 없다면, R의 최소값은 $(a^2 - b)^2$이다. 따라서 다음을 얻는다.

$$a^2 - b = 64\text{이면,} \quad R = 1 \quad \text{그리고} \quad x^2 - y^2 = 4,$$
$$a^2 - b = 54 = 2x27 = 2x3^3\text{이면,} \quad R = 4 \quad \text{그리고} \quad x^2 - y^2 = 4,$$
$$\text{그러나} \quad a^2 - b = 58 = 2x29\text{이면,} \quad \mathbb{R} = 58^2 \quad \text{그리고} \quad x^2 - y^2 = 58$$

로 다음이 성립함을 알 수 있다.

$$\left.\begin{array}{l} x^2 + y^2 \ = \dfrac{\iota + \iota'}{2} \\[2mm] x^2 - y^2 \ = c \end{array}\right\}$$

이 두 식을 하나로 합하면, 다음과 같다.

$$2x^2 = \frac{\iota + \iota' + c}{2} \quad \text{그리고} \quad x = \frac{\sqrt{(\iota + \iota' + c)}}{2}$$

그리고 이들을 각각 **빼면**, 다음을 얻는다.

$$2y^2 = \frac{\iota + \iota' - c}{2} \quad \text{그리고} \quad y = \frac{\sqrt{(\iota + \iota' - c)}}{2}$$

시도를 통해, 이렇게 결정된 $\frac{x+y}{\sqrt[6]{R}}$의 세 제곱 $a + \sqrt{b}$와 동일한 것으로 확인되면, 문제는 풀리게 되고, 방정식의 근 중 하나가 정수이거나 또는 유한 유리 분수이다. 그렇지 않다면, 그러한 방정식의 근은 없으며, 로그가 적용될 수 있는 어떤 목적을 위해, 필요하다면, (조항 695)에서 고려된 공식을 통해서, 그 방정식의 대략적인 값은 그것이 포함된 근의 실제적인 추출에 의해서 결정되어야 한다.

(3) $x^3 + 8x - 9 = 0$

$$\alpha = \frac{9}{2} + \sqrt{\frac{4235}{108}} = \frac{81 + \sqrt{(12705)}}{18},$$
$$\beta = \frac{9}{2} - \sqrt{\frac{4235}{108}} = \frac{81 - \sqrt{(12705)}}{18},$$
$$\rho_1 = \frac{3 + \sqrt{(105)}}{6}, \quad \rho_1' = \frac{3 - \sqrt{(105)}}{6}$$

따라서 다음을 얻는다.

$$x = \rho_1 + \rho_1' = 1,$$
$$x = \frac{-(\rho_1 + \rho_1')}{2} + \frac{\rho_1 - \rho_1'}{2}\sqrt{-3} = \frac{-1 + \sqrt{(-35)}}{2},$$

$$x = \frac{-(\rho_1 + \rho_1')}{2} - \frac{\rho_1 - \rho_1'}{2}\sqrt{-3} = \frac{-1 - \sqrt{(-35)}}{2}$$

(4) $x^3 - 9x^2 + 26x - 24 = 0$

$x - 3 = u$ 또는 $x = u + 3$이라 하면, 이 방정식은 다음과 같이 변환된다.

$$u^3 - u = 0$$

따라서 $u = 0$ 또는 1 또는 -1이 된다. 따라서 주어진 방정식의 근은 2, 3, 4 가 된다.

이 경우에, 변환은 어떠한 풀이 공식의 도움없이, 방정식의 해를 이끌어 내고 있다.

(5) $x^3 - 18x^2 + 87x - 70 = 0$

$x - 6 = u$ 또는 $x = u + 6$이라 하면, 다음과 같이 변형된 방정식을 구할 수 있다.

$$u^3 - 21u + 20 = 0$$

이 방정식으로부터, 다음을 알 수 있다.

$$\alpha = -10 + \sqrt{(-243)} = a + b\sqrt{-1},$$
$$\beta = -10 - \sqrt{(-243)} = a - b\sqrt{-1}$$

$\cos\theta = \frac{a}{\sqrt{(a^2+b^2)}} = \frac{-10}{\sqrt{(343)}} = \frac{-10}{7^{\frac{3}{2}}}$이라 하자. 그러면 다음을 얻는다.

$$\cos(\pi - \theta) = \frac{10}{7^{\frac{3}{2}}},$$

$$\begin{aligned}
\mathrm{tlog}\cos(\pi - \theta) &= 10 + \log 10 - \frac{3}{2}\log 7 \\
&= 11 - \frac{3}{2}\log 7 = 11 - \frac{3}{2}(.8450980) \\
&= 9.7323530 = \mathrm{tlog}\cos(57°\ 19'\ 12'')
\end{aligned}$$

그러므로 $\theta = 180° - 57°\ 19'\ 12'' = 120°\ 40'\ 48''$이다.

또한, $x = 2\sqrt{\frac{q}{3}} \times \cos\frac{\theta}{3}$ 또는 $2\sqrt{\frac{q}{3}} \times \cos\frac{2\pi+\theta}{3}$ 또는 $2\sqrt{\frac{q}{3}} \times \cos\frac{2\pi-\theta}{3}$
이므로, 첫 번째 값에 대해서 다음을 얻는다.

$$\log 2 = \ .3010300$$

$$\frac{1}{2}\log 7 = \ \underline{.4225490}$$

$$.7235790$$

$$\text{tlog} \cos(40°\ 53'\ 36'') = \underline{9.0784812}$$

$$10.6020602$$

$$\underline{10.\ \ldots\ldots\ldots}$$

$$\log u_1 = \log 4 = \ .6020602$$

$$\text{그리고}\quad u_1 = 4$$

다시, $\frac{2\pi+\theta}{3} = 160°\ 53'\ 36'' = 180° - 19°\ 6'\ 24''$이므로, 다음을 얻는다.

$$\text{tlog}\cos a(19°\ 6'\ 24'') = 9.9753910$$

$$\log 2\sqrt{7} = \ \underline{.7235790}$$

$$\log(-u_2) = \log 5 = \ .6989700, \quad \text{10을 누락하고}$$

$$\text{그러므로}\quad u_2 = -5$$

마지막으로, $\frac{2\pi-\theta}{3} = 79°\ 6'\ 24''$이므로, 다음을 얻는다.

$$\text{tlog}\cos(79°\ 6'\ 24'') = 9.2764210$$

$$\log 2\sqrt{7} = \ \underline{.7235790}$$

$$\log u_3 = \log 1 = \ .0000000, \quad \text{10을 누락하고}$$

$$\text{따라서}\quad u_3 = 1$$

결론적으로 x의 값, 즉 주어진 방정식의 근은 10, 1 그리고 7이다.

765. 모든 삼차 방정식은, 두 번째 항이 있든 없든, 세 근을 가질 뿐이 **삼차 방정식**
라는 것이 앞에서의 조사에서 명백해 보인다. 그리고 이 결론의 도움으로, **계수들의 구성**
다음과 같은 일반적인 삼차 방정식의 계수 구성을 그 근들로 이루어진 항을
통해 결정하는 것은 매우 쉬울 것이다.

$$x^3 + p_1 x^2 + p_2 x + p_3 = 0$$

이들 근이 a, b, c라면, $x - a$, $x - b$, $x - c$가 방정식의 인자가 된다.[3]
따라서 다음을 얻는다.

$$
\begin{aligned}
x^3 + p_1 x^2 + p_2 x + p_3 &= (x - a)(x^2 + Px + Q) \\
&= (x - a)(x - b)(x - c) \\
&= x^3 - (a + b + c)x^2 + (ab + ac + bc)x - abc
\end{aligned}
$$

즉, 다음과 같다.

$$
\begin{aligned}
p_1 &= -(a + b + c), \\
p_2 &= ab + ac + bc, \\
p_3 &= -abc
\end{aligned}
$$

---

3) **a가 방정식의 근이라면, $x-a$는 인자가 된다**: a가 방정식의 근이라면, 다음이 성립한다.
$$x^3 + p_1 x^2 + p_2 x + p_3 = 0, \quad \text{이때} \quad a^3 + p_1 a^2 + p_2 a + p_3 = 0$$
따라서 다음을 얻는다.
$$
\begin{aligned}
x^3 + p_1 x^2 + p_2 x + p_3 &= x^3 + p_1 x^2 + p_2 x + p_3 - (a^3 + p_1 a^2 + p_2 a + p_3) \\
&= x^3 - a^3 + p_1(x^2 - a^2) + p_2(x - a)
\end{aligned}
$$

766.   따라서 $p_1 = 0$이라면, 방정식 근의 합이 0과 같다라는 것이

성립한다. 이 결론은 마찬가지로 동일한 상황에서 근 자체를 나타내는 공

식으로부터 나온다.

사차 방정식의

일반적인 형태

767.   사차 방정식의 일반적인 형태는 다음과 같다.

$$x^4 + p_1 x^3 + p_2 x^2 + p_3 x + p_4 = 0 \tag{15.9}$$

두 번째 항을

제거한

형태로의 변환

위 식에서, $x + \frac{p_1}{4} = u$라 하면, 방정식의 두 번째 항이 없는, 같은 차원의

방정식으로 변환할 수 있다. 따라서 그러한 방정식의 해를 고려할 때, 다음

의 형식에 집중할 것이다.

$$x^4 - qx^2 - rx - s = 0 \tag{15.10}$$

이는 주어진 방정식에서 두 번째 항이 존재할 때 필요한 변환을 적용한 결과

이다. 그리고 앞에서 살펴본 바와 같이 삼차 방정식의 근을 이차 방정식의

근으로 표현할 수 있으며, 방정식의 계수나 항은 그것으로부터 결정 가능했

던 것처럼, 마찬가지로 사차 방정식 (15.10)의 근은 삼차 방정식의 근으로

표현할 수 있고, 방정식의 계수나 항은 그것으로부터 결정될 수 있다.

삼차 방정식의

근으로 나타낸

방정식의 두

번째 항이

없는 사차

방정식의 근

768.   따라서 사차 방정식 (15.10)과 연관되는 아래 삼차 방정식의

근을 α, β, γ라 가정하면

$$u^3 - Pu^2 + Qu - R = 0 \tag{15.11}$$

결론적으로 다음이 성립한다.

$$\frac{x^3 + p_1 x^2 + p_2 x + p_3}{x - a} = x^3 + ax^2 + a^2 + p_1(x + a) + p_2$$

즉, $x^3 + p_1 x^2 + p_2 x + p_3$은 나머지 없이 $x - a$로 나누어진다.

동일한 추론 과정을 통해, a가 n차 방정식의 근이 된다면, $x - a$는 그 방정식의 인자

중 하나여야 한다는 것을 똑같이 알 수 있다.

사차 방정식 (15.10)의 한 근 x는 다음과 같다.

$$x = \sqrt{\alpha} + \sqrt{\beta} + \sqrt{\gamma}$$

그러한 가설은 삼차 방정식 (15.11)에서 P, Q, R의 결정으로 이어지고, 따라서 방정식의 근인 α, β, γ에 대한 지식으로 이어질 것이라는 것을 보여주는 것이 남았다.

첫 번째로, x의 추정 값을 제곱함으로써, 다음을 얻는다.

$$x^2 = \alpha + \beta + \gamma + 2\sqrt{\alpha\beta} + 2\sqrt{\alpha\gamma} + 2\sqrt{\beta\gamma}$$
$$= P + 2\{\sqrt{\alpha\beta} + \sqrt{\alpha\gamma} + \sqrt{\beta\gamma}\}$$

따라서 다음이 성립한다.

$$x^2 - P = 2\{\sqrt{\alpha\beta} + \sqrt{\alpha\gamma} + \sqrt{\beta\gamma}\}$$

이 식의 양변을 제곱하면, 다음을 얻는다.

$$x^4 - 2Px^2 + P^2 = 4(\alpha\beta + \alpha\gamma + \beta\gamma) + 8\sqrt{\alpha\beta\gamma}(\sqrt{\alpha} + \sqrt{\beta} + \sqrt{\gamma})$$
$$= 4Q + 8\sqrt{R}x$$

왜냐하면 $\quad \alpha\beta + \alpha\gamma + \beta\gamma = Q, \quad \alpha\beta\gamma = R,$

그리고 $\quad \sqrt{\alpha} + \sqrt{\beta} + \sqrt{\gamma} = x$

모든 주요 항을 식의 한쪽으로 옮기면 다음 사차 방정식을 얻는다.

$$x^4 - 2Px^2 - 8\sqrt{R}x + P^2 - 4Q = 0$$

이 사차 방정식은 다음이 성립하면 원래의 방정식 $x^4 - qx^2 - rx - s = 0$ 과 동일한 근을 갖는다.

$$2P = q, \qquad 8\sqrt{R} = r, \qquad P^2 - 4Q = -s$$

즉, 다음과 같다.

$$P = \frac{q}{2},$$
$$Q = \frac{q^2 + 4s}{16},$$
$$R = \frac{r^2}{64}$$

결론적으로, 그 근이 필요한 조건에 부합하는 삼차 방정식은 다음과 같다.[4]

$$u^3 - \frac{q}{2}u^2 + \frac{q^2 + 4s}{16}u - \frac{r^2}{64} = 0$$

---

4) 문장에서의 가정은 필요한 조건을 만족시키는 유일한 가정이다: 만약 사차 방정식의 근이 존재한다면, 삼차 방정식의 근의 방식으로 표현될 수 있다고 가정하면, 첫 번째 보기에서, 그 근들이 일반 기호들로 표현되었을 때이므로, 근들은 어떤 대칭적인 조합을 형성해야 한다는 것은 명백하다. 그것들 중 하나에 영향을 미치는 조건이 무엇이든 간에, 다른 두 개에도 똑같이 영향을 주어야 한다. 그리고 다음이 성립하므로

$$x^4 = qx^2 + rx + s$$

또한 x와 동일한 축소 삼차 방정식에 근의 대칭적 표현이 무엇이든, 그것의 네 제곱은 계수를 가진 x^2, x, 그리고 x와 독립적인 한 항을 포함하는데, 이들은 각각 q, r, s와 일치하게 만들어질 수 있다. α, β, γ가 아래 축소 삼차 방정식의 근일 때

$$u^3 - Pu^2 + Qu - R = 0$$

다음을 가정하면,

$$x = \alpha + \beta + \gamma$$

x를 P로 대체할 수 있고, 따라서 한 값과 다른 값의 결정은 같은 방정식의 풀이에 따라 달라질 것이다.
   다시, 아래와 같이 가정하면

$$x = \sqrt[4]{\alpha} + \sqrt[4]{\beta} + \sqrt[4]{\gamma}$$

다음과 같음을 알 수 있다.

$$x^2 = \sqrt{\alpha} + \sqrt{\beta} + \sqrt{\gamma} + 2\sqrt[4]{\alpha\beta} + 2\sqrt[4]{\alpha\gamma} + 2\sqrt[4]{\beta\gamma}$$

그리고 $\sqrt{\alpha} + \sqrt{\beta} + \sqrt{\gamma}$를 P, Q, R에 관하여 표현할 수 있는 것이 아니라면, 다음 식과 일치하도록 만들어질 수 있는 사차 방정식의 형성을 더 진행하지 않아야 한다.

$$x^4 - qx - rx - s = 0$$

유사한 관찰이 x의 값을 나타내기 위해 어떤 다른 짝수의 합에 대한 가정 또는 어떤 홀수와 α, β, γ의 근들의 합에 적용될 수 있다. 그리고 유사한 고려를 함으로써, 오차 또는 더 높은 차원 방정식의 근들이 다음 낮은 차원 방정식의 근들의 대칭적인 조합에 의존하기 위해 동일하거나 유사한 방법으로 확장하는 것이 불가능하다는 것을 알 수 있다.

근 자체의 개수보다 적은, 근의 대칭적인 조합의 존재를 가정하는 사차 방정식의 해법: 사차 방정식의 풀이를 위해 제안된 대부분의 방법들은, 방정식 자체의 구성을 가정하고, 더 낮은 차원 방정식의 항을 결정하는데, 이 낮은 차원 방정식의 근은 주어진 방정식의 근의 대칭적 결합이다. 따라서 a, b, c, d가 아래 방정식의 근이라면,

$$x^4 - qx^2 - rx - s = 0$$

$a+b+c+d = 0$이므로 $(a+b)^2$, $(a+c)^2$, $(a+d)^2$, $(b+c)^2$, $(b+d)^2$ 그리고 $(c+d)^2$들은 단지 세 가지의 서로 다른 값만을 가진다. 왜냐하면 다음이 성립하기 때문이다.

$$(a + b)^2 = (c + d)^2, \quad (a + c)^2 = (b + c)^2, \quad \text{그리고} \quad (a + d)^2 = (b + c)^2$$

따라서 α, β, γ가 이 세 개의 서로 다른 값을 나타낸다고 가정하면, 그리고 또한 아래 삼차 방정식의 근이라고 가정하면,

$$u^3 - Pu^2 + Qu - R = 0$$

q, r과 s의 항들로 $\alpha + \beta + \gamma$, $\alpha\beta + \alpha\gamma + \beta\gamma$ 그리고 $\alpha\beta\gamma$의 값을 결정하는 모든 방법들이 P, Q와 R의 값을, 즉 α, β와 γ의 값을 결정하게 될 것이다. α, β, γ의 값으로부터 a, b, c와 d의 값으로의 변환은 다음과 같이 영향을 미칠 수 있다.

$$\sqrt{\alpha} + \sqrt{\beta} + \sqrt{\gamma} = (a + b) + (a + b) + a + c$$
$$= 2a + (a + b + c + d) = 2a,$$
$$\sqrt{\alpha} - \sqrt{\beta} - \sqrt{\gamma} = 2b - (a + b + c + d) = 2b,$$
$$\sqrt{\beta} - \sqrt{\alpha} - \sqrt{\gamma} = 2c - (a + b + c + d) = 2c,$$
$$\sqrt{\gamma} - \sqrt{\alpha} - \sqrt{\beta} = 2d - (a + b + c + d) = 2d$$

이처럼 a, b, c, d에 대해 구한 식들을 본문을 따르는 해법에서 주어지는 수식들과 비교하면, 한 경우에 제곱 근의 특정 조합 값은 다른 조합의 근의 두 배가 되므로, α, β와 γ의 값은 거기에서 유추된 축소 삼차 방정식의 근의 네 배가 된다는 것은 쉽게 알 수 있을 것이다. 따라서

$$u^3 - \frac{q}{2}u^2 + \frac{q^2 + 4s}{16}u - \frac{r^2}{64} = 0$$

위 식이 어떤 경우에 축소 삼차 방정식이라면,

$$u^3 - 4\frac{q}{2}u + 4^2 ß\frac{q^2 + 4s}{16}u - 4^3\frac{r^2}{64} = 0,$$
$$\text{즉,} \quad u^3 - 2qu + (q^2 + 4s)u - r^2 = 0$$

위 식은 다른 방정식에 대한 축소 삼차 방정식이 되어야 한다. 그리고 이것은 데카르트의 저술 변형의 기술로부터 얻어지는 방정식이다.

다시, 아래와 같은 완전 사차 방정식에서

$$x^4 - px^3 + qx^2 - rx + s = 0$$

$ab + \frac{s}{ab}$, $ac + \frac{s}{ac}$, $ad + \frac{s}{ad}$, $bc + \frac{s}{bc}$, $bd + \frac{s}{bd}$, $cd + \frac{s}{cd}$와 같은 조합들에 대해, 단지 세 가지 서로 다른 값이 존재한다. 왜냐하면 $s = abcd$이므로, 첫 번째와 마지막, 두 번째와 다섯 번째, 세 번째와 여섯 번째가 서로 같다는 결론에 이르게 되기 때문이다. 따라서 아래 방정식의 근들인 α, β, γ가 이들 세 가지 서로 다른 조합을 나타낸다고 가정하면,

$$u^3 - Pu^2 + Qu - R = 0$$

P, Q와 R을 원래의 사차 방정식의 계수 p, q, r 그리고 s로 이루어진 항들의 식으로 나타낼 수 있다. 즉, 다음과 같다.

$$\begin{aligned}
P &= \alpha + \beta + \gamma = ab + \frac{s}{ab} + ac + \frac{s}{ac} + ad + \frac{s}{ad} \\
&= ab + cd + ac + bd + ad + bc \\
&= q, \\
Q &= (ab + bd)(ac + bd) + (ab + cd)(ad + bc) + (ac + bd)(ad + bc) \\
&= (a + b + c + d)(abc + abd + acd + bcd) - 4abcd \\
&= pr - 4s, \\
R &= (ab + cd)(ac + bd)(ad + bc) \\
&= abcd(a^2 + b^2 + c^2 + d^2) + a^2b^2c^2d^2 \left(\frac{1}{a^2} + \frac{1}{b^2} + \frac{1}{c^2} + \frac{1}{1/d^2} \right) \\
&= s(p^2 - 2q) + s^2(r^2/s^2 - 2q/s) \\
&= (p^2 - 4q)s + r^2
\end{aligned}$$

따라서 필요한 축소 삼차 방정식은 다음과 같다.

$$u^3 - qu^2 + (pr - 4s)u - (p^2 - 4q)s - r^2 = 0$$

$p = 0$일 때 위 식은 다음과 같이 된다.

$$u^3 - qu^2 - 4su + 4qs - r^2 = 0$$

이 경우에 축소 삼차 방정식에 대한 근의 속성은 그것이 두 번째 항이 있든 없든 사차 방정식의 풀이 방법에 동일하게 적용된다는 것을 보여주고 있다. 그리고 α, β, γ 또는 $ab + \frac{s}{ab}$, $ac + \frac{s}{ac}$, $ad + \frac{s}{ad}$의 값에서 ab, $\frac{s}{ab}$, ac, $\frac{s}{ac}$, ad, $\frac{s}{ad}$의 값까지 그리고 그 값들에서 a, b, c, d 또는 주어진 방정식의 근으로 넘어가는 것은 마찬가지로 매우 쉬울 것이다. 왜 그런지 살펴보면, 아래 식이 성립하므로

$$\alpha = ab + \frac{s}{ab} = y + \frac{s}{y}$$

$y = ab$라 하면 다음을 얻고,

$$y^2 - \alpha y = -s,$$
$$y = \frac{\alpha}{2} \pm \sqrt{\left(\frac{\alpha^2}{4} - s\right)}$$

또, 아래 식과 같이 치환하면

$$ab = \frac{\alpha}{2} + \sqrt{\left(\frac{\alpha^2}{4} - s\right)} = e'$$

다음이 성립하기 때문이다.

$$\frac{s}{ab} = cd - \frac{\alpha}{2} - \sqrt{\left(\frac{\alpha^2}{4} - s\right)} = e_1$$

비슷한 방식으로, 아래 식이 성립하면

$$ac = \frac{\beta}{2} + \sqrt{\left(\frac{\beta^2}{4} - s\right)} = e''$$

다음을 얻는다.

$$\frac{s}{ac} = bd = \frac{\beta}{2} - \sqrt{\left(\frac{\beta^2}{4} - s\right)} = e_2$$

그리고 아래 식이 성립하면

$$ad = \frac{\gamma}{2} + \sqrt{\left(\frac{\gamma^2}{4} - s\right)} = e'''$$

다음을 얻는다.

$$\frac{s}{ad} = bc = \frac{\gamma}{2} - \sqrt{\left(\frac{\gamma^2}{4} - s\right)} = e_3$$

다시, 다음이 성립하므로

$$ab = e',$$
$$ac = e'',$$
$$ad = e''',$$
$$abcd = s$$

처음 세 개의 방정식을 모두 곱하면, 다음과 같다.

$$a^3 bcd = e'e''e''',$$
$$\text{또는} \quad a^2 \cdot abcd = a^2 s = e'e''e''',$$

635

769. $\sqrt{\alpha}+\sqrt{\beta}+\sqrt{\gamma}$에 대해 음과 양의 값들의 어떤 조합을 자유롭게 무차별적으로 가정할 수 있다면, x의 값을 나타낼 여덟 개의 다른 조합을 찾아야 할 것이다. 그러나 풀이의 과정은 $8\sqrt{R}=8\sqrt{\alpha\beta\gamma}=r$을 만들기 때문에, 이러한 제곱 근의 지속되는 산출물은 항상 같은 부호를 가져야 하며, 따라서 짝으로 부호를 변경해야 한다. 따라서 x의 다음 값으로 제한된다.

$$(1)\quad x_1 = \sqrt{\alpha}+\sqrt{\beta}+\sqrt{\gamma},$$

$$(2)\quad x_2 = \sqrt{\alpha}-\sqrt{\beta}-\sqrt{\gamma},$$

$$(3)\quad x_3 = \sqrt{\beta}-\sqrt{\alpha}-\sqrt{\gamma},$$

$$(4)\quad x_4 = \sqrt{\gamma}-\sqrt{\alpha}-\sqrt{\beta}$$

이는 사차 방정식의 적절한 근이 된다.

770. 그러므로 다음과 같은 사차 방정식의 네 근의 존재와 그 값

$$a^2 = \frac{e'e''e'''}{s},$$

$$\text{그리고}\quad a = \sqrt{\frac{e'e''e'''}{s}}$$

유사한 방식으로, 다음을 알 수 있다.

$$b = \sqrt{\frac{e'e_2e_3}{s}},$$

$$c = \sqrt{\frac{e_1e''e_3}{s}},$$

$$d = \sqrt{\frac{e_1e_2e'''}{s}}$$

단지 해의 값이 되는 a, b, c, d의 다른 값인 이러한 제곱 근의 양의 값에 국한시켜야 한다.

$u = y + \frac{s}{y}$이므로, 다음 방정식에서 u를 이 값으로 대체하면

$$u^3 - Pu^2 + Qu - R = 0$$

모두를 결정한다.

$$x^4 - qx^2 - rx - s = 0$$

그리고 그 값에서 구한 식으로부터, 그들의 합이 0과 같다는 것은 명백하다. 만약 아래의 식이

$$x^4 - qx^2 - rx - s = 0$$

다음 방정식의 변형의 결과이면

$$x^4 + p_1 x^3 + p_2 x^2 + p_3 x + p_4 = 0$$

즉, 두 번째 항이 제거되었을 때, 주어진 완전 방정식의 근은 다음과 같다.

$$-\frac{p_1}{4} + x_1, \quad -\frac{p_1}{4} + x_2, \quad -\frac{p_1}{4} + x_3, \quad -\frac{p_1}{4} + x_4$$

다시, 이 네 근을 a, b, c, d로 표시하면, $x-a$, $x-b$, $x-c$, $x-d$가 각각

다음을 얻는다.

$$\left(y + \frac{s}{y}\right)^3 - P\left(y + \frac{s}{y}\right)^2 + Q\left(y + \frac{s}{y}\right) - R = 0$$

y^3을 곱하여 전개하면 다음과 같은 육차 방정식을 얻는다.

$$y^6 - Py^5 + Qy^4 - (2Ps + R)y^3 + Qs^1 y^2 - Ps^2 y + s^3 = 0$$

이때 y의 값은 ab, ac, ad, bc, bd, cd 또는 ab, ac, ad와 $\frac{s}{ab}$, $\frac{s}{ac}$, $\frac{s}{ad}$이다. 이 방정식을 삼차 방정식으로 줄이기 위한 역 과정은 첫 번째와 마지막, 두 번째와 마지막의 하나 전, 세 번째와 마지막의 둘 전을 항으로 결합하고, y^3으로 나누고, $y + \frac{s}{y}$, $y^2 + \frac{s^2}{y^2}$ 과 $y^3 + \frac{s^3}{y^3}$을 u, $u^2 - 2$ 그리고 $u^3 - 3su$로 대체한다.

위 해법은 사차보다 높은 차원의 방정식에는 적용할 수 없다: 방정식의 근의 대칭적 조합의 존재에 기초하여 만들어진 사차 방정식의 해법은, 근 자체보다 수적으로 더 작은데, 명백하게 방정식의 두 번째 항에 일반적으로 적용되지 않을 것이며 또한 그 근 중 세 개의 합을 제곱한 10개의 서로 다른 값, 방정식의 근 중 세 근을 곱한 것을 합한 10개 서로 다른 값, 그리고 마지막 항을 항으로 나누는 것은 허용할 여지가 있다. 그리고 그러한 변형에 기초한 해법은 10차원의 일반 방정식으로 이어질 것이다. 그러한 근의 대칭적인 조합은, 다른 모든 것 중에서 변환된 방정식이 적어도 15차원이 될 것이기 때문에, 가장 유리하다.

다음 식의 인자이므로,

$$x^4 + p_1 x^3 + p_2 x^2 + p_3 x + p_4$$

다음을 얻는다.

$$
\begin{aligned}
x^4 &+ p_1 x^3 + p_2 x^2 + p_3 x + p_4 \\
&= (x-a)(x-b)(x-c)(x-d) \\
&= x^4 - (a+b+c+d)x^3 + (ab+ac+ad+bc+bd+cd)x^2 \\
&\quad - (abc+abd+acd+bcd)x + abcd
\end{aligned}
$$

따라서 다음이 성립한다.

$$
\begin{aligned}
p_1 &= -(a+b+c+d), \\
p_2 &= ab+ac+ad+bc+bd+cd, \\
p_3 &= -(abc+abd+acd+bcd), \\
p_4 &= abcd
\end{aligned}
$$

보기들   **771.** 다음은 사차 방정식 풀이의 보기들이다.

(1) $x^4 - 25x^2 + 60x - 16 = 0$

축소 삼차 방정식은 다음과 같다.

$$u^3 - \frac{25}{2}u^2 + \frac{769}{16}u - \frac{225}{4} = 0$$

이 방정식의 근은 (조항 765 보기 (5))에서처럼 다음과 같이 결정된다.

$$\frac{9}{4}, \quad 4, \quad \frac{25}{4}$$

결과적으로, 다음을 얻는다.

$$x_1 = \sqrt{u_1} + \sqrt{u_2} + \sqrt{u_3},$$
$$= \frac{3}{2} + 2 + \frac{5}{2} = 6,$$
$$x_2 = \frac{3}{2} - 2 - \frac{5}{2} = -3,$$
$$x_3 = 2 - \frac{3}{2} - \frac{5}{2} = -2,$$
$$x_4 = \frac{5}{2} - 2 - \frac{3}{2} = -1$$

(2) $x^4 - 20x^3 + 148x^2 + 464x + 480 = 0$

변형된 방정식(방정식의 두 번째 항을 제거한)은 다음과 같다.

$$x'^4 - 2x'^2 + 16x' - 15 = 0$$

축소 삼차 방정식은 다음과 같다.

$$u^3 - u^2 + 4u - 4 = 0$$

이 방정식의 근은 1, $2\sqrt{-1}$ 그리고 $-2\sqrt{-1}$이다.

x'의 값은 1, -3, $1 + \sqrt{-1}$ 그리고 $1 - 2\sqrt{-1}$이다.

x의 값은 6, 2, $6 + 2\sqrt{-1}$, $6 - 2\sqrt{-1}$이다.

772.   사차보다 높은 차원의 방정식을 푸는 일반적인 방법이 없을 때, 방정식은 방정식 자신과 방정식의 계수가 특정한 관계를 갖는 경우가 많은데, 이것은 이항식이나 다른 방정식으로의 변형을 받아들이는 것이며, 이러한 방정식의 차원은 일반적인 해법의 한계 내에 있다. 다음과 같은 방정식들은 이런 종류 중의 하나이다.

차원의 수가 절반인 다른 방정식으로 짝수 차원 순환 방정식의 침하

$$x^6 + px^5 + qx^4 + rx^3 + qx^2 + px + 1 = 0,$$
$$x^8 + px^7 + qx^6 + rx^5 + sx^4 + rx^3 + qx^2 + px + 1 = 0$$

이들은 시작과 끝으로부터 취한 x의 거듭 제곱의 계수가 동일한 방정식으로, 순환 방정식이라고 한다. 만약 두 번째 방정식에서, (그리고 동일하게 짝수 차원의 모든 순환 방정식에서 이루어질 수 있다) 같은 계수를 가진 항들을 결합하고, x^4으로 나누면, 다음을 얻는다.

$$x^4 + \frac{1}{x^4} + p\left(x^3 + \frac{1}{x^3}\right) + q\left(x^2 + \frac{1}{x^2}\right) + r\left(x + \frac{1}{x}\right) + s = 0$$

$x + \frac{1}{x} = u$라 가정하면, 다음을 알 수 있다.

$$x^2 + \frac{1}{x^2} = u^2 - 2,$$
$$x^3 + \frac{1}{x^3} = u^3 - 3u,$$
$$x^4 + \frac{1}{x^4} = u^4 - 4u^2 + 2$$

그리고 이 값들을 대체함으로써 다음과 같은 사차 방정식을 얻는다.

$$u^4 + pu^3 + (q - 4)u^2 + (r - 3p)u + s - 2q + 2 = 0$$

상반 방정식　　**773.** 따라서 주어진 순환 방정식 차원의 수를 반으로 줄였고, 이러한 변형은 모든 짝수 차원의 순환 방정식에 유효하다. 그리고 $x + \frac{1}{x} = u$이므로, u의 모든 값에 대해서 x의 값은 두 개인데, 이는 분명히 서로에 대해 역수 관계이다. 즉 다시 말하면, a가 x의 값이나 순환 방정식의 근이 된다면, $\frac{1}{a}$ 또한 근이 되어야 하고, 방정식의 모든 다른 근에 대해서도 똑같다.[5] 이러한 이유로 그러한 방정식을 때때로 상반 방정식이라 부른다.

---

5) $x + \frac{1}{x} = a$이면, $x = \frac{a}{2} \pm \sqrt{\left(\frac{a^2}{4} - 1\right)}$이다. 이때 다음이 성립한다.

$$\frac{a}{2} + \sqrt{\left(\frac{a^2}{4} - 1\right)} = \frac{1}{\frac{a}{2} - \sqrt{\left(\frac{a^2}{4} - 1\right)}}$$

774. 방정식이 홀수 차원이면 중간 항이 없다. 그리고 상응하는 동일 계수가 없는 방정식의 계수가 존재하지 않을 수 있는데, 대응하는 계수는 x의 거듭 제곱과 관련되는데, 이 계수 중의 하나는 홀수이고, 다른 하나가 짝수이다. 이러한 상황에서 $+1$ 또는 -1은 반드시 근이어야 하며, 따라서 x에 대한 -1 또는 $+1$의 대체로서 방정식의 인자인 $x \pm 1$이 같은 계수를 가진 항들의 쌍을 만들어 서로 상쇄되어야 하며, 부호가 같거나 다르기 때문에 서로 제거되어야 한다. 방정식을 이 인자로 나눈다면, 그 몫은 짝수 차원의 순환 방정식을 형성할 것이며, 따라서 우리가 위에서 고려한 방정식의 경우처럼 나머지 차수의 절반으로 축소할 수도 있다.

홀수 차원
순환 방정식의
침하

775. 따라서 1은 다음 방정식의 근이 된다.

보기들

$$x^5 - px^4 + qx^3 - qx^2 + px - 1 = 0$$

이 방정식을 $x - 1$로 나누면 다음과 같이 된다.

$$x^4 - (p-1)x^3 + (q-p+1)x^2 - (p-1)x + 1 = 0$$

이 방정식은 사차 순환 방정식으로, 이차 방정식을 이용하여 풀 수 있다.

다시, -1은 다음 방정식의 근이다.

$$x^7 + px^6 - qx^5 + rx^4 + rx^3 - qx^2 + px + 1 = 0$$

이 방정식을 $x + 1$로 나누면 다음과 같이 된다.

$$x^6 + (p-1)x^5 - (q+p-1)x^4$$
$$+ (r+q+p-1)x^3 - (q+p-1)x^2 + (p-1)x + 1 = 0$$

이 방정식은 육차 순환 방정식이고, 따라서 3차 방정식으로 풀 수 있다.

그리고 그 반대도 성립한다.

776. 바로 위에서 고려한 순환 방정식과 꽤 유사한 변형을 받아들이고 공존하는 준 순환 방정식의 매우 주목할 만한 사례는 632쪽, (조항 768)의 각주 4에서 다루었고 설명되었다.

777. 또 다른 방정식은 준 순환 방정식은 아니지만 계수가 서로 특정한 관계를 갖는 공식으로, 삼차 방정식의 일반적인 해법에서 발견되는 공식과 유사한 공식으로 해결할 수 있다. 따라서 아래 식이 주어졌다고 하면

$$x^5 + \frac{s^5}{x^5} = a$$

다음이 성립한다.

$$x^{10} - ax^5 = -s^5,$$

$$\text{그리고 } x = \left\{ \frac{a}{2} \pm \sqrt{\left(\frac{a^2}{4} - s^5 \right)} \right\}^{\frac{1}{5}}$$

따라서 다음을 얻는다.

$$x + \frac{s}{x} = \left\{ \frac{a}{2} \pm \sqrt{\left(\frac{a^2}{4} - s^5 \right)} \right\}^{\frac{1}{5}} + \frac{s}{\left\{ \frac{a}{2} \pm \sqrt{\left(\frac{a^2}{4} - s^5 \right)} \right\}^{\frac{1}{5}}}$$

$$= \left\{ \frac{a}{2} + \sqrt{\left(\frac{a^2}{4} - s^5 \right)} \right\}^{\frac{1}{5}} + \left\{ \frac{a}{2} - \sqrt{\left(\frac{a^2}{4} - s^5 \right)} \right\}^{\frac{1}{5}}$$

그러나 $u = x + \frac{s}{x}$라 하면, 다음이 성립한다.

$$u^5 = \left(x + \frac{s}{x} \right)^5 = x^5 + \frac{s^5}{x^5} + 5s \left(x^3 + \frac{s^3}{x^3} \right) + 10s^2 \left(x + \frac{s}{x} \right)$$

$$= u + 5s(u^3 - 3su) + 10s^2 u$$

642

모든 항을 한쪽으로 이항시켜 다음 방정식을 구한다.

$$u^5 - 5su^3 + 5s^2u - a = 0$$

이 방정식은 오차 방정식으로 그 근은 결정되었다.

다시, 다음 공식은

$$\left\{ \frac{a}{2} + \sqrt{\left(\frac{a^2}{4} - s^6 \right)} \right\}^{\frac{1}{6}} + \left\{ \frac{a}{2} - \sqrt{\left(\frac{a^2}{4} - s^6 \right)} \right\}^{\frac{1}{6}}$$

아래 방정식의 근을 식으로 나타낼 것이다.

$$u^6 - 6su^4 + 9s^2u^2 - 2s^3 - a = 0$$

그리고 비슷한 방법을 적용하면, 일반적으로 다음 공식에 의해 근이 표현되는 방정식의 형태를 n이 홀수와 짝수일 때 모두 결정할 수 있다.

$$\left\{ \frac{a}{2} + \sqrt{\left(\frac{a^2}{4} - s^n \right)} \right\}^{\frac{1}{n}} + \left\{ \frac{a}{2} - \sqrt{\left(\frac{a^2}{4} - s^n \right)} \right\}^{\frac{1}{n}}$$

제 16 장

연립 방정식의 해법에 대하여

778. 앞 장에서 고려되었던 해당 방정식의 해결에서 제안된 객체는 종속 기호와 독립 기호 해당 값의 다른 모든 기호 중 하나를 할당 또는 할당 가능 여부에 따라 표현 했으며, 이 기호의 값은 다음과 같이 종속적으로 결정된다. 그리고 하나의 기호와 다른 모든 것 사이에 필요한 동일한 의존성은 그 의존성의 법칙과 성격이 할당 가능한지 아닌지에 상관없이 모든 방정식에 존재하는 것으로 간주된다. 이러한 이유로 그 기호가 원래 방정식에서 미지의 양이라고 불리는 것은 다른 모든 기호가 할당되거나 할당할 수 있을 때, 그리고 그 결정이 방정식의 해법으로 제안된 대상인 경우들이다. 또는 다른 기호가 할당되지 않았지만 완전히 임의적이고 서로 독립적인 경우, 즉 종속 기호는 임의 및 독립 기호의 특정 값을 지정하여 표현되는 관점에서만 알 수 있고 결정될 수 있다.

779. 다음 방정식에 대하여 살펴보자. 이들이 사용된 방정식의 해에서 종속 문자와 독립 기호의 연관성

$$ax + by - c = 0 \tag{16.1}$$

x에 대하여 해를 구하면 다음 식을 얻는다.

$$x = \frac{c - by}{a}$$

여기서 x는 y와 기호 a, b, c에 종속되는데, 이들 기호는 방정식의 조건이 그들의 가치를 결정짓는 범위 내에서 모두가 똑같이 임의적이고 독립적이다. 그러나 (가장 일반적인 경우처럼) 알파벳의 첫 글자들 a, b, c는 알려지거나 결정되는 양을 나타낸다고 가정하면, x는 종속적이지만 y는 독립 기호이다. 한편, 만약 처음의 방정식 (16.1)을 y에 관해 풀면, 다음을 얻는다.

$$y = \frac{c - ax}{b}$$

이때 y는 종속, 그리고 x는 독립 기호가 될 것이다. 그러므로 종속과 독립의 특성은, 방정식에서 알려지지 않고 확정되지 않은 기호들 중 한 기호를 다른 것과 구별하는 것으로서, 그러한 기호들 중 하나 또는 다른 기호와 관련하여 방정식의 해 또는 추정된 해에 의해 결정된다.[1]

---

1) 함수라는 용어의 의미(양함수, 음함수): 알려지고 확정된 기호들에 의해 수반되었는지와 무관하게, 독립 기호 또는 기호 들에 대한 한 기호의 종속성은 대개 용어 함수로 표현된다. 그리고 함수(이 용어는 절대적으로 사용됨)는 종속 및 독립 기호를 포함하는 방정식에 따라 명시적이거나 암시적이라고 규정되며, 종속 및 독립 변수에 관하여 해결된다. 따라서 다음 방정식에서 x는 y의 양함수이다.

$$x = \frac{c - by}{a}$$

그리고 다음 방정식에서 y는 x의 양함수이다.

$$y = \frac{c - ax}{b}$$

그러나 다음 방정식에서 x는 y의 음함수이며, 혹은 y가 x의 음함수이다.(이들 관계에서는 본문에서 확인했듯이 항상 상호 전환이 가능하다)

$$ax + by - c = 0$$

추정된 함수: 함수라는 용어는, 암시적이든 명시적이든 기호들의 종속이 기호 방정식으로 완전히 나타날 때뿐만 아니라, 그것이 표현될 수 있는 방정식의 조사에 앞서서 사건의

780. 두 개 이상 미정의 혹은 불확실한 기호가 방정식에 있는 경우, 그중 어느 하나에 관한 방정식의 해와 그에 따른 다른 것에 대한 **종속의** 표시는 앞 장에서 학습한 일반적인 방법의 영향을 받으며, 그러한 방법의 한계에 의해 제한되어야 한다. 그리하여 아래 방정식은

$$x + y + \sqrt{(x+y)} = 12$$

다음 동치인 방정식으로 축소될 수도 있다.

$$x = 9 - y$$

이는 x의 y에 대한 실제 종속을 표시하고 있다. 유사한 방식으로 아래 방정식은

$$\frac{x^2}{y^2} + \frac{2x+y}{\sqrt{y}} = 20 - \frac{y^2+x}{y}$$

본질로부터 그러한 종속이 존재하는 것으로 추정될 때에도, 한 기호 또는 양의 다른 기호나 양에 대한 종속을 나타내기 위해 사용된다. 그러므로 만약 확정 법칙에 따른 확정 인자에 의해 근거하고 그의 운동 시간에 근거할 때 물체에 의해 묘사된 공간의 종속을 표현하고자 한다면, 우리는 공간이 시간의 함수였다고 말해야 한다. 그리고 만약 s를 사용하여 공간을 표시하고 t를 사용하여 시간을 나타내는 것에 동의한다면, 방정식 $s = f(t)$를 이용하여 같은 명제를 표현해야 하는데, 여기서 문자 f는 독립 기호 (t) 앞에 전치되는데, 용어 함수를 표현하기 위해 사용된다.

역함수: 이전에(조항 725 참조) $y = \log x$이면 $x = \log^{-1} y$, 만약 $y = \sin x$이면 $x = \sin^{-1} y$, 만일 $y = \tan x$이면, $x = \tan^{-1} y$ 등을 보였다. log, sin, tan 대신에, 함수라기보다는 특정 변환을 의미하는 것들, 수식을 연결시켜 주기 위한 표식자로서 문자 f를 사용하고, 이런 종속 기호와 독립 기호의 상호 작용은 방정식 $y = f(x)$와 $x = f^{-1}(y)$에 의해 표현되었을 것이다. 그러한 함수는 서로 역행한다고 한다. 이 관계의 존재는 표현된 방정식의 필요한 결과로서, 해당 기호와 관련하여 추정된 해결책을 제시한다. 그리고 그것이 표현되는 표기법의 원리는 우리가 방금 언급한 조항에서 볼 수 있다.

종속 변수와 독립 변수: 양과 그 기호는 서로 알려진 것과 알려지지 않은 것으로 구별될 수 있지만, 그 값이 불확실할 때, 가변적이고 불변할 수 있는 경우에 따라 더욱 일반적으로 구별된다. 수학의 가장 중요한 많은 응용에서 고려되는 것은 이 후자의 특성에 관한 것이며, 방정식에 관여할 때 또는 그러한 것으로 추정될 때 이를 표현하는 기호는 종속 변수와 독립 변수의 관계를 가정한다. 즉, 현재로는 단지 이러한 용어들과 그 용법을 알아보는 것만으로도 충분하다.

다음의 동치인 방정식으로 전환된다.

$$x = -\frac{y}{2} \pm \frac{9y}{2} - y^{\frac{3}{2}}$$

그리고 아래 방정식은

$$x^4 - 2x^2y^2 + y^4 - 2a^2x^2 + 2a^2y^2 = b^4{-}a^4$$

다음 방정식으로 전환된다.

$$x = (a^2 \pm b^2 + y^2)^{\frac{1}{2}}$$

781. 그러나 하나의 기호가 불명확한 경우, (방정식 해법을 구하기 위하여) 다른 하나 이상의 기호에 의존되는 이 현상은 반드시 원래 방정식에서와 같이 불분명한 것으로 남는 것이 명백하다. 그러한 감소가 그 방정식이 적용될 수 있는 많은 목적을 위한 것일 수 있지만, 그것은 그 값들이 절대적으로 결정될 수 있는 다른 가설이나 조건의 도움으로만 해결될 수 있다. 그러한 조건은, 발생되는 문제와 관련성이 고려될 때 아무리 다양하더라도, 불확정된 알려지지 않은 양이 그들 중 하나에 관련된 것처럼 종속 변수에서 많은, 동시 존재로 자연 해결될 것이다.

그들의 값의 결정에 기여하지 못함

782. 따라서, 만약 우리가 x와 y에 대한 두 개의 방정식을 가지고 있고, 두 개의 방정식 모두에서 동시 값을 갖는다면, 첫 번째 방정식에서 y 측면에서 결정되는 x의 값이 두 번째 방정식에서 y 관련 x의 값과 같아야 한다는 것은 명백하다. 만약 우리가 이 값들을 동일하게 얻는다면, 우리는 y만을 포함하는 방정식을 얻게 된다. 이 방정식의 해는 y의 절대값 또는 y의 값을 제공하며, 따라서 이런 결과로 반드시 x의 절대값 또는 x의 값으로 나타난다. 아래 예시를 보자.

그러한 방정식이 해결되거나 하나 이상의 미사용 양이 제거되는 과정

$$(1) \quad \left.\begin{array}{l} 7x - 9y = 7 \\ 3x + 10y = 100 \end{array}\right\}$$

보기

x에 관해서 해결된 첫 번째 방정식은 다음과 같다.

$$x = \frac{7 + 9y}{7}$$

x에 관해서 해결된 두 번째 방정식 역시 다음과 같다.

$$x = \frac{100 - 10y}{3}$$

두 방정식에서 x와 y의 값이 동일하다고 가정할 때, 반드시 아래와 같은 값을 얻는다.

$$\frac{7 + 9y}{7} = \frac{100 - 10y}{3},$$
$$21 + 27y = 700 - 70y,$$
$$97y = 679,$$
$$y = 7$$

그러므로 x는 다음과 같다.

$$x = \frac{7 + 9y}{7} = \frac{7 + 63}{7} = \frac{70}{7} = 10$$

$$(2) \quad \left.\begin{array}{l} ax + by = c \\ \alpha x + \beta y = \gamma \end{array}\right\}$$

이 식들의 첫 번째에서 다음을 얻는다.

$$x = \frac{c - by}{a}$$

두 번째 식에서 다음 공식을 얻게 된다.

$$x = \frac{\gamma - \beta y}{\alpha}$$

x값이 동일하므로 다음을 얻을 수 있다.

$$\frac{c - by}{a} = \frac{\gamma - \beta y}{\alpha},$$

$$\alpha c - \alpha by = a\gamma - a\beta y,$$

$$(a\beta - \alpha)by = a\gamma - \alpha c,$$

$$y = \frac{a\gamma - \alpha c}{a\beta - \alpha}$$

그러므로 x는 다음과 같다.

$$x = \frac{c - by}{a} = \frac{c - \frac{a\gamma - \alpha c}{a\beta - \alpha}b}{a}$$
$$= \frac{b\gamma - \beta c}{\alpha b - a\beta}$$

$$(3) \left.\begin{array}{l} \dfrac{x^2}{y^2} - \dfrac{4x}{y} + \dfrac{35}{9} = 0 \\[2mm] x - y = 2 \end{array}\right\}$$

x에 관해서 첫 방정식을 풀면, 다음을 얻을 수 있다.

$$x = \left(2 + (1)^{\frac{1}{2}}\frac{1}{3}\right)y$$

만약 x에 관한 두 번째 방정식을 풀면, 다음을 얻는다.

$$x = 2 + y$$

이 x값들을 동일시하면, 다음과 같다.

$$\left(2 + (1)^{\frac{1}{2}}\frac{1}{3}\right)y = 2 + y$$

그러므로 $y = 3$ 또는 $\frac{3}{2}$이다.

대응되는 x의 값은 5와 $\frac{7}{2}$이다.

(4) $\dfrac{x+2}{5} - \dfrac{y+4}{8} + \dfrac{x+5}{10} - 1 = 0$ ⎱
$x + y + z - 12 = 0$

첫째 방정식을 변환하고, x에 대하여 풀면 다음을 얻는다.

$$x = \frac{5y - 4z + 24}{y}$$

두 번째 방정식으로부터는 다음을 얻는다.

$$x = 12 - y - z$$

이러한 x의 값을 동일시하면 다음을 얻는다.

$$\frac{5y - 4z + 24}{y} = 12 - y - z,$$

$$즉 \quad 13y + 4z - 72 = 0$$

따라서 두 개의 원래 방정식을 알려지지 않은, 이 경우 확정되지 않은 두 개의 양을 가지고 있는 하나의 방정식으로 줄였다. 세 번째 알려지지 않은 양은 그들로부터 제거되었고, 그 목적에 필요한 과정에 의해 처음 방정식의 수를 1로 감소시켰다.

만약 처음 방정식으로부터 x가 아닌 y를 제거하는 것으로 시작했다면, 아래 방정식을 얻었어야 했다.

$$13x + 9z - 84 = 0$$

만약 x나 y 대신 z를 제거했다면 아래 방정식을 얻었을 것이다.

$$4x - 9y + 24 = 0$$

783.   기호 또는 알려지지 않은 양의 소거는, 그들이 관여하는 방정식으로부터 결정적이든 부정확한 것이든, 대수학에서 가장 중요한 연산 중

소거: 마지막 방정식

하나이다. 그리고 그 목적을 위해 필요한 과정은 단일 최종 방정식으로의 축소라기 보다는 그런 방정식의 해를 구하는 과정이다. 이 마지막 방정식이 알려지지 않은 하나의 양만을 포함하는 경우, 그 값은 아래와 같은 방법으로 절대적으로 결정될 수 있다. 만약 그것이 알려지지 않은 두 개의 양을 포함한다면, 그것들은 둘 다 불분명하고, 그중 하나는 독립적이고 완벽하게 임의적이다. 만약 마지막 방정식이 두 개 이상의 알려지지 않고 확정되지 않은 기호나 양을 포함한다면 그들 중 하나를 제외한 모든 것은 독립적이고 임의적이다.

방정식의 개수는 소거된 알려지지 않은 양의 수만큼 줄어든다

784. 앞의 보기에서 알려지지 않은 한 양을 제거하면 알려지지 않은 양의 수가 2개에서 1개로 줄어들었다. 그리고 아주 조금만 고려해 보면 다음 사실을 알 수 있는데, x가 그중 하나인 알려지지 않은 양과 관련된 처음 방정식의 개수가 n이고, 그다음 x의 소거로 인해 발생하는 독립 방정식의 수는 $n-1$이 될 것이다. 각 방정식이 x에 대하여 해결된다면(우리는 그러한 해결책의 실행 가능성을 가정한다), 그리고 우리가 다음을 얻는다면

$$x = A_1, \ x = A_2, \ x = A_3, \ldots, \ x = A_n,$$

즉, $A_1, \ A_2, \ A_3, \ \ldots, \ A_n$ 들이 여러 방정식으로부터 유도된 x의 기호적 값일 때, 우리는 다른 것들의 각각에서 x의 첫 번째 값을 동등화함으로써 아래와 같은 $(n-1)$개의 방정식을 얻을 수 있다.

$$A_1 - A_2 = 0, \ A_1 - A_3 = 0, \ A_1 - A_4 = 0, \ \ldots, \ A_1 - A_n = 0$$

다른 모든 유사한 양의 조합 $A_1, \ A_2, \ A_3, \ \ldots, \ A_n$을 서로 간에, 앞 수식과 동등하게 인정되지만, 그것들로부터 즉시 도출할 수 있는 방정식으로 이어질 것이며, 따라서 그것과 관련된 알려지지 않은 기호의 결정을 위한 새로운 조건과 독립적인 조건을 제시하지 않을 것이다. 그러므로 다음을

얻는다.

$$A_2 - A_3 = (A_1 - A_3) - (A_1 - A_2) \quad = 0,$$

$$A_3 - A_5 = (A_1 - A_5) - (A_1 - A_3) \quad = 0,$$

$$\vdots \qquad\qquad \vdots \qquad\qquad \vdots$$

$$A_{n-1} - A_n = (A_1 - A_n) - (A_1 - A_{n-1}) = 0$$

다시 말하면 그런 조합에 해당하는 방정식은 항상 $(n-1)$개의 방정식에서 서로 다른 어떤 두 방정식 중에 하나를 빼내면서 나타나는데, 우리가 적절하고 선택하기에 편리하다고 생각했던 조합들의 첫 번째 급수로부터 비롯되었다.

임의의 (n)개 방정식에서 알려지지 않은 하나의 양를 소거하고, 독립 방정식의 수를 1만큼 감소시키는 만큼, 알려지지 않은 $(n-1)$개 양의 연속적인 소거는 $(n-1)$개 방정식의 수 (n)을 $(n-1)$만큼 감소시킬 것이며, 따라서 마지막 방정식 한 개를 남길 것이다. 알려지지 않은 양은 그것과 관련된 방정식의 수와 같으며, 마지막 방정식은 알려지지 않은 하나의 양만을 포함할 것이며, 이는 우리가 방정식 자체를 해결할 수 있는 어떤 방법에 의한 결정도 인정할 것이다. 그러나 알려지지 않은 양의 수가 (m)에 의해 방정식의 수를 초과할 경우, 마지막 방정식은 알려지지 않은 $(m+1)$개의 양을 포함한다. 거기에 있는 알려지지 않은 양은 다른 모든 것들과 공통적으로 확정되지 않았으면, 그들 중 (m)개는 독립적이다. 그러나 반대로, 만약 그 방정식의 수가 알려지지 않은 양의 수 (n)을 (m)만큼 초과한다면, 모든 알려지지 않은 양은 그 방정식의 n의 어떤 조합으로부터 결정될 수 있다. 그것을 수로 나타내면 다음과 같다.

$$\frac{(n+m)(n+m-l)\cdots(m+l)}{1\cdot 2\cdots n}$$

따라서 $(n+m)$개의 방정식 중 m개를 택하는 서로 다른 조합에 대해 서로 다르거나 다를 수 있는 알려지지 않은 양에 대한 값은 최소한 불필요한 값이다.

서로 독립인 방정식

785. 방정식을 서로 독립이라고 말할 때, 그러한 방정식이 다른 방정식에 의해 공급되지 않거나 그것들로부터 파생될 수 있는 알려지지 않은 양의 결정을 위한 조건을 포함하는 것과 같은 방정식을 의미한다. 따라서 배자가 할당된 양일 때, 그리고 방정식에서 고려된 알려지지 않은 양과는 독립적인, 제안된 다른 방정식의 배자인 모든 방정식을 제외해야 한다. 그러한 인자에 대해, 해당 인자에 관련된 양 또는 기호의 결정을 위한 새로운 조건을 나타낼 수 있다. 다시, 곱셈자가 알려지지 않은 하나 이상의 양을 포함하는 경우, 그러한 곱셈자가 다른 방정식의 인자인 경우, 다른 방정식의 배자인 방정식을 제외해야 한다. (해당 방정식이 다른 방정식과 다른 것만으로) 아직 다른 방정식에 관여하지 않은 조건을 표현하지 않는다. 마지막으로, 여러 방정식을 만족하는 알려지지 않은 양의 값에 의해 다른 방정식의 합, 차이 또는 곱 또는 할당된 배자의 방정식과 같은 종류의 방정식을 배제해야 하는데 이는 그들과 관련되어 있으며 결과적으로 그들의 결정에 대한 새롭고 독립적인 조건을 표현하지 않는다.

방정식의 체계에서 모든 방정식이 알려지지 않은 모든 양을 포함할 필요는 없다

786. 모든 등식이 결정될 방정식에서 요구되는 알려지지 않은 양을 모두 포함할 필요는 없다. 그러므로 하나의 방정식은 알려지지 않은 하나의 양을 포함할 수 있는데, 그것으로 그 가치가 결정되었을 때, 혹은 알려지지 않은 두 개의 양의 경우, 두 개의 방정식은 알려지지 않은 두 개의 양을 포함할 수 있으며, 그 값은 알려지지 않은 두 개의 양에 의해 결정되거나, 알려지지 않은 세 개의 양 또는 그 이상을 포함할 수 있다. 세 개의 방정식은 알려지지 않은 세 개의 양을 포함할 수 있으며, 그들로 인하여 그 값이 결정되었을 때, 또는 알려지지 않은 네 개의 양 이상을 포함할 수 있다. 그러나

654

일련의 연결된 방정식의 수는 그러한 경우처럼 그것과 관련된 알려지지 않은 양의 수를 초과하지 않아야 하며, 방정식의 일부는 불필요하거나, 서로 다르게 결합될 때 그러한 알려지지 않은 양의 다른 값을 제공해야 한다.

787.   둘 이상의 방정식 시스템에 대해 알려지지 않은 하나 이상의 양을 포함하는 모든 공통 인자는 가장 높은 공통 분수를 찾기 위해 채택된 방법으로 검출할 수 있으며, 그러한 인자가 알려지지 않은 하나의 양을 포함하는 경우, 해당 양과 관련된 알려지지 않은 양의 결정과 관련되지 않은 것으로서 제외되어야 한다. 이 인자를 0으로 만드는 값(따라서 그것을 결정하는 값)은 알려지지 않은 다른 양의 값이 무엇이든 간에 이 인자를 포함하는 방정식을 검증할 것이다. 따라서 그러한 요소를 보유하는 알려지지 않은 두 개의 양을 가진 두 개의 방정식이 있다면, 알려지지 않은 다른 양은 완벽하게 불분명한 상태로 남아 있을 것이고, 다른 경우도 유사하게 남아 있을 것이다. 다시 말하면, 그러한 인자가 알려지지 않은 두 개 이상의 양을 포함하는 경우, 이 인자를 0으로 만들고, 따라서 이 인자로 나눈 방정식이 포함하는 알려지지 않은 양의 값에 대한 어떠한 참조도 없이, 이 인자와 관련된 방정식을 검증하는 무한대의 값이 존재한다. 따라서 그러한 공통 인자를 포함하는 방정식은 그러한 인자들이 존재하는 한 서로 독립적으로 간주될 수 없다.

방정식들에서 공통 인자들의 삭제

788.   방정식 체계로부터 알려지지 않은 또는 확정되지 않은 양을 소거하는 데 구체적인 방법을 고려해야 한다. 우리는 거의 독점적으로, 알려지지 않은 두 개의 양을 가진 두 개의 방정식의 체계와, 가장 신속한 것은 아니지만 다른 모든 방정식의 가장 일반적인 해결 방법에 우리 관심을 국한시킬 것이다.

일반적인 소거 과정

만일 두 방정식 $E_1 = 0$과 $E_2 = 0$이 있고 x와 y를 포함하고 있다면, 그리고 그것들의 동시적 가치를 소유한다고 가정하면 y의 적당한 값에 대해,

반드시 x의 적당한 값이 존재해야 한다. 즉, y의 적당한 값은 다음과 같은 종류의 것이어야 하며, 두 방정식에서 대체될 경우 단지 x만을 포함하는 방정식은 x의 공통 값 또는 값들을 가질 수 있다. 결과적으로, E_1과 E_2가 y의 적당한 값을 대체하여 X_1과 X_2가 되는 경우, X_1과 X_2는 공통 인자를 가져야 하며, 영과 같게 만들면 해당하는 x의 적당한 값 또는 값들을 제공한다. 따라서, 그러한 인자를 찾기 위해, 우리는 x의 거듭 제곱에 따라 배열된 E_1과 E_2에 따라 그들의 가장 높은 차수의 공통 나눗자를 찾는 과정을 연구하여, (분수로 된 몫이나 나머지를 제외하고) y만을 포함하는 나머지 Y를 얻을 때까지 계속한다. y의 값이 만드는 것이 무엇이든 간에, $Y = 0$이 마지막 나눗자를 만들고 E_1과 E_2의 공통 인자인 x를 포함하며, 이 대체 인자가 X_1과 X_2가 된다. 따라서 $Y = 0$을 만드는 y의 모든 값을 찾으며, 이에 해당되는 x의 해당 값도 모두 얻어야 하며, 따라서 방정식 $E_1 = 0$과 $E_2 = 0$이 되는 적당한 모든 근을 형성할 수 있어야 한다.

이전 과정을 수정할 수 있는 상황

789. 앞의 내용은 그러한 경우에 따라야 하는 일반 과정의 진술이며, 획득한 결과 값을 때때로 변환할 수 있는 상황에 관계없이, 또는 우리가 그런 결과를 얻는 데 실패할 수 있다. 우선, 방정식 E_1과 E_2의 최고 차의 공통 나눗자를 찾는 과정은 Y에 인자를 대입할 수 있고, $Y = 0$에서 y값은 방정식 체계와 관련이 없다. 둘째로, x의 값으로 두 개, 세 개 이상의 값이 y의 동일한 값에 해당할 수 있으며, 이런 경우 X_1과 X_2의 공통 인자는 다음 형식이 될 것이다.

$$x^2 + cx + b \quad \text{또는} \quad x^3 + cx^2 + bx + d$$

이와 같은 식으로 나타나면서 첫 번째 예제에서 마지막 나눗자와, 두 번째 예제의 두 나눗자와, 계속되는 과정에서 해당하는 y의 적절한 값에 대해 영으로 귀결될 것이다. 이러한 경우와 그 이론은 그다음에 나오는 예들 중에서 더욱 주목될 것이며, 그런 것들이 처음 발생한다.

790. 다시, 방정식의 체계 자체는 x와 y의 동시 값의 존재와 일치하지 않을 수 있다. 이것은 마지막 나머지 또는 영과 동일하게 될 수 없는 수치적 양이 되는 마지막 나눗자를 의미할 수 있다. 어떤 경우에는 공통 값 y로 주는 x의 값이 존재하지 않음을 나타낼 수 있는 상황이고, 두 번째 경우에는 x의 공통 값을 제공하는 y의 값이 존재하지 않음을 나타낼 수 있다. **양립하지 않는 방정식들**

791. 끝으로 마지막 방정식 $Y = 0$은 항등식이 될 수 있으며, 이 경우 영과 동일하지 않다면 마지막 나눗자 또는 그렇지 않은 마지막 나눗자는 E_1과 E_2의 공통 인자이어야 한다. 이 공통 인자는 두 개의 처음 방정식으로부터 제외되어야 하고, 그런 제외로 인하여 다시 계산된 몫으로 도입된 과정이 영으로 되었을 때, 그 과정은 적절한 고려 대상인 독립 방정식이 되는 것이다. **x와 y를 모두 포함하는 공통 인자를 갖는 방정식들**

792. 다음은 보기들이다. **보기들**

$$(1) \quad \begin{aligned} ax + by - c &= 0 = E_1, \\ \alpha x + \beta y - \gamma &= 0 = E_2 \end{aligned}$$

$$ax + by - c \,) \quad \alpha x + \beta y - \gamma$$
$$\frac{a}{a\alpha x + a\beta y - a\gamma} \qquad (\alpha \qquad \text{(조항 171)}$$
$$\frac{\alpha a x + \alpha b y - \alpha c}{(a\beta - \alpha b)y - (a\gamma - \alpha c) = Y}$$

$Y = 0$이면 $y = \frac{a\gamma - \alpha c}{a\beta - \alpha b}$이고, 따라서 $ax + by - c = ax + b\frac{a\gamma - \alpha c}{a\beta - \alpha b} - c = 0$ 이다. 이로부터 다음을 얻는다.

$$x = \frac{\beta c - b\gamma}{a\beta - \alpha b}$$

만약 $a\beta - \alpha b = 0$ 그리고 만약 $a\gamma - \alpha c$가 영이 아니면, 두 방정식에서 x의 공통 값이 없으며, 서로 양립하지 않는다.

만약 $a\beta - \alpha b = 0$ 그리고 만약 $a\gamma - \alpha c = 0$이면, 두 방정식은 x와 y의 특정 값과 독립적인 공통 잴대를 갖는다. 그러한 상황에서 방정식은 서로 독립적이지 않으며, x와 y의 값은 계속해서 확정되지 않는다.

$$(2) \quad \left.\begin{array}{l} x + y = 5 \\ x^2 + y^2 = 13 \end{array}\right\} \text{ 또는 } \quad \begin{array}{l} x + y - 5 = 0 = E_1 \\ x^2 + y^2 - 13 = 0 = E_2 \end{array}$$

$$x + y - 5 \;)\;\; x^2 + y^2 - 13 \quad (x + y - 5$$
$$\underline{x^2 + (y-5)x}$$
$$-(y-5)x + y^2 - 13$$
$$\underline{-(y-5)x - y^2 + 10y - 25}$$
$$2y^2 - 10y + 12 \;= Y$$

$Y = 0$, 즉 $2y^2 - 10y + 12 = 0$이면 $y = 3$ 또는 2이다. $y = 3$이면 $x + y - 5 = 0$이므로 $x = 2$이고, $y = 2$이면 $x + y - 5 = 0$이므로 $x = 3$이다.

$$(3) \quad \left.\begin{array}{l} x + y = a \\ x^3 + y^3 = b \end{array}\right\} \text{ 또는 } \quad \begin{array}{l} x + y - a = 0 = E_1 \\ x^3 + y^3 - b = 0 = E_2 \end{array}$$

$$x + y - a \;)\;\; x^3 + y^3 - b \qquad \left(x^2 - (y-a)x + (y-a)^2\right.$$
$$\underline{x^3 + (y-a)x^2}$$
$$-(y-a)x$$
$$\underline{-(y-5)x \; - (y-a)^2 x}$$
$$(y-a)^2 x \; + y^3 + b$$
$$\underline{(y-a)^2 x \; + (y-a)^3}$$
$$3ay^2 - 3a^2 y + a^3 - b = Y$$

$Y = 0$이면 다음을 얻는다.

$$y = \frac{a}{2} + \sqrt{\left(\frac{4b - a^3}{12a}\right)}, \quad \text{그러므로} \quad x = \frac{a}{2} - \sqrt{\left(\frac{4b - a^3}{12a}\right)}$$

$$y = \frac{a}{2} - \sqrt{\left(\frac{4b - a^3}{12a}\right)}, \quad \text{그러므로} \quad x = \frac{a}{2} + \sqrt{\left(\frac{4b - a^3}{12a}\right)}$$

방정식 E_2는 삼차원이지만 마지막 방정식 $Y = 0$은 이차원에 불과하다. 그런데 $x^3 + y^3$을 $x + y$로 나누고, b를 a로 나누는 것에 의해 두 번째 방정식을 다음 이차원의 독립 방정식으로 축소할 수 있다는 것은 명백하다.

$$x^2 - xy + y^2 - \frac{b}{a} = 0$$

동일한 언급이 두 방정식 $x + y = a$와 $x^5 + y^5 = b$에서 추론 가능한 마지막 방정식의 차수에 적용할 수 있다. 또한 두 방정식 $x - y = 0$, $x^4 - y^4 = 0$에도 적용할 수 있다. 그리고 다른 경우와 유사하게, 한 방정식의 동치인 부분을 다른 방정식의 대응하는 동치인 부분으로 나누는 것이 실현 가능한 것으로 알려졌다.

$$(4) \quad \left.\begin{array}{l} xy = a \\ x^3 + y^3 = b \end{array}\right\} \quad \text{또는} \quad \begin{array}{l} xy - a = 0 = E_1 \\ x^3 + y^3 - b = 0 = E_2 \end{array}$$

$$
\begin{array}{r}
xy - a \,) \quad x^3 + y^3 - b \\
yx^2 + y^4 - by \quad (x^2 \\
\underline{yx^2 - ax^2 } \\
ax^2 + y^4 - by \\
ayx^2 + y^5 - by^2 \quad (ax \\
\underline{ayx^2 - a^2x } \\
a^2x + y^3 - by^2 \quad (a^2 \\
\underline{a^2yx + y^3 - by^2} \\
y^5 - by^3 + a^3 = Y = 0
\end{array}
$$

ρ와 ρ'이 다음과 같은 산술 값을 나타낸다고 하자.

$$\rho = \left\{ \frac{-a^3}{2} + \sqrt{\left(\frac{a^6}{4} - \frac{b^3}{27} \right)} \right\}^{\frac{1}{2}}, \quad \rho' = \left\{ \frac{-a^3}{2} - \sqrt{\left(\frac{a^6}{4} - \frac{b^3}{27} \right)} \right\}^{\frac{1}{2}}$$

그리고 1, α, α^2이 1의 세 제곱 근이라고 하면, y와 x의 대응 값들은 다음과 같다.

$$y = \rho, \quad \alpha\rho, \quad \alpha^2\rho, \quad \rho', \quad \alpha\rho', \quad \alpha^2\rho',$$
$$x = \rho', \quad \alpha\rho', \quad \alpha^2\rho', \quad \rho, \quad \alpha\rho, \quad \alpha^2\rho$$

$$(5) \quad \left. \begin{array}{l} xy + xy^2 - 12 = 0 = E_1 \\ x + xy^3 - 18 = 0 = E_2 \end{array} \right\}$$

$$(1 + y^3)x - 18 \,) \; (y + y^2)x - 12$$
$$y(1 + y^3)x - 12(1 - y + y^2) \; \big(y$$
$$\underline{y(1 + y^3)x - 18y }$$
$$-12y^2 + 30y - 12 = Y = 0$$

그러므로 다음을 얻는다.

$$y^2 - \frac{5y}{2} + 1 = 0$$

$y = 2$이면, $x = 2$이다.

$y = \dfrac{1}{2}$이면, $x = 16$이다.

이 경우 나눗자와 나뉠자의 첫 번째 항들에 있는 계수들이 공통 인자 $1 + y$를 가지며, 따라서 $y(1 + y^3)$은 가장 낮은 차수의 공통 배자이다. 이 상황에서 다른 점을 고려하지 않은 경우 마지막 방정식은 다음과 같다.

$$(y + 1)\left(y^2 - \frac{5y}{2} + 1 \right) = 0$$

이는 외부 인자 $y+1$을 포함하므로 x의 값에 일치하지 않는 y값을 포함한다.

$$(6) \quad \left.\begin{array}{l} yx^2 - 7x + 2 = 0 \\ (y-1)x^2 - 3x - 2 = 0 \end{array}\right\}$$

$$yx^2 - 7x + 2 \,) \quad (y-1)x^2 - 3x - 2$$
$$y(y-1)x^2 - 3yx - 2y \quad (\; y - 1$$
$$\underline{y(y-1)x^2 - 7(y-1)x + 2(y-1)}$$
$$(4y-7)x - (4y-2)$$

$$(4y-7)x - (4y-2) \,) \quad yx^2 - 7x + 2$$
$$(4y-7)^2yx^2 - 7(4y-7)^2x + 2(4y-7)^2$$
$$\underline{(4y-7)^2yx^2 - (4y-2)(4y-7)yx}$$
$$(4y-7)(4y^2 - 30y + 49)x + 2(4y-7)^2$$
$$\underline{(4y-7)(4y^2 - 30y + 49)x - (4y-7)^2(4y^2 - 30y + 49)}$$
$$16y^3 - 96y^2 + 144y = 0 = Y$$

이 마지막 방정식을 $16y(y-3)^2 = 0$의 형식으로 축소할 수 있다. $y = 3$이면 $x = 2$로 되지만, $Y = 0$인 경우 y의 세 번째 값으로 $y = 0$이면, x에 해당하는 값을 찾을 수 없다. 그런 경우 방정식 E_1과 E_2가 $-7x + 2$ 그리고 $-x^2 - 3x - 2$가 되며, 여기에는 공통 젤대가 없다. 그러나 동일한 상황에서, 방정식 E_1과 E_2는 $-7x + 2$와 0이 되는데, 이들은 $x = \frac{2}{7}$일 때 모두 영이 된다. 이는 $y = 0$이 마지막 방정식의 근이며, 따라서 $y = 0$은 방정식 해법의 과정으로 도입되고, 원래 제안되었던 방정식 $E_1 = 0$ 그리고 $E_2 = 0$과는 모두 이질적인 것으로 나타난다.

만약 이 과정을 일반적으로 고려한다면 $Y = 0$은 반드시 y의 값을 포함하며, 이는 E_1과 E_2뿐만 아니라 E_1과 E_2 중 하나 또는 둘 다 또는 그 계속되는 나머지 중 하나 또는 둘 다에 대한 공통 인자를 의미하며, 분수 도입을 피하기 위해 필요한 인자를 곱한 것이다. 또는 다시 말하자면, 그

마지막 방정식에 있는 이질적인 인자의 이론

러한 인자가 처음 방정식 또는 방정식의 필수적인 부분으로 존재한 것처럼 마지막 방정식도 동일할 것이다 그러한 인자에 속하는 y의 값에 x의 해당 값이 존재한다면, y의 해당 값은 마지막 방정식의 이질적인 근으로 반드시 나타나야 한다. 그러나 그러한 인자에 속하는 y의 값에 해당하는 x의 값이 없다면, 마지막 방정식은 y의 가치를 이러한 근들에서 찾을 수 없고 따라서 그러한 인자들이 전혀 도입되지 않는 것과 같을 것이다. 이러한 이유 때문에, 마지막 나눗셈에 도입된 인자들이, 만약 나눗자가 x에 대한 일차식만을 포함한다면, 마지막 방정식의 차수에는 결코 영향을 미치지 않을 것이다. 이 경우에 도입이 필요할 수 있는 인자에 속하는 x의 값에 대해서는, 나눗자의 첫 번째 항을 영과 같게 하고, x가 존재하는 항을 남기지 않게 된다. 따라서 앞에서 고려한 보기들에서, 만약 $(4y - 7)^2 = 0$을 만들면, 마지막 나눗자는 수치적 양인 -5가 된다.

방정식들의
차수가 이차를
초과하지
않는다면
마지막
방정식에
도입된
이질적인
인자는 없다

마찬가지 같은 이유로, 다음을 얻는다. 만약 처음 방정식의 차수가 이차를 넘지 않는다면, 마지막 방정식에 이질적인 근이나 인자가 나타날 수 없다. 그 이유를 살펴보면, 두 방정식의 첫 항이 모두 x^2을 포함하는 경우 수치적 계수로만 자신을 나타낼 수밖에 없고, 따라서 y와 관련된 어떠한 인자의 도입도 요구하지 않는다. 그리고 두 번째 나눗자가 x에 대한 일차식만을 포함한다는 것은 명백하다.

처음 방정식
또는
나머지들에서
인자들의 억제

첫 번째 또는 이어지는 나머지의 일부분에서는 y만을 포함하는 인자가 억제될 수 있으며, 그리고 그러한 방법에 의해, 그 이외로 필요한 연산이 크게 단축될 수 있다. x의 값 혹은 값들이 이런 인자, 이들 인자 자체 혹은 인자의 거듭 제곱에 부합된다면 마지막 방정식에 나타날 것이며, 억제되지 않는다면, 그것이 처음으로 출현한 나머지에 따라, 마지막 방정식에 즉시 선행하거나 혹은 그렇지 않을 수 있다. 하나를 제외한 마지막 나머지에 나타나는 경우, 그 제곱은 마지막 방정식에 포함될 것이다. 둘을 제외한

마지막 나머지에 나타나면 그 세 제곱을, 그리고 이와같이 계속된다. 그러므로 마지막 완전한 방정식의 결정이 필요하면, 연산을 마칠 때 이 인자의 그러한 거듭 제곱은 반드시 인자로 복원되어야 한다. 하지만 단지 제시된 것이라면, 흔히 그러하듯이, x와 y의 값의 다른 시스템을 결정할 것으로 제시된 것이라면, 단지 이 요소에서 추론된 y의 값이나 값들을 억제에서 비롯되는 마지막 방정식에서 추론하는 것이 필요할 것이다. 만약 문제의 인자가 처음 방정식 중 하나의 인자라면, 이러한 관찰은 동등하게 적용될 것이다.

이러한 언급들 중 때때로 주어진 보기들에서 $(y-1)x - 3x - 2$를 나눗자로, $yx^2 - 7x + 2$를 나뉠자로 하면, 얻어야 할 마지막 방정식은 $(y-1)(y-3)^2 = 0$이 될 것이다. 이때 y가 아닌 $y-1$이 연산으로 도입된 이질적인 인자가 될 것이다.

$$(7) \quad \begin{aligned} x^2 + (2y-7)x + y^2 - 7y - 8 &= 0, \\ x^2 + (2y-5)x + y^2 - 5y - 6 &= 0 \end{aligned}$$

첫 번째 방정식에서 두 번째 방정식을 빼면 다음을 얻는다.

$$-2x - 2y - 2$$

그러므로 다음과 같다.

$$
\begin{array}{r}
x + y + 1 \,\big)\ x^2 + (2y-5)x + y^2 - 5y - 6 \quad (x \\
\underline{x^2 + (\ y+1)x } \\
(y-6)x + y^2 - 5y - 6 \\
\underline{(y-6)x + y^2 - 5y - 6}
\end{array}
$$

이 경우, $x+y+1$과 같은 공통 인자를 갖는 마지막 방정식이 없다. 따라서 x와 y는 불확정적이다. 그러나 이 인자의 억제로 인해 다음 두 방정식을

고려하면,

$$x + y - 6 = 0,$$

$$x + y - 8 = 0$$

이들은 명백히 서로 양립할 수 없다

유사한 방법으로 다음 두 방정식이 서로 양립할 수 없다는 것을 알 수 있다.

$$yx^3 + y^2x^2 + (y^2 + y)yx + y^4 + 7y^2 = 0,$$

$$x^2 - y^2x + 7x = 0$$

(8) $x^2 + ax + b$가 다음 방정식의 인자가 될 수 있도록 만족해야 하는 조건을 찾아보자.

$$x^4 - qx^2 - rx - s = 0$$

$$
x^2 + ax + b \;) \; \overline{x^4 - qx^2 - rx - s} \quad (x^2 - ax + a^2 - b - q
$$

$$
\begin{array}{l}
\underline{x^4 + ax^3 + bx^2} \\
\quad -ax^3 - (b+q)x^2 \; - rx \\
\quad \underline{-ax^3 - a^2x^2 - abx} \\
\qquad (a^2 - b - q)\; x^2 + (ab - r)x - s \\
\qquad \underline{(a^2 - b - q)\; x^2 + \{a^3 - a(b+q)\}x + a^2b - b^2 - qb} \\
\qquad\quad -(a^3 - 2ab - qa + r)x - a^2b + b^2 + qb - s
\end{array}
$$

그러므로 $x^2 + ax + b$가 필요한 인자가 되기 위해서는 다음이 성립해야 한다.

$$a^3 - 2ab - qa + r = 0,$$

$$a^2b - b^2 - qb + s = 0$$

$$2ab - a^3 + qa - r \overline{)\ b^2 - (a^2 - q)b - s\ (}$$

$$2ab^2 - 2a(a^2 - q)b - 2as$$

$$\underline{2ab^2 - (a^3 - qa + r)b}$$

$$-(a^3 - qa - r)b - 2as$$

$$2a(a^3 - qa - r)b + 4a^2 s\ ($$

$$\underline{2a(a^3 - qa - r)b - (a^3 - qa - r)(a^3 - qa + r)}$$

$$a^6 - 2qa^4 + (q^2 + 4s)a^2 - r^2 = 0$$

이 같은 육 차원의 마지막 방정식은, 633쪽의 주석에 나와 있는, 데카르트의 사차 방정식 해법에서의 축소 삼차 방정식이 된다. $a^2 = u$라 하면, 동일한 두 방정식에서 a의 소거는 또한 b에 대한 육 차원의 마지막 방정식으로 이어질 것인데, 이는 동일한 주석에 명시된 준 순환 방정식이다.

793.   알려지지 않은 또는 확정되지 않은 세 개의 양을 포함하는 세 개의 방정식의 해를 구해야 할 때, 두 방정식을 하나로 축소한 앞의 보기와 같이 유사한 과정을 적용하여, 주어진 세 방정식을 알려지지 않은 두 개의 양을 가진 두 개의 방정식으로 축소하는 것으로 시작하고, 그다음으로 마지막 방정식 하나로 축소한다. 즉, 다음 방정식들에서 x, y 그리고 z의 값을 찾아야 한다고 하자.

세 개의 방정식과 알려지지 않은 세 개의 양의 해를 구하는 과정

$$\left.\begin{array}{l} x - y + z - 3 = 0 \\ xy - z^2 + 10 = 0 \\ x^2 + y^2 + z^2 - 29 = 0 \end{array}\right\}$$

$$x - y + z - 3 \overline{)\ yx - z^2 + 10}$$

$$\underline{yx - y^2 + zy - 3y}$$

$$y^2 - (z - 3)y - z^2 + 10 = Y_1 = 0$$

$$x - y + z - 3 \,\big)\; x^2 + y^2 + z^2 - 29$$

$$\underline{x^2 - yx + zx - 3x}$$

$$(y - z + 3)x + y^2 + z^2 - 29$$

$$\underline{(y - z + 3)x - (y - z + 3)^2}$$

$$2y^2 - 2(z - 3)y + 2z^2 - 6z - 20 = 0$$

또는 $y^2 - (z - 3)y + z^2 - 3z - 10 = Y_2 = 0$

이제 $Y_1 = 0$, $Y_2 = 0$으로부터 y를 소거하려면 다음과 같이 한 방정식을 다른 방정식으로부터 **뺄셈**을 시행하여야 한다.

$$y^2 - (z - 3)y + z^2 - 3z - 10 = 0$$

$$\underline{y^2 - (z - 3)y + z^2 - 10 = 0}$$

$$2z^2 - 3z - 20 = Z = 0$$

마지막 방정식 $Z = 0$을 풀면, $z = 4$ 또는 $-\frac{5}{2}$를 얻는다. $Y_1 = 0$ 또는 $Y_2 = 0$에서 z의 첫 번째 값을 대입하면 $y = 3$ 또는 -2를 얻게 된다. z의 두 번째 값을 대입하면

$$y = -\frac{11}{4} \pm \frac{\sqrt{61}}{4}$$

을 얻는다. 처음 방정식 중 하나에서 z와 y의 값에서 대응되는 쌍을 대입하면 다음을 얻는다.

$$x = 2 \ \text{또는} \ -3 \ \text{또는} \ \frac{11}{4} \pm \frac{\sqrt{61}}{4}$$

x와 $-y$의 값은 세 방정식에 대칭적으로 포함되므로 x와 y의 값 네 개는 다른 부호를 가진 동일한 값이다. 따라서 세 방정식에서 z를 소거하면서 시작하면, 다음과 같은 x나 y로 구성된 사차의 마지막 방정식을 얻는다.

$$x^4 - \frac{9x^3}{2} - \frac{31x^2}{4} + \frac{147}{4}x - \frac{45}{2} = 0$$

$$y^4 + \frac{9y^3}{x} - \frac{31y^2}{4} - \frac{147}{4}y - \frac{45}{2} = 0$$

666

794. 바로 위의 보기에서 주어진 과정은 다른 경우, 즉 알려지지 않은 양의 개수 그리고 이들 양을 포함하는 방정식의 개수가 셋을 초과할 때에, 따를 수 있는 과정에 대한 지침이 된다. 그러한 상황에서 일반적인 용어로 표현되어 얻는 결과는 매우 복잡하다. 단, 방정식들이 일차라면, 대칭적인 형태인 알려지지 않은 양에 대한 값을 보여주는 것과 그 구성의 규칙을 밝히는 것은 가능할 것이다. 이러한 목적을 위해, 첫 번째 예로서 다음 세 개의 일차 방정식을 고려해 보자.

세 방정식의
완전한 계에서
알려지지 않은
양에 대한
일반적인 표현

$$a_1 x + b_1 y + c_1 z - k_1 = 0 \quad \cdots\cdots\cdots \text{(1)}$$

$$a_2 x + b_2 y + c_2 z - k_2 = 0 \quad \cdots\cdots\cdots \text{(2)}$$

$$a_3 x + b_3 y + c_3 z - k_3 = 0 \quad \cdots\cdots\cdots \text{(3)}$$

$c_1 z - k_1$을 $-K_1$로, $c_2 z - k_2$를 $-K_2$로, $c_3 z - k_3$을 $-K_3$으로 치환하면, 이들 방정식은 다음과 같이 바뀐다.

$$a_1 x + b_1 y - K_1 = 0 \quad \cdots\cdots\cdots \text{(4)}$$

$$a_2 x + b_2 y - K_2 = 0 \quad \cdots\cdots\cdots \text{(5)}$$

$$a_3 x + b_3 y - K_3 = 0 \quad \cdots\cdots\cdots \text{(6)}$$

처음 두 방정식 (4)와 (5)를 x와 y에 관하여 풀면, 다음과 같이 동일한 분모를 갖는 식을 얻는다(조항 782 보기 (2)).

$$x = \frac{K_1 b_2 - K_2 b_1}{a_1 b_2 - a_2 b_1}, \qquad y = \frac{a_1 K_2 - a_2 K_1}{a_1 b_2 - a_2 b_1}$$

이들 x와 y의 값을 방성식 (6)에 대입하고, K_1, K_2, K_3을 가정된 값으로 치환하고, 분모를 소거하면 다음 결과를 얻는다.

$$(a_1 b_2 c_3 - a_1 b_3 c_2 - a_2 b_1 c_3 + a_2 b_3 c_1 + a_3 b_1 c_2 - a_3 b_2 c_1)z$$

$$- (a_1 b_2 k_3 - a_1 b_3 k_2 - a_2 b_1 k_3 + a_2 b_3 k_1 + a_3 b_1 k_2 - a_3 b_2 k_1) = 0$$

즉, 다음과 같다.

$$z = \frac{a_1 b_2 k_3 - a_1 b_3 k_2 - a_2 b_1 k_3 + a_2 b_3 k_1 + a_3 b_1 k_2 - a_3 b_2 k_1}{a_1 b_2 c_3 - a_1 b_3 c_2 - a_2 b_1 c_3 + a_2 b_3 c_1 + a_3 b_1 c_2 - a_3 b_2 c_1}$$

같은 방법으로 다음을 얻는다.

$$y = \frac{a_1 k_2 c_3 - a_1 k_3 c_2 - a_2 k_1 c_3 + a_2 k_3 c_1 + a_3 k_1 c_2 - a_3 k_2 c_1}{a_1 b_2 c_3 - a_1 b_3 c_2 - a_2 b_1 c_3 + a_2 b_3 c_1 + a_3 b_1 c_2 - a_3 b_2 c_1},$$

$$x = \frac{k_1 b_2 c_3 - k_1 b_3 c_2 - k_2 b_1 c_3 + k_2 b_3 c_1 + k_3 b_1 c_2 - k_3 b_2 c_1}{a_1 b_2 c_3 - a_1 b_3 c_2 - a_2 b_1 c_3 + a_2 b_3 c_1 + a_3 b_1 c_2 - a_3 b_2 c_1}$$

앞에서 주어진 표현의 구성 법칙을 설명

795. 이제 x, y, z에 대한 표현의 구성 법칙과 넷 또는 그 이상 개수의 방정식에서 알려지지 않은 양을 표현하는 데로 확장할 수 있는 원리를 찾아내고 설명하고자 한다.

첫 번째로, 각 분수의 분자는 값을 나타내는 알려지지 않은 양의 계수(동일한 첨자 수를 가진)에 다른 첨자 수를 가진 k를 갖는다는 점에서 분모와 다르다.

두 번째로, 각 분자와 분모의 항 수가 6으로 첨자로 쓰여진 수 1, 2, 3에 대한 순열의 수와 같다(조항 229).

세 번째로, 분자 또는 분모에 있는 임의 항의 대수적 부호는 각각의 첫 번째 항들과 동일할 수도 또는 다를 수도 있는데, 이는 첫 번째 항에 포함된 알려지지 않은 양과 다른 것이 홀수 또는 짝수 개의 양을 포함한 것에 따른다. 그러므로 두 항 $a_1 b_2 c_3$과 $a_1 b_3 c_2$는 서로 다른 두 개의 양으로 b_2, c_3과 b_3, c_2를 포함하고 있으므로 다른 부호를 갖는다. 반면에, 각각 알려지지 않은 서로 다른 세 개의 양을 포함하는 두 항 $a_1 b_2 k_3$과 $a_2 b_3 k_1$은 동일한 부호를 갖는다.

이는 마지막 관찰의 결과로서 분자와 분모의 해당 항, 즉 같은 순서로 첨자 번호가 같은 항은 동일한 대수 부호를 가질 것이다.

796. 이제 그러한 방정식이 네 개 이상일 때, 알려지지 않은 양에 대응하는 표현의 형성을 계속 검토할 것이다.

네 개 또는 n 개의 방정식으로 구성된 시스템에서 알려지지 않은 양에 대한 식의 결정

$x = \frac{N_1}{D}$, $y = \frac{N_2}{D}$, $z = \frac{N_3}{D}$ 을 위에 제시된 세 방정식에서 알려지지 않은 세 개의 양에 대한 표현을 나타내는 것으로 가정한다. 그리고 네 방정식은 다음과 같다고 하자.

$$a_1x + b_1y + c_1z + d_1u - k_1 = 0 \ldots\ldots (1),$$

$$a_2x + b_2y + c_2z + d_2u - k_2 = 0 \ldots\ldots (2),$$

$$a_3x + b_3y + c_3z + d_3u - k_3 = 0 \ldots\ldots (3),$$

$$a_4x + b_4y + c_4z + d_4u - k_4 = 0 \ldots\ldots (4)$$

식 N_1, N_2, N_3에서 k_1, k_2, k_3을 각각 $d_1u - k_1$, $d_2u - k_2$, $d_3u - k_3$으로 치환하고 k_1이 d_1에 의해, k_2가 d_2에 의해, k_3이 d_3에 의해 치환될 때 N_1, N_2, N_3이 나타내는 값을 n_1, n_2, n_3이라 하면 처음 세 방정식 (1), (2), (3)으로부터 다음을 얻는다.

$$x = \frac{n_1u - N_1}{D}, \quad y = \frac{n_2u - N_2}{D}, \quad z = \frac{n_3u - N_3}{D}$$

그리고 마지막 방정식 (4)에서 이러한 값을 대체하고 분수를 억제하면 다음과 같다.

$$(a_4n_1 + b_4n_2 + c_4n_3 + d_4D)u - a_4N_1 - b_4N_2 - c_4N_3 - k_4D = 0$$

그러므로 다음을 얻는다.

$$u = \frac{a_4N_1 + b_4N_2 + c_4N_3 + k_4D}{a_4n_1 + b_4n_2 + c_4n_3 + d_4D}$$

그리고 세 개의 방정식 (1), (2), (3)의 알려지지 않은 네 개의 양 중 세 개의

양에 대한, 즉

c가 d로 그리고 d가 c로 대체될 때, x, y, u,

b가 c로 그리고 c가 b로 대체될 때, x, z, u,

a가 b로 그리고 b가 a로 대체될 때, y, z, u

에 대한 수치적 값을 차례로 나타내도록 적절한 첨자 번호를 가진 N', N'', N'''
을 취하면, 그리고 n과 D의 해당하는 값이 다음과 같이 표시된다면

$$n', \ n'', \ n''', \ \ D', \ D'', \ D''',$$

그러면 아래 식을 얻는다.

$$z = \frac{a_4 N_1' + b_4 N_2' + c_4 N_3' + k_4 D'}{a_4 n' + b_4 n_2' + c_4 n_3' + d_4 D'},$$

$$y = \frac{a_4 N_1'' + b_4 N_2'' + c_4 N_3'' + k_4 D''}{a_4 n_1'' + b_4 n_2'' + c_4 n_3'' + d_4 D''},$$

$$x = \frac{a_4 N_1''' + b_4 N_2''' + c_4 N_3''' + k_4 D'''}{a_4 n_1''' + b_4 n_2''' + c_4 n_3''' + d_4 D'''}$$

이러한 식의 분자와 분모에 있는 항의 수는 각각 네 개 또는 알려지지
않은 양의 수와 같다. 그리고 알려지지 않은 다섯 개의 양과 다섯 개의
방정식에 대해 유사한 식이 형성되었다면 분자와 분모에 다섯 개의 항을
포함하게 될 것이다. 또한 이와 유사하게 그러한 표현이 고려된 방정식의
숫자에 대해서도 다음과 같이 조사되었다. $(n-1)$개의 방정식에서 도출되
었지만 n번째 또는 추가 방정식에서 n번째 방정식과 알려지지 않은 n개의
양에 적용된 알려지지 않은 $(n-1)$개의 양에 대한 표현 $\frac{P_2}{Q}$, $\frac{P_2}{Q}$, ..., $\frac{P_{n-1}}{Q}$
의 대체를 위해 n번째 또는 추가 방정식에서 분자와 분모가 n개의 항으로
구성된 알려지지 않은 새로운 양에 대한 식이 생성될 것이다. 즉, x_n이 마
지막으로 유입된 알려지지 않은 양을 나타내며 (적절한 첨자 번호를 가진)

670

l과 m이 x_{n-1}과 x_n의 계수라면, 다음 식을 얻는다.

$$x_n = \frac{a_n P_1 + l_n P_2 + c_n P_3 + \cdots + l_n P_{n-1} + k_n Q}{a_n Q + l_n Q + c_n Q + \cdots + l_n Q + m_n Q}$$

그리고 x_{n-1}, x_{n-2}, $\ldots$, x_1은 도입부의 역순으로 표시되는 다른 모든 알려지지 않은 양에 상응되는 대칭 식이 얻어질 수 있다는 것은 명백하다.

797. 따라서 x_n에 대한 표현 식의 분자와 분모에 포함된 각 곱의 인자 수는 n으로 나타난다. 모든 추가적인 알려지지 않은 양 또는 추가 방정식에 대해 추가 인자가 도입된다.

다시 말하지만, 완전히 표현될 때, x_n에 대한 표현 식의 분자와 분모에 있는 항의 개수는 $1 \times 2 \times 3 \times \cdots \times n$이거나 첨자 번호 1, 2, 3, $\ldots$, n의 순열 수와 같다(조항 229). x_n에 대한 표현 식의 분자와 분모에 있는 항의 개수는 $(n-1)$개의 방정식 체계에서 x_{n-1}에 대한 표현 식의 분자와 분모에 있는 항의 개수의 n배에 해당하며, $(n-2)$개의 방정식 체계에서 x_{n-2}에 대한 표현 식의 분자와 분모에 있는 항의 개수의 $n(n-1)$배이고, 이런 현상은 우리가 두 방정식의 체계에서 알려지지 않은 양에 대한 식으로 내려갈 때까지 반복된다.

다시 말하지만, 두 개 혹은 세 개 방정식 체계에서 알려지지 않은 양에 대한 표현 식에서와 동일하게 나타나는 분자와 분모에 있는 양의 항 음의 항의 개수는 n개의 방정식에 해당하는 표현 식에서도 동일하게 계속된다. 이들 표현 식에서 새로운 분자는 알려지지 않은 처음 $(n-1)$개의 양에 대한 문자로 이루어진 일련의 분자들 그리고 이들의 공통 부모들을 a_n, b_n, c_n, $\ldots$, k_n에 각각 곱하고, 그리고 그들의 결과를 $+$기호와 연결함으로써 형성된다. 따라서 알려지지 않은 $(n-1)$개의 양과 $(n-1)$개의 방정식에 대한 표현 식의 분자와 분모에 있는 양의 항과 음의 항의 수가 같다면, 알려지지 않은 n개의 양과 n개의 방정식에 대한 표현 식에서도 동일하게

n개의 방정식 체계에서 알려지지 않은 n개의 양에 대한 표현의 일반적인 구성 법칙을 선언

계속되어야 한다. 그리고 두 개의 방정식과 알려지지 않은 두 개의 양이 있을 때 이들 숫자가 같은 한, 그들의 숫자가 무엇이든지 계속해서 같아야 한다. 한편, 분모에 있는 양의 항과 음의 항의 개수에 대해서 매우 사소한 수정을 통해 동일한 관찰이 적용된다.

마지막으로, 세 개의 방정식에서 알려지지 않은 양에 대한 표현 식의 경우에서도 음의 항과 양의 항을 결정짓는 동일한 규칙은 그러한 방정식의 어떤 개수에 대해서도 우세할 것이다. 알려지지 않은 $(n-1)$개의 양이 있을 때 알려지지 않은 양에 대한 표현 식의 분자와 분모에 있는 각 항의 부호를 결정하는 어떤 조건들은 거기에 알려지지 않은 n개의 양이 있을 때에도 마찬가지로 그들의 부호를 결정하게 된다. 그 분자와 분모에 포함된 항들의 급수는 다음과 같은 새로운 인자에 곱해진다.

$$a_n, \ b_n, \ c_n, \ \ldots k_n$$

따라서 각 급수에서 도출된 곱들의 부호를 결정하기 위한 조건은 이전과 동일하게 유지된다.

제 17 장

문제들의 해에 대하여

798. 대수학을 이용한 문제 해결은, 이에 수반하는 양 및 대상인 **문제 해결의**
조건, 그리고 그러한 조건에 적합하게, 동일하든 그렇지 않든 간에 방정식 **조사 대상**
이나 방정식들의 형태에 대한 대수학적 표현을 요구할 것이다. 이를 위해,
다음 사항의 고려가 요구될 것이다. **첫째**, 데이터, 즉 주어진 대상들, **둘째**,
쿼시타, 즉 찾아야 하거나 결정하도록 요구되는 것들, **셋째**, 문제가 해결
되는 매개체이자 이들 사이에 연결이 성립되는 조건과 결과적인 조작으로
문제를 해결해야 하는 것 등이다.

799. 데이터는 숫자이건 아니건 특정 값이 할당되거나, 양이 할당되 **데이터**
는 추상적이거나 구체적인 숫자일 수 있으며, 가치가 할당되어야 하거나 결
정되어야 히지만, 그 기치기 할당되지 않는다. 이러힌 경우에는 특징 숫자
자체로 표현되며, 다른 경우에는 알파벳 또는 알파벳들의 앞 순서 문자로
표현되며, 이 문자는 일반적으로 이 목적에 적합하다. 그러나 두 경우 모
두 그러한 숫자 또는 기호가 나타내는 크기의 특성을 일반적으로 표현할 수
없다. 따라서 7펜스, 7실링, 7피트, 7야드, 7개의 모자, 7마리의 말 등 모두

같은 추상적인 숫자 7로 동일하게 표시되며, 비슷한 방식으로 펜스, 실링, 피트, 야드, 모자의 개수, 말의 마리 수 등의 결정적인 숫자(할당되지 않음)는 a 또는 b 또는 c와 같은 동일한 일반 기호로 동등하게 표시된다. 그 연결은 숫자나 기호 사이에 있으며, 해딩 크기의 특정 품질은, 그들이 스스로 제시하는 해결책의 문제와 함께 얻어진 결과를 연결하기 위해서, 대부분의 경우, 단지 보존될 뿐이다.

쿼시타   **800.**   쿼시타는 숫자로 표현할 수 있든 없든 첫 번째 예에서 알파벳 또는 알파벳들의 마지막 글자인 기호로 표시되어야 하며, 데이터에 대응해야 한다는 것은 명백하다. 데이터가 특정 수로 표현되는 경우, 쿼시타는 다음과 같이 특정 수 또는 수치적 양으로 표현되어야 한다.

데이터가 일반 기호로 표현되면, 이 경우에 쿼시타는 일반 기호로만 표현될 수 있다. 데이터를 문제 해결의 일차적 조건으로 가정하기 때문에, 쿼시타는 데이터에 의존해야 하며, 쿼시타를 통해 표현 가능해야 한다. 따라서 데이터가 수로 그리고 데이터를 의미하는 일반적 기호로 표현되거나, 데이터가 일반적 기호에 의하여 표현되는 경우, 쿼시타는 수 또는 수치적 양으로 표현 가능하다.

조건들   **801.**   문제의 조건들은 데이터와 쿼시타의 관계와 필요한 상호 의존성을 확립하며, 산술적 또는 대수적 연산으로 표현되는 것을 인정할 수 있는 종류의 것이어야 하며, 그러한 연산이 무엇이든 다음과 같은 종류일 수 있다. 문제를 대수적 언어로 변형시키는 것을 구성하는 운영의 선택과 적응이며, 그 해의 주요한 어려움은 일반적으로 구성되어 있다. 즉, 이러한 변형에서 비롯되는 방정식의 후속적인 해는 문제 자체와 완전히 독립적인 과정이며, 이 해에서 비롯되는 쿼시타 또는 알려지지 않은 양에 대한 값이 제안된 문제를 참조하여 해석되어야 할 경우에만 고려가 재개된다.

802. 문제의 쿼시타가 알려지지 않은 양인 한, 결정이 필요할 것이고 따라서 문제의 변형은 쿼시타를 가진 많은 방정식을 야기할 것이다. 단, 매우 빈번하게 나타나야 하는 경우처럼, 그러한 방정식 중 하나가 알려지지 않은 하나의 양만을 포함하며, 그 방정식에서 즉각적인 결정을 내리는 경우, 즉시 이 값이나 값들로 대체될 수 있으며, 문제의 한 데이터로 간주될 수 있다. 또는 하나 이상의 그러한 방정식이 알려지지 않은 두 개의 양을 포함하는 경우, 하나는 다른 방정식으로 즉시 표현할 수 있는 경우, 그러한 표현은 편리할 경우 다른 방정식이나 방정식들로 대체될 수 있으며, 따라서 우리는 문제의 마지막 방정식을 향해 한 단계를 진전시킬 것이다. 그러나 문제의 변형이 초래하는 방정식 해의 단순화를 위한 유용한 일반 규칙을 제공하는 것은 어렵다. 그리고 그러한 규칙의 채택은 일반적으로 학생 자신의 경험과 재치에만 맡겨야 한다.

방정식의 개수는 쿼시타의 개수와 거의 동일하다

803. 문제의 조건을 대응하는 대수적 조건으로 번역하는 원리는 작용 또는 연산의 대수적 기호의 해석을 규제하는 것으로 이미 간주된 원리와는 정반대이다. 따라서 동일한 종류의 두 양 a와 b 사이에 위치한 기호 $+$가 산술적인 합를 의미하고, 부호 $-$는 산술적인 차를 의미한다면, 반대로 많은 또는 $\sim$ 보다 적은, $\sim$만큼 큰 또는 $\sim$ 보다 적은, $\sim$만큼 증가된 또는 $\sim$만큼 감소된, $\sim$에 더해진 또는 $\sim$으로부터 빼어진과 같은 용어들로 표현되고 지시된 용어 합과 차는 그들의 대표인 기호들 사이에 있는 부호 $+$와 $-$로 기호화될 것이다, 다시 돌아와서 ab 또는 $\frac{a}{b}$가 두 양 a와 b의 곱 또는 몫을 의미한다면, 그러한 연산을 a와 b의 특정 값 또는 산술적 곱과 몫에 대해 해석한다는 의미에서, 그들의 특정한 성질을 고려할 필요가 없을 때, 그러한 조합은 반드시 곱 및 몫 또는 어떤 동등한 조건을 대체해야 한다. 유사한 관찰이 다른 문제의 언어적 조건이 포함할 수 있는 거듭 제곱, 거듭 제곱 근 등과 같은 다른 연산의 기호화까지 확장될 수 있다.

조건들을 대수적 언어로 번역

675

<table>
<tr><td>대수적 표현이
가능한 양의
작용</td></tr>
</table>

804. 대부분의 경우, 문제에 나타나는 용어들은 그들에게 포함된 양의 작용를 배제하고, 문제의 변형은 이에 대하여 아무런 언급 없이 일어날 수 있다. 그러나 단지 그들 앞에 붙는 부호 +와 − 또는 좀 더 일반적인 부호 $\cos\theta + \sqrt{-1}\sin\theta$ 또는 그와 동등한 부호로 기호화될 수 있는 그러한 작용에서 서로 다른 양들을 고려할 때, 그리고 문제의 조건이 대체되지 않을 때, 그러한 부호는 문제의 변형 과정에서 스스로 연산의 부호와 함께 나타날 것이다. 따라서 유형 자산 또는 부채, 이익 또는 손실, 과거 또는 미래, 서로 다른 방향의 평행선은 앞에서 다룬 문제의 변형에 필요한 연산 부호들의 결합으로서 부호 +와 −를 가진 기호에 의해 표현될 것이다. 그리고 만약 용어 방향이 가장 일반적인 의미로 직선이나 평면에 적용되어 사용된다면, 그것은 부호 $\cos\theta + \sqrt{-1}\sin\theta$로 기호화될 수 있는데, 여기서 θ는 문제에 있는 직선 또는 평면이 만든 각이다. 앞으로 소개할 문제들에서 변형에 필요하거나 필요 없는 경우에 그런 부호들의 최초 도입에 대한 보기들이 주어질 것이다.

**얻어진 결과에
대한 절대적
및 상대적
해석**

805. 문제가 변형된 방정식의 해로부터 얻은 결과는, 그들이 나타내는 양의 특별한 본질에 관하여 그리고 그들이 나타내는 문제들과는 관계없이 절대적으로 해석할 수 있으며, 또는 둘 모두에 관하여 상대적으로 해석할 수 있다. 결과에 대한 절대적 해석이 항상 상대적 해석을 포함하지만 반대로는 성립하지 않기 때문에, 이러한 구별은 대단히 중요하다. 그 문제에서 사용된 용어들은 전부는 아니더라도 대부분 하나를 제외한 모든 결과를 배제한다. 이때 그 하나의 결과가 나타내는 조건에 보통의 언어에서 사용될 때의 의미로 답하지는 않는다. 반면에 절대적 해석을 허용하는 또는 허용하지 않는 결과의 개수는 마지막 방정식의 차수를 나타내는 개수와 동일할 것이다. 그러한 상황에서, 문제에 대한 적절한 해는 단 하나뿐이고, 다른 모든 해는 대수적 해일 뿐이다.

676

806. 이제 우리는 문제를 대수 언어로 번역하는 데 채택된 원리를 **보기들**
설명하고, 제안된 문제를 참조하여 얻은 결과를 해석할 목적으로, 몇 가지
문제의 해결을 진행하기로 한다.

(1) 두 수의 합은 30이고, 그 차는 6이다. 이들 수는 얼마인가?

데이터는 30과 6이다.

쿼시타는 x와 y로 표현된 알려지지 않은 두 개의 양이다. 첫 번째 조건은
다음과 같다.

$$x + y = 30 \ldots\ldots (1)$$

그리고 두 번째 조건은 다음과 같다.

$$x - y = 6 \ldots\ldots (2)$$

여기서 부호 $+$, $-$ 그리고 $=$는 보통의 산술적 의미로 사용되었다.

이들 방정식 (1)과 (2)를 풀면(더하기와 빼기에 의해) 다음을 얻는다.

$$x = 18 \quad \text{그리고} \quad y = 12$$

이 해들은 그 문제의 조건에 답하는 것이고, 그 문제의 언어를 만족시킨다.

만약 제안된 문제가 "두 수의 합이 6이고 그 차가 30인 두 수를 찾아라"
이면, 문제의 변형을 통해 해결의 가능성과는 무관하게 다음 방정식을 얻
는다.

$$x + y = 6,$$
$$x - y = 30$$

이로부터 x와 y의 대수적 값으로 다음을 얻는다.

$$x = 18 \quad \text{그리고} \quad y = -12$$

-12와 같은 추상적인 수는 없으며, 따라서 그것이 제안된 의미에서는 문제에 대한 적절한 해는 없다. 그러나 만약 우리가 수를 +와 -로 표현된 서로에 대한 관계 해석을 인정하면서 구체적인 양의 상징으로 고려해야 한다면, 문제는 얻어진 해에 적용할 수 있다. "만약 A와 B의 공동 재산이 6파운드이며 A가 B보다 30파운드 더 부유했다"라고 한다면 A의 재산은 18파운드, B의 부채는 12파운드일 것이다. 이러한 경우에 +18과 -12의 절대적 해석은 제안된 문제에 상대적 또는 적합할 것이다.

(2) A의 재산은 B의 m배이다. 그러나 각각 a와 b로 표시된 금액을 더한 후에는 A의 재산이 B의 n배가 된다. 이때 각각의 처음 재산은 얼마이었는가?

주어진 데이터는 a, b, m, n이다.

쿼시타는 x와 y로 표시된 A와 B의 각각의 원래의 재산이다.

대수적 언어로 번역된 조건들은 다음 방정식을 제공한다

$$x = my,$$
$$x + a = n(y + b)$$

두 번째 방정식에서 my로 x를 대체하면 다음과 같은 하나의 방정식, 즉 마지막 방정식을 얻는다.

$$my + a = n(y + b)$$

따라서 y는 다음과 같다.

$$y = \frac{nb - a}{m - n}$$

그리고 또한 x는 다음과 같다.

$$x = \frac{m(nb - a)}{m - n}$$

문제의 조건에서는 이러한 x와 y의 값이 양수여야 할 것이다. 그렇지 않다면, A와 B의 원래 재산은 채무라는 용어로 제안되거나 해석된 대로 문제에서 대체되어야 한다.

만약 $m = n$ 그리고 nb가 a와 같지 않으면 x와 y는 무한 값이 되므로 문제의 조건을 만족시킬 만큼 큰 값은 없다.

만일 $m = n$ 그리고 $nb = a$인 경우 $x = \frac{0}{0}$ 그리고 $y = \frac{0}{0}$이다. 그리고 x와 y의 값은 확실하지 않다. 즉, 문제의 조건은 x와 y의 아무 값으로도 충족되며, 이 값은 다음 방정식을 만족한다.

$$x = my$$

만약 이익 a와 b가 모두 손실로 되면, 두 번째 방정식은 다음과 같이 된다.

$$x - a = n(y - b)$$

이러한 상황에서 $-a$와 $-b$는 x와 y와 관련된 그러한 손실의 크기을 표현할 것이다. 그런데 만약 양의 형식으로 된 a와 b가 음의 양을 나타낸다고 가정하면, 두 번째 방정식은 원래 형식을 유지할 것이다.

(3) 택배 기사 두 사람은 서로로부터 d마일 떨어진 장소 A와 B 두 곳에서 출발한다. 그리고 두 사람은 하루에 각각 a마일, b마일을 이동한다. (t)일이 지났을 때 그들 사이의 거리는 얼마인가? 그리고 그들은 언제 만날까? **두 택배 기사의 문제**

데이터는 d, a, b이다.

쿼시타는 t일이 지났을 때 두 사람 사이의 거리 (x)이고, $x = 0$일 때 t의 값이다.

첫 번째 택배 기사가 t일 동안 이동한 거리는 $= at$.

두 번째 택배 기사가 t일 동안 이동한 거리는 $= bt$.

만약 그들이 같은 방향으로 이동한다면, t일 동안 두 번째 택배 기사가 이동한 거리보다 첫 번째 택배 기사가 이동한 거리의 초과분은 다음과 같다.

$$at - bt = (a - b)t$$

그리고 이것은 t일이 지났을 때 두 택배 기사 사이의 거리의 감소한 양을 나타낸다. 결과적으로 다음이 성립한다.

$$x = d - (a - b)t$$

그리고 $x = 0$이면 다음을 얻는다.

$$t = \frac{d}{a - b}$$

$a = b$일 경우, 두 사람 사이의 처음 거리가 변하지 않고 유지되며, 이때 t는 무한대이다. 다시 말해서, t의 값이 아무리 크더라도 문제의 조건을 만족시키는 값은 없다. b에 대한 a의 또는 한 택배 기사의 이동 속도에 대한 다른 기사의 이동 속도의 초과분에 해당하는 t의 값을 계속적으로 감소시키는 극한을 표현하는 것으로 간주할 수 있다. 이와 같은 의미에서 보면, 이 경우 그리고 유사한 경우에는 그러한 값의 발생은 불가능의 기호들 중 하나로 간주될 수 있다. 그러나 만약 $a = b$인 것과 동시에 $d = 0$이라면, 결과인 $t = \frac{0}{0}$의 해석은 택배 기사들이 같은 장소에서 동일한 시각에 출발하고, 동일한 속도로 동일한 방향으로 이동하고, t의 모든 값이 문제의 조건을 동등하게 만족한다는 것을 나타낼 것이다.

　a가 b보다 작으면 t는 음수가 된다. 문제를 제안된 의미에서의 문맥으로 보면, 그러한 상황에서는 t가 음수가 되는 것은 불가능하다. 그러나 장소 A와 B가 두 사람의 이동 경로에서 시간 영에 해당하는 위치를 나타낸다면, t의 음수 값은 두 택배 기사가 함께한 영 이전 날짜의 수를 나타낸다(조항 94). 만약 a가 양수이고 b가 음수라면, 택배 기사들은 각각 A와 B로부터 서로 만나기 위해 반대 방향으로 움직일 것이다. 그러나 만약 a가 음수이고

b가 양수이면, 그들은 시간 영에서 서로 반대 방향으로 움직일 것이고, 이때 t는 영 이전에 그들이 동일한 장소에 있는 날짜의 수를 나타낼 것이다.

다음에서 d, a, b에 따라서 t의 수치적 값은 이 문제를 보다 완전하게 설명한다.

$$d = 100, \ a = 15 \ \text{ 그리고 } \ b = 10 \text{인 경우,}$$

$$t = \frac{100}{15 - 10} = 20 \text{이다 :}$$

즉, 두 택배 기사는 20일 후에 만난다.

$$d = 100, \ a = 15 \ \text{ 그리고 } \ b = -10 \text{인 경우,}$$

$$t = \frac{100}{15 + 10} = 4 \text{이다 :}$$

즉, 두 택배 기사는 서로를 향해 이동하고, 4일이 지난 뒤에 만난다.

$$d = 100, \ a = 10 \ \text{ 그리고 } \ b = 15 \text{인 경우,}$$

$$t = \frac{100}{10 - 15} = -20 \text{이다 :}$$

즉, 두 택배 기사는 문제에서 언급된 시간 영 이전 20일에 함께 있었다.

$$d = 100, \ a = -10 \ \text{ 그리고 } \ b = 15 \text{인 경우,}$$

$$t = \frac{100}{-10 - 15} = -4 \text{이다 :}$$

즉, 두 택배 기사는 문제에서의 영 이전 4일에 함께 있었다.

$$d = 100, \ a = -10 \ \text{ 그리고 } \ b = -15 \text{인 경우,}$$

$$t = \frac{100}{-10 + 15} = 20 \text{이다 :}$$

즉, 두 택배 기사는 문제에서의 영 이후 20일이 지난 뒤에 만난다. 이때 두 택배 기사는 동일한 방향으로 움직이는데 이 방향은 a가 10 그리고 $b = 15$일 때 움직인 방향과 반대이고, d를 측정한 방향과 반대이다.

681

흔히들 택배 기사들의 문제로 언급되어 왔던 이 문제는 다음과 같이 좀 더 일반적으로 선언될 수 있다.

"두 택배 기사가 서로로부터 d마일의 거리에 있는 두 장소를 출발하여, 주어진 방향으로 각각 a마일, a'마일을 이동한다. 이때 서로 간의 거리와 t 일이 지난 뒤에 그들의 위치, 그리고 그들이 만날 수 있는 조건을 찾아라."

θ와 θ'이 그들의 처음 거리에 대한 움직인 방향을 나타내면, $\cos\theta + \sqrt{-1}\sin\theta$ 그리고 $\cos\theta' + \sqrt{-1}\sin\theta'$은 그들의 방향을 나타내는 대수적 부호가 된다. 그리고 $at(\cos\theta + \sqrt{-1}\sin\theta)$와 $a't(\cos\theta' + \sqrt{-1}\sin\theta')$은 그들이 이동하는 실제 거리를 대수적으로 나타낼 것이다(조항 504). 그러므로 t일 지난 뒤에 그들 사이의 거리는 양과 방향에서 다음과 같이 표현된다.

$$d + (a'\cos\theta - a\cos\theta)t + (a'\sin\theta' - a\sin\theta)t\sqrt{-1},$$

$$또는 \quad \rho(\cos\phi + \sqrt{-1}\sin\phi)$$

여기서 ρ와 $\cos\phi$는 다음과 같다.

$$\rho = \sqrt{\{d^2 + 2(a'\cos\theta' - a\cos\theta)dt + a^2 + a'^2 - 2aa'\cos(\theta' - \theta)t^2\}}$$

$$\cos\phi = \frac{d + (a'\cos\theta' - a\cos\theta)t}{\rho}$$

그들이 만날 조건은 다음과 같은 방정식으로 표현된다.

$$\left.\begin{array}{l} d + (a'\cos\theta' - a\cos\theta)t = 0 \\ a'\sin\theta' - a\sin\theta = 0 \end{array}\right\}$$

따라서 만약 여행자들이 등속으로 이동한다고 하면, 그들은 다음과 같은 시간 t에, 즉 t의 값이 양수인지 음수인지에 따라서 만나거나 만났을 것이다.

$$t = \frac{d}{a\cos\theta - a'\cos\theta'}$$

다른 어떤 상황에서도 그들은 서로 만날 수도 없고 만난 적이 없다.

682

(4) 작업자는 다음 조건에 따라 n 일 동안 작업하게 되는데, 일하는 날은 a 펜스를 받고, 쉬는 날은 b 펜스를 내놓아야 한다. 시간이 종료되었을 때 그는 c 펜스를 받는다. 그는 며칠 동안 일을 했고, 며칠 동안 쉬었는가?

데이터는 n, a, b, c 이다.

쿼시타는 그가 일한 일수(x)와 그가 쉰 날의 일수(y)이다.

문제의 조건은 다음 두 방정식을 준다.

$$\left. \begin{aligned} x+y &= n \\ ax - by &= c \end{aligned} \right\}$$

위 식을 풀면 다음과 같이 x, y 를 얻는다.

$$x = \frac{bn+c}{a+b},$$
$$y = \frac{an-c}{a+b}$$

$n = 0$ 이면 $x = \frac{c}{a+b}$ 이고 $y = -\frac{c}{a+b}$ 인데, 이들 값은 제안된 문제에 대해 상대적이거나 적합하지 않다. 왜냐하면 그러한 가정은 다른 조건의 존재와 그 조건으로부터 따라야 할 결과와 양립할 수 없기 때문이다.

만약 $an = c$, $y = 0$ 그리고 $x = n$ 이면, 작업자는 주어진 모든 날에 일한 것이다.

만약 $bn = -c$, $x = 0$ 그리고 $y = n$ 이면 작업자는 주어진 모든 날에 쉰 것이다. 이러한 상황에서 작업자는 총액 c 를 지불하고, 수령한 동일한 금액과의 관계는 +에서 −로 부호의 변경에 의해 기호화된다. 그러한 조건의 변경이 없다면, 문제는 해결 불가능이다.

만약 an 의 값이 c 보다 작으면, y 는 음이고, 문제는 해결 불가능이다. 이러한 상황에서, 만약 그가 주어진 모든 날에 일했다면, 그는 받을 자격이 있는 것보다 더 많은 돈을 받은 것이다.

(5) 길이가 a 인 선분을 두 부분으로 나누면 이들 두 조각이 만드는 직사 **기하적인 문제**

각형의 넓이는 b^2과 같다.

데이터는 a와 b^2이다.

퀴시타는 두 조각 선분의 길이로 x와 y이고 이들의 합은 주어진 선분의 길이와 같다.

문제의 조건은 다음 방정식을 준다.

$$\left.\begin{array}{l} x + y = a \\ xy = b^2 \end{array}\right\}$$

x에 대한 마지막 방정식은 다음과 같다.

$$x(a - x) = b^2$$
$$\text{따라서} \quad ax - x^2 = b^2,$$
$$x^2 - ax = -b^2$$

이로부터 다음을 얻는다.

$$x^2 - ax + \frac{a^2}{4} = \frac{a^2}{4} - b^2$$
$$x - \frac{a}{2} = \pm\sqrt{\left(\frac{a^2}{4} - b^2\right)}$$
$$x = \frac{a}{2} \pm \sqrt{\left(\frac{a^2}{4} - b^2\right)}$$
$$y = \frac{a}{2} \mp \sqrt{\left(\frac{a^2}{4} - b^2\right)}$$

x와 y는 두 방정식에 대칭적으로 관련되어 있으므로, x와 y는 서로 교환할 수 있다. 즉, x와 y는 이들의 합이 주어진 선분의 길이와 같은 두 부분 중 하나를 나타낼 수 있으며, 따라서 문제의 일반적인 해는 x와 y의 이러한 값을 모두 동일하게 제공해야 한다.

$\frac{a^2}{4}$이 b^2보다 크다는 가정하에서, 문제는 그것이 제안된 의미에서의 해

를 허용한다. 그러나 만약 $\frac{a^2}{4}$이 b^2보다 작으면, 그 문제는 산술적 또는 기하학적 의미가 아닌 대수학적으로 해석되지 않는 한, 해결 불가능하게 된다.

이 마지막 경우에, 다음 식을 얻는다.

부호 $\sqrt{-1}$이 포함된 결과의 해석

$$x = \frac{a}{2} \pm \sqrt{-1}\sqrt{\left(b^2 - \frac{a^2}{4}\right)}, \qquad y = \frac{a}{2} \mp \sqrt{-1}\sqrt{\left(b^2 - \frac{a^2}{4}\right)}$$

혹은 다음 식도 가능하다.

$$x = b(\cos\phi \pm \sqrt{-1}\sin\phi), \qquad y = b(\cos\phi \mp \sqrt{-1}\sin\phi)$$

여기서 $\phi = \cos^{-1}\frac{a}{2b}$이다(조항 725). 결과적으로 AC의 길이가 산술적으로 b와 같고, AB의 길이는 산술적으로 a와 같고, AC는 AB에 기울어져 각도 ϕ를 형성하는 경우, 그리고 CB와 길이가 동일하고 대수적으로 평행한 선분 AE(조항 559)가 동일한 선분 AB와 $-\phi$ 각을 만들면, 이등변 삼각형 ACB의 두 변인 AC와 AE의 대수적

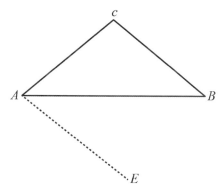

합(조항 511)은 삼각형의 세 번째 변인 AB와 동일하다. 따라서 문제의 조건들이 그 조건의 항들에 적용된 일반적인 의미에서 충족된다.

만약 자연수 10을 곱이 21이 되는 두 수로 나누는 것이 문제로 제안되었다면, 자연수 7과 3은 질문의 조건에 맞는 것을 알 수 있다. 그러나 만약 자연수 10을 곱이 26과 같아지는 두 수로 나누자고 제안되었다면, 그 결과 값은 $5 + \sqrt{-1}$과 $5 - \sqrt{-1}$인데, 이들은 문제로부터 얻은 대수 방정식을 충족하는데, $\sqrt{-1}$과 이를 5와 연결하는 부호 +는 문제 조건에 부합하는 해석을 허용하지 않으므로 문제 스스로 해결 불가능하다는 것을 보여준다. 단, 숫자 10의 단위가 인치, 피트 또는 다른 동등한 길이의 잴대이면, 10

데이터가 자연수인 유사한 문제

은 선분의 길이가 되고, 그 결과 $5 + \sqrt{-1}$과 $5 - \sqrt{-1}$은 앞에서 살펴본 바와 같이 문제의 조건에 대한 어떤 확장된 의미에 부합하는 해석을 인정할 것이다.

유사한 방법으로, a와 b가 땅의 넓이를 나타내고 $a + b\sqrt{-1}$이 절대적인 크기가 $\sqrt{(a^2 + b^2)}$이고 그중 일부분은 오직 나에게만 속하거나 내가 사용할 수 있는 것으로 구성된 땅의 넓이를 나타낸다고 하면, 만약 제안된 문제에서 그 합(이 확대된 의미에서의)은 $2a$와 동일하고, 그들의 곱이 수치적으로 $a^2 + b^2$과 동일하게 구성된 두 개의 땅의 넓이를 찾도록 요구한다면, 결과로 $a + b\sqrt{-1}$과 $a - b\sqrt{-1}$에 도달할 것이고 해석할 수 있을 것이다.

그러나 그러한 해석은 필요하지 않으며(조항 442), 문제를 나타내는 용어를 단순하고 분명함을 넘어서는 의미의 통상적인 용어로 확장함에 따라 적용 가능하게 된다. 그러한 문제는 실제로 엄격하게 해석된다면, 적절하게 말해서 해결 불가능이다. 이러한 불가능성은 독립적인 부호 $-$에 의해, 혹은 부호 $\sqrt{-1}$ 또는 $(\cos\theta + \sqrt{-1}\sin\theta)$ 그리고 이와 동등한 것들에 의해, 혹은 문제의 조건과 얻은 결과 사이의 조화의 부족에 의해 표현된다.

따라서 만약 "어떤 자연수의 제곱의 두 배가 그 수의 세 배보다 5만큼 크다고 한다. 그 자연수를 찾아라"는 문제가 주어지면, 알려지지 않은 수를 x라 가정하여 다음 방정식을 얻는다.

$$2x^2 - 3x - 5 = 0$$

그리고 해는 다음과 같다.

$$x = \frac{5}{2} \quad \text{또는} \quad -1$$

그러나 이 값들 중 어느 것도 주어진 문제에 적합하지 않다. 왜냐하면 그 중 하나는 분수이고 다른 하나는 음수이기 때문이다. 그러므로 그 문제는 주어진 그대로의 의미로는 해결 불가능이다. 그러나 만약 그 문제에서 자

686

연수라는 조건을 양의 분수도 자연수와 동등하게 취급하여 양의 유리수로 확장하면, 첫 번째 해인 $\frac{5}{2}$는 문제에 적합하다. 그러므로 확장된 의미에서는 문제는 해결 가능하다. 그러나 두 번째 해 -1에 대해서는 적절한 해석을 할 수 없다. 즉, 수정된 조건에서도 -1은 문제에 적합하지 않다

다시, 다음 문제의 변환은 적합한 그리고 부적합한 결과를 초래하는데, 이 결과들은 둘 다 같은 동일한 부호의 영향을 받는다.

"두 자리 숫자로 구성된 수가 있는데, 이 수를 두 숫자의 합으로 나누면 그 몫이 십의 자리 숫자보다 2만큼 크다. 그러나 숫자의 위치를 바꾸고, 그렇게 얻은 수를 두 숫자의 합보다 1만큼 큰 수로 나눈다면, 그 몫은 앞에서 얻은 몫보다 2만큼 크다. 그 수는 얼마인가?"

x가 십의 자리 숫자이고 y가 일의 자리 숫자이면, $10x+y$는 그 수를 표현하는데, 두 숫자의 위치가 바뀌면 $10y+x$가 된다. 첫 번째 조건으로부터 다음 방정식을 얻는다.

$$\frac{10x+y}{x+y} = x+2$$
$$\text{즉 } \ x^2 + (y-8)x + y = 0$$

그리고 두 번째 조건으로부터 얻는 방정식은 다음과 같다.

$$\frac{10y+x}{x+y+1} = x+4$$
$$\text{즉 } \ x^2 + (y+4)x - 6y + 4 = 0$$

이들 방정식에서 x를 소거하면 다음과 같은 마지막 방정식을 얻는다.

$$133y^2 - 632y + 400 = 0$$

근은 4와 $\frac{100}{133}$이다. 그리고 해당되는 x의 값은 2와 $\frac{12}{133}$이다.

첫 번째 쌍인 값 2와 4는 문제에 적합하고 찾는 수는 24이다. 두 번째

쌍인 값 $\frac{12}{133}$와 $\frac{100}{133}$은 문제의 조건에 부적합하다. 왜냐하면 숫자라는 용어는 쿼시타의 값을 오로지 자연수로만 제한하기 때문이다.

바로 위에서 다룬 보기들은 문제 해결 가능성, 즉 변환된 방정식의 근의 적합성은 부호 $-$ 또는 $\sqrt{-1}$의 부재나 존재와 필연적인 관련을 갖는 것은 아니라는 것을, 그러나 문제에 있는 용어들을 어떤 의미로 받아들일 수 있든 또는 받아들이게 되든, 그 용어들과 얻은 결과들의 절대적인 해석의 조화에 의해 결정된다는 것을 보여준다.

(6) 주어진 선분과 주어진 조각 선분이 구성한 직사각형이 주어진 크기를 만들 때, 이 선분을 만드는 점을 찾아라.

$AB(a)$를 주어진 선분이라 하고, P가 AB와 동일한 방향에 있는 점이라 하자. 그러면 문제의 조건은 $AP(a+x)$와 $BP(x)$로 만드는 직사각형의 넓이가 주어진 크기 (b^2)이 되어야 한다는 것을 나타낸다.

그러므로 다음을 얻는다.

$$(a+x)x = b^2,$$
$$x^2 + ax + \frac{a^2}{4} = \frac{a^2}{4} + b^2,$$
$$x = -\frac{a}{2} \pm \sqrt{\left(\frac{a^2}{4} + b^2\right)}$$

이 결과에서 x의 두 값은 서로 다른 부호를 가진다. 양의 값 $-\frac{a}{2} + \sqrt{\left(\frac{a^2}{4} + b^2\right)}$ 은 동일한 방향으로 그려진 BP의 길이를 나타내고, 따라서 AB의 길이 a와 동일한 부호를 갖는다. 그리고 음의 값은 반대 방향으로 그려진 Bp의 길이를 나타내고, 따라서 AB의 길이 a와 다른 부호를 갖는다. AP와 BP가 만드는 그리고 Ap와 Bp가 만드는 두 직사각형은 동등하게 주어진 문제의 조건을 만족한다. 그러나 이 값들 중 오직 하나만 주어진 문제에 적합한데,

그 이유는 단지 애초에 생각한 동일한 방향으로 선분이 만들어져야 하기 때문이다.

방금 고려한 문제에서 조건과 해가 일치하는 것을 다음을 통해 알게 될 것이다.

"원을 자르는 선분 PAB가 원을 자를 때 얻어지는 현 AB의 길이가 주어진 길이가 되는 원 밖의 점 P를 찍어라."

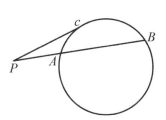

만약 PC가 원에 접하면, 기하학에서 잘 알려진 명제로부터 PC의 길이의 제곱(b^2)이 PA와 PB가 만드는 직사각형의 넓이와 같다는 것을 알 수 있다. 만일 PA의 길이를 x라 하면, 그리고 PB의 길이는 $x+a$라 하면, 다음 방정식을 얻는다.

$$x(x+a) = b^2$$

따라서 다음을 얻는다.

$$x = \frac{-a}{2} \pm \sqrt{\left(\frac{a^2}{4} + b^2\right)}$$

x값 중 a와 동일한 부호를 갖고, 따라서 주어진 문제에 적합한 것은 첫 번째 값이다. x의 두 번째 값, 즉 음의 값은 AB와 반대 방향으로 그려진 BP의 길이를 나타내고, 따라서 부호는 AB 길이의 부호와 다르다. 그러나 만약 이 가정에 조화되도록 문제를 변환하면 다음 등식을 얻는다.

$$x^2 - ax = b^2$$

이때 양의 근인 $\frac{a}{2} + \sqrt{\left(\frac{a^2}{4} + b^2\right)}$은 문제의 조건에 적합한 x의 값이다.

(7) 말을 1파운드에 팔면, 말을 키우는 데 치른 비용에 대한 손실의 비율이 백분의 그 비용이다. 그 말의 원가를 찾아라.

데이터는 말이 팔린 가격인 a이다.

쿼시타(x)는 말의 원가이다.

문제의 조건은 원가 (x)에 대하여 판매할 때의 손실이 ($x-a$)라는 것을, 그리고 이 비율이 100파운드에 대한 원가 (x)의 비율과 동일하다는 것을 나타낸다. 따라서 다음을 얻는다.

$$\frac{x-a}{x} = \frac{x}{100},$$

$$100x - 100a = x^2,$$

$$x^2 - 100x + 2500 = 2500 - 100a,$$

$$x = 50 \pm \sqrt{(2500 - 100a)}$$

이 문제가 모호한 경우 이제 이 문제와 a의 다른 값들에 대한 해 사이의 연관성을 살펴보자.

만약 $a = 24$이면,

$$x = 50 \pm 10 = 60 \text{ 또는 } 40 \text{이다.}$$

이 경우, 주어진 문제에 대한 x의 두 값 모두 적합하며, 따라서 조건에 동등하게 대응하는 말의 원가가 두 개가 되어 모호하게 된다.

손실		원가		원가		파운드	
$60 - 24$	:	60	$=$	60	:	100	$\Big\}_{1)}$
$40 - 24$	:	40	$=$	40	:	100	

문제가 모호하지 않는 경우 만약 a가 25라면 다음 식을 얻는다.

---

1) 이 경우 그리고 이와 유사한 다른 경우에, 순전히 산술적 대수학의 체계에서 따라야 하는 과정은 다음과 같다.

$$\frac{x-a}{x} = \frac{x}{100},$$
$$100x - 100a = x^2,$$
$$100x - x^2 = 100a$$

그리고 x의 계수의 절반의 제곱인 2500에서 이 방정식의 양변을 빼면, 다음을 얻는다.

$$x^2 - 100x + 2500 = 2500 - 100a$$

690

$$x = 50 \pm 0 = 50$$

이런 경우에, 주어진 문제는 더 이상 모호하지 않고, 말의 원가 x에 대하여 조건을 만족하는 단 하나의 값만이 존재한다.

만약 $a = 26$이라면, 다음을 얻는다.   문제가
불가능한 경우

$$x = 50 \pm \sqrt{-100} = 50 \pm 10\sqrt{-1}$$

이 경우 x의 값은 주어진 문제에 적합하지 않으므로 해결 불가능이고 따라서 필요한 조건을 충족시킬 수 있는 말의 원가를 찾을 수 없다.

주어진 문제가 다음과 같이 다르게 언급되었다고 하자.   다르게 언급된
문제

"말을 1파운드에 팔면, 말을 키우는 데 치른 비용에 대한 이익의 비율이 백분의 그 비용만큼이다. 말의 원가는 얼마인가?"

이때 전 문제에서의 손실이라는 용어가 이익으로 바뀌었고, 다음 방정식을 얻을 것이다.

$$\frac{a-x}{x} = \frac{x}{100}$$

따라서 해는 다음과 같다.

제곱 근을 추출하면 다음과 같다.

$$x - 50 = \sqrt{(2500 - 100a)},$$
$$x = 50 + \sqrt{(2500 - 100a)}$$
$$= 60, \quad (a = 24\text{인 경우에})$$

$x^2 - 100x + 2500$의 제곱 근은 x는 60보다 큰지 작은지에 따라서 $x - 50$ 또는 $50 - x$이다. 왜냐하면 그 값과 부호를 바꾸지 않고 $x^2 - 100x + 2500$ 또는 $2500 - 100 + x^2$과 같은 두 가지로 배열될 수 있기 때문이다. 만약 두 번째 배열을 사용하면 다음을 얻는다.

$$50 - x = 10,$$
$$\text{그러므로} \quad x = 40$$

따라서 부호 $+$와 $-$의 독립적인 사용을 가정하지 않고 이들 부호를 그 본래의 의미인 덧셈과 뺄셈에 제한하여도 x에 대한 두 가지 값을 얻을 수 있음을 알 수 있다.

$$x = -50 \pm \sqrt{(2500 + 100a)}$$

만일 $a = 13$이면 다음을 얻는다.

$$x = 10 \quad \text{또는} \quad -110$$

이 값들 중 오직 첫 번째 값이 한 가지 해만 인정하는 문제에 적합하다. 그리고 두 번째 값이 주어진 문제에 적합하도록 하는 올바른 해석이 없다. 그런데 다음과 같은 종류의 새로운 문제가 주어졌다고 하자.

"말을 팔아서 원가보다 13파운드를 손해보았다. 그렇게 함으로써 백 분의 말의 원가에 상당하는 손실을 보았다. 말의 원가는 얼마인가?"

문제를 변환하면 다음 방정식을 얻는다.

$$\frac{13 + x}{x} = \frac{x}{100}$$

적합한 근과 적합하지 않은 근의 교환 따라서 $x = 110$ 또는 -10이다. 여기서 이 방정식에서 x의 적합한 값은 앞의 방정식에서 x의 적합하지 않은 값인 것을 알 수 있다. 그러나 방정식들 자체는 서로 다르며, 한 방정식에서 다른 방정식으로의 전환은 문제에 있는 용어 변경의 영향을 받지 않기 때문에 데이터와 쿼시타가 이들 방정식의 부호를 바꿀지도 모른다. 앞 방정식의 음의 근을 근으로 갖는 방정식을 초래하는 것, 그러므로 이러한 상황에서 적합한 근과 적합하지 않은 근의 교환을 만들어 내는 것은 조건의 변경이다.

바꿀 수 있는 문제 그런데 어떤 경우에는 문제에 있는 용어가 근들의 부호에 대한 이러한 변화를 만들어 내는 데 필요한 조건의 변경을 자연스럽게 제시할 것이다. 이러한 종류의 예는 다음과 같은 문제에서 발생한다.

"어떤 사람이 72파운드에 양 몇 마리를 샀는데, 같은 돈으로 6마리 만큼 더 많은 수의 양을 샀더라면, 한 마리당 1파운드씩 더 적게 지불 했을 것이다. 그가 산 양은 몇 마리인가?"

692

만약 사는을 파는으로, 더 많은을 더 적은으로, 지불을 수령으로, 더 적게를 더 많이로, 부호 +와 −로 기호화된 모든 것들의 관계를 바꾼다면, 다음과 같은 문제를 얻는다.

"어떤 사람이 72파운드에 양 몇 마리를 팔았는데, 같은 돈으로 6마리만큼 더 적은 수의 양을 팔았더라면, 한 마리당 1파운드씩 더 적게 수령했을 것이다. 그가 판 양은 몇 마리인가?"

첫 번째 문제의 변환 결과인 방정식은 다음과 같다.

$$x^2 + 6x - 432 = 0 \ \ldots\ldots\ (1)$$

그리고 두 번째 문제의 변환 결과인 방정식은 다음과 같다.

$$x^2 - 6x - 432 = 0 \ \ldots\ldots\ (2)$$

첫 번째 방정식 (1)의 근은 18과 −24인데, 그중 첫 번째 근은 적합하고, 두 번째 근은 적합하지 않다. 두 번째 방정식 (2)의 근은 24와 −18인데, 그중 첫 번째 근은 적합하고, 두 번째 근은 적합하지 않다. 첫째 방정식에서 용어 더 많은에 붙어 있는, 변환의 결과인 방정식에서 두 번째 항의 계수가 되는, 한 문제에서 다른 문제로 넘어갈 때 필수적인 조건의 변경을 제시하는 것은 자연수 6이다. 왜 그런지 살펴보면, 이 항에 대한 부호의 변경은 방정식의 근에 대한 부호의 변경을 결정하고, 이는 용어 더 많은을 더 적은으로 변경하게 되고, 이로부터 각 부호들이 변경된다. 그런 다음 만들어진 그리고 전부는 아니더라도 종속적인 어떤 측도에서의 변경에 대한 문제의 다른 조건을 수용하는 것이 필요하다.

(8) 두 개의 정사각형 면이 있는데, 그중 한 정사각형의 변의 길이가 **기하적 문제** 다른 정사각형의 변의 길이를 2피트 초과하고, 이들의 넓이의 합이 1제곱피트이다. 정사각형들의 변의 길이와 위치를 찾아라.

x와 $x + 2$가 정사각형들의 변의 길이를 나타낸다면, 문제의 조건들은 다음 방정식을 제공한다.

$$x^2 + (x + 2)^2 = 1,$$
$$x^2 + 2x = -\frac{3}{2},$$
$$x = -1 \pm \sqrt{\left(\frac{-1}{2}\right)}$$

따라서 다음을 얻는다.

$$x + 2 = 1 \pm \sqrt{\left(\frac{-1}{2}\right)}$$

x와 $x + 2$에 대해 얻은 식들은 다음과 같은 동치인 식으로 바꿀 수 있다.

$$\sqrt{\frac{3}{2}} \left\{ \cos(\pi - \phi) \pm \sqrt{-1} \sin(\pi - \phi) \right\},$$
$$\sqrt{\frac{3}{2}} \left(\cos\phi \pm \sqrt{-1} \sin\phi \right)$$

여기서 $\phi = \cos^{-1} \sqrt{\frac{3}{2}} \approx 35° \; 16'$이다. 그리고 길이가 $\sqrt{\frac{3}{2}}$과 같고, 원래의 직선(조항 504), 즉 축과의 각이 $35° \; 16'$과 $144° \; 44'$이고 대수적 차가 아래와 같은 두 선분을 나타내는 것으로 번역될 수 있다.

$$\sqrt{\frac{3}{2}} \left\{ \cos\phi - \cos(\pi - \phi) \right\} = 2\sqrt{\frac{3}{2}} \; \cos\phi = 2$$

이들 변으로 구성된 정사각형은 다음과 같이 표현된다.

$$\frac{1}{2} \pm 2\sqrt{\frac{-1}{2}} \qquad \frac{1}{2} \mp 2\sqrt{\frac{-1}{2}}$$

이들 표현은 다음과 동치이다.

$$\frac{3}{2}(\cos 2\phi \pm \sqrt{-1} \sin 2\phi) \qquad \frac{3}{2}(\cos 2\phi \mp \sqrt{-1} \sin 2\phi)$$

여기서 $\phi = \cos^{-1} \sqrt{\frac{2}{3}}$이고 $2\phi = \cos^{-1} \frac{1}{3} = 70° \; 32'$이다. 그리고 이들은

길이가 $\sqrt{\frac{2}{3}}$와 같고, 원래의 평면(조항 611)에 $70°\,32'$과 $-70°\,32'$의 각도로 기울어진 변들로 만들어진 두 정사각형을 나타내는 것으로 해석될 수 있다. 이 평면에 대한 두 정사각형의 사영의 합(조항 612)은 다음과 같다.

$$2\left(\frac{3}{2}\right)\cos 2\phi = 2\left(\frac{3}{2}\right)\left(\frac{1}{3}\right) = 1$$

이것은 주어진 문제의 조건을 만족시키는 결과이다.

(9) 합이 s, 첫 번째 항이 a, 그리고 공차가 b인 등차 수열이 주어졌을 때, 항의 개수를 찾아라.

등차 수열은 연속된 항이 동일한 차이를 갖는 것으로, 합(s) 첫 번째 항(a), 공차(b), 그리고 항의 개수(n)를 연결하는 방정식을 다음과 같이 조사할 수 있다.

수열의 r번째 항은 $a+(r-1)b$이다. 왜 그런지 살펴보자. 첫 번째 항은 a, 두 번째 항은 $a+b$, 세 번째 항은 $a+2b$, $\ldots$이며, 어떠한 항에서도 b의 배자는 첫 번째 항 이후의 항의 개수와 같으므로 r번째 항에서 b의 배자는 $(r-1)$이다. 그러므로 수열의 마지막 항, 즉 n번째 항은 $a+(n-1)b$이다 (조항 226).

첫 번째 항과 마지막 항으로부터 각각 동일한 거리에 있는 r번째 항과 $(n-r+l)$번째 항의 합은 다음과 같이 계산된다.

$$a+(r{-}1)b+a+(n-r)b = 2a+(n-1)b$$

따라서 이 값은 수열의 첫 번째 항과 마지막 항의 합과 같다.

두 번째의 동일한 수열을 첫 번째 수열과 묶어서, 그리고 r이 1부터 n까지의 모든 값을 계속하여 진행할 때, 한 수열의 r번째 항을 다른 수열의 $(n-r+1)$번째 항에 더하면, 서로 같아서 $2a+(n-1)b$와 동일한 n개의 항으로 이루어진 조건들의 수열을 얻는데, 이 수열의 합은 당연히

등차 수열에서 첫 번째 항, 공차, 항의 개수, 그리고 합 사이의 관계

$2a + (n - l)bn$과 같아진다. 결과적으로 다음을 얻는다.

$$2s = \{2a + (n - 1)b\}n,$$

$$\text{즉} \quad s = \{2a + (n. - 1)b\}\frac{n}{2} \ \cdots\cdots \ (1)$$

문제의 해와 n
의 다른 값이
갖는 의미에
대한 논의

제안된 문제에서, s, a, b가 주어지고, n을 결정하기를 원한다. 결과적으로 방정식 (1)을 n에 관해서 풀면, 다음 식을 얻는다.

$$n = -\left(\frac{a}{b} - \frac{1}{2}\right) \pm \sqrt{\left\{\left(\frac{a}{b} - \frac{1}{2}\right)^2 + \frac{2s}{b}\right\}}$$

n의 값이 모두 양의 정수이면, 동등하게 문제에 적합하므로, 요구된 조건을 만족하는 2개의 수열이 있다. 예를 들어, $s = 100$, $a = 28$, $b = -4$인 경우, $n = 5$ 또는 10이 되며, 이들은 다음과 같은 두 수열에 해당하는 적합한 값이다.

$$28, \ 24, \ 20, \ 16, \ 12,$$

$$\text{그리고} \ \ 28, \ 24, \ 20, \ 16, \ 12, \ 8, \ 4, \ 0, \ -4, \ -8$$

n의 값이 둘 다 정수로서 한 값이 양이고 다른 값이 음이면, 그중 첫 번째 값은 적합하고 다른 값은 적합하지 않은데, 역순으로 계산된 동일한 수열에 대한 항의 개수의 합에 적용되면 부호가 바뀐 적합하지 않은 값과 일치한다.

예를 들어, $s = 100$, $d = 12$, 그리고 $b = 4$이면 다음을 얻는다.

$$n = 5 \ \ \text{또는} \ -10$$

다음 수열의 항의 개수가 표현하는 것은 두 번째 값이다.

$$28, \ 24, \ 20, \ 16, \ 12, \ 8, \ 4, \ 0, \ -4, \ -8$$

위 수열에서 역순으로 간주하면 마지막 항은 다음과 같은 다른 수열의 첫 번째 항이 된다.

$$12, \ 16, \ 20, \ 24, \ 28$$

만일 n의 값 중 하나만 양의 정수이고, 다른 하나는 양수이든 음수이든 분수라면, 제안된 문제에 적합한 값은 유일하다.

예를 들어, $s = 33$, $a = 18$, $b = -5$이면, $n = 6$ 또는 $\dfrac{11}{5}$이다.

첫 번째 값만 문제에 적합하다. 두 번째 값에는 문제에 적용하였을 때 아무런 의미 또는 해석을 주지 않는다.

만일 n의 값이 양수이든 음수이든 둘 다 정수가 아니면, 이들은 모두 제안된 문제에 적합하지 않고, 따라서 이 문제는 해결 불가능이다. 다시 말하자면 요구된 조건을 만족시킬 수 있는 수열이 없다.

예를 들어, 만일 $s = 35$, $a = 20$, $b = -8$인 경우에는 다음을 얻는다.

$$n = \frac{7}{2} \ \text{또는} \ \frac{5}{2}$$

그러므로 문제가 가정하는 것처럼, 어떤 개수의 항들의 합이 35가 되는 수열은 없다.

옮긴이 후기

조지 피콕이 대수학에 남긴 업적은 기하학의 기반을 다진 유클리드의 업적에 비견되곤 한다. 이 글에서는 이러한 피콕의 생애와 업적을 간단히 정리하여 필자가 번역한 그의 주저를 이해하는 데 필요한 최소한의 실마리를 제공하고자 한다. 아울러 이 번역서는 2022년도 광운대학교 특별연구학기 지원에 힘입어 발간되었음을 밝힌다.

1. 조지 피콕과 대수학

조지 피콕은 대수학 교육의 개혁에 열정적으로 참여한 것으로 유명하며, 1830년에 그는 공식적이고 체계적으로 작성된 대수학 저작물을 출판했다. 그의 작업은 주로 대수학의 원리를 발굴하고 조사하는 데 관심이 있었다. 이 저서의 목적은 대수학을 진정한 과학적 기반에 놓고 발전하도록 만드는 것이었다. 유럽 대륙의 수학자들이 대수학을 발전시킬 수 있었던 바탕은 여기에 뿌리를 두고 있다.

1833년 피콕은 영국과학진흥협회가 결성된 지 2년 만에 개최한 제3차 회의에서 대수학, 삼각법, 사인의 산술에 관한 포괄적인 보고서를 발표했는데 이 보고서는 협회가 준비하고 인쇄한 보고서 중 가장 주목받은 보고서였다. 그 후 피콕은 케임브리지 대학교에서 천문학 교수직을 맡게 되었는데 그는 대학의 위상을 높이고 그가 의도한 개혁 목표를 이루었다.

조지 피콕은 1839년 케임브리지셔주(Cambridgeshire)에 있는 엘리 대성당(Ely Cathedral) 주임사제로 임명되었다. 그는 1858년, 즉 그의 생애가 거의 끝날 때까지 이 직책을 수행했다. 이 직책에 맡는 동안 피콕은 대성당 건물의 대대적인 복원과 더불어 위대한 저작, 즉 『대수학에 관한 연구(*A Treatise on Algebra*)』(1830)를 저술했다. 나중에 두 번째 판이 두 권으로 나왔는데 하나는 『산술 대수학(*Arithmetical Algebra*)』(1842)이고 다른 하나는 『기호 대수학 및 위치 기하학에 대한 응용(*On Symbolical Algebra and its Applications to the Geometry of Position*)』(1845)이다.

2. 조지 피콕의 업적

조지 피콕과 같은 삶을 살았다고 주장할 수 있는 사람은 거의 없다. 그의 생애는 천문학적으로 큰 업적을 이루었지만, 그는 수학, 구체적으로 대수학 분야에서의 업적으로 가장 유명하다. 오늘날 사람들은 조지 피콕에 대해 매우 다양한 견해를 가지고 있다. 어떤 사람은 그를 기호 대수학을 발명한 사람이라고 생각하고, 또 어떤 사람은 그를 기존 수학 영역을 해체하려는 열망으로 가득 차 있다고 설명한다. 그럼에도 그의 가장 위대한 업적은 엄격하게 논리적인 기초 위에 대수학을 배치하려 시도했다는 것에 있다.

그는 대수학이 일반적인 숫자 체계를 넘어서도록 범위를 확장했다. 그는 대수학의 한 부분이 산술적이 아닐 수 있는 가능성을 처음으로 인식하고 산술적 부분을 더욱 발전시키는 데 도움을 주어 많은 미래의 수학자들이 추상 대수학을 연구하는 데 노둣돌의 역할을 하였다. 개정된 『대수학에 관한 연구』에서 그는 대수학이 두 부분으로 구성되어 있다고 설명했다. 하나는 산술적이었고 다른 하나는 기호적이었다. 그는 또한 둘 다 과학을 알고리즘 부분으로 제한하는 실수를 저질렀다고 설명했다. 우리가 수학적 대수학의 관점에서 조지 피콕처럼 생각한다면 먼저 기호를 숫자의 표현으로 생각하는 것부터 시작할 것이다. 이러한 기호 또는 숫자는 표준 산술에서와 동일한 정의로 작동한다. 즉, +와 − 기호는 여전히 덧셈과 뺄셈의 기능을 수행한다. 따라서 대수학 이론에 대한 그의 원리는 산술 대수학의 기본 기호가 숫자, 즉 대부분 정수를 나타낸다고 말한다. 그에 따르면 산술 대수학의 규칙은 여전히 기호 대수학에 적용되지만 제한은 없다. 즉, 일반 수학적 대수식의 모든 규칙과 결과는 일반적인 기호 대수식에도 적용된다. 그는 자신의 저작 『기호 대수학 및 위치 기하학에 대한 응용』에 있는 예제를 통해 이에 대해 자세히 설명하였다.

이 19세기 영국인의 또 다른 가장 주목할 만한 업적은 수학자들의 상징적 또는 철학적 학회를 설립했다는 것이다. 이 학회에는 나중에 조지 불(George Boole), 오거스터스 드모르간(Augustus De Morgan) 및 덩컨 그레고리(Duncan F. Gregory)를 포함하여 역사상 가장 유명하고 축복받은 두뇌의 소유자들이 참가했다.

3. 조지 피콕 연보

1791년   출생
1809년   케임브리지의 트리니티 칼리지 입학
1812년   케임브리지에서 두 번째 랭글러상 수상
1812년   케임브리지에서 스미스상 2위 수상
1814년   펠로우십 선정
1815년   케임브리지 대학교에서 강의
1815년   찰스 배비지 및 존 허셜과 함께 분석학회(Analytical Society) 설립
1816년   분석학회, 라크루아의 『미분학(*Differential Calculus*)』을 번역 출판
1817년   케임브리지 시험관 임용
1818년   왕립학회 회원으로 선출

1819년   평의원직 연장

1819년   부제 서품

1822년   사제 서품

1826~35년   와임즈월드, 레스터셔의 본당 신부로 임명됨

1830년   『대수학에 관한 연구』 발간

1833년   영국 과학진흥협회에서 보고서 발표

1837년   론딘 천문학 석좌교수 임명

1839~58년   케임브리지셔주의 엘리 대성당 주임사제로 임명

1842~45년   두 권으로 된 대수학에 관한 연구의 업데이트 버전 저술

1847년   프랜시스 엘리자베스 셀윈과 결혼

1858년   사망

찾아보기

706

707

708

710

712

713

714

722

724

726

730

지은이

∷ 조지 피콕 George Peacock, 1791~1858

1791년 4월 9일 영국 더럼주 덴턴에서 영국 성공회 사제인 아버지 토머스 피콕의 아들
로 태어났다. 1809년 케임브리지 대학교 트리니티 칼리지에 입학하였다. 1819년에 잉
글랜드 성공회 부제가 되었으며 1818년 1월에 왕립학회의 회원이 되었다.
피콕이 1830년에 출판한 『대수학에 관한 연구』는 『유클리드 원론』이 기하학의 기반을 다
진 것처럼 대수학을 체계적으로 정리하는 것을 목표로 하였다.

옮긴이

∷ 최윤철

서울대학교 수학과 동 대학원 이학 석사와 박사를 마치고, 현재 광운대학교 인제니
움학부 교수이다.

한국연구재단총서 학술명저번역 **644**

대수학에 관한 연구

1판 1쇄 찍음 | 2023년 2월 14일
1판 1쇄 펴냄 | 2023년 2월 28일

지은이 | 조지 피콕
옮긴이 | 최윤철
펴낸이 | 김정호

책임편집 | 박수용
디자인 | 이대응

펴낸곳 | 아카넷
출판등록 2000년 1월 24일(제406-2000-000012호)
10881 경기도 파주시 회동길 445-3
전화 | 031-955-9510(편집)·031-955-9514(주문)
팩시밀리 | 031-955-9519
www.acanet.co.kr

ⓒ 한국연구재단, 2023

Printed in Paju, Korea.

ISBN 978-89-5733-843-8 94410
ISBN 978-89-5733-214-6 (세트)

이 번역서는 2017년 대한민국 교육부와 한국연구재단의 지원을 받아 수행된 연구임.
(NRF-2017S1A5A7022469)
This work was supported by the Ministry of Education of the Republic of Korea
and the National Research Foundation of Korea. (NRF-2017S1A5A7022469)